特征香气成分
分析技术及应用

主编 ◎ 张凤梅　司晓喜　蒋　薇

西南交通大学出版社
·成　都·

图书在版编目（CIP）数据

特征香气成分分析技术及应用 / 张凤梅，司晓喜，蒋薇主编. —成都：西南交通大学出版社，2023.3
ISBN 978-7-5643-9235-2

Ⅰ. ①特… Ⅱ. ①张… ②司… ③蒋… Ⅲ. ①香气成分-研究 Ⅳ. ①TS207.3

中国国家版本馆 CIP 数据核字（2023）第 056059 号

Tezheng Xiangqi Chengfen Fenxi Jishu ji Yingyong
特征香气成分分析技术及应用

主　编 / 张凤梅　司晓喜　蒋　薇
责任编辑 / 牛　君
封面设计 / 何东琳设计工作室

西南交通大学出版社出版发行
（四川省成都市金牛区二环路北一段 111 号西南交通大学创新大厦 21 楼　610031）
发行部电话：028-87600564　028-87600533
网址：http://www.xnjdcbs.com
印刷：成都市新都华兴印务有限公司

成品尺寸　185 mm × 260 mm
印张　27.5　字数　682 千
版次　2023 年 3 月第 1 版　印次　2023 年 3 月第 1 次

书号　ISBN 978-7-5643-9235-2
定价　188.00 元

课件咨询电话：028-81435775
图书如有印装质量问题　本社负责退换

《特征香气成分分析技术及应用》
编　委　会

主　编	张凤梅	司晓喜	蒋　薇	
副主编	朱瑞芝	唐石云	李振杰	刘春波
	何　沛	周　博	何　靓	管　莹
	杨建云	李　超		
编　委	李先毅	王　猛	刘　亚	杨　莹
	杨　继	朱洲海	许　力	张建铎
	徐艳群	李　萌	彭琪媛	常　晟
	张　超	朱志扬		

PREFACE

前 言

香气成分是指在食品中能产生或能组合生成香气，并且具有已经确定的化学组成和结构的化合物。一般而言，仅部分或少数挥发性化合物对食品的风味有贡献，这些独特的风味物质即特征香气成分。2014 年 Dunkel 等研究发现，在食物中所含有的 10 000 个挥发物中，只有不到 3%的成分会对其特定气味做出贡献，这暗示着有 230 个左右的关键食品香气成分（KFOs）定义了大多数食品和饮料的挥发性刺激空间。

本书主要对现有特征香气成分分析技术及应用进行综述。全书主要包括了特征香气成分分析技术介绍和应用两大部分，其中特征香气成分分析技术介绍主要从香气物质的制备技术、香气物质的定性技术、香气物质的定量技术、特征香气成分识别技术、特征香气成分确证技术进行技术综述，特征香气成分分析技术应用主要涉及酒类、烟草、茶叶、水果、肉制品、香精特征香气成分等前沿性应用领域。全书旨在为读者较为全面地介绍现有特征香气成分分析技术及应用。

本书由张凤梅、司晓喜、蒋薇担任主编，朱瑞芝、唐石云、李振杰、刘春波、何沛、周博、何靓、管莹、杨建云、李超担任副主编。全书共 8 章，第 1 章由蒋薇主持编写，李超、许力协助；第 2 章由蒋薇主持编写，刘春波、杨继、朱洲海协助；第 3 章由朱瑞芝主持编写，管莹、张建铎、徐艳群协助；第 4 章由张凤梅主持编写，周博、杨莹协助；第 5 章由张凤梅主持编写，李振杰、李萌、彭琪媛协助；第 6 章由司晓喜主持编写，杨建云、刘亚、常晟协助；第 7 章由唐石云主持编写，何沛、张超、朱志扬协助；第 8 章由张凤梅主持编写，何靓、李先毅、王猛协助。全书编写过程中，云南中烟工业有限责任公司技术中心相关科技人员做了大量的文献调研和技术、政策分析工作，在此表示诚挚的感谢。

本书内容丰富，具有较强的科学性和指导性，可供相关领域的技术研发和检测工作者参考使用。

由于编者水平有限，特征香气成分的研究也在不断发展中，新技术不断出现，新的应用领域也在不断拓展，书中疏漏和不妥之处在所难免，恳请专家、读者批评指正。

编 者

2023 年 1 月

CONTENTS

目 录

1 绪论

1.1 香气成分

香气成分[1]是指在食品中能产生或能组合生成香气，并且具有已经确定的化学组成和结构的化合物。香味是由香气成分的微粒作用于嗅觉器官产生的，人们通过嗅觉，经过0.2~0.3 s 的时间，即可以对食品的香气加以实现。重要的嗅觉器官是嗅细胞，当香气成分吸附在嗅细胞表面时，将使嗅细胞的表面电荷发生改变，产生微小的电流，从而刺激神经末梢呈兴奋状态，并最终传递到大脑的嗅觉区域，使人们产生判断结论，人们喜欢或乐意接受的物质，便被为香气成分。但是要指出的是，在大多数食品中，总是包含有多种香气成分，因此食品的香气，往往是一种混合物的嗅觉结果，这种结果，有时会因接受者的不同，而产生不同的感觉。

1.1.1 香气的形成

食品香气成分的形成[1-3]具有 4 个途径，即生物合成、直接酶作用、间接酶作用和高温分解。生物合成途径是指香气成分直接由动植物生长过程中合成，许多水果、香辛料香气成分都是生物合成产生的。直接酶作用途径，是指经过酶的作用，底物转变为香气成分，葱、蒜和卷心菜等香气的形成就是属于这种途径。间接酶作用途径，又称为氧化作用途径，它是指酶先作用生成氧化剂，而后氧化剂对香气成分的前体物质进行氧化生成香气物质。高温分解途径，是指经过加热或烘烤处理，使前体物质变成为香味成分的过程。

1.1.2 香气成分的特性

香气成分易挥发且化学性质不稳定[1]，易挥发性是构成有效的香气氛或感觉的重要来源；香气成分容易受内部及外部条件的影响，发生氧化、聚合等化学反应，从而失去原来的香气特性；香气成分还有吸附性能，主要与食品的具体成分有关，一般，液相要比固相有更大的吸附力，而脂肪又是液相中吸附作用比较强的成分，其原因是大多数香味成分具有亲脂性。

1.1.3 香气的保护

食品或香精的香气应表现在人们使用时，因此，必须对食用前食品香气的损失，给予各种减缓或阻止[1]。减缓方式必须考虑挥发的可逆性，即使用前少挥发或不挥发，而使用时又恢复原来的状态。物理的吸附作用和形成包含化合物的做法是目前最好的保护方式，即用纤维素、淀粉、糊黏、果胶等物质对需要保护的对象表面形成具有半渗透性的薄膜，而这种膜可以阻止大部分的香气成分的通过。在使用时，这种膜被水浸润破坏，从而释放出香气成分。

1.1.4 香气的增加

食品的香气，可以通过添加一定的化学物质来加以改善和增强，这种添加物也因此被称为香气增强剂[1]，如味精、麦芽酚和乙基麦芽酚等。添加香气增强剂，不仅可以增强食品的香气，而且还能改善或掩盖一些不愉快的气味，提高和增强食品的风味。

1.2 特征香气成分

一般而言，仅部分或少数挥发性化合物对食品的风味有贡献，这些独特的风味物质即特征香气成分。

1.2.1 植物来源食品的特征香气成分

植物性食品中所含有的香气成分[1]种类十分丰富，往往是几十种甚至上百种化合物组合构成的令人喜爱的香气。水果的香气成分，随成熟度的增加而增多，一般来讲，人工催熟的水果，其香气成分的种类及含量要比自然成熟的为少，因此，可能有食用感觉上的差别。蔬菜的香气成分，大部分情况下其种类及含量都不如水果，但蔬菜的香气大多很特别，这主要是由于蔬菜的香气成分中含硫化合物较多的缘故。含硫化合物，大多具有香辣气味，蔬菜香气大多由直接酶作用产生。

1.2.2 动物来源特征香气成分

1.2.2.1 鱼 香

鱼[1]，无论是鲜活的还是不鲜活的，都有一股很特殊的气味，概称为腥味。这种鱼腥味，主要是由三甲胺造成。三甲胺本身具有腥臭味，在新鲜鱼中，含量比较少，但随着存放时间的延长，含量将逐渐增多。鱼类发臭的原因，除三甲胺的增加外，尚有赖氨酸成分的分解变化产物的影响。分解变化小所产生的哌啶具有臭味，δ-氨基戊醛具有河鱼臭味，δ-氨基戊酸具有血腥臭味。其中 δ-氨基戊醛是河鱼发臭的主要原因。

鱼气味成分还包括由鱼油氧化分解产生的甲酸、丙烯酸、丙酸、丙酸、巴豆酸、酪酸、戊酸等，以及鱼体表黏液中蛋白质、卵磷脂经细菌作用产生的氨、甲胺、硫化氢、甲硫醇、吲哚、粪臭素、四氢吡咯等。

1.2.2.2 肉 香

生肉[1]具有比较淡的腥香味，并且与原动物具有明显的联系。这种腥香味，有时令人生厌，已经做过的拆分研究表明，生肉气味主要来自氨基酸和低分子肽以及特种气味物质。在肉食进行热加工时，所产生的香气则特别诱人食欲。热加工所产生的肉香味，成分将变得十分丰富。

肉香味成分，具有典型的组合效应。它们单独存在时，很少使人能联想到某种肉食。这一点与植物香气成分有比较大的差别。肉香成分的前提物质大多是肉食的水溶性抽提物氨基酸、低分子肽、核酸、碳水化合物、脂质等物质。这些物质在肉食热加工过程中，形成肉骨成分，其中包括了脂质等物质的分解或氧化，生成醛、酮、酯等物质的反应。

1.2.3 乳与乳制品的特征香气成分

鲜牛乳[1]具有鲜美可口的鲁味。其香味成分主要由低级醛、酮、硫化物和脂肪酸组成。对加热牛奶产生的香味成分进行分析，发现有甲酸、乙酸、丙酸、丙酮酸、乳酸、糠醛、羟甲基糠醛、麦芽酚、甲基乙二醛、糠醇、硫化氢、甲硫醚、等化合物。对牛乳香气的分析，有人认为甲硫醚是其主体香成分。

牛乳长期储存，会出现旧胶皮味。这种气味主要来自邻氨基苯乙酮。受日光照射后的牛乳，会产生日光味。这是由于牛乳中的蛋氨酸受日光、核黄素因素的影响，发生分解而形成的 β-甲硫基丙醛所造成的。发酵乳制品的香气，其主体成分被认为是丁二酮、3-羟基丁酮，它们是在微生物产物 α-乙酰乳酸的基础上分解而来的。乳制品长期放置于空气中，会产生氧化臭味。这是由于乳脂中不饱和脂肪酸的自动氧化造成的。

1.2.4 加热过程中食品产生的香气

由于加热，使得许多食品具有了美好的香气[1]。除了前面叙述中涉及的有关内容外，下面将介绍有关烘烤、焙烧食品过程中产生的香气。

1.2.4.1 氨基酸+碳水化合物

氨基酸+碳水化合物[1]，是羧氨反应中最典型的产生香气物质的反应类型，反应的最终结果与温度有很大的关系，各种氨基酸和葡萄糖共热可产生各种香气。其中，亮氨酸、缬氨酸、赖氨酸、脯氨酸可以产生很好的香气。

1.2.4.2 面包加热产生的香气

面包[1]的香气来自两个方面，一是面团发酵时产生的醇、酯类化合物；另外就是烘烤时氨基酸与碳水化合物反应的产物，据认为，有 70 多种。在面包烘烤之前，加入能在羰氨反应时产生很好香味的亮氮酸、赖氨酸等氨基酸，可以使面包香气更强。

1.2.4.3 花生加热产生的香气

除羰氨反应产生的香气成分外，发现有 5 种吡嗪化合物和 N-甲基吡咯对于主体香构成是必不可少的成分。

1.2.5 发酵食品的香气

食品发酵[1]，实际上是一种微生物作用过程，食品原料中的蛋白质、碳水化合物、脂肪等物质，通过各种微生物的代谢作用，转变为醇酮、酸、酯类物质。这些转变物以及新生成物之间相互作用的结果，将使发酵食品具有很特殊的香气效果。

1.2.5.1 酒类香气成分

各种酒类[1]，都以含乙醇成分为其标志。除水和乙醇外，酒类所含的其他成分还很多，有的可高达130种以上。但这些微量成分的含量大多在1%以下。白酒的香气成分主要有醇、醛、酮。酸、酯、芳香族化合物等。其中，己酸乙酯、乳酸乙酯、乙酸乙酯、丁酸乙酯是许多白酒的主体香成分。人工配制的各种汽酒、色酒等，一般其香气要弱些和差些。它们往往是从其他的需求方面给予人们满足。

1.2.5.2 酱、酱油和醋的香气

酱、酱油和醋[1]，是许多东方国家人民的传统调味料。目前，大多使用配制品。其主要香气成分有醇、醛、酮、酸、酯、酚以及含硫化合物。据认为，甲基硫是构成酱油特征香气的主要成分，乙酸则是醋的主体香成分。

1.2.6 嗜好品的香气

1.2.6.1 卷 烟

卷烟[1]是典型的边加热边享受我氨反应产物的食品接受方式。卷烟的香气成分，除了在燃烧过程中产生的羰氨反应产物外，还有多芳香烃类物质，这也就是所谓的焦油物质，焦油物质可能是香烟的主体香成分，它们大都有特殊的刺激性气味。

1.2.6.2 茶 叶

茶叶[1]具有特别的清香气。分析表明，成品茶叶的香气成分多达300多种，是其原鲜叶香气成分的十至几十倍。因此，茶叶的香气成分大多形成于其后的鲜叶加工过程中。主要成分有醇、醛、酸、酯、酚以及部分高沸点的芳香物质。

1.2.6.3 咖 啡

咖啡[1]的香气主要由焙烤产生。其中，以愈疮木酚、*N*-甲基吡咯为主，咖啡的香气具有浓厚感。

1.3 香气术语及分类

1.3.1 香气术语

调香，是一种艺术，更是一种专业技能，在其发展过程中逐渐形成了很多专门的术语和名词，有的用来区分香精香料，有的用来描述调香技艺[5]。在调香工作中所用术语，大体上可划为有关香气或香味方面的描述用词和对香精香气结构解析时的用语，以及叙述香精中不同香料组分的作用方面的术语。

气息：Odor 或 Odour，是用嗅觉器官所感觉到的或辨别出的一种感觉，它可能是令人感到舒适愉快，也可能是令人厌恶难受。

香气：Scent、Fragrance 或 Perfume，是指令人感到愉快舒适的气息的总称，它是通过人们的嗅觉器官感觉到的。在调香中香气包括香韵或香型的含义。

香味：Flavor，指令人感到愉快舒适的气息和味感的总称，它是通过人们的嗅觉和味觉器官感觉到的。香味这个词在调香中是用于描述食用香料或香精的香与味的特征。

气味：Aroma，是用来描述一个物质的香气和香味的总称。

香韵：Note，是用来描述某一香料或香精或加香制品的香气中带有某种香气韵调而不是整体香气的特征，这种特征，常引用有代表性的客观具体实物来表达或比拟，如玫瑰香韵、动物香香韵、木香香韵等。香韵的区分是一项比较复杂的工作，描述不同香韵的用词选择问题也是艰巨的，这将在香气分类一章中述及。

香型：Type，是用来描述某种香精或加香制品的整体香气类型或格调，如花香型、果香型、茉莉型、东方香型、古龙型等。

头香：Top Note，是对香精（或加香制品）嗅辨中最初片刻的香气印象，也就是人们首先能嗅感到的香气特征。头香亦可称为顶香，它是香精整体香气中的一个组成部分，一般是由香气扩散力较好的香料所形成。

体香：Body Note或Middle Note，亦可称为中段香韵，是香精的主体香气。每个香精的主体香气都应有其各自的特征，它代表着这个香精的主体香气。体香应在头香之后，立即被嗅觉感到香气，而且能在相当长的时间中保持稳定和一致。体香是香精的主要组成部分。

基香：Basic Note，是香精的头香与体香挥发后，留下的最后的香气。这个香气一般是由挥发性很低的香料或某些定香剂组成，基香亦可称为尾香。

和合（和合剂）：Blend或Blending，将几种香料混合在一起后，使之发出一种协调一致的香气。这是一种调香工作中的技巧。和合这个术语，在英语中相当于。用作和合的香料称之为和合剂。

修饰：Modify，是用某种香料的香气去修饰另一种香料的香气，使之在香精中发出特定效果的香气。它也是调香工作中的一种技巧。

修饰剂：Modifier，用作修饰的香料，称它为修饰剂。

谐香：Accord，是由几种香料在一定的配比下所形成的一个既和谐而又有一定特征性的香气，它是香精中体香的基础。

稳定性：在调香技艺中，稳定性有两种含义，一是指香精香气的稳定性，这就是说香精的整体香气，尤其是它的体香特征要在较长的时期内不能有明显的变化，换句话说，就是要在较长的时期内，其香型稳定不变；另一是指这个香精在加香介质中，除了香气特征、香型能稳定外，还应不影响加香介质的色泽、澄清度、乳化等理化性能及原有的功能。

香势（气势）：Odor Concentration，亦可称为香气强度，这是指香气本身的强弱程度，这种强度可通过香气的阈值（也称槛限值）来判断，阈值越小则强度越大。

嗅盲：Anosmia，是嗅觉缺损现象之一。是指完全丧失嗅感功能，完全嗅不出任何气息。

嗅觉暂损：Hyposmia，由于患病或神经受损（如患感冒、鼻炎等）或精神分裂而对某些气息或香气的嗅感能力下降或暂时失灵。

嗅觉过敏：Hyperosmia，由于生理上的因素，对某些香气或气息的嗅感不正常，特别敏感或者特别迟钝。

1.3.2 香气分类

世界上的香气种类数目庞大，其香气物质特征、强度、浓度及理化性质各不相同，不同的人对同种香的感受也不同，很难用统一的语言描述香气特征。因此为了调香工作顺利开展，统一香料特征，首先就需对各种香进行香味分类，但却十分困难。许多调香者在自己研究工作的基础上总结出多种香味分类方法，但各有千秋、百家争鸣，很难达到一种方法普遍适用[4]。

目前国内外对香味的分类方法一般以调香术语为基础，从以下三个方面出发考虑：一是以香料本身的香型或香韵特征为依据进行归类划分，如花香、清香、果香等；二是从香料在香精整体香气中的作用层次分类，如头香、体香、基香等；三是从香料的香气性能分类，即因香料而产生的生理或心理反应，如恶心、提神等[4]。

国外[4]最早的香味分类方法产生于公元前 384 年，是希腊哲学家亚里士多德根据气息对人的生理感觉效应进行的分类，其中分为甜的、粗冲的、收敛性的、刺鼻的和丰满浓郁的五类，方法过于简单，主观因素影响较大。自此之后，植物学、生理学、日用调香和食品调香等多个领域的科学家们都开始从自己的领域出发尝试通过各种要素进行香气分类，从而出现了很多分类方法，如 1865 年的李迈尔(Rimmel)香气分类法、1954 年法国著名调香师扑却(Poucher)的挥发性分类法、瑞士奇华顿公司（ Givandan ）的花香与非花香型分类法等。有的过于抽象而难以识别，有的则过于细化而适用狭窄，有的适用调香，有的适用辨香，众说纷纭，很难有一种一通百通的分类方法。

我国[4]使用最普遍的香精香料分类方法是以叶心农为首的调香工作者从调香的应用入手、结合各类香味之间的区别与联系形成的分类体系，其将香气划分为花香和非花香两大类，花香分为 8 种香韵，包含常见的 35 种花香，非花香分为十二种香韵，两者可分别依次排成香韵辅成环（见图 1-1 和图 1-2），反映各种香韵之间的前后关系。该方法在大部分调香领域能够基本适用，是目前为止通用性最好的香精香料分类方法。

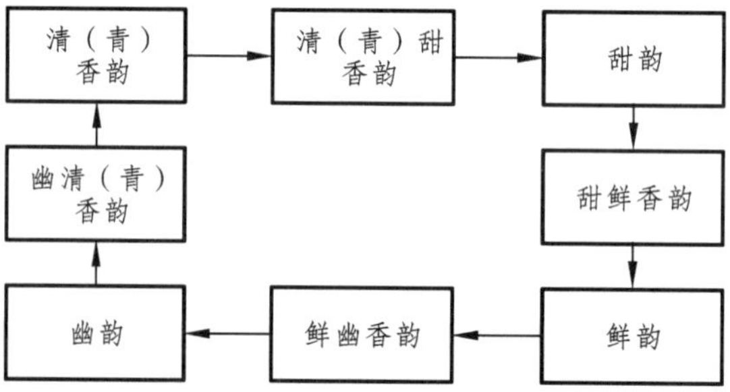

图 1-1　花香香韵辅成环

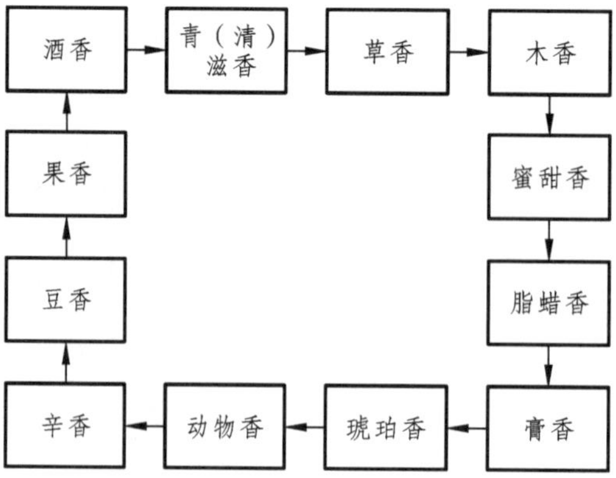

图 1-2　非花香香韵辅成环

1.3.2.1 香韵定义

清香，Freshness，清新自然的烟草似的芳香气息[5]。

果香，Fruityaroma，水果类的芳香气息[5]。

辛香，Spice，香料中辛暖且稍带刺激性的芳香气息[5]。

木香，Woodyaroma，原木类的芳香气息[5]。

青滋香，Green，割草时散发出的芳香气息[5]。

花香，Floralaroma，鲜花散发出的芳香气息[5]。

药草香，Herbalaroma，药草中含有的特征香气[5]。

豆香，Beanaroma，豆类的芳香气息[5]。

可可香，Cocoaaroma，可可豆烘焙后的芳香气息[5]。

奶香，Creamyaroma，牛奶、奶油似的特征香气[5]。

参考文献

[1] 香气成分[EB/OL]. http://m.foodmate.net/index.php?itemid=23051&moduleid=34.

[2] FENNEMA O R. 食品化学 [M]. 3 版. 北京：中国轻工业出版社，2003.

[3] 赵国君，黄伟坤，等. 食品化学分析[M]. 上海：上海科学技术出版社，1979.

[4] 张承曾，等. 日用调香术[M]. 北京：轻工业出版社，1989.

[5] 国家烟草专卖局. 卷烟中式卷烟风格感官评价方法：YC/T 497—2014 [S].

2 特征香气成分分析技术

2.1 香气物质的制备技术

在香气成分的定性定量中，样品的预处理工作是极其重要的，是分析工作中的第一步，其提取效果的好坏密切影响着分析结果的准确性和重复性。因此，前处理方法选择得当，才能有效地提取出样品中的香味物质供后期分析定量，才能打好分析研究的基础，确保实验的精确和稳定。目前香气成分的提取方法使用率较高的主要包括蒸馏法和萃取法两大类方法[1]。

2.1.1 蒸馏法

蒸馏法是从植物中提取挥发性或半挥发性有机成分最古老的一种方法，基本原理是以目标化合物的沸点为依据进行分离纯化的过程。发展至今，主要包括常压蒸馏法、减压蒸馏法、水蒸气蒸馏法、分子蒸馏法、同时蒸馏萃取等，下面主要介绍四种在香气成分提取中常用的蒸馏法。

2.1.1.1 水蒸气蒸馏

水蒸气蒸馏（Water Steam Distillation，WSD）是一种传统的分析挥发性及半挥发性化学成分的方法，适合分析沸点较低的挥发性、半挥发性中性成分，也是分离和精制植物提取物的便宜且重要的方法（图 2-1）[2]。这种方法不仅能使挥发性物质在其沸点以下的低温蒸馏出来，而且还能和不挥发的杂质完全分离。如在卷烟烟气冷凝物测定过程中，需要用水蒸气蒸馏法，把烟气冷凝物中的尼古丁分离出来，但效率低且操作烦琐[3]。

2.1.1.2 同时蒸馏萃取

同时蒸馏萃取法（Simultaneous Distillation Extraction，SDE）将水蒸气蒸馏及将馏出液与溶剂萃取同时进行，操作简单、有效（图 2-2）。同时蒸馏萃取是 1964 年 Likens 和 Nickerson 提出并发展起来的[4]，SDE 与 WSD 相比，在分析烟丝样品中挥发性、半挥发性、中性成分的应用范围比较广，但不利于提取水溶性的成分。SDE 比 WSD 步骤简单、省时、省工、节约溶剂。同时蒸馏萃取法在香气成分的提取中被广泛运用[5]。

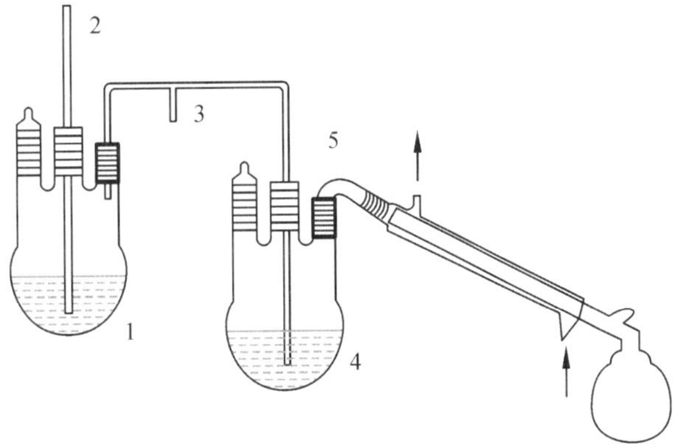

1—水蒸气发生器；2—安全管；3—安全阀；4—三口烧瓶；5—馏出液导管。

图 2-1　水蒸气蒸馏装置图

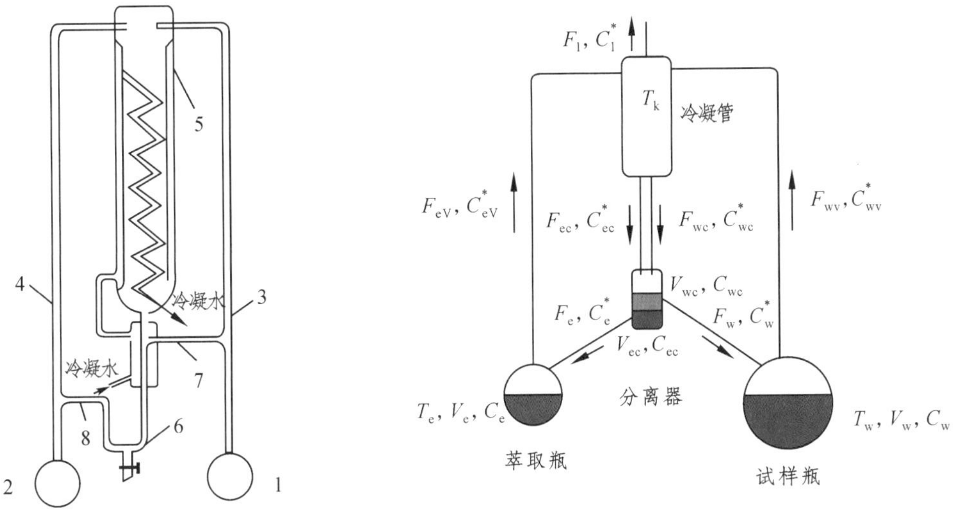

1，2—试样或萃取瓶；3，4—蒸汽导管；
5—冷凝管；6—U 形相分离器；
7，8—导汽回流支管。

（a）同时蒸馏萃取的基本装置

F—蒸汽或冷凝液的流速；*V*—体积；
C—分析物在非流体介质中的质量浓度；
C^*—分析物在流体介质中的质量浓度；
T—温度。下标字母：w—水；e—萃取溶剂；
v—蒸汽相；c—冷凝相；l—流失。

（b）同时蒸馏萃取过程

图 2-2　同时蒸馏萃取装置图

同时蒸馏萃取法与水蒸气蒸馏法的不同点在于前者把水蒸气蒸馏和有机溶剂萃取两个步骤合并，在同时蒸馏萃取仪上同时进行，变成了一个步骤，这样就不必收集大量的水蒸气馏出液，也不必使用大量的有机溶剂对水蒸气馏出液进行萃取，再把所获得的大量的有机萃取液进行浓缩。这几步都为同时蒸馏萃取仪合并为一，经同时蒸馏萃取仪处理后，直接得到挥发性、半挥发性的有机溶剂浓缩液[6]。

水蒸气蒸馏法较适合于沸点较低的中性成分的分析，而同时蒸馏萃取法比水蒸气蒸馏法分析烟叶样品中中性成分的范围广，分析大分子、高沸点的半挥发性中性成分的回收率也比水蒸气蒸馏法高[7]。

影响 SDE 萃取效率的主要实验因素有萃取溶剂的种类和体积、蒸馏的温度、循环蒸馏、萃取的时间以及盐析作用等。一般通过控制同时蒸馏萃取时水相和有机相的加热温度来提高试验的重复性，由于通常用自来水进行冷凝，因此气温、时间等因素会造成冷凝温度的变化[8]。考察了不同冷凝温度对同时蒸馏萃取前处理法测定烟叶中致香物质的影响，结果表明，在控制其他条件不变的情况下，不同冷凝温度对冷凝速度和冷凝后的液体温度都有影响，进而对测定烟叶中致香物质有一定的影响。因此保持相同的冷凝温度，在同时蒸馏萃取前处理技术测定烟叶中致香物质时是很必要的。在 10 ℃时所测定大部分致香物质的相对标准偏差较小，重现性较好[9]。

2.1.1.3 减压蒸馏

减压蒸馏（Vacuum Distillation，VDE）就是在低于大气压力下进行的蒸馏操作（图 2-3）。它是分离和提纯沸点高、热稳定性差的有机化合物的重要方法。液体化合物的沸点与外界压力密切相关。当外界压力降低时，液体沸腾温度就会降低，即沸点下降。利用这一原理，在蒸馏装置上连接真空泵，使系统内压降低，从而使液体化合物在较低温度下沸腾而被蒸出。减压蒸馏通常由蒸馏瓶、克氏蒸馏头、冷凝管、接收瓶、压力计、缓冲瓶、冷却阱、干燥塔、气体吸收瓶及减压泵等组成[10]。

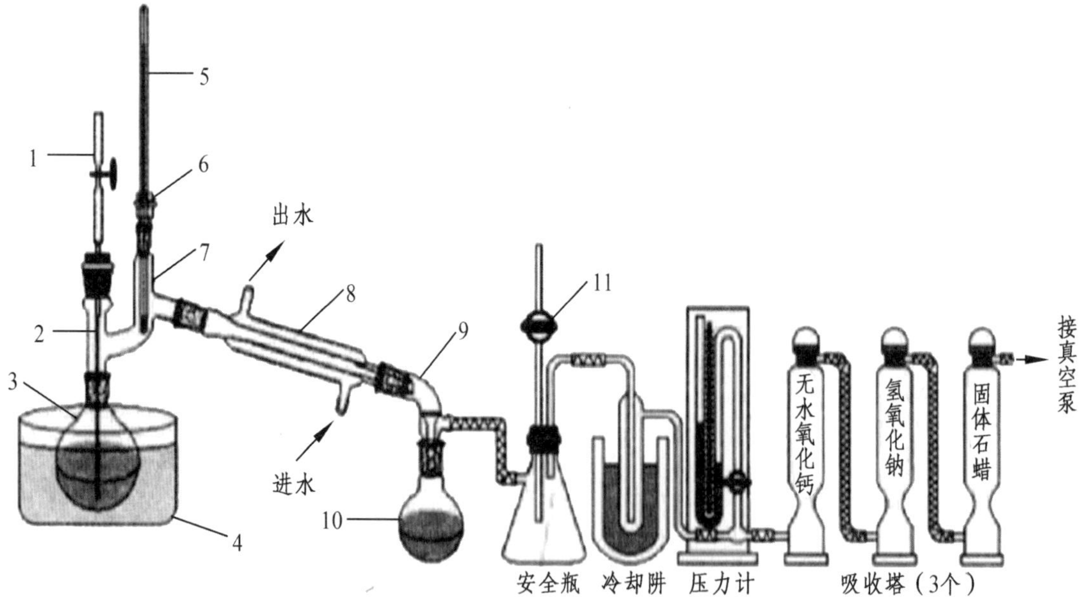

1—带螺旋夹的橡皮管；2—毛细管；3—蒸馏烧瓶；4—热浴；5—温度计；
6—温度计套管；7—克氏蒸馏头；8—直形冷凝管；9—真空接引管；
10—接受瓶；11—带旋塞双通管。

图 2-3 减压蒸馏萃取装置图

李小福等分别采用同时蒸馏萃取法和减压蒸馏萃取法对同一种烟叶样品的香气成分进行萃取，用气相色谱-质谱联用仪（GC/MS）进行定性和定量分析，并对这2种萃取方法鉴定出的化学成分、重复性和定量值进行了比较。结果显示：同时蒸馏萃取法分析出41种香气成分，具有良好的重复性和较好的回收率，适合于烟叶香气成分的定量分析；减压蒸馏萃取法分析出47种香气成分，能使香气成分在较低的温度下挥发选出，真实反映烟叶香气成分的原始信息，可用于香气成分的初步鉴定，适合于香气成分的定性剖析[11]。

2.1.1.4 顶空共蒸馏法

顶空共蒸馏法（Headspace co-distillation，HCD）是结合了顶空法和蒸馏法而产生的（图2-4）。首先是在1982年，K. R. Kim设计了顶空共蒸馏法分析烟叶样品，将烟末直接放入烧瓶中加水，加热使水沸腾，同时通入惰性气体（高纯度氮气），把与水共沸的挥发性物质成分带出。此方法集提取、蒸馏、顶空于一身，从而避免了三者的一些不足地方，具有步骤简单、操作方便的特点。但是在最初的使用中，由于烟叶中的挥发性物质成分是用水提取的，所以提取率较低，提取的物质种类少，提取出的物质的量明显不完全[12, 13]。

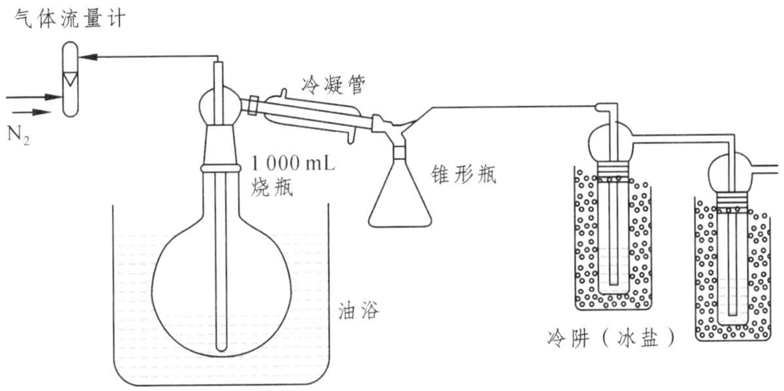

图2-4 顶空共蒸馏萃取装置图

李炎强等[7]对该法改进：先用二氯甲烷提取烟叶中的芳香物质，将其中的中性成分在通入惰性气体（高纯度氮气）的情况下，与水共沸-顶空共蒸馏，把挥发性的挥发性物质成分带出，达到分离的目的。实验证明，改进后的方法综合了水蒸气蒸馏、有机溶剂提取和顶空分离的优点，避免了它们各自的一些不足，重复性好、回收率高、操作简单，是烟草挥发性物质分离分析的较好方法。这种方法在通气时得到的组成不同于样品在空气中达到相平衡时的组成。彻底通气时正如用溶剂连续提取一样，得到的组分具有代表性；当然，通常通气是无法达到这个效果的。此法可很好地用于鉴定化合物。注意所用气体不可含有杂质，以免干扰分析，必要时可循环使用。经屡次改进，该法已经成为一种提取挥发性物质的有效方法。

2.1.2 萃取法

萃取法的基本原理是利用化合物在任意两相间分配系数的不同而达到分离效果的过程[14]，目前在香气成分萃取中常用的方法有层析柱萃取、溶剂萃取、超临界流体萃取、液相微萃取、顶空气相萃取、固相萃取、固相微萃取、吸附丝采样法和搅拌棒吸附萃取等。

2.1.2.1 层析柱萃取法

在层析柱（图 2-5）分离过程中，欲得良好的分离效果，关键在于选择良好洗脱剂的极性。一般的原则是：洗脱剂的极性增加即增加了溶剂分子在吸附剂表面极性基团的竞争能力，用极性大的溶剂洗脱样品，一般得到强极性的集份。反之，用极性小的溶剂洗脱样品，则得到弱极性的集份。但往往只用一种溶剂洗不能把各组分很好分开。必须使用两种或两种以上不同溶剂按不同的比例搭配起来进行梯度洗脱。先在干燥的玻璃柱中填装活化好的吸附剂，填装的方法有两种：一种是干法，先在玻璃柱下端紧缩处放一些棉花或玻璃棉，然后将吸附剂倒入柱中，边倒边敲柱壁，使填充紧密，否则就会出现不整齐的分离层，不利于分离。经加样后用混合剂进行冲洗，使分出色带。另一种方法是湿法装柱，即将吸附剂放入溶剂中制成糊状，然后将它慢慢倒入柱中，使吸附剂逐渐沉降，填好后就可以加入样品。加样时，先将滤纸剪成一个小圆，放入柱中吸附剂之上，然后用 2~3 mL 石油醚溶解后倒入柱中。再用配好的洗脱剂按极性从弱到强的顺序依次洗脱，此时采用真空，控制柱上液面高度为 2~3 cm，滴出速度为 1~2 滴[15]。

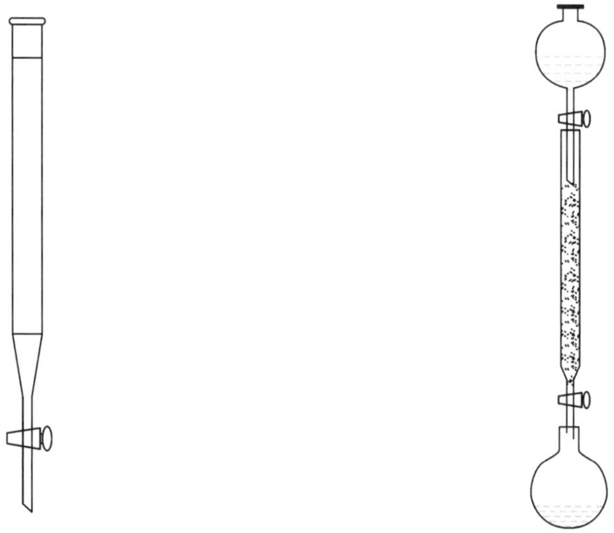

（a）　　　　（b）

图 2-5　层析柱萃取装置图

2.1.2.2 溶剂萃取法

溶剂萃取法（Solvent Extraction，SE）是化学实验中用来提取或提纯有机化合物的常用操作之一[16, 17]。它操作简单、经济实用、提取效率高，适用于实验室小规模研究。对固体物质的萃取，通常采用冷浸法、索氏提取、超声和加速溶剂萃取。

冷浸法是靠溶剂长期的浸润溶解从而将固体物质在溶剂中的可溶物质浸提出来。索氏提取是利用溶剂回流及虹吸原理，使固体物质每一次都能被纯的溶剂所萃取[18]。超声波提取是利用超声波具有的机械效应，空化效应和热效应，通过增大介质分子的运动速度、增大介质的穿透力以提取生物有效成分。加速溶剂萃取（ASE）或加压液体萃取（Pressurized Liquid Extraction，PLE）是在较高的温度（50~200 ℃）和压力（10.3~20.6 MPa）下用有机溶剂萃取固体或半固体的自动化方法，提高的温度能极大地减弱由范德华力、氢键、目标物分子和样品基质活性位置的偶极吸引所引起的相互作用力。液体的溶解能力远大于气体的溶解能力，因此增加萃取池中的压力使溶剂温度高于其常压下的沸点，该方法的优点是有机溶剂用量少、快速、基质影响小、回收率高和重现性好[19]。

影响溶剂萃取法的因素有：① 原料粒度；② 浸提温度；③ 溶剂种类；④ 浸提时间等因素。常用溶剂有：乙醚、乙醇、甲醇、苯、氯化烃类、石油醚、二硫化碳、乙酸乙酯、吡啶、四氢呋喃等。根据芳香物质研究的溶剂选择原则，选用合适的溶剂[16]。

2.1.2.3 超临界流体萃取

超临界流体萃取（Supercritical Fluid Extraction，SFE）是利用压缩液体的溶解力作为分离过程的基础发展出一种新的分离方法[22]。1943 年，Messorr 首次提出利用压缩液体的溶解力作为分离过程的基础，从而才发展出一种新的分离方法 SFE[23]。从 20 世纪 80 年代起 SFE 技术的发展呈现出前所未有的势头，成为分析化学中的一种新的制备手段，与索氏提取和液萃取等传统方法相比，SFE 具有效率高、费时少、不使用或少使用有毒溶剂、萃取流体易与萃取物分离、自动化程度高的优点，因而日益受到化学工作者的重视。超临界二氧化碳流体萃取过程可以在常温下进行，并且二氧化碳无毒、无残留，因此特别适合于不稳定天然产物和生理活性物质的分离精制。若在超临界二氧化碳下提取香气物质，香气物质提取得更加完全，加之超临界流体对固态的渗透力强，使得萃取过程不但效率高而且与传统工艺相比有较高的收率[24]。

SFE-CO_2 法类似于一般的溶剂萃取，但兼有一些蒸馏的特点，这是因为它同时按溶质的挥发性和化学性质（主要是极性）的不同而进行分离。故也有“蒸馏萃取”之称。不过，SFE-CO_2 还有许多特点：CO_2 的传质速度高，因此可以较快地达到相平衡，从而节省萃取时间；同时其渗透性很强，比较适合于固态天然香料的萃取：而且较低的密度和黏度使得过程中的相分离很容易进行，从而有利于萃取产物的分离。目前，超临界流体萃取正受到越来越广泛的关注，因为它可以成为提供一种快速（<30 min）、无毒、有效的气相色谱、液相色谱的样品预处理方法。如今超临界流体萃取已广泛用于精油的成分分析，包括在线、离线 SFE 分析。并且被证实是一种回收率、重现性合理的样品预处理方法。芳香成分的 CO_2 流体萃取，一般使用液体二氧化碳或低压的超临界 CO_2 流体。萃取的主要成分为精油，在超临界条件下精油和特征的致香成分可同时被抽出，并且植物精油和超临界 CO_2 几乎能互溶。因此，精油可以完全从植物组织中被提取出来。该方法主要用于烟碱、茄尼醇、精油的萃取及化学成分的分析检测[25]。

2.1.2.4 液相微萃取

液相微萃取（Liquid Phase Microextraction, LPME）也称为溶剂微萃取（Solvent Micro extraction, SME）是随着近代环境分析技术的发展而发展起来的一种快速、精确、灵敏度高、环境友好的新型样品前处理技术[26-29]。1996 年，Jeannot 和 Cantwell 等提出了液相微萃取技术[30]。LPME 是在液-液萃取的基础上发展起来的，集采样、萃取和浓缩于一体，具有萃取效率高、消耗有机溶剂少、操作简单等优点[31, 32]。

LPME 技术的优点在于萃取过程仅需要少量的有机溶剂（几到几十微升），将目标物的萃取、纯化、浓缩集中在一步操作中完成，却可以提供同液-液萃取一样的灵敏度，而且对微量或痕量目标物的富集作用是液-液萃取所不能比拟的。这一技术可以通过调节萃取所用溶剂的极性和酸碱度达到对某一类目标分析物的选择性萃取的目的，从而减少基质中杂质成分的干扰。该技术不仅可单独作为一种样品前处理技术，还可以直接同气相色谱、液相色谱、质谱、毛细管电泳等技术联用，进行在线分析[33, 34]。

1. 顶空液相微萃取

顶空液相微萃取（Headspace-liquid Phase Microextraction，HS-LPME）是将有机溶剂液滴悬于样品的顶空或者采用吸有微量有机溶剂的微量注射器抽取样品的顶空气体来萃取样品顶空中的挥发、半挥发性成分的技术（图 2-6）[35-38]。HS-LPME 包括静态顶空液相微萃取（static-HS-LPME）和动态顶空液相微萃取（dynamic-HS-LPME）[39]。其中静态顶空液相微萃取是将萃取用的有机溶剂液滴（1 ~ 5）悬挂在微量注射器的针尖上，置于样品基质的顶空中，对样品顶空中的挥发性成分进行富集的一种萃取方式。动态顶空液相微萃取是相对于静态顶空液相微萃取而言，在微量注射器的活塞的驱动下，整个萃取过程萃取所用的微量溶剂处于不断的运动中[33]。

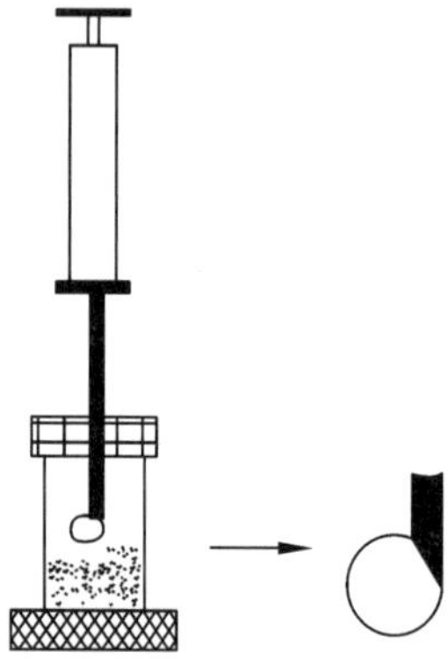

（a）静态顶空液相微萃取

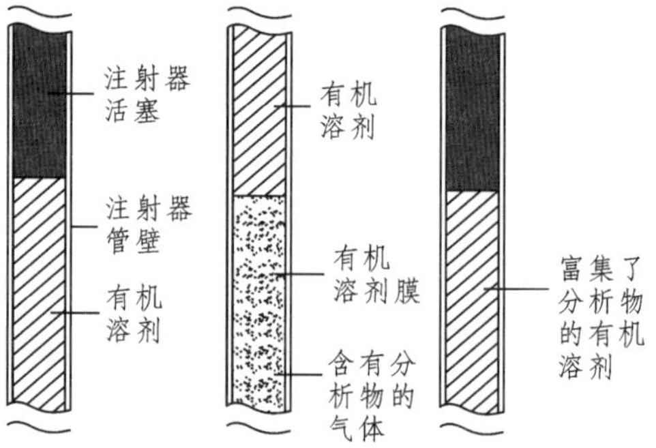

（b）动态顶空液相微萃取

图 2-6　顶空液相微萃取装置图

2. 单液滴微萃取技术

单液滴微萃取技术（Single Drop Microextraction，SDME）是 Liu 和 Dasgupta 最早开发的一种液相微萃取的方法[40-42]。SDME 主要有 3 种萃取模式，即直接单滴微萃取、液-液-液三相单滴微萃取和顶空单滴微萃取。直接单滴微萃取是将与水不互溶的有机溶剂悬挂于微量注射器的针尖上，然后插到液体样品里面的萃取方式；液-液-液三相单滴微萃取是指样品溶液相，有机相和萃取相，分析物首先被萃取到有机相中，接着又被后萃取到受体里；顶空单滴微萃取是将萃取有机相置于密闭萃取瓶中样品的上面。

3. 分散液相微萃取技术

分散液相微萃取技术（Dispersive Liquid-liquid Microextraction，DLLME）是 Assadi 最早提出的，其理论基础与传统的液-液萃取相同，是一种微型的液-液萃取技术，利用化合物在互不相溶的 2 种溶剂中分配系数的差异进行分离，从而达到纯化并消除基质干扰的目的[43-46]。

4. 直接悬滴液相微萃取

直接悬滴液相微萃取（Directly Suspended Droplet Microextraction，DSDME）将微量体积的液滴悬挂于微量进样针的针尖上，由于液滴受重力以及搅拌速度的影响，容易脱落，稳定性差，液膜传质表面积小（图 2-7）[48]。2006 年，Raynie 等[49, 50]开发了直接悬滴液相微萃取技术，使用密度低于样品且不溶于样品的微量萃取剂，加入样品溶液中，放入磁力搅拌子，受流场作用的萃取剂在样品上部的中心位置形成稳定的漩涡，利用微量进样器吸取部分萃取剂待进样，此方法成本低、环境友好、萃取效率高、传质速度快、无交叉污染、操作的可控性和稳定性都较好，适合于现代分析仪器联用。DSDME 技术大部分应用于环境样品以及水样等基质相对干净的样品中，对于固体样品的测定则较少。测定固体样品首先是要使用有机溶剂将目标分析物从固体样品中提取出来，用水稀释后采用 DSDME 富集目标分析物[51, 52]。

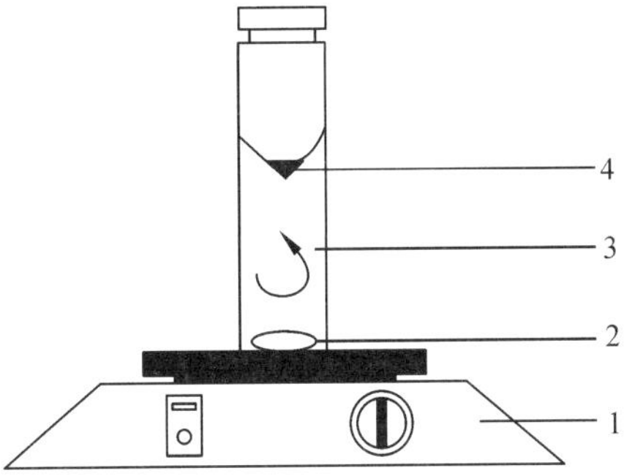

1—磁力搅拌器；2—搅拌子；3—样品溶液；4—单滴溶剂。

图 2-7　直接悬滴液相微萃取装置图

2.1.2.5　顶空萃取技术

顶空分析法指对液体或固体中挥发性成分的蒸气相进行分析的一种间接测定方法，它是在热力学平衡的蒸汽相与被分析样品共存于同一密闭系统中进行的[53, 54]。HS-GC 法采用气体直接进样方式，不需要有机溶剂提取[55, 56]。顶空分析法包括静态顶空分析法、动态顶空分析、顶空固相微萃取法。顶空分析系统中分析条件的优化包括样品的制备、温度、平衡时间、衍生化、顶空气体的采集和传输[57]。顶空分析法分离速度快，效率高，节省了传统方法中对烟样的烦琐且费时的前处理步骤，且在分析过程中不需要采用有机溶剂进行提取，大大减少了对分析人员和环境的危害，是一种符合“绿色分析化学”要求的分析手段[2]。

1. 静态顶空法

静态顶空法（Static Headspace Analysis，SHS）是顶空法的最初的形式，它是将样品放置于一个封闭的控制温度下的容器中，在平衡稳定后，直接抽取样品上方蒸汽供分析（图 2-8 至图 2-11）。它的操作简单、易自动化[13, 54]。但须注意的事项是：① 样品温度要恒定；② 注射器温度略高于样品温度，防止组分冷凝：③ 注射器气密性强，避免使用任何润滑脂。该法缺点是：① 样品蒸汽体积过大，影响色谱柱分离效能；② 限制了毛细管柱的使用；③ 蒸汽所含水分损害柱子的寿命；④ 低灵敏度。静态顶空法由于它受许多因素的限制而无法克服以上缺点，使它的应用受到很大限制。静态顶空分析法的主要缺点是有时必须进行大体积的气体进样，这样挥发性物质的色谱峰的初始展宽较大会影响色谱的分离效能，如果样品中待分析组分的含量不是很低时，较少的气体进样量就可以满足分析的需要时，静态法仍是一种非常简便而有效的分析方法[58]。

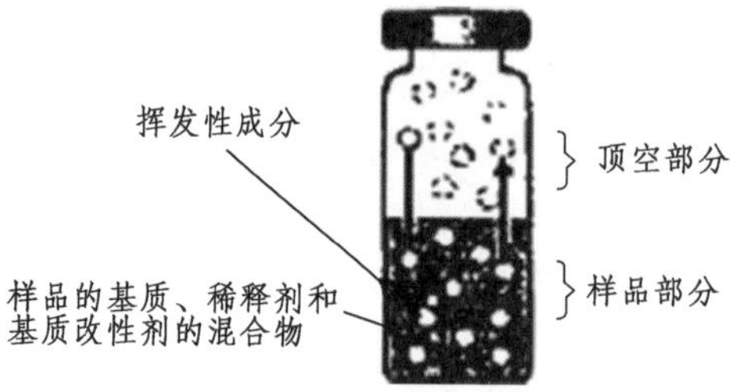

图 2-8　静态顶空示意图

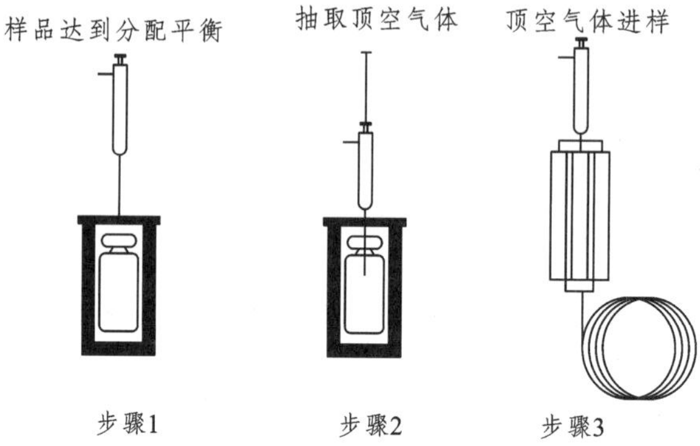

图 2-9　顶空气体直接进样模式示意图

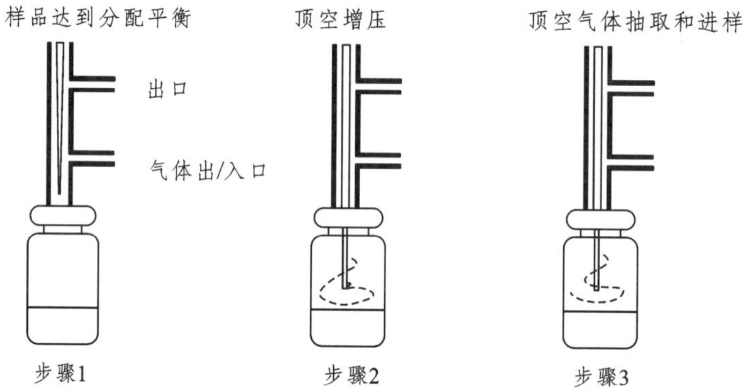

图 2-10　平衡加压模式采样示意图

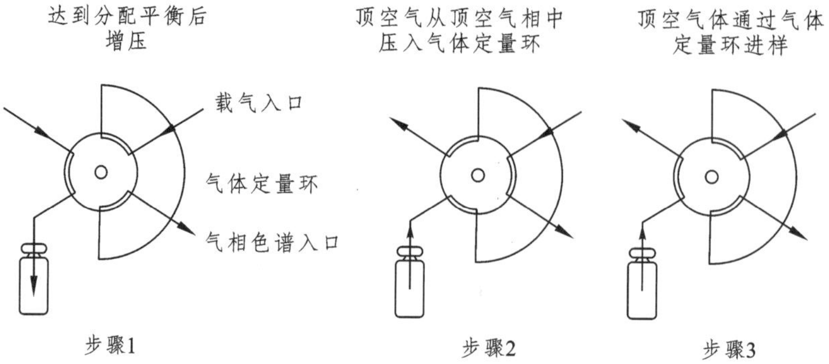

图 2-11　加压定容采样模式进样示意图

2. 动态顶空法

动态顶空法（Dynamic Headspace Analysis，DHS）又称吹扫捕集法（Purge and Trap Analysis）[59, 60]，动态顶空分析是一种将样品基质中所有挥发性组分都进行完全的“气体提取”的方法，这种方法较静态顶空有更高的灵敏度（图 2-12、图 2-13）。样品挥发性组分在惰性气体（高纯度氮气或氦气）的驱赶下进入捕集器，通过不断破坏样品和它的顶空之间的平衡来提高灵敏度。捕集器中的固体吸附剂或者采用低温冷阱捕集样品组分，加以富集，最后瞬间加热解吸，进入色谱柱。这种分析方法不仅适用于复杂基质中挥发性较高的组分，对较难挥发及浓度较低的组分也同样有效。动态顶空分析可以分为：吸附剂捕集模式和冷阱捕集模式。

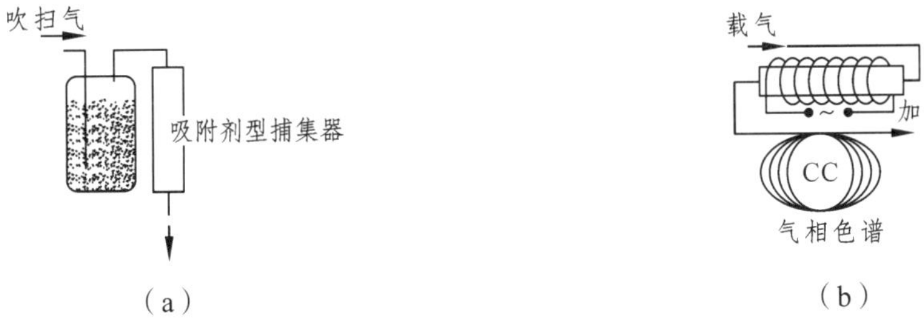

图 2-12　吸附剂式动态顶空装置示意图

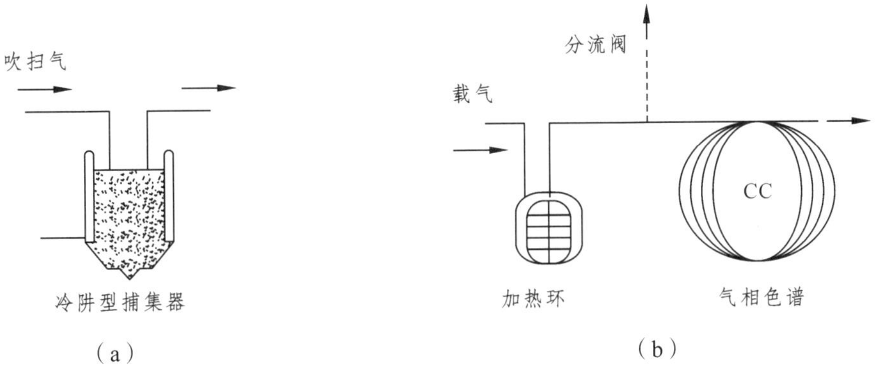

图 2-13　冷阱式动态顶空装置示意图

吸附剂捕集模式中常用吸附剂主要有[58, 61]：Porapak Q 系列（苯乙烯和二乙烯基苯类聚体的多孔微球）、各种高聚物多孔微球和 Tenax-TA（2,6-二苯呋喃多孔聚合物），这些有机吸附剂中目前 Tenax-TA 的应用最为广泛，它热稳定性好，加热解析至 350 ℃不发生分解，而且对水吸附程度低，所以十分适合对液态基质中的挥发性成分进行分析。但是在具体的实验中需要对捕集所用的聚合物的极性、体积和性能进行一定的筛选，并且对吹扫气的流速和捕集时间等参数进行优化。热解析步骤要使捕集器瞬间升温，使被吸附的组分迅速脱附而进入色谱柱以减小色谱的初始展宽。

冷阱捕集模式是一种新的低温凝集技术，利用液氮等冷剂的低温，将挥发性组分凝集在一段毛细管中，使之成为一个狭窄的组分带，然后经过闪急加热而进入色谱柱，这样对低沸点组分的分离效果能显著提高。目前这一方法在环境的检测和分析中广泛采用。在冷阱捕集分析中水是对测定影响最大的因素，水在低温时很容易形成冰堵塞捕集器[54]。

3. 热脱附

热脱附（Thermal Desorption Analysis，TDS）也被称为热解吸[62-64]，最早于 20 世纪 90 年代初出现，是用于分析挥发性和半挥发性物质的一种前处理装置，它的解吸进样原理与吹扫捕集技术中的进样原理是一致的（图 2-14）。将放有固体样品或吸附有待测物的捕集管置于热解吸装置中，该装置与气相直接相连，载气通过热解吸装置进入气相，热解吸操作参数主要是解吸温度、解吸时间和载气流量。

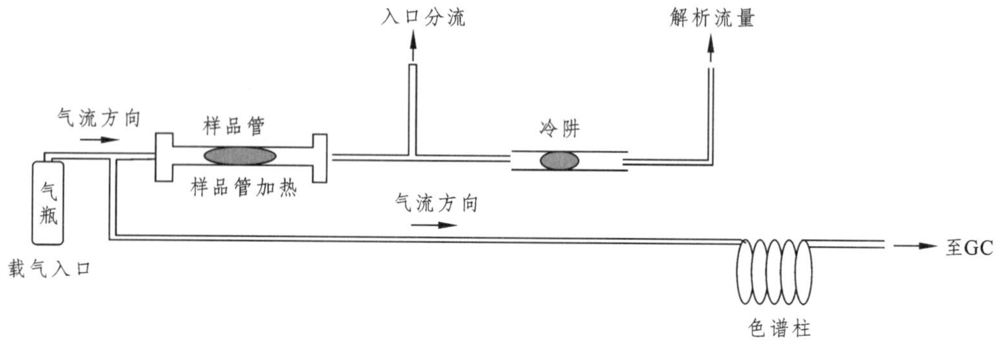

（a）一级热脱附

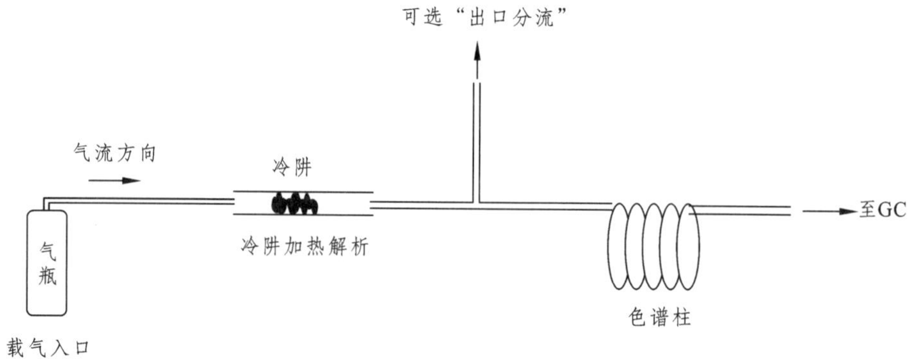

（b）二级热脱附

图 2-14　热脱附萃取原理图

目前，热脱附分成一级热脱附和二级热脱附两种流程[62, 65, 66]。一级热脱附是指，在加热样品管的同时利用惰性气体直接将样品中挥发性成分吹扫入气相色谱柱，但是它会带来峰展宽、流量与气相色谱的毛细管柱不匹配的问题，一般用得比较少。二级热脱附比一级热脱附多了一个冷阱装置，从样品管中吹扫出来的化合物经入口分流后，一部分进入冷阱进行再吸附，冷阱中装填有一定量具有吸附性能的填料，当一级热脱附进行的同时，冷阱由于电子制冷系统的存在处于低温状态，一级解析出来的化合物会在冷阱中再吸附。待一级解析完成之后，冷阱迅速进行升温，一般在几秒钟后可以达到设定的高温，目标分析物进行快速解吸附，经出口分流后，剩下小部分进入气相毛细管柱。这样，冷阱起到了富集和快速进样的作用，解决了峰展宽和流速不匹配的缺点，改善了色谱的分离效能。

2.1.2.6 固相萃取技术

1. 固相萃取

固相萃取（Solid Phase Extraction，SPE）是由液-固萃取和液相色谱柱技术相结合而发展起来的一种样品前处理方法，自从1978年第一次出现SPE商品柱算起，SPE以其现在的形式存在已有20多年的历史。在许多情况下，SPE作为液体试样制备的优先方案取代了传统的液-液萃取法（Liquid-Liquid Extraction，LLE）。与LLE法相比，SPE技术有如下的优点：① 有机溶剂消耗小，待分析成分被SPE柱富集后仅仅需要少量的洗脱液（1~3 mL）就能把待分析成分洗下，有机溶剂消耗远远低于传统的液-液萃取。② 富集倍数高，用SPE柱富集样品时，如环境水样，可把几十至几百毫升样品中的待测组分富集到几个毫升的洗脱液中，富集倍数达数十到数百倍，富集倍数远远高于传统的LLE。而且待测组分浓度越低，方法优势越明显。③ 克服了LLE易乳化，相分离慢的缺点，对环境的污染小，符合绿色化学的要求。④ 能有效地进行样品纯化和干扰组分的预分离。SPE技术可结合待测组分的特点，有针对性地选用柱材料，有选择性地富集待测组分，也可以让干扰组分保留在小柱上而让待测组分不保留，从而分离干扰组分。所以，除了富集之外，SPE技术还是样品纯化和干扰组分的预分离的有效手段。⑤ 便于样品的储存和运送，SPE可通过样品中待测组分富集在小柱上保存，克服了液体样品在运输储存的过程中易发生变化和损失，大体积不易运输储存的缺点，特别适合远距离如环境监测中的现场采样。此外，SPE技术具有操作简便，易实现自动化，便于批量样品处理，速度快等特点[67-69]。固相萃取是结合物质相互作用的相似相溶机理以及高效液相色谱和气相固定相基本原理发展起来的。SPE根据相似相溶机理可分为反相SPE、正相SPE、离子交换SPE、吸附SPE4种。SPE主要处理液体样品，用于萃取、浓缩和净化其中的半挥发性和不挥发性化合物[70]。

2. 固相微萃取

固相微萃取（Solid Phase Microextraction，SPME）其关键部位一段长1 cm、直径为110 μm的熔融石英纤维，石英纤维外壁涂有一层气相色谱固定液，液膜的材料和厚度决定SPME的选择性（图2-15）。SPME操作简单，采样时只需将该纤维头推出针头，置于顶空气体中，脱附时只要将纤维头抽回针头里，直接用于气相色谱仪进样[71-73]。

在进行顶空-固相微萃取实验时，萃取头的极性和厚度的选取至关重要，可根据“相似相溶原理”来选择固相微萃取实验的萃取头。目前商业化的SPME纤维涂层主要有两类：一类是非极性涂层，以聚二甲基硅氧烷（PDMS）为代表，适用于分析非极性和弱至中等极性化合物；另一类是极性涂层，种类较多有：聚丙烯酸酯类（PA）、聚乙二醇（PEG）、Car-bowax/DVB和碳分子筛（Carboxen），适用于极性半挥发性化合物的分析。近几年中还出现了混合涂层，如PDMS/DVB、Carboxen/PDMS、PEG/树脂萃取头，这些混合涂层萃取头的应用，使得在进行固相微萃取实验时可以选择的范围更广。萃取头可直接在气相色谱进样器的热区中进行热解吸，也可在液相色谱的洗脱池中用溶剂来洗脱。顶空-固相微萃取分析中萃取头具有一定的预浓缩作用，分析的灵敏度高于静态顶空分析，在分析的精密度方面好于动态顶空分析，所以是近年来最常用的顶空分析方法[54]。

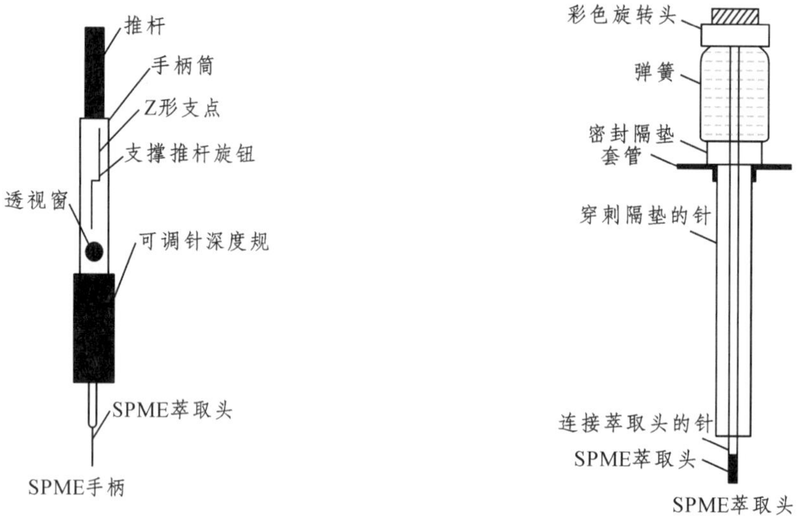

（a）　　　　　　　　（b）

图 2-15　固相微萃取装置图

3. 吸附丝采样法

吸附丝采样类似于固相微萃取，其原理是将一端涂有活性炭的金属丝放于装有样品的大口径试管中，在一定温度下封闭吸附一定时间，然后再用高频居里点裂解器使吸附丝吸附的香气成分瞬间加热解吸，直接进入色谱柱进行分析。整个取样始终是吸附、解吸的过程，各物质在吸附丝上的浓度大大浓缩。吸附丝上的吸附剂是活性炭，它是一种高效、低选择性的吸附剂，对烷烃、芳烃、卤代烃及醇、酯、酮等都具较好的吸附能力。因此用吸附丝来采集易挥发的有机物是可行的，该法被用于茶叶、花香和烟气的研究[3]。

4. 搅拌棒吸附萃取（Stir Bar Sorptive Extraction，SBSE）

搅拌棒吸附萃取是将涂附有萃取涂层的搅拌棒在萃取时自身完成搅拌，避免了固相微萃取中磁子搅拌的竞争吸附:顶空吸附萃取是由 SBSE 发展而来,是针对挥发性有机物而设计的。将 PDMS 涂到棒上，棒静置于溶液瓶上方，对溶液及其他介质样品中挥发性物质进行萃取，然后热脱附进入色谱仪分析[74, 75]。

影响萃取效率的因素有温度、萃取时间和搅拌速率等，为了提高高分子涂层对有机物的萃取能力，可以在水样中加入盐类（NaCl、Na_2SO_4）调节样品离子强度，使待测物溶解度降低。由于非离子涂层只能有效萃取中性物质，所以，某些时候为了防止待测物质的离子化，还需要调节溶液的 pH 值[76]。

SBSE 的解吸有两种方法：热解吸和溶剂解吸。SBSE 的原理与 SPME 相同也是一个基于待测物质在样品及萃取涂层中平衡分配的萃取过程。SBSE 是一种新型的样品前处理技术，具有灵敏度高、重现性好、可重复使用及无溶剂等优点，在分析领域中展现越来越广阔的前景。作为 SPME 的发展，SBSE 增加了萃取涂层总量，提高了萃取效率；另一方面，相对于 SPME，搅拌棒涂层的材料种类还非常少，这也局限了 SBSE 的应用[75, 77, 79]。

2.2 香气物质的定性技术

2.2.1 气相色谱

气相色谱（Gas Chromatography，GC）技术的发展已有 50 多年的历史，它现在是一种相当成熟的复杂混合物的分离分析方法，是目前烟草挥发性香味成分分析中应用最为广泛的重要手段。近年来，柱效高、分离能力强、灵敏度高的毛细管气相色谱有了很大发展，尤其是毛细管柱和进样系统的不断完善，使毛细管气相色谱应用更加广泛。尽管样品前处理的净化效果越来越好，但样品中的干扰物是不可避免的，所以现代气相色谱一般采用只对“目标”响应，而对其他物质无响应选择性检测器。最常用的检测器有质谱（MSD）、电子捕获检测器（ECD）、氮磷检测器（NPD）、火焰离子化检测器（FID）等[69][80]。

2.2.1.1 氢火焰电离检测器

氢火焰电离检测器（Flame Ionization Detector，FID）是利用氢火焰作电离源使有机物电离[68]，产生微电流而响应的检测器，又称氢火焰电离检测器。FID 对烃类响应值很高，而且对不同烃类的响应灵敏度很接近。对含有氧、卤素、硫、磷、硅等元素的有机物，其响应值降低。杂原子愈多，响应值下降显著。对 H_2O、CO_2、CO、CS_2、NH_3、HCN、HCl 等都无响应或响应值很小。灵敏度比 TCD 高 $10^2 \sim 10^4$ 倍，死体积几乎为零，响应快，而且线性范围宽，对含碳有机物的检测限达 10^{-11} g/s。所以常用于接毛细管气相色谱痕量分析和快速分析。由于灵敏度高，对载气的纯度要求较高。本身温度较高，对温度变化不敏感，结构简单，操作方便，广泛用于含碳化合物分析[80, 81]。

2.2.1.2 氮磷检测器

氮磷检测器（Nitrogen Phosphorus Detector，NPD）[82][84]，是由 FID 发展而来，用非挥发性的硅酸铷玻璃珠作热电离源，是电离型检测器。对氮磷化合物灵敏度高，对氮的灵敏度为 1.2×10^{-13} g/s，对磷为 5×10^{-14} g/s，专一性强，其响应值与 N、P 原子流速成正比，适于对复杂样品中痕量氮磷化合物的检测。

对于挥发性酸性、中性香味化合物含量较高的样品，采用 FID 检测器检测即可满足其含量要求，但对于挥发性碱性香味化合物，其含量普遍较低，如果同样采用 FID 检测，大多无法产生响应，又由于挥发性碱性香味化合物多为含氮化合物，因此，若选择灵敏度比 FID 高的 NPD 进行挥发性碱性香味化合物检测，可大大提高痕量碱性香味成分分析灵敏度[85]。

2.2.1.3 裂解气相色谱

裂解气相色谱（Pyrolysis-Gas Chromatography，Py-GC）是热裂解和气相色谱两种技术的结合，于 1959 年问世[86]。分析系统主要由三部分组成：裂解器、色谱仪、控制和数据处理系统（图 2-16）。Py-GC 是将待测样品置于裂解装置内，在严格控制的条件下加热使之迅速裂解成可挥发性小分子产物，然后将裂解产物送入色谱柱直接进行分离分析。裂解器是完成裂解反应的装置，它可控制样品裂解的温度和时间。

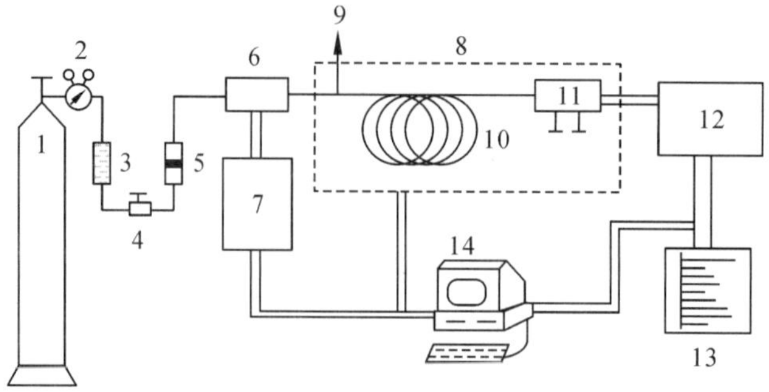

1—载气源；2—减压阀；3—净化器；4—针形阀；5—流量计；6—裂解器；7—裂解器控制系统；
8—色谱仪；9—分流出口；10—毛细管色谱柱；11—检测器；12—电子放大器；
13—记录仪；14—计算机或数据处理系统。

图 2-16 裂解气相色谱装置图

Py-GC 的优点是[68, 87, 93]：分析灵敏度高，样品用量少，分析效率高，定量精度好：分析速度快，信息量大；适用于各种形态的样品，预处理简单；设备简单，投资少。但 Py-GC 也存在其局限性是：一是由于受 GC 分离特点的限制，从色谱柱流出的只能是热稳定的、分子量有限的裂解产物，故不易检测不稳定的中间体和难挥发的裂解产物。裂解质谱（Py-MS）可以弥补 Py-GC 的这一不足。还有人用裂解液相色谱（Py-LC）以检测分子量大的裂解碎片，克服了 Py-GC 的这一缺点。二是裂解产物的定性鉴定比较费时。三是受样品量、裂解器性能及裂解条件、裂解产物的转移、色谱柱性能及分离条件等多种因素影响，实验室之间的重现性不是很好。

2.2.2 气质联用

气质联用（Gas Cbromatography-Mass Spectroscopy，GC-MS）已成为一种发展相对成熟的检测手段，质谱法的优点是能在多种组分同时存在的情况下对其进行定性定量分析，仅用气相色谱法检测需要多个检测器，而气质联用一般只需一次检测即可。

质谱（Mass Spectrum，MS）就是通过电子轰击（EI）、化学电离（CI）、基质辅助激光（MALDI）、电喷雾（ESI）等方式使样品发生电离，生成不同质荷比（*m*/*z*）且高速运转的气态离子碎片，并在扇形磁场、飞行时间、四级杆或离子阱质量分析器的磁场或电场作用下按质荷比大小分离记录的过程，只带有一个质量分析器[95, 102]。MS 通常与 HPLC 或 GC 联用，能够进行待测物质的定性和定量分析，测定化合物的相对分子质量，确定分子式。

2.2.2.1 气相色谱-串联质谱

串联质谱法是在单级质谱的基础上，为了获得更高的灵敏度而发展形成的，最简单的是两级串联质谱（MS/MS），如双重四级杆、四级杆与飞行时间质谱串联、离子阱与飞行时间质谱串联等，一级质量分析器对化合物进行预分离或加能量修饰，第二个质量分析器分析结果[103-106]。串联质谱一般也是与 HPLC 或 GC 联用，其中与前者的联合使用更为普遍，目前通过 HPLC-MS/MS 主要测定烟草中的香味成分、苯并芘、烟碱、亚硝胺等，烟用香精香料中的氨基酸、亚硝胺等以及卷烟辅料中的芳香胺等[107-110]；通过 GC-MS/MS 主要测定烟草或烟气中的致香成分、农药残留，但多见于快速定性分析，定量分析还不多见[111-114]。

2.2.2.2 裂解气相色谱-质谱联用

裂解气相色谱-质谱联用（Pyrolysis-Gas Chromatography-Mass Spectroscopy，Py-GC-MS）是 Py-GC 和质谱的联用技术，大大缩短了裂解产物的定性鉴定时间，提高了分析效率。GC-MS 是强有力的定性分析工具，但当 Py-GC 采用填充柱时，相对大的载气流量与 MS 的高真空要求相矛盾，所以，色谱柱流出物在进入 MS 之前必须除去大部分载气，而且要保持裂解产物的量不能损失太多。在 GC 与 MS 接口处要用一个分离器。分离器对扩散系数大的气体更为有效，故 Py-GC-MS 常用氦气作载气。鉴定裂解产物时，常用电子轰击（EI）和化学电离（CI）源，有时也采用场解吸等办法。Py-GC-MS 缺点是只能检测到 25%或更少的裂解产物[115]，而且裂解产物容易发生二次反应，试验的重复性较差。将裂解色谱做离线分析，是解决这一问题的有效技术手段。在烟草行业，Py-GC-MS 主要用于研究烟草单体化学成分、烟草自身、香精香料和卷烟辅料的热裂解行为[68]。

卷烟在高温燃烧时，烟草化学成分会发生蒸馏、裂解、燃烧、聚合等一系列反应，形成十分复杂的烟气。而裂解是其中一个很重要的过程，因此利用裂解技术检测燃烧产物是研究烟气组成和形成机理的重要手段。因此 Py-GC/MS 技术作为研究烟草化学的一种有效工具，在烟草化学研究中也越来越受到重视。在这方面的研究中，主要是在不同的裂解温度、裂解时间和不同的氛围下对烟草中某些特定成分和烟丝进行热裂解研究[116, 118]。其中，裂解温度对裂解产物的影响非常明显。陈翠玲等[119]应用热重①红外联用技术（TG-FTIR）和热裂解气相色谱-质谱联用技术（Py-GC/MS）对卷烟烟丝的热失重和热裂解行为及其裂解产物进行了研究。结果表明，裂解氛围明显可以影响样品的热裂解反应，样品的热分解主要发生在 200 ~ 500 ℃，700 ℃以后热失重比较缓慢。在氮气氛围下固体残留物的量约为 25%，而在空气氛围下为 7% ~ 9%。然后采用 Py-GC/MS 技术，分别在 600 ℃、700 ℃、800 ℃、900 ℃和 1000 ℃温度下对样品进行热裂解，并对裂解产物进行了定性和半定量分析，针对烟气中的一些裂解特征产物，探讨了裂解温度以及裂解气氛对其裂解行为的影响。由于卷烟燃吸过程的燃烧区温度高达 700~1000 ℃，而蒸馏区温度却只有 30~200 ℃，所以低温和高温条件下的裂解产物是有很大差别的。

2.2.2.3 多维气相色谱-质谱联用

传统的多维气相色谱（Multidimensional Gas Chromatography，MDGC）指的是中心切割方式，每次进样将一维柱的一段或几段馏分转移到二维柱，预柱的大部分成分通过限流管放空，造成样品的浪费。如果对混合物进行全分析，需要多次进样，耗时较长。例如，烟草精油和烟气的全分析，一维色谱分离约 1 h，2~3 min 切割一次，需要 20 多次进样，样品的全分析需要耗时 30~40 h。所以，传统的中心切割多维气相色谱，更适合于复杂体系中目标成分的分析。样品全分析不是其强项[120]。

全二维气相色谱（Comprehensive Two Dimensional GC，CMDGC，GC×GC）只需一次进样，可以完成样品的全二维分析。美国南伊利诺斯州立大学教授 Philips 研究小组是全二维气相色谱的开拓者，1991 年，Philips 等人首次报道了全二维气相色谱经过十几年的发展，全二维气相色谱已经成为气相色谱领域中最为活跃的一个分支[121]。

注：① 实为质量，包括后文的失重、重量等。但现阶段我国烟草行业的科研和生产实践中一直沿用，为使读者了解、熟悉行业实际情况，本书予以保留。——编者注

自从 Phllips 发明了全二维气相色谱以来，全二维气相色谱因其独特的性能，很快就在复杂体系分离分析领域得到足够的重视。很多科学家研究了其优缺点和未来应用前景，并且研究了很多替代方法解决实际应用中遇到的问题。全二维气相色谱具有峰容量大、灵敏度高、族分离和瓦片效应等优点，现在已经广泛应用于环境分析、石油、农药、手性分离、植物精油、卷烟烟气和中草药等[122]。

2.2.2.4 基质辅助激光解吸离子化

自 20 世纪初英国科学家 Thomson 成功地研制出抛物线质谱装置[126]以来，质谱技术已取得了迅猛发展，其在分析领域所处的地位日趋受到瞩目[33]。如今，质谱的足迹已遍布于各个学科的分析技术领域，并对它们的发展起着巨大的推动作用。质谱技术的迅速发展离不开离子化技术和质量分析器的不断改进和革新。新的离子化技术如电子轰击离子化（EI）、化学电离（CI）、快原子轰击离子化（FAB）、大气压化学电离（APCI）等[124, 125]的涌现不断地拓宽了样品的检测范围，尤其是 20 世纪 80 年代，两种软电离技术电喷雾（Electron Spray Ionization，ESI）[126]和基质辅助激光解吸离子化（Matrix Assisted Laser Desorption，MALDI）[127]的问世使得质谱技术在生物大分子分析方面取得了突破性进展。在离子化技术不断革新的同时，质谱的质量分析器也在不断地改进和革新，新的质量分析器不断出现，如飞行时间（Time of Flight）[128, 129]、四极杆质量分析器（Quadrupole Mass Analyzer）[130]、离子井（Ion Trap）[130]、傅里叶变换离子回旋共振（FT-ICR）[131]等，尤其是 FT-ICR 大大提高了质谱的分辨率（>300 000 Hz），这一分辨率是任何其他类型的仪器所不能到达的，直到目前 FT-ICR 仍是最主流的高分辨质谱仪。在这里我们重点介绍 MALDI 技术和 FT-ICR 质量分析器。

MALDI 技术是一种新型的软电离技术，相对于 CI、FAB 等软电离技术发展较晚[132-135]。最初，MALDI 技术仅用于低挥发性生物大分子的分析，其在小分子化合分析中的应用一直被认为是不可取的[136]。然而，由于 MALDI 技术较高的灵敏度，近年来其在小分子化合物分析中的应用开始受到分析化学家的广泛关注，随着新的基质的不断出现和成功应用，其在低分子量化合物分析中的应用研究不断有见报道[137, 138]。

对于热敏感化合物，如果对它们进行极快速的加热，可以避免其在加热的情况下分解。根据这一原理，采用脉冲式的激光，即在一个微小的区域内，在极短的时间间隔里（纳秒级），对靶样品施加高强度的脉冲式能量，在局部产生高达等离子体的高温，使热敏感或者不挥发的化合物可以从固相中快速的解析并离子化[139]。MALDI 的能量不足以打破分子内的化学键，因而给出的主要是分子类型的碎片离子，而且多为单电荷离子碎片，质谱图较为简单。也因为如此仅能提供分析物分子的分子质量信息，如要获得关于分子结构的信息需要进行多级质谱分析。尽管如此，基质所吸收的能量仍足以提供分析物分子完全从基质中解析出来所需的能量。因为，少量样品溶解在大量的基质中，在这种情况下，分析物分子如同沉浸在基质分子的海洋里，能接受足够的能量而从基质中解析出来，并离子化[140]。

MALDI 技术正是利用了上述原理，适合于热不稳定、不挥发性及大分子的化合物的一种电离方式，其原理如图 2-17 所示。将待分析物以高稀释比例分散到某一基质中，分析物与基质的混合物在特定波长的激光（常为 337 nm 和 355 nm）的照射下，基质吸收激光能量并快速将能量传递给样品，使样品产生瞬间膨胀相变而发生本体解吸并离子化，形成带电荷的离子碎片，随后这些离子碎片被转移到检测器后形成质谱图[33]。

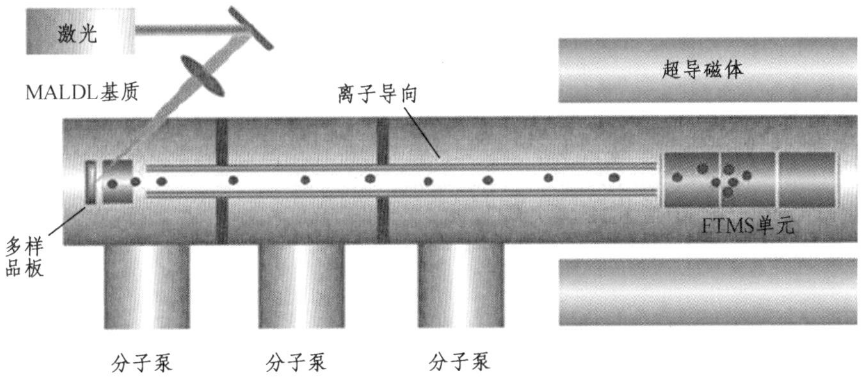

图 2-17 基质辅助激光解吸离子化-傅里叶变换质谱原理图

基质辅助激光解吸离子化-傅里叶变换质谱（MALDI-FTMS）技术，MALDI 技术的高灵敏度和 FTMS 的高分辨率为复杂样品中微量成分的分析提供了可能。FTMS 是高分辨的质量分析器，其分辨能力能达到几万甚至于几十万，而且分子量越小分辨率越高，它能将分子量非常相近的两个分子区分开来。ALDI-FTMS 能提供分析物分子的精确分子量信息，通过精确分子量计算可以获得分析物分子的元素组成。另外，MALDI-FTMS 还可以进行多级质谱分析，通过时间上的串联获得分析物分子的多级质谱，从而提供分析物分子的结构信息，为分析物的进一步确认提供可靠的数据[33]。烟草作为一种复杂基质样品，成分复杂，采用常规检测方法，对样品前处理的要求严格，从而使分析效率下降。若采用 MALDI-FTMS 分析技术，可以降低对样品的要求，减少样品前处理的压力，节省分析时间，提高分析效率[140]。

2.2.3 电子鼻

电子鼻传感器（E-nose）是一种电子嗅觉分析系统，是 20 世纪 90 年代发展起来的一种新颖的分析、识别和检测复杂成分的重要手段，用于分析、识别和检测复杂嗅味和大多数挥发组分。它能够快速地提供被测样品的整体信息，指示样品的隐含特征。与普通的化学分析仪器，如色谱仪、光谱仪等不同，传感器将化学输入转换成电信号，多个传感器对某种气味的响应便构成了传感器阵列对该气味的响应谱，因此得到的是传感器阵列对总挥发性成分的响应的总和，给予样品中挥发成分的整体信息[141, 142]。

杨涓等[141]采用电子鼻对卷烟烟丝挥发性组分进行分析，分别考察了前处理制样与电子鼻顶空平衡时间对结果的影响。确定采用三包卷烟的烟丝作为大样本，混合均匀后称取适量样品直接电子鼻分析，电子鼻顶空平衡温度为 55 ℃。应用电子鼻在该参数下对不同烘丝方式和温度参数处理的卷烟烟丝挥发性成分进行气味指纹图谱和主成分分析（PCA），同连续流动法测定的常规化学成分结果做了比较，结果表明电子鼻能够反映常规化学成分检测手段不能区分的不同烘丝过程带来的挥发性组分改变。冯莉等[143]采用电子鼻系统对不同形态烤后烟样进行测定，以便初步建立一个烤后烟叶挥发性组分判别检测的方法。结果表明，不同样品形态、同一样品不同放置时间均对电子鼻检测效果有一定影响。对于烟丝样品，放置 4 h 检测为宜；对于烟末样品，放置 30 min 检测为宜；采用烟丝样品检测效果优于烟末样品。结果分析表明，线性判别分析（LDA）比主成分分析（PCA）更能有效地区分不同样品，并且 LDA 分析的结果更能代表样品的整体特征。传感器 Loadings 分析表明，烟丝样品检测时贡献率较大的传感器是 2、7、8、9；烟末样品检测时贡献率较大的传感器是 2、7、9。利用电子鼻技术在合适的条件下，可以对不同品种不同部位的烟样进行区分和鉴别。朱先约等[144]为了探索区分不同国家烤烟的有效方法，利用电子鼻检测了中国、巴西、津巴布韦 35 种烤烟样品的挥发性成分，并对电子鼻采集数据进行主成分分析和线性判别分析。通过线性判别分析建立模型对测试样品的正确判别率为 100%。结果表明：电子鼻方法是不同国家烤烟区分的有效方法，可为人工鉴定提供参考。毛友安等[145]基于电子鼻检测技术和化学计量学方法，研究建立了卷烟烟丝挥发性组分整体性质的人工智能评价方法，并比较了 15 种国产烤烟型卷烟产品。结果表明，主成分分析法处理数据能够有效区分卷烟产品配方烟丝的挥发性组分性质；判别因子分析法处理数据能够评价不同卷烟配方烟丝之间挥发性组分性质的相似性。

2.2.4 高效液相色谱

高效液相色谱（High Performance Liquid Chromatography，HPLC）常用于分析高沸点和热不稳定的挥发性有机物。HPLC 分析挥发性有机物一般采用 C_{18} 或 C_8 的填充柱，以甲醇、乙腈等水溶性有机溶剂作流动相的反相色谱，选择紫外吸收、质谱、荧光或二极管阵列检测器。与 GC 相比，HPLC 的流动相参与分离机制，其组成、比例和 pH 值可灵活调节，可以采用离子对试剂，使之得到良好分离[146]。

大部分挥发性有机物可用 GC-MS 检测，但对极性或热不稳定性太强的化合物不适用，可采用高效液相色谱-质谱法（HPLC-MS）来检测。据统计，液相色谱可以分析的物质占世界上已知化合物的 80%以上，内喷射式和粒子流式接口技术可将液相色谱与质谱连接起来，已成功地用于分析一些对热不稳定、分子量较大、难以用气相色谱分析的化合物，且具有检测灵敏度高、选择性好、定性定量同时进行、结果可靠等优点[147-150]。

目前国内烟草行业主要利用液相色谱来检测烟草中的烟碱、多酚类、糖类及农残等。陈燕舞等[151]考察了烟碱在 C_{18} 柱上的色谱行为。优化出的反相高效液相色谱法测定烟草中烟碱的条件为：ODSHypersil C_{18}（250 mm×4.6 mm，5 μm）柱；柱温 25 ℃；流速 1 mL/min；流动相 A 为 10 mmol/L 的磷酸氢二钠缓冲溶液，三乙胺添加量为 0.2%，pH 值为 4.2，B 为甲醇；A、B 的体积比= 95∶5；检测波长 259 nm。该条件下烟碱的分离和对称性良好，保留时间短，准确度高、重现性好。余小芬等[152]对超声波提取烟草中多酚的提取条件及高效液相色谱检测烟草中多酚类物质的色谱条件进行了优化，并利用内标法对多酚中的绿原酸、莨菪亭和芸香苷进行了定量研究。结果表明，最佳提取条件为：烟草样品于 50%甲醇（甲醇与水的体积比）溶液中超声波萃取 20 min；最佳色谱条件为：SunFireC18（4.6 mm×250 mm，5 μm）色谱柱，柱温 35 ℃，流速 1 mL/min，进样体积 10 μL，甲醇/乙酸水溶液梯度洗脱，检测波长 340 nm。

2.2.5 连续流动分析技术（Continuous Flow Analysis，CFA）

连续流动分析又称为间隔流动分析。1955 年，在美国 Skeggs 医生的设计下。TECHNICON 公司首次生产出第一台连续流动分析仪（AutoAnalyzer）。流动分析技术最初应用于生化分析方面，可显著降低劳动强度，提高检测效率，且整个检测过程由仪器自动完成，精密度比手工检测更高，因此目前该技术已广泛应用于医学检验、环保、水质、烟草以及质检等行业[153, 154]。

连续流动分析仪通过蠕动泵提供动力，以蠕动泵代替手动添加试剂，通过改变试剂管路的直径来实现不同试剂的加液量，并且通过空气或氮气将液体流分隔成许多个小的反应单元，减小样品间的扩散，液体流经过流通池比色，产生相应的吸收信号，用峰高进行定量。其代表产品主要有 SKALARSAN++、SEAL AA3、爱利安斯 FUTURA Ⅱ 等[153, 154]。

连续流动分析技术的特点主要有：① 自动完成复杂的工作程序，如萃取、蒸馏、透析等过程，自动化程度高，大大解放劳动力。② 分析速度快，对于步骤烦琐的检测项目有明显的优势。③ 精密度高，整个流程由软件自动控制，每个样品检测过程和条件高度一致，如蒸馏温度、时间、试剂加入量等重现性好，结果精密度高。④ 稳态检测，试剂与样品完全反应，达到平衡后检测灵敏度高。⑤ 有气泡间隔，样品相互间扩散小。⑥ 与手工法相比，样品和试剂消耗量低。对于烟草中的挥发性成分，连续流动分析技术主要用来进行总挥发碱或者总挥发酸的检测[155, 156]。

2.2.6 分光光度法

分光光度法（Spectrophotometric）是测定酚常用的方法，该类方法一般是基于 4-氨基安替比林与酚的显色反应进行测定，光度法虽然只能测定酚的总量，但是仪器设备要求简单，操作简便，适合一些不使用大型仪器的情况下使用。王岚等[157]研究了固相萃取-光度法测定烟草样品中挥发酚，挥发酚用 4-氨基安替比林显色，显色产物可用 Waters Sep-Park-C_{18} 固相萃取小柱萃取，以乙醇洗脱后用分光光度法测定，相对标准偏差在 2.4%~3.2%，标准回收率在 92%~108%。用三氯甲烷萃取光度法作结果对照，测定结果相符合，精密度和回收率优于对照方法。

2.2.7 近红外光谱分析

近红外光谱技术（Near Infrared Spectrum Instrument，NIRS）[158]兴起于 20 世纪 80 年代后期，是指在近红外光谱区（780 ~ 2526 nm）提取目标化合物的特征光谱信息，统计分析结果从而对待测物定性定量的分析检测技术。近红外光谱技术是一种“三位一体”的技术，即近红外光谱仪、化学计量学软件和应用模型三部分的有机结合体。这三部分互相结合才能满足分析的要求，缺一不可。性能可靠的近红外光谱仪和合适的化学计量学软件是建立应用模型的必要保障条件，实用的应用模型则是近红外分析技术发挥作用的必须载体。化学计量学软件是现代近红外光谱仪器的重要组成部分，一般由光谱采集软件和光谱化学计量学处理软件两部分构成。该方法快速准确，广泛应用于医药行业，近几年在烟草行业中应用也较为普遍。

吴玉萍等[159]应用傅里叶变换近红外漫反射光谱仪，从 500 个样品中按高、中、低含量挑选出具代表性的 150~172 个烟草样品建立了近红外光谱与烟草中的苹果酸、柠檬酸和石油醚提取物成分含量间的数学模型，用建立的模型对 36 个样品进行预测，结果表明，各成分近红外预测值与实测值之间的平均偏差：苹果酸为 0.090，柠檬酸为 0.040，石油醚提取物为 0.124；且近红外预测值与化学法不存在显著性差异，近红外光谱分析技术可初步用于烟草部分香气成分的快速定量分析。王轶等[160]应用傅里叶交换近红外漫射光谱仪，在贵州省各地初烤烟叶中挑选出具有代表性的 149 个烟草样品，建立了近红外光谱与烟草中石油醚提取物成分含量间的数学模型，模型的决定系数为 0.9143，均方差为 0.244。对 10 个未知烟样进行预测，结果表明：近红外预测值与实测值之间的平均绝对误差、平均相对误差绝对值分别为 0.075 96 和 1.449 96，且预测值与实测值间不存在显著性差异。章平泉等[161]利用烟草样品的近红外漫反射光谱，通过化学计量学的方法，建立了卷烟中多酚类物质的近红外数学模型。结果表明，绿原酸、新绿原酸和芸香苷近红外数学模型外部验证的平均相对误差和变异系数（RSD）均在 5%以内，说明该模型准确性和稳定性均很好，可快速、准确、无污染地测定卷烟中多酚类物质含量。王玉等[162]建立近红外光谱技术快速无损检测烟草重要香味成分茄酮的方法。通过收集近 500 个具有代表性样品的光谱，建立其相应指标的近红外模型。在所有的校正模型中，原始谱图经过二阶导数和偏最小二乘（PLS）处理，20 个外部样品用于所建模型的验证，实际和预测的平均相对偏差小于 5%。结果表明：近红外光谱技术能够应用于烟草重要香味成分茄酮的分析。香味成分的近红外光谱快速测定将作为一种快速高效的方法为卷烟配方设计和质量控制提供有力的支持。邱军等[163]应用定量分析软件包中的自动优化功能初选模型的条件，对不同条件所建模型的效果进行比较，采用光谱预处理方法为一阶导数加多元散射校正法，谱区范围为 6101.8 ~ 5446.1 cm^{-1}，建立烟草中石油醚提取物的定量分析模型，内部交叉验证决定系数为 88.80，均方差（RMSECV）为 0.193。预测值与化学测定值之间相关性良好。结果表明：近红外光谱法应用于烟草石油醚提取物的测定可行性良好，适用于样品的快速无损分析。付秋娟等[164]人利用 NIR 建立了烟草中总挥发碱的数学模型，结果表明采用近 NIR 分析技术可快速测定烟草中的总挥发碱含量。

2.2.8 其他分析方法

示波极谱法[165, 167]（Oscillographic Polarography）是一种快速加入电解电压的极谱法。常在滴汞电极每一汞滴成长后期，在电解池的两极上，迅速加入一锯齿形脉冲电压，在几秒钟内得出一次极谱图，为了快速记录极谱图，通常用示波管的荧光屏作显示工具，因此称为示波极谱法。1988 年林三东采用在碱性条件下用水蒸气蒸馏法蒸出烟碱，用过量 $CuSO_4$ 溶液将它定量沉淀。用盐酸溶解沉淀后，在乙二胺、K_2SO_4 底液中用示波极谱仪测定铜的波高，求出烟碱的含量。方法简便，选择性好，适于烟草中烟碱的测定[168]。

酸碱滴定法[169-171]（Acid-base Titration）是指利用酸和碱在水中以质子转移反应为基础的滴定分析方法。可用于测定酸、碱和两性物质，是一种利用酸碱反应进行容量分析的方法。用酸做滴定剂可以测定碱，用碱做滴定剂可以测定酸，这是一种用途极为广泛的分析方法。YC/T 35—1996《烟草及烟草制品　总挥发碱的测定》就是通过该法分析。

电位滴定法[172-175]（Potentiometric Titration）是在滴定过程中通过测量电位变化以确定滴定终点的方法。和直接电位法相比，电位滴定法不需要准确地测量电极电位值，因此，温度、液体接界电位的影响并不重要，其准确度优于直接电位法。普通滴定法是依靠指示剂颜色变化来指示滴定终点，如果待测溶液有颜色或浑浊，终点的指示就比较困难，或者根本找不到合适的指示剂。电位滴定法是靠电极电位的突跃来指示滴定终点。在滴定到达终点前后，滴液中的待测离子浓度往往连续变化 n 个数量级，引起电位的突跃，被测成分的含量仍然通过消耗滴定剂的量来计算。贾春晓等[176]通过对烟草中挥发酸总量分析的全过程进行研究，确定出该项分析的最佳条件为：10 g 烟样，用磷酸溶液调节其初始 pH 值 = 2.0，用去离子水进行水蒸气蒸馏 80 min，接收馏出液 400 mL（挥发酸总量≤0.3%时接收 300 mL），用苯酚红做指示剂（或采用自动电位滴定，终点 pH 值 = 8.0）。在此条件下，纯样品的回收率可达 96.04%。

2.3　香气物质的定量技术

2.3.1　外标法定量

外标法[177][178]（External Standard Method）是指用待测组分的纯品作对照物质，以对照物质和样品中待测组分的响应信号相比较进行定量的方法。此法可分为工作曲线法及外标一点法等。工作曲线法是用对照物质配制一系列浓度的对照品溶液确定工作曲线，求出斜率、截距。在完全相同的条件下准确进样与对照品溶液相同体积的样品溶液，根据待测组分的信号从标准曲线上查出其浓度或用回归方程计算，工作曲线法也可以用外标两点法代替。通常截距应为零，若不等于零说明存在系统误差。工作曲线的截距为零时，可用外标一点法（直接比较法）定量。

外标一点法是用一种浓度的对照品溶液对比测定样品溶液中 i 组分的含量。将对照品溶液与样品溶液在相同条件下多次进样，测得峰面积的平均值，用式（2-1）计算样品中 i 组分的量：

$$C_x = A_x \cdot C_i / A_i \tag{2-1}$$

式中　C_x, A_x——在样品溶液进样体积中所含 i 组分的重量及相应的峰面积；

C_i, A_i——在对照品溶液进样体积中含纯品 i 组分的重量及相应峰面积。

外标法简便，不论样品中其他组分是否出峰均可对待测组分定量。但此法的准确性受进样重复性和实验条件稳定性的影响，进样量要求十分准确，要严格控制在与标准物相同的操作条件下进行，否则会造成分析误差，得不到准确的测量结果。对于外标物，虽与被测组分同为一种物质，但要求它达到一定的纯度，分析时外标物的浓度应与被测物浓度相接近，以提高定量分析的准确性。

2.3.2　内标法半定量

内标法（Internal Standard Method）是将一定重量的纯物质作为内标物加到一定量的被分析样品混合物中，根据测试样和内标物的质量比及其相应的色谱峰面积之比及相对校正因子，来计算被测组分的含量[179]，内标法是色谱分析中一种比较准确的定量方法，尤其在没有标准物对照时，此方法更显其优越性。内标法的计算公式如下[180]：

$$C_x = C_i \cdot A_x / A_i \tag{2-2}$$

式中　C_i——内标物浓度；

A_x——香味物质峰面积；

A_i——内标物峰面积。

采用内标法定量时，选择稳定的内标物是关键，被选为内标的化合物必须满足以下四点要求：① 内标物与被分析物质的物理化学性质要相似（如沸点、极性、化学结构等），但被分析物质中不含该物质；② 内标物应能完全溶解于被测样品（或溶剂）中，且不与被测样品起化学反应；③ 内标物的出峰位置应该与被分析物质的出峰位置相近，且又不共溢出，目的是避免仪器的不稳定性所造成的灵敏度的差异；④ 选择合适的内标物加入量，使得内标物和被分析物质二者峰面积的匹配性大于 75%，以免它们处在不同响应值区域而导致灵敏度偏差[181]。

内标法可避免由于进样的一致性及样品歧视效应导致的偶然误差，它的分析精密度相对较高，是一种比较理想的定量分析方法。它的缺点是前处理比较复杂，所花费的时间较长，同时必须要有合适的标样及内标物才能进行内标法定量分析[181]。

2.3.3 稳定同位素稀释分析法

稳定同位素稀释分析法[182]（ID）是在样品的处理前加入待测元素的富集同位素，利用同位素比率的变化来定量地测定待测元素的浓度。它可以有效地消除样品处理过程中元素的损失和测定过程的基体效应、等离子体源的变化和信号漂移等因素对分析准确度的影响。在同位素稀释分析测定中，测定没有质谱干扰的同位素可极大地消除系统误差，因此在现有痕量分析技术中，同位素稀释法是可提供最精确浓度值的分析方法之一[183]。在电感耦合等离子体质谱技术应用之前，应用于同位素稀释分析法的质谱技术主要为热电离质谱、电子轰击电离质谱、火花源质谱。而电感耦合等离子体质谱技术提供的高灵敏度、宽线性动态范围、分析速度快以及支持多元素的同时测定等优势是这些质谱技术无可比拟的。

对于成分复杂的样品而言，要求定量测定其中某些元素或化合物。是一项繁重的任务，有时用一般的分析方法甚至无法达到目的。若待测元素至少存在两种天然同位素，或者有其长半衰期的人造放射性元素，通常则可利用质谱同位素稀释法简单地解决这类问题。

同位素稀释法最先是由 Rittenberg 等[184]于 1940 年提出，Cest 等和 Hintenberger 分别作了理论阐述并讨论了一般计算式。它是一种计数原子的方法，在分析样品中加入已知量的待测元素的某一富集同位素，使之与样品成分同位素混合均匀从而改变样品中的待测元素的同位素的丰度比，用质谱法测定混合后样品的同位素比值，即可确定待测元素在样品中的浓度。

分别用 N_x、N_y 表示待测样品中待测元素与所加入的同位素稀释剂含有的待测元素原子总数；用 A、B 分别表示待测元素的参比同位素和富集同位素的天然丰度；用 A_s、B_s 分别表示待测元素的参比同位素和富集同位素在同位素稀释剂中的丰度；R 为测得的同位素比值（参比同位素/富集同位素），由质量守恒定律，得下式：

$$R = (N_x \cdot A+N_y \cdot A_s)/(N_x \cdot B +N_y \cdot B_s) \quad (2\text{-}3)$$

$$N_x = N_y \cdot (A_s-B_s \cdot R)/(B \cdot R-A) \quad (2\text{-}4)$$

由于样品中待测元素的相对原子质量 M、同位素稀释剂中待测元素的相对原子质量 M_s 已知，样品的质量 m 和加入的同位素稀释剂的掺入元素质量 m_s 可以通过称量获得。若样品中待测元素的含量为 C，则将 $N_x = (C \cdot m)/M$、$N_y = m_s/M_s$ 代入式（2-4）可得同位素稀释法的含量计算公式：

$$C = M/M_s \cdot (m_s/m) - (A_s - B_s \cdot R)/(B \cdot R - A) \tag{2-5}$$

从上述表达式可以看出，由于 A_s、B_s、A、B 为常数，称量过程中确定了 M、M_s、m_s、m 后，同位素比值 R 的测定准确度是影响测定 C 的唯一因素。只要样品与稀释剂混合均匀，混合物各部分便有相同的同位素组成，因此，测定前的样品损失、不定量分离不会影响分析的结果。由于基体效应、信号波动、仪器的不稳定对一个元素的同位素引起的信号漂移是一致的，因此，这些因素不会影响到分析的准确度。

2.4 特征香气成分识别技术

2.4.1 香气活力值（Odor Activity Value，OAV）

感官评价是可直接鉴别卷烟风味的一种有效方法，但无法解决化学成分对香味体系的贡献度。20 世纪 60 年代，Rothe 等[185]通过感官评价获得面包香气成分的阈值，结合仪器获得对应成分的浓度，首次得出香气值（Aroma Value）概念，认为香气值越高的成分对香气体系贡献越大，且只有当香气值大于 1 的香气成分对香气体系有贡献。随后该领域又提出与香气值内在含义相同的香味单元（Flavor Unit）、香气单元（Odor Unit）等概念[186-189]。到 80 年代，Acree 等[190]提出用 OAV 来定量表征香气体系中挥发性成分的贡献度，认为需从浓度和阈值两个维度综合判定香气成分对香气体系的贡献。

OAV 是指香气成分在香气体系中的绝对或质量浓度与其香气或感觉阈值的比值[14]，计算公式如下：

$$\text{香气活力值（OAV）} = \frac{\text{各香气组分的浓度（}C\text{）}}{\text{感觉阈值（}T\text{）}} \tag{2-6}$$

若 OAV>1 时，说明该组分对整体香气贡献较大；若 OAV<1 时，则说明该组分对整体香气的影响很小。一般来说 OAV 值越大，说明该组分致香作用越大，大部分行业领域会将 OAV≥1 的物质视为关键香气物质。

OAV 兼顾了嗅觉敏感性差异和香气成分化学成分在体系中的浓度，为解决香气成分对体系香气贡献度问题提供了重要的科学依据和技术手段。由于香气体系中各香气成分的 OAV 存在明显差异，通过 OAV 的大小可以判定出对香气体系起着关键作用的香气成分。

香气是由具有香气的化学物质来体现的，通过 OAV 研究表明，香气体系中只有少量的关键香气成分起到了重要贡献。2014 年 Dunkel 等[191]研究发现，在食物香气体系所含有的 10 000 个挥发物中，只有不到 3%的成分会对其特定气味做出贡献，说明只要 230 个左右的“关键香气物（KFOs）”就可以构成大多数食品和饮料的挥发性香气特征。对 227 种食品中含有的 KFOs 分析结果表明，每种食品仅仅含有 3~40 个主要香气成分，白兰地含有最多的 36 个 KFOs，发酵奶油只有 3 个 KFOs。2017 年 Jia-Xiao Li 等[192]利用气相色谱从榴莲果（*Duriozibethinus* L.）中鉴定出 19 种香味成分，最后发现，仅仅两个关键化合物就足以引起榴莲的特征果肉香气。关于 OAV 的相关研究，目前主要集中在发酵制品、水果、植物油等领域，自 2013 年起，OAV 在卷烟中的应用逐年增加。

OAV 分析相关技术包括香气物质的定性筛选、定量分析、OAV 计算和关键香气物质确证几个步骤。香气物质的定性筛选主要基于气相色谱-质谱/嗅觉测量（Gas Chromato Graphy-Mass Spectrometry/Olfactometry，GC-MS/O）技术。GC-MS/O 技术是将人鼻子的高灵敏度与气相色谱的高分离性能和质谱的检测性能相结合来对痕量香味活性物质的检测的一种香气检测技术。其中人的鼻子相当于“显微镜”，将经色谱分离后的每一种化合物的气味进行放大识别，进而有利于判断某一物质的关键致香物质。GC-MS/O 常用的方法有香气萃取稀释分析法（Aroma Extract Dilution Analysis，AEDA）[193-195]、Osme 技术（香气强度分析）[196, 197]、Charm 分析等[198]，目前主要应用于酒类[199]、酱肉[200]、茶叶[201]、葡萄[202]、精油[203]、提取物[204]等样品中风味成分分析。定量分析方法主要有 GC-FID[205]、液-液萃取-气相色谱-质谱法[199]、固相微萃取-气相色谱-质谱法[201]、搅拌子吸附萃取-气相色谱-质谱法[206]等技术。

2.4.2 相对香气活力值（Relative Odoractivity Value，ROAV）

近年来，刘登勇等[207]提出了相对气味活度值（Relative OAV，ROAV）的新概念，用于量化评价不同挥发性物质对总体风味的贡献程度。此后，国内研究人员利用 ROAV 方法开展了金华火腿等香气体系中关键成分贡献度研究[207, 217]。这些研究表明，ROAV 是在 OAV 基础上进一步量化评价香气成分对香气体系的相对贡献度，是有效表征香气体系关键香气成分的重要手段，也正在香气风味特征相关研究中越来越多地发挥作用。

相对气味活力值中的浓度由积分面积归一化法得到，为单一组分的相对浓度（C_r），然后根据各组分相对含量与查阅到的感觉阈值的比值进行比较，最大的就是 OAV 值最大的香气成分。即

$$
\begin{aligned}
\text{ROAV} &= \frac{\text{单一组分OAV}}{\text{OAV值最大的香气组分的OAV}} \times 100 \\
&\approx \frac{\text{单一组分的相对含量}}{\text{OAV值最大的香气组分相对含量}} \times \\
&\quad \frac{\text{OAV值最大的香气组分阈值}}{\text{单一组分阈值}} \times 100
\end{aligned} \tag{2-7}
$$

通过以上公式所得出的相对气味活力值范围均在 0 ~ 100，且 ROAV > 1 的组分为关键香气成分，0.1<ROAV<1 的组分为修饰香气成分，ROAV<0.1 的组分为潜在风味化合物。相对活力值不需要通过对样品中每种物质进行绝对定量，便可以得出不同物质对于香气形成的贡献度大小。

2.5 特征香气成分确证技术

特征香气成分（Key Aroma Compound）的确认需要进行香气重组（Aroma Recombination）与缺失试验（Omission Experiment）[198]。主要应用于酒类[205]、食品及日化香精等样品中关键风味物的分析。

2.5.1 香气重组

先在实验中 GC-MS 结合 GC-O 的结果物质中筛去闻不到香气的物质、RI 计算值与查阅的标准值相差超过 40 的物质和 OAV 值小于 1 的物质，分析出对香气贡献较大的化合物按照香韵划分整理实验结果，列出物质的浓度，以及各个香韵物质浓度的和，确定香韵比例。此结果就是确定重组香精主要使用的香韵和原料。按照香韵划分的原料以及浓度进行香精的重组，重组之后根据香精香气予以增加不同香原料进行香气修饰，使香气尽可能地贴近自然逼真的效果，尽量调配出与样品香气接近、香气协调的重组物，通过人工感官鉴别判别重组物与原样品的相似程度，对相似度高的重组物进行后续缺失试验。

感官鉴别方法举例：由感官人员对原样品和重组样品香韵给予评估，感官人员每人嗅闻 3 次，首先对原样品按照划分的香韵进行打分评价，从 0~5 分，0 分表示无此香韵香气，1 分表示此香韵香气很弱，3 分表示此香韵香气适中，5 分表示此香韵香气极强。再由该小组对重组样品按照相同的划分香韵进行 0~5 分强度感官评价。每人重复 3 次打分，最终取结果的平均值。将结果进行方差分析，画出雷达图以方便对比原样品和重组样品的香气相似性。对相似度低的重组物须重新进行香气化合物定性筛选、定量分析、OAV 计算。

2.5.2 缺失实验

对相似度高的重组物进行缺失试验，分别缺失 1 个化合物与原来的重组物进行对比，如果与原重组物有较大差异，则确定为该物质为特征成分，通过缺失试验确证样品中的关键香气物质。

2.6 小 结

E-nose、GC-MS、GC-O-MS 等技术作为评价香气风味成分的传统方法具有各自的特点，电子鼻技术通过模式识别系统的化学传感器列阵进行气味识别[218]；GC-MS 和 GC-O-MS 技术可精确地确定香气体系中的挥发性风味成分[219]；传统感官评定方法可直接判别香气体系的风味特征[220, 221]。但这些传统的风味表征技术和方法均无法有效解决香气成分对体系贡献度的问题，OAV 从浓度和阈值两个维度上揭示了香气成分对香气体系的贡献，为表征香气体系关键香气成分提供了有效技术手段。然而，OAV 目前其仍存在以下两个方面问题：① 由于阈值测试是以人的感觉作为评判，受水、空气、丙二醇等基质以及测试人员感官灵敏度所影响，导致不同研究团队评定的阈值数据在一定程度上存在偏差，香气成分阈值数据存在一定差异；② 尽管现代分析技术已取得长足发展，但对于复杂香气体系中痕量但关键的香气成分准确测定仍存在缺陷，导致无法更加系统地对食品香气体系或成分进行表征，香气成分分析技术仍需进一步完善。

针对以上问题，一方面，须重新组织经验丰富且感官灵敏的研究人员，构建足量人员构成的感官评定团队，对香气成分阈值进行多维评价，获得大量样本数据，从而避免因研究人员感觉差异和外在环境因素所造成的数据偏差，获得更加客观准确的阈值数据；另一方面，须进一步完善现有分析技术，例如，在深入研究样品前处理方法基础上，利用半制备型高效液相色谱对痕量香气成分进行有效富集，再结合 GC-MS 技术，实现香气体系中痕量香气成分的准确分析。目前，OAV 和 ROAV 在香气学领域已显现出了广阔的应用潜力，随着香味学的发展，通过现代分析技术和感官分析技术紧密结合，以及 OAV 等相关技术在特征香味成分表征和调香中的推广应用将愈加广泛。

参考文献

[1] 刘绍华，毛多斌，李志华，等. 天然烟用香料提取技术研究进展[J]. 郑州轻工业学院学报（自然科学版），2013，28（4）：24-28.

[2] 吴丽君，石凤学，刘晶，等. 烟草香气成分分析研究进展[J]. 中国农学通报，2014，30（21）：251-257.

[3] 郑琳. 超临界二氧化碳萃取与同时蒸馏萃取卷烟烟丝致香成分的研究[D]. 杭州：浙江大学，2003.

[4] LIKENS S T, NICKERSON G B. Detection of certain hop oil constituents in brewing products[J]. Proc Am Soc Brew Chem, 1964, 5(1): 5-13.

[5] BLANCH G P, TABERA J, HERRAIZ M, et al. Preconcentration of volatile components of foods: optimization of the steam distillation-solvent extraction at normal pressure[J]. Journal of Chromatography A, 1993, 628(2): 261-268.

[6] 李炎强. 固相微萃取气质联用技术在烟草顶空成分分析中的应用[J]. 烟草科技，2000（2）：21-24.

[7] 李炎强，冼可法. 同时蒸馏萃取法与水蒸气蒸馏法分离分析烟草挥发性、半挥发性中性成分的比较[J]. 烟草科技，2000（2）：18-21.

[8] 李桂花. 同时蒸馏萃取法及其在烟草分析中的应用研究[D]. 杭州：浙江大学，2007.

[9] 王保会. 冷凝温度对同时蒸馏萃取法测定烟叶中致香物质的影响[J]. 农产品加工·学刊，2010（6）：41-43.

[10] 史高杨. 有机化学实验[M]. 合肥：合肥工业大学出版社，2015：41-46.

[11] 李小福. 同时蒸馏萃取和减压蒸馏萃取方法提取烟叶香气成分的比较[J]. 中国科技论文在线，2008（9）：672-676.

[12] 王宁. 再造烟叶生产过程中提取工艺技术研究[D]. 开封：河南大学，2008.

[13] 彭夫敏. 水蒸气蒸馏法同时蒸馏萃取法和顶空共蒸馏法提取烟草挥发性成分的比较研究[D]. 合肥：中国科学技术大学，2004.

[14] 刘福昌，明延波，靳德军. 天然药物化学[M]. 武汉：华中科技大学出版社，2013.

[15] 彭黔荣. 贵州烟草中性香味物质的提取、分离和分析研究[D]. 成都：四川大学，2002.

[16] 张朝飞. 砂梨的营养成分、香气成分及其果汁加工的研究[D]. 长沙：中南林学院，2005.

[17] 彭黔荣. 烟叶的化学成分与烟叶质量的人工神经网络预测[D]. 成都：四川大学，2004.

[18] 杨再波. 人工神经网络在烟叶挥发性成分与烟叶品质预测中的运用[D]. 贵阳：贵州

大学，2005.
[19] 朱捷. 食品中有机氯农药残留分析前处理技术研究进展[J]. 辽宁农业科学，2007（3）：61-64.
[20] 李发旺，李赞忠. 超临界流体技术及应用现状[A]. 2014（23）：93-94.
[21] 王洛春，仇汝臣，王英龙，等. 超临界萃取技术的应用研究进展[J]. 化工时刊，2003，17（1）：3.
[22] 张骁，束梅英，等. 超临界流体萃取技术应用进展及前景展望[J]. 中国医药情报，2003，9（1）：7.
[23] MESSMORE H E. Process for producing asphaltic materials: US 2420185[P]. 1943
[24] 俞惟乐，等. 毛细管气相色谱和分离分析新技术[M]. 北京：科学出版社，1999
[25] 邵惠芳，焦桂珍，刘金霞，等. 超临界 CO_2 萃取技术在烟草中的应用[J]. 安徽农业科学，2008，36（13）：5473-5474.
[26] 孙世豪. 顶空液相微萃取技术综述[J]. 烟草科技，2006（5）：41-46.
[27] 廖堃. 顶空-液相微萃取在烟用香精分析中的应用[J]. 烟草科技，2007（6）：39-43.
[28] 孔娜. 微波辅助萃取/样品前处理联用技术的研究进展[J]. 分析测试学报，2010（10）：1102-1108.
[29] 宝贵荣. 浅谈中空纤维膜液相微萃取装置的研究进展[J]. 广东化工，2012（15）：47-48.
[30] JEANNOT M A, CANTWELL F F. Solvent microextraction into a single drop[J]. Anal Chem, 1996, 68: 2236-2240.
[31] HO T S, PEDERSEN-BJERGAARD S, RAMUSSEN K E. Recovery, enrichment and selectivity in liquid-phase microextracetion. comparison with conventional liquid-liquid extraction[J]. J Chromatogr A, 2002, 979: 163-169.
[32] SUN S H, CHENG Z H, XIE J P, et al. Identification of volatile basic componerts in tobacco by headspace liquid-phase microextraction coupled to matrix-assisted laser desorption/ionization with Fourier transform mass spectrometry[J]. Rapid Commun Massspectrom, 2005, 19(8): 1-6.
[33] 孙世豪. LPME/MALDI-FTMS 分析烟草和主流烟气中的碱性成分[D]. 郑州：中国烟草总公司郑州烟草研究院，2006.
[34] 仵靖. 液相微萃取与离子色谱联用技术初探[D]. 广州：华南理工大学，2009.
[35] 刘科强. 液相微萃取技术在农药残留检测中的应用[J]. 湖北农业科学，2012（15）：3153-3158.
[36] 吴丽君，石凤学，刘晶，等. 烟草香气成分分析研究进展[J]. 中国农学通报，2014，30（21）：7.
[37] THEIS A L, WALDACK A J, HANSEN S M. Headspace Solvent Microextraction[J]. Anal Chem, 2001, 73: 5651-5659.
[38] 李志华. 基于中空纤维的微萃取技术及其在环境样品分析中的应用[J]. 广东化工，2009（8）：90-92.
[39] HE Y, LEE H K. Liquid-phase microextraction in a single drop of organic solvent by

using a conventional microsyringe[J]. Anal Chem, 1997, 69: 4634-4640.
[40] 赵英莲. 葡萄酒中卤苯甲醚类化合物检测技术研究进展[J]. 中国酿造，2015（9）：9-15.
[41] 王金成. 微萃取技术在环境分析中的应用[J]. 色谱，2010（1）：1-13.
[42] 杨翠. 液相微萃取技术及其发展[J]. 延边大学学报（自然科学版），2012（3）：208-215.
[43] 张琦. 浓香型白酒挥发性风味成分分析研究进展[J]. 酿酒科技，2017（12）：98-104.
[44] 谭显东. 液-液-液三相萃取研究进展及其在生化分离中的应用[J]. 化工进展，2003（3）：244-249.
[45] 万均. 简析样品前处理技术在环境监测实验教学中的应用[J]. 广东化工，2012（16）：164-164,146.
[46] 刘知新. 基础化学实验大全：下册[M]. 北京：北京教育出版社，1991.
[47] 苗佩佩. 液相微萃取技术的发展与应用[J]. 广东化工，2019（7）：157-158.
[48] 吴丽君，李倩倩，李春子，等. 直接悬滴液相萃取技术应用于烤烟中香气成分的测定[C]. 云南省烟草学会学术年会，2013.
[49] RAYNIE D E. Modern extraction techniques [J]. Analytical Chemistry, 2004, 76: 3997-4003.
[50] RAYNIE D E. Modern extraction techniques[J]. Analytical Chemistry, 2006, 78: 4659-4664.
[51] HASSAN J, SHAMSIPUR M. Extraction of ultra traces of polychlorinated biphenyls in aqueous samples using suspended liquid-phase microextraction and gas chromatography-electron capture detection[J]. Environmental Monitoring & Assessment, 2013, 185(5): 3637-3644.
[52] EBRAHIMZADEH H, MOLLAZADEH N, ASGHARINEZHAD A A, et al. Multivariate optimization of surfactant-assisted directly suspended droplet microextraction combined with GC for the preconcentration and determination of tramadol in biological samples[J]. Journal of Separation Science, 2013, 0: 1-8.
[53] 申玉军. 顶空分析技术在烟草行业的应用[J]. 烟草科技，2000（5）：21-23.
[54] 王昊阳. 顶空-气相色谱法进展[J]. 分析测试技术与仪器，2003（3）：129-135.
[55] PAWLISZYM J, HEATHER L, PEATON Z E. Headspace gas chromatography[M] //Handbook of Sample Preparation. New Jersey: Wiley-Blackwell, 2011: 25-38.
[56] KOLB B. Headspace sampling with capillary columns[J]. J Chromatography A, 1999, 842(1-2): 163-205.
[57] SUN M J, BAI L, DAVID Q. A generic approach for the determination of trace hydrazine in drug substances using in situ derivatization-headspace GC-MS[J]. Journal of Pharmaceutical and Biomedical Analysis, 2009(49): 529-533.
[58] 高博. 微滤技术在啤酒工艺中对挥发性成分的影响研究[D]. 天津：南开大学，2005.
[59] 徐伟玲，赵云荣，王文领. 吸附热脱附-气质联用技术分析烟丝中挥发及半挥发性成分[J]. 化学研究，2006，17（1）：3.
[60] GUO Z F, WANG L, SONG C Y, et al. Extraction of nicotine from local tobacco using

double-supported liquid membranes technique[J]. Journal of Membrane Science, 2010, 356: 105-109.
[61] CAI K, XIANG Z M, PAN W J, et al. Identification and quantitation of glycosidically bound aroma compounds in three tobacco types by gas chromatography-mass spectrometry[J]. Journal of Chromatography A, 2013, 1311(11): 149-156.
[62] 汤威. 烟草中糖类成分检测及挥发性成分热脱附分析研究[D]. 长沙：湖南师范大学，2011.
[63] WU C, LIN M N. Measurement of toxic volatile organic compounds in indoor air of semiconductor foundries using multisorbent adsorption / thermal desorption coupled with gas chromatography-mass spectrometry[J]. Journal of Chromatography A, 2003, 996: 225-231.
[64] HUANG G F, HUANG K C. A thermal desorption gas chromatographic method for sampling and analysis of airborne vinyl chloride[J]. Chemosphere, 1996, 4: 661-666.
[65] ZHU J P, AIKAWA B. Determination of aniline and related mono-aromatic amines in indoor air in selected Canadian residences by a modified thermal desorption GC/MS method[J]. Environment International, 2004, 30: 135-143.
[66] 潘伟. 顶空-热解吸-GC/MS法测定絮用纤维中有机挥发物[J]. 印染，2017(17):41-47.
[67] 刘明明. 复杂色谱谱图自动解析技术在烟草分析中的应用[D]. 合肥：中国科学技术大学，2009.
[68] 钟洪祥. 烟草化学中挥发性香味成分的分析研究[D]. 合肥：中国科学技术大学，2004.
[69] 胡雅琴. 烟草中结合态香味成分研究[D]. 合肥：中国科学技术大学，2006.
[70] 陈章玉. 固相萃取和固相微萃取在烟草重要化学成分分析中的应用研究[D]. 合肥：中国科学技术大学，2007.
[71] 陈国顺. 子午岭野家杂种猪和合作猪肉质特性比较及风味挥发性成分的提取与分析[D]. 兰州：甘肃农业大学，2004.
[72] 李庆龙. 关于卷烟产品监督抽样检验原假设的讨论[J]. 烟草科技，2000（2）：24-26.
[73] 杨晓燕. 宁夏滩羊背最长肌肌纤维组织学特性及风味挥发性成分的提取与分析[D]. 银川：宁夏大学，2008.
[74] 禹春鹤. 搅拌棒吸附萃取研究进展[J]. 分析化学，2006（z1）：289-294.
[75] 丁明珍. 饮料中咖啡因的紫外光谱和气质联用分析方法研究[D]. 杭州：浙江大学，2008.
[76] 吕航. 搅拌棒吸附萃取技术在环境样品分析中的应用[J]. 四川环境，2010（2）：122-127.
[77] 邹泊羽. 搅拌棒吸附萃取技术及其在食品分析中的应用[J]. 粮油食品科技，2011(3)：58-61.
[78] 周从燕. 微萃取技术在水中土霉味化合物检测的应用[J]. 食品安全质量检测学报，2017（4）：1319-1325.
[79] 陈林利. 搅拌棒固相萃取的研究进展[J]. 色谱，2011（5）：375-381.

[80] 周璐. 火焰电离检测器的分析与使用[J]. 中国化工贸易，2012，4（8）：2.
[81] 朱明，殷红，靳喜庆，等. 气相色谱-氢火焰离子化检测器法测定白酒中 50 种风味物质[J]. 中国酿造，2021，040（005）：168-172.
[82] 蔡继宝，杨达辉，范坚强，等. 松片回潮前后化学成分变化研究[C]. 中国烟草学会烟草化学学组年会，2004.
[83] 陈家华. 氮磷检测器气相色谱法测定食品中的氨基酸[J]. 色谱，1988（06）：372-374.
[84] 陈家华. 气相色谱法测定可可类食品中生物碱[J]. 食品科学，1991（5）：4.
[85] 钟洪祥，谢卫，刘江生. 卷烟制丝松片回潮前后挥发性香味成分变化研究[C]. 中国烟草学会烟草化学学组年会，2004.
[86] 刘虎威，等. 气相色谱方法及应用[M]. 北京：化学工业出版社，2000.
[87] IRWIN W J, DEKKER M. Analytical pyrolysis: a comprehensive guide[M]. New York: Basel: 1982.
[88] LAI S T J, SANGERMANO L , CHOU C K , et al. Multi-mode liquid chromatography of polystyrenes on Partisil PAC[J]. Journal of Chromatography A, 1985, 324: 436-439.
[89] STOTESBURY S, WILLOUGHBY L J, COUCH A. Pyrolysis of cigarette ingredients labelled with stable isotopes[J]. Beiträgezur Tabak for schung International/ Contributions to Tobacco Research, 2014, 19(2): 55-64.
[90] BAKER R R, BISHOP L J. The pyrolysis of tobacco ingredients[J]. 2004, 71(1): 223-311.
[91] ROSTAMI A, MURTHY J, HAJALIGOL M. Modeling of a smoldering cigarette[J]. Journal of Analytical & Applied Pyrolysis, 2003, 66(1/2): 281-301.
[92] WOJTOWICZ M A, BASSILAKIS R, SMITH W W, et al. Modeling the evolution of volatile species during tobacco pyrolysis[J]. Journal of Analytical and Applied Pyrolysis, 2003, 66(1/2): 235-261.
[93] BALIGA V, SHARMA R, MISER D, et al. Physical characterization of pyrolyzed tobacco and tobacco components[J]. Journal of Analytical and Applied Pyrolysis, 2003, 66(1-2): 191-215.
[94] 阮长青. 食品中农药残留的快速检测技术[J]. 黑龙江八一农垦大学学报，2003（4）：70-75.
[95] 陈耀祖. 有机质谱研究进展[J]. 兰州大学学报（自然科学版），1999（3）：71-85.
[96] 王洪. 快原子轰击质谱进展[J]. 河北大学学报（自然科学版），1990（2）：89-98.
[97] 张宁，占铃鹏，熊彩侨，等. 离子阱颗粒质谱研究进展[J]. 中国科学：化学，2014，44（5）：801-806.
[98] 徐贞林，李艳民. 1994—1996 年质谱进展评述[J]. 国外分析仪器技术与应用，1997（3）：1-11.
[99] 赖闻玲，曾志. 飞行时间质谱新进展及其在生物分析中的应用[J]. 赣南师范学院学报，2000（3）：49-53.
[100] SANTROCK J, STUDLEY S A, HAYES J M. Isotopic analyses based on the mass spectrum of carbon dioxide[J]. Analytical Chemistry, 1985, 57(7): 1444-1448.
[101] ELMEGREEN B G, FALGARONE E. A fractal origin for the mass spectrum of

interstellar clouds[J]. Astrophysical Journal, 1996, 471(2): 816-821.

[102] NASCHIE M S E. A review of E infinity theory and the mass spectrum of high energy particle physics[J]. Chaos Solitons & Fractals, 2004, 19(1): 209-236.

[103] 常雁，再帕尔・阿不力孜，王慕邹. 串联质谱新技术及其在药物代谢研究中的应用进展[J]. 药学学报，2000，35（1）：73-78.

[104] 陈晓水，侯宏卫，边照阳，等. 气相色谱-串联质谱（GC-MS/MS）的应用研究进展[J]. 质谱学报，2013，34（5）：308-320.

[105] ANDREW K, NESVIZHSKII A I, EUGENE K, et al. Empirical statistical model to estimate the accuracy of peptide identifications made by MS/MS and database search[J]. Analytical Chemistry, 2002, 74(20): 5383-92.

[106] LEVY M J, GUCINSKI A C, II M T B. Primary sequence confirmation of a protein therapeutic using top down MS/MS and MS3[J]. Analytical Chemistry, 2015, 87(14).

[107] 张廷贵，邓其馨，林艳. 液相色谱串联质谱法测定烟用纸张中的芳香胺[J]. 中国造纸，2015，34（4）：43-47.

[108] 张艳芳，鲍峰伟. 烟用香精香料的 GC/MS 指纹图谱[J]. 烟草科技，2014（7）：60-63.

[109] 邓其馨，谢卫，黄朝章，等. 液相色谱-串联质谱法测定烟用香精香料中的氨基酸[J]. 烟草科技，2014（3）：56-59.

[110] 邓其馨，黄朝章，张建平，等. 液相色谱串联质谱法测定烟用香精香料中的亚硝胺[J]. 现代食品科技，2014，30（1）：195-199.

[111] 米冠杰，顾文博，孙文梁，等. 卷烟烟气重要酸性香味成分的分离制备与鉴定[J]. 烟草科技，2013（10）：49-54.

[112] 廖惠云，朱龙杰，庄亚东. 气相色谱-质谱联用法测定卷烟主流烟气中的丁香酚[J]. 烟草科技，2013（9）：68-71.

[113] 王晔，孙文梁. 溶剂萃取-中心切割多维色谱-质谱法测定烟草主要中性香味成分[J]. 烟草科技，2013（7）：43-47.

[114] 陈晓水，汤晓东，张博. 气相色谱-串联质谱法同时检测卷烟主流烟气中的苯并[a]芘和 NNK[J]. 烟草科技，2015，48（9）：50-55.

[115] SHIN E J, HAJALIGOL M R, RASOULI F. Characterizing biomatrix materials using pyrolysis molecular beam mass spectrometer and pattern recognition[J]. 2003, 68-69 (none): 213-229.

[116] 董宁宁. 不同温度条件下卷烟的热裂解 GC/MS 研究[J]. 质谱学报，2003，24（1）：283-283.

[117] 孔浩辉，郭璇华，沈光林. 卷烟烟丝热裂解产物香味成分分析[J]. 烟草科技，2009（5）：7.

[118] 董文霞. 裂解气相色谱-质谱法在烟草分析中的应用研究[D]. 杭州：浙江工业大学，2014.

[119] 陈翠玲，周海云，孔浩辉，等. TGA 和 Py-GC/MS 研究不同氛围下烟草的热失重和热裂解行为[J]. 化学研究与应用，2011，23（2）：7.

[120] 刘百战. 烟草和卷烟烟气中生物碱手性组成的多维气相色谱/质谱分析[D]. 合肥：

中国科学技术大学，2009.
[121] 李海锋. 全二维气相色谱-飞行时间质谱法分析烟草中挥发性、半挥发性的酸性及碱性组分的方法研究[D]. 沈阳：沈阳农业大学，2006.
[122] 鹿洪亮. 全二维气相色谱飞行时间质谱分析烤烟半挥发性中性化学成分[J]. 中国烟草学报，2007（1）：20-24.
[123] THOMASON J J. Rays of positive electricity and their applications to chemical analysis[M]. London: Longmans Green, 1913.
[124] CHAPMAN J R. Mass spectrometry ionization methods and instrumentation[J]. Methods Mol Biol, 1996, 61: 9-28.
[125] BARBER M, BORDOLI R S, SEDGWICK R L, et al. Fast atom bombardment of solids (F.A.B): a new ion source for mass spectrometry[J]. J Chem Soc, 1981: 325-327.
[126] KARAS M, HILLENKAMP F. Laser desorption ionization of proteins with molecular masses exceeding 10000 daltons[J]. Anal Chem, 1988, 60: 229-2301.
[127] COLE R B. Electrospray ionization mass spectrometry: fundamentals, instrumentation and applications[M]. New York: Wiley, 1997.
[128] COTTER R J. Time-of-flight mass spectrometry for the structural analysis of biological molecules[J]. Anal Chem, 1992, 64: 1027A.
[129] WOLLNIK H. Time-of-flight mass analyzers[J]. Mass Spectrom Rev, 1993, 12: 89-114.
[130] DAWSON P H. Quadrupole mass spectrometry and its applications[C]. New York: Elsevier, 1976.
[131] ASAMOTO B. FT-ICRMS: analytical applications of Fourier transform ion cyclotron resonance mass spectrometry[C]. Weinheim: VCH, 1991.
[132] 姬厚伟. 软电离质谱技术应用于烟草生物碱的分析研究[D]. 郑州：郑州轻工业学院，2007.
[133] 谢剑平，宗永立，田耀伟，等. 卷烟主流烟气中气相自由基的分析和检测方法：CN101071120A[P]. 2007.
[134] HILLENKAMP F, KARAS M, BEAVIS R C, et al. Matrix-assisted laser desorption/ionization mass spectrometry of biopolymers[J]. Anal Chem, 1991, 63(24): 1193A-1203A.
[135] WANG Q, JAKUBOWSKI J A, SWEEDLER J V, et al. Quantitative submonolayer spatial mapping of Arg-Gly-Asp-Containing peptide organomercaptan gradients on gold with matrix assisted laser desorption/ionization mass spectrometry[J]. Anal Chem, 2004, 76: 1-8.
[136] COHEN H L, GUSEV A I. Smallmoleccule analysis by MALDI mass spectrometry[J]. Anal Bioanal Chem, 2002, 373: 571-586.
[137] LIDGARD R, DUNCAN M W. Low molecular weight compounds by MALDI[J]. Rapid Commun Mass Spectrom, 1995, 9: 128-132.
[138] WINGERATH T, KIRSCH D, SPENGLER B, et al. Analysis of cyclic and acyclic analogs of retinol, retinoic acid, and lretinal by LDI/MALDI mass spectrometry and

UV/vis spectroscopy[J]. Anal Biochem, 1999, 272: 232-242.
[139] 宁永成. 有机化合物结构鉴定与有机光谱学[M]. 北京：科学出版社，2002.
[140] 尹洁. 基于季铵盐衍生化的卷烟烟气中几种小分子物质质谱分析[D]. 郑州：中国烟草总公司郑州烟草研究院，2008.
[141] 杨涓. 用电子鼻研究不同烘丝过程对卷烟挥发性成分的影响[J]. 化学研究与应用，2015（3）：246-250.
[142] 伍锦鸣，李敏健，沈光林，等. 电子鼻在烟草分析测试中的应用[J]. 现代食品科技，2007，26（6）：67-69.
[143] 冯莉，常爱霞，郭丛涛，等. 电子鼻检测烤后烟叶挥发性组分的方法研究[J]. 中国烟草科学，2014（4）：92-98.
[144] 朱先约，宗永立，李炎强，等. 利用电子鼻区分不同国家的烤烟[J]. 烟草科技，2008（3）：000027-30.
[145] 毛友安，刘巍，黄建国，等. 用电子鼻检测技术比较卷烟烟丝挥发性组分整体性质的研究[J]. 化学传感器，2007，27（4）：36-42.
[146] 丁斌. 植物甾醇对于卷烟主流烟气中多环芳烃的影响[D]. 合肥：中国科学技术大学，2007.
[147] 刘晓嘉，刘晓琳，曾玩娴. 高效液相色谱法同时测定白兰地 8 种陈酿香气成分[J]. 酿酒，2017，44（2）：3.
[148] 何玲. 农药残留检测技术进展[J]. 农药科学与管理，2012（2）：20-24.
[149] 陈燕军，吴有根，方海红，等. 高效液相色谱法同时测定香连丸中 5 种成分的含量[J]. 中国医院药学杂志，2016，36（12）：4.
[150] 沈潇冰，陈万勤，刘柱，等. 高效液相色谱法测定配制酒中的 6 种芳香物质[J]. 分析试验室，2013，032（012）：97-100.
[151] 陈燕舞. 反相高效液相色谱法测定烟草中烟碱的优化[J]. 湖南师范大学自然科学学报，2005（3）：52-54.
[152] 余小芬，谢燕，郑波，等. 高效液相色谱法测定烟草中多酚类物质[J]. 西南农业学报，2013，26（2）：531-534.
[153] 徐伟，朱航达. 浅谈连续流动分析和流动注射分析技术[J]. 中国化工贸易，2015，7（33）.
[154] 王芳. 连续流动分析技术与烟草分析应用[J]. 烟草科技，1998（4）：2.
[155] 黄瑞，李华. 应用连续流动分析法对烟草标准物质定值[J]. 中国烟草科学，1999（3）：45-46.
[156] 谢涛，黄泳彤. 连续流动分析法测定卷烟盘纸中的氯、钾、硝酸盐及亚硝酸盐[J]. 中华纸业，2001（11）：46-47.
[157] 王岚，方瑞斌，杨光宇，等. 固相萃取光度法测定烟草中的挥发酚[J]. 分析试验室，2002，21（2）：31-32.
[158] 邱军. 烟草部分非常规分析指标的近红外定量分析模型研究[D]. 济南：山东大学，2007.
[159] 吴玉萍，夏振远，邵岩，等. 近红外光谱法快速检测烟草中部分香气物的应用研究

[J]. 分析试验室，2007，26（3）：73-76.
[160] 王轶，周淑平，任学良. 烟草石油醚提取物近红外光谱检测模型的建立[J]. 广东农业科学，2007（2）：22-23.
[161] 章平泉，杜秀敏，张媛. 近红外光谱法测定卷烟中多酚类物质含量的研究[J]. 分析测试技术与仪器，2007，13（3）：206-210.
[162] 王玉，王保兴，武怡，等. 烟叶重要香味物质的近红外快速测定[J]. 光谱实验室，2007，24（2）：69-72.
[163] 邱军，王允白，张怀宝，等. 烟草中淀粉、石油醚提取物的近红外光谱分析模型研究[J]. 分析化学，2006，34（4）：588.
[164] 付秋娟，张怀宝，邱军，等. 近红外光谱法快速测定烟草中的总挥发碱[J]. 中国烟草科学，2005（4）：14-15.
[165] 孙仕萍. 单扫示波极谱法测定食品包装材料中双酚 A 的研究[J]. 分析科学学报，2002，18（6）：490-492.
[166] 孙仕萍，张文德，马志东，等. 单扫示波极谱法测定保健食品中总黄酮的研究[J]. 中国食品卫生杂志，2002，14（6）：15-16.
[167] 蒋治良，王力生. 催化反应——示波极谱法测定超痕量钯[J]. 贵金属，1994（4）：35-38.
[168] 林三冬. 示波极谱法间接测定菸碱[J]. 分析化学，1988（2）：99.
[169] 郑基福. 化学基础知识手册[M]. 上海：上海大学出版社，2002
[170] 周晓莉. 无机化学[M]. 北京：化学工业出版社，2009
[171] 赵丽敏. 磷酸一铵和磷酸二铵中氮、磷元素含量的测定[J]. 赤峰学院学报（自然科学版），2011（3）：7-8.
[172] 赖冬梅. 电位滴定法测定牙膏中的氟[J]. 四川有色金属 2004（4）：43-44.
[173] 周明松，黄恺，邱学青，等. 水相电位滴定法测定木质素的酚羟基和羧酸基含量[J]. 化工学报，2012，63（1）：8.
[174] 林文如. 酸碱双点电位滴定法[J]. 分析化学，1990，18（7）：5.
[175] 杨慧萍，宋伟，曹玉华，等. 电位滴定法测定粮食脂肪酸值的研究[J]. 中国粮油学报，2003，18（6）：5.
[176] 贾春晓，曲志刚，毛多斌，等. 烟草中总挥发酸含量的分析方法研究[J]. 郑州轻工业学院学报（自然科学版），2002，17（1）：3-6.
[177] 周艳明，赵晓松. 现代仪器分析[M]. 2 版. 北京：中国农业出版社，2010：132-133.
[178] 外标法[EB/OL] https://baike.baidu.com/item/%E5%A4%96%E6%A0%87%E6% B3%95/7280560?fr=aladdin
[179] 王鑫平，孙培艳，周青，等. 原油饱和烃指纹的内标法分析[J]. 分析化学，2007(08)：1121-1126.
[180] 吴性良，孔继烈，等. 分析化学原理[M]. 2 版. 北京：化学工业出版社，2010：457
[181] 内标法的特点及内标物的选择[EB/OL] https://wenku.baidu.com/view/0a0c740fe618964 bcf 84b9 d528ea 81c759f52e61.html
[182] 杨朝勇，庄峙厦，谷胜，等. 同位素稀释法电感耦合等离子体质谱在痕量元素分析

中的应用[J]. 分析测试学报，2001，20（2）：6.

[183] DOMBOVÁRI J, BECKER J S, DIETZE H J. Multielemental analysis in small amounts of environmental reference materials with inductively coupled plasma mass spectrometry[J]. Fresenius J Anal Chem, 2000, 367(5): 407-413.

[184] BLOCH K, RITTENBERG D. An estimation of acetic acid formation in the rat[J]. Journal of Biological Chemistry, 1946, 159(1): 45-58.

[185] ROTHE M, THOMAS B. Aromastoffe des Brotes[J]. Zeitschrift für Lebensmittel-Untersuchung und Forschung, 1963, 119(4): 302-310.

[186] GUADAGNI D G, BUTTERY R G, HARRIS J. Odour intensities of hop oil components[J]. Journal of the Science of Food and Agriculture, 1966, 17(3): 142-144.

[187] MULDERS E J. The odour of white bread[J]. Zeitschrift für Lebensmittel- Untersuchung und Forschung, 1973, 151(5): 310-317.

[188] MEILGAARD M C. Aroma volatiles in beer: purification, flavor, threshold and interaction[M] //TRESSL R, KOSSA T, HOLZER M. Geruch-und geschmackst of feinternationales symposium. Nürnberg: Hans Carl Verlag, 1975: 211-254.

[189] FRIJTERS J E R. A critical analysis of the odour unit number and its use[J]. Chemical Senses and Flavour, 1978, 3(2): 227-233.

[190] ACREE T E, BARNARD J, CUNNINGHAM D G. A procedure for the sensory analysis of gas chromatographic effluents[J]. Food Chemistry, 1984, 14(4): 273-286.

[191] DUNKEL A, STEINHAUS M, KOTTHOFF M, et al. Nature’s chemical signatures in human olfaction: a food borne perspective for future biotechnology[J]. Angewandte Chemie International Edition, 2014, 53(28): 7124-7143.

[192] LI J X, SCHIEBERLE P, STEINHAUS M. Insights into the key compounds of Durian (*Durio zibethinus* L. ‘Monthong’) pulp odor by odorant quantitation and aroma simulation experiments[J]. Journal of Agricultural and Food Chemistry, 2017, 65(3): 639-647.

[193] ASIKIN Y, KAWAHIRA S, GOKI M, et al. Extended aroma extract dilution analysis profile of Shiikuwasha (*Citrus depressa* Hayata) pulp essential oil[J]. Journal of Food and Drug Analysis, 2018, 26(1): 268-276.

[194] GERLACH C, LEPPERT J, SANTIUSTE A C, et al. Comparative aroma extract dilution analysis (cAEDA) of fat from tainted boars, castrated male pigs, and female pigs[J]. Journal of Agricultural and Food Chemistry, 2018, 66, 10: 2403-2409.

[195] SCHREINER L, LOOS H M, BUETTNER A. Identification of odorants in wood of Calocedrus decurrens (Torr.) Florin by aroma extract dilution analysis and two-dimensional gas chromatography-mass spectrometry/olfactometry[J]. Analytical and Bioanalytical Chemistry, 2017, 409(15): 3719-3729.

[196] FERREIRA D D F, GARRUTI D D S, BARIN J S, et al. Characterization of odor-active compounds in Gabiroba fruits (*Campomanesia xanthocarpa* O. Berg) [J]. Journal of Applied Botany and Food Quality-Angewandte Botanik, 2016, 39 (2): 90-97.

[197] JANZANTTI N S, MONTEIRO M. HS-GC-MS-O analysis and sensory acceptance of passion fruit during maturation[J]. Journal of Food Science and Technology, 2017, 54(8): 2594-2601.
[198] GROSCH W. Evaluation of the key odorants of foods by dilution experiments, aroma models and omission[J]. Chemical Senses, 2001, 26(5): 533-545.
[199] 赵东瑞，张丽末，张锋国，等. 固相微萃取、液液萃取结合气相色谱-质谱法分析芝麻香型白酒中的含硫化合物[J]. 食品科学，2016，37（22）：99-106.
[200] 郝宝瑞，张坤生，张顺亮，等. 基于 GC-O-MS 和 AEDA 法对清酱肉挥发性风味成分分析[J]. 食品科学，2015，36（16）：153-157.
[201] 舒畅，佘远斌，肖作兵，等. 新、陈龙井茶关键香气成分的 SPME/GC-MS/GC- O/OAV 研究[J]. 食品工业，2016（9）：279-285.
[202] 于立志，马永昆，张龙，等. GC-O-MS 法检测句容产区巨峰葡萄香气成分分析[J]. 食品科学，2015，36（8）：196-200.
[203] 袁观富，樊亚鸣，何芝洲，等. 海南沉香精油挥发性成分的 GC-MS 测定及呈香分析[J]. 广州大学学报（自然科学版），2012，11（5）：40-45.
[204] 肖艳华，潘兹娇，朱佩红，等. 油茶果壳和种仁石油醚提取物成分分析[J]. 食品科技，2016（10）：190-194.
[205] GAO W, FAN W, XU Y. Characterization of the key odorants in light aroma type Chinese liquor by gas chromatography-olfactometry, quantitative measurements, aroma recombination, and omission studies[J]. Journal of Agricultural and Food Chemistry, 2014, 62: 5796-5804.
[206] FAN W, SHEN H, XU Y. Quantification of volatile compounds in Chinese soy sauce aroma type liquor by stir bar sorptive extraction (SBSE) and gas chromatography- mass spectrometry (GC-MS)[J]. Journal of the Science of Food and Agriculture, 2011, 91: 1187-1198.
[207] 刘登勇，周光宏，徐幸莲. 金华火腿主体风味成分及其确定方法[J]. 南京农业大学学报，2009，32（2）：173-176.
[208] CUI L, LIU C Q, LI D J. Changes in volatile compounds of sweet potato tips during fermentation[J]. Agricultural Sciences in China, 2010, 9(11): 1689-1695.
[209] 顾赛麒，陶宁萍，吴娜，等. 一种基于 ROAV 值鉴别蟹类关键特征性风味物的方法[J]. 食品工业科技，2012，33（13）：410-416.
[210] 王武，吴巧，董琪，等. 加工条件对烤制鹌鹑蛋挥发性风味物质的影响[J]. 食品科学，2013，34（22）：234-238.
[211] SUN L X, CHEN J P, LI M Y, et al. Effect of star anise (*Illicium verum*) on the volatile compounds of stewed chicken[J]. Journal of Food Process Engineering, 2014, 37(2): 131-145.
[212] 刘金凯，高远，王振宇，等. 氧化羊骨油脂肪酸组成及挥发性风味物质分析[J]. 现代食品科技，2014，30（11）：169，240-245.
[213] 张强，辛秀兰，杨富民，等. 主成分分析法评价红树莓果醋的相对气味活度值[J]. 现

代食品科技，2015，31（11）：332-338.

[214] ZHUANG K J, WU N, WANG X C, et al. Effects of 3 feeding modes on the volatile and nonvolatile compounds in the edible tissues of female Chinese mitten crab (*Eriocheir sinensis*)[J]. Journal of Food Science, 2016, 81(4): S968-S981.

[215] 黄丹，刘有晴，倪月，等. 基于 ROAV 值的四川麸醋主体风味物质研究[J]. 食品工业，2016，37（9）：288-292.

[216] XU Y, LIMWACHIRANON J, LI L, et al. Characterisation of volatile compounds of farmed soft-shelled turtle (*Pelodiscus sinensis*) by solid phase microextraction and the influence of matrix pH on the release of volatiles[J]. International Journal of Food Science and Technology, 2017, 52(1): 275-281.

[217] 王丹，丹彤，孙天松，等. SPME-GC-MS 结合 ROAV 分析单菌及复配发酵牛乳中关键性风味物质[J]. 食品科学，2017，38（8）：145-152.

[218] GU X, SUN Y, TU K, et al. Evaluation of lipid oxidation of Chinese-style sausage during processing and storage based on electronic nose[J]. Meat Science, 2017, 133: 1-9.

[219] FULLER G, STELTENKAMP R, TISSERAND G. The gas chromatograph with human sensor: perfumer model[J]. Annals of the New York Academy of Sciences, 1964, 116: 711-724.

[220] LIGNOU S, PARKER J K, BAXTER C, et al. Sensory and instrumental analysis of medium and long shelf-life charentais cantaloupe melons (*Cucumis melo* L.) harvested at different maturities[J]. Food Chemistry, 2014, 148: 218-229.

[221] LIU J B, LIU M Y, HE C C, et al. A comparative study of aromaactive compounds between dark and milk chocolate: relationship to sensory perception[J]. Journal of the Science of Food and Agriculture, 2015, 95(6): 1362-1372.

3 酒类特征香气成分

3.1 概 述

酒特指用粮食、水果等含淀粉或糖的物质经过发酵制成的含乙醇的饮料，包括发酵酒、蒸馏酒与配制酒。根据 GB 2758—2012《发酵酒及其配制酒》的定义，发酵酒特指以粮谷、水果、乳类等为主要原料，经发酵或部分发酵酿制而成的饮料酒。啤酒、葡萄酒和米酒是发酵酒的典型代表，它们的酒精含量均较低（<20%）。与发酵酒相比，蒸馏酒制造过程虽然也包含发酵，但发酵完成后还需蒸馏处理，这类酒因经过蒸馏提纯，故酒精含量较高（18%~60%）。根据 GB 2757—2012《蒸馏酒及其配制酒》的定义，蒸馏酒特指以粮谷、薯类、水果、乳类等为主要原料，经发酵、蒸馏、勾兑而成的饮料酒。世界上著名的蒸馏酒有白兰地、威士忌、伏特加、杜松子酒、中国白酒等。其中，中国白酒具有 2000 多年的历史，在中国传统文化中占有重要地位。中国白酒按照酿造工艺和风味类型的不同，可分为清香型、浓香型、酱香型、米香型四大基本香型，在工艺的糅合下，又衍生出芝麻香、药香、豉香、老白干香、兼香、特型、馥郁香等香型。与上述两类酒不同，配制酒则是以发酵酒或蒸馏酒为酒基，加入可食用的辅料或食品添加剂，进行直接浸泡或复蒸馏、调配、混合或再加工制成的，已改变了其原酒基风格的饮料酒。

香气是评价白酒品质的重要因子，且随着酒的品类的不同而具有巨大差异。以中国白酒为例，清香型白酒具有典型的花香和果香，浓香型白酒具有“窖香浓郁，绵软甘洌，香味协调，尾净余长”的风格特点，芝麻香型白酒则具有突出的焦香和适量酱香。白酒的风味特点取决于特征性风味物质的种类及含量。研究表明，不同类型酒品的香气成分主要包括酯类、醇类、醛类、酮类、吡嗪类、含硫化合物类等，但在具体种类和含量上存在较大差异。例如，乙酸乙酯是清香型白酒的主体成分，乳酸乙酯和 β-苯乙醇是米香型白酒的主体成分，己酸乙酯是浓香型白酒的主体成分，而乙酸乙酯和 3-甲基丁醇是酱香型白酒的主体成分，构成葡萄酒香气的物质主要有高级醇、酯、有机酸和醛类等。

先进的仪器和分析技术是揭示不同酒类香气特征成分的有力工具。随着分析技术和先进仪器的发展与应用，研究人员逐渐阐明了不同类型酒的特征香气组成。由于香气成分大都是沸点较低的挥发性成分，因此常采用基于气相色谱的分析技术对它们进行检测。近年来，气相色谱-质谱联用技术（Gas Chromatography-Mass Spectrometry，GC-MS）因其高灵敏度、高分辨率、高通量等特点而被广泛用于酒类特征香气的定性和定量分析。尽管GC-MS能够准确定性和定量酒类体系中的挥发性成分，但往往难以明确各化学成分的香气属性或对特征香气的具体贡献。为了弥补这一不足，气相色谱-嗅辨仪联用（Gas Chromatography- Olfactometry，GC-O）法被用于识别和鉴定白酒等食品体系中的关键气味成分。GC-O 技术已被证明是一种从复杂混合物中筛选芳香化合物的有效方法。将 GC-O 与 GC-MS 联合使用，有望筛选和鉴定出对酒类香气起重要作用的关键成分。

3.2 白 酒

3.2.1 分析技术

根据分析的原理和流程，酒类的分析技术主要由前处理和分离分析两个部分组成。前处理主要是采用特定的技术对芳香化合物进行提取和富集，而分离分析则是对香气物质进行深入的定性和定量分析。目前，用于提取和富集酒类香气物质的前处理方法主要包括顶空固相微萃取法（Headspace Solid-Phase Microextraction，HS-SPME）[1]、液-液萃取法（Liquid-Liquid Extraction，LLE）[2]、同时蒸馏萃取法（Simultaneous Distillation and Extraction，SDE）[3]、溶剂辅助风味蒸发法（Solvent Assisted Flavor Evaporation，SAFE）[4]、搅拌棒吸附萃取法（Stir-Bar Sorptive Extraction，SBSE）[5]等。

直接进样法是一种将不经过处理的微量酒样直接注入进样器的方法，适合对白酒中的高含量化合物，如酸、醇、酯类等骨架成分定性及定量分析[8]。该方法操作简单且可保留酒样中的所有成分，具有真实性高、重现性好等优势，但不适合对含量相对较低的微量组分分析。由于酒样未经除水处理，高含量的水使得该方法在进行气相色谱分析时会存在兼容性问题，即酒样中的水会在进样口处受热气化膨胀，同时与待测物竞争气相色谱柱上的烷氧基，形成活性位点，进而缩短色谱柱的使用寿命。

HS-SPME是将待测样品加热后，通过萃取头将样品上部空间的挥发性组分吸附，并通过一段时间后达到分配相平衡[6]。该方法具有萃取时间短、操作简便、萃取成分逼真等优点[7]，一般与气相色谱-质谱联用仪结合使用，在食品的香气分析中使用频繁，应用广泛。

LLE 是一种利用待测物与基质在溶剂中溶解度不同去除基质而保留待测组分的前处理方法。与直接进样法相比，LLE克服了直接进样法缩短色谱柱使用寿命的不足，具有易于操作、检出种类多、回收率高的优点。但是，该方法仍存在样品用量过大、耗时长的缺点，并且低沸点化合物在浓缩过程中易发生损失。

SDE 通过将样品和萃取溶剂同时加热至沸，挥发性组分首先被蒸馏出来，然后样品蒸汽和溶剂蒸汽在冷凝器中冷凝完成萃取。该方法具有中高沸点成分萃取回收率较高，萃取液中没有难挥发性成分，不会污染色谱柱的优点。但由于长时间沸腾蒸馏，样品原有组分可能会发生变化而产生新的化合物，特别是一些热敏性香气成分[9, 10]。

SBSE 是在固相微萃取方法的基础上演化而来的。它是一种将表面具有吸附剂的磁力搅拌棒置于酒样中吸附待测组分，然后进行解吸分离的前处理方法。与固相微萃取法相比，SBSE 固定相体积大，具有萃取容量大，萃取剂用量少，经济环保的优点。然而，该方法目前可用的涂层种类少、价格昂贵，因此应用受限。

SAFE 是一种从复杂的白酒基质中温和的提取挥发组分的方法。由于在萃取过程中，萃取体系温度保持在室温，因此该方法有力地保护了热敏性的组分，能够完整地呈现白酒中自然的香气。2016 年，宫俐莉等分别应用 HS-SPME 和 SAFE 结合 GC-MS 对古井贡酒酒醅中的挥发性化合物进行分析，表明 SAFE 更适合萃取醇类和脂肪酸类成分[11]。然而，该方法最大的缺点在于对人员操作要求高，并且整套系统价格昂贵，萃取时间过长，因此限制了其在白酒前处理中的应用。

样品中的香气物质经提取和富集后，往往需要对它们进行定性和定量分析，基于色谱的分离分析技术是目前的主流技术。用于对香气成分进行分析的方法主要有气相色谱-质谱（GC-MS）联用法、超高效液相色谱-串联质谱（Ultra-Performance Liquid Chromatography-Tandem Mass Spectrometry，UPLC-MS/MS）联用法、气相色谱-嗅辨仪联用（GC-O）法等。

近年来，GC-MS 被广泛用于食品中香气成分的定性和定量分析。GC 具有灵敏度和分离效率高、定量分析准确等特点，而质谱的特点是鉴定能力强、响应速度快、适用于对单一物质的定性分。GC-MS 联用综合了两种分析技术的优势，弥补了相互间的不足，实现了多组分混合物的一次性定性、定量分析[12]。

白酒中风味贡献度大的化合物是白酒中重要的风味物质，这些物质是人们最感兴趣的组分，因此将它们从白酒中识别出来并定性定量是非常关键的。然而，单纯的 GC-MS 分析在识别关键风味成分方面存在不足。气相色谱-嗅辨仪联用（GC-O）法被用于识别和鉴定白酒等食品体系中的关键气味成分。GC-O 技术是一种包括人类评估员在嗅闻口感知食物挥发物的 GC 流出物的气味质量和强度，已被证明是一种从复杂混合物中筛选芳香化合物的有价值的方法。运用基于感官的 GC-O 检测技术，可以筛选出对食品香气起重要作用的香气成分。一般将 GC-O 与 GC-MS 联合使用来对香气成分进行鉴定分析。香气活力值（OAV）是香气物质对样品总体香气贡献大小的有效评价尺度，由它的浓度及其阈值的比值确定，OAV≥1 的组分被认为是会对整体的香气特征具有贡献作用，并且 OAV 值越大，该物质的贡献越大[13]。

3.2.2　特征成分

3.2.2.1　酱香型白酒特征香气成分

酱香型白酒是中国蒸馏酒重要香型之一，它采用独特的酿造工艺“四高一长”即高温制曲、高温堆积、高温发酵、高温馏酒和长期储存。酱香型酒具有酱香突出、口感柔和、优雅细腻、回味悠长，空杯留香持久不散、酒度低而不淡的特点。研究表明，低沸点的醇、醛、酸类物质是导致前香的主体成分，而高沸点的酸类物质主要引起后香。

茅台酒是典型的酱香型白酒，朱全[14]采用 LLE 和 HS-SPME 结合 GC-O 和 GC-MS 在茅台酒中共鉴定出 76 种主要香气物质，具体信息见表 3-1。

表 3-1 茅台酒中 76 种香气成分的浓度和 OAV

序号	香气化合物[a]	RI		离子[b]	LLE					HS-SPME					P^{d}	阈值/μg·L^{-1}	OAV[e]
		WAX	DB-5		标准曲线 斜率	标准曲线 截距	R^2	浓度/μg·L^{-1}	RSD[c]/%	标准曲线 斜率	标准曲线 截距	R^2	浓度/μg·L^{-1}	RSD/%			
酯类																	
1	乙酸乙酯	897	645	43	0.100	1.05	0.991	409 421	9.9	0.0624	0.0475	0.991	512 405	8.8	0.042	32 600[G]	14
2	丙酸乙酯	967	730	57	0.568	0.269	0.997	38 409	5.8	0.215	−0.0517	0.996	39 886	8.8	0.570	19 000[G]	2
3	2-甲基丙酸乙酯	974	773	43	0.489	0.100	0.997	8346	6.6	0.406	−0.0682	0.992	9364	13.3	0.264	57.5[G]	154
4	乙酸丙酯	983		43	0.885	0.0576	0.999	2609	8.3	0.259	−0.0042	0.996	2214	6.7	0.060	4700[H]	<1
5	乙酸异丁酯	1021	789	43	1.07	0.0126	1.00	596	9.0			ND				922[I]	<1
6	丁酸乙酯	1045	815	71	0.541	0.141	0.999	19 201	7.2	0.427	−0.179	0.995	21772	5.2	0.066	81.5[G]	251
7	2-甲基丁酸乙酯	1060	863	57	1.12	0.0116	1.00	2219	3.7	1.17	−0.138	0.993	2842	2.4	0.001	18.0[J]	141
8	3-甲基丁酸乙酯	1074	868	88	0.462	0.0310	1.00	7736	8.0	0.600	−0.138	0.995	8306	2.1	0.198	6.89[G]	1164
9	乙酸异戊酯	1126	890	43	0.937	0.0070	1.00	2094	7.9	1.17	−0.0989	0.996	2291	6.6	0.202	93.9[G]	23
10	戊酸乙酯	1139	914	88	0.539	0.0145	1.00	3193	6.4	0.886	−0.113	0.994	3949	5.9	0.013	26.8[G]	133
11	己酸乙酯	1241	1014	88	0.631	0.130	0.999	16 522	7.1	1.43	−0.654	1.00	18 084	7.3	0.199	55.3[G]	313
12	己酸丙酯	1323	1108	99			ND			3.71	−0.0736	0.996	328	3.0		12 800[G]	<1
13	庚酸乙酯	1339	1112	88	0.910	−0.0077	1.00	1724	7.3	3.80	−0.406	0.999	1938	4.0	0.066	13 200[G]	<1
14	乳酸乙酯	1350	830	45	0.200	8.49	0.995	310 483	11.9	0.0157	0.0133	0.994	264 136	7.6	0.128	128 000[G]	2
15	戊酸异戊酯	1367	1170	70			ND			7.10	−0.0198	0.998	43.3	2.0		—	—
16	辛酸乙酯	1441	1213	88	1.06	0.0035	1.00	1218	4.3	5.10	−0.102	0.993	946	9.4	0.010	12.9[G]	84
17	乳酸丁酯	1528		45	1.16	−0.0021	1.00	231	7.7			ND				1000[H]	
18	壬酸乙酯	1542	1311	88	1.32	−0.0059	1.00	186	4.6	9.77	−0.113	0.999	176	2.3	0.140	3150[G]	<1
19	癸酸乙酯	1645	1415	88	1.39	0.0153	0.998	289	2.8	12.1	−0.258	0.999	305	2.2	0.059	1120[G]	<1
20	苯甲酸乙酯	1683	1189	105	2.19	0.0063	1.00	222	4.9	5.3	−0.0490	0.998	242	4.2	0.077	1430[G]	<1

续表

序号	香气化合物[a]	RI		离子[b]	LLE					HS-SPME					P^d	阈值 /μg·L^{-1}	OAV[e]
		WAX	DB-5		标准曲线 斜率	标准曲线 截距	R^2	浓度 /μg·L^{-1}	RSD[c] /%	标准曲线 斜率	标准曲线 截距	R^2	浓度 /μg·L^{-1}	RSD/%			
21	丁二酸二乙酯	1685	1196	101	1.46	0.0456	1.00	1895	4.3	0.442	−0.0060	0.998	1768	7.2	0.074	353 000[G]	<1
22	苯乙酸乙酯	1802	1263	91	2.95	0.0936	1.00	2938	0.4	5.72	−0.0160	0.993	2130	5.0	0.000	407[G]	6
23	乙酸苯乙酯	1835	1275	104	2.47	0.0219	0.999	227	8.7	8.785	−0.0619	0.994	174	0.9	0.009	909[G]	<1
24	月桂酸乙酯	1851	1617	88	1.42	0.0239	0.999	514	8.2	8.64	−0.341	1.00	572	2.2	0.452	500[K]	1
25	苯丙酸乙酯	1904	1369	104	1.57	0.0237	0.999	210	6.6	6.30	−0.0645	0.998	282	3.6	0.002	125[G]	2
26	十四酸乙酯	2057	1819	88	1.78	0.0111	0.999	514	1.4	2.62	−0.0099	1.00	348	3.0	0.000	500[K]	1
27	十六酸乙酯	2265	2023	88	1.36	0.169	0.994	11 888	8.2	0.467	0.130	0.998	12 009	8.3	0.888	1000[K]	12
28	油酸乙酯	2491	2200	55	0.355	−0.0024	0.997	5188	7.2	0.0743	0.0004	0.997	2723	9.3	0.001	—	—
29	亚油酸乙酯	2539	2194	67	0.552	−0.0109	1.00	7980	6.6	0.123	−0.0003	0.992	4820	9.5	0.001	—	—
醇类																	
30	2-丁醇	1046		45	0.162	0.0000	1.00	40 523	5.7	0.0178	−0.0167	0.994	35 750	7.1	0.073	50 000[L]	<1
31	丙醇	1063	581	31	0.0280	0.0275	0.999	548 164	8.9			ND				54 000[G]	10
32	2-甲基丙醇	1108		43	0.0578	0.189	0.995	216 848	6.7	0.0105	−0.0723	0.994	192 581	9.2	0.140	28 300[I]	7
33	丁醇	1155	642	56	0.108	0.0770	0.997	72 280	5.3	0.0162	0.0160	0.995	64 981	4.7	0.060	2730[G]	25
34	3-甲基丁醇	1224	760	55	0.104	0.898	0.991	419 447	0.6	0.0210	−0.186	0.992	399 331	1.5	0.006	179 000[G]	2
35	戊醇	1257	787	42	0.356	−0.0010	1.00	4565	2.1	0.0349	−0.0174	0.996	5714	8.7	0.017	37 400[L]	<1
36	己醇	1366	886	56	0.668	0.0201	1.00	6641	5.9	0.114	−0.0007	0.999	8174	8.5	0.029	5370[I]	1
37	辛醇	1561	1088	56	0.573	−0.0050	1.00	772	4.9	0.355	0.165	0.985	884	7.3	0.061	1100[J]	<1
38	壬醇	1663	1189	56			ND			19.7	−0.128	0.993	99.1	1.3		806[L]	<1
39	苯甲醇	1891	1058	79	0.567	0.0209	0.994	982	1.9			ND				40 900[G]	<1
40	苯乙醇	1931	1138	91	1.54	0.0619	0.999	8226	4.6	0.217	−0.0109	0.997	6071	8.5	0.004	28 900[G]	<1
酸类																	
41	乙酸	1450		43	0.007 11	0.0403	0.990	621 088	8.6			ND				160 000[I]	4
42	丙酸	1539		45	0.009 89	0.0256	0.992	132 032	4.8			ND				18 100[J]	7
43	2-甲基丙酸	1570		43	0.113	−0.0211	1.00	23 312	6.9			ND				1580[I]	15

续表

序号	香气化合物[a]	RI		离子[b]	LLE					HS-SPME					P^d	阈值 /μg·L⁻¹	OAV[e]
		WAX	DB-5		标准曲线 斜率	标准曲线 截距	R^2	浓度 /μg·L⁻¹	RSD[c] /%	标准曲线 斜率	标准曲线 截距	R^2	浓度 /μg·L⁻¹	RSD/%			
44	丁酸	1630	856	60	0.112	−0.0470	0.995	55 256	4.3			ND				965[G]	57
45	3-甲基丁酸	1672	913	60	0.334	−0.0586	0.981	25 192	9.8			ND				1050[G]	24
46	戊酸	1742	950	60	0.508	−0.0245	0.998	5496	5.7			ND				389[G]	14
47	己酸	1894	1032	60	0.587	−0.0359	0.998	13 785	4.2			ND				2520[G]	5
48	辛酸	2063	1192	60	0.704	−0.0523	0.991	1745	6.7	0.179	−0.0185	0.992	1838	4.8	0.336	2700[G]	<1
	醛类																
49	乙醛	717		44	0.0231	−0.0002	0.989	52 005	8.0			ND				1200[L]	43
50	2-甲基丙醛	830	603	43	0.206	0.0127	0.999	10102	5.7	0.0396	−0.0142	0.995	8071	7.0	0.012	1300[L]	7
51	2-甲基丁醛	916	688	57			ND			0.0188	0.0294	0.977	6399	5.8		12.5[M]	512
52	3-甲基丁醛	921	680	44			ND			0.0459	−0.0391	0.996	39 832	4.6		16.5[G]	2414
53	己醛	1092		44	0.165	0.0002	0.999	661	4.8	0.176	−0.0019	0.984	832	10.8	0.036	25.5[G]	29
54	壬醛	1397	1120	57			ND			4.13	−0.167	0.997	563	1.4		122[G]	5
55	苯甲醛	1540	981	106	0.876	−0.0078	1.00	2833	2.2	0.521	0.0116	0.980	2500	10.1	0.091	4200[G]	<1
56	反-2-壬烯醛	1544	1189	41			ND			1.45	−0.0557	0.988	557	4.6		50.5[J]	11
57	苯乙醛	1660	1063	91	0.852	−0.0103	0.995	4905	3.8	0.0470	0.0056	0.998	5440	6.0	0.068	262[I]	20

注：a—香气化合物被鉴定基于与质谱中的质谱图比对定性、与保留指数查询网站（https:/webbook.nist.gov/chemisty）或是参考文献中的 RI 值比对定性、与标准品的质谱图和 RI 值比对定性。

b—离子，用于定量分析时香气物质提取离子峰面积的计算。

c—RSD，相对标准偏差。

d—P，单因素方差分析检验两种萃取方法对香气物质定量浓度间的显著性差异，$P>0.05$，没有显著性，$P\leq 0.5$，具有显著性。

e—OAV，两种提取方法定量浓度的平均值与阈值的比值。

f—ND，未检测到。

G—46%乙醇水溶液中的阈值。H—10%乙醇水溶液中的阈值。

I—46%乙醇水溶液中的阈值。J—46%乙醇水溶液中的阈值。K—14%乙醇水溶液中的阈值。L—46%乙醇水溶液中的阈值。

M—水中的阈值。

“—”表示无相关阈值信息。

结果表明，茅台酒中香气成分主要包括脂类、醇类、醛类、酮类，以及一些其他类别的成分，其中活力值（OAV）≥1 的香气成分共有 48 种。基于香气物质的稀释因子（FD）值和 OAV，45 种香气成分被鉴定为茅台酒中的关键香气物质。这些成分包括乙酸乙酯、2-甲基丙酸乙酯、3-甲基丁酸乙酯、己酸乙酯、乳酸乙酯、丙醇、3-甲基丁醇、乙酸、3-甲基丁酸、3-甲基丁醛、3-羟基-2-丁酮、4-甲基愈创木酚、三甲基吡嗪、糠醛、二甲基三硫等香气成分。

3.2.2.2 浓香型白酒特征香气成分

浓香型白酒又称窖香型白酒。从工艺上分，一种是以五粮液酒为代表的，以五种粮食为原料，循环式地跑窖生产，其质量特点为香气悠久、味醇厚、入口甘美，落喉净爽，口味协调，恰到好处，并以酒味全面著称。另一种是以泸州老窖为代表的，以高粱为原料，本窖还本窖的定窖生产，质量特点为无色透明，醇香浓郁，饮后尤香，清冽甘爽，回味悠长。再一种是以高粱为原料，采用老五甑生产工艺的，如古井贡酒、洋河大曲、双沟大曲等。浓香型大曲酒的主体香气成分为己酸乙酯。

五粮液为大曲浓香型白酒，产于四川宜宾市，用小麦、大米、玉米、高粱、糯米 5 种粮食发酵酿制而成。许柏球等[1]采用采用 HS-SPME 和 GC-MS 技术，结合 NIST 数据库匹配和保留指数对比，对 52° 五粮液的香气成分进行分析，共鉴定出 58 种香气成分。其中，酯类化合物鉴定出 26 种，相对含量占总挥发物的 49.80%；醇类化合物鉴定出 9 种，相对含量占总挥发物的 47.54%；烷烃类化合物鉴定出 8 种，相对含量占总挥发物的 1.02%；醛酮类化合物鉴定出 7 种，相对含量占总挥发物的 0.97%:酸类化合物鉴定出 4 种，相对含量占总挥发物的 0.59%。五粮液的主要香气成分依次为乙醇（相对含量 38.75%）、己酸乙酯（相对含量 23.14%）、辛酸乙酯（相对含量 6.34%）和丁酸乙酯（相对含量 3.88%）。牛云蔚等[2]采用 HS-SPME、GC-O-AEDA 结合 GC-MS 对五粮液的香气成分进行研究，从 3 种不同年份的五粮液酒中共鉴定出 30 种香气物质，包括酯类 18 种、醇类 2 种、酸类 5 种、醛类 5 种。其中，丁酸乙酯等 9 种物质在 3 种五粮液酒中的香气稀释值均大于 256，被认为是关键香气成分。

古井贡酒是浓香型白酒之一，Zhao 等人[15]通过 GC-O 和 GC-MS 共鉴定出 60 种 GJG 香气成分，其中 35 种通过 OAVs ≥ 1 和感官评价进一步被认为是重要的香气成分，具体见表 3-2。

表 3-2　古井贡酒中的 60 种特征香气成分

序号	香气成分	气味阈值 b /μg·L^{-1}	OAV^{a}				
			GJG-1	GJG-2	GJG-3	GJG-4	GJG-5
1	己酸乙酯	55.3^{c}	36848	46690	43346	43348	43175
2	辛酸乙酯	12.9^{c}	5303	6087	5871	7115	10297
3	丁酸乙酯	81.5^{c}	2024	3312	1853	2002	2819
4	戊酸乙酯	26.8^{c}	1316	2598	1328	1252	1516
5	己酸	2520^{c}	316	174	343	104	87
6	丁酸	964^{c}	209	261	188	196	271
7	戊酸	389^{c}	89	124	86	71	73
8	3-苯丙酸乙酯	125^{c}	58	49	49	66	99
9	乙酸乙酯	32600^{c}	40	27	29	41	37
10	正丁醇	2730^{c}	40	36	27	30	35

续表

序号	香气成分	气味阈值[b] /μg·L^{-1}	OAV[a]				
			GJG-1	GJG-2	GJG-3	GJG-4	GJG-5
11	3-甲基丁酸	1050[c]	18	16	17	17	26
12	异丁酸-1-13C	1580[c]	17	12	12	15	19
13	4-甲基苯酚	167[c]	15	11	17	16	22
14	4-甲基戊酸	144[d]	12	9	11	9	12
15	4-乙基愈创木酚	123[c]	12	12	12	14	8
16	1-己醇	5370[c]	11	10	11	11	12
17	己酸己酯	1890[d]	9	8	7	11	14
18	辛酸	2700[d]	8	9	11	8	11
19	乳酸乙酯	128000[c]	7	8	8	5	5
20	苯乙酸乙酯	407[c]	6	5	6	7	8
21	己酸异戊酯	1400[e]	5	5	4	6	7
22	2-甲基-1-丙醇	28300[c]	4	4	2	4	4
23	庚酸乙酯	13200[c]	4	6	4	4	5
24	4-甲基愈创木酚	315[c]	3	5	4	2	2
25	醋酸	160000[c]	3	4	3	3	3
26	丙酸	18100[e]	3	4	3	3	3
27	γ-壬内酯	90.7[c]	3	4	2	4	3
28	壬醛	122[c]	3	2	2	2	2
29	十二酸乙酯	500[f]	2	4	3	3	3
30	苯乙醛	262[c]	2	6	6	3	2
31	4-乙基苯酚	123[d]	2	1	2	2	4
32	2-庚醇	1430[c]	2	4	2	2	2
33	3-甲基-1-丁醇	179000[c]	1	2	1	1	2
34	庚酸	13800[d]	1	1	1	1	1
35	1-辛醇	1100[e]	1	1	2	1	2
36	己酸异丁酯	5250.31[g]	1	1	<1	2	2
37	三甲基吡嗪	730[cd]	<1	<1	<1	<1	<1
38	丙酸乙酯	19000[c]	<1	<1	<1	<1	<1
39	己酸丙酯	12800[d]	<1	<1	<1	<1	1
40	香草醛	438.52[h]	<1	<1	<1	<1	<1
41	γ-庚内酯	1000[i]	<1	<1	<1	<1	<1
42	2-苯乙基乙酸酯	909[c]	<1	<1	<1	<1	<1
43	壬酸	3560[d]	<1	<1	<1	<1	<1
44	2-苯乙醇	28900[c]	<1	<1	<1	<1	<1
45	1-(2-呋喃基)乙酮	58,504.19[h]	<1	<1	<1	<1	<1

续表

序号	香气成分	气味阈值[b] /μg·L^{-1}	OAV[a]				
			GJG-1	GJG-2	GJG-3	GJG-4	GJG-5
46	1,1,3-三乙氧基丙烷	3700[e]	<1	<1	<1	<1	<1
47	苯酚	18900[c]	<1	<1	<1	<1	<1
48	丁二酸二乙酯	353000[c]	<1	<1	<1	<1	<1
49	四甲基吡嗪	80100[d]	<1	<1	<1	<1	<1
50	γ-六内酯	359000[i]	<1	<1	<1	<1	<1
51	1,1-二乙氧基-3-甲基丁烷	—					
52	2-甲基-1-丁醇	—					
53	2-羟基丁酸乙酯	—					
54	3-甲基-2(5*H*)-呋喃酮	—					
55	2,2-二乙氧基乙基苯	—					
56	十四酸乙酯	—					
57	十六酸乙酯	—					
58	2,4-双(1,1-二甲基乙基)苯酚	—					
59	油酸乙酯	—					
60	苯丙酸	—					

注：a—OAV 的计算方法是将浓度除以各自的气味阈值。

b—气味阈值取自参考文献。

c—气味阈值取自参考文献（Gao 等, 2014）。

d—气味阈值取自参考文献（Wang, Fan & Xu, 2014）。

e—气味阈值取自参考文献（Fan 等，2015）。

f—气味阈值取自参考文献（Wang, Capone, et al., 2016; Wang, Gambettaand Jeffery, 2016）。

g—气味阈值取自参考文献（Zhou, Fan& Xu, 2015）。

h—气味阈值取自参考文献（Fan & Xu, 2011）。

i—气味阈值取自参考文献（Franco, Peinado, Medina& Moreno, 2004）。

3.2.2.3 清香型白酒特征香气成分

根据现行国家标准 GB/T 10781.2—2006《清香型白酒》，清香型白酒是指以粮谷为原料，经传统固态法发酵、蒸馏、陈酿、勾兑而成的，未添加食用酒精及非白酒发酵产生的呈香、呈味物质，具有以乙酸乙酯为主体复合香的白酒。清香型白酒作为我国四大香型白酒之一，因独特的花果香味而受到消费者的广泛欢迎。其中，小曲清香型白酒属于清香型白酒类别，具有醇香清雅、酒体柔和、回甜爽口、纯净怡然的风格特征，这种独特香气风格是由白酒中各类风味物质相互作用而构成的[16]。高级醇、醛类、高级脂肪酸等是小曲清香型白酒中重要风味成分，高级醇也称杂醇油，适量的高级醇有利于白酒风味的形成，但含量过高则会增加白酒的苦味和涩味，降低白酒的风味。醛类及高级脂肪酸含量过多则导致白酒有醛杂味及水嗅味等不良风味。

目前，已报道的清香型白酒中的挥发性微量成分共700多种，包括酯类170种、醇类105种、酸类49种、酮类69种、醛类51种、缩醛类32种、含硫化合物24种、呋喃类化合物25种、吡嗪类化合物17种、杂环类化合物14种、芳香类化合物73种、烃类32种、萜烯类48种、含氮化合物13种等[3]。Qian Yanping等[4]通过GC-O和GC-MS技术鉴定出乙酸乙酯、2-甲基丙酸乙酯、丁酸乙酯、3-甲基丁酸乙酯、戊酸乙酯、己酸乙酯、辛酸乙酯、3-甲基丁醇、3-甲基-1-丁醇、1-辛-3-醇、β-大马酮、2, 3-丁二酮（二乙酰）、乙酰丙酮和2-甲氧基苯酚是青稞酒重要的香气活性成分，它们具有较高的香气活度值（OAV≥10）。王勇等[5]采用LLE结合GC-O对牛栏山二锅头白酒中的香气化合物进行分析，确定了对整体香气贡献较大的香气成分有25种，分别是3-甲基丁醇、丁酸、3-甲基丁酸、二甲基三硫醚、香草醛、苯乙醛、乙酸乙酯、苯乙酸乙酯、苯乙酸、2-乙酰基-5-甲基呋喃、三甲基吡嗪、辛酸乙酯、乙酸-2-甲基丙酯、戊酸乙酯、2-羟基己酸乙酯、丁二酸二乙酯、辛酸、2-甲基丙酸、戊酸、2-甲基丙醇、庚醇、4-乙基愈创木酚、乙酸苯乙酯、苯丙酸和四甲基吡嗪。

香气是清香型白酒品质好坏的重要参考之一，品质越好的小曲白酒，其香气更加协调。为探索不同质量等级的小曲原酒之间的关键性风味成分，王喆等[17]采用气相色谱-质谱-嗅闻分析、顶空固相微萃取-气相色谱-质谱联用技术对样品进行全面定性及定量分析，鉴定其中的重要风味化合物，其主要香气成分见表3-3。

表3-3　两种清香型白酒的特征香气成分

序号	化合物	Compound	FD值		香气特征
			JPXQD	JPXQG	
1	乙酸乙酯	Ethyl Acetate	4	4	菠萝香、苹果香
2	丙酸乙酯	Ethyl propionate	64	64	水果香、指甲油味
3	乙酸丙酯	n-Propyl acetate	64	8	水果味
4	乙酸仲丁酯	sec-Butyl acetate	16	16	水果香味
5	丁酸乙酯	Ethyl butanoate	16	16	苹果香、菠萝香
6	正丙醇	1-Propanol	8	8	花香、青草香
7	2-甲基丁酸乙酯	Ethyl 2-methylbutanoate	64	64	苹果皮、菠萝皮香气
8	异戊酸乙酯	Ethyl 3-methylbutanoate	64	64	水果香味
9	1, 1-二乙氧基-3-甲基丁烷	1, 1-Diethoxy-3-methylbutane	128	128	水果香
10	异丁醇	Isobutanol	16	32	水果香
11	乙酸异戊酯	Isoamyl acetate	64	64	香蕉味
12	戊酸乙酯	Ethyl pentanoate	32	16	苹果味、草莓味
13	正丁醇	1-Butanol	8	16	刺激性气味、醇香
14	丙酸戊酯	Pentyl propionate	—	16	苹果味
15	乙酸戊酯	Pentyl acetate	8	8	香蕉味
16	丙酸异戊酯	1-Butano l, 3-methyl-propanoate	4	—	菠萝及洋梨香气
17	异戊醇	3-Methylbutanol	16	16	水果香、花香、臭味

续表

序号	化合物	Compound	FD 值		香气特征
			JPXQD	JPXQG	
18	2-戊基呋喃	2-Pentylfuran	8	16	泥土、青香及蔬菜香
19	己酸乙酯	Ethyl hexanoate	128	128	甜香、水果香、窖香
20	苯乙烯	Styrene	16	16	刺激性气味
21	乙酸己酯	Hexyl acetate	32	—	花香、水果香
22	1, 3, 3-三乙氧基丙烷	1, 3, 3-Triethoxypropane	8	16	水果香
23	庚酸乙酯	Ethyl heptanoate	32	16	菠萝香、花香
24	1, 2, 3-三甲基苯	Benzene, 1, 2, 3-trimethyl-	—	8	刺激性气味
25	乳酸乙酯	ethyl lactate	16	4	水果香、青草香
26	正己醇	1-Hexanol	16	16	青草香、花香
27	二甲基三硫	Dimethyl trisulfide	32	128	醚臭、老咸菜、煤气臭
28	2-壬酮	2-Nonanone	—	4	奶香
29	辛酸乙酯	Octanoic acid, ethyl ester	32	32	梨子香、荔枝香
30	1-辛酸-3-醇	1-Octen-3-ol	16	16	青草香、尘土风味
31	醋酸	Acetic acid	64	64	有刺鼻的醋酸味
32	己酸异戊酯	Isopentyl hexanoate	16	64	有刺鼻的醋酸味
33	糠醛	Furfural	8	8	焦煳臭、坚果香
34	苯甲醛	Benzaldehyde	64	64	杏仁香、坚果香
35	壬酸乙酯	Nonanoic acid, ethyl ester	8	8	甜、水果味
36	辛酸异丁酯	n-Caprylic acid isobutyl ester	8	4	
37	辛醇	1-Octanol	8	16	水果香
38	甲基壬基甲酮	2-Undecanone	64	64	柑橘类油脂香气
39	癸酸乙酯	Decanoic acid, ethyl ester	4	4	菠萝香、水果香、花香
40	苯乙醛	Benzeneacetaldehyde	4	4	玫瑰花香
41	1-壬醇	1-Nonanol	4	4	脂肪香味、花香
42	辛酸异戊酯	Octanoic acid, 3-methylbutyl ester	32	32	
43	苯乙酮	Acetophenone	—	32	山楂的香气
44	异戊酸	Butanoic acid, 3-methyl-	—	64	酸败味，汗臭刺激气味
45	苯甲酸乙酯	Benzoic acid, ethyl ester	8	8	蜂蜜、花香
46	丁二酸二乙酯	Butanedioic acid, diethyl ester	8	8	甜香
47	(2, 2-二乙氧基乙基)-苯	Benzene, (2, 2-diethoxyethyl)-	4		植物气味
48	苯乙酸乙酯	Benzeneacetic acid, ethyl ester	16		浓烈而甜的蜂蜜香气
49	反式-2, 4-癸二烯醛	2, 4-Decadienal	—	16	鸡香和鸡油味
50	十一酸乙酯	Undecanoic acid, ethyl ester	4	4	椰子香

3.2.2.4 米香型白酒特征香气成分

米香型白酒历史悠久，是中国白酒的重要组成部分，一般是以大米为原料小曲作糖化发酵剂，经半固态发酵酿成。与其他香型的白酒相比，米香型白酒的香味组分相对较少，并且存在后味苦、饮后容易上头的特点。桂林三花酒和全州湘山酒是米香型白酒的主要代表。它们具有米香纯正，入口绵甜，落口爽净，回味怡畅的风格特点。

孙细珍等人[17]采用顶空固相微萃取-气相色谱质谱技术解析了天龙泉米香型白酒风味成分，共鉴定出 55 种挥发性风味物质。香气活度值（OAV）计算结果表明，在天龙泉米香型白酒中共有 19 种风味物质 OAV 值大于 1，其中辛酸乙酯、十四酸乙酯、乙醛、月桂酸乙酯、乙缩醛及二甲基三硫的 OAV 值大于 100，这些物质对于天龙泉米香型白酒整体香气的构成有重要影响。结果见表 3-4。

表 3-4 天龙泉米香型白酒特征香气成分表

序号	化合物	斜率	截距	R^2	阈值 /μg·L^{-1}	浓度 /mg·L^{-1}	OAV
1	甲酸乙酯[a]	0.1579	0.2378	0.9967		11.799	
2	乙酸乙酯[a]	0.2567	−0.3012	0.9998	32 600.00	239.383	7.34
3	丁酸乙酯[b]	0.3334	0.0040	0.9999	80.50	0.335	4.16
4	异戊酸乙酯[b]	0.4286	0.0070	0.9999	6.90	0.023	3.33
5	乙酸异戊酯[b]	0.4885	0.0021	0.9999	93.93	1.485	15.81
6	乳酸乙酯[a]	2.1754	−1.3027	0.9999	128 000.0	366.939	2.87
7	戊酸乙酯[b]	0.4443	−0.0174	0.9999	26.80	0.008	0.30
8	己酸乙酯[b]	0.9880	0.0394	0.9999	55.33	0.881	15.92
9	庚酸乙酯[b]	1.9144	−0.0224	0.9999	13 153.17	0.033	0.00
10	辛酸乙酯[b]	3.5369	−0.1477	0.9993	12.87	13.241	1028.83
11	壬酸乙酯[b]	4.5654	0.4416	0.9994		0.235	
12	辛酸异丁酯[b]	5.7830	−0.3019	0.9994		0.171	
13	癸酸乙酯[b]	11.1470	−0.1139	0.9997		81.412	
14	丁二酸二乙酯[b]	0.0655	−0.0935	0.9973	353 193.25	3.823	0.01
15	十一酸乙酯[b]	3.1092	0.0000	0.9999	1000.00	0.010	0.01
16	月桂酸乙酯[b]	13.1560	7.4179	0.9836	400.00	59.231	148.08
17	十四酸乙酯[b]	17.3850	−3.0862	0.9973	180.00	133.872	743.73
18	辛二酸二乙酯[b]	1.9034	−0.5064	0.9959		0.018	
19	壬二酸二乙酯[b]	2.7588	−0.7925	0.9939		0.117	
20	棕榈酸乙酯[b]	10.8780	−0.5365	0.9970	39 299.35	17.651	0.45
21	油酸乙酯[b]	1.2131	0.6878	0.9357		3.253	
22	亚油酸乙酯[b]	1.2392	0.4638	0.9592		4.407	
23	乙酸苯乙酯[b]	0.5141	0.3711	0.9995	909.00	1.717	1.89
24	苯甲酸乙酯[b]	5.3927	1.8710	0.9972	1430.00	0.151	0.11

续表

序号	化合物	斜率	截距	R^2	阈值 /μg·L^{-1}	浓度 /mg·L^{-1}	OAV
25	苯乙酸乙酯[b]	3.8913	0.5350	0.9996	406.83	0.139	0.34
26	苯乙烯[b]	1.0038	0.0000	0.9999	80.00	0.065	0.81
27	苯甲醛[b]	0.0696	0.1094	0.9998	4200.00	0.111	0.03
28	萘[b]	3.8293	0.0000	0.9999	159.30	0.041	0.26
29	苯乙醇[b]	0.0217	−0.0010	0.9999	28 922.73	28.750	0.99
30	苯酚[b]	0.0164	0.0036	0.9999	18 909.34	0.470	0.02
31	正丙醇[a]	0.2715	0.1027	0.9999	53 952.63	292.445	5.42
32	仲丁醇[a]	0.3643	0.1452	0.9997	50 000.00	0.000	0.00
33	异丁醇[a]	0.2715	−0.2115	0.9999	28 300.00	1434.330	50.68
34	正丁醇[a]	0.1475	0.0327	0.9998	2733.35	14.139	5.17
35	异戊醇[a]	0.6445	0.4377	0.9997	179 190.83	1400.687	7.82
36	正戊醇[b]	0.0105	−0.0027	0.9999	64 000.00	3.368	0.05
37	正己醇[b]	0.0368	−0.0094	0.9999	5370.00	8.576	1.60
38	1-辛烯-3-醇[b]	0.1780	0.0761	0.9999	6.12	0.099	16.18
39	橙花叔醇[b]	1.6108	0.5898	0.9967		0.057	
40	乙酸[a]	0.1593	0.1712	0.9927	160 000.00	148.849	0.93
41	丙酸[a]	0.3745	0.0127	0.9956	18200.00	42.093	2.31
42	异丁酸[a]	0.4389	0.04573	0.9987		14.792	
43	丁酸[a]	0.5299	0.0148	0.9977	964.00	2.038	2.11
44	2-壬酮[b]	0.3510	0.0000	0.9999	200.00	0.004	0.02
45	乙醛[a]	0.1364	0.2421	0.9996	1200.00	406.811	339.01
46	异丁醛[a]	0.2376	0.4398	0.9993		3.566	
47	乙缩醛[a]	0.3346	0.1452	0.9997	2090.00	270.617	129.48
48	1, 1, 3-三乙氧基丙烷[b]	0.1177	−0.0342	0.9999	3700.00	0.045	0.01
49	4-乙基愈创木酚[b]	0.2530	−0.0178	0.9998	122.74	0.016	0.13
50	γ-壬内酯[b]	0.1615	0.0000	0.9999	90.70	0.016	0.18
51	2-戊基呋喃[b]	0.2922	0.1189	0.9976		0.064	
52	二甲基三硫[b]	0.0875	0.1184	0.9984	0.18	0.021	118.33
53	醋酸[a]	0.3219	0.2865	0.9976		6.430	
54	糠醛[b]	0.0164	0.0214	0.9996	44 029.73	5.726	0.13

注：a—采用 HS-SPME-GC-MS 定量结果。

b—采用 GC-FID 定量结果。

3.2.2.5 芝麻香型白酒特征香气成分

芝麻香型白酒属于新中国成立后的创新香型白酒，它是以酱香型白酒生产工艺为基础，借鉴浓香型白酒和清香型白酒生产工艺，进一步升华、提炼、科技创新发展而来的[17]。所以芝麻香型白酒是兼具浓、清、酱三大香型白酒的特点，但又独具风格、自成一体的创新型白酒，具有突出的焦香、轻微的酱香，有近似焙烤芝麻的香气[18]。

郑杨等人[19]采用 LLE 对芝麻香型白酒的香气成分进行提取浓缩并进行 GC-O 分析，得出了样品中的特征香气成分，如表 3-5 所示。商品酒中 OAV 值最大的是已酸乙酯（OAV = 2691），其次是 3-甲基丁醛（OAV = 2403）、戊酸乙酯（OAV = 1019）和辛酸乙酯（OAV = 782）。上述成分能够强烈表达出类浓香白酒香气、果香及麦芽香，这也证明了芝麻香型白酒果香突出的特点。芝麻香型白酒中的焦香及类烤芝麻香气与二甲基三硫（OAV = 388），3-甲硫基丙醛（OAV = 17），2-乙基-3, 5-二甲基吡嗪（OAV = 8）有关。大多数较高 OAV 的香气化合物有较大的 FD 值，但 3-甲基丁醛尽管具有较高的 OAV，但通过 AEDA 测得的 FD 值反而较低，丙酸 FD 值较大，但其 OAV 却<1。以上结果说明，食品基质对整体香气、单体香气有重要影响。

表 3-5 芝麻香型商品酒中的特征香气成分

序号	香气化合物	阈值/μg · L^{-1}	OAV
13	ethyl hexanoate	55.3[19, a]	2691
2	3-methylbutanal	178[30, a]	2403
4	ethyl acrylate	0.2[31, b]	2225
10	ethyl pentanoate	26.8[19, a]	1019
21	ethyl octanoate	12.9[32, c]	782
5	ethyl butanoate	81.5[19, a]	447
16	dimethyl trisulfide	0.36[19, a]	388
6	ethyl 2-methylbutanoate	18[21, a]	215
36	3-methylbutanoic acid	1050[19, a]	89
32	butanoic acid	964[19, a]	57
33	ethyl decanoate	1120[19, a]	46
39	pentanoic acid	389[19, a]	46
42	hexanoic acid	2520[19, a]	35
26	methional	7.12[21, a]	17
15	ethyl lactate	32 600[19, a]	15
22	2-ethyl-3, 5-dimethyl pyrazine	7.5[33, b]	12
17	2-ethyl-6-methyl-pyrazine	40[19, a]	8
41	2-phenylethyl acetate	909[19, a]	7
9	2-methyl-1-propanol	40 000[32, c]	4
40	ethyl phenylacetate	407[19, a]	3
45	ethyl 3-phenylpropanoate	125.21[19, a]	3
54	phenylacetic acid	1430[19, a]	3
12	3-methy-1-butanol	17900[19, a]	2

续表

序号	香气化合物	阈值/μg·L^{-1}	OAV
49	4-ethyl-2-methoxyphenol	6.9[25, b]	2
25	2-furfural	44000[19, a]	2
35	furfuryl alcohol	2000[34, b]	1

注：a—在 46%乙醇/水溶液中测定的气味阈值。

b—在空气中测定的气味阈值。

c—在 30%乙醇/水溶液中测定的气味阈值。

d—气味阈值不可用。

3.2.3 应　用

孙细珍等[20]曾采用毛细管气相色谱技术，选取 18 批不同批次的某品牌某一款白酒（本研究记为 X 型白酒）进行色谱分析，建立 X 型白酒的微量成分含量数据库，采用主成分分析（Principal Component Analysis，PCA）进行建模，然后将市面上查处的 X 型白酒假酒在同等条件下进行色谱分析，将假酒的微量成分数据导入 PCA 模型，实现 X 型白酒真假酒鉴别分析。进一步采用偏最小二乘判别分析（Partial Least Squares-Discriminant Analysis，PLS-DA）区别真假酒间的差异性成分。并通过选取验证样，随机编码后进行色谱分析，导入 PCA 模型验证真假酒鉴别分析结果，同时对随机编码的样品进行感官评价，通过绘制感官风味剖面轮廓，对 X 型白酒真假酒鉴别分析结果进行验证，两种验证结果结论吻合。

陈垛洁等[21]曾采用液相色谱及气相色谱技术，对白兰地及白酒香精的香气成分进行检测，分析香精与真酒样的相似程度。数据经过归一化处理后，使 SPSS 22.0 软件，进行聚类分析（Clustering Analysis）和主成分分析（Principal Component Analysis，PCA），均能将香精与真酒样进行区分。最后得出了利用部分香气成分数据结合多元统计分析，能够区分香精及真酒样的结论，为鉴别真假酒技术提供新思路。

目前塑化剂、甜味剂分及香味成分分析成为白酒质量控制的监测热点，王景[22]曾对白酒中违禁添加剂进行了系列研究，建立了白酒中 16 种邻苯二甲酸酯类塑化剂的气相色谱-同位素稀释-串联质谱准确定性和精确定量方法。在样品前处理技术上，对传统液-液萃取进行了改进，白酒样品需在沸水浴氮吹除去乙醇，然后采用正己烷二次萃取，操作简单、快速，有机溶剂用量少；在检测技术上，采用多反应监测模式，灵敏度高、特异性强，方法检出限为 0.1~10.0 ng/g；在定量方法上，采用同位素稀释质谱法，以 16 种塑化剂对应的氘代标记物作为内标物，运用基质匹配校准液进行定量分析。四个加标水平回收率为 94.3%~105.3%，RSD<6.5%，有效地验证了方法的精密度及准确性。该方法可满足我国对白酒中塑化剂的限量检测。

3.3 啤　酒

3.3.1 分析技术

啤酒香气成分的分析，基本采用与白酒香气成分分析相同的技术手段，即包括顶空固相微萃取（Head Space-Solid Phase Microextraction，HS-SPME）结合气相色谱-质谱联用（Gas

Chromatography-Mass Spectrumetry，GC-MS）技术、气相色谱-质谱联用技术、液相色谱-质谱联用技术、光谱分析技术、适配体传感技术等。

王茜等[23]通过采用 HS-SPME-GC-MS 法对发酵过程中啤酒香气物质的含量进行分析测定，对比 4 种啤酒花酿造啤酒的香气物质含量并进行啤酒的理化指标的测定。王葶等[24]采用溶剂萃取法提取樱桃啤酒中的香气成分，经气相色谱-质谱（GC-MS）联机分析，发酵完成后放置 7 天的样品鉴定出 48 个香气组分，发酵完成后放置 30 天的样品鉴定出 46 个香气组分。于欣禾等[25]通过采用优化的麸质蛋白提取工艺，结合液相色谱-质谱法（LC-MS/MS）分析 8 种市售啤酒的麸质蛋白。

王楠等[26]利用光谱分析技术，挖掘表征啤酒老化的光谱特征，构建啤酒新鲜度指数（BFI），实现了啤酒新鲜度的快速、无损检测。易守军等[27]应用自组装方式，构建了金纳米粒子/核酸适体/氨基碳量子点荧光传感赭曲霉毒素 A 高灵敏检测方法，并且对 13 个市售啤酒样品进行检测，其中 6 个样品检出赭曲霉毒素 A，污染率为 46.15%。受污染样品的赭曲霉毒素 A 含量在 0.008 ~ 0.63 ng・mL^{-1}。

3.3.2 特征成分

啤酒含有丰富的香气成分，包括醛类、酮类、胺类、酯类、含硫化合物、有机酸等。周煜等[28]对综合文献检测到的挥发性成分及其气味描述如表 3-6 所示。王葶等[24]从樱桃啤酒样品的 GC-MS 分析检测中总共鉴定出 48 个化合物，其中辛醇、苯乙醇、苯甲酸乙酯和辛酸，含量分别达到 22.25%、9.78%、16.72%和 11.58%，如表 3-7 所示。RIU-AUMATELL 等[7]采用 HS-SPME-GC-MS 进行定性和定量差异分析，发现酯类（异戊酯、己酸乙酯、辛酸乙酯）、醇类（1-辛醇、癸醇、异丁醇、异戊醇）和脂肪酸（己酸和辛酸）等发酵化合物在正常啤酒中含量更高如表 3-8 所示。

表 3-6 啤酒挥发性成分

类别	名称	阈值/μg・L^{-1}	气味描述
胺类	2-甲基吡咯		硫黄气味、苦
	4-甲基吡啶		烧烤气味、可可香
	二硫脲嘧啶		烤玉米气味、烤面包气味
	二甲基氨基甲酸乙酯		—
	甲胺		蔬菜香、葡萄香、胡萝卜香
	肌氨酸		—
	2-氨基苯乙酮	5.0	麝香气味、葡萄香
	烯丙基丙氨酸		—
含硫化合物	2-甲基-3-呋喃硫醇	0.19	坚果香、维生素 B_1 的气味
	2-磺酰基-3-甲基-1-丁醇	0.29	熟洋葱气味
	3-甲基-2-丁烯-1-硫醇	0.007	烧烤的气味、臭鼬味
	3-磺酰基-1-己醇	0.055	令人不愉快的气味
	3-磺酰基-3-甲基-1-丁醇		熟洋葱气味
	4-甲硫基-1-仲丁胺		卷心菜气味、大蒜气味、硫黄气味

续表

类别	名称	阈值/$\mu g \cdot L^{-1}$	气味描述
含硫化合物	苯并噻唑		橡胶气味、硫黄气味、汽油气味
	苄硫醇		烧焦的气味
	二甲基三硫醚	0.016	硫黄气味、卷心菜气味
	甲硫基丙醛	250	豆酱的气味，熟马铃薯香、洋葱气味
	甲硫醇	1397	豆酱气味、杂醇气味
	2-甲硫基丁酸甲酯		发霉的气味、洋葱气味、硫黄气味
	甲基丙基二硫醚		大蒜气味、烧橡胶的气味
醇类	(*R*)-沉香醇		花香
	正己醇	2500	树脂香、花香、草本植物气味
	正戊醇	4000	刺激性气味、甜香、香料气味
	正丙醇	8.0×10^{5}	酒精味、成熟水果的香气
	2-甲基-1-丁醇	6.5×10^{5}	—
	异丙醇	7000	葡萄酒香，甜香，发霉的气味
	2-苯基乙醇	1.25×10^{5}	—
	2-苯乙醇	7739	花香、杂醇气味
	3-甲基-1-丁醇	1.68×10^{4}	威士忌酒香、麦芽香、杂醇气味、烧焦气味
	香茅醇	7.5	柑橘香、花香、玫瑰香
	环戊醇	125	令人愉快的气味
	糠醇	3000	—
	香叶醇	7.0	花香、玫瑰香
	异戊醇	7.0×10^{4}	杂醇气味
	异丁醇	2.0×10^{5}	酒精气味、葡萄酒香、指甲油气味
	芳樟醇	80	花香、麝香
	苯乙醇	4.0×10^{4}	酒精气味、甜香、玫瑰花香
	β-苯乙醇	1.25×10^{5}	百合花香
酚类	3-乙基苯酚		—
	4-乙基愈创木酚		辛辣气味、木料气味、刺激性气味
	4-乙基苯酚		酚类的特殊气味、甜香、木料气味
	4-乙烯基愈创木酚	98.0	烟熏气味、甜香、酚类的特殊气味、丁香气味
	4-乙烯基苯酚		烟熏气味、甜香、酚类的特殊气味
	丁子香酚	44	丁香，甜香，酚类的特殊气味
	愈创木酚	65.0	烟熏气味，甜香、酚类的特殊气味
	麦芽酚		焦糖气味
	麝香草酚	225	八里香、辛辣气味、酚类的特殊气味、甜香

续表

类别	名称	阈值/μg·L^{-1}	气味描述
醛类	(*E*)-2-丁烯醛		苹果香、杏仁气味
	(*E*)-2-癸烯醛		—
	(*E*)-2-庚烯醛		脂肪气味、植物气味
	(*E*)-2-己烯醛		苹果香、植物气味
	(*E*)-2-壬烯醛	0.1	硬纸板气味、氧化的气味、陈腐的气味
	(*E*)-2-辛烯醛	1	植物的气味、坚果香、脂肪气味
	(*E*, *E*)-2, 4-癸二烯醛		脂肪气味、醛类的特殊气味、纸张气味
	(*E*, *E*)-2, 4-二烯醛		清新的气味、黄瓜香、油炸的气味
	(*E*, *E*)-2, 4-壬二烯醛		黄瓜香、绿叶气味
	(*E*, *Z*)-2, 6-壬二烯醛		黄瓜香，植物气味，西瓜香
	2-甲基-1-丙醛	2.3	香蕉香、香瓜香、水果香、麦芽香、
	2-甲基正丁醛	1250	可可香、土豆气味、杏仁气味、苹果香、青草香
	2-丙烯醛		—
	3-甲基正丁醛	9.6	土豆气味、杏仁气味、麦芽香、生香蕉、苹果香、干酪气味
	4-羟基苯甲醛	1.1×10^4	香草香、甜香
	5-羟甲基糠醛		烤面包气味、焦糖气味、醛类的特殊气味、陈腐的气味
	5-甲基-2-糠醛		杏仁气味、辛辣的气味
	乙醛	2.5×10^4	甜香、辛辣的气味，绿叶香、苹果香
	苯甲醛		杏仁气味、焦糖气味
	苯乙醛	28	刺激性气味、植物气味、蜂蜜气味
	正丁醛		香瓜香、绿麦芽香
	癸醛		清新的气味、柑橘香、醛类特殊的气味
	十二醛		辛辣的气味、醛类特殊的气味
	糠醛	1.5×10^5	杏仁气味、甜香、焦糖气味、烤面包气味
	乙二醛		—
	庚醛	3	醛类特殊气味、脂肪气味、柑橘香
	己醛	600	酒香、醛类特殊气味、脂肪气味、青草香
	丙酮醛		—
	壬醛	0.7	脂肪气味、柑橘香、植物气味
	辛醛		陈皮香、醛类特殊的气味、香皂气味、柠檬香

续表

类别	名称	阈值/μg·L^{-1}	气味描述
醛类	戊醛		青草香、苹果香、奶酪气味
	苯乙醛	39.7	风信子香、玫瑰香
	正丙醛		氧化的苹果的气味
	水杨醛	3.12	辛辣的气味，杏仁气味
	丁香醛	2.2×10^4	柔和的气味、甜香，香草香、木材气味
	反式4, 5-环氧-(*E*)-2-癸烯醛	0.059	金属气味、生鱼气味
	香草醛	48.0	香草气味、甜香、柔和的气味、椰果气味
有机酸	3-苯基乙酸		蘑菇气味、肉桂气味
	9-癸烯酸		腐臭
	苯乙酸		花香、玫瑰香
	丁酸	1899	腐烂的气味、水果香，奶酪气味
	富马酸		醋味
	庚酸	11	甜香
	癸酸	1.0×10^4	醋味
	己酸	8000	腐臭、青草香
	辛酸	1.5×10^4	甜香、醋味
	乙酸	2.0×10^5	醋味
	异戊酸	1230	腐臭、奶酪
酮类	(*E*)-*β*-大马酮	2.5	草莓香、玫瑰香、蜂蜜气味
	(*Z*)-1, 5-辛二烯-3-酮	4.0×10^{-4}	金属气味、生鱼气味
	1-辛烯-3-酮	2.6×10^{-4}	坚果香、蘑菇气味
	2, 2-二甲基-1, 3-环己二酮		甜香、焦糖味、枫木气味
	2, 3-丁二酮	6.5	黄油香
	2, 3-戊二酮	90	奶油香
	2-丁酮		—
	2-癸酮		酮类的特殊气味、油漆气味
	2-庚酮	140	硫黄气味、辛辣的气味、啤酒花气味
	2-己酮		—
	2-壬酮		酮类的特殊气味、油漆气味
	2-辛酮		油漆气味、胡桃气味
	2-戊酮		—
	2-十一烷酮		酮类的特殊气味、花香
	乙酰丁香酮	1999	香草香、烟熏气味、甜香
	香草乙酮	8629	香草香、辛辣的气味

续表

类别	名称	阈值/μg・L^{-1}	气味描述
酮类	甲基环戊烯醇酮		焦糖味
	双乙酰	150	黄油香、奶糖香
	呋喃酮	112.0	焦糖香
	酱油酮	68.0	焦糖香
	枫糖呋喃酮		焦糖香
	覆盆子酮	21.2	树莓香
	β-紫罗酮	0.600	紫罗兰香，覆盆子香、柑橘香
酯类	乙酸苯乙酯	2760	水果香、花香、薄荷气味
	2-巯基己基乙酸酯	6.3	橡胶气味
	3-巯基己基乙酸酯	0.005	水果香、令人不愉快的气味
	丁二酸二乙酯	1200	奶酪气味、泥土气味、辛辣的气味
	2-甲基丁酸乙酯	1.1	水果香、菠萝香
	2-甲基丙酸乙酯	6.3	柑橘香、苹果香
	3-甲基丁酸乙酯	2	柑橘香、菠萝香
	3-苯基丙酸乙酯	5.0	蘑菇气味、肉桂气味
	4-甲基戊酸乙酯	1	水果香、苹果香
	乙酸乙酯	2.1×10^4	菠萝香、甜香、水果香
	丁酸乙酯	367	水果香、苹果香
	肉桂酸乙酯	2.40	蘑菇气味、肉桂气味
	癸酸乙酯	1500	糖果香、水果香、果干香
	己酸乙酯	163	甜香、香蕉香、青苹果香
	乳酸乙酯	2.5×10^5	黄油香、奶糖香、水果香
	辛酸乙酯	290	酯类特殊的香气、苹果香、梨香、糖果香
	丙酸乙酯		苹果香
	乙酸异戊酯	724	香蕉香、甜香
	3-甲基-2-丁烯异丁酯		植物气味、辛辣的气味、薄荷气味
	乙酸异丁酯	1600	花香
	辛酸异丁酯		奶酪气味、酒香、甜香
	己酸异戊酯		水果香
	苯甲酸甲酯		水果香、草药气味、花香
	癸酸甲酯		甜香、椰果香、水果香
	肉豆蔻酸甲酯		香水香、草药气味、花香
	香草酸甲酯	7674	香草香、辛辣的气味、丁香香气
	乙酸苯壬酯		水果香、茶香

续表

类别	名称	阈值/μg·L^{-1}	气味描述
酯类	葫芦巴内酯	0.54	焦糖气味
	γ-己内酯		椰果气味
	γ-壬内酯	11.2	甜香、牛奶香
	γ-辛内酯		椰果香、甜香
其他	2, 3, 5-三甲基吡嗪		泥土气味、坚果香
	2, 4-二甲苯基-甲酰胺		烧烤的气味、坚果香
	2-乙酰基-1-吡咯啉	3	谷物香
	2-甲基-3, 5(6)-二甲基吡嗪		泥土气味、坚果香
	2-正戊基呋喃	6	绿色大豆香、黄油气味
	3-甲基吲哚		樟脑丸气味、粪便气味
	丙酰呋喃		烧烤气味、坚果香
	呋喃		烧烤气味、坚果香
	吲哚		樟脑丸气味、粪便气味

表 3-7　樱桃啤酒的香气成分

序号	化合物名称	相对含量/%
1	十二甲基环硅氧烷	0.82
2	十甲基环五硅氧烷	0.75
3	四甲基环庚硅氧烷	0.31
4	十六甲基-环八硅氧烷	0.04
5	3, 3-二甲基-己烷	0.04
6	反式-(2-氯乙烯基)二甲基乙氧基硅烷	0.06
7	异丙基环丁烷	0.06
8	2-辛醇	22.25
9	苯乙醇	9.78
10	2-甲基-丙醇	0.19
11	苯甲醛	6.78
12	胡椒醛	1.87
13	2, 5-二甲基-苯甲醛	0.58
14	4-甲氧基苯甲醛	0.26
15	糠醛	0.2
16	丁香酚	2.99
17	2, 4-二叔丁基苯酚	0.58

续表

序号	化合物名称	相对含量/%
18	2-甲氧基-4-乙烯基苯酚	0.33
19	苯甲酸乙酯	16.72
20	2-苯基乙酸乙酯	4.7
21	3-甲基乙酸酯	2.98
22	己酸乙酯	1.8
23	3-氧代-2-苯基亚甲基-丁酸乙酯	1.86
24	庚酸乙酯	0.61
25	甲酸辛酯	0.17
26	辛酸乙酯	0.26
27	2-氯苯甲酸乙酯	0.03
28	棕榈酸乙酯	0.14
29	巴豆酸乙烯酯	0.07
30	间甲基苯甲酸 2-苯乙基酯	0.13
31	肉豆蔻酸异丙酯	0.08
32	1, 2-乙二醇单苯甲酸酯	0.03
33	肉桂酸乙烯酯	0.07
34	1, 5-二甲基-1-乙烯基-4-己烯基丁酸酯	0.06
35	巴豆酸乙烯酯	0.09
36	间苯二甲酸，二(3, 5-二氟苯基)酯	0.13
37	邻苯二甲酸 2-异丙基苯甲酯	0.12
38	正癸酸	4.53
39	辛酸	11.58
40	乙酸	0.16
41	己酸	0.35
42	9-癸烯酸	0.26
43	十二酸	0.39
44	壬酸	0.15
45	反式-β-紫罗兰酮	2.38
46	5-庚二氢-呋喃酮	2.05
47	2-环戊烯-1-酮，2-羟基-3, 4-二甲基-2-环戊烯-1-酮	0.15
48	2-庚酮	0.06

表 3-8 识别和量化酒精啤酒、低度啤酒以及无醇啤酒的挥发性化合物

序号	名称	酒精啤酒	低度啤酒	无醇啤酒
		平均值/μg·L^{-1}	平均值/μg·L^{-1}	平均值/μg·L^{-1}
1	乙酸乙酯	14.95	7.15	2.39
2	丁酸乙酯	1.74	0.68	0.47
3	乙醛	Nq	2.21	2.16
4	异丁醇	3.42	0.87	0.24
5	乙酸异戊酯	6079.05	1143.39	1198.5
6	月桂烯	0.1	0.04	0.73
7	庚醛	Nq	0.02	0.01
8	柠檬烯	0.06	Nq	1.27
9	异戊醇	297.70	93.84	50.86
10	己酸乙酯	1534.00	176.80	177.99
11	*β*-罗勒烯	Nq	Nq	0.01
12	丁酸异戊酯	Nq	Nq	0.25
13	2-甲基吡嗪	Nq	Nq	0.14
14	乙酸己酯	64.80	2.15	22.53
15	1-辛酸	Nq	0.08	0.05
16	乙酸-2-己烯酯	1 340 989	Nq	0.3
17	2, 6-二甲基吡嗪	Nq	Nq	0.03
18	正己醇	0.23	0.24	0.11
19	玫瑰醚	Nq	Nq	0.05
20	醋酸庚酯	0.33	0.02	Nq
21	2-壬酮	Nq	Nq	0.02
22	壬醛	0.18	0.13	0.11
23	2-乙基-3-甲基吡嗪	Nq	Nq	0.44
24	2-辛醇	Nq	0.15	0.08
25	辛酸乙酯	5965.42	163.48	255.74
26	1-庚醇	0.19	0.18	0.06
27	糠醛	0.87	2.04	3.53
28	氧化芳樟醇	Nq	Nq	0.09
29	癸醛	Nq	Nq	0.01
30	苯甲醛	7.36	20.15	45.92
31	沉香醇	2.09	0.43	14.12
32	辛醇	2.33	0.58	0.06
33	1-松油烯-4-醇	0.02	Nq	0.05
34	葑醇	0.06	Nq	0.07

续表

序号	名称	酒精啤酒	低度啤酒	无醇啤酒
		平均值/μg·L^{-1}	平均值/μg·L^{-1}	平均值/μg·L^{-1}
35	甲基糠醛	Nq	0.24	0.13
36	月桂烯醇	0.14	Nq	0.14
37	β-松油醇	Nq	Nq	0.04
38	癸酸乙酯	336.55	18.97	32.63
39	糠醇	0.95	0.78	1.16
40	葎草烯	0.07	0.01	0.18
41	α-松油醇	0.81	0.31	1.09
42	冰片	0.07	0.02	0.12
43	甲硫醇	0.20	0.03	0.06
44	癸醇	1.07	0.06	Nq
45	香茅醇	0.54	0.07	0.02
46	2-乙酸苯乙酯	83.71	5.9	7.10
47	β-大马酮	0.87	0.14	0.28
48	香叶醇	0.33	0.05	0.11
49	月桂酸乙酯	16.32	Nq	111.31
50	丁酸苯乙酯	Nq	Nq	2.05
51	异丁酸苯乙酯	Nq	38.10	46.85
52	2-苯基乙醇	138.11	2.76	1.20
53	己酸	3.04	0.10	0.31
54	乙酰吡咯	Nq	Nq	0.09
55	橙花叔醇	Nq	Nq	0.06
56	γ-壬烯酸	0.61	0.15	0.23
57	辛酸	85.38	10.33	23.10
58	癸酸	16.16	4.42	2.97

3.3.3 应 用

真假识别：啤酒进行感官检查时，应首先注意到啤酒的色泽有无改变，失光的啤酒往往意味着质量的不良改变，必要时应该用标准碘溶液进行对比，以观察其颜色深浅，开瓶注入杯中时，要注意其泡沫的密集程度与挂杯时间。酒的气味与滋味是评价酒质优劣的关键性指标，这种检查和品评应在常温下进行，并应在开瓶注入杯中后立即进行[30]。

添加剂：啤酒行业使用的食品添加剂主要功能类别为：抗氧化剂、酸度调节剂、稳定或澄清剂、助滤剂、酶制剂和酵母营养素等[31]。莫美华等[32]选取添加剂 α-淀粉酶、糖化复合酶、木聚糖酶、单宁、硅胶、麦汁澄清剂和 PVPP 作为参试因子，来降低麦汁中的多酚含量。陈之贵等[33]总结了啤酒生产中使用的主要食品添加剂及其功能（见表 3-9）、啤酒生产中使用的加工助剂及其功能（见表 3-10）、啤酒工业使用食品添加剂和加工助剂的发展趋势。

表 3-9　啤酒生产过程中使用的主要食品添加剂

名称	功能	使用方法	化学物质	残留	危害	替代方法
水处理剂与 pH 值调节剂	添加适当的矿物离子可以达到要求的 pH 值，并保持成品酒风味平衡。还可以保证在糖化和发酵过程中有足够的钙离子	在酿造用水或麦芽粉中直接添加	硫酸钙、氯化钙、硫酸镁等 酸：硫酸、磷酸和乳酸	以矿物质的形式残留于啤酒中	通常很低	无 所有的酿造者都不得不调节酿造用水以满足加工要求
抗氧化剂（风味稳定剂）	澄清的功能——在包装中去除氧，提高风味和胶体稳定性	在装瓶前直接添加到清酒中	抗坏血酸和亚硫酸钠等	对存在于包装后啤酒中的残留物，许多国家规定了 SO_2 的最大容许残留量	可忽略。未稀释 SO_2 具有一定危害健康的风险	限制货架期；改进操作方法；促进天然抗氧化
酵母营养素	为了提高酵母的活力，有时候需要在发酵罐（和酵母繁殖罐）中添加痕量的矿物质和维生素作为酵母的氮源	通常添加到冷麦汁或煮沸锅沸腾的麦汁中，以帮助灭菌	通常使用锌盐（如 $ZnSO_4$），有时候也用维生素和铵盐	可忽略	可忽略	使用高比例的辅料和敏感的酵母菌株时，可以用添加酵母浸膏替换
啤酒泡沫控制剂	对于多种啤酒来说，啤酒泡沫是一个重要的质量指标	在发酵前或期间需要添加消泡剂用来控制泡沫过多的产生。泡沫稳定剂要在过滤前后立即加入，用来去除啤酒中影响泡沫形成的成分，提高泡沫的稳定性	消泡剂：甘油和山梨聚糖的化合物 泡沫稳定剂：乙二醇海藻酸酯（海藻提取物）	这类化合物可能存在于成品啤酒中，但是使用量很小	可忽略	全麦芽酿造，溶解不良的麦芽；更好的控制酿造工艺

表 3-10 啤酒生产过程中使用的加工助剂及其功能

名称	功能	使用方法	化学物质	残留	危害	替代方法
啤酒胶体稳定剂	降低啤酒中蛋白质和多酚的含量，减缓混浊的形	在啤酒后熟或过滤期间添加	PVPP（聚乙烯聚吡咯烷酮）；蛋白酶：木瓜蛋白酶；硅胶；丹宁酸；膨润土；黏土；甲醛等	PVPP 以痕量的不溶物存在；蛋白酶以活性形式存在；可能存在的硅胶以可忽略的不溶物形式存在；丹宁酸和膨润土在过滤后都可以忽略	可忽略	可以用较长的冷藏保存、更严格的控制溶解氧等方法，适当延长保质期
澄清剂	辅助去除麦汁和啤酒中的固体和悬浮物	煮沸锅用澄清剂，通常在煮沸结束前加入麦汁中。明胶及辅助澄清剂则是在后熟期间或装桶时添加到啤酒中的	煮沸锅用澄清剂：角叉菜胶，海藻胶；鱼胶澄清剂：鱼鳔胶；辅助澄清剂：硅酸盐，褐藻酸盐，海藻酸盐	澄清剂的功能是辅助固液分离。正确使用时，绝大多数澄清剂应该从啤酒中沉淀出来。有 SO_2 存在时，澄清剂变得稳定，这时澄清剂将保留在啤酒中	由于是生物材料，危害可以忽略	延长澄清时间；离心分离
助滤剂	从啤酒中捕获、截留固体颗粒，获得清亮的酒体	大多数酿造者都是在初级过滤时添加助滤剂	通常用硅藻土或珍珠岩（火山灰）。纤维素等其他材料也可使用	很少，主要是铁类重金属	对消费者没有影响，在操作和处理过程中会有一些粉尘危害	很少商品化的替代方法——错流过滤可能是一种
酶制剂	酿造主要依靠酶催化的 2 个反应是：淀粉转化成糖；糖转化成酒精	酶制剂可以在糖化车间添加，也可以在发酵和后熟期间添加	α-淀粉酶、β-葡聚糖酶、戊聚糖酶、α-乙酰乳酸脱羧酶、木瓜蛋白酶、葡萄糖氧化酶等	以无活性的蛋白质小块存在于啤酒中。酶制剂用量很少，可以通过沉淀和过滤的方法除去。因此，残留的酶制剂可以忽略	可以忽略	不添加酶制剂的酿造，需要很好的控制原料和工艺，并可能导致额外的操作消耗

3.4 葡萄酒

3.4.1 分析技术

香气成分的分析一般分为分离和定性定量两大步。分离方法主要包括挥发性物质的提取、浓缩；定性定量方法主要采用气相色谱-质谱联用（GC-MS）技术[34]。

3.4.1.1 分离方法

葡萄酒在采用色谱分析时不能采用直接进样方式，必须要经过必要的样品前处理对其中的挥发性香气物质进行提取、浓缩。目前，在对食品或其他物质挥发性气味组分的样品前处理方法中，主要包括四大类：分析蒸馏法（Analytical Distillation）、顶空分析法（Headspace Methods）、直接萃取法（Direct Extraction）和吹扫捕集法（Purge and Trap）。其中分析蒸馏法又可分为水蒸气蒸馏法、同步蒸馏萃取法（Simultaneous Distillation Extraclion，sDE）及其他蒸馏法；顶空分析法主要包括静态顶空分析法（Static Headspace，SHS）、动态顶空分析法（Dynamic Headspace，DHS）和顶空固相微萃取法（Headspace Solid-Phase Microextraxtion，HS-SPME）；直接萃取法主要有液-液萃取（Liquid-Liquid Extraction，LLE）、固相萃取（Solid Phase Extraction，SPE）和超临界流体萃取（Supercritical Fluid Extraction，SFE）。在食品风味分析中，除了前述几种常用的样品前处理方法外，还有超声波辅助萃取法、超滤、吸附法等。超声波辅助萃取是利用超声波引起的空穴现象，大量的声能转化为弹性波形式的机械能，在弹性波的作用下，葡萄酒中的呈香物质很容易从样品中散发出来，再将其收集即可进行气谱分析。Cocito 等人在研究葡萄汁与葡萄酒香气组成中将超声辅助萃取与 C_{18} 固相萃取进行了对比，发现采用超声辅助萃取法提取后大部分物质含量变异系数均小于 9%，标样线性关系在 97%~99%，对葡萄汁和葡萄酒中大部分组分的萃取效果好于后者。Dolorcs Hemanz 等采用此方法对白葡萄酒香气进行了测定，对各萃取条件进行优化后定量了其中 24 种香气成分，认为此方法是葡萄酒香气分析中一种值得选择的技术。在对葡萄汁、葡萄酒及其他果酒香气成分的研究中，通常采用的样品前处理方法主要有液-液萃取、CO_2 超临界流体萃取、顶空固相微萃取等。

液-液萃取法又称有机溶剂萃取法，是最早用于香气成分提取的萃取技术，尽管已经被很多易控制的和无溶剂的技术所替代，但至今仍是样品制备最常用的方法之一[35]。在葡萄酒中加入非极性有机溶剂后，根据相似相溶原理，极性较弱的挥发性香气物质在有机溶剂中的分配系数大于水相的分配系数。因此，经过多次萃取分离后，能使大部分香气成分得到分离。虽然液-液萃取结果重现性较高，试验成本低，但是其操作烦琐，对环境造成一定的污染，更重要的是，由于溶剂萃取对样品进行提取分离的原理只是依据分子极性的差异，而与其挥发性大小无关，这就使得提取出的成分含有较多极性小但难挥发的物质。也就是说在对香气有贡献的物质被提取出来的同时那些弱极性但对香气无贡献的物质也同样被提取出来了，如果这些物质的种类较多或含量较大，在进行气相色谱分离测定时会影响到目标化合物的分离效果，从而使得定性定量的准确性降低。另外，对溶剂萃取后续的色谱分析而言，由于溶剂峰的存在，在色谱图中它会对保留时间较短的某些组分有所掩盖。

超临界流体是指那些既高于又接近临界点的气体，其性质介于液体和气体之间，其密度和液体相近，黏度和气体相似，溶质在其中的扩散速度可为液体的 100 倍，因此超临界流体萃取能力优于一般溶剂萃取，工业上通常利用 CO_2 制备超临界流体。其优点主要表现在以下几个方面：①能在温度较低的环境下处理，对原有的香气成分破坏较少；②可以对样品进行选择性分离；③不存在残留溶剂的问题。但提取物中乙醇的存在还是会使色谱图中其他一些组分的峰被掩盖。

固相微萃取技术是 20 世纪 80 年代末由固相萃取技术发展而来的一种不需要有机溶剂的样品前处理技术。它通过涂有不同吸附材料的熔融石英纤维萃取头对目标化合物进行吸附，待达到平衡后，取出吸附了待分析物质的萃取头并立即插入气相色谱进样口，在进样口的高温下热解析出目标化合物，然后进行气相色谱分析。按萃取方式的不同，可分为直接浸入式固相微萃取和顶空固相微萃取。前者是将萃取头直接插入样品中进行吸附萃取，而后者是将萃取头放置于样品上部的密闭气相空间（顶空）进行吸附萃取。在葡萄酒香气的研究中，多数报道采取的是后一种方式，即顶空固相微萃取，因为顶空中各香气成分之间的组成比例关系更接近于人们能感受到的香气组分间组成比例。最近，在发酵酒香气的研究中，还出现了一种改良的固相微萃取技术结合搅拌棒吸附萃取（Stir Bar Solptive Extraction，SBSE），它是一种新的比传统固相微萃取更为灵敏的样品前处理技术。对于样品而言存在着最佳萃取温度的问题，在葡萄酒香气分析中一般萃取温度为 30~50 ℃，萃取时间一般为 20~60 min。当然延长萃取时间也无坏处，但要保证样品的稳定性。为了保证实验结果具有良好的重现性，在实验中应保持萃取时间的一致性。另外，在萃取过程中用磁力搅拌子对葡萄酒样品进行搅拌以及向酒样中添加无机盐也可以提高萃取效率，缩短达到萃取平衡所需的时间。常用的无机盐为 NaCl，无机盐的加入可以降低极性有机物在水相中的溶解度，提高其在气相中的分配系数，从而促进萃取头固定相对其吸附的量。对于非极性物质而言，这种增强作用不太明显。应注意的是在采用液内直接萃取时不能向样品中添加无机盐，这样会损坏萃取头。

在关于葡萄酒香气的研究中，越来越多的报道采用固相微萃取进行样品前处理。这两种方法均有足够低的检测限，线性关系好、重复性高，回收率大，但相比而言，液-液萃取重现性更好，而固相微萃取灵敏度更高，需要样品量少、操作简单。

3.4.1.2 定性定量方法

由于葡萄酒中的组成成分种类繁多，很难通过感观分析来对其风味特征做出具体评价。目前，气质联用技术（GC-MS）是研究葡萄酒挥发性香气成分的主要分析方法，可以对葡萄酒中的香气成分进行定性定量分析。

GC-MS 的定性可采用采用计算机辅助检索的方法，所构建的色谱峰可以分为不重叠的峰和重叠峰。对于不重叠的峰，通过将实验质谱数据与数据库中的标准质谱数据进行匹配来鉴定化合物。常用的谱库有 NIST、EPA、IH 等。将提取挥发性成分的总离子流图（TIC）与质谱数据库图谱进行匹配比对，找出匹配度较高的化合物，可靠的鉴定要求最低匹配相似度为 80%。此外，还以保留指数[根据相同色谱条件下收集的一系列正构烷烃（C_8~C_{40}）的保留时间进行计算]为判据，保证了化合物鉴别的可靠性。对于重叠峰，可以采用合适的化学计量学方法，如 HELP 和 MCR 方法，提取纯的色谱和质谱信息后，再通过质谱图匹配和保留指数匹配进行可靠匹配。

色谱定量分析依据样品中待测组分的量或浓度与检测器的响应信号（峰面积或峰高）成正比。气相色谱主要有 3 种定量方法：归一化法（Normalization Method）、外标法（External

Standard Method）和内标法（Internal Standard Method）。其中，内标法在葡萄酒香气成分的定量分析中应用最为广泛。

归一化法（Normalization Method）是色谱分析中常用的一种定量方法。归一化法的优点是：简便、准确、定量结果与进样重复性无关、不需要标准品，以及操作条件对结果影响较小。但前提是样品中所有的组分全部流出色谱柱并在色谱图上都能出现色谱峰，还需要知道各组分的校正因子。不适于微量香气物质的含量测定，适于复杂样品组分的含量测定。因此在实际应用中，由于归一化法在很多方面受到限制，一般不适用这种方法用于葡萄酒香气成分的定量分析研究。

外标法（External Standard Method）可以采用多浓度点的标准曲线法，也可以采用单一浓度点法。用待测组分的纯品作为对照物质（即标准品），将标准物质和样品中待测组分的响应信号（色谱峰面积或峰高）相比较进行定量的方法称之为外标法。外标法可分为标准曲线法和外标一点法。一般常用标准曲线法来定量。用目标香气成分的标准品配制一系列不同浓度的标准模拟酒溶液，确定其标准曲线。在完全相同的条件下，将相同体积的样品溶液准确进样，根据样品溶液待测组分的信号，从标准曲线上查其浓度，或用回归方程进行计算。外标法的优点是：方法简便，不需要校正因子，无论样品中的其他组分是否出峰，都可以对待测组分进行定量。缺点是：准确性受到气相色谱的进样精密度和实验条件稳定性的影响，尤其在毛细管气相色谱分析中受到很大的限制。

内标法（Internal Standard Method）是在待测样品溶液中添加一定量的内标物（Internal Standard），且样品本身不含有这种物质，以待测物与对照物的响应信号对比，测定样品中待测组分含量的一种方法。在一个分析周期内，不是所有组分都能流出色谱柱，或者检测器不能对每个组分都产生信号时，可以采用内标法。根据测定方法的不同，内标法又分为内标标准曲线法和内标对比法。在葡萄酒香气成分分析中，经常采用内标对比法，它是标准曲线法的一种，可以看作内标标准曲线法的简化。内标标准曲线法中一般含有 5~9 份不同浓度的标准溶液，而内标对比法只需要一份标准溶液，其浓度与样品中待测组分的浓度相近。内标物的选择是内标法的关键点。选择内标物的要求是：① 内标物不是样品中本身含有的组分；② 内标物的保留时间应与被测组分相近，不能相差太大，在色谱中能与各组分完全分离；③ 内标物的纯度必须较高，性质稳定。常用的内标物有 2-辛醇、4-甲基-2-戊醇、1-庚醇等。内标法采用待测组分与内标物峰面积的比值进行定量，可以减小因实验条件和进样量的误差或波动对定量结果的影响，准确度较高，适于分析含复杂基质的样品。内标法的缺点是样品配制比较麻烦，而且不容易找到合适的内标物。

3.4.2 特征成分

葡萄酒的种类很多，因葡萄的栽培、葡萄酒生产工艺条件的不同，产品也不相同。一般按照酒的颜色、含糖多少、含不含 CO_2 及采用的酿造方式来分类。按照葡萄酒的颜色分类，主要包括：红葡萄酒、白葡萄酒、桃红葡萄酒。按照葡萄酒的含糖量分类可以分为：干葡萄酒、半干葡萄酒、半甜葡萄酒、甜葡萄酒。按照含不含 CO_2 分类可分为：静止葡萄酒、气泡葡萄酒、加气葡萄酒。根据酿造方式可分为天然葡萄酒、加强葡萄酒、加香葡萄酒。还有部分特种葡萄酒如白兰地、低醇葡萄酒、冰葡萄酒、贵腐葡萄酒。

3.4.2.1 红葡萄酒

红葡萄酒以皮红肉白或皮肉皆红的葡萄为原料发酵而成，酒色呈自然深宝石红、宝石红、紫红或石榴红色。酒体丰满醇厚，略带涩味，具有浓郁的果香和优雅的葡萄酒香。红葡萄酒的香气成分复杂多样，主要是醇类、酯类、有机酸类等。根据香气成分来源的不同，可以分为三大类：来源于葡萄浆果的香气也被称为果香或品种香，来源于发酵产生的香气被称为酒香，来源于储存过程中产生的香气被称为陈酿香。王玉峰等[36]人对其香气成分进行了测定，结果见表 3-11。

表 3-11 红葡萄酒的香气成分含量

类型	化合物名称	含量/mg·L^{-1}	感官特征
醇类	丙醇	1.47	醇香香气清爽，酒精味，成熟水果风味
	丁醇	0.46	酒精味，香气醉人
	异丁醇	5.13	杂醇油的醇香，臭椿味，令人不愉快的气息
	2, 3-丁二醇	34.17	类似橡皮的化学气味
	异戊醇	2.23	苦杏仁味，涩味
	己醇	1.01	水果香气及青草味
	3-己烯醇	0.03	强烈青草香气
	辛醇	0.07	新鲜柑橘、玫瑰气味
	苯甲醇	1.68	苦杏仁味
	苯乙醇	12.18	玫瑰花香、蔷薇香气，花粉味，桃子味
	甲硫基丙醇	0.58	生土豆味、蒜味
	庚醇	0.04	芳香植物香，葡萄香气，黄铜的矿物质味，柠檬香气，青果的涩味
	癸醇	0.04	橙花香，特有的淡油脂味
	壬醇	0.007	强烈的水果清香，蔷薇香气
酯类	乙酸乙酯	3.19	果香，酯香
	2-羟基丙酸乙酯	62.13	菠萝果香
	丁二酸二乙酯	0.99	苹果香、酒香，舒适的果香
	2-羟基-4-甲基戊酸乙酯	1.31	果香，酯香，薄荷香、柑橘香气
	己酸乙酯	0.18	青苹果味，果香，草莓香，茴香味
	9-癸烯酸乙酯	0.02	蜡香，脂肪，青香，牛奶及干酪香，有皂样气息
	丁内酯	0.18	椰子香，茴香，杏、李子香
	乙酸异戊酯	0.69	果香，新鲜香蕉味
	甲氧基乙酸戊酯	0.14	—
	辛酸乙酯	0.25	果香，茴香味，甜味

续表

类型	化合物名称	含量/mg·L^{-1}	感官特征
酯类	乳酸乙酯	61.78	优雅的果香
	2-羟基苯甲酸甲酯	0.14	花香，蜂蜜香
	乙酸苯乙酯	0.07	舒适的花香
	癸酸乙酯	0.14	脂肪味，果香，舒适的腊味
	琥珀酸乙酯	0.05	椰子，坚果油和酒香
	月桂酸乙酯	0.03	果香，花香，肥皂味
	肉豆蔻酸乙酯	0.001	—
	棕榈酸乙酯	0.004	脂肪味，腐败味，水果味，甜味
	油酸乙酯	—	花果，奶油香气
有机酸	乙酸	77.72	腊味
	异丁酸	1.74	酚类化合物的化学气味，脂肪味
	己酸	12.2	猫尿味，汗臭味
	辛酸	5.35	奶酪味，腐败味，涩味
	癸酸	0.26	不愉快的脂肪味
其他	3-羟基-2-丁酮	3.42	强烈的奶油、脂肪、草莓香气
	乙缩醛	0.5	坚果、令人愉快的香气
	2-十一烯醛	—	强烈不饱和醛香味、醛香、蜡香、柑橘、脂肪、青香
	糠醛	0	熏香味，花香，果香
	大马酮	0.07	花香
	4-乙基苯酚	—	酚类化合物的化学气味，鞋油味
	4-乙基-2-甲氧基苯酚	—	—
	2, 4, 5-三甲基-1, 3-二氧戊烷	—	—
	香茅醇	0.24	蔷薇香气，青草气息

3.4.2.2 白葡萄酒

白葡萄酒用白葡萄或皮红肉白的葡萄，经皮肉分离发酵而成。酒色近似无色或浅黄微绿、浅黄、淡黄、麦秆黄色。外观澄清透明，果香芬芳，优雅细腻，滋味微酸爽口。不同品种的酒香气有所不同。红酒一般闻起来有水果香，白葡萄酒饱含花香，桃红葡萄酒则两者兼有之。白葡萄酒的香味多半用生活中常用的香味作为描述的依据，较常在葡萄酒中闻到的味道可以略分为 8 大类：花香、水果香、干果香味、香料香味、蔬菜和植物气味、动物性香、熏烤烘焙香、其他酒类香。郑万财等[37]人对其香气成分进行了测定，结果见表 3-12。

表 3-12 白葡萄酒香气成分相对含量

分类	化合物名称	Name	相对含量
醇	1-丙醇	1-Propanol	3.13
	异丁醇	2-Methyl propanol	5.88
	3-甲基-3-丁烯-1-醇	3-Methylbut-3-en-1-ol	0.28
	异戊醇	3-Methyl butanol	33.13
	己醇	Hexyl alcohol	0.27
	3-甲基戊醇	3-Methyl pentanol	1.11
	反式-2-己烯-1-醇	(*E*)-Hex-2-en-1-ol	0.38
	苯乙醇	Phenylethyl Alcohol	10.13
醛酮	异丁醛	2-Methyl propanal	3.69
	糠醛	Furfural	1.94
	5-甲基呋喃醛	5-Methyl furfural	0.17
	3-羟基-2-丁酮	3-Hydroxy-2-butanone	0.06
酸	戊酸	Pentanoic acid	10.38
	乙酸	Acetic acid	0.19
	辛酸	Octanoic acid	0.27
缩醛	乙缩醛	Ethanel 1-dimethyl	0.7
酯	乙酸乙酯	Ethyl acetate	4.29
	乙酸己酯	Hexyl acetate	11.63
	乙酸丙酯	Propyl acetate	0.16
	2-羟基-3-甲基丁酸乙酯	Ethyl 2-hydroxy-3-methyl butanoate	0.2
	琥珀酸二乙酯	Diethyl succinate	1.44
	3-甲基戊酸乙酯	Ethyl 3-methylvalerate	1.61
	乳酸异戊酯	3-methylbutyl 2-hydroxypropanoate	0.11
	乳酸丁酯	Butyl lactate	2.04
	辛酸乙酯	Octanoicacid, ethyl ester	6.16
	羟基-丁二酸二乙酯	Butanedioicacid, hydroxy-, diethyl ester	0.07
	癸酸乙酯	Ethyl deanoate	0.53
	水杨酸甲酯	Methyl salicylate	0.05

3.4.2.3 桃红葡萄酒

桃红葡萄酒的酒色介于红、白葡萄酒之间，主要有淡玫瑰红、桃红、浅红色；酒体晶莹悦目，具有明显的果香及和谐的酒香，新鲜爽口，酒质柔顺。Li 等[38]人对其香气成分进行了测定，结果见表 3-13。

表 3-13　桃红葡萄酒的香气成分

化合物	Name	含量/μg·L^{-1}	滋味阈值/μg·L^{-1}	香气描述
品种香				
1-己醇	1-Hexanol	8539±25	7961	青香，青草香
芳樟醇	Linalool	54±1	15	柑橘香，薰衣草香，玫瑰香
松油烯醇	Terpinen-4-ol	5±0	250	花香，橘子果汁香
乙酸香茅酯	Citronellyl acetate	32±1	150	玫瑰香，薰衣草香
α-松油醇	α-Terpineol	22±1	250	花香，丁香花香
金合欢烯	Farnesene	5±0	>100	玫瑰香，百合花香，花香
香茅醇	Citronellol	107±2	64.5	柠檬香，青香
β-大马酮	β-Damascenone	2±0	0.047	花香，蜂蜜香甜香
丁子香酚	Eugenol	1±0	14.3	丁香花香
橙花叔醇	Nerolidol	21±0	210	玫瑰香，苹果香，柑橘香
2, 4-二叔丁基苯酚	2, 4-Di-tert-butylphenol	44±3	NF	烧焦味，腐败味
发酵香				
Acetate				
乙酸乙酯	Ethyl acetate	33 364±1883	6700	水果香
乙酸异丁酯	Isobutyl acetate	152±2	1584	水果香，苹果香，香蕉香
乙酸异戊酯	Isoamyl acetate	2581±32	22	香蕉香，水果香，甜香
乙酸己酯	Hexyl acetate	372±8	964	愉悦的水果香，梨香
乙酸庚酯	Heptyl acetate	144±5	NF	玫瑰香，梨香
乙酸辛酯	Octyl acetate	9±0	47	水果香
乙酸孟酯	Menthyl acetate	5±0	2000	薄荷香，水果香
乙酸壬酯	Nonyl acetate	2±0	NF	柑橘香
Ethyl ester				
丁酸乙酯	Ethyl butyrate	70±5	10	草莓香，苹果香
异戊酸乙酯	Ethyl isovalerate	53±4	5	花香，水果香
己酸乙酯	Ethyl hexanoate	246±11	8.5	花香，水果香，茴香香
丁烯酸乙酯	Ethyl crotonate	4±1	NF	焦糖香，水果香
庚酸乙酯	Ethyl heptanoate	30±0	220	菠萝香，酒精味
乳酸乙酯	Ethyl lactate	32±1	150000	花束香
辛酸乙酯	Ethyl octanoate	2180±167	6	花香，苹果香，啤酒香
	Ethyl 7-octenoate	12±0	NF	—
	Ethyl 3-hydroxybutyrate	3±0	NF	水果香，葡萄味，青香
	Ethyl nonylate	7±3	1300	香蕉香，葡萄味
	Ethyl 2-octenoate	2±0	NF	西柚味，橘子香
癸酸乙酯	Ethyl decanoate	674±30	243	水果香，玫瑰香，油脂味

续表

化合物	Name	含量/μg·L⁻¹	滋味阈值/μg·L⁻¹	香气描述
苯甲酸乙酯	Ethyl benzoate	0±0	NF	水果香
	Ethyl 9-decenoate	144±8	100	水果香
	Ethyl dodecanoate	285±11	500	甜香，花香，水果香
	Ethyl hexadecanoate	1±0	1500	脂肪味，水果香，甜香
Higher alcohol				
异丁醇	Isobutyl alcohol	31 832±269	1300	水果香，苹果香，香蕉香
异戊醇	Isoamyl alcohol	19 615±1547	29 000	威士忌酒味，指甲油味
1-庚醇	1-Heptanol	100±3	250	青香
2-壬醇	2-Nonanol	2±0	58	脂肪味
2, 3-丁二醇	2, 3-Butanediol	3808±132	50 000	黄油味，奶油味
1-辛醇	1-Octanol	12±0	88	强烈的柑橘香
1-壬醇	1-Nonanol	12±0	400	蘑菇味，水果香，花香
1-正癸醇	1-Decanol	49±1	319	橘子香，花香
1-十二烷醇	1-Dodecanol	3±1	0.0071	紫罗兰味，润滑油味
Other ester				
甲基辛酸酯	Methyl octanoate	4±0	100	水果香，菠萝香
己酸酯类异戊基	Isopentyl hexanoate	3±1	NF	苹果香，香蕉香，菠罗香
甲基癸酸盐	Methyl decanoate	2±0	1200	蜡味，肥皂味，水果香
异戊基辛酸酯	Isoamyl octanoate	47±1	133	甜香，
琥珀酸二乙酯	Diethyl succinate	1569±15	5400	酒味，水果香
水杨酸甲酯	Methyl salicylate	3±0	40	冬青树味
	δ-Decalactone	1±0	NF	桃子味，水果香
Aldehyde				
癸醛	Decanal	133±2	2	橘子香，玫瑰香
庚醛	Heptanal	1±0	3c	柑橘香，水果香
壬醛	Nonanal	3±2	15	动植物油味
Fatty Acid				
异戊酸	Isovaleric acid	1983±287	33	奶酪味
己酸	Hexanoic acid	513±5	420	奶油味
辛酸	Octanoic acid	9340±363	509	奶酪味
庚酸	Heptanoic acid	434±45	NF	脂肪味
癸酸	Decanoic acid	2121±135	1000	脂肪味
Phenethyl				
乙基乙酸苯酯	Ethyl phenylacetate	59±2	73	玫瑰香，花香
乙酸苯乙酯	Phenylethyl acetate	375±8	350	花香
苯乙醇	2-Phenylethanol	170 994±2963	10 000	玫瑰香，花香，香水味

3.4.3 应 用

葡萄酒行业的年份酒、产地酒概念炒作等情况很多。这些情况可能对人体健康无害，但它具有很大的欺骗性，不仅损害消费者的利益，而且对整个葡萄酒行业的健康发展起阻滞作用。因此，研究葡萄酒真伪鉴别技术显得尤为重要。

根据 GB 2760—2014《食品添加剂使用标准》，葡萄酒中允许使用的食品添加剂仅有山梨酸（≤0.2 g/kg）、酒石酸（≤4.0 g/L）、二氧化硫（≤0.25 g/L）等。未明确规定允许添加的若有检出，均属于违法添加。但葡萄酒市场仍有不少违法使用添加剂或者添加剂超标的现象，甚至有不法商贩利用酒精、水和着色剂、甜味剂、香精等添加剂进行勾兑，制造假冒伪劣葡萄酒产品，扰乱葡萄酒市场，危害消费者健康。

根据国家标准的规定，真正的葡萄酒必须是 100%的葡萄汁酿造，而葡萄汁中肯定会有花色苷，花色苷遇碱就会发生化学反应，原本的紫色会变成紫黑色、蓝黑色。因此，如果红酒中加入食用碱（俗称苏打，做面包等发酵用）后变色，就说明葡萄酒是真的。假葡萄酒一般是用苋菜红、胭脂红、焦糖色、香精、酒精、甜蜜素加水勾兑而成的，勾兑酒里没有一点葡萄汁，颜色都是色素勾兑出来的，而色素跟碱不会发生任何反应，所以不会变色。

利用纸巾法也可辨别真假葡萄酒。取一张上好的纸巾，将葡萄酒滴在纸巾上，由于原汁葡萄酒中的红色是天然色素，颗粒非常小，在纸巾上扩散开的湿迹是均匀的葡萄酒的红色，没有明显的水迹扩散。而假冒葡萄酒由于是用苋菜红等化工合成色素勾兑而成的，色素颗粒大，会沉淀在餐巾纸的中间，而水迹不断往外扩散，红色区域跟水迹之间分界明显，消费者凭此可以很简单地辨别真假葡萄酒。

对于葡萄酒中添加剂的鉴别多使用液相色谱-质谱联用仪进行鉴定。冯峰等人使用液相色谱-质谱联用仪对北京市市售 10 种低价格的红葡萄酒样品进行测定，根据各添加剂的保留时间及选择的两对子离子峰高的比值进行定性分析。结果表明除了允许添加的三氯蔗糖外，还含有糖精钠、甜蜜素和纽甜 3 种甜味剂。吕梦莎等人利用液相色谱-质谱联用仪在葡萄酒中检测出添加剂山梨酸。

3.5 黄 酒

3.5.1 黄酒的分析技术

3.5.1.1 顶空固相微萃取技术对黄酒进行分析

采用顶空固相微萃取技术（Head-Space Solid-Phase Microextraction，HS-SPME）提取两种红曲黄酒中的挥发性化学成分然后运用气相色谱质谱联用技术进行分析，结合谱库检索技术对其中主要化合物进行鉴定[39]，其中酯类和芳香族化合物分别是黄酒中种类最多和含量最多的两类化合物。

3.5.1.2 气相色谱对黄酒进行分析

气相色谱仪通常由供气系统、进样系统、分离系统、检测系统、计算机控制与数据处理五大系统构成。气相色谱可分析和分离复杂的多组分混合物，由于使用了高效能色谱柱，高灵敏度检测器及色谱工作站，使其成为一种分析速度快、灵敏度高、应用广泛的分析方法。

外标法毛细管气相色谱法测定清爽型黄酒中乙醛和杂醇油的方法[40]，测得清爽型黄酒样品中乙醛含量达到 40.5 mg/L，杂醇油达到 38.3 mg/100 mL。

3.5.1.3 高效液相色谱对黄酒进行分析

高效液相色谱法（HPLC）是分离和分析化学混合样品的各种色谱法之一。液相色谱起源于 20 世纪初期，沿用并发展至今。HPLC 的特点就是利用高压泵来实现更快速度的高速分离，提高分离速度。与气相色谱法不同，高效液相色谱法流动相对样品中的组分具有一定的溶解能力，除运载样品中各组分通过色谱柱进入检测器外，还参与色谱分离过程。在液相色谱中除通过改变固定相来改善分离效果外，还通常用改变流动相来改善[41]。

3.5.1.4 离子色谱法对黄酒进行分析

高效阴离子交换色谱-积分脉冲安培检测法（HPAEC-IPAD）是一种新的氨基酸分析方法。此方法是基于氨基酸分子中的羧基在强碱性介质中可以形成阴离子，而氨基酸分子中的氨基在强碱性介质中通过施加一定的电位，可在贵金属（金、铂）电极表面发生氧化反应，从而实现氨基酸的阴离子交换色谱分离和积分脉冲安培检测。诸葛庆等[42]，运用离子交换色谱法分析了黄酒中的氨基酸类物质，对黄酒营养成分的研究进行了进一步的参考。

3.5.1.5 液质联用法对黄酒进行分析

运用液质联用进行定量的分析，可以更加高效地对化合物进行全面分析，液质联用先通过 UPLC（超高压液相色谱）梯度洗脱分离，采用保留时间对照进行鉴定，再用质谱对分子量进行定性。夏小乐等[43]通过 LC-MS/MS 法对清爽型黄酒中嘌呤的含量测定进行研究，建立了一种方便快捷的检测方法。

3.5.1.6 近红外光谱对黄酒进行分析

近红外光是介于可见光和中红外光之间的电磁波，近红外光谱分析技术是一种既快速又简便的分析方法，该方法具有不需要破坏样品、同时检测多种组分、安全环保等优点[44]。使用近红外分析技术可以分析黄酒的酒母、酒醅，建立初步的预测模型。

3.5.1.7 拉曼光谱分析技术对黄酒进行分析

拉曼光谱分析技术对黄酒的关键发酵参数、品质指标、氨基甲酸乙酯、组胺及致病菌进行了分析研究，并建立了相应的快速检测方法，这不仅可以为黄酒的质量检测提供新手段、新方法，还将有利于降低检测成本、保证黄酒品质、推动黄酒检测技术的规范化与科学化[45]。还可以结合其他技术，例如拉曼光谱分析技术采集不同产地和不同酒龄的黄酒样品指纹信息，对比判别分析（DA）和最小二乘支持向量（LS-SVM）所建黄酒品质快速模型性能，确定最优模型以实现快速准确地评价黄酒品质[46]。也可以采用拉曼光谱、傅里叶近红外光谱（FT-NIR）及傅里叶红外光谱（FTIR）同时对黄酒的发酵过程进行监控。

3.5.1.8 二维红外光谱技术对黄酒进行分析

采用二维红外光谱技术分析黄酒中酸对糖光谱的影响，并采用 PLS 建模分析酸对糖度模型的影响。通过二维光谱技术探讨外界干扰对物质的影响已有广泛的研究。二维光谱法具有以下优势：①相对于一维光谱，它具有较高的分辨率，能够更好地识别谱图信息；②能通过信号进行相关分析研究分子内官能团间相互作用和分子间的相互作用；③通过同步谱和异步谱能分析信息的来源等[47]。

3.5.1.9 荧光光谱法对黄酒进行分析

雷超等[48]将自制的紫外消解与氢化物发生原子荧光光谱仪建立系统，考察了紫外消解功率、紫外消解管路长度、辅助消解剂浓度、溶液 pH 值等因素对紫外消解效率的影响，测定了黄酒中的砷含量。用本法代替国标既可以提高效率，又可以减少了化学试剂对环境所造成的污染。

3.5.1.10 单分子实时定量测序技术对黄酒进行分析

通过单分子实时定量测序技术（Single Molecule Real Time Sequencing，SMRT-seq）研究酒药的微生物组成，利用 SMRT-seq 技术可以对不同酒厂成品酒药进行微生物群落结构分析，鉴定酒药中核心微生物并研究其功能特性[49]。

3.5.1.11 高通量测序技术对黄酒进行分析

高通量测序（High Throughput Sequencing，HTS）又称为下一代测序技术（Next Generation Sequencing，NGS），是基因测序领域的一大革命性创新，极大地拓宽了环境微生物分析的领域。该技术使用通用接头，与片段基因组 DNA 相连接，随后使用不同的方法实现 PCR 拷贝。多种微生物混菌发酵是黄酒酿造的最大特点，发酵过程中各个环节都会带入种类不同的微生物。通过对其中微生物多样性的检测，能够为黄酒酿造工艺的改良提供理论指导。该技术包含许多测试平台[50]，以下是其中几个：

1. Roche 454 测序平台

该测序平台的优点是测序读长较长、耗时短，但也存在着成本较高，样本制备复杂等劣势。

2. Illumina 测序平台

Illumina 测序平台的基本原理为单分子簇边合成边测序和 dNTP 可逆终止化学反应。Illumina 在二代测序中通量最高，测序成本最低，但其读长较短。

3. ABI SOLID 测序技术

ABI SOLID 测序技术核心是 4 种荧光标记寡核苷酸的连接反应测序，其基本原理为通过乳液 PCR 和磁珠富集形成文库，与 Roche 454 的原理基本相同。SOLID 在测序通量和精准度上优势明显，但也存在读长短、成本高等劣势。

3.5.1.12 电子舌技术对黄酒进行分析

电子舌（Electronic Tongue，ET）系统利用多传感阵列感测液体样品的特征相应信号，通过信号模式识别处理及专家系统学习识别，对黄酒进行定性或定量分析[51]。ET 已被开发应用于许多食品，包括多种蒸馏酒和发酵酒，如白酒、葡萄酒、黄酒和啤酒等，具有不需前处理、快速、检测范围广等优点，可以靠近和模拟对样品滋味的感官整体评价。

3.5.1.13 电子鼻对黄酒进行分析

周慧敏等[52]构建了电子鼻检测系统，用于绍兴黄酒总糖含量的快速预测，对元红、花雕、善酿、香雪 4 种经典黄酒样品采用了具有 8 种气体传感器的电子鼻系统对其进行检测。肖玺泽等[53]开发了云电子鼻平台并且应用于黄酒的监测中，检测黄酒的酒龄。杨成聪等[54]运用电子鼻技术测定黄酒中挥发性风味物质，检测器由 10 个金属氧化传感器组成，分别对不同类型挥发性风味物质进行测定。

3.5.1.14 电化学分析法对黄酒进行分析

电化学指纹图谱具有样品不需要预处理，灵敏，操作简单的特点，近年来广泛应用于中草药的鉴别。指纹图谱是经光谱或色谱等现代分析仪器测定得到的组分群体的特征图谱或图像。张南南等[55]为了快速鉴别不同品种和陈酿年份的黄酒，采用 H_2SO_4-$(NH_4)_4Ce(SO_4)_4$-$CH_2(COOH)_2$-$KBrO_3$ 振荡体系，建立 7 种会稽山黄酒的电化学指纹图谱。系统研究了温度、转速、硫酸铈铵浓度、氢离子浓度、丙二酸浓度、溴酸钾及黄酒用量等因素对黄酒电化学指纹图谱的影响，用指纹图谱去识别黄酒的年份和品质进行鉴定。

3.5.1.15 蛋白质分离检测仪对黄酒进行分析

杨国军等[56]对多种黄酒中的蛋白质进行分离和检测，研究了黄酒中蛋白质分布及含量与酒质稳定性关系。该研究以蛋白质分离检测仪为主要仪器，该仪器能对黄酒中的蛋白质按分子量大小进行分离检测，从而得到连续的蛋白质分布图，具有良好的重复性，并能正确反映黄酒中的蛋白质分布及含量。并对提高绍兴黄酒的稳定性提出了建设性和参考性的意见。林峰等[57]利用 TCDB-1 型蛋白质分离检测仪系统研究黄酒蛋白质的沉淀机理，测定和分析黄酒中蛋白质的含量和分子量与黄酒沉淀的相关关系；研究黄酒中共存物质（如多酚、多糖、溶解氧、H^+和无机离子 Fe^{3+}等）对黄酒沉淀的影响；从诸多影响沉淀的因素中，紧紧抓住蛋白质这一引起黄酒沉淀的主要因素，试图在分子层次上阐明黄酒蛋白质的沉淀机理。

3.5.1.16 氨基酸分析仪对黄酒进行分析

以往研究中发现，不同品牌的客家黄酒和江浙黄酒中多酚类物质的种类和含量有较大差别。关于黄酒中氨基酸的研究，很多学者报道了不同的分析方法。宫晓波等[58]采用日立氨基酸自动分析仪分析检测客家黄酒中游离氨基酸、牛磺酸和 γ-氨基丁酸的含量。结果表明，炙酒过程降低了客家黄酒中游离氨基酸的含量，而对于牛磺酸和 γ-氨基丁酸影响不大。

3.5.2 特征成分

黄酒是中国传统的酿造酒，其香味独特，自成风格。根据含糖量的多少，黄酒分为干型黄酒（总糖含量≤15 g/L）、半干型黄酒（总糖含量 15 ~ 40 g/L）、半甜型黄酒（总糖含量 40 ~ 100 g/L）和甜型黄酒（总糖含量≥100 g/L）。黄酒以水、乙醇、糖类、氨基酸和有机酸类为主要成分，香气成分属于微量组分，但这些组分对黄酒的风味有很大的影响。黄酒的色泽、营养价值和口感，尤其是形成黄酒风味的微量成分越来越受到消费者的普遍重视。

由于原料曲与传统酿造工艺的差异，黄酒在风味成分上具有较强的地域性特征。七种酯类（包括乙酸乙酯、乳酸乙酯、己酸乙酯、苯乙酸乙酯、苯己酸乙酯、苯甲酸乙酯和丁二酸二乙酯）、三种高级醇（异丁醇、异戊醇和苯乙醇）、乙醛、糠醛是江西、广西、浙江、江苏、上海、山东、福建、广东、山西、安徽和辽宁的黄酒中主要挥发性风味成分。根据挥发性风味成分的聚类分析，黄酒样品可分为三个明显不同的组。江西、浙江、山东、安徽黄酒中醛类、酸类、烷烃类和酚类化合物的含量显著高于其他地区。相比之下，来自江苏、福建、上海、广东和山西的黄酒风味成分含量低于来自江西、浙江、山东和安徽的黄酒[59]。

王培璇等[60]对比分析不同地区黄酒的挥发性风味成分，发现绍兴黄酒和山东即墨黄酒中挥发性物质所占的比例相近，酚类物质所占比例明显高于其他地区黄酒；而苏派黄酒、福建红曲酒、上海和酒、客家黄酒和陕西黑米酒挥发性物质比例相近，其中烃类化合物所占比例相对较高。胡健等[61]对比上海黄酒、绍兴古越龙山黄酒及其他江浙地区黄酒，发现上海黄酒产品中正丙醇含量比其余产地的黄酒低约 35%，而异丁醇和异戊醇平均含量分别比其余产地的黄酒高约 66%和 23%，古越龙山黄酒中的仲丁醇远远高于其他公司。罗涛等[62]研究发现，对浙江黄酒香气有突出贡献的化合物包括乙酰基苯、苯乙酸乙酯、苯甲醛、苯酚、乙酸、糠醛、3-甲基丁酸和 2-甲基丙醇等；对上海和江苏黄酒香气有突出贡献的化合物是乙酸乙酯、苯乙醇、异戊醇和己醛；对北方黄酒香气有突出贡献的化合物主要包括愈创木酚、*γ*-壬内酯、乙酸异戊酯、异戊醇和糠醇等。这些香气物质的种类及含量不同，赋予了各地黄酒不同的特点，因此黄酒中的特征性挥发性风味物质也可以作为区分不同地区黄酒的重要依据[63]。

黄酒中的醇类物质包括甲醇、乙醇、仲丁醇、正丁醇、异丁醇、异戊醇、3, 3-二甲基-2-戊醇、正己醇、2, 3-丁二醇、苯甲醇、苯乙醇、月桂醇等。甲醇有温和的酒精气味，具有烧灼感；乙醇具有酒精香味、稀释带甜，有温和灼烧感；正丙醇气味似醚臭，有苦味；正己醇具有强烈芳香，香味持久，有浓厚感；2, 3-丁二醇可使酒香发甜香，后味绵长，稍带苦味；苯甲醇具有微弱的蜜甜水果香味；月桂醇具有微弱而持久的月桂香油脂气味[64]。其中苯乙醇作为黄酒国标中特别列出的风味物质，其具有淡雅、甜润、玫瑰气味的芳香。*β*-苯乙醇是一种具有玫瑰花香的芳香高级醇，是黄酒中主要的高沸点香气成分，也是米香型酒中主体香味成分之一，具有蜜香玫瑰味的清雅香气，落口有绵甜清爽之感[63]。

黄酒中对整体风味以及口感的形成影响较大的挥发性物质为异丁醇、苯乙酸乙酯、乳酸乙酯、乙酸乙酯、苯乙醇和糠醛。见表 3-14。

表 3-14 黄酒内的香气物质

序号	物质名称	香气描述	阈值/μg · L^{-1}
醇			
1	丙醇	水果香	306 000
2	2-甲基丙醇	酒香，溶剂香	40 000
3	丁醇	醇香	150 000
4	2-甲基丁醇	醇香	—
5	异戊醇	水果香	30 000
6	戊醇	水果香	4000
7	己醇	花香	8000
8	1-辛烯-3-醇	蘑菇香	40
9	庚醇	水果香	3000
酯			
1	乙酸乙酯	菠萝香	7500
2	丙酸乙酯	水果香	1840
3	异丁酸乙酯	水果香	15

续表

序号	物质名称	香气描述	阈值/μg · L^{-1}
4	丁酸乙酯	菠萝香	20
5	乙酸异戊酯	香蕉香	30
6	戊酸乙酯	水果香	10
7	己酸乙酯	水果香	5
8	辛酸乙酯	水果香	2
9	丁二酸二乙酯	水果香	200 000
		酸	
1	乙酸	酸臭	200 000
2	异丁酸	腐臭，酸臭	200 000
3	丁酸	腐臭	10 000
4	异戊酸	酸臭，腐臭	3000
5	戊酸	汗臭	3000
6	己酸	汗臭	3000
7	庚酸	腐臭，不愉悦气味	3000
8	辛酸	汗臭	500
		芳香族化合物	
1	苯甲醛	浆果香，水果香	990
2	苯乙醛	玫瑰花香	1
3	乙酰基苯	苦杏仁气味	65
4	苯甲酸乙酯	花香	575
5	乙酸苯乙酯	甜香，水果香	100
6	苯甲醇	花香	250
7	苯丙酸乙酯	玫瑰花香，甜香	200 000
8	苯乙醇	青香，花香	
9	(2*Z*)-2-苯基-2-丁烯醛		10 000
		酚及其衍生物	
1	愈创木酚	烟气味，药材气味	10
2	4-甲基愈创木酚	烟气味	65
3	苯酚	酚气味	30
4	4-甲基苯酚	药材气味，酚气味	68
5	4-乙基苯酚	药材气味	440
6	4-乙烯基愈创木酚	胡椒气味	40
		呋喃类化合物	
1	糠醛	苦杏仁气味	14 100

续表

序号	物质名称	香气描述	阈值/μg·L^{-1}
2	2-乙酰基呋喃	焦糖香，甜香	10 000
3	5-甲基糠醛	青香，烘烤香	10 000
4	糠酸乙酯	香脂气味	20 000
5	2-乙酰基-5-甲基呋喃	焦糖香，甜香	16 000
6	糠醇	似烧过的糖气味	2000
内酯化合物			
1	γ-壬内酯	椰子香	30
醛			
1	己醛	青草香	5
含氮化合物			
1	2, 5-二甲基吡嗪	坚果香	80
2	2, 6-二甲基吡嗪	坚果香	400
3	2-乙酰基吡咯	面包香，胡桃香	170 000

3.5.2.1 干型（元红酒、干型丽春酒、井冈山红米酒）黄酒的特征成分

干黄酒，其中的“干”表示酒中的糖含量很少。干黄酒酒体清亮、口感清爽、风味柔和、比较符合现在人的喜好。在国家标准中，干黄酒的总糖含量（以葡萄糖计）小于 15.0 g/L。干黄酒发酵温度较低，搅拌时间短，酵母菌得以很好地生长并且利用糖分，因而残糖含量很低[65]。黄酒的储存年限过分延长，酒中的醇类物质缓慢地被氧化成有机酸后，减少酒的醇香，增加了酒的酯香，呈水果风味，口味逐渐淡适。干型黄酒酿造过程的特征风味成分在前期主要为苯甲酸乙酯、异戊醇、乙酸苯乙酯、苯乙醇、天门冬氨酸、苏氨酸等，后期主要是乙酸乙酯、乳酸乙酯、乳酸、精氨酸[66]。

3.5.2.2 半干型（加饭酒、上海老酒、花雕酒）黄酒的特征成分

“半干”表示酒中的糖分还未全部发酵成酒精，还保留了一些糖分。在生产上，这种酒的加水量较低，相当于在配料时增加了饭量，故又称为“加饭酒”。酒的含糖量在 1.00%~3.00%。在发酵过程中，要求较高。酒质厚浓，风味优良，可以长久储藏，是黄酒中的上品。我国大多数出口酒，均属此种类型[65]。

黄酒中的高级醇主要有异丙醇、烯丙醇、正丙醇、异丁醇、正丁醇、叔丁醇、异戊醇、正戊醇、苯甲醇、β-苯乙醇等[67]。半干型绍兴黄酒中的高级醇主要异丁醇、异戊醇和 β-苯乙醇，其对黄酒风味贡献的顺序为 β-苯乙醇 > 异戊醇 > 异丁醇。

3.5.2.3 半甜（善酿酒、即墨老酒、蜜清醇酒）黄酒的特征成分

半甜黄酒含糖分在 3.00%~10.00%。这种酒采用的工艺独特，是用成品黄酒代水，加入发酵醪中，使糖化发酵的开始之际，发酵醪中的酒精浓度就达到较高的水平，在一定程度上抑制了酵母菌的生长速度。由于酵母菌数量较少，对发酵醪中的产生的糖分不能转化成酒精，故成品酒中的糖分较高。这种酒，酒香浓郁，酒度适中，味甘甜醇厚，是黄酒中的珍品。但

这种酒不宜久存。储藏时间越长，色泽越深[65]。李红蕾等[68]发现在半甜黄酒风味物质中，最多的是乙酸，其次是异戊醇、苯乙醇和乙酸乙酯。

3.5.2.4 甜型（香雪酒、沉缸酒、客家甜黄酒）黄酒的特征成分

一般采用淋饭操作法，拌入酒药，搭窝先酿成甜酒酿，当糖化至一定程度时，加入40%~50%浓度的米白酒或糟烧酒，以抑制微生物的糖化发酵作用，酒中的糖分含量达到10.00~20.00 g/100 mL。浓甜黄酒，糖分大于或等于20 g/100 mL[65]。由于加入了米白酒，酒度也较高。甜型黄酒可常年生产。新酒经过陈酿不断发生物理和化学反应。由于黄酒中含有丰富的还原糖、氨基酸等物质，新酒中羰基化合物和氨基化合物在常温条件下不断进行美拉德反应，并产生大量美拉德反应产物，一方面增加了黄酒的色泽和风味，另一方面很多美拉德反应产物，如5-羟甲基糠醛、糠醛和丙烯酰胺等，具有一定的神经毒性和遗传毒性[69]。陈子凡等[70]运用GC-MS对客家甜黄酒中醇类物质进行了定性和定量分析，主要检测了甲醇、丙醇、异丁醇和异戊醇。赵文红等[71]表明客家黄酒的特征物质有异戊醇苯乙醇、乙酸异丁酯、异丁醇、棕榈酸乙酯等。

不同地区黄酒香气物质比较见表3-15。

表3-15 不同地区黄酒香气物质的含量及香气活力值（OVA）比较

物质名称	浙江黄酒	上海黄酒	江苏黄酒	北方黄酒	OAV_{max}/OAV_{min}
苯乙醛	95.20	57.25	41.78	64.42	2.28
辛酸乙酯	52.58	47.65	44.63	45.77	1.18
丁酸乙酯	45.56	88.33	18.43	21.92	4.79
异丁酸乙酯	20.08	28.38	9.93	10.44	2.86
己酸乙酯	19.88	35.46	9.73	12.24	3.64
乙酸乙酯	16.22	8.82	3.93	5.47	4.13
苯乙醇	11.11	6.14	6.15	4.86	2.28
愈创木酚	4.19	—	—	3.80	1.10
γ-壬内酯	8.34	1.91	—	1.75	4.76
乙酸异戊酯	4.97	5.73	—	1.29	4.43
异戊醇	4.51	4.69	3.25	2.90	1.62
己醛	4.28	6.22	2.30	—	2.70
乙酰基苯	3.25	—	—	—	—
苯乙酸乙酯	1.82	—	—	—	—
苯甲醛	1.79	—	—	22.48	—
苯酚	1.66	—	—	—	13.58
乙酸	1.54	—	—	—	—
糠醛	1.48	—	—	—	—
3-甲基丁酸	1.41	—	—	—	—

续表

物质名称	浙江黄酒	上海黄酒	江苏黄酒	北方黄酒	OAV_{max}/OAV_{min}
2-甲基丙醇	1.03	1.85	—	—	1.79
戊酸乙酯	—	28.45	—	—	—
己酸	—	1.39	—	—	—
4-甲基苯酚	—	—	—	10.52	—
糠醇	—	—	—	3.43	—

3.5.3 应 用

3.5.3.1 黄酒标准的发展

从 20 世纪的 50 年代开始，黄酒行业管理部门开始对绍兴黄酒及其他黄酒产品进行总结、整理工作，1966 年制定颁布 QB 525—1966《黄酒试验方法》，直至 2008 年颁布 GB/T 13662—2008《黄酒》国家标准，从部标→行标→国标，前后共颁布 6 版，时间历经 42 年。其中 20 世纪 60 年代制定 QB 525—1966《黄酒试验方法》部颁标准，1981 年修订了 QB 525—1981《黄酒》部颁标准，1992 年制定了 GB/T 13662—1992《黄酒》国家标准，2000 年修订 GB/T 13662—2000《黄酒》国家标准，2005 年根据市场的发展和需求，又另增了 QB/T 2746—2005《清爽型黄酒》行业标准，2008 年又重新制定 GB/T 13662—2008《黄酒》国家标准。在这 42 年的过程中，同时也相继出台了与黄酒相适应配套的 GB 2758《发酵酒卫生标准》、GB 12698《黄酒厂卫生规范》、GB 2760《食品添加剂使用标准》、GB 8817《食品添加剂 焦糖色（亚硫酸铵法、氨法、普通法）》、GB 10344《预包装饮料酒标签通则》、JJF 1070《定量包装商品净含量计量检验规则》等。而且为充分保驾民族特色产品，还制定了 GB 17946《绍兴黄酒》强制性国家标准。以上一整套标准体系的建立、形成、颁布、实施，规范了黄酒生产经营活动，稳定了黄酒产品质量，保护了消费者的权益，提高消费者对我国黄酒类型、品质、品牌的认知度。从 20 世纪 80 年代开始，我国的黄酒行业逐渐走向繁荣[72]。现行黄酒国家标准对总糖、非糖固形物、总酸、氨基酸态氮、β-苯乙醇、酒精度、pH 值范围等具体的理化指标都做了相应的调整和规定。特别是在产品分类上去除了老标准中惯用按糖分分类，重新调整到按产品风格分为“传统型、清爽型、特型”，更加有利于黄酒行业研发产品向个性化、差异化、独特性方向发展。在感官要求上，外观允许瓶（坛）底有少量或微量聚集物。对黄酒这种胶体溶液在保质期出现的物理与化学反应而引起的沉淀物，属自然现象。充分体现了黄酒国家标准对保护民族特色产品和维护民族特色工业的客观性和合理性。这对消费者、生产者、监督者都具有指导作用[72]。

3.5.3.2 黄酒酒龄的区分

“酒龄”作为黄酒品质和质量的一个重要体现和标准，是消费者选购不同品质黄酒的主要参考依据之一。采用基于 GC/MS 非靶向代谢组学的分析策略与技术，并联合偏最小二乘回归（PLSR）分析方法对 7 个不同酒龄古越龙山黄酒中的陈酿香气组分及其酒龄识别作用进行了分子水平和统计学角度的解析。在陈酿过程中共分别划分和鉴定出约 104 个特征组分和 94 种酒龄标志物，并总结其与 0~15 年陈酿时间段酒龄的统计学关系为：醇类、棕榈酸乙酯、油酸乙酯和反油酸乙酯对区分新酒（0 年）具有重要统计学作用[73]。

3.5.3.3 黄酒中的添加剂检测，如甜蜜素

为开展发酵酒的监管工作和抽样提供数据支持，分析了解发酵酒中甜蜜素的监测情况。在我国食品安全国家标准 GB 2760—2014《食品添加剂使用标准》中对甜蜜素的使用做出了明确规定，配制酒中添加最大限量为 0.65 g/kg，其他酒类均不得添加。用液相色谱-质谱/质谱法进行甜蜜素的检测，对发酵酒样本中的甜蜜素数据进行分析，并分析样品不合格的原因，分析结果表明部分黄酒中甜蜜素超标[74]。

3.5.3.4 黄酒原料大米对黄酒的品质影响

原料大米的品质与黄酒质量密切相关。随着人民生活水平的提高，黄酒行业不断发展，黄酒市场竞争愈发激烈，传统的酿造模式已经无法满足群众对高品质的消费需求，且传统的人为感官评价的方式对黄酒进行评价存在人为干扰因素的影响，不具备客观性。因此找到新型的黄酒分析手段，对黄酒滋味品质把控具有重要意义。现有的大米国家标准无法对黄酒原料品质进行有效的评价，通常企业会沿袭以往的经验选用粳米和糯米作为黄酒酿造的主要原料，没有针对性地分析黄酒品质和原料大米的相关性，不利于提高黄酒原料大米的品质和黄酒的质量，因此探索影响黄酒品质的原料大米指标是很有必要的[75]。

3.5.3.5 黄酒中糖类的添加影响

黄酒的葡萄糖所占的比例为 98%左右，只有 2%是其他糖类。而“金黄田”广东客家黄酒的各类糖分所占比例为葡萄糖 63.666%、果糖 31.05%、蔗糖 4.611%、麦芽糖 0.334%、乳糖 0.339%。针对客家黄酒，测定分析了不同发酵原料及炙酒前后和不同储藏时期的糖类变化等问题，进行糖类分析，以便说明客家黄酒营养情况[76]。而且也有利于酒类中添加糖的品控和质量安全监督。

3.5.3.6 黄酒中微生物的影响

作为中国传统发酵食品的代表，黄酒以其独特的风味著称。因黄酒酿造属于开放式发酵，微生物存在于酿制过程的始终，包括米浆水、酒曲及醪液。其中，主要微生物有细菌、酵母菌及霉菌等。并且，微生物群落组成在黄酒功能活性、风味的形成及质量分析方面起着至关重要的作用。不同酿制条件下，各种微生物发生相互作用，不同的营养成分和功能活性也因此产生。在质量分析方面，有效利用功能微生物可在一定程度上提升黄酒的品质。此外，有研究表明，通过酵母与真菌混合培养，能将黄酒废弃物转化为微生物蛋白，从而提升黄酒的利用价值。然而，对那些代谢能产生氨基甲酸乙酯等致癌物质的风险微生物的研究工作还不够深入，有关功能微生物的相互关系，功能微生物与黄酒品质作用还需进一步探究[77]。

3.6 米 酒

糯米酒是以黑糯米为原料，经浸泡、淘洗、蒸饭、凉饭、拌曲、落缸发酵、榨酒、澄清、入池陈酿和过滤工序，并在微生物共同作用下酿造而成的发酵酒[78]，是一种新兴的甜黄酒。

糯米酒的酒精度低和味道香甜、具有营养价值，深受广大消费者的喜爱。黑糯米酒中富含营养成分，具有提高免疫力、增强体质、抗疲劳等多种保健功能[79]。黑糯米酒中包括有机酸、挥发性风味物质及非挥发性物质，他们共同组成了黑糯米酒的芳香特征。其中，挥发性风味物质是米酒香味的来源，包括醇、酯、挥发酸等物质，主要通过人们的嗅觉感知；非挥发性的风味物质是米酒滋味的来源，主要包括氨基酸、有机酸、还原糖等小分子物质，主要通过人们味觉感知。黑糯米酒风味就是由不同数量和种类的风味化合物对人们嗅觉和味觉等感官的整体[80]。

3.6.1 分析技术（稍做归纳，列一个或几个典型方法）

挥发性风味物质的含量较低，但其种类复杂，各种化合物之间会发生反应从而影响米酒的风味和品质。目前对挥发性风味物质检测常采用样品前处理结合气相色谱-质谱（GC-MS）联用技术[81]，其中顶空固相微萃取（HS-SPME）是最先考虑的前处理方法[82]，此外静态顶空（SHS）[83]、固相萃取技术（SPE）和搅拌棒吸附萃取技术（SBSE）[84]等前处理方法在发酵米酒中也有应用。

SPME 技术测定结果准确可靠、不需要溶剂、无有机试剂干扰、操作步骤简单快捷等优点，在测定食品香气成分中应广泛。姜丽等[85]利用 HS-SPME-GC-MS 技术对黑糯米酒发酵过程中挥发性风味物质进行分析共鉴定出挥发性风味物质 44 种，对整体风味以及口感的形成影响较大的挥发性物质有 23 种。吴琼燕等[86]利用 GC-MS 分析糯米酒中的香气成分，传统糯米酒共检测出 36 种香气化合物成分，主要是酯类化合物，其主体香气成分为棕榈酸乙酯，油酸乙酯，亚油酸乙酯，十四酸乙酯。潘天全等用 HS-SPME-GC-MS 提取分析半固态发酵工艺所得桂花黑米酒中可挥发性风味成分，共 37 种香气化合物；包括醇、酯、酸、酚、醛、酮等 6 类化合物。醇类物质在香气成分中含量最高[87]。

此外，GC-MS 分析方法还可以与电子舌、电子鼻等结合，寻找关键的呈味和呈香成分与风味物质相关性，有利于更系统地分析黑糯米酒中的特征风味物质。例如，苏伟等[88]利用电子舌结合 GC-MS 分析黑糯米酒中风味物质，共检测到 50 种香气成分，其中醇类 8 种、酯类 11 种、酸类 2 种、烷烃类 20 种、酚类 3 种等；发现了 2-甲基丙醇、2, 3-丁二醇、1, 3-丁二醇、丙三醇、苯乙醇是主要的风味成分。王玉堂等[89]采用 HS-SPME-GC-MS 在 3 种黑米酒中共鉴定出 66 种香气成分。

以之前的研究为例，王洪琳等[90]采用电子鼻结合 HS-SPME-GC-MS 分析不同产地黑糯米酒中的呈香特性，并对其挥发性风味物质进行定性定量分析。共检测出风味物质 52 种风味物质，包括 26 种酯、13 种醇、4 种酸、5 种醛酮、3 种烷烃、1 种萘，通过对比挥发性物质的含量，发现含量占前十的是苯乙醇、乙酸乙酯、棕榈酸乙酯、琥珀酸乙酯、异戊醇、癸酸乙酯、辛酸乙酯、正己酸乙酯、十四酸乙酯、1, 3-二甲氧基丙烷，这十种物质，是样品酒中主要香气成分，对酒的香气具有重要贡献。利用 OAV 值（OAV = 物质的浓度/阈值），结合相关软件，剖析黑糯米酒主体风味物质和关键呈香成分，筛选出 18 种黑糯米酒核心风味物质。采用定量描述分析方法（Quantitative Description Analysis）作为一种描述性感官评定方法，对黑糯米酒品质进行综合分析，对比分析贵州惠水黑糯米酒与其他产地黑糯米酒的风味差异，同时筛选出黑糯米酒的核心风味物质并构建黑糯米酒风味库，将产品风味感官性质以车轮的形式形象地表现出来，方便人们认识、学习和研究食品的风味性质，已广泛应用于茶叶、黄酒及葡萄酒[91]。

3.6.2 特征成分

米酒中香气成分复杂，既有原料中固有的香气物质，又有发酵过程中微生物的代谢产物和陈酿阶段形成的风味物质，是影响米酒感官质量的重要因素，决定着米酒的风味特征[92]。

酯类化合物对酒的香型及风格有重要影响，赋予黑糯米酒果香和花香的感官特性，是发酵米酒中重要风味物质。在酿造过程中酯类物质的形成主要有两个来源：①在酒精发酵和老化过程中脂肪酸和醇类的酯化；②支链氨基酸、芳香族氨基酸等由酿酒酵母通过 Ehrlich 途径生成相应的高级醇及酸，高级醇和酸与糖代谢及脂肪酸代谢过程中产生的中间产物，在乙酰转移酶的作用下生成相应的酯类[93]。正癸酸、戊酸乙酯、庚酸乙酯、琥珀酸乙酯、D, L-白氨酸乙酯、月桂酸乙酯、苯乙醛被鉴定为黑糯米酒特有的特征风味物质[90]。

醇是老化酯的前体，由葡萄糖代谢和氨基酸的脱氢脱羧作用产生[94]。高浓度的醇类会产生一种强烈的、刺鼻的气味和味道，但适量高级醇对酒香有积极影响，能赋予其水果香和花香。形成固有风味的重要成分，使酒体醇厚、丰满和协调，赋予酒体醇香，衬托酯香，对总体香气的形成有不可忽视的作用[95]。同时又是其他香气物质的良好溶剂，能赋予黑糯米酒浓郁优雅的香气。挥发性酸对发酵米酒的风味和口味特点很重要。酸类与醇类易发生酯化反应生成相应的酯类化合物，从而赋予酒体香味，适量的酸能提高酒的整体协调性[96]。醛酮类物质通常具有特殊的香气，并且能使酒体香气更加融合、协调[87]。乙酰丙酮使米酒具有奶油味。

3.6.2.1 传统黑糯米酒的特征成分

传统黑糯米酒的特征成分见表 3-16。

表 3-16 传统黑糯米酒的特征成分

物质名称	香气描述	阈值/μg・L^{-1}
	酯类	
乙酸乙酯	香蕉、苹果香味、带涩味	7500
己酸乙酯	苹果、菠萝、香蕉样的香气	80
苯乙酸乙酯	甜香、水果香	100
乙酸苯乙酯	玫瑰花香、木香	250
琥珀酸乙酯	水果香	1200
辛酸乙酯	水果香	580
苯甲酸乙酯	花香	58
庚酸乙酯	果香、清香、菠萝蜜味	22
D, L-白氨酸乙酯	甜香	57
癸酸乙酯	椰子香，置后浑浊	200
辛酸异戊酯	水果香	125
月桂酸乙酯	花香、果香，置后浑浊	500
亚油酸乙酯	脂肪酸臭	
肉豆蔻酸乙酯	油脂香	2000
棕榈酸乙酯	苹果香味	1500

续表

物质名称	香气描述	阈值/μg·L^{-1}
戊酸乙酯	较明显脂肪臭，菠萝果香气，味浓厚刺舌，日本称"吟酿香"	150
醇类		
异戊醇	酒精味、青草味、指甲油味	30 000
苯乙醇	玫瑰花香、甜香	10 000
2-甲基-丙醇	果香、花香	4000
苯甲醇	浆果香、水果香、杏仁味	200 000
乙醇	酒精刺激味	
酸、酮类		
己酸	奶酪味	420
辛酸	腐败、刺激味	500
癸酸	脂肪味、牛奶味	1000
乙酰丙酮	奶油味	
其他		
萘	香樟木气味	250

3.6.2.2 特殊风味的糯米酒

糯米与其他原料（如桂花、紫薯等）相结合进行发酵，既有糯米的香气物质，又有其他原料的特殊香气。潘天全等[87]研究发现 β-紫罗兰酮、氧化芳樟醇为桂花种特有香味物质，在桂花黑米酒中检测出来，且桂花黑米酒要比黑米酒香气成分种类要多。而以紫薯和糯米混合发酵的糯米酒不仅具有传统米酒的风味，且融入了紫薯花色苷的功能成分，使紫薯糯米黄酒具备传统米酒没有的保健功效。为独具风味的糯米酒饮料的研究应用奠定了基础[97]。沙参糯米酒中主要香气成分是苯乙醇、芳樟醇。芳樟醇具有甜嫩新鲜的花香，似铃兰香气，正辛醛带果香茉莉气息，辛酸在浓度较低时呈水果香气，甲基丁香酚具有清甜的丁香-茴香辛香气，似香石竹气息。多种香气成分形成了沙参糯米酒独特的风味[98]。刺梨黑糯米酒中乳酸乙酯、苯甲醇含量较高，证明在酿造过程中有效保存了刺梨原料香气[99]。薏米酒中检测到 4-己烯酸乙酯（具有奶酪和白兰地香气）和二丁基羟基甲苯（浓郁的果香味）等特有的香气成分[100]。

3.6.3 应　用

3.6.3.1 糯米酒的识别

不同产地的黑糯米酒在特征风味物质和感官上有较大区别，可将 GC-MS 分析与感官品评结合，建立糯米酒的风味与原料产地之间的联系，从而识别糯米酒的产地以及真假。从感官上来说，一般糯米酒有果香和醇香浓郁，口感细腻的特点，勾兑酒的酒体生硬，粗涩，酒体不协调[90]。

3.6.3.2 香气成分的标准控制

糯米酒在发酵过程中会产生微量杂醇油。杂醇油是挥发性的香味物质，糯米酒中的少量杂醇油可增加糯米酒的风味，但过量也会对人体造成危害[101]。因此其含量必须控制在一定范围内。国标规定白酒中杂醇油的含量为≤0.202 g/100 mL（以异丁醇、异戊醇计）[102]。β-苯乙醇是发酵酒优良等级的标志性物质。生产过程中可以采用气相色谱法、气相色谱-质谱联用等对糯米酒中的主要杂醇油异丁醇、异戊醇和 β-苯乙醇进行分离和定量测定[103]。

3.7 药 酒

药酒，是指将中药材中有效物质溶解在酒中而制得的一种内服、外用均可的澄清酒类制剂。药酒的口感可调，克服了服用传统药物多味苦、反胃的缺点。另外，药酒适用人群广泛，女性群体可以通过饮用低度酒达到滋养身体的目的，年老体弱者可以通过服用保健药酒来达到预防疾病的目的。

药酒历史悠久，关于药酒制作工艺的起源与发展，古书中早有记载。如医经著作《素问 ·汤液醪醴论》中提到："上古圣人作汤液醒""邪气时至、服之万全"这是第一次解释药酒是用来诊疗疾病的。到了东汉时期，张仲景著述的中医经典古籍《金匾要略》中论述了药酒的制备方法，书中记载的一些汤剂，如当归四逆加吴茱萸生姜汤、栝蒌薤白白酒汤中用到的水煮药法，则为后来出现的热浸法奠定了基础。唐朝时期，孙思邈著《备急千金要方》书中系统地阐述了古代药酒的浸渍时间及食用方法，如在酒醴第四章节中提到了"凡合酒，皆薄切药，以绢袋盛药内酒中，密封头，春夏四五日，秋冬七八日，皆以味足为度，去渣服酒至立春宜停。"明代，李时珍撰写的药学巨著《本草纲目》中详细记载了蒸馏、结晶等一系列现代技术的操作方法，除此之外，浸渍法、酿造法、煮、淬、淋等古代药酒制备方法也在该书中得到了体现[104]。

药酒包含了滋补类药酒（五味子酒、八珍酒、十全大补酒、人参酒、枸杞酒等），活血化瘀类药酒（国公酒、当归酒），抗风湿类药酒（追风药酒、木瓜酒、蟒蛇酒、三蛇酒等）、壮阳类药酒（多鞭壮阳酒、淫羊藿酒、青松龄酒、羊羔补酒、龟龄集酒、参茸酒、海狗肾酒）。药酒分类的方法逐渐增多，按照功效、组分、用法、生产标准、功效及临床专科等不同方法进行分类。

将"八珍汤"配方中所列各药之精华，精制成保健八珍补酒，其药理功能得以充分发挥，功效尤佳，对人体的保健效果也就更好。八珍补酒味苦，性温热，有通血脉，活经络，行药势的功效，能推动气血环流周身，使各药品的药效充分发挥，供给人体消化吸收并将营养充调五脏六腑，从而起到祛病强身的保健作用[105]。

当归，始载于《神农本草经》，为伞形科植物当归的干燥根，现收载于《中国药典》(2015年版）(一部），具有补血活血、调经止痛、润肠通便之功效，有"妇科血病圣药"之称，主产于甘肃省岷县、渭源县、漳县、宕昌县等地，其主要化学成分为多糖类、藁本内酯类、香豆素类、黄酮类、有机酸及氨基酸等。酒制是应用最广泛的一种炮制，包括酒洗、酒浸、酒焙、酒蒸、酒煮等，其中酒洗当归从唐代至清代都有沿用。酒洗，经文献考证，一般认为药物经酒洗后，部分可渗入其组织内部，发挥缓性、增效等作用，如大黄经酒洗后，可借酒之热，调和大黄之寒等[106]。

木瓜酒以木瓜为原料发酵而成，保留了木瓜丰富的营养成分，并且酚类物质会影响木瓜酒的品质，改变其口感、风味、色泽等。经浸泡的木瓜原酒中含有的多酚、黄酮有较好的清除自由基及抗氧化的能力；多糖是最基本的营养元素之一；氨基酸有增强免疫力、加强营养吸收的功效，对肝功能、肾功能、肠胃功能均有很好的改善能力[107]。

海蛇药酒是由海蛇、丁公藤、鸡血藤等二十七味药材，加以白酒密闭浸泡、加蔗糖、静置、过滤等工艺制得，有祛风除湿、舒筋活络、强身壮骨等保健功效，用于肢体麻木、腰膝酸软、风寒湿痹等症状。目前，海蛇药酒尚未被《中国药典》收载，现行标准为卫生部颁药品标准[108]。

参茸酒是以马鹿茸、鹿血粉、人参为主要原料，辅以黄芪、枸杞子、菟丝子，经渗漉后与浓香型白酒配制而成的保健酒。马鹿茸具有抗疲劳、护肝、保护心肌、调节血糖、抗肿瘤、提高免疫力、性激素样作用等多种药理活性；鹿血粉具有抗氧化作用；人参具有提高免疫力、增强记忆力、抗氧化、抗肿瘤、改善心血管的药理作用；黄芪具有提高免疫力、保护心肌、调节血糖的作用，且黄芪与人参配伍可增强作用效果；菟丝子具有抗氧化、提高免疫力、抗衰老、护肝和性腺激素样作用；枸杞子具有清除自由基、调节免疫力、降血脂、降血糖、降血压、抑制肿瘤及抗疲劳等作用。上述药材常被人们用以强身健体，将其配伍研制成保健酒可满足市场需求[109]。

追风药酒由防风、陈皮、当归、炮姜等中药制成，具有活血疏风、散寒和脾之功效，临床用于治疗风寒湿痹引起的筋骨疼痛、四肢麻木、腰膝疼痛、风湿性关节炎等[110]。

三七药酒含三七、淫羊藿、当归等 21 味中药材，具有舒筋活络、散瘀镇痛、祛风除湿、强筋健骨等功效，主要用于跌打损伤、风湿骨痛、四肢麻木等症。该制剂处方中的三七，性温微苦，既能活血通络以止痛，又能益气养血以补虚；四块瓦、叶下花、川芎、乳香、苏木亦有较强的散瘀通络、消肿止痛之功效；淫羊藿、补骨脂是补益肝肾、强壮筋骨的代表；当归则可养血、和血[111]。

十一方药酒是骨伤科外用药，由龙血竭、骨碎补、续断、红花、苏木、秦艽、大黄、制马钱子、杜仲、当归、三七组成，诸药粉碎，按照文献中的工艺制得，具有消肿散瘀、祛风除湿、止血止痛等功效，用于软组织损伤、跌打肿痛、骨折、关节炎等[112]。

枸杞营养成分非常丰富，研究发现其含有多种高活性营养成分，如枸杞多糖、类胡萝卜素、维生素（其中以维生素 B_1、B_2 和维生素 C 最为突出），以及黄酮、脂肪酸、酚酸、甾醇类等。体内及体外药理学研究均显示，枸杞具有抗氧化活性，对老年疾病如动脉粥样硬化、神经退行性病变及糖尿病等具有免疫调节作[113]。以枸杞为原料酿制的枸杞酒，不仅可以通过微生物代谢产生多种对人体有益的物质，而且使枸杞中的一些营养物质和药用成分更充分地溶解于酒中，在饮用时更容易吸收。与枸杞本身相比，枸杞酒不仅保留了原果实中特有的营养成分，且具有浓郁的枸杞香、酒香和果香，味道酸甜可口，酒精度低，是滋补保健良品[114]。

3.7.1 分析技术

虽然很多药酒年代悠久，但处方中的药材含有丰富的化学成分，复方成分复杂，单一化学物质定量表征制剂质量的质控方法，难以体现药酒的整体性质及内在品质。因此，指纹图谱研究、标志性化学成分研究非常重要。

指纹图谱目前是评价中药、中成药及提取物这类含有复杂成分的混合物质量的重要手段。查阅文献发现，将化学模式识别技术、定量分析等同中药指纹图谱结合起来，更能有效说明问题。采用 HPLC 分别建立药酒被测物质的指纹图谱，并对指纹图谱进行相似度分析、主成分分析和定量分析[106]。化学模式识别技术可将指纹图谱信息进行挖掘和分析，发现各数据间潜在信息，从而筛选出差异的成分，包括 PCA、PLS-DA 等[112]。采用 HPLC 法对药酒进行测定，结合样品测定结果，建立了药酒的 HPLC 指纹图谱，标定其共有峰；采用 LC-MS 对药酒进行了成分研究，根据样品测定结果，并结合 MS 分析结果，鉴定了其中化合物[8]。药酒 HPLC 指纹图谱-化学模式识别、含量测定方法，准确可靠，重复性好，能较为整体、全面、真实地反映药酒不同批次的信息，有效弥补现有标准的不足，可为控制该药酒质量和保证临床用药安全提供科学合理的依据[112]。

采用顶空固相微萃取（HS-SPME）法提取药酒样品中的挥发性成分，采用气相色谱质谱联用技术（GC-MS）对其中的香气化合物进行鉴定，根据化合物的结构特征，与 NIST 谱库中标准化合物的图谱进行比较，从而判断香气成分的组成[114]。

3.7.2 特征成分

3.7.2.1 枸杞酒的香气成分

枸杞酒中的主要香气成分是藏红花醛、*β*-紫罗兰酮、2-羟基 *β*-紫罗兰酮和二氢猕猴桃内酯，构成了枸杞酒的特殊风味。见表 3-17。

表 3-17 枸杞酒中主要香气成分

名称	分子式	性状	香气特征	天然存在
藏红花醛	$C_{10}H_{14}O$	黄色液体，溶于乙醇等有机溶剂	具有木香、辛香、药香、粉香	圆柚、藏红花、绿茶中
β-紫罗兰酮	$C_{13}H_{20}O$	淡黄色至黄色油性液体，溶于乙醇，二乙酯和二氯甲烷中，微溶于水	具有柏木、覆盆子等香型香气	存在于紫罗兰等多种植物中
β-紫罗兰酮	$C_{13}H_{20}O$	溶于乙醇、乙醚	具有类似松木香，稀释时类似紫罗兰香	存在于玫瑰花、番茄中
二氢猕猴桃内酯	$C_{11}H_{16}O_2$	白色固体晶状粉末	带有香豆素样香气，并有麝香样气息	存在于猕猴桃属木天蓼、茶叶和烟草等植物中

3.7.2.2 人参酒的香气成分

人参酒的挥发性成分主要分为烷烃类、萜烯类、苯环类、酯类、醛类、酮类 6 类，其香气成分主要是倍半萜烯类化合物。采用不同的参材料，如鲜参（人工种植）、红参、西洋参和生晒参，利用不同工艺制成的人参酒，其香气成分各不相同。其中 *β*-榄香烯、*α*-古芸烯、香树烯、*δ*-杜松萜烯、*β*-石竹烯、马兜铃是主要的香气成分[115]。见表 3-18。

表 3-18 人参酒主要香气成分

名称	分子式	性状	香气特征	天然存在
β-榄香烯	$C_{15}H_{24}$	乳白色的均匀乳状液体	具有辛辣的茴香气味	姜科植物温郁金
α-古芸烯	$C_{15}H_{24}$		具有花果香	
香树烯	$C_{15}H_{24}$	无色透明液体	具有清雅花香	巴旦杏仁、桑枝
δ-杜松萜烯	$C_{15}H_{24}$	无色至淡黄色液体	呈酸气、酸甜果香、糖浆和木香	天然品存在于草莓中
β-石竹烯	$C_{15}H_{24}$	无色至微黄色油状液体	具有辛香、木香、柑橘香、樟脑香，温和的丁香香气	柠檬、圆柚、肉豆蔻、胡椒、覆盆子、黑加仑、肉桂叶油、丁香叶油
马兜铃烯	$C_{15}H_{24}$	棕色结晶	青木香	缠绕性草本植物马兜铃

3.7.3 应　用

药酒的真假鉴别：

第一，看药品批准文号。任何一种药品都有其特定的批准文号，就像每个人都有身份证一样。目前，我国已经对药品的批准文号进行了统一换发，我们可以观察批准文号格式，来辨别药物的真伪。批准文号是由国药准字 H（z、s、J）+8 位阿拉伯数字组成，其中 H 代表化学药品，z 代表中药，s 代表生物制品，J 代表进口药品分包装。

第二，看包装盒，从外包装上看，要有明确的名称、成分、性状、功能主治、规格、用法用量、不良反应、禁忌、包装、生产厂家、生产批号及有效期等。另外，正品所用的纸盒比较硬，不易分层；外观颜色纯正，印刷字迹清晰，打印批号不透纸盒。

第三，经批准合法生产的药品，其说明书内容准确，治疗范围限定严格，使用的方法、禁忌、毒副作用等，均有详细说明。宣称包治百病的往往是假药或违法宣传。

参考文献

[1] 程劲松. 顶空固相微萃取-气相色谱法测定葡萄酒的风味组分[J]. 中外葡萄与葡萄酒，2003（2）：19-21.

[2] 吴继红，黄明泉，孙宝国，等. 液液萃取结合气-质联机分析景芝白干酒中的挥发性成分[J]. 食品科学，2014，35（8）：72-75.

[3] 张联英. 同时蒸馏萃取-气相色谱连用法分析霞多丽干白葡萄酒中的香气成分[J]. 山东纺织经济，2015（4）：16-17.

[4] 宫俐莉，李安军，孙金沅，等. 溶剂辅助风味蒸发法与顶空-固相微萃取法结合分析白酒酒醅中挥发性风味成分[J]. 食品与发酵工业，2016，42（9）：169-177.

[5] 杨丽丽，王方，张岱，等. 搅拌棒吸附萃取-气质联机分析（SBSE-GC-MS）在葡萄酒

香气分析中的应用[J]. 食品与发酵工业，2009，35（4）：153-157.
[6] 姚征民. 清香型白酒特征香气成分鉴定及香气协同作用研究[D]. 上海：上海应用技术大学，2018.
[7] 舒建军. 离子液体及冠醚功能化离子液体固相微萃取涂层研制及其应用研究[D]. 武汉：华中农业大学，2012.
[8] 洪薇，符传武. 气相色谱法同时测定白酒中的 8 种物质[J]. 中国酿造，2015，34（10）：134-137.
[9] 王丽华，李建飞. 同时蒸馏萃取在提取浓缩白酒微量风味物质中的应用研究[J]. 酿酒科技，2010（09）：25-27.
[10] 廖永红，赵爽，张毅斌，等. LLE、SDE、SPME 和 GC-MS 结合保留指数法分析二锅头酒中的风味物质[J]. 中国食品学报，2014，14（06）：220-228.
[11] 宫俐莉，李安军，孙金沅，等. 溶剂辅助风味蒸发法与顶空-固相微萃取法结合分析白酒酒醅中挥发性风味成分[J]. 食品与发酵工业，2016，42（09）：169-177.
[12] 李明，王培义，田怀香. 香料香精应用基础[M]. 北京：中国纺织出版社，2010.
[13] CACHO J F, MONCAYO L, PALMA J C, et al. Characterization of the aromatic profile of the Italia variety of Peruvian pisco by gas chromatography-olfactometry and gas chromatography coupled with flame ionization and mass spectrometry detection systems[J]. Food Research International, 2012, 49(1): 117-125.
[14] 朱全. 茅台酒香气组成及香韵结构协同作用研究[D]. 上海：上海应用技术大学，2020.
[15] ZHAO D, SHI D, SUN J, et al. Characterization of key aroma compounds in Gujinggong Chinese Baijiu by gas chromatography-olfactometry, quantitative measurements, and sensory evaluation[J]. Food Research International, 2018, 105(MAR.): 616-627.
[16] 姚征民. 清香型白酒特征香气成分鉴定及香气协同作用研究[D]. 上海：上海应用技术大学，2018：1-5.
[17] 赵章报，曹广勇，赵雷光. 试论芝麻香型白酒的发展趋势[J]. 酿酒，2010，37（2）：27-27.
[18] 徐希望. 鲁酒芝麻香的现状及发展[J]. 酿酒科技，2012（3）：111-113.
[19] 郑杨. 芝麻香型白酒关键香气成分研究[D]. 广州：华南理工大学，2017.
[20] 孙细珍，张帆，杜佳炜，等. 基于毛细管气相色谱法和主成分分析的白酒真假酒判别分析[J]. 酿酒，2021，48（01）：42-50.
[21] 陈垛洁，陈少敏，刘鸿钢，等. 市售酒香精成分分析在酒类真实性鉴别中的应用[J]. 食品安全质量检测学报，2020，11（16）：5440-5447.
[22] 王景. 白酒中违禁添加剂及特征成分的多种质谱检测技术研究[D]. 北京：北京化工大学，2015.
[23] 王茜，孙娇娇，侯静，等. 不同品种啤酒花对啤酒特征香气物质的影响[J]. 农产品加工（上半月），2021（9）：5-10，13.
[24] 王葶，王秋燕. 樱桃啤酒香气成分分析[J]. 广州化工，2021，49（3）：60-63.
[25] 于欣禾，李明慧，孙珍. LC-MS/MS 分析结合优化提取工艺探究啤酒中麸质蛋白[J].

质谱学报，2022，43（2）：242-251.
[26] 王楠，张立福，邓楚博，等. 光谱分析啤酒新鲜度检测方法[J]. 光谱学与光谱分析，2020，40（7）：2273-2277.
[27] 易守军，何盼，欧宝立，等. 适配体传感法快速测定啤酒中赭曲霉毒素 A[J]. 光谱学与光谱分析，2019（7）：2283-2287.
[28] 周煜，薛璐，吴子健，等. 啤酒挥发性风味成分研究进展[J]. 食品研究与开发，2021，42（1）：210-219.
[29] RIU-AUMATELL M，MIRÓ P，SERRA-CAYUELA A，等. 运用 HS-SPME-GC-MS 技术分析低度啤酒中的香气物质[J]. 啤酒科技，2017（3）：65-70.
[30] 如何识别酒的真假[J]. 中国品牌与防伪，2009（10）：80-81.
[31] 王加春. 啤酒中的食品添加剂[J]. 啤酒科技，2013（10）：44-45.
[32] 莫美华，唐颖，纳宾. 酶制剂及 PVPP 等添加剂在啤酒生产中的应用[J]. 酿酒科技，2006（12）：79-82.
[33] 陈之贵. 加工助剂和食品添加剂在啤酒生产中的应用[J]. 中国酿造，2004（7）：3-5.
[34] 徐晴芳. 冰葡萄酒香气研究[D]. 北京：中国农业大学，2007.
[35] 孔程仕. 干型葡萄酒挥发性风味物质 GC-MS 研究[D]. 青岛：青岛科技大学，2013.
[36] 王玉峰. 葡萄酒香气影响因素的研究[D]. 济南：山东轻工业学院，2010.
[37] 郑万财. 新疆无核白葡萄酒的酿造及其挥发性成分研究[D]. 乌鲁木齐：新疆农业大学，2015.
[38] LI N, WANG L, YIN J, et al. Adjustment of impact odorants in Hutai-8 rose wine by co-fermentation of Pichia fermentans and Saccharomyces cerevisiae[J]. Food Res Int, 2022,153: 110959.
[39] 吕旭聪，蔡琪琪，柯欣欣，等. 顶空固相微萃取-气质联用技术分析两种红曲黄酒的香气成分[C]. 中国食品科学技术学会第十一届年会论文摘要集，2014：397-398.
[40] 夏小乐，夏梅芳，杨海麟，等. 气相色谱法测定清爽型黄酒中的乙醛和杂醇油含量[J]. 酿酒，2010，37（6）：72-74
[41] 苏海荣，安冬梅，王学民，等. 现代仪器分析技术在黄酒分析研究中的应用[J]. 酿酒科技，2012（03）：67-71.
[42] 诸葛庆，李博斌，刘兴泉，等. 用离子色谱法分析研究黄酒中的氨基酸[J]. 酿酒科技，2008（04）：108-111.
[43] 夏小乐，夏梅芳，杨海麟，等. LC-MS/M 法分析清爽型黄酒中的嘌呤含量[J]. 现代食品科技，2010，26（12）：1399-1402.
[44] 盛凤云，徐俊敏，孙佐红，等. 近红外光谱仪快速检测黄酒酒醅技术的开发[J]. 酿酒科技，2020（06）：70-72+80.
[45] 吴正宗. 拉曼光谱分析技术在黄酒质量监控中的应用研究[D]. 无锡：江南大学，2017.
[46] 王维琴，汪丽，于海燕. 基于拉曼光谱和支持向量机的黄酒品质快速分析[J]. 现代食品科技，2015，31（03）：255-259.
[47] 蒋巧勇，吕进，刘辉军，等. 基于二维红外光谱技术分析黄酒中酸对糖的影响[J]. 酿

酒科技，2015（04）：99-102.
[48] 雷超，沈俊，张社利，等. 在线紫外消解-原子荧光光谱法测定黄酒中的砷[J]. 食品工业科技，2017，38（22）：259-262.
[49] 杨晨，刘双平，赵禹宗，等. 基于SMRT-seq和分离培养技术分析不同绍兴黄酒酒药中的功能微生物[J]. 食品与发酵工业，2022：1-10.
[50] 陈一钒，吴余宁，徐春燕，等. 基于高通量测序技术分析黄酒微生物多样性的研究进展[J]. 现代食品，2020（23）：38-43.
[51] 汤海青，吴维儿，王晓龙. 基于电子舌技术定量分析黄酒理化指标[J]. 农产品加工，2020（12）：66-69.
[52] 周慧敏，李莎怡，陈婷婷，等. 用于绍兴黄酒总糖含量预测的电子鼻系统构建及其实验研究[J]. 传感技术学报，2017，30（11）：1776-1780.
[53] 肖玺泽. 云电子鼻平台开发及其在黄酒酒龄检测中的应用[D]. 杭州：浙江大学，2018.
[54] 杨成聪，刘丹丹，葛东颖，等. 基于气相色谱-质谱联用技术结合电子鼻评价浸米时间对黄酒风味品质的影响[J]. 食品与发酵工业，2018，44（08）：265-270.
[55] 张南南，吴小红，王铭洲，等. 电化学指纹图谱技术鉴别黄酒品种和陈酿年份[J]. 中国食品学报，2020，20（11）：228-238.
[56] 杨国军，俞关松，尉冬青. 黄酒中蛋白质分布及含量与酒质稳定性关系的研究[J]. 中国酿造，2005（10）：47-49.
[57] 林峰，白少勇，邹慧君，等. 黄酒蛋白质沉淀[J]. 酿酒科技，2005（09）：69-72.
[58] 宫晓波，高云超，杨春英，等. 广东河源客家黄酒游离氨基酸与γ-氨基丁酸分析[J]. 安徽农业科学，2021，49（10）：174-180+205.
[59] 陈麒名，冯霞，张蓓蓓，等. 中国黄酒的微生物多样性与风味的研究进展[J]. 食品与发酵科技，2021，57（06）：77-82.
[60] 王培璇，毛健，李晓钟，等. 不同地区黄酒挥发性物质差异性分析[J]. 食品科学，2014，35（6）：83-89.
[61] 胡健，池国红，吴苗叶，等. 利用风味物质鉴别黄酒产地[J]. 酿酒科技，2009（6）：17-19.
[62] 罗涛，范文来，徐岩，等. 我国江浙沪黄酒中特征挥发性物质香气活力研究[J]. 中国酿造，2009（2）：14-19.
[63] 李冬琴，杨萌，文笑雨，等. 黄酒的挥发性风味成分研究进展[J]. 食品研究与开发，2022，43（02）：202-207.
[64] 黄晓媛，钱敏，阮凤喜，等. 黄酒中醇类物质的研究进展[J]. 食品工业，2022，43（01）：237-240.
[65] 黄酒的主要分类及酿制器具[J]. 科学之友（上半月），2014（07）：26-27.
[66] 谢广发，蔡际豪，钱斌，等. 机械化大罐发酵干型黄酒酿造过程中风味物质的变化[J]. 食品与发酵工业，2020，46（11）：157-164.
[67] 黄桂东，彭家伟，钟先锋，等. 半干型绍兴黄酒中主要高级醇含量检测及其香气贡献分析[J]. 中国酿造，2017，36（10）：159-162.

[68] 李红蕾. 黄酒中风味物质的分子结构与其香气强度构效关系的研究[D]. 上海：上海应用技术学院，2011.
[69] 孔令华，夏小乐，辛瑜. 甜型黄酒陈酿过程中 5-羟甲基糠醛的生成规律[J]. 食品与发酵工业，2020，46（12）：258-263.
[70] 陈子凡，成莲，曾石峭. 气相色谱-质谱法快速测定客家黄酒中的醇类物质[J]. 化学分析计量，2019，28（04）：57-60.
[71] 赵文红. 广东客家黄酒酿造体系中菌群及其对风味物质影响的研究[D]. 广州：华南农业大学，2018.
[72] 奕水明，汪建国. 对我国黄酒质量技术标准的回顾与思考[J]. 中国酿造，2011（02）：185-189.
[73] 王娜. 基于组学技术的中国黄酒陈酿香气组分分析及酒龄识别的研究[D]. 无锡：江南大学，2020.
[74] 赵光升，袁利杰，袁阳蕾，等. 2017 年—2019 年河南省发酵酒中甜蜜素监测结果分析[J]. 中国卫生检验杂志，2020，30（18）：2284-2287+2290.
[75] 蔡乔宇. 黄酒酿造用米专用化评价体系构建[D]. 武汉：武汉轻工大学，2020.
[76] 高云超，宫晓波，池建伟，等. 广东客家黄酒主要糖类的 HPLC-ELSD 分析[J]. 农产品加工，2021（12）：51-55+59.
[77] 罗涛，范文来，徐岩，等. 我国江浙沪黄酒中特征挥发性物质香气活力研究[J]. 中国酿造，2009（02）：14-19.
[78] 马洁. 浅谈黑糯米酒生产工艺[J]. 四川食品与发酵，2000（1）：41-42.
[79] 陈世平，邹锁柱，吴惠芳，等. 黑米黄酒工艺及产品稳定性研究[J]. 酿酒科技，2006（03）：76-78.
[80] 赵旭，苏伟，文飞，等. 糖化酶协同微生物酿造黑糯米酒工艺探究[J]. 食品科技，2016（2）：5.
[81] 王宗敏. 镇江香醋醋酸发酵阶段菌群结构变化与风味物质组成之间的相关性研究[D].无锡：江南大学，2016.
[82] 王培璇，毛健，李晓钟，等. 不同地区黄酒挥发性物质差异性分析[J]. 食品科学，2014，35（6）：7.
[83] 王家林，苏海荣，于秦峰. SHS-GC-MS 分析黄酒中的挥发性风味物质[J]. 中国酿造，2012，031（005）：188-190.
[84] XIAO Z, DAI X, ZHU J, et al. Classification of Chinese rice wine according to geographic origin and wine age based on chemometric methods and SBSE-TD- GC-MS analysis of volatile compounds[J]. Food Science & Technology Research, 2015, 21(3): 371-380.
[85] 姜丽. 黑糯米酒发酵过程中微生物多样性及风味品质研究[D]. 贵阳：贵州大学，2020.
[86] 吴琼燕，林捷，简佩雯，等. 甜酒药曲理化品质及糯米酒香气成分研究[J]. 食品工业，2016（12）：5.
[87] 潘天全，程伟，张杰，等. 一种桂花风味黑米酒香气成分的 GC-MS 分析[J]. 酿酒，

2020，47（01）：64-67.
[88] 苏伟，齐琦，赵旭，等. 电子舌结合 GC/MS 分析黑糯米酒中风味物质[J]. 酿酒科技，2017（9）.
[89] 王玉堂，牛雅杰，金宇枭，等. 黑米酒挥发性成分分析及其变化规律研究[J]. 中国酿造，2016，35（9）：5.
[90] 王洪琳. 黑糯米酒特征风味物质分析及风味轮构建[D]. 贵阳：贵州大学，2020.
[91] 王栋，经斌，徐岩，等. 中国黄酒风味感官特征及其风味轮的构建[J]. 食品科学，2013（05）：98-103.
[92] 吕旭聪，蒋雅君，胡荣康，等. 红曲黄酒传统酿造用曲的特征挥发性风味成分分析[J]. 中国食品学报，2019，19（5）：12.
[93] 王亚钦，刘沛通，吴广枫，等. 可同化氮对葡萄酒发酵香气物质积累及代谢调控的影响[J]. 中国食品学报，2017，17（12）：8.
[94] HERNANDEZ-ORTE P, CERSOSIMO M, LOSCOS N, et al. The development of varietal aroma from non-floral grapes by yeasts of different genera[J]. Food Chemistry, 2008, 107(3): 1064-1077.
[95] TETIK M A, SEVINDIK O, KELEBEK H, et al. Screening of key odorants and anthocyanin compounds of cv. Okuzgozu (*Vitis vinifera* L.) red wines with a free run and pressed pomace using GC - MS - Olfactometry and LC - MS - MS[J]. Journal of Mass Spectrometry, 2018, 53(5).
[96] MILJIĆ U, PUŠKAŠ V, VUČUROVIĆ V, et al. Fermentation characteristics and aromatic profile of plum wines produced with indigenous microbiota and pure cultures of selected yeast[J]. Journal of Food Science, 2017, 82(6): 1443-1450.
[97] 李纪涛，蒋一鸣，束俊霞，等. 不同酿酒酵母发酵的紫薯糯米酒香气成分分析[J]. 食品科学，2014（16）：6.
[98] 刘奕，吴琼，吴庆园，等. 气相色谱-质谱法比较分析巴氏杀菌前后沙参糯米酒中的香气成分[J]. 食品科学，2016，37（20）：5.
[99] 马立志，王瑞. 刺梨黑糯米酒香气成分的 GC/MS 分析[J]. 酿酒科技，2009（2）：3.
[100] 危晴，李晔，王晓杰，等. 发酵型薏米酒香气成分的 GC-MS 分析[J]. 食品科技，2012（3）：5.
[101] 赵文献，祝美云，冯刚. 浓香型白酒中杂醇油的测定[J]. 安徽农业科学，2007，35（2）：528-528.
[102] 寻思颖. 关于白酒中甲醇和杂醇油的测定[J]. 计量与测试技术，2001，28（3）：2.
[103] 余炜，庞玉莉，伍时华，等. 气相色谱法测定糯米酒中杂醇油含量[J]. 广西科技大学学报，2015，26（3）：6.
[104] 赵婷，国大亮，刘洋，等. 药酒的制备与应用研究[J]. 现代食品，2019（18）：96-99.
[105] 王国良. 八珍补酒的开发研制[J]. 酿酒科技，2008（05）：85-86.
[106] 刘彩凤，梁军，杨海菊，等. 基于指纹图谱及化学模式对当归酒洗前后的比较分析[J]. 北京中医药大学学报，2020，43（03）：234-241.
[107] 杨海玲. 木瓜酒的研制及营养成分分析[J]. 现代农业科技，2018（20）：228-229.

[108] 汤丽昌，尹群健，邓世明，等. 超高效液相色谱-串联质谱法同时测定海蛇药酒中11种化学成分[J]. 食品安全质量检测学报，2021，12（13）：5183-5190.
[109] 郭艳，蒋中仁，彭蕾，等. 参茸酒的食用安全性研究[J]. 酿酒科技，2019（01）：141-146.
[110] 蒋庆宇，陈平，廖琦，等. 高效液相色谱法测定追风药酒中橙皮苷含量[J]. 中国药业，2009，18（07）：19-20.
[111] 陈蓬，印晓红，王建方，等. 三七药酒 HPLC 指纹图谱研究及共有峰 LC-MS 鉴定[J]. 药物分析杂志，2019，39（11）：2090-2097.
[112] 田慧，梁雪，马雯芳，等. 基于指纹图谱、化学模式识别及多成分定量评价十一方药酒质量[J]. 中国医院药学杂志，2022，04：1-9.
[113] 梁颖，马蓉，李亚辉，等. 枸杞酒酿造技术及香气分析研究进展[J]. 中国酿造，2019，38（02）：16-20.
[114] 王琦，张惠玲，周广志. 采用 HS-GC-MS 法对枸杞汁发酵前后香气成分的比较分析[J]. 酿酒科技，2015（08）：101-104.
[115] 曾承，杨定宽，季香青，等. 气相色谱-质谱联用法和高效液相色谱法测定 4 种人参酒中的皂苷和挥发性成分[J]. 食品安全质量检测学报，2021，12（16）：6448-6456.

4 烟草特征香气成分

4.1 概 述

烟草（学名：*Nicotiana tabacum* L.）是茄科烟草属植物，一年生或有限多年生草本，全体被腺毛；根粗壮。原产于南美洲，中国南北各省区广为栽培。烟叶用作烟草工业的原料；全株也可做农药杀虫剂；亦可药用，做麻醉、发汗、镇静和催吐剂。本章利用 HS-SPME-GC/MS 结合相对香气活力值对不同产地烟叶中的主要香气成分进行分析，利用 HS-SPME-GC/MS 结合相对香气活力值对朱砂烟叶和普通烟叶中的主要香气成分进行分析，利用 GC-O/MS 结合香气活力值分析巴西烟叶中具有香气活力的特征香气成分。

卷烟是指用卷烟纸将烟丝卷制成条状的烟制品。又称纸烟、香烟、烟卷。有滤嘴卷烟和无嘴卷烟，又有淡味和浓味之分。卷烟开始进入中国商品市场是在 1890 年，设厂制造则始于 1893 年，产销逐年增加。自 1980 年起中国卷烟产量居世界各国的首位。本章利用 HS-SPME-GC/MS 结合相对香气活力值分析不同竞争品牌卷烟烟丝的特征香气化学成分，利用 HS-SPME-GC/MS 结合香气活力值分析不同品牌卷烟烟丝中具有香气活力的特征香气成分，利用 GC-O/MS 结合香气活力值分析云产卷烟烟丝中具有香气活力的特征香气成分。

卷烟烟气是指被点燃烟支中的烟丝经过复杂的燃烧过程产生的高度浓集并且不断变化着的气溶胶体系。燃烧的烟支是一个复杂的化学体系，在烟支点燃的过程中，当温度上升到 300 ℃时，烟丝中的挥发性成分开始挥发而形成烟气；上升到 450 ℃时，烟丝开始焦化；温度上升到 600 ℃时，烟支被点燃而开始燃烧。烟支燃烧有两种形式：一种是抽吸时的燃烧，称为吸燃；另一种是抽吸间隙的燃烧，称为阴燃（亦称为静燃）。抽吸时从卷烟的滤嘴端吸出的烟气称为主流烟气，抽吸间隙从燃烧端释放出来和透过卷烟纸扩散直接进入环境的烟气称为侧流烟气。本章利用 HS-SPME-GC/MS 结合香气活力值分析不同竞争品牌卷烟烟气的特征香气化学成分，利用感官导向分离-香气活力值分析不同卷烟烟气不同组群的特征香气化学成分，利用味觉活力值分析卷烟烟气中的酸味特征香气成分，采用活性阈值的分析技术分析卷烟烟气中的重要碱性、中性香气成分，采用 GC-MS/O 结合香气活力值（OAV）分析卷烟烟气中巨豆三烯酮的香气活性大小，为卷烟调香技术深入开展提供数据支撑。

烟草提取物是指以烟草及烟草废弃物（如烟梗、烟片、烟末）为原料，通过萃取、蒸馏等方式，提取出特定所需成分的产品。本章利用 HS-SPME-GC/MS 结合相对香气活力值分析不同烟草提取物的特征香气化学成分，利用凝胶渗透色谱感官导向分离结合滋味活性值（TAV）分析浓香型初烤烟叶提取物中的关键甜味成分。

4.2 烟 叶

4.2.1 分析技术

利用HS-SPME-GC/MS结合相对香气活力值对不同产地烟叶中的主要香气成分进行分析，获得安徽亳州烟叶、贵州黔东南烟叶、河南商丘烟叶、云南昆明 K326 烟叶、湖南株洲烟叶、云南玉溪红花大金元烟叶、津巴布韦烟叶、巴西烟叶的主要香气成分。

利用 HS-SPME-GC/MS 结合相对香气活力值对朱砂烟叶和普通烟叶中的主要香气成分进行分析，比较两者之间的主要香气成分差异，分析导致感官差异的物质基础。

利用 GC-O/MS 结合香气活力值分析巴西烟叶中具有香气活力的特征香气成分。

4.2.2 特征成分

4.2.2.1 不同产地烟叶主要挥发性香气成分

刘哲[1]建立烟叶的 HS-SPME-GC/MS 定性半定量分析方法，分析了 8 个不同产地烟叶中挥发性半挥发性成分，利用相对香气活力值筛选出烟叶中 50 种具有香气活力的主要香气成分。

1. 主要材料与仪器

材料：8 个不同产地的烟叶（安徽亳州烟叶、贵州黔东南烟叶、河南商丘烟叶、云南昆明 K326 烟叶、湖南株洲烟叶、云南玉溪红花大金元烟叶、津巴布韦烟叶、巴西烟叶）；固相微萃取头[美国 Supelco 公司，型号：灰色（50/30 μm DVB/CAR/PDMS）]。

仪器：固相微萃取-气相色谱-串联质谱联用仪（美国 Bruker 公司，型号：456GC-TQ），CTC 多功能自动进样器（瑞士 Combi-PAL 公司，型号：Combi-xt PAL 型）。

2. 分析方法

称取 0.5 g 烟叶样品至顶空瓶中，迅速密封后在 CTC 固相微萃取装置中进行萃取，萃取温度：70 ℃，萃取时间：20 min，解吸时间：2 min，萃取头转速：250 r/min。

（1）气相色谱条件：

色谱柱为弹性石英毛细管柱（推荐使用 DB-5MS 柱或分离效能相近的毛细管柱），规格：30 m（长度）×0.25 mm（内径）×0.25 μm（膜厚）。载气：He，恒流模式；柱流量：1.0 mL/min；分流比：10∶1。进样口温度：250 ℃；程序升温：初始温度 40 ℃，保持 2.0 min，以 5 ℃/min 的升温速率升至 260 ℃，保持 10.0 min。

（2）质谱条件：

传输线温度：250 ℃；电离方式：电子轰击源（EI）；电离能量：70 eV；离子源温度：200 ℃；

溶剂延迟时间：3.0 min；检测方式：全扫描监测模式；质量扫描范围：30 ~ 500 amu。

（3）阈值查询：

挥发性成分的阈值通过查阅文献获得。

（4）香气活力值计算方法：

通常判断单一组分是否为香气成分，需要通过其香气活力值（OAV）大小进行判断：

$$\text{香气活力值（OAV）}=\frac{\text{各香气组分的浓度（}C\text{）}}{\text{感觉阈值（}T\text{）}}$$

若 OAV>1 时，说明该组分对整体香气贡献较大，若 OAV<1 时，则说明该组分对整体香气的影响很小，一般来说 OAV 值越大则说明该组分致香作用越大。但是由于积分面积归一化法只能得到单一组分的相对浓度（C_r），所以将公式中的绝对浓度（C）替换成相对浓度（C_r），这样就引入了一个新的参数—— 相对气味活力值（relative odoractivity value，ROAV），然后根据各组分相对含量与查阅到的感觉阈值的比值进行比较，最大的就是 OAV 值最大的香气成分。即

$$\begin{aligned}\text{ROAV} &= \frac{\text{单一组分OAV}}{\text{OAV值最大的香气组分的OAV}}\times 100\\ &\approx \frac{\text{单一组分的相对含量}}{\text{OAV值最大的香气组分相对含量}}\times\frac{\text{OAV值最大的香气组分阈值}}{\text{单一组分阈值}}\times 100\end{aligned}$$

通过以上公式所得出的相对气味活力值范围均在 0 ~ 100 之间，且 ROAV > 1 的组分为关键香气成分，0.1<ROAV<1 的组分为修饰香气成分，ROAV<0.1 的组分为潜在风味化合物。相对活力值不需要通过对样品中每种物质进行准确定量，便可以得出不同物质对于香气形成的贡献度大小。

3. 分析结果

分别取 8 个烟叶样品 5 份测定其香气化学成分，分别扣除空白后样品中香气化学成分总积分面积的相对标准偏差在 1.23%~4.82%，见表 4-1。

表 4-1　同一烟叶样品中香气成分检测结果的差异

样品	安徽	贵州	河南	红大	湖南	K326	津巴布韦	巴西
相对标准偏差/%	3.59	2.53	3.82	3.95	2.23	1.36	3.25	4.12

8 个不同烟叶样品中挥发性半挥发性化学成分分析结果见表 4-2。

表 4-2　8 个烟叶样品中挥发性半挥发性化学成分测定结果　　单位：%

序号	保留时间/min	化合物中文名	安徽	贵州	河南	红大	湖南	K326	津巴布韦	巴西
1	3.47	异戊醇	—	—	—	0.02	—	0.02	—	—
2	3.55	丙二醇	—	—	0.17	0.55	0.65	0.06	1.42	0.87
3	4.10	2, 3-丁二醇	—	0.07	—	—	0.09	—	—	0.04
4	4.22	(2*R*, 3*R*)-(−)-2, 3-丁二醇	—	—	—	0.11	0.04	0.08	0.14	0.06

续表

序号	保留时间/min	化合物中文名	安徽	贵州	河南	红大	湖南	K326	津巴布韦	巴西
5	4.24	(2*S*,3*S*)-(+)-2,3-丁二醇	—	—	0.05	0.05	—	—	0.12	—
6	4.37	己醛	0.04	—	0.03	—	—	—	—	—
7	4.46	2-甲基四氢呋喃-3-酮	—	—	—	—	—	0.01	—	—
8	4.85	糠醛	0.05	—	—	—	0.03	—	—	—
9	5.18	糠醇	0.05	—	—	—	0.02	0.01	0.05	0.03
10	5.22	反式-3-己烯-1-醇	—	—	—	0.06	—	—	—	—
11	5.54	正戊酸	0.04	—	—	—	—	—	—	—
12	6.10	4-羟基丁酸乙酰酯	0.13	0.06	0.06	0.06	0.06	0.05	0.10	0.06
13	6.75	5,5-二甲基-2(5*H*)-呋喃酮	0.04	—	—	—	—	—	0.02	—
14	7.03	苯甲醛	—	—	—	—	—	—	—	—
15	7.21	苯酚	—	—	—	0.02	—	—	—	—
16	7.36	甲基庚烯酮	0.57	0.06	0.29	0.05	0.09	0.05	0.06	0.08
17	7.48	2-正戊基呋喃	0.07	0.02	0.07	—	0.03	—	0.02	0.01
18	7.57	(*E*,*E*)-2,4-庚二烯醛	—	—	0.16	0.02	0.02	—	—	—
19	8.10	2,3-二甲基马来酸酐	0.22	—	0.09	—	0.03	—	0.02	0.01
20	8.19	苯甲醇	1.25	0.99	1.18	1.13	0.76	0.77	1.09	0.70
21	8.28	泛酰内酯	—	—	—	—	—	—	0.11	—
22	8.37	苯乙醛	0.29	0.05	0.19	0.13	0.06	0.09	0.10	0.04
23	8.61	2-乙酰基吡咯	0.45	0.07	0.11	0.20	0.18	0.13	0.16	0.17
24	8.77	2,3-辛二酮	0.22	0.02	0.06	0.07	—	—	0.04	—
25	8.83	对甲酚	—	—	—	0.04	—	—	—	—
26	8.84	间甲基苯酚	—	—	—	—	—	0.02	—	0.03
27	9.03	对羟基苯甲醚	0.06	—	—	0.03	—	0.01	—	0.02
28	9.25	芳樟醇	0.11	0.02	0.04	0.02	0.03	0.02	0.03	0.02
29	9.29	6-甲基-3,5-庚二烯-2-酮	0.48	—	—	—	—	—	—	—
30	9.32	壬醛	—	0.02	0.05	0.07	0.03	0.07	0.03	0.04
31	9.39	甲基麦芽酚	0.18	0.03	0.06	0.05	0.10	0.03	0.12	0.08
32	9.47	苯乙醇	0.95	0.49	0.67	0.54	0.45	0.32	0.83	0.55
33	9.59	3-羟甲基吡啶	—	—	—	—	—	—	—	0.05
34	9.93	2,3-二氢-3,5 二羟基-6-甲基-4(*H*)-吡喃-4-酮	0.19	0.09	0.10	0.13	0.18	0.17	0.17	0.11
35	9.96	茶香酮	0.30	—	—	—	—	—	—	—
36	10.07	1-(1-吡咯烷基)-2,5-十八碳二烯-1-酮	—	—	0.19	0.07	—	—	—	0.03
37	10.07	反式 2,6-壬二醛	—	—	—	0.02	—	—	—	—
38	10.17	马索亚内酯	0.47	0.19	0.06	0.02	0.23	0.02	0.74	0.38

续表

序号	保留时间/min	化合物中文名	安徽	贵州	河南	红大	湖南	K326	津巴布韦	巴西
39	10.22	乙酸苄酯	0.15	0.08	0.06	0.07	0.11	0.04	—	—
40	10.42	苯乙酸甲酯	0.03	—	—	—	—	—	0.01	0.01
41	10.46	2,5-二甲基苯甲醛	0.01	—	—	—	—	—	—	—
42	10.51	L-薄荷醇	—	—	—	—	—	—	0.03	—
43	10.67	萘	0.04	0.02	0.02	0.01	—	0.01	—	—
44	10.67	甘菊蓝	—	—	—	—	—	—	—	—
45	10.72	乙基麦芽酚	—	—	—	—	—	—	0.02	—
46	10.73	5,6-二氢-4*H*-环戊并噻唑-2-胺	—	—	—	—	—	—	—	0.02
47	10.84	藏花醛	0.14	0.04	0.06	0.05	0.05	0.04	0.06	0.04
48	10.87	癸醛	—	—	—	—	—	0.01	—	—
49	10.97	2-甲基-2-壬烯-4-酮	0.04	—	—	—	—	—	0.01	—
50	11.06	2-乙基丁酸烯丙酯	—	—	0.03	0.02	0.02	—	0.01	—
51	11.11	水茴香醛	0.11	—	—	—	—	—	—	—
52	11.14	*β*-环柠檬醛	0.17	0.02	0.14	0.11	0.10	0.11	0.08	0.02
53	11.17	3-(4-甲基苯甲酰)丙酸	—	—	—	—	—	—	—	0.01
54	11.23	3-乙基-4-甲基吡咯-2,5-二酮	0.18	0.06	0.11	0.05	0.07	0.06	0.10	0.08
55	11.40	4,8-二甲基-3,7-壬二烯-2-基乙酸酯	0.05	—	0.02	—	—	—	—	—
56	11.59	丙位癸内酯	0.22	—	0.06	0.05	0.07	0.03	0.11	0.05
57	11.66	辛炔羧酸甲酯	0.05	—	—	0.03	—	0.02	—	—
58	11.75	右旋烯丙菊酯	0.06	—	—	—	—	—	—	—
59	11.78	柠檬醛	—	—	0.04	—	—	—	—	—
60	11.99	9-十八烯-12-炔酸甲酯	—	—	—	—	—	—	—	0.02
61	11.99	2-(2-丁炔基)环己酮	0.14	—	—	—	—	—	—	—
62	12.28	(1-甲基戊基)环丙烷	0.22	—	—	—	—	—	—	—
63	12.29	1-亚乙基-1*H*-茚	—	—	—	0.06	—	0.04	—	—
64	12.42	4-乙烯基-2-甲氧基苯酚	—	—	0.05	0.08	0.04	0.05	—	0.04
65	12.43	4-羟基-2-甲基苯乙酮	—	—	—	—	—	—	0.02	—
66	12.44	4-羟基-3-甲基苯乙酮	—	0.03	—	—	—	—	—	—
67	12.53	双环[4.4.1]十一碳-1(10),2,4,6,8-五烯	—	—	—	0.03	—	0.02	—	—
68	12.61	(*E*)-3,7-二甲基-2,6-辛二烯醛	—	—	0.17	—	—	—	—	—

续表

序号	保留时间/min	化合物中文名	安徽	贵州	河南	红大	湖南	K326	津巴布韦	巴西
69	12.86	反式-13-十八碳烯酸	0.23	0.05	0.11	0.07	0.14	—	0.10	—
70	12.96	烟碱	47.73	57.71	48.45	41.50	46.68	46.20	47.94	57.35
71	13.04	茄酮	4.47	—	0.51	0.37	—	—	—	—
72	13.32	油酸己酯	—	—	—	—	—	0.04	—	—
73	13.38	突厥烯酮	0.76	0.07	0.30	0.11	0.26	0.06	0.18	0.09
74	13.44	联苯	—	—	—	—	—	0.01	—	—
75	13.48	7-十四碳烯	0.03	—	—	—	—	—	—	—
76	13.59	正十五烷	—	0.06	—	—	0.10	0.06	—	—
77	13.68	3,6,6-三甲基双环-3,1,1-庚烷-2-酮	0.03	—	—	—	—	—	—	—
78	13.77	α-大马酮	0.33	0.09	0.15	0.12	0.14	0.10	0.18	0.12
79	13.99	麦斯明	—	0.24	0.15	0.04	0.06	0.04	0.06	0.10
80	14.03	2,6-二甲基萘	—	—	—	—	—	0.01	—	—
81	14.04	1,4-二甲基萘	—	—	—	0.03	—	—	—	—
82	14.21	香叶基丙酮	6.81	0.36	2.73	0.36	0.95	0.36	0.63	0.49
83	14.33	1-(4,5-二乙基-2-甲基-1-环戊烯-1-基)乙酮	0.02	—	—	—	—	—	—	—
84	14.67	β-紫罗酮	0.32	0.28	0.30	0.20	0.18	0.18	0.20	—
85	14.71	4-[2,2,6-三甲基-7-氧杂二环[4.1.0]庚-1-基]-3-丁烯-2-酮	0.45	—	0.31	0.26	—	—	0.45	—
86	14.79	4-甲基联苯	—	—	—	0.02	—	—	—	—
87	14.88	3,7,11-三甲基-1-十二醇	0.06	0.15	0.31	0.07	0.14	0.13	—	—
88	14.95	2,5-二叔丁基酚	—	—	0.07	—	—	—	0.06	0.04
89	15.15	二甲基-2-苯并咪唑	—	—	—	—	—	0.35	—	—
90	15.24	二苯并呋喃	0.10	—	0.05	0.02	—	0.02	0.01	0.03
91	15.30	异戊酸香叶酯	—	—	0.03	—	—	—	—	—
92	15.37	二氢猕猴桃内酯	1.73	0.52	1.03	0.59	0.67	0.45	0.93	0.75
93	15.50	二氢茉莉酮酸甲酯	—	—	—	—	—	—	0.02	—
94	15.67	4,7,9-巨豆三烯-3-酮	3.16	1.25	1.03	0.99	2.06	1.20	2.80	2.55
95	15.75	3-甲基十五烷	—	0.02	—	0.02	—	0.01	—	—
96	16.09	正十七烷	—	0.15	0.20	0.08	0.10	—	0.01	—
97	16.09	正十九烷	0.17	—	0.15	0.35	0.06	0.03	0.09	0.15
98	16.25	4-羟基-β-二氢大马酮	0.33	0.12	0.40	0.09	0.24	0.08	0.19	0.12

续表

序号	保留时间/min	化合物中文名	安徽	贵州	河南	红大	湖南	K326	津巴布韦	巴西
99	16.57	己二酸双(2-丁氧基乙)酯	0.07	—	—	—	—	—	0.04	—
100	16.61	(6*R*,7*E*,9*R*)-9-羟基-4,7-巨豆二烯-3-酮	0.55	0.73	0.44	0.27	0.70	0.27	0.73	0.89
101	16.72	5-(1-哌啶)-2-呋喃甲醛	—	0.50	—	—	—	—	—	—
102	17.25	2,6,10-三甲基十四烷	—	—	—	0.13	—	—	—	0.01
103	17.29	(*Z*)-7-十六碳烯醛	—	—	—	0.07	—	—	—	—
104	17.52	螺岩兰草酮	—	—	—	—	—	0.04	0.35	—
105	17.55	3,7,11,15-四甲基-2-十六碳烯	0.27	—	—	—	—	—	—	0.04
106	18.04	2,3,6-三甲基-1,4-萘醌	0.24	—	0.19	—	—	—	—	—
107	18.34	正二十六烷	—	0.10	—	—	—	0.11	—	—
108	18.35	菲	—	—	0.10	—	—	0.08	—	—
109	18.41	2,6,10-三甲基十二烷	—	—	—	0.03	—	—	—	—
110	18.48	螺岩兰草酮	—	—	0.05	—	—	—	0.46	0.15
111	18.73	3,7,11,15-四甲基己烯-1-醇(叶绿醇)	23.18	34.76	38.18	49.98	43.40	47.71	37.73	33.00
112	19.09	(*Z*)-14-甲基-8-十六碳烯-1-缩醛	—	—	—	—	—	—	—	0.02
113	19.17	1-二十六(碳)烯	—	—	—	—	—	0.02	—	0.01
114	19.26	4-十八烷基吗啉	—	0.01	—	—	—	—	0.03	0.05
115	19.50	法尼基丙酮	0.65	—	0.29	—	—	—	—	0.14
116	19.62	棕榈酸甲酯	0.15	0.06	0.03	0.14	0.33	0.05	0.49	0.24
117	19.79	西松烯	—	—	—	0.02	0.01	—	0.13	—
118	19.94	邻苯二甲酸二丁酯	—	—	—	—	—	0.01	0.02	—
119	20.38	6,9-十八碳二炔酸甲酯	—	0.02	—	—	—	—	—	—
120	21.22	二十碳五烯酸甲酯	—	0.02	—	—	—	—	0.03	0.01
121	21.29	二十二六烯酸甲酯	0.06	0.27	0.04	—	0.22	—	—	—
122	21.31	二十二碳六烯酸	—	—	—	0.05	—	—	—	—
123	21.31	亚麻酸甲酯	—	—	—	—	—	—	0.13	—
124	21.48	二十五碳五烯酸	0.34	—	—	—	—	—	0.18	0.01
125	22.67	(2*E*,6*E*,11*Z*)-3,7,13-三甲基-10-(2-丙基)-2, 6,11-环十四碳三烯-1,13-二醇	—	0.05	—	—	—	—	—	—

8个烟叶样品中共检测到125种香气成分。安徽烟叶62种，主要成分为醇类、酮类、酯类等；贵州烟叶44种，主要成分为醇类、酮类等；河南烟叶56种，主要成分为醇类、酯类

等；云南玉溪红花大金元烟叶 61 种，主要成分为醇类、酮类；湖南烟叶 45 种，主要成分为醇类、酮类、酯类；云南昆明 K326 烟叶 55 种，主要成分为醇类、酮类、酯类；津巴布韦烟叶 58 种，主要成分为醇类、酮类、酯类；巴西烟叶 53 种，主要成分为醇类、酮类。

不同烟叶样品中挥发性半挥发性化学成分相对香气活力值计算结果见表 4-3。通过烟叶挥发性半挥发性成分的相对含量和阈值，用相对香气活力值 ROAV 计算，可以判断出每种挥发性半挥发性香气成分对整体风味形成的贡献度大小。

表 4-3　不同产地烟叶挥发性半挥发性成分的相对香气活力值

物质名称	阈值 /mg·kg^{-1}	相对香气活力值 ROAV							
		安徽	贵州	河南	红大	湖南	K326	津巴布韦	巴西
异戊醇	2.8	—	—	—	—	—	—	—	—
丙二醇	16	—	—	—	—	—	—	—	—
2,3-丁二醇	668	—	—	—	—	—	—	—	—
(2*R*,3*R*)-(−)-2,3-丁二醇	0.0951	—	—	—	—	0.52	—	0.36	—
(2*S*,3*S*)-(+)-2,3-丁二醇	0.106	—	—	—	—	—	—	0.40	—
己醛	0.135	—	—	—	—	—	—	—	—
糠醛	0.51	—	—	—	—	—	—	—	—
糠醇	0.18	—	—	—	—	—	—	—	—
反式-3-己烯-1-醇	0.11	—	—	—	—	—	—	—	—
正戊酸	0.32	—	—	—	—	—	—	—	—
苯甲醛	0.085	—	—	—	—	—	—	—	—
苯酚	25.01	—	—	—	—	—	—	—	—
甲基庚烯酮	0.018 89	2.02	0.11	0.82	0.60	0.41	0.73	0.90	0.16
2-正戊基呋喃	0.1	—	—	—	—	—	—	—	—
(*E*,*E*)-2,4-庚二烯醛	0.057	—	—	2.01	1.30	0.97	—	—	—
苯甲醇	2400	—	—	—	—	—	—	—	—
泛酰内酯	500	—	—	—	—	—	—	—	—
苯乙醛	0.083	0.02	0.04	0.16	0.06	0.01	0.02	—	0.03
对甲酚	0.29	—	—	—	—	—	—	—	—
间甲基苯酚	0.000 44	—	—	—	—	—	3.09	—	—
芳樟醇	0.015	2.04	0.01	0.94	1.00	0.06	1.05	2.06	0.48
壬醛	0.000 32		0.14	0.21	0.36	0.13	0.44	0.10	—
甲基麦芽酚	102.61	—	—	—	—	—	—	—	—
苯乙醇	0.012	0.05	0.15	0.07	0.08	0.05	0.05	0.08	—

续表

物质名称	阈值 /mg·kg^{-1}	相对香气活力值 ROAV							
		安徽	贵州	河南	红大	湖南	K326	津巴布韦	巴西
2,3-二氢-3,5 二羟基-6-甲基-4(*H*)-吡喃-4-酮	35	—	—	—	—	—	—	—	—
茶香酮	0.025	1.01	—	—	—	—	—	—	—
反式 2,6-壬二醛	0.0014	—	—	—	0.12	—	—	—	—
马索亚内酯	1.1	—	—	—	—	—	—	—	—
乙酸苄酯	0.3	—	—	—	—	—	—	—	—
苯乙酸甲酯	6.5	—	—	—	—	—	—	—	—
2,5-二甲基苯甲醛	0.2	—	—	—	—	—	—	—	—
L-薄荷醇	0.1	—	—	—	—	—	—	—	—
萘	0.45	—	—	—	—	—	—	—	—
乙基麦芽酚	95	—	—	—	—	—	—	—	—
藏花醛	2.62	—	—	—	—	—	—	—	—
癸醛	0.0026	—	—	—	—	—	2.01	—	—
β-环柠檬醛	0.003	0.03	0.01	2.06	1.06	0.05	0.07	0.03	—
丙位癸内酯	0.0011	2.12	—	0.17	0.18	0.19	0.15	0.11	—
柠檬醛	0.000 15	—	—	0.36	—	—	—	—	—
烟碱	0.066	6.44	8.94	4.98	5.05	6.01	4.40	3.81	6.05
正十五烷	13 000	—	—	—	—	—	—	—	—
α-大马酮	0.000 02	100.00	100.00	100.00	100.00	100.00	100.00	100.00	100.00
2,6-二甲基萘	0.01	—	—	—	—	—	—	—	—
香叶基丙酮	0.06	0.07	0.01	0.06	0.01	0.02	0.01	0.01	0.00
β-紫罗酮	0.000 07	27.71	88.89	57.14	47.62	36.73	51.43	31.75	25.46
二苯并呋喃	0.0033	0.02	—	0.02	0.01	—	0.01	—	—
二氢猕猴桃内酯	0.28	0.10	0.01	0.00	0.12	—	0.11	0.08	0.09
4,7,9-巨豆三烯-3-酮	10.04	—	—	—	—	—	—	—	—
菲	1	—	—	—	—	—	—	—	—
棕榈酸甲酯	0.3	—	—	—	—	—	—	—	—

8 种不同产地烟叶的共有挥发性半挥发性成分中，ROAV 最高的均为 *α*-大马酮，然后依次为 *β*-紫罗酮、烟碱（表 4-4）。

表 4-4　不同产地烟叶香气成分

烟叶种类	关键香气组分	修饰香气组分
安徽	α-大马酮，β-紫罗酮、烟碱、甲基庚烯酮、芳樟醇、茶香酮、丙位癸内酯	二氢猕猴桃内酯
贵州	α-大马酮、β-紫罗酮、烟碱	甲基庚烯酮、壬醛、苯乙醇
河南	α-大马酮，β-紫罗酮、烟碱、(*E*,*E*)-2,4-庚二烯醛、β-环柠檬醛	甲基庚烯酮、苯乙醛、芳樟醇、壬醛、丙位癸内酯、柠檬醛
红大	α-大马酮，β-紫罗酮、烟碱、(*E*,*E*)-2,4-庚二烯醛、β-环柠檬醛	甲基庚烯酮、壬醛、反式 2,6-壬二醛、丙位癸内酯、二氢猕猴桃内酯
湖南	α-大马酮，β-紫罗酮、烟碱	(2*R*,3*R*)-(−)-2,3-丁二醇、甲基庚烯酮、(*E*,*E*)-2,4-庚二烯醛、壬醛、丙位癸内酯
K326	α-大马酮，β-紫罗酮、烟碱、间甲基苯酚、芳樟醇、癸醛	甲基庚烯酮、壬醛、丙位癸内酯、二氢猕猴桃内酯
津巴布韦	α-大马酮，β-紫罗酮、烟碱、芳樟醇	(2*R*,3*R*)-(−)-2,3-丁二醇、(2*S*,3*S*)-(+)-2,3-丁二醇、甲基庚烯酮、壬醛、丙位癸内酯；
巴西	α-大马酮，β-紫罗酮、烟碱	甲基庚烯酮、芳樟醇

根据相对活力值筛选出 8 种不同产地烟叶的主要香气成分，主要有 α-大马酮、β-紫罗酮、烟碱等香气成分。

4.2.2.2　朱砂烟叶主要挥发性香气成分

朱砂烟是经初烤后带深棕色朱砂纹斑的烟叶（图 4-1），通常数百株烟叶才会产出 1~2 株，产量十分稀少。由于该烟叶具有“烟劲中等、味厚实饱满、醇香无辛辣感、喉部回甘特别明显”等特点，受到越来越多研究人员的关注。

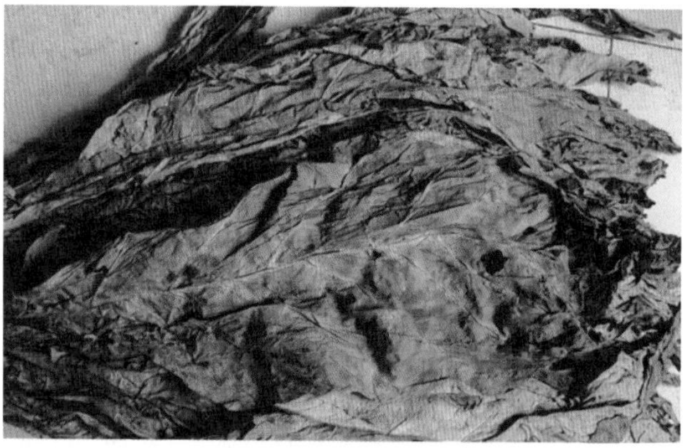

图 4-1　朱砂烟叶

笔者建立朱砂烟叶的 HS-SPME-GC/MS 定性半定量分析方法，分析了朱砂烟叶和普通烟叶中挥发性半挥发性成分，利用相对香气活力值筛选出朱砂烟叶和普通烟叶具有香气活力的主要香气成分。

1. 主要材料与仪器

材料：云烟 97 朱砂烟叶（云南曲靖），云烟 97 普通烟叶（云南曲靖）；固相微萃取头[美国 Supelco 公司，型号：灰色（50/30μm DVB/CAR/PDMS）]。

仪器：固相微萃取-气相色谱-串联质谱联用仪（美国 Bruker 公司，型号：456GC-TQ），CTC 多功能自动进样器（瑞士 Combi-PAL 公司，型号：Combi-xt PAL 型）。

2. 分析方法

称取 0.3 g 烟叶样品至顶空瓶中，迅速密封后在 CTC 固相微萃取装置中进行萃取，萃取温度：80 ℃，萃取时间：30 min，解吸时间：3 min，萃取头转速：250 r/min。

（1）气相色谱条件：

色谱柱为弹性石英毛细管柱（推荐使用 DB-5MS 柱或分离效能相近的毛细管柱），规格：30 m（长度）×0.25 mm（内径）×0.25 μm（膜厚）。载气：He，恒流模式；柱流量：1.0 mL/min；分流比：10∶1。进样口温度：250 ℃；程序升温：初始温度 40 ℃，保持 2.0 min，以 4 ℃/min 的升温速率升至 250 ℃，保持 5.0 min。

（2）质谱条件：

传输线温度：250 ℃；电离方式：电子轰击源（EI）；电离能量：70 eV；离子源温度：200 ℃；溶剂延迟时间：2.0 min；检测方式：全扫描监测模式；质量扫描范围：30 ~ 500 amu。

（3）阈值查询：

香气成分的阈值通过查阅文献获得。

（4）香气活力值计算方法：

同 4.2.2.1 小节。

3. 分析结果

2 个烟叶样品中香气成分测定结果见表 4-5。

表 4-5　2 个烟叶样品中香气成分测定结果

类别	保留时间/min	中文名	CAS 号	朱砂烟		普通烟叶	
				相对含量/%	浓度/mg·g^{-1}	相对含量/%	浓度/mg·g^{-1}
醇类（15 种）	4.60	丙二醇甲醚	107-98-2	3.136	4.54	1.872	7.78
	4.92	3-羟基四氢呋喃	453-20-3	1.565	2.27	0.713	2.96
	5.59	异戊醇	123-51-3	5.077	7.36	3.084	12.81
	6.57	2,3-丁二醇	513-85-9	2.198	2.12	0.784	3.26
	8.41	糠醇	98-00-0	0.007	0.01	0.015	0.06
	11.42	5-甲基-2-呋喃甲醇	3857-25-8	0.006	0.01	0.006	0.02
	12.00	甘油	56-81-5	0.054	0.08	0.018	0.07
	14.10	苯甲醇	100-51-6	1.090	1.58	0.631	2.62
	14.67	香茅醇	106-22-9	0.031	0.00	—	—
	16.19	芳樟醇	78-70-6	0.023	0.03	0.007	0.03
	16.60	苯乙醇	60-12-8	0.392	0.57	0.143	0.62

续表

类别	保留时间/min	中文名	CAS 号	朱砂烟		普通烟叶	
				相对含量/%	浓度/mg·g^{-1}	相对含量/%	浓度/mg·g^{-1}
醇类（15 种）	18.65	(1α,2β,5β)-5-甲基-2-(1-甲基乙基)环己醇	490-99-3	0.009	0.01	—	—
	32.66	3,7,11-三甲基-1-十二醇	6750-34-1	0.060	0.12	0.058	0.23
	35.01	新植二烯	102608-53-7	49.690	72.01	35.107	146.13
	41.96	2-十六醇	14852-31-4	0.005	0.01	0.004	0.02
酯类（11 种）	16.92	异戊酸叶醇酯	35154-45-1	0.014	0.02	—	—
	18.01	马索亚内酯	54814-64-1	0.104	0.15	—	—
	18.10	乙酸苄酯	140-11-4	0.088	0.13	0.032	0.13
	20.83	乙酸苯乙酯	103-45-7	0.039	0.06	0.008	0.03
	21.60	丁位壬内酯	3301-94-8	0.005	0.01	0.014	0.06
	27.14	二十二六烯酸甲酯	2566-90-7	0.038	0.05	0.023	0.09
	28.25	二氢猕猴桃内酯	17092-92-1	0.307	0.45	0.097	0.40
	29.47	邻苯二甲酸二乙酯	84-66-2	0.009	0.01	0.019	0.08
	36.78	棕榈酸甲酯	112-39-0	0.012	0.02	0.020	0.08
	37.39	邻苯二甲酸二丁酯	84-74-2	0.023	0.03	0.012	0.05
	39.33	二十二碳六烯酸甘油三酯	11094-59-0	0.021	0.03	0.006	0.02
酚类（3 种）	16.47	麦芽酚	118-71-8	0.021	0.03	0.005	0.02
	22.41	对乙烯基愈创木酚	7786-61-0	0.039	0.00	0.023	0.10
	27.48	2,4-二叔丁基苯酚	96-76-4	0.030	0.04	0.020	0.08
醛类（9 种）	11.84	苯甲醛	100-52-7	0.028	0.04	0.011	0.05
	13.12	辛醛	124-13-0	0.017	0.00	—	—
	14.45	苯乙醛	122-78-1	0.009	0.01	0.045	0.19
	16.34	壬醛	124-19-6	0.169	0.24	0.026	0.11
	17.82	(E,Z)-2,6-壬二烯醛	557-48-2	0.008	0.01	0.009	0.04
	19.29	藏花醛	116-26-7	0.019	0.03	0.006	0.03
	19.41	癸醛	112-31-2	0.038	0.06	0.008	0.03
	19.89	β-环柠檬醛	432-25-7	0.043	0.06	0.011	0.05
	30.94	5-(1-哌啶)-2-呋喃甲醛	22868-60-6	3.906	5.66	0.607	2.52
酮类（20 种）	5.11	3-羟基-2-丁酮	513-86-0	3.940	5.71	2.205	9.16
	7.20	2-甲基四氢呋喃-3-酮	3188-00-9	0.342	0.50	1.328	5.52
	9.37	乙酰基环己烯	932-66-1	0.008	0.01	—	—
	12.50	甲基庚烯酮	110-93-0	0.151	0.22	0.026	0.11
	13.70	甲基环戊烯醇酮	80-71-7	0.012	0.02	—	—
	13.96	2,3-二甲基马来酸酐	766-39-2	0.021	0.03	0.020	0.08

续表

类别	保留时间/min	中文名	CAS 号	朱砂烟		普通烟叶	
				相对含量/%	浓度/mg·g^{-1}	相对含量/%	浓度/mg·g^{-1}
酮类（20 种）	14.95	2-乙酰基吡咯	1072-83-9	0.158	0.23	0.042	0.17
	17.51	2,3-二氢-3,5 二羟基-6-甲基-4(*H*)-吡喃-4-酮	28564-83-2	2.226	3.23	0.036	0.15
	19.77	2,3-辛二酮	585-25-1	0.110	0.16	0.008	0.03
	20.11	3-乙基-4-甲基-吡咯-2,5-二酮	20189-42-8	0.045	0.07	0.016	0.07
	23.69	茄酮	54868-48-3	0.151	0.22	0.690	2.87
	24.33	大马酮	23696-85-7	0.043	0.06	0.014	0.06
	25.10	*β*-二氢大马酮	35044-68-9	0.082	0.12	0.054	0.22
	26.02	香叶基丙酮	3796-70-1	0.470	0.68	0.090	0.37
	27.83	顺式-六氢-8a-甲基-1,8(2*H*,5*H*)-萘二酮	83406-41-1	0.329	0.48	0.149	0.62
	28.87	4,7,9-巨豆三烯-3-酮	38818-55-2'-1	0.090	0.13	0.035	0.15
	29.32	4,7,9-巨豆三烯-3-酮	38818-55-2'-2	0.439	0.64	0.133	0.55
	30.42	4,7,9-巨豆三烯-3-酮	38818-55-2'-4	0.356	0.52	0.195	0.81
	32.46	螺岩兰草酮	54878-25-0	0.072	0.10	0.023	0.10
	36.88	1,13-十四碳二烯-3-酮	58879-40-6	0.012	0.02	—	—
酸类（7 种）	3.67	乙酸	64-19-7	11.774	17.06	4.601	19.11
	10.14	4-羟基丁酸	591-81-1	0.037	0.05	0.032	0.13
	21.06	壬酸	112-05-0	0.071	0.10	0.018	0.07
	21.88	*Z*-11-十六烯酸	2416-20-8	0.001	0.00	—	—
	30.79	花生五烯酸	10417-94-4	0.027	0.04	0.049	0.20
	33.52	2,3,5,*α*,*α*-五甲基-6-羧基-苯乙酸	84944-43-4	0.019	0.03	0.015	0.06
	40.13	(*Z*,*Z*,*Z*)-8,11,14-二十碳三烯酸	1783-84-2	0.047	0.07	0.015	0.06
烃类（8 种）	20.66	*R*-柠檬烯	5989-27-5	0.008	0.01	—	—
	22.81	1,2-二甲基丙基环丙烷	6976-27-8	0.013	0.02	0.003	0.01
	24.59	1-十四烯	1120-36-1	0.015	0.02	0.001	0.00
	24.80	十七烷	629-78-7	0.044	0.06	0.005	0.02
	35.70	2-甲基-7-十八炔	35354-38-2	0.044	0.06	0.029	0.12
	36.54	(6*E*,10*E*)-7,11,15-三甲基-3-亚甲基-1,6,10,14-十六碳四烯	70901-63-2	0.125	0.18	0.059	0.25
	45.73	二十五烷	629-99-2	0.009	0.01	0.006	0.02
	48.14	2,21-二甲基-二十二烷	77536-31-3	0.018	0.03	0.005	0.02

续表

类别	保留时间/min	中文名	CAS 号	朱砂烟		普通烟叶	
				相对含量/%	浓度/mg·g^{-1}	相对含量/%	浓度/mg·g^{-1}
其他（9 种）	15.62	1-甲酰基吡咯烷	3760-54-1	0.005	0.01	0.007	0.03
	19.07	*N*-氨基四氢吡咯	16596-41-1	0.019	0.03	—	—
	22.15	1-亚乙基-1*H*-茚	2471-83-2	0.014	0.02	0.002	0.01
	23.46	烟碱	54-11-5	6.392	9.26	46.513	193.23
	24.21	1-(1-氧-2,5-十八碳二烯)-吡咯烷	56666-48-9	0.022	0.03	0.007	0.03
	25.53	麦司明	532-12-7	3.728	5.40	0.052	0.22
	26.88	二烯烟碱	487-19-4	0.162	0.23	0.056	0.23
	29.60	芴	86-73-7	0.011	0.02	0.012	0.05
	34.11	菲	85-01-8	0.008	0.01	0.004	0.02

2 个烟叶样品中共检测到 82 种香气成分，包括醇类 15 种、酯类 11 种、酚类 3 种、醛类 9 种、酮类 20 种、酸类 7 种、烃类 8 种、其他 9 种。朱砂烟叶香气成分中相对质量分数最高的为新植二烯（49.690%），普通烟叶香气成分中相对质量分数最高的为烟碱（46.513%）。2 种烟叶都具有的成分有 71 种，香茅醇、(1α,2β,5β)-5-甲基-2-(1-甲基乙基)环己醇、异戊酸叶醇酯、马索亚内酯、辛醛、乙酰基环己烯、甲基环戊烯醇酮、1,13-十四碳二烯-3-酮、*Z*-11-十六烯酸、*R*-柠檬烯和 *N*-氨基四氢吡咯等 11 种成分仅在朱砂烟叶中检测到，该 11 种成分可能是朱砂烟叶“味厚实饱满和醇香”特征的主要来源。

2 种烟叶香气成分含量分析结果表明（表 4-6），从香气成分相对含量来看，醇类占 2 种烟叶香气成分的相对含量较高，分别为朱砂烟 63.344%和普通烟 42.441%；普通烟叶香气成分中烟碱的相对含量（46.513%）远远高于朱砂烟叶（6.392%）；朱砂烟叶中醇类、酯类、酚类、醛类、酮类、酸类、烃类等所有类别香气成分相对含量加和（除含量最高的烟碱）均高于普通烟叶。朱砂烟具有“烟劲中等”的特点可能来源于朱砂烟叶烟碱的相对含量低于普通烟叶，“味厚实饱满”可能由于朱砂烟叶中除烟碱以外的香气成分相对含量加和高于普通烟叶所致。

表 4-6 朱砂烟叶和普通烟叶挥发性成分阈值和香味特征

类别	中文名	阈值/μg·g^{-1}	香味特征
醇类（15 种）	丙二醇甲醚	30.908	具有微弱的醚味和刺激性
	3-羟基四氢呋喃	—	—
	异戊醇	0.0061	具有苹果白兰地香气和辛辣味
	2,3-丁二醇	＞100	具有轻微酸甜气味
	糠醇	0.0125	具有谷香、油香、甜香、霉香、焦糖香、面包香和咖啡香
	5-甲基-2-呋喃甲醇	—	—
	甘油	>20 000	具有暖甜味
	苯甲醇	159	具有微弱芳香气味

续表

类别	中文名	阈值/μg·g^{-1}	香味特征
醇类（15种）	香茅醇	0.0465	具有干净、新鲜的玫瑰样蜜甜香，香气平和
	芳樟醇	0.0024	具有芫荽似香气
	苯乙醇	0.012~0.021	具有新鲜面包和玫瑰样香气
	(1*α*,2*β*,5*β*)-5-甲基-2-(1-甲基乙基)环己醇	—	—
	3,7,11-三甲基-1-十二醇	—	—
	新植二烯	12	具有木香和清甜香味
	2-十六醇	25	具有轻微玫瑰香气
酯类（11种）	异戊酸叶醇酯	1.23	具有新鲜柠檬香味
	马索亚内酯	1.1	具有水果香、花香香气
	乙酸苄酯	2.3	具有馥郁茉莉花香气
	乙酸苯乙酯	0.0067~0.0268	具有玫瑰、茉莉似的花香以及果香和蜜甜香
	丁位壬内酯	2.6	具有可可、奶油、乳脂和坚果气息
	二十二六烯酸甲酯	—	—
	二氢猕猴桃内酯	0.28	具有香豆素样香气和麝香样气息
	邻苯二甲酸二乙酯	0.33~3.3	无气味，有定香作用
	棕榈酸甲酯	>2	具有轻微甜味
	邻苯二甲酸二丁酯	0.26	具有轻微芳香味
	二十二碳六烯酸甘油三酯	127	具有刺鼻腥臭味
酚类（3种）	麦芽酚	1.24	具有浓烈的焦甜香、果香和烤烟样香气
	对乙烯基愈创木酚	0.039	具有强烈的香辛料、丁香和发酵似香气，有炒花生气息
	2,4-二叔丁基苯酚	0.5	具有特殊烷基酚气味
醛类（9种）	苯甲醛	0.75089	具有特殊的苦杏仁气味
	辛醛	0.17	具有强烈水果香味
	苯乙醛	0.0017	具有强烈风信子香气
	壬醛	0.0031	具有强烈的水果香味
	(*E*,*Z*)-2,6-壬二烯醛	0.000 11	具有强烈的紫罗兰和黄瓜似香气
	藏花醛	2.62	具有木香、辛香、药香、粉香
	癸醛	0.0026	具有甜香、柑橘香、蜡香、花香
	β-环柠檬醛	0.003	具有柠檬似的甜香
	5-(1-哌啶)-2-呋喃甲醛	—	—
酮类（20种）	3-羟基-2-丁酮	1~10	具有奶油香气
	2-甲基四氢呋喃-3-酮	19	具有甜香、坚果香、奶油香

续表

类别	中文名	阈值/μg·g^{-1}	香味特征
酮类（20种）	乙酰基环己烯	—	—
	甲基庚烯酮	0.018 89	具有柠檬草和乙酸异丁酯般的香气
	甲基环戊烯醇酮	0.026	具有干净且新鲜的玫瑰花香和咖啡似的焦糖香味
	2,3-二甲基马来酸酐	—	—
	2-乙酰基吡咯	>2	具有核桃、甘草、烤面包、炒榛子和鱼样的香气
	2,3-二氢-3,5-二羟基-6-甲基-4(*H*)-吡喃-4-酮	35	无特殊气味
	2,3-辛二酮	1.74	具有清甜香和奶油香
	3-乙基-4-甲基-吡咯-2,5-二酮	—	—
	茄酮	1.82	具有新鲜胡萝卜样的香味，可增加烟草香
	大马酮	0.25	具有类似玫瑰的香气
	β-二氢大马酮	1.5	具有玫瑰似的清甜香气
	香叶基丙酮	0.06	具有花甜香香气，略带玫瑰香韵
	顺式-六氢-8a-甲基- 1,8(2*H*,5*H*)-萘二酮	—	—
	4,7,9-巨豆三烯-3-酮	10.04	具有烟草甘甜香气
	4,7,9-巨豆三烯-3-酮	10.04	具有烟草甘甜香气
	4,7,9-巨豆三烯-3-酮	10.04	具有烟草甘甜香气
	螺岩兰草酮	—	—
	1,13-十四碳二烯-3-酮	—	—
酸类（7种）	乙酸	0.013	具有刺鼻的醋酸味
	4-羟基丁酸	19.82	具有轻微刺激性臭味
	壬酸	0.12	具有淡的脂肪和椰子香气
	Z-11-十六烯酸	—	—
	花生五烯酸	—	—
	2,3,5,*α*,*α*-五甲基-6-羧基-苯乙酸	—	—
	(*Z*,*Z*,*Z*)-8,11,14-二十碳三烯酸	—	—
烃类（8种）	*R*-柠檬烯	0.045	具有柑橘、柠檬似的甜香
	1,2-二甲基丙基环丙烷	—	—
	1-十四烯	0.06	无特殊气味
	十七烷	—	—
	2-甲基-7-十八炔	—	—

续表

类别	中文名	阈值/μg·g^{-1}	香味特征
烃类（8种）	(6*E*,10*E*)-7,11,15-三甲基-3-亚甲基-1,6,10,14-十六碳四烯	—	—
	二十五烷	—	—
	2,21-二甲基-二十二烷	—	—
其他（9种）	1-甲酰基吡咯烷	—	—
	N-氨基四氢吡咯	—	—
	1-亚乙基-1*H*-茚	—	—
	烟碱	0.066	具有气味苦涩气味
	1-(1-氧-2,5-十八碳二烯)-吡咯烷	—	—
	麦司明	—	—
	二烯烟碱	—	—
	芴	—	—
	菲	1.0	无特殊气味

注：①“—”表示未查阅到该物质阈值。

②以上阈值均根据里奥·范海默特所著《化合物嗅觉阈值汇编》查得。

2 种烟叶的挥发性成分中，具有香味表现的大部分为醇类、酯类、酚类、醛类和酮类物质，通常当物质相对含量一定时，阈值越低，说明该物质对香味形成的贡献越大(表 4-7)。

表 4-7　朱砂烟叶和普通烟叶挥发性组分相对活力值

中文名	朱砂烟叶相对活力值	普通烟叶相对活力值
乙酸	100.00	50.22
异戊醇	91.90	71.74
烟碱	10.69	100.00
(*E*,*Z*)-2,6-壬二烯醛	8.03	11.61
壬醛	6.02	1.19
苯乙醇	2.62	1.23
癸醛	1.61	0.44
β-环柠檬醛	1.58	0.52
芳樟醇	1.06	0.41
甲基庚烯酮	0.88	0.20
香叶基丙酮	0.86	0.21
苯乙醛	0.58	3.76
新植二烯	0.46	0.42

续表

中文名	朱砂烟叶相对活力值	普通烟叶相对活力值
乙酸苯乙酯	0.26	0.07
二氢猕猴桃内酯	0.12	0.05
对乙烯基愈创木酚	0.11	0.08
3-羟基-2-丁酮	0.09	0.06
香茅醇	0.07	—
壬酸	0.07	0.02
糠醇	0.06	0.17
甲基环戊烯醇酮	0.05	—
1-十四烯	0.03	0.00
R-柠檬烯	0.02	-
大马酮	0.02	0.01
丙二醇甲醚	0.01	0.01
辛醛	0.01	—
马索亚内酯	0.01	—
邻苯二甲酸二丁酯	0.01	0.01
茄酮	0.01	0.05
2-乙酰基吡咯	0.01	0.00
2,3-二氢-3,5-二羟基-6-甲基-4(*H*)-吡喃-4-酮	0.01	0.00
2,3-辛二酮	0.01	0.00
2,4-二叔丁基苯酚	0.01	0.01
β-二氢大马酮	0.01	0.01
2-甲基四氢呋喃-3-酮	0.00	0.01

依据相对香气活力值分析结果，朱砂烟叶主要挥发性香气成为：乙酸、异戊醇、烟碱、(*E*,*Z*)-2,6-壬二烯醛、壬醛、苯乙醇、癸醛、*β*-环柠檬醛、芳樟醇；普通烟叶主要挥发性香气成分为：烟碱、异戊醇、乙酸、(*E*,*Z*)-2,6-壬二烯醛、苯乙醛、苯乙醇、壬醛。

朱砂烟叶中相对活力值最高的为乙酸，其次为异戊醇、烟碱；而普通烟叶则顺序为烟碱、异戊醇和乙酸。

烟碱在普通烟叶中的高含量和参与香味形成的高贡献度可能是决定普通烟叶的烟劲要大于朱砂烟叶的主要因素，并且由于异丁醇所具有的辛辣气味，在其相对活力值较高的普通烟叶中，抽吸时的刺激性要明显高于朱砂烟叶。

壬醛、苯乙醇、癸醛、*β*-环柠檬醛、芳樟醇等物质在参与朱砂烟叶挥发性香味形成时，其贡献度要高于普通烟叶，这可能是致使朱砂烟叶抽吸口感更加醇厚主要原因。

4.2.2.3 巴西烟叶特征香气成分

笔者建立巴西烟丝中香气成分分析方法，利用 GC-O 和香气活力值分析烟叶中具有香气活力的特征香气成分。

1. 主要材料与仪器

巴西烟叶，2-辛醇，无水硫酸钠。

气相色谱-质谱仪，气相色谱-质谱/嗅辨仪，氮吹仪。

2. 分析方法

（1）香气物质的萃取

取 3.2275 g 巴西烟叶，加入 800 μL 400 mg/L 2-辛醇作为内标，加入二氯甲烷浸泡完全，密封然后摇床振荡 1.5 h，将萃取出来的溶液用 100 mL 的圆底烧瓶收集，同时在圆底烧瓶中加入无水硫酸钠直至烧瓶 1/3 处，干燥静置过夜。最后，用氮吹仪将萃取物浓缩至 200 μL 并储存于−20 ℃。

（2）GC-MS 分析

用 1 μL 进样针吸取氮吹后的浓缩液（1 μL）直接进样，不分流，色谱柱采用 DB-5 色谱柱（60 m×0.25 mm×0.25 μm，安捷伦）。载气：流速为 1 mL/min 的氦气（纯度为 99.99%）作为流动相。升温程序如下：初始温度 40 ℃，保持 6 min；以 4 ℃/min 升至 100 ℃，保持 5 min；以 5 ℃/min 到 240 ℃，平衡 20 min。

①质谱条件：采用全扫描模式扫描碎片离子，溶剂延迟：3.00 min；离子源温度：230 ℃；电离模式：EI；电离能量：70 eV；传输线温度：250 ℃；四级杆温度：150 ℃；质谱质量扫描范围：30~450 amu。

②定性条件：色谱峰对应的质谱通过与 NIST/wiley 谱库进行检索对比，保留匹配度不小于 80%的鉴定结果；比较实测的与查阅的 RI 值，确定结果。

（3）GC-O 分析

样品进入气相色谱，经色谱柱分离后，以 1∶1 的方式分别流向离子火焰检测器（FID）和 GC-O 嗅闻口。色谱柱采用 DB-5 色谱柱（60 m×0.25 mm×0.25 μm，安捷伦）。载气：流速为 1 mL/min 的氦气作为流动相。柱箱温度的升温程序与（2）的方法相同。进样口温度为 250 ℃，FID 检测器温度为 280 ℃。除此之外，潮湿的空气以 50 mL/min 的流速进入嗅闻装置，以排出嗅闻口残余的香气化合物。

挑选 4 名（2 男 2 女，平均年龄 23 岁）有调香经验的人员组成感官小组进行嗅闻。闻香人员通过靠近嗅闻口的上方进行不间断嗅闻，同时记录嗅闻到的香气物质的出峰时间以及香气描述。每人嗅闻重复 2 次。嗅闻强度从 0~5，0 代表没有闻到香气，5 代表闻到很明显的香气，强度取平均值。

（4）OAV 计算。

同 4.2.2.1 小节。

3. 分析结果

（1）GC-MS 定性定量分析

对于物质浓度的分析，是借助于 GC-MS 方法来实现。筛选匹配度大于 80%的物质。基于香气物质的峰面积和内标物的峰面积，可求得对应香气物质的浓度；基于各物质的出峰时间可求得实测香气物质的保留指数，结果见表 4-8。

表 4-8 通过 GC-MS 鉴定出巴西烟叶的香气成分

序号	物质	RI[a]	RI[b]	鉴别方式	浓度 /mg · kg^{-1}
1	庚醛	851	902	MS, RI	0.0234
2	(+)-(1*S*,2*S*)-(2-苯基环丙基)甲醇	900	—	MS	0.0027
3	己酸	951	981	MS, RI	0.0155
4	5-甲基-4-壬烯	957	—	MS	0.0108
5	八甲基环四硅氧烷	967	994	MS, RI	0.0228
6	正辛醛	972	1001	MS, RI	0.0437
7	右旋萜二烯	1003	—	MS	0.0201
8	内-1-甲基-7,10-亚甲基-双环[4.4.0]癸-8-烯-2-酮	1020	—	MS	0.0054
9	1-辛烯-3-丁酸酯	1040	—	MS	0.0067
10	辛醇	1050	1078	MS, RI	0.0067
11	庚酸	1056	1076	MS, RI	0.0187
12	2-壬酮	1071	1091	MS, RI	0.0054
13	壬醛	1086	1102	MS, RI	0.0466
14	2-癸酮	1176	1191	MS, RI	0.0064
15	癸醛	1190	1188	MS, RI	0.0328
16	5-丁基二氢-2(3*H*)-呋喃酮	1242	1262	MS, RI	0.0024
17	反式-2-癸烯醛	1248	1263	MS, RI	0.0720
18	壬酸	1284	1280	MS, RI	0.0362
19	对乙烯基愈疮木酚	1305	1309	MS, RI	0.0110
20	2-(1-甲基-2-吡咯烷基)-吡啶	1344	1355	MS, RI	3.8333
21	烟碱	1350	—	MS	0.2450
22	雪松烯	1411	1381	MS, RI	0.0055
23	麦斯明	1418	—	MS	0.0165
24	3-甲基-1-苯基吡唑	1469	—	MS	0.0442
25	2,4-二叔丁基苯酚	1490	1512	MS, RI	0.0254
26	2,3'-联吡啶	1529	—	MS	0.0315
27	3,7-二甲基-八-1,6-二烯	1591	—	MS	0.0051
28	3-羟基-*β*-金刚烷	1597	—	MS	0.0141
29	巨豆三烯酮	1612	—	MS	0.0182
30	4-(3-羟基-1-丁烯基)-3,5,5-三甲基-2-环己烯-1-酮	1629	—	MS	0.0396
31	2-(二甲基氨基)-1,9-二氢-6*H*-嘌呤-6-酮	1639	—	MS	0.0234
32	吡啶吡咯酮	1692	—	MS	0.0393
33	2-异丙烯基-4a,8-二甲基-1,2,3,4,4a,5,6,8a-八氢萘	1820	—	MS	0.0216
34	十八碳烯酸	1868	—	MS	0.0390

续表

序号	物质	RI[a]	RI[b]	鉴别方式	浓度 /mg·kg^{-1}
35	(1-甲基十二烷基)-苯	1884	—	MS	0.0184
36	14-甲基十五烷酸甲酯	1891	1884	MS, RI	0.0214
37	3-(3,5-二叔丁基-4-羟基苯基)丙酸甲酯	1903	—	MS	0.0400
38	东莨菪内酯	1948	1974	MS, RI	0.0927
39	1,1-二氧化物-3-(六氢-1*H*-氮杂-1-基)-1,2-苯并异噻唑	2002	—	MS	0.1111
40	2,2-二甲基-3-(3,7,16,20-四甲基-烯二十烷-3,7,11,15,19-戊烯基)-环氧乙烷	2038	—	MS	0.0510
41	1,5,9-三甲基-12-(1-甲基乙基)-4,8,13-环十二碳三烯-1,3-二醇	2076	—	MS	0.0445
42	油酸	2141	2097	MS, RI	0.0538
43	8-乙酰基-3,3-环氧甲烷-6,6,7-三甲基双环[5.1.0]辛烷-2-酮	2159	—	MS	0.0178
44	(*Z*)-14-甲基-8-十六碳烯-1-缩醛	2166	—	MS	0.0330
45	反油酸	2192	—	MS	0.0820
46	*S*-(2-氨乙基)硫磺酸	2229	—	MS	0.0591

注：a— DB-5 条件下物质的实测保留指数。

b— 文献参考保留指数。

"—"表示无指数。

在非极性条件下，通过 GC-MS 在巴西烟叶中共鉴定出来 46 种香气化合物，酯类有 4 种，其中含量最高的物质是东莨菪内酯（0.0927 mg/kg）；醛类有 6 种，其中含量最高的物质是反式-2-癸烯醛（0.0720 mg/kg）；酮类有 8 种，其中含量最高的物质是 4-(3-羟基-1-丁烯基)-3,5,5-三甲基-2-环己烯-1-酮（0.0396 mg/kg）；酸类有 7 种，其中含量最高的物质是反油酸（0.0820 mg/kg）；烯烃类有 4 种，其中含量中最高的物质是右旋萜二烯（0.0201 mg/kg）；其他类有 17 种。

结合相关的参考文献，与本研究结果吻合的物质有：烟碱、2.3'-联吡啶、巨豆三烯酮、吡啶吡咯酮等物质。结果中醛类、酮类、酸类、酯类总体所占比例较大，这些化合物可以协调烟草香味，增加香气的丰富性。其中巨豆三烯酮等酮类物质具有明显的致香作用，能赋予成熟烟草香等特征。其中麦斯明、雪松烯是来自烟草的标志性物质，东莨菪内酯是茄科植物中广泛存在的酚类物质，被认为具有抗真菌和细菌活性，且能够诱导植物的抗性，是烟草中的一种植保素。

（2）GC-O 香气成分分析

经过上述分析，得出最终 GC-O 检测到的香气强度物质。根据 DB-5 条件下巴西烟叶的分析结果，进而确定出拥有特征香气的物质有 18 种，见表 4-9。

表 4-9 巴西烟叶 GC-O 闻香结果

序号	物质	鉴别方式	香气强度	香气描述
1	庚醛	Aroma, MS, AD, RI	2	绿色蔬菜
2	己酸	Aroma, MS, AD, RI	2	脂肪
3	正辛醛	Aroma, MS, AD, RI	3	柑橘
4	右旋萜二烯	Aroma, MS, AD	3	柑橘
5	1-辛烯-3-丁酸酯	Aroma, MS, AD	2	果香
6	1-辛醇	Aroma, MS, AD, RI	2	柑橘水果
7	庚酸	Aroma, MS, AD, RI	2	酸汗水
8	壬醛	Aroma, MS, AD, RI	3	玫瑰、柑橘，油脂
9	癸醛	Aroma, MS, AD, RI	3	草香
10	5-丁基二氢-2(3*H*)-呋喃酮	Aroma, MS, AD, RI	1	椰子，奶油
11	反式-2-癸烯醛	Aroma, MS, AD, RI	2	香菜
12	壬酸	Aroma, MS, AD, RI	1	奶酪
13	对乙烯基愈疮木酚	Aroma, MS, AD, RI	2	烟熏
14	烟碱	Aroma, MS, AD	3	烟草香
15	雪松烯	Aroma, MS, AD, RI	1	雪松木香
16	2,4-二叔丁基苯酚	Aroma, MS, AD, RI	2	醛酚
17	巨豆三烯酮	Aroma, MS, AD	2	烟草甘甜
18	油酸	Aroma, MS, AD, RI	1	油脂

注：AD— 香气描述。

通过分析可得，非极性条件下，通过 GC-O 可以得到 18 种香气化合物。其中醛类物质有 5 种，酸类物质有 4 种，酯类物质有 1 种，酮类物质有 2 种，醇类物质有 1 种，酚类物质有 2 种。其中香气强度≥3 的物质有：右旋萜二烯、壬醛、癸醛、烟碱；香气强度>2 的物质有：庚醛、己酸、正辛醛、1-辛烯-3-丁酸酯、1-辛醇、庚酸、反式-2-癸烯醛、对乙烯基愈疮木酚、2,4-二叔丁基苯酚、巨豆三烯酮。

通过 GC-O 的分析，对于香气物质而言，其匹配度在 90%以上的物质主要包括：庚醛、正辛醛、右旋萜二烯、壬醛、癸醛、反式-2-癸烯醛、壬酸、烟碱、雪松烯、2,4-二叔丁基苯酚、巨豆三烯酮，共 11 种物质。其中巨豆三烯酮具有烟草香和辛香底韵，能显著增强烟香，改善吸味，调和烟气，减少刺激性，是卷烟中不可缺少的香料，有相关文献表明，在卷烟中加入少量的巨豆三烯酮即可大大提高卷烟香味的品质，使卷烟产生一种类似可可和白肋烟一样的宜人香味。

（3）OAV 筛选关键香气成分研究

结合 GC-MS 和 GC-O，查找表中所含物质的阈值，有 13 种物质的阈值可以被查到。根据 OAV 计算公式，便可确定出各物质所对应的香气活力值，结果见表 4-10。

表 4-10 巴西烟叶中香气物质阈值和 OAV

序号	物质名称	阈值/mg·kg^{-1}	OAV 值
1	庚醛	0.1400	0.1673
2	己酸	0.0120	1.2899
3	正辛醛	0.0210	2.0807
4	1-辛醇	0.0370	0.1822
5	庚酸	0.0220	0.8503
6	2-壬酮	5.5000	0.0010
7	壬醛	0.0200	2.3304
8	2-癸酮	0.1100	0.0582
9	癸醛	0.0940	0.3485
10	反式-2-癸烯醛	0.0770	0.9346
11	壬酸	0.1200	0.3013
12	烟碱	0.0660	3.7126
13	2-乙酰基噻唑	0.0040	3.5770

可以看出，共有 5 种香气化合物的 OVA>1，说明这些香气物质对巴西烟叶的整体香气均有重要贡献。结合前面的 GC-O 香气强度，正辛醛、壬醛、烟碱这三种物质的香气强度均大于 3 且 OVA>1，说明这些香气物质对巴西烟叶的整体香气做出了最主要的贡献。正辛醛提供果香，壬醛提供花香，烟碱提供了烟草香气。随着 OVA 的逐渐减小，香气化合物对整体香气的贡献也逐渐减少。

4. 巴西烟叶特征香气物质

选择巴西烟叶作为研究对象，采用二氯甲烷萃取浓缩前处理方式，通过气相色谱-质谱联用法（GC-MS）、气相色谱嗅觉测量法（GC-O）对巴西烟叶中的香气成分进行鉴定，并且结合香气强度和 OAV 筛选出特征香气成分，最终确定出 20 种特征香气物质，主要包括：庚醛、正辛醛、右旋萜二烯、壬醛、癸醛、反式-2-癸烯醛、壬酸、烟碱、雪松烯、2,4-二叔丁基苯酚、巨豆三烯酮等物质。

正辛醛、壬醛、烟碱这三种物质的香气强度均大于 3 且 OVA>1，说明这些香气物质对巴西烟叶的整体香气做出了最主要的贡献。另外巨豆三烯酮具有烟草香和辛香底韵，能显著增强烟香，改善吸味，调和烟气，减少刺激性，加入少量的巨豆三烯酮即可大大提高烟香味的品质。

通过对巴西烟叶的分析，对我国烟草香气成分积累了一定的经验并且做出了一定的贡献。

4.2.3 小 结

利用HS-SPME-GC/MS结合相对香气活力值对不同产地烟叶中的主要香气成分进行分析，获得安徽亳州烟叶、贵州黔东南烟叶、河南商丘烟叶、云南昆明 K326 烟叶、湖南株洲烟叶、云南玉溪红花大金元烟叶、津巴布韦烟叶、巴西烟叶的主要香气成分。

利用 HS-SPME-GC/MS 结合相对香气活力值对朱砂烟叶和普通烟叶中的主要香气成分进

行分析，比较两者之间的主要香气成分差异，分析导致感官差异的物质基础。

利用 GC-O/MS 结合香气活力值分析巴西烟叶中具有香气活力的特征香气成分。

4.3 卷烟烟丝

4.3.1 分析技术

利用 HS-SPME-GC/MS 结合相对香气活力值分析 8 种不同竞争品牌卷烟烟丝的特征香气化学成分，比较不同样品主要香气成分的差异。

利用 HS-SPME-GC/MS 结合香气活力值分析不同品牌卷烟烟丝中具有香气活力的特征香气成分，识别不同卷烟品牌特征香韵香气成分。

利用 GC-O/MS 结合香气活力值分析云产卷烟烟丝中具有香气活力的特征香气成分。

4.3.2 特征成分

4.3.2.1 卷烟烟丝中主要挥发性香气成分

刘哲[1]建立卷烟烟丝的 HS-SPME-GC/MS 定性半定量分析方法，利用相对香气活力值分析 8 种不同竞争品牌卷烟烟丝的特征香气化学成分，比较不同样品主要香气成分的差异。

1. 主要材料与仪器

材料：8 种不同品牌的卷烟（编号 A、B、C、D、E、F、G、H）；粉色固相微萃取头（65 μm PDMS/DVB，Stable Flex，23Ga，3pk）。

仪器：固相微萃取-气相色谱-串联质谱联用仪（美国 Bruker 公司，型号：456GC-TQ），CTC 多功能自动进样器（瑞士 Combi-PAL 公司，型号：Combi-xt PAL 型）。

2. 分析方法

8 种卷烟样品分别称取 0.5 g 烟丝至顶空瓶中，迅速密封后在 CTC 固相微萃取装置中进行萃取，萃取温度：70 ℃，萃取时间：20 min，解吸时间：2 min，萃取头转速：250 r/min。

（1）气相色谱条件

色谱柱为弹性石英毛细管柱（推荐使用 DB-5MS 柱或分离效能相近的毛细管柱），规格：30 m（长度）×0.25 mm（内径）×0.25 μm（膜厚）。载气：He，恒流模式；柱流量：1.0 mL/min；分流比：10∶1。进样口温度：250 ℃；程序升温：初始温度 40 ℃，保持 2.0 min，以 5 ℃/min 的升温速率升至 260 ℃，保持 10.0 min。

（2）质谱条件

传输线温度：250 ℃；电离方式：电子轰击源（EI）；电离能量：70 eV；离子源温度：200 ℃；溶剂延迟时间：3.0 min；检测方式：全扫描监测模式，质量扫描范围：30 ~ 500 amu。

（3）阈值查询

香气成分的阈值通过查阅文献获得。

（4）相对香气活力值计算

利用相对香气活力值（ROAV）分别找出四种烟草提取物中的关键香气组分、修饰香气组分。

3. 分析结果

8 种卷烟烟丝 HS-SPME-GC/MS 分析结果见表 4-11。

表 4-11　8 种品牌卷烟烟丝样品挥发性半挥发性成分相对含量

类别	保留时间	中文名	相对含量/%							
			A	B	C	D	E	F	G	H
醇类	4.60	丙二醇甲醚	3.14	3.71	0.90	1.87	1.10	2.49	0.11	1.36
	4.92	3-羟基四氢呋喃	1.57	0.12	0.05	0.71	0.06	0.09	0.05	0.06
	5.59	异戊醇	5.08	2.17	1.05	3.08	1.96	1.04	2.05	3.07
	6.57	2,3-丁二醇	2.20	1.48	2.06	3.78	1.05	0.96	—	2.09
	8.41	糠醇	0.01	0.01	0.08	0.02	0.10	0.09	0.11	0.16
	11.42	5-甲基-2-呋喃甲醇	0.01	0.11	0.96	0.01	0.28	0.01	0.74	0.72
	12.00	甘油	0.05	0.26	0.04	0.02	0.12	0.09	0.08	0.06
	14.10	苯甲醇	1.09	0.09	0.02	0.63	0.02	0.03	0.02	0.03
	14.67	香茅醇	0.03	0.16	0.03	—	0.05	0.12	0.03	0.10
	15.78	金合欢醇	0.02	0.21	0.09	0.12	0.04	0.03	0.11	0.06
	16.19	芳樟醇	0.02	0.08	0.17	—	0.12	0.17	0.21	0.03
	16.60	苯乙醇	0.39	0.42	0.19	0.14	0.12	0.69	0.21	0.22
	18.65	$(1\alpha,2\beta,5\beta)$-5-甲基-2-(1-甲基乙基)环己醇	0.01	0.02	0.04	—	0.05	0.06	—	0.04
	32.66	3,7,11-三甲基-1-十二醇	0.06	0.15	0.02	0.06	0.10	0.07	0.10	0.10
	35.01	新植二烯	19.69	11.16	21.06	35.11	18.05	17.09	10.06	31.07
	41.96	2-十六醇	0.01	0.12	0.05	0.00	0.06	0.09	—	0.06
酯类	10.42	苯乙酸甲酯	0.01	—	—	0.03	0.05	—	—	0.04
	11.59	丙位癸内酯	0.21	0.36	0.15	0.06	0.08	0.20	0.31	0.19
	16.92	异戊酸叶醇酯	0.01	0.30	0.09	—	0.11	0.17	0.10	0.13
	18.01	马索亚内酯	0.10	0.17	0.05	—	0.06	0.04	0.05	0.07
	18.10	乙酸苄酯	0.09	0.48	0.06	0.03	0.05	0.06	0.05	0.09
	20.83	乙酸苯乙酯	0.04	2.05	0.35	0.01	0.34	0.59	0.35	0.90
	21.60	丁位壬内酯	0.01	0.11	0.96	0.01	0.08	0.01	0.04	0.02
	27.14	二十二六烯酸甲酯	0.04	0.27	0.51	0.02	0.19	0.14	—	—
	28.25	二氢猕猴桃内酯	0.31	0.30	0.12	0.10	0.08	—	0.79	0.52
	29.47	邻苯二甲酸二乙酯	0.01	0.19	0.09	0.02	0.08	0.20	0.09	0.16
	36.78	棕榈酸甲酯	0.01	0.49	0.71	0.02	0.26	0.69	0.26	0.66
	37.39	邻苯二甲酸二丁酯	0.02	0.26	0.04	0.01	0.12	0.09	0.08	0.06
	39.33	二十二碳六烯酸甘油三酯	0.02	0.40	0.07	0.01	—	—	—	0.17
酚类	7.21	苯酚	0.01	0.01	—	0.02	—	—	0.01	—
	16.47	麦芽酚	0.02	0.08	0.01	0.01	0.00	0.01	0.05	0.01
	22.41	对乙烯基愈创木酚	0.04	0.13	0.05	0.02	0.13	0.05	0.05	0.21

续表

类别	保留时间	中文名	相对含量/%							
			A	B	C	D	E	F	G	H
酚类	27.48	2,4-二叔丁基苯酚	0.03	0.10	0.00	0.02	—	—	0.11	0.36
醛类	11.11	水茴香醛	0.12	0.21	0.13	0.09	0.14	0.10	0.21	0.11
	11.78	柠檬醛	0.02	0.02	0.10	0.04	—	—	0.01	0.01
	11.84	苯甲醛	0.03	0.12	0.05	0.01	0.06	0.09	0.05	0.06
	13.12	辛醛	0.02	0.07	0.05	—	0.06	0.04	0.05	0.07
	14.45	苯乙醛	0.01	0.48	0.06	0.05	0.05	0.06	0.05	0.09
	16.34	壬醛	0.17	0.01	0.20	0.03	0.01	0.11	0.01	0.06
	17.82	(*E*,*Z*)-2,6-壬二烯醛	0.01	1.11	0.96	0.01	1.08	1.01	0.74	0.72
	19.29	藏花醛	0.02	0.26	0.04	0.01	0.12	0.09	0.08	0.06
	19.41	癸醛	0.04	0.09	0.02	0.01	0.02	0.03	0.02	0.03
	19.89	*β*-环柠檬醛	0.04	0.16	0.03	0.01	0.05	0.12	0.03	0.10
	30.94	5-(1-哌啶)-2-呋喃甲醛	3.91	—	—	1.61	0.52	2.77	1.31	0.43
酮类	5.11	3-羟基-2-丁酮	3.94	1.42	2.18	2.21	1.02	3.69	4.02	1.22
	7.20	2-甲基四氢呋喃-3-酮	0.34	0.12	0.04	1.33	0.05	0.06	0.04	0.04
	9.37	乙酰基环己烯	0.01	0.15	0.02	—	0.10	0.07	0.10	0.10
	12.50	甲基庚烯酮	0.15	0.16	0.06	0.03	0.05	0.09	0.06	0.07
	13.70	甲基环戊烯醇酮	0.01	0.12	0.05	—	0.06	0.09	0.05	0.06
	13.96	2,3-二甲基马来酸酐	0.02	0.30	0.09	0.02	0.11	0.17	0.10	0.13
	14.95	2-乙酰基吡咯	0.16	0.17	0.05	0.04	0.06	0.04	0.05	0.07
	17.51	诺卡酮	—	0.04	0.06	0.04	—	0.05	—	—
	19.77	2,3-辛二酮	0.11	0.05	0.35	0.01	0.34	0.59	0.35	0.90
	20.11	3-乙基-4-甲基-吡咯-2,5-二酮	0.05	0.11	0.96	0.02	0.08	0.01	0.74	0.72
	23.69	茄酮	0.15	1.27	0.51	0.69	0.39	1.14	0.48	0.84
	24.33	大马酮	0.04	0.10	0.12	0.01	0.08	0.18	0.08	0.22
	25.10	*β*-二氢大马酮	0.08	0.19	0.09	0.05	0.08	0.20	0.09	0.16
	26.02	香叶基丙酮	0.47	0.49	0.71	—	0.26	0.69	0.26	0.66
	27.83	顺式-六氢-8a-甲基-1,8(2*H*,5*H*)-萘二酮	0.33	—	—	0.15	0.12	0.09	—	—
	28.87	4,7,9-巨豆三烯-3-酮	0.09	0.40	0.07	0.04	0.19	0.15	0.13	0.17
	29.32	4,7,9-巨豆三烯-3-酮	0.44	0.58	0.62	0.13	0.60	0.18	0.05	0.01
	30.42	4,7,9-巨豆三烯-3-酮	0.06	0.13	0.05	0.20	0.13	0.45	0.05	0.31
	32.46	螺岩兰草酮	0.07	0.01	0.00	0.02	0.01	0.01	0.02	0.06
	36.88	1,13-十四碳二烯-3-酮	0.01	0.12	0.05	—	0.06	0.09	0.05	0.06
酸类	3.67	乙酸	1.77	1.17	1.05	2.60	2.06	3.04	1.05	0.97
	5.54	正戊酸	0.03	0.04	0.02	0.02	—	0.01	—	—
	10.14	4-羟基丁酸	0.04	0.48	0.06	0.03	0.05	0.06	0.05	0.09

续表

类别	保留时间	中文名	相对含量/%							
			A	B	C	D	E	F	G	H
酸类	21.06	壬酸	0.07	0.01	0.02	0.02	0.02	0.01	0.01	0.06
	21.88	*Z*-11-十六烯酸	0.00	0.11	0.26	—	0.08	1.01	0.74	0.72
	30.79	花生五烯酸	0.03	0.16	0.04	0.05	0.02	0.09	0.08	0.06
	33.52	2,3,5,*α*,*α*-五甲基-6-羧基-苯乙酸	0.02	0.09	0.02	0.02	0.02	0.03	0.02	0.03
	40.13	(*Z*,*Z*,*Z*)-8,11,14-二十碳三烯酸	0.05	0.06	0.03	0.02	0.05	0.12	—	—
烃类	20.66	*R*-柠檬烯	0.01	0.08	0.07	—	0.02	0.07	0.01	0.03
	22.81	1,2-二甲基丙基环丙烷	0.01	0.12	0.18	0.00	0.02	0.11	0.02	0.10
	24.59	1-十四烯	0.02	0.12	0.04	0.00	0.05	0.06	0.04	0.04
	24.80	十七烷	0.04	0.15	0.02	0.01	0.10	0.07	0.10	0.10
	35.70	2-甲基-7-十八炔	0.04	0.16	0.06	0.03	0.05	0.09	0.06	0.07
	36.54	(6*E*,10*E*)-7,11,15-三甲基-3-亚甲基-1,6,10,14-十六碳四烯	0.13	—	—	0.06	—	—	—	—
	45.73	二十五烷	0.01	0.02	0.01	0.01	0.00	0.00	0.01	0.00
	48.14	2,21-二甲基-二十二烷	0.02	0.17	0.05	0.01	0.06	0.04	0.05	0.07
其他	15.37	2,3-联吡啶	0.05	0.03	0.08	0.03	0.02	0.02	—	—
	15.62	1-甲酰基吡咯烷	0.01	0.02	0.06	0.01	0.05	0.06	0.05	0.09
	19.07	*N*-氨基四氢吡咯	0.02	0.05	0.05	—	0.04	—	—	0.00
	22.15	1-亚乙基-1*H*-茚	0.01	0.09	0.01	0.00	—	—	0.00	0.02
	23.46	烟碱	36.39	21.27	16.51	46.51	20.39	31.14	26.48	19.84
	24.21	1-(1-氧-2,5-十八碳二烯)-吡咯烷	0.02	—	—	0.01	0.08	—	—	0.00
	25.53	麦司明	0.03	0.12	0.01	0.05	0.08	0.00	0.09	0.06
	26.88	二烯烟碱	0.16	0.49	0.71	0.06	0.26	0.69	0.26	0.66
	29.60	芴	0.01	0.06	0.04	0.01	0.12	0.09	0.08	0.06
	34.11	菲	0.01	0.40	0.07	0.00	0.19	0.15	0.13	0.17

8 种卷烟烟丝中一共检测出 90 种香气成分，其中醇类物质 16 种，酯类物质 13 种，酚类物质 4 种，醛类物质 11 种，酮类物质 20 种，烃类物质 8 种，其他 10 种，且 8 种卷烟烟丝挥发性成分最高的为烟碱。

A 烟丝中检出 89 种成分（以下主要成分均不含烟碱），主要成分为新植二烯（19.69%）、异戊醇（5.08%）等；B 烟丝中检出 85 种成分，主要成分为新植二烯（11.16%）、丙二醇甲醚（3.71%）等；C 检出 84 种成分，主要成分为新植二烯（21.06%）、3-羟基-2-丁酮（2.18%）、2,3-丁二醇（2.06%）等；D 检出 77 种成分，主要成分为新植二烯（35.11%）、2,3-丁二醇（3.78%）

等；E 检出 82 种成分，主要成分为新植二烯（18.05%）、乙酸（2.06%）等；F 检出 80 种成分，主要成分为新植二烯（17.09%）、3-羟基-2-丁酮（3.69%）等；G 检出 76 种成分，主要成分为新植二烯（10.06%）、3-羟基-2-丁酮（4.02%）等；H 检出 82 种成分，主要成分为新植二烯（31.07%）、异戊醇（3.07%）等。见表 4-12。

表 4-12　8 种不同品牌卷烟烟丝挥发性半挥发性成分相对香气活力值

中文名	阈值 /mg·kg^{-1}	相对香气活力值							
		A	B	C	D	E	F	G	H
异戊醇	0.0061	100.00	100.00	71.80	50.57	100.00	19.67	35.25	100.00
烟碱	0.066	63.04	35.17	100.00	100.00	38.91	100.00	100.00	30.59
(*E*,*Z*)-2,6-壬二烯醛	0.000 11	23.48	42.12	36.36	4.55	12.73	18.18	21.82	17.36
壬醛	0.0031	15.64	21.03	16.25	11.25	—	6.25	—	—
苯乙醇	0.0165	13.22	89.62	8.62	21.08	15.77	23.46	8.38	7.54
癸醛	0.0026	10.56	10.10	8.91	11.82	7.91	9.18	6.45	6.64
β-环柠檬醛	0.003	9.27	3.55	6.84	1.39	1.52	3.87	0.94	2.06
芳樟醇	0.0024	8.43	19.41	1.45	1.67	1.39	1.64	1.91	1.33
甲基庚烯酮	0.018 89	88.12	21.14	0.15	1.08	1.08	0.92	0.77	1.38
香叶基丙酮	0.06	7.56	25.16	0.33	2.65	1.33	1.67	1.33	2.00
苯乙醛	0.0017	5.23	20.45	1.25	—	4.75	3.67	6.25	1.25
新植二烯	12	4.36	10.16	2.91	0.21	0.59	1.76	1.07	0.49
乙酸苯乙酯	0.016 75	4.51	5.23	0.75	—	0.33	1.42	1.35	1.07
二氢猕猴桃内酯	0.28	1.29	15.74	6.53	2.36	2.65	2.12	3.18	3.18
对乙烯基愈创木酚	0.039	1.03	13.98	2.66	0.48	2.24	2.93	2.84	3.85
3-羟基-2-丁酮	5	0.64	2.12	1.75	0.93	1.50	0.42	0.08	0.59
香茅醇	0.0465	0.10	1.45	0.04	0.03	0.03	—	0.81	0.87
壬酸	0.12	0.07	2.15	0.04	0.06	0.36	0.38	0.26	0.41
糠醇	0.0125	0.04	0.25	0.05	1.24	0.12	0.50	0.05	0.00
甲基环戊烯醇酮	0.026	0.02	0.13	0.04	0.04	0.20	0.07	0.08	0.02
1-十四烯	0.06	0.01	0.05	0.00	2.20	—	—	0.04	0.04
R-柠檬烯	0.045	—	0.53	0.01	—	0.01	0.49	0.07	0.06
大马酮	0.25	—	0.09	—	0.02	0.02	0.04	0.05	0.05
丙二醇甲醚	30.908	—	0.08	0.05	0.02	1.32	0.80	0.48	0.48
辛醛	0.17	—	0.46	0.14	—	0.35	0.58	0.10	0.27
马索亚内酯	1.1	—	0.07	0.65	0.02	0.08	0.01	0.06	0.07
邻苯二甲酸二丁酯	0.26	—	0.38	0.23	0.02	0.03	0.02	0.04	0.02
茄酮	1.82	—	0.01	0.06	—	0.04	0.06	0.02	0.06
2-乙酰基吡咯	2	—	0.39	0.05	0.06	0.03	0.70	0.03	0.01

续表

中文名	阈值 /mg·kg^{-1}	相对香气活力值							
		A	B	C	D	E	F	G	H
诺卡酮	35	—	0.12	0.03	0.06	0.04	0.08	—	0.04
2,3-辛二酮	1.74	—	0.08	0.08	—	0.04	0.02	0.03	—
2,4-二叔丁基苯酚	0.5	—	0.02	0.04	—	0.06	0.03	—	0.06
β-二氢大马酮	1.5	—	0.01	0.02	0.05	0.05	0.03	0.03	0.02
金合欢醇	0.02	—	0.07	0.03	0.04	0.02	0.06	0.03	0.05
苯乙酸甲酯	15	—	0.08	—	0.02	0.03	0.02	—	0.03
丙位癸内酯	0.0011	—	0.03	—	—	0.02	0.03	0.02	0.52
苯酚	58.58	—	0.02	—	0.04	—	—	0.02	0.71
水茴香醛	0.56	—	0.01	0.06	0.04	0.05	0.01	—	0.10
柠檬醛	0.03	—	—	—	—	—	—	—	—
正戊酸	0.000 16	—	—	—	—	—	—	—	—
乙酸	0.013	—	—	—	—	—	—	—	—

A、B、E、H 卷烟烟丝香气活力值最大的组分为异戊酸，C、D、F、G 卷烟烟丝香气活力值最大的组分为烟碱，其中 A 卷烟烟丝有 17 种香气成分，B 有 25 种，C 有 19 种，D 有 16 种，E 有 20 种，F 有 22 种，G 有 17 种，H 有 22 种。见表 4-13。

表 4-13　8 种不同品牌卷烟烟丝主要香气成分

卷烟品牌	关键香气成分	修饰香气成分
A	异戊醇、烟碱、(*E*,*Z*)-2,6-壬二烯醛、壬醛、苯乙醇、癸醛、*β*-环柠檬醛、芳樟醇、甲基庚烯酮、香叶基丙酮、苯乙醛、新植二烯、乙酸苯乙酯、二氢猕猴桃内酯、对乙烯基愈创木酚	3-羟基-2-丁酮、香茅醇
B	异戊醇、苯乙醇、(*E*,*Z*)-2,6-壬二烯醛、烟碱、香叶基丙酮、甲基庚烯酮、壬醛、苯乙醛、芳樟醇、二氢猕猴桃内酯、对乙烯基愈创木酚、新植二烯、癸醛、乙酸苯乙酯、*β*-环柠檬醛、壬酸、3-羟基-2-丁酮、香茅醇	*R*-柠檬烯、辛醛、2-乙酰基吡咯、邻苯二甲酸二丁酯、糠醇、甲基环戊烯醇酮、诺卡酮
C	烟碱、异戊醇、(*E*,*Z*)-2,6-壬二烯醛、壬醛、癸醛、苯乙醇、*β*-环柠檬醛、二氢猕猴桃内酯、新植二烯、对乙烯基愈创木酚、3-羟基-2-丁酮芳樟醇、苯乙醛	乙酸苯乙酯、马索亚内酯、香叶基丙酮、邻苯二甲酸二丁酯、甲基庚烯酮
D	烟碱、异戊醇、苯乙醇、癸醛、壬醛、(*E*,*Z*)-2,6-壬二烯醛、香叶基丙酮、二氢猕猴桃内酯、1-十四烯、芳樟醇、*β*-环柠檬醛、糠醇、甲基庚烯酮	3-羟基-2-丁酮、对乙烯基愈创木酚、新植二烯
E	异戊醇、烟碱、苯乙醇、(*E*,*Z*)-2,6-壬二烯醛、癸醛、苯乙醛、二氢猕猴桃内酯、对乙烯基愈创木酚、*β*-环柠檬醛、3-羟基-2-丁酮、芳樟醇、香叶基丙酮、丙二醇甲醚、甲基庚烯酮	新植二烯、壬酸、辛醛、乙酸苯乙酯、甲基环戊烯醇酮、糠醇

续表

卷烟品牌	关键香气成分	修饰香气成分
F	烟碱、苯乙醇、异戊醇、(*E*,*Z*)-2,6-壬二烯醛、癸醛、壬醛、*β*-环柠檬醛、苯乙醛、对乙烯基愈创木酚、二氢猕猴桃内酯、新植二烯、香叶基丙酮、芳樟醇、乙酸苯乙酯	甲基庚烯酮、丙二醇甲醚、2-乙酰基吡咯、辛醛、糠醇、*R*-柠檬烯、3-羟基-2-丁酮、壬酸
G	异戊醇、(*E*,*Z*)-2,6-壬二烯醛、苯乙醇、癸醛、苯乙醛、二氢猕猴桃内酯、对乙烯基愈创木酚、芳樟醇、乙酸苯乙酯、香叶基丙酮、新植二烯	*β*-环柠檬醛、香茅醇、甲基庚烯酮、丙二醇甲醚、壬酸、辛醛
H	异戊醇、烟碱、(*E*,*Z*)-2,6-壬二烯醛、苯乙醇、癸醛、对乙烯基愈创木酚、二氢猕猴桃内酯、*β*-环柠檬醛、香叶基丙酮、甲基庚烯酮、芳樟醇、苯乙醛、乙酸苯乙酯	香茅醇、苯酚、3-羟基-2-丁酮、丙位癸内酯、新植二烯、丙二醇甲醚、壬酸、辛醛、水茴香醛

利用相对香气活力值筛选出烟叶中 41 种具有香气活力的成分，主要为异戊醇、烟碱、苯乙醇、(*E*,*Z*)-2,6-壬二烯醛等物质。

4.3.2.2 卷烟烟丝特征香气成分

笔者建立卷烟烟丝中香气成分分析方法，利用香气活力值分析烟丝中具有香气活力的特征香气成分。

1. 主要材料与仪器

14 种不同规格的卷烟烟丝（编号 1#、2#、3#、4#、5#、6#、7#、8#、9#、10#、11#、12#、13#、14#），红花大金元烟叶，粉色固相微萃取头。

仪器：Bruker Scion 456 GC-TQ 气相色谱质谱联用仪；瑞士 Combi-PAL CTC 多功能进样器。

2. 分析方法

（1）定性半定量分析方法

前处理条件：称取 0.2 g 烟丝样品置于顶空瓶，加入 20 μL 萘（内标），迅速密封后，进顶空-固相微萃取-气相色谱/质谱仪（HS-SPME-GC/MS）直接进样测定。

HS-SPME 条件：萃取温度：80 ℃，萃取时间：20 min，解吸附时间：3 min，萃取头转速：250 r/min。

气相色谱条件：色谱柱为 DB-5MS 毛细管色谱柱（30 m×0.32 mm×0. 25 μm）；进样口温度：250 ℃；程序升温：初始温度 40 ℃，保持 1 min，以 2 ℃/min 升至 250 ℃，保持 10 min。载气：高纯氦气，恒流模式，柱流量 2 mL/min；进样方式：分流进样，分流比 20∶1。

质谱条件：离子源：EI 源；电离能：70 eV；离子源温度：200 ℃；传输线温度：260 ℃；检测模式：全扫描（Full Scan）监测模式，质量扫描范围：30 ~ 500 amu；溶剂延迟：5 min。

（2）阈值查询与测定方法

香气成分的阈值通过查阅文献获得。

（3）香气活力值计算方法

同 4.2.2.1 小节。

（4）感官评价方法

由 6 名持有卷烟感官评析证书（由国家烟草质量监督检验中心颁发）的专家分别对试验卷烟与对照样品进行感官评价，评价标准参照国家标准 GB 5606.4—2005《卷烟　第 4 部分：感官技术要求》，同一添加水平样品结果取平均值。

3. 分析结果

（1）共检出挥发性化学成分种类

14 种竞争品牌卷烟共检出挥发性成分 351 种。1#卷烟烟丝检出挥发性成分 111 种，2#卷烟烟丝检出挥发性成分 108 种，3#卷烟烟丝检出挥发性成分 107 种，4#卷烟烟丝检出挥发性成分 89 种，5#卷烟烟丝检出挥发性成分 104 种，6#卷烟烟丝检出挥发性成分 99 种，7#卷烟烟丝检出挥发性成分 106 种，8#卷烟烟丝检出挥发性成分 121 种，9#卷烟烟丝检出挥发性成分 101 种，10#卷烟烟丝检出挥发性成分 98 种，11#卷烟烟丝检出挥发性成分 103 种，12#卷烟烟丝检出挥发性成分 111 种，13#卷烟烟丝检出挥发性成分 113 种，14#卷烟烟丝检出挥发性成分 98 种。

（2）共同检出挥发性化学成分

14 种卷烟烟丝共同检出挥发性化学成分 26 种，分别为：丙二醇、苯甲醛、甘油、2-乙基己醇、苯甲醇、苯乙醛、2-乙酰基吡咯、哒嗪、苯乙醇、乙酸苯乙酯、4-苯基-1-环己烯、烟碱、茄酮、*β*-突厥烯酮、4,6,10,10-四甲基-5-氧代三环[4.4.0.0(1,4)]癸-2-烯-7-醇、(*R*)-5,6,7,7a-四氢-4,4,7a-三甲基-2(4*H*)-苯并呋喃酮、2,3'-联吡啶、4,7,9-巨豆三烯-3-酮、巨豆三烯酮 A、3-羟基-*β*-大马酮、3,7,11,15-四甲基己烯-1-醇、7,9-二叔丁基-1-氧杂螺[4.5]癸-6,9-二烯-2,8-二酮、9-十八烯-12-炔酸甲酯、棕榈酸甲酯、棕榈酸乙酯、亚麻酸甲酯。

分别扣除对照后 14 种卷烟烟丝共同检出挥发性化学成分有 11 种，分别为：苯甲醛、甘油、2-乙基己醇、哒嗪、乙酸苯乙酯、4-苯基-1-环己烯、4,6,10,10-四甲基-5-氧代三环[4.4.0.0(1,4)]癸-2-烯-7-醇、(*R*)-5,6,7,7a-四氢-4,4,7a-三甲基-2(4*H*)-苯并呋喃酮、2,3'-联吡啶、7,9-二叔丁基-1-氧杂螺[4.5]癸-6,9-二烯-2,8-二酮、棕榈酸乙酯。

（3）主要挥发性化学成分

将不同牌号卷烟烟丝中挥发性成分的积分面积归一化，按相对质量分数从大到小排列，得出各品牌相对质量分数大于 0.1%的挥发性成分，见表 4-14。

表 4-14　不同品牌烟丝主要挥发性成分（相对质量分数 > 0.1%，从大到小）

牌号	主要成分	主要成分（扣除对照）
1#卷烟	烟碱、3,7,11,15-四甲基己烯-1-醇、2,4,4-三甲基戊烷-1,3-二基双(2-甲基)丙酸酯、三乙酸甘油酯、[1*S*-(1*α*,3a*β*,4*α*,8a*β*)]-十氢-4,8,8-三甲基-9-次甲基-1,4-亚甲基薁、乙酸苯乙酯、茄酮、(+)-长叶环烯、(*R*)-5,6,7,7a-四氢-4,4,7a-三甲基-2(4*H*)-苯并呋喃酮、巨豆三烯酮 A、甘油、2-乙基己醇、巨豆三烯酮 B、4-甲基-2,6-二(1,1-二甲基乙基)-苯酚{BHT}、棕榈酸甲酯、乙酸异辛酯、(6*R*,7*E*,9*R*)-9-羟基-4,7-巨豆二烯-3-酮、十九烷、*β*-突厥烯酮、香叶基丙酮、4,6,10,10-四甲基-5-氧代三环[4.4.0.0(1,4)]癸-2-烯-7-醇、乙酸丁香酚酯、*α*-甲位人参烯	2,4,4-三甲基戊烷-1,3-二基双(2-甲基)丙酸酯、[1*S*-(1*α*,3a*β*,4*α*,8a*β*)]-十氢-4,8,8-三甲基-9-次甲基-1,4-亚甲基薁、(+)-长叶环烯、4-甲基-2,6-二(1,1-二甲基乙基)-苯酚{BHT}、乙酸异辛酯、4,6,10,10-四甲基-5-氧代三环[4.4.0.0(1,4)]癸-2-烯-7-醇、乙酸丁香酚酯、*α*-甲位人参烯

续表

牌号	主要成分	主要成分（扣除对照）
2#卷烟	烟碱、3,7,11,15-四甲基己烯-1-醇、三乙酸甘油酯、2,4,4-三甲基戊烷-1,3-二基双(2-甲基)丙酸酯、丙二醇、薄荷醇、2-甲基丙酸-3-羟基-2,4,4-三甲基苯酯、巨豆三烯酮 A、巨豆三烯酮 B、乙酸苯乙酯、甘油、(*R*)-5,6,7,7a-四氢-4,4,7a-三甲基-2(4*H*)-苯并呋喃酮、茄酮、(6*R*,7*E*,9*R*)-9-羟基-4,7-巨豆二烯-3-酮、香叶基丙酮、棕榈酸甲酯、4,6,10,10-四甲基-5-氧代三环[4.4.0.0(1,4)]癸-2-烯-7-醇、马索亚内酯、乙酸甘油酯、2-乙基己醇、碳酰肼、*β*-突厥烯酮、2-香叶基苯酚	2,4,4-三甲基戊烷-1,3-二基双(2-甲基)丙酸酯、2-甲基丙酸-3-羟基-2,4,4-三甲基苯酯、4,6,10,10-四甲基-5-氧代三环[4.4.0.0(1,4)]癸-2-烯-7-醇、乙酸甘油酯、碳酰肼、2-香叶基苯酚
3#卷烟	烟碱、3,7,11,15-四甲基己烯-1-醇、2,4,4-三甲基戊烷-1,3-二基双(2-甲基)丙酸酯、乙酸丁香酚酯、乙酸苯乙酯、茄酮、异戊酸异戊酯、[1*S*-(1*α*,3a*β*,4*α*,8a*β*)]-十氢-4,8,8-三甲基-9-次甲基-1,4-亚甲基薁、甘油、棕榈酸甲酯、巨豆三烯酮 A、(*R*)-5,6,7,7a-四氢-4,4,7a-三甲基-2(4*H*)-苯并呋喃酮、香叶基丙酮、巨豆三烯酮 C、苯甲醇、苯乙醇、碳酰肼、4,6,10,10-四甲基-5-氧代三环[4.4.0.0(1,4)]癸-2-烯-7-醇、丙二醇、(+)-长叶环烯、(6*R*,7*E*,9*R*)-9-羟基-4,7-巨豆二烯-3-酮、*β*-突厥烯酮、*α*-甲位人参烯、*β*-石竹烯	2,4,4-三甲基戊烷-1,3-二基双(2-甲基)丙酸酯、乙酸丁香酚酯、异戊酸异戊酯、[1*S*-(1*α*,3a*β*,4*α*,8a*β*)]-十氢-4,8,8-三甲基-9-次甲基-1,4-亚甲基薁、碳酰肼、4,6,10,10-四甲基-5-氧代三环[4.4.0.0(1,4)]癸-2-烯-7-醇、(+)-长叶环烯、*α*-甲位人参烯、*β*-石竹烯
4#卷烟	烟碱、3,7,11,15-四甲基己烯-1-醇、三乙酸甘油酯、丙二醇、茄酮、[1*S*-(1*α*,3a*β*,4*α*,8a*β*)]-十氢-4,8,8-三甲基-9-次甲基-1,4-亚甲基薁、乙酸苯乙酯、巨豆三烯酮 A、棕榈酸甲酯、2-乙基己醇、巨豆三烯酮 B、(*R*)-5,6,7,7a-四氢-4,4,7a-三甲基-2(4*H*)-苯并呋喃酮、甘油、橙化基丙酮、(+)-长叶环烯、4,6,10,10-四甲基-5-氧代三环[4.4.0.0(1,4)]癸-2-烯-7-醇、(6*R*,7*E*,9*R*)-9-羟基-4,7-巨豆二烯-3-酮、4-甲基-2, 6-二(1,1-二甲基乙基)-苯酚{BHT}、4,7,9-巨豆三烯-3-酮	[1*S*-(1*α*,3a*β*,4*α*,8a*β*)]-十氢-4,8,8-三甲基-9-次甲基-1,4-亚甲基薁、橙化基丙酮、(+)-长叶环烯、4,6,10,10-四甲基-5-氧代三环[4.4.0.0(1,4)]癸-2-烯-7-醇、4-甲基-2,6-二(1,1-二甲基乙基)-苯酚{BHT}
5#卷烟	烟碱、3,7,11,15-四甲基己烯-1-醇、[1*S*-(1*α*,3a*β*,4*α*,8a*β*)]-十氢-4,8,8-三甲基-9-次甲基-1,4-亚甲基薁、(+)-长叶环烯、茄酮、乙酸苯乙酯、丙二醇、2-乙基己醇、(*R*)-5,6,7,7a-四氢-4,4,7a-三甲基-2(4*H*)-苯并呋喃酮、巨豆三烯酮 A、巨豆三烯酮 B、*β*-石竹烯、*α*-甲位人参烯、香叶基丙酮、(6*R*,7*E*,9*R*)-9-羟基-4,7-巨豆二烯-3-酮、4,6,10,10-四甲基-5-氧代三环[4.4.0.0(1,4)]癸-2-烯-7-醇、棕榈酸甲酯、甘油、*β*-突厥烯酮、乙酰肼、*α*-摩勒烯、4-(1-甲基乙烯基)-肟 1-环己烯-1-甲醛、香树烯、4-苯基-1-环己烯、(1*S*-*cis*)-1,2,3,5,6,8a-六氢-4,7-二甲基-1-(1-甲基乙基)-萘、异长叶烯	[1*S*-(1*α*,3a*β*,4*α*,8a*β*)]-十氢-4,8,8-三甲基-9-次甲基-1,4-亚甲基薁、(+)-长叶环烯、*β*-石竹烯、*α*-甲位人参烯、4,6,10,10-四甲基-5-氧代三环[4.4.0.0(1,4)]癸-2-烯-7-醇、乙酰肼、*α*-摩勒烯、紫苏葶、香树烯、4-苯基-1-环己烯、(1*S*-*cis*)-1,2,3,5,6,8a-六氢-4,7-二甲基-1-(1-甲基乙基)-萘、异长叶烯

续表

牌号	主要成分	主要成分（扣除对照）
6#卷烟	烟碱、3,7,11,15-四甲基己烯-1-醇、三乙酸甘油酯、2,4,4-三甲基戊烷-1,3-二基双(2-甲基)丙酸酯、丙二醇、棕榈酸甲酯、茄酮、乙酸苯乙酯、4,7,9-巨豆三烯-3-酮、(6*R*,7*E*,9*R*)-9-羟基-4,7-巨豆二烯-3-酮、巨豆三烯酮A、(R)-5,6,7,7a-四氢-4,4,7a-三甲基-2(4*H*)-苯并呋喃酮、甘油、乙酰肼、苯甲醇、香叶基丙酮、4,6,10,10-四甲基-5-氧代三环[4.4.0.0(1,4)]癸-2-烯-7-醇、[1*S*-(1*α*,3a*β*,4*α*,8a*β*)]-十氢-4,8,8-三甲基-9-次甲基-1,4-亚甲基薁、异长叶烯	2,4,4-三甲基戊烷-1,3-二基双(2-甲基)丙酸酯、乙酰肼、4,6,10,10-四甲基-5-氧代三环[4.4.0.0(1,4)]癸-2-烯-7-醇、[1*S*-(1*α*,3a*β*,4*α*,8a*β*)]-十氢-4,8,8-三甲基-9-次甲基-1,4-亚甲基薁、异长叶烯
7#卷烟	烟碱、3,7,11,15-四甲基己烯-1-醇、三乙酸甘油酯、丙二醇、茄酮、乙酸苯乙酯、棕榈酸甲酯、(*R*)-5,6,7,7a-四氢-4,4,7a-三甲基-2(4*H*)-苯并呋喃酮、香叶基丙酮、甘油、2,4,4-三甲基戊烷-1,3-二基双(2-甲基)丙酸酯、巨豆三烯酮 A、巨豆三烯酮 C、柠檬酸三乙酯、4,6,10,10-四甲基-5-氧代三环[4.4.0.0(1,4)]癸-2-烯-7-醇、麦芽酚、2,4,7,9-四甲基-5-癸炔-4,7-二醇、4-(1-甲基乙烯基)-肟 1-环己烯-1-甲醛、苯甲醇、*β*-突厥烯酮、乙基麦芽酚、(*R*)-二氢-4,4-二甲基-3-羟基-2(3*H*)-呋喃酮、亚麻酸甲酯、苯乙醇、甲醇	2,4,4-三甲基戊烷-1,3-二基双(2-甲基)丙酸酯、柠檬酸三乙酯、4,6,10,10-四甲基-5-氧代三环[4.4.0.0(1,4)]癸-2-烯-7-醇、2,4,7,9-四甲基-5-癸炔-4,7-二醇、紫苏葶、甲醇
8#卷烟	烟碱、3,7,11,15-四甲基己烯-1-醇、丙二醇、棕榈酸甲酯、茄酮、巨豆三烯酮 A、(*R*)-5,6,7,7a-四氢-4,4,7a-三甲基-2(4*H*)-苯并呋喃酮、乙酸苯乙酯、巨豆三烯酮 C、棕榈酸乙酯、6,10-二甲基-5,9-十一碳二烯-2-酮、乙酰肼、4,6,10,10-四甲基-5-氧代三环[4.4.0.0(1,4)]癸-2-烯-7-醇、(6*R*,7*E*,9*R*)-9-羟基-4,7-巨豆二烯-3-酮、甘油、2,4,4-三甲基戊烷-1,3-二基双(2-甲基)丙酸酯、赤式-9,10-二羟基十八烷酸、2-乙基己醇、9,12-十八碳二烯酸甲酯、*β*-突厥烯酮	巨豆三烯酮C、棕榈酸乙酯、6,10-二甲基-5,9-十一碳二烯-2-酮、乙酰肼、4,6,10,10-四甲基-5-氧代三环[4.4.0.0(1,4)]癸-2-烯-7-醇、2,4,4-三甲基戊烷-1,3-二基双(2-甲基)丙酸酯、赤式-9,10-二羟基十八烷酸、9,12-十八碳二烯酸甲酯
9#卷烟	烟碱、3,7,11,15-四甲基己烯-1-醇、三乙酸甘油酯、丙二醇、茄酮、2,4,4-三甲基戊烷-1,3-二基双(2-甲基)丙酸酯、乙酸丙酯、巨豆三烯酮 A、4-(1-甲基乙烯基)-肟 1-环己烯-1-甲醛、巨豆三烯酮 B、乙酸苯乙酯、(*R*)-5,6,7,7a-四氢-4,4,7a-三甲基-2(4*H*)-苯并呋喃酮、(6*R*,7*E*,9*R*)-9-羟基-4,7-巨豆二烯-3-酮、棕榈酸甲酯、4,6,10,10-四甲基-5-氧代三环[4.4.0.0(1,4)]癸-2-烯-7-醇、香叶基丙酮、乙酰肼、紫苏醛、甘油、马索亚内酯	2,4,4-三甲基戊烷-1,3-二基双(2-甲基)丙酸酯、乙酸丙酯、紫苏葶、4,6,10,10-四甲基-5-氧代三环[4.4.0.0(1,4)]癸-2-烯-7-醇、乙酰肼、紫苏醛

续表

牌号	主要成分	主要成分（扣除对照）
10#卷烟	烟碱、3,7,11,15-四甲基己烯-1-醇、三乙酸甘油酯、丙二醇、2,4,4-三甲基戊烷-1,3-二基双(2-甲基)丙酸酯、棕榈酸甲酯、茄酮、乙酸丙酯、乙酸苯乙酯、巨豆三烯酮 A、(*R*)-5,6,7,7a-四氢-4,4,7a-三甲基-2(4*H*)-苯并呋喃酮、巨豆三烯酮 C、橙化基丙酮、柠檬酸三乙酯、4,6,10,10-四甲基-5-氧代三环[4.4.0.0(1,4)]癸-2-烯-7-醇、紫苏葶、麦芽酚、(6*R*,7*E*,9*R*)-9-羟基-4,7-巨豆二烯-3-酮、乙基麦芽酚	2,4,4-三甲基戊烷-1,3-二基双(2-甲基)丙酸酯、乙酸丙酯、橙化基丙酮、柠檬酸三乙酯、4,6,10,10-四甲基-5-氧代三环[4.4.0.0(1,4)]癸-2-烯-7-醇、紫苏葶
11#卷烟	烟碱、3,7,11,15-四甲基己烯-1-醇、三乙酸甘油酯、棕榈酸甲酯、丙二醇、茄酮、4,7,9-巨豆三烯-3-酮、乙酸苯乙酯、(*R*)-5,6,7,7a-四氢-4,4,7a-三甲基-2(4*H*)-苯并呋喃酮、巨豆三烯酮 B、香叶基丙酮、(6*R*,7*E*,9*R*)-9-羟基-4,7-巨豆二烯-3-酮、4,6,10,10-四甲基-5-氧代三环[4.4.0.0(1,4)]癸-2-烯-7-醇、亚麻酸甲酯、苯甲醇、亚麻酸、乙酰肼、苯乙醇、1,2,3b，6,7,8-六氢-6,6-二甲基环戊[1,3]环丙烷[1,2]环庚烷-3(3a*H*)-酮	4,6,10,10-四甲基-5-氧代三环[4.4.0.0(1,4)]癸-2-烯-7-醇、亚麻酸、乙酰肼、1,2,3b，6,7,8-六氢-6,6-二甲基环戊[1,3]环丙烷[1,2]环庚烷-3(3a*H*)-酮
12#卷烟	烟碱、3,7,11,15-四甲基己烯-1-醇、三乙酸甘油酯、丙二醇、棕榈酸甲酯、茄酮、乙酸苯乙酯、乙酰肼、苯甲醇、香叶基丙酮、巨豆三烯酮 A、(*R*)-5,6,7,7a-四氢-4,4,7a-三甲基-2(4*H*)-苯并呋喃酮、(6*R*,7*E*,9*R*)-9-羟基-4,7-巨豆二烯-3-酮、巨豆三烯酮 C、[1*S*-(1*α*,3a*β*,4*α*,8a*β*)]-十氢-4,8,8-三甲基-9-次甲基-1,4-亚甲基薁、亚麻酸甲酯、4,6,10,10-四甲基-5-氧代三环[4.4.0.0(1,4)]癸-2-烯-7-醇、9,12-十八碳二烯酸甲酯	乙酰肼、巨豆三烯酮 C、[1*S*-(1*α*,3a*β*,4*α*,8a*β*)]-十氢-4,8,8-三甲基-9-次甲基-1,4-亚甲基薁、4,6,10,10-四甲基-5-氧代三环[4.4.0.0(1,4)]癸-2-烯-7-醇、9,12-十八碳二烯酸甲酯
13#卷烟	烟碱、3,7,11,15-四甲基己烯-1-醇、2,4,4-三甲基戊烷-1,3-二基双(2-甲基)丙酸酯、丙二醇、棕榈酸甲酯、茄酮、乙酸苯乙酯、苯甲酸苯基甲酯、[1*R*-(1*α*,2*β*,5*α*)]-乙酸-5-甲基-2-(1-甲基乙基)环己酯、苯甲醇、巨豆三烯酮 C、(6*R*,7*E*,9*R*)-9-羟基-4,7-巨豆二烯-3-酮、巨豆三烯酮 A、乙酰肼、4,6,10,10-四甲基-5-氧代三环[4.4.0.0(1,4)]癸-2-烯-7-醇、(*R*)-5,6,7,7a-四氢-4,4,7a-三甲基-2(4*H*)-苯并呋喃酮、3-甲基丁酸-2-甲基丁酯	2,4,4-三甲基戊烷-1,3-二基双(2-甲基)丙酸酯、苯甲酸苯基甲酯、[1*R*-(1*α*,2*β*,5*α*)]-乙酸-5-甲基-2-(1-甲基乙基)环己酯、乙酰肼、4,6,10,10-四甲基-5-氧代三环[4.4.0.0(1,4)]癸-2-烯-7-醇、3-甲基丁酸-2-甲基丁酯

续表

牌号	主要成分	主要成分（扣除对照）
14#卷烟	烟碱、3,7,11,15-四甲基己烯-1-醇、三乙酸甘油酯、丙二醇、乙酸苯乙酯、茄酮、棕榈酸甲酯、巨豆三烯酮A、巨豆三烯酮B、(*R*)-5,6,7,7a-四氢-4,4,7a-三甲基-2(4*H*)-苯并呋喃酮、4,6,10,10-四甲基-5-氧代三环[4.4.0.0(1,4)]癸-2-烯-7-醇、[1*S*-(1*α*,3a*β*,4*α*,8a*β*)]-十氢-4,8,8-三甲基-9-次甲基-1,4-亚甲基薁、*β*-突厥烯酮、橙化基丙酮、二乙二醇二丁醚、(6*R*,7*E*,9*R*)-9-羟基-4,7-巨豆二烯-3-酮、碳酰肼、1-苯基-2-丁酮、苯甲醇、(+)-长叶环烯	4,6,10,10-四甲基-5-氧代三环[4.4.0.0(1,4)]癸-2-烯-7-醇、[1*S*-(1*α*,3a*β*,4*α*,8a*β*)]-十氢-4,8,8-三甲基-9-次甲基-1,4-亚甲基薁、橙化基丙酮、二乙二醇二丁醚、碳酰肼、1-苯基-2-丁酮、(+)-长叶环烯

从不同品牌烟丝主要挥发性成分分析结果可知，不同卷烟烟丝可能存在的主要挥发性成分分别为：

1#卷烟：乙酸丁香酚酯、*α*-甲位人参烯、乙酸异辛酯；

2#卷烟：2-香叶基苯酚

3#卷烟：*α*-甲位人参烯、*β*-石竹烯、乙酸丁香酚酯、异戊酸异戊酯；

4#卷烟：橙化基丙酮；

5#卷烟：紫苏葶、香树烯、*β*-石竹烯、*α*-甲位人参烯；

7#卷烟：紫苏葶、柠檬酸三乙酯；

9#卷烟：紫苏醛、乙酸丙酯、紫苏葶；

10#卷烟：紫苏葶、柠檬酸三乙酯、橙化基丙酮、乙酸丙酯；

13#卷烟：3-甲基丁酸-2-甲基丁酯；

14#卷烟：橙化基丙酮。

（4）主要挥发性香气化学成分

计算不同牌号卷烟烟丝中挥发性成分含量与阈值的比，即香气活力值。按香气活力值从大到小排列，筛选出香气活力值大于0.5的挥发性香气成分，见表4-15。

表4-15　不同品牌烟丝主要挥发性香气成分（香气活力值＞1，从大到小）

牌号	主要成分	主要成分（扣除对照）
1#卷烟	烟碱、苯乙醛、香叶基丙酮、异戊酸异戊酯、壬酸、棕榈酸甲酯	异戊酸异戊酯
2#卷烟	烟碱、苯乙醛、香叶基丙酮、麦芽酚、异戊酸异戊酯、壬酸、马索亚内酯、甲基庚烯酮、苯甲醛、氧化石竹烯	异戊酸异戊酯、氧化石竹烯
3#卷烟	烟碱、苯乙醛、异戊酸异戊酯、香叶基丙酮、苯乙酸乙酯、麦芽酚	异戊酸异戊酯、苯乙酸乙酯
4#卷烟	烟碱、苯乙醛、麦芽酚、棕榈酸甲酯	—
5#卷烟	烟碱、苯乙醛、香叶基丙酮、紫苏醛、苯甲醛	紫苏醛

续表

牌号	主要成分	主要成分（扣除对照）
6#卷烟	烟碱、苯乙醛、香叶基丙酮、棕榈酸甲酯、麦芽酚、甲基庚烯酮、苯甲醛	—
7#卷烟	烟碱、苯乙醛、香叶基丙酮、麦芽酚、棕榈酸甲酯、茶香酮、紫苏醛	紫苏醛
8#卷烟	烟碱、苯乙醛、苯乙酸乙酯、异戊酸异戊酯、棕榈酸甲酯、麦芽酚、棕榈酸乙酯、茶香酮、苯甲醛	苯乙酸乙酯、异戊酸异戊酯、棕榈酸乙酯
9#卷烟	烟碱、苯乙醛、香叶基丙酮、紫苏醛、麦芽酚、棕榈酸甲酯、马索亚内酯、苯甲醛	紫苏醛
10#卷烟	烟碱、苯乙醛、麦芽酚、棕榈酸甲酯、茶香酮、紫苏醛	紫苏醛
11#卷烟	烟碱、苯乙醛、香叶基丙酮、丁酸甲酯、棕榈酸甲酯、麦芽酚、茶香酮、甲基庚烯酮	丁酸甲酯
12#卷烟	烟碱、苯乙醛、香叶基丙酮、丁酸甲酯、棕榈酸甲酯、茶香酮、麦芽酚、苯甲醛	丁酸甲酯
13#卷烟	烟碱、苯乙醛、香叶基丙酮、壬酸乙酯、棕榈酸甲酯、麦芽酚、茶香酮	壬酸乙酯
14#卷烟	烟碱、苯乙醛、棕榈酸甲酯、茶香酮	—

从不同品牌烟丝主要挥发性成分分析结果可知，不同卷烟烟丝可能存在的主要挥发性香气成分分别为：

1#卷烟：异戊酸异戊酯、棕榈酸乙酯；
2#卷烟：异戊酸异戊酯、氧化石竹烯；
3#卷烟：异戊酸异戊酯、苯乙酸乙酯；
5#卷烟：紫苏醛；
7#卷烟：紫苏醛；
8#卷烟：苯乙酸乙酯、异戊酸异戊酯、棕榈酸乙酯；
9#卷烟：紫苏醛；
10#卷烟：紫苏醛；
11#卷烟：丁酸甲酯；
12#卷烟：丁酸甲酯；
13#卷烟：壬酸乙酯。

（5）不同牌号卷烟特有挥发性化学成分

选择 1 种牌号卷烟烟丝中挥发性成分，与其余 13 种牌号卷烟烟丝中的挥发性成分进行对比，仅在该牌号卷烟中检出的成分为该牌号特有的挥发性成分。扣除红花大金元（对照）烟丝中的挥发性成分后，得出不同牌号烟丝特有挥发性成分，见表 4-16。

表 4-16 不同牌号烟丝特有挥发性成分（扣除对照）

牌号	特有挥发性成分
1#卷烟	1-羟基-1,7-二甲基-4-异丙基-2,7-环癸二烯、2-甲基-4-(2,2,6-三甲基-1-环己烯基)-2-丁烯醛、(−)-*α*-新丁香三环烯、1-(1,6-二氧代十八基)-吡咯烷、环十六烷、*N*-十九烷基环己烷、3-脱氧-17*β*-雌二醇、1,1-双(十二烷氧基)十六烷、6*S*-2,3,8,8-四甲基三环[5.2.2.0(1,6)]十一碳-2-烯、4-(4-丁基环己基)-4-丁氧基-2,3-二氰基苯酯苯甲酸、3-(2,6,6-三甲基环己- 1-烯基)-丙酸甲酯、丙酸丁酯、邻苯二甲酸单丁酯
2#卷烟	2-甲基丙酸-3-羟基-2,4,4-三甲基苯酯、1-硝基-2-萘酸、*α*-异丁基-2,4,6-三甲基苯甲醇、8,9-脱氢-9-甲酰基环异长叶烯、(*Z*, *Z*, *Z*)-2-羟基-1-(羟甲基)亚麻酸乙酯、泛醌、2-甲基-癸烷、4,5,9,10-脱氢-异长叶烯、3-甲基-1,1'-联苯、古伦宾、3'-羟基喹啉巴比妥、1-甲基-3-(1-甲基次乙基)-环己烷
3#卷烟	顺式 2-甲基-3-氧代环己烷丁醛、甲酸异莰酯、1,2,4-三甲基环戊烷、硬脂酸乙酯、2,4-二甲基-1,3-二氧环烷-2-丙酸乙酯、1,5-环辛二烯-4-酮、洋地黄毒苷、6-十八烯酸甲酯、4-羟基-6-甲基己氢嘧啶-2-硫酮、3,3-二甲基-1-茚醇、8,11-十八碳二烯酸甲酯
4#卷烟	7-甲基十五烷、(1*α*, 2*α*, 5*α*)-5-甲基-2-(1-甲基乙基)环己醇、2-甲氧基-1-丙醇、2,6-二甲基-十一烷、12-甲基-十三酸甲酯、*β*-檀香醇、反式-*β*-檀香醇、癸酸异戊酯
5#卷烟	巴伦西亚橘烯、根霉素、1,2-二甲基-苯、2-乙酰氧基-1,1,10-三甲基-6,9-环氧十氢萘、1,1-二甲基-2-辛基环丁烷、(3*β*, 5*α*)-2-亚甲基胆甾烷-3-醇、(*Z*, *E*)-4,8,12-三甲基-甲酯 3,7,11-十三碳三烯酸
6#卷烟	苯乙酸-2-甲基丙酯、2-叔丁基-5-丙基-[1,3]二氧杂环-4-酮、(+)-喇叭烯、(+)-香橙烯、5,8,11-七烷基三甲基硫酸酯、花生四烯酸乙酯、四氢-1,3-噁嗪-2-硫酮
7#卷烟	甲醇、丙酮酸、3,4-环氧-1-丁烯、反式环丙烷戊酸甲酯、*N*-乙酰-1-氰基戊胺、4-(2,2-二甲基-6-亚甲基环己基)丁醛、1,5,5,9-四甲基-10-氧杂双环[4.4.0]-癸-6-烯-3-酮、尿酸、顺式-8,11,14-二十碳三烯酸甲酯、顺式 9-十八烯酸(2-苯基-1,3-二氧杂环-4-基)甲酯、胡椒醛
8#卷烟	6,10-二甲基-5,9-十一碳二烯-2-酮、肉豆蔻酸乙酯、甲基甘菊酯、*N*-甲基-*N*-[4-(1-吡咯烷基)-2-丁基]叔丁基氧基甲酰胺、2,4-二甲基-1-庚烯、4-羟基十八烷酸甲酯、1-甲氧基-3-羟甲基辛烷、2-羟基-5-甲基吡啶、2,4,6-三甲基苯酚、(±)-反-1,2-环戊二醇、2-乙基-1,1-二甲基环戊烷、(*Z*)-9-十六烯酸苯甲酯、钛酸四丁酯
9#卷烟	2-甲基-十五烷、异十六(碳)烷、(全-*Z*)-5,8,11,14-二十碳四烯酸、3-(6,6-二甲基-5-氧庚-2-烯基)-环庚酮、1-乙基-3-[2-(十八烷基硫)乙基]硫脲、4-戊炔-2-醇、1,4,5,8,9,10,11,12,13,16,17,18,19,20-14,15-二脱氢-环十碳环十四烯、1-甲基-2-吡咯烷酮、胡椒醛
10#卷烟	(*Z*, *E*)-3,7,11-三甲基-2,6,10-十二碳三烯-1-醇、1-乙酰基-2,2,4-三甲基-4-苯基-1,2,3,4-四氢喹啉、9-噁唑环[3.3.1]非-6-烯-2-肟酮、2,2',5,5'-四甲基联苯基、仲丁基肼、2-己基环丙烷酸
11#卷烟	2-己基-1-癸醇、2-甲基十八(碳)烷、5,8,11-二十碳三烯酸甲酯、八氢环丙烷[c]茚-7-醇、十三酸甲酯、4,5-二氢-5,5-二甲基-4-异丙基-1*H*-吡唑

续表

牌号	特有挥发性成分
12#卷烟	2-丁烯基苯、(*R**,*S**)-1,2,3,4-丁四醇、4,7,10-十六碳三烯酸甲酯、(*E*)-2-十六烯酸甲酯、9*H*-吡啶[3,4-b]吲哚、蜂蜡酸甲酯、3-甲基-戊酸甲酯、氧酰四聚体-4,11-二炔、13-十七炔-1-醇、2,5,5,8a-四甲基-6,7,8,8a-四氢-5*H*-铬-8-醇、8,11,14-二十碳三烯酸甲酯
13#卷烟	[1*R*-(1*α*,2*β*,5*α*)]-乙酸-5-甲基-2-(1-甲基乙基)环己酯、3-甲基丁酸-2-甲基丁酯、戊酸戊酯、乙基香兰素、顺式-十八烷酸甲酯、二十七烷、*δ*-大马酮、壬酸乙酯、丁酸甘油酯、*N*-苯甲酰基-1,2,3,4-四氢喹啉、三环[4.3.1.13,8]十一烷-1-胺、(*Z*, *Z*)-9-十六烯醇酯 9-十六烯酸、9,10-二氯十八酸甲酯、1-甲基十一烷基丙烯酸酯
14#卷烟	*N*-甲基-*N*-(2-丙炔)乙酰胺、(*E*, *E*, *E*)-3,7,11,15-四甲基-2,6,10,14-十六碳四烯酸甲酯

从不同牌号烟丝特有挥发性成分可知，不同牌号卷烟烟丝可能存在的特有挥发性香气成分分别为：

1#卷烟：丙酸丁酯；

3#卷烟：甲酸异莰酯；

4#卷烟：*β*-檀香醇、反式-*β*-檀香醇、癸酸异戊酯；

5#卷烟：巴伦西亚橘烯；

6#卷烟：(+)-喇叭烯、(+)-香橙烯；

7#卷烟：胡椒醛；

8#卷烟：肉豆蔻酸乙酯、甲基甘菊酯、2,4,6-三甲基苯酚；

9#卷烟：胡椒醛；

12#卷烟：蜂蜡酸甲酯、3-甲基-戊酸甲酯；

13#卷烟：3-甲基丁酸-2-甲基丁酯、戊酸戊酯、乙基香兰素、*δ*-大马酮、壬酸乙酯。

（6）不同规格卷烟特有挥发性化学成分

选择 1 种品牌卷烟烟丝中挥发性成分，与其余品牌卷烟烟丝中的挥发性成分进行对比，仅在该品牌卷烟中检出的成分为该品牌特有的挥发性成分。扣除红花大金元（对照）烟丝中的挥发性成分后，得出不同品牌烟丝特有挥发性成分，见表 4-17。

表 4-17　不同品牌烟丝特有挥发性成分（扣除对照）

品　牌	特有挥发性成分
中华	*γ*-戊内酯
芙蓉王	2, 3-丁二酮、反式 9-十八烯酸(2-苯基-1,3-二氧杂环-4-基)甲酯
天子	柠檬酸三乙酯、(*E*)-10-庚烯-8-烯酸甲酯 9-十六烯酸

从不同牌号烟丝特有挥发性成分可知，不同品牌卷烟烟丝可能存在的特有挥发性香气成分分别为：

中华：*γ*-戊内酯；

芙蓉王：2,3-丁二酮；

天子：柠檬酸三乙酯。

由以上分析结果，得出 14 种竞争品牌卷烟烟丝中可能含有的特征香气成分，见表 4-18。

表 4-18 竞争品牌卷烟烟丝可能含有的特征香气成分（扣除对照）

牌号	特有挥发性成分
1#卷烟	异戊酸异戊酯、乙酸丁香酚酯、α-甲位人参烯、乙酸异辛酯、丙酸丁酯、γ-戊内酯
2#卷烟	异戊酸异戊酯、氧化石竹烯、2-香叶基苯酚
3#卷烟	苯乙酸乙酯、α-甲位人参烯、β-石竹烯、乙酸丁香酚酯、异戊酸异戊酯、甲酸异莰酯、γ-戊内酯
4#卷烟	橙化基丙酮、β-檀香醇、反式-β-檀香醇、癸酸异戊酯
5#卷烟	紫苏醛、紫苏葶、香树烯、β-石竹烯、α-甲位人参烯、巴伦西亚橘烯、2, 3-丁二酮
6#卷烟	(+)-喇叭烯、(+)-香橙烯
7#卷烟	紫苏醛、胡椒醛、紫苏葶、柠檬酸三乙酯
8#卷烟	苯乙酸乙酯、异戊酸异戊酯、棕榈酸乙酯、肉豆蔻酸乙酯、甲基甘菊酯、2,4,6-三甲基苯酚
9#卷烟	紫苏醛、乙酸丙酯、紫苏葶、胡椒醛、γ-戊内酯
10#卷烟	紫苏醛、紫苏葶、柠檬酸三乙酯、橙化基丙酮、乙酸丙酯、胡椒醛
11#卷烟	丁酸甲酯
12#卷烟	丁酸甲酯、蜂蜡酸甲酯、3-甲基-戊酸甲酯
13#卷烟	3-甲基丁酸-2-甲基丁酯、戊酸戊酯、乙基香兰素、δ-大马酮、壬酸乙酯
14#卷烟	橙化基丙酮

4. 卷烟烟丝特征香气成分

用 HS-SPME-GC-MS 法测定 14 个竞争卷烟品牌烟丝中挥发性化学成分，比较不同品牌卷烟烟丝中的主要挥发性成分、主要挥发性香气成分、特有挥发性香气成分之间的差异。结果显示：

（1）14 种竞争品牌卷烟共检出挥发性成分 351 种，其中 8#卷烟烟丝中检出最多的挥发性成分为 121 种。

（2）1#卷烟烟丝中主要的特征挥发性成分为：异戊酸异戊酯、乙酸丁香酚酯、α-甲位人参烯、乙酸异辛酯、丙酸丁酯、γ-戊内酯。

（3）2#卷烟烟丝中主要的特征挥发性成分为：异戊酸异戊酯、氧化石竹烯、2-香叶基苯酚。

（4）3#卷烟烟丝中主要的特征挥发性成分为：苯乙酸乙酯、α-甲位人参烯、β-石竹烯、乙酸丁香酚酯、异戊酸异戊酯、甲酸异莰酯、γ-戊内酯。

（5）4#卷烟烟丝中主要的特征挥发性成分为：橙化基丙酮、β-檀香醇、反式-β-檀香醇、癸酸异戊酯。

（6）5#卷烟烟丝中主要的特征挥发性成分为：紫苏醛、紫苏葶、香树烯、β-石竹烯、α-甲位人参烯、巴伦西亚橘烯、2,3-丁二酮。

（7）6#卷烟烟丝中主要的特征挥发性成分为：(+)-喇叭烯、(+)-香橙烯。

（8）7#卷烟烟丝中主要的特征挥发性成分为：紫苏醛、胡椒醛、紫苏葶、柠檬酸三乙酯。

（9）8#卷烟烟丝中主要的特征挥发性成分为：苯乙酸乙酯、异戊酸异戊酯、棕榈酸乙酯、肉豆蔻酸乙酯、甲基甘菊酯、2,4,6-三甲基苯酚。

（10）9#卷烟烟丝中主要的特征挥发性成分为：紫苏醛、乙酸丙酯、紫苏萜、胡椒醛、γ-戊内酯。

（11）10#卷烟烟丝中主要的特征挥发性成分为：紫苏醛、紫苏萜、柠檬酸三乙酯、橙化基丙酮、乙酸丙酯、胡椒醛。

（12）11#卷烟烟丝中主要的特征挥发性成分为：丁酸甲酯。

（13）12#卷烟烟丝中主要的特征挥发性成分为：丁酸甲酯、蜂蜡酸甲酯、3-甲基-戊酸甲酯。

（14）13#卷烟烟丝中主要的特征挥发性成分为：3-甲基丁酸-2-甲基丁酯、戊酸戊酯、乙基香兰素、δ-大马酮、壬酸乙酯。

（15）14#卷烟烟丝中主要的特征挥发性成分为：橙化基丙酮。

4.3.2.3 云产卷烟烟丝特征香气成分

笔者建立云产卷烟烟丝中香气成分分析方法，利用 GC-O 和香气活力值分析烟丝中具有香气活力的特征香气成分。

1. 主要材料与仪器

云产卷烟烟丝，2-辛醇，无水硫酸钠。

气相色谱-质谱仪，气相色谱-质谱/嗅辨仪，氮吹仪。

2. 分析方法

（1）香气物质的萃取

取 3.2748 g 云产卷烟烟丝，加入 800 μL 400 mg/L 2-辛醇作为内标，加入二氯甲烷浸泡完全，密封然后摇床振荡 1.5 h，将萃取出来的溶液用 100 mL 的圆底烧瓶收集，同时在圆底烧瓶中加入无水硫酸钠直至烧瓶 1/3 处，干燥静置过夜。最后，用氮吹仪将萃取物浓缩至 200 μL 并储存于−20 ℃。

（2）GC-MS 分析

用 1 μL 进样针吸取氮吹后的浓缩液（1 μL）直接进样，不分流，色谱柱采用 DB-5 色谱柱（60 m×0.25 mm×0.25 μm，安捷伦）。载气：流速为 1 mL/min 的氦气（纯度为 99.99%）作为流动相。升温程序如下：初始温度 40 ℃，保持 6 min。以 4 ℃/min 升至 100 ℃，保持 5 min，以 5 ℃/min 到 240 ℃，平衡 20 min。

①质谱条件：采用全扫描模式扫描碎片离子，溶剂延迟：3.00 min；离子源温度：230 ℃；电离模式：EI；电离能量：70 eV；传输线温度：250 ℃；四级杆温度：150 ℃；质谱质量扫描范围：30~450 amu。

②定性条件：色谱峰对应的质谱通过与 NIST/wiley 谱库进行检索对比，保留匹配度不小于 80%的鉴定结果；比较实测的与查阅的 RI 值，确定结果。

（3）GC-O 分析

样品进入气相色谱，经色谱柱分离后，以 1∶1 的方式分别流向离子火焰检测器（FID）和 GC-O 嗅闻口。色谱柱采用 DB-5 色谱柱（60 m×0.25 mm×0.25 μm，安捷伦）。载气：流速为 1 mL/min 的氦气作为流动相。柱箱温度的升温程序与（2）的方法相同。进样口温度为 250 ℃，FID 检测器温度为 280 ℃。除此之外，潮湿的空气以 50 mL/min 的流速进入嗅闻装置，以排出嗅闻口残余的香气化合物。

挑选 4 名（2 男 2 女，平均年龄 23 岁）有调香经验的人员组成感官小组进行嗅闻。闻香人员通过靠近嗅闻口的上方进行不间断嗅闻，同时记录嗅闻到的香气物质的出峰时间以及香气描述。每人嗅闻重复 2 次。分析时根据强度来打分。分值可以为 0~5 分中的任意分值，可以为小数，其数值与嗅闻感受强度成正比。记录下时间，打分和味道描述。每次实验重复 3 遍，取平均值。每个评价员分析时间不超过 25 min，以防止嗅闻疲劳。

（4）OAV 计算

同 4.2.2.1 小节。

3. 分析结果

（1）GC-MS 定性定量分析

对于物质浓度的分析，是借助于 GC-MS 方法来实现。筛选匹配度大于 80%的物质。基于香气物质的峰面积和内标物的峰面积，可求得对应香气物质的浓度；基于各物质的出峰时间可求得实测香气物质的保留指数，结果见表 4-19。

表 4-19 通过 GC-MS 鉴定出云产卷烟烟丝的香气成分

序号	物质名称	RI[a]	RI[b]	鉴定方式	浓度 /mg・kg^{-1}
1	2-甲基-5,12-二噻吩并[2,3-b]喹喔啉	997	—	MS	0.0008
2	3-乙酰基吡咯	1089	—	MS	0.0045
3	1,2,3,4-四甲基苯	1148	1150	RI, MS	0.0006
4	4-甲基环庚烷-1-酮	1150	—	MS	0.0020
5	(1*S*,2*S*)-2-苯基环丙基甲醇	1177	—	MS	0.0008
6	2,3-二氢噻吩	1251	—	MS	0.0034
7	甘油二乙酸酯	1268	—	MS	0.1774
8	异十三烷醇	1268	—	MS	0.0357
9	2-丁基辛醇	1323	—	MS	0.0039
10	烟碱	1386	1360	RI, MS	6.2589
11	麦司明	1466	—	MS	0.0028
12	降茄二酮	1506	—	MS	0.0114
13	二烯烟碱	1518	1488	RI, MS	0.0167
14	2,4-二叔丁基苯酚	1538	1512	RI, MS	0.0275
15	二氢猕猴桃内酯	1577	—	MS	0.0092
16	2,3'-联吡啶	1582	1576	RI, MS	0.0132
17	9-羟基-4,7-巨豆二烯-3-酮	1596	1625	RI, MS	0.0406
18	3-羟基 β-大马士革酮	1650	—	MS	0.0174
19	巨豆三烯酮	1666	—	MS	0.0180

续表

序号	物质名称	RI[a]	RI[b]	鉴定方式	浓度 /mg · kg^{-1}
20	*N*-[9-硼环[3.3.1]非-9-基]-丙胺	1693	—	MS	0.0239
21	5-乙基-3,12-二氧杂三环[4.4.2.0(1,6)]十二-4-酮	1719	—	MS	0.0074
22	十二烷基环己醇	1727	—	MS	0.0151
23	可替宁	1750	1740	RI, MS	0.0463
24	新植二烯	1864	—	MS	0.3068
25	2-甲基苯并噻唑	1893	—	MS	0.0175
26	3-羟基索拉韦惕酮	1938	—	MS	0.0342
27	棕榈酸甲酯	1950	1921	RI, MS	0.0042
28	3-(3,5-二叔丁基-4-羟基苯基)丙酸甲酯	1963	1943	RI, MS	0.0256
29	棕榈酸	1986	1972	RI, MS	0.0516
30	甲基紫罗兰酮	2003	—	MS	0.0219
31	东莨菪内酯	2018	1991	RI, MS	0.0454
32	1-异丙基-5-甲基双环[3.2.2]非-3-烯-2-酮	2037	—	MS	0.0430
33	2-环丙基-2-甲基-*N*-(1-环丙基)-环丙烷甲酰胺	2054	—	MS	0.0206
34	*S,S*-二氧化物 4-正己基噻吩	2061	—	MS	0.0428
35	喇叭茶萜醇	2130	—	MS	0.0311
36	(4*S*,5*R*)-5-羟基石竹-8(13)-烯-4,12-环氧化物	2138	—	MS	0.0495
37	2-丁基-5-己辛基-1*H*-茚	2165	—	MS	0.0418
38	(4a*α*,7*β*,8a*β*)-八氢-4a-甲基-7-(1-甲基乙基)-2(1*H*)-萘酮	2184	—	MS	0.0253
39	1,1-二氧化物-3-(六氢-1*H*-氮杂-1-基)-1,2-苯并异噻唑	2192	—	MS	0.0344
40	反式-7,7-三甲基-八氢-4a-2(1*H*)-萘酮	2222	—	MS	0.0118
41	5-丁基-6-己辛基-1*H*-茚	2274	—	MS	0.0228
42	反油酸	2317	—	MS	0.0231
43	(四羟基环戊二烯酮)三羰基铁	2413	—	MS	0.0047
44	7-异丙基-1-氧代-2,3-二氢噻吩并[2,3-c]吡啶	2428	—	MS	0.0255

注：a—DB-5 条件下物质的实测保留指数。

b—文献参考保留指数。

“—”表示无指数。

通过 GC-MS 准确定性出云产卷烟烟丝的香气成分，共计 44 种。其中酮类有 11 种，含量较高的有 9-羟基-4,7-巨豆二烯-3-酮（0.0406 mg/kg）、3-羟基索拉韦惕酮（0.0342 mg/kg）；酯类有 5 种，其中含量较高的是东莨菪内酯（0.0454 mg/kg）；醇类有 5 种，其中含量较高的是喇叭茶萜醇（0.0311 mg/kg）；酸类有 2 种，其中含量较高的是棕榈酸（0.0516 mg/kg）；烯烃有 1 种，是新植二烯（0.3068 mg/kg），含量在整体占比也较高；其他类有 20 种，其中含量较高的有烟碱（6.2589 mg/kg）、可替宁（0.0463 mg/kg）。实验结果与已报道文献中相吻合的物质有 3-羟基索拉韦惕酮、新植二烯、巨豆三烯酮、甲基紫罗兰酮、二氢猕猴桃内酯、降茄二酮、2,3'-联吡啶、可替宁、二烯烟碱等。

其中的酮类物质如降茄二酮、紫罗兰酮、巨豆三烯酮等具有明显的致香作用，能赋予烟气木香、花香、果香、成熟烟草香等特征。新植二烯在烟草燃烧时能捕捉烟气气溶胶内香气物质，从而携带烟叶中挥发性香气物质和致香成分进入烟气，具有减少刺激性，醇和烟气柔和烟气的作用，而其中的麦司明是标志性的烟草物质；东莨菪内酯是茄科植物中广泛存在的酚类物质，被认为具有抗真菌和细菌活性，且能够诱导植物的抗性，是烟草中的一种植保素；可替宁的毒性只及尼古丁的 1/15，但是可以增加烟香。以上这些重要致香成分按一定浓度混合从而达成一种协调柔和的烟草香气。

（2）GC-O 香气成分分析

通过上述分析，得出云产卷烟烟丝 GC-O 嗅闻的香气强度数值。根据 DB-5 条件下玉溪烟叶的 GC-O 的分析结果，进而确定出云产卷烟烟丝中关键香气化合物个数为 20 个，见表 4-20。

表 4-20　云产卷烟烟丝 GC-O 闻香结果

序号	物质名称	鉴定方式	香气强度（0~5）	香气描述
1	降茄二酮	Aroma, MS	2.4	微弱甜香
2	甲基紫罗兰酮	Aroma, MS	2.8	柔和的紫罗兰香气
3	烟碱	Aroma, RI, MS	3.1	烟草香气
4	棕榈酸	Aroma, RI, MS	2.9	动物脂肪气息
5	2,4-二叔丁基苯酚	Aroma, RI, MS	3.5	酚类醛类气息
6	反油酸	Aroma, MS	1.2	油脂气味
7	喇叭茶萜醇	Aroma, MS	2.1	淡青草香，微弱花香
8	可替宁	Aroma, RI, MS	2.4	淡烟草香
9	棕榈酸甲酯	Aroma, MS	2.3	脂蜡香气
10	二氢猕猴桃内酯	Aroma, MS	3.1	带香豆素样香气
11	巨豆三烯酮	Aroma, MS	3.8	烟草甘甜香气
12	3-羟基 β-大马士革酮	Aroma, MS	2.6	淡花香
13	2,3'-联吡啶	Aroma, RI, MS	1.0	鲜香
14	东莨菪内酯	Aroma, RI, MS	1.2	甜香带青气
15	9-羟基-4,7-巨豆二烯-3-酮	Aroma, RI, MS	0.9	烟草甜香
16	二烯烟碱	Aroma, RI, MS	1.0	略刺激烟香
17	3-乙酰基吡咯	Aroma, MS	2.2	焦香
18	2,3-二氢噻吩	Aroma, MS	0.9	脂肪香
19	2-丁基辛醇	Aroma, MS	0.8	淡茶香苦香
20	2-甲基苯并噻唑	Aroma, MS	1.1	似坚果香

对以上 20 种物质来说，其中香气强度≥3 的物质有：巨豆三烯酮（3.8）、2,4-二叔丁基苯酚（3.5）、烟碱（3.1）、二氢猕猴桃内酯（3.1）；香气强度≥2 的物质有：棕榈酸（2.9）、甲基紫罗兰酮（2.8）、3-羟基 β-大马士革酮（2.6）、降茄二酮（2.4）、可替宁（2.4）、棕榈酸甲酯（2.3）、3-乙酰基吡咯（2.2）、喇叭茶萜醇（2.1）。

通过 GC-O 的分析，对于香气物质而言，棕榈酸作为烟草中的饱和脂肪酸可赋予烟气一种腊味、脂味和柔和的气味。二氢猕猴桃内酯广泛存在于烟草当中，其以独特的香气特征给予了烟草别样的香气风格，在烟草中的主要作用有丰富烟草香气以及降低刺激性。降茄二酮对烟草的清香和甜香能起到明显的作用。巨豆三烯酮具有烟草香和辛香底韵，能显著增强烟香，改善吸味，调和烟气，减少刺激性，是卷烟中不可缺少的香料。有相关文献表明，在卷烟中加入少量的巨豆三烯酮即可大大提高卷烟香味的品质，使卷烟产生一种类似可可和白肋烟一样的宜人香味。喇叭茶萜醇又名杜香醇，在卷烟应用方面该类香气尤为重要，曾有人做类似实验：一种绿茶浸膏在卷烟中的应用、一种乌龙茶醇浸膏在卷烟中的应用。以上都是烟草中的重要致香成分，对整体烟草香气做出了巨大贡献。

（3）OAV 筛选关键香气成分研究

根据以上的分析结果，通过 OAV 计算公式，可确定出各物质所对应的香气活力值，见表 4-21。

表 4-21　云产卷烟烟丝香气物质的阈值与 OAV

序号	物质名称	阈值/mg · kg^{-1}	OAV 值
1	甲基紫罗兰酮	0.0300	0.7286
2	烟碱	0.0660	94.8323
3	2,4-二叔丁基苯酚	0.5000	0.0550
4	2-甲基苯并噻唑	0.0078	2.2619
5	棕榈酸甲酯	2.0000	0.0021
6	棕榈酸	10	0.0052

对于 OAV 值≥1 的物质我们认为对整体香气有重要贡献，根据实验结果分析，烟碱的 OAV 值最大且具有刺激性烟气，是烟叶的主要品质成分之一。另外 OAV 值<1 的物质中甲基紫罗兰酮、2,4-二叔丁基苯酚、棕榈酸甲酯、棕榈酸四种物质可能因存在协同作用在 GC-O 嗅闻时有一定香气强度，予以保留。每一种物质都对烟草香气有或多或少的贡献，按其一定的量构成烟草的整体香气。

4. 云产卷烟烟丝特征香气物质

采用二氯甲烷萃取浓缩前处理方式，通过 GC-MS 方法对云产卷烟烟丝香气成分进行鉴定，通过内标法对鉴定出的香气成分进行定量分析，结合香气强度与 OAV 值筛选出特征香气成分，最终筛选出 20 种关键香气成分。另外新植二烯、3-羟基索拉韦惕酮、麦司明等物质本身不具备明显香气，却是烟草中的重要致香物质。

根据实验结果分析，其中浓度较高并与已报道文献相吻合的物质有 3-羟基索拉韦惕酮、新植二烯、巨豆三烯酮、甲基紫罗兰酮、二氢猕猴桃内酯、降茄二酮、2,3'-联吡啶、可替宁、二烯烟碱和麦司明等，这些物质都是烟气当中做出主要贡献的物质。而结果当中的巨豆三烯酮和 9-羟基-4,7-巨豆二烯-3-酮两种物质贡献的香气格外重要。吴彦辉等人曾着重提起过，巨豆三烯酮类似甘草的甜香可使烟气和顺，加入该化合物可以提高香味品质，并且不会对人体产生副作用。

对我国的大部分烤烟来讲，巨豆三烯酮、大马酮、茄酮 3 种香味物质处于香气的主导地位。从烟叶香气来讲，酮类物质能构成烟气中的木香，花香，果香，成熟烟草香等特征。而结果中醛酮和杂环类化合物总体占比很高，这些化合物可以协调烟草香味和增加香气的丰富性。

通过对云产卷烟烟丝的分析，对我国烤烟香气分析积累了一定经验并且做出了一定贡献，以期对烟气的香气成分及烤烟工艺的改善有较大的理论指导意义。

4.3.3 小 结

利用 HS-SPME-GC/MS 结合相对香气活力值分析 8 种不同竞争品牌卷烟烟丝的特征香气化学成分，比较不同样品主要香气成分的差异。

利用 HS-SPME-GC/MS 结合香气活力值分析不同品牌卷烟烟丝中具有香气活力的特征香气成分，识别不同卷烟品牌特征香韵香气成分。

利用 GC-O/MS 结合香气活力值分析云产卷烟烟丝中具有香气活力的特征香气成分。

4.4 卷烟烟气

4.4.1 分析技术

利用 HS-SPME-GC/MS 结合香气活力值分析 8 种不同竞争品牌卷烟烟气的特征香气化学成分，比较不同样品主要香气成分的差异。

利用感官导向分离-香气活力值分析不同卷烟烟气不同组群的特征香气化学成分，分析焦甜香组群、烟熏香组群、酸香组群、酸味组群的特征香气成分。

利用味觉活力值分析卷烟烟气中的酸味特征香气成分。

采用活性阈值的分析技术分析卷烟烟气中的重要碱性、中性香气成分。

采用 GC-MS/O 结合香气活力值（OAV）分析卷烟烟气中巨豆三烯酮的香气活性大小，为卷烟调香技术深入开展提供数据支撑。

4.4.2 特征成分

4.4.2.1 卷烟烟气中主要挥发性香气成分

刘哲[1]建立卷烟烟气的 HS-SPME-GC/MS 定性半定量分析方法，利用香气活力值分析 8 种不同竞争品牌卷烟烟气的特征香气化学成分，比较不同样品主要香气成分的差异。

1. 主要材料与仪器

材料：8 种不同品牌的卷烟（编号 A、B、C、D、E、F、G、H）、间甲酚、烟碱、吲哚、3-乙基苯酚、2,4-二甲基苯酚、乙酸、叶绿醇、金合欢醇、甲基环戊烯醇酮、对甲酚、糠醇、3-羟基吡啶、(*S*)-(−)-柠檬烯、5-甲基呋喃醛、2-羟甲基环己酮、对乙基苯酚、尼可他因、乙醇，以上皆为色谱纯级或以上试剂；固相微萃取头。

仪器：多孔道直线式吸烟机（德国 Borgward 有限公司，型号：SM450 型）；HS-SPME-GC/MS 仪（布鲁克公司）。

2. 分析方法

选择 8 种不同品牌的卷烟样品，采用 ISO 标准抽吸模式（抽吸容量 35 mL，持续时间 2 s，抽吸间隔 60 s）抽吸卷烟，烟气的补集方式采用剑桥滤片补集，每张滤片抽吸 2 支卷烟，将捕集到主流烟气的剑桥滤片用顶空瓶迅速密封后在 CTC 固相微萃取装置中进行萃取，萃取温度：80 ℃，萃取时间：20 min，解吸时间：2 min，萃取头转速：250 r/min。

（1）定性分析条件

①气相色谱条件：色谱柱为弹性石英毛细管柱（推荐使用 DB-5MS 柱或分离效能相近的毛细管柱），规格：30 m（长度）×0.25 mm（内径）×0.25 μm（膜厚）。载气：He，恒流模式；柱流量：1.0 mL/min；分流比：10∶1。进样口温度：250 ℃；程序升温：初始温度 40 ℃，保持 2.0 min，以 5 ℃/min 的升温速率升至 260 ℃，保持 10.0 min。

②质谱条件：传输线温度：250 ℃；电离方式：电子轰击源（EI）；电离能量：70 eV；离子源温度：200 ℃；溶剂延迟时间：3.0 min；检测方式：全扫描监测模式，质量扫描范围：30 ~ 500 amu。

（2）定量分析条件

标准溶液配置：用甲醇逐级稀释标准品，取 20 mg/mL 标准混合溶液稀释为 100 μg/mL 的一级储备液，取 2 mL 100 μg/mL 一级储备液稀释至 50 mL，得到 4 μg/mL 二级储备液，取一级储备液和二级储备液配制 7 个质量浓度的系列标准工作溶液。

根据香气活力值筛选出的香气成分，对每种香气成分采用内标法定量。取已捕集有卷烟焦油的剑桥滤片 2 张，置于 50 mL 具塞锥形瓶中，加入 20 mL 丙酸苏合香酯（内标）乙醇溶液，室温下振荡 30 min，取上清液 2 mL，进行 GC/MS 分析，每个样品测定 2 次取平均值。

气相色谱条件同定性分析条件。

质谱条件同定性分析条件，检测方式：选择离子扫描监测模式（表 4-22）。

表 4-22 主流烟气主要香气成分选择离子表

化合物	定量离子对（*m/z*）	定性离子对（*m/z*）
间甲酚	165/78	180/83
烟碱	162.0/84	132.9/118.0
吲哚	70.1/55	98.1/70
3-乙基苯酚	91.1/65	133.2/104.9
2,4-二甲基苯酚	191.2/57	206/191.1
乙酸	104/78	104/77
叶绿醇	95.2/67.1	95.2/55.0
金合欢醇	69.2/41	107.2/91
甲基环戊烯醇酮	112.1/84.0	83.1/55.2
对甲酚	165/75	180/85
糠醇	98.1/70	98.1/42

续表

化合物	定量离子对（m/z）	定性离子对（m/z）
3-羟基吡啶	92.1/65	107.1/92
(S)-(−)-柠檬烯	131.1/103	91.1/65
5-甲基呋喃醛	109/53	81/53
2-羟甲基环己酮	85.1/57	100.1/54
角鲨烯	125.1/83.6	70.2/31.6
对乙基苯酚	147.2/129.0	129.2/97
尼可他因	104.9/78.0	160.0/131.0
对羟基苯甲醚	123.1/95	138.1/123
邻苯二酚	115.1/84.9	85.2/81.1
麦芽酚	126/71	71/43
乙基环戊烯醇酮	69.1/41.2	69.1/39.2
茄酮	177.2/121	69.1/41.2
4,7,9-巨豆三烯-3-酮	112.1/97	139.1/121.1
2,3-二氢-3,5 二羟基-6-甲基-4(H)-吡喃-4-酮	128/85	85/57
2,3-二甲基-2-环戊烯-1-酮	70.1/55	98.1/70
5-羟甲基糠醛	110.1/53	81/53
丙二醇	93.1/77	71.1/43
1-十六烯	121.1/77	121.1/91
正十五烷	107.1/77	164.2/107
间苯二酚	168/75	85/64
2,6,7-三甲基癸烷	176.0/97.9	98.0/70.0
邻苯二甲醇	122/92	122/90.9
丙酸苏合香酯（内标）	104/56	178/122

（3）阈值查询

香气成分的阈值通过查阅文献获得。

（4）香气活力值计算方法

同 4.2.2.1 小节。

3. 分析结果

8 种不同品牌卷烟主流烟气挥发性成分半定量分析结果见表 4-23。

表 4-23 8 种不同品牌卷烟主流烟气挥发性成分分析结果

序号	中文名	相对含量/%							
		A	B	C	D	E	F	G	H
1	乙酸	1.13	1.58	0.86	1.22	0.69	1.04	1.46	2.11
2	丙二醇	0.46	0.77	2.59	0.74	1.26	1.24	0.47	1.80
3	糠醇	0.49	0.52	0.40	0.56	0.49	0.32	0.48	0.70
4	5-甲基呋喃醛	0.37	0.58	0.53	0.56	0.38	0.37	0.35	0.48

续表

序号	中文名	相对含量/%							
		A	B	C	D	E	F	G	H
5	(4-羟基苯基)膦酸	—	0.68	0.49	0.86	0.72	0.52	0.63	0.88
6	2,3-二甲基环己醇	—	—	—	—	—	—	0.86	—
7	甲基环戊烯醇酮	0.64	0.89	0.56	0.98	0.93	0.87	0.92	0.96
8	(*S*)-(−)-柠檬烯	0.49	—	0.64	1.51	0.56	0.95	1.39	—
9	2,3-二甲基-2-环戊烯-1-酮	0.30	0.59	0.25	0.69	0.45	0.56	0.43	0.56
10	间甲酚	0.20	0.37	0.61	0.34	0.23	0.55	0.20	0.39
11	对甲酚	0.80	1.27	1.43	1.40	1.07	1.51	1.01	1.65
12	对羟基苯甲醚	0.49	—	0.71	0.83	0.67	0.89	—	0.74
13	麦芽酚	0.52	0.93	0.48	0.43	0.71	0.66	0.45	0.70
14	3-羟基吡啶	0.82	—	—	—	—	1.01	—	—
15	乙基环戊烯醇酮	—	—	—	—	—	—	—	0.58
16	2,3-二氢-3,5 二羟基-6-甲基-4(*H*)-吡喃-4-酮	1.82	1.77	1.55	2.25	2.32	1.30	1.62	2.36
17	1-亚甲基-2-丙烯基苯	—	0.68	—	0.70	0.28	—	0.48	0.40
18	对乙基苯酚	0.45	1.23	0.53	1.44	0.84	0.54	1.14	—
19	2,4-二甲基苯酚	0.06	0.23	1.07	—	0.15	0.09	0.14	—
20	间苯二酚	—	—	—	0.54	—	0.56	—	—
21	邻苯二酚	0.69	0.47	0.61	0.42	1.18	0.61	0.37	1.18
22	2,6,7-三甲基癸烷	—	0.38	—	0.54	—	0.62	—	0.32
23	2-羟甲基环己酮	0.40	—	0.74	—	—	0.44	—	—
24	邻苯二甲醇	—	0.79	—	—	1.23	—	1.24	—
25	1,2,3-三甲基茚	—	—	—	0.64	—	0.34	0.40	—
26	2,3-二氢苯并呋喃	1.04	—	—	—	—	1.43	—	1.24
27	5-羟甲基糠醛	2.02	1.97	2.25	3.43	1.92	1.00	1.44	2.88
28	4-乙基-3-甲基-苯酚	—	—	—	—	0.60	0.60	—	—
29	2,3,7-三甲基-辛烷	0.13	0.41	0.55	0.50	—	—	—	1.06
30	1-茚酮	0.27	0.51	0.92	0.53	0.32	0.54	0.33	0.44
31	7-十四烯	0.38	0.61	—	0.72	0.42	0.64	0.55	0.63
32	吲哚	0.57	0.74	0.73	0.81	0.68	0.89	—	—
33	1-亚乙基-1*H*-茚	0.45	0.56	0.37	0.69	0.60	0.51	0.56	0.63
34	4-羟基-3-甲基苯乙酮	0.63	0.93	0.80	0.99	0.94	0.93	0.77	0.92
35	三乙酸甘油酯	21.53	15.65	8.78	11.90	15.56	9.95	19.09	17.99
36	烟碱	28.52	22.67	34.77	24.57	29.37	31.14	27.11	21.93
37	茄酮	—	0.94	—	—	—	—	—	—

续表

序号	中文名	相对含量/%							
		A	B	C	D	E	F	G	H
38	2,6,10-三甲基十二烷	0.23	0.26	0.13	0.55	0.33	0.27	0.34	0.46
39	9-十八烯-12-炔酸甲酯	0.63	0.71	0.63	—	—	—	—	—
40	二十二六烯酸甲酯	0.32	—	0.50	0.23	—	—	0.35	0.33
41	1,7-二甲基萘	0.46	0.54	0.42	0.77	0.89	0.65	—	0.62
42	里那醇	1.29	1.34	1.27	1.91	1.54	1.87	1.56	1.60
43	角鲨烯	1.49	1.62	1.44	2.36	1.82	2.33	1.85	2.03
44	二十二碳六烯酸	0.32	0.37	0.33	0.51	0.38	0.58	0.39	0.39
45	二烯烟碱、尼可他因	0.00	0.41	0.84	0.84	0.54	1.04	0.50	0.46
46	1-十六烯	0.35	0.54	—	0.68	—	0.82	0.62	—
47	正十五烷	0.53	0.61	0.44	0.94	0.65	0.16	0.64	0.32
48	正十七烷	0.11	0.17	0.13	1.07	0.32	0.91	0.29	0.15
49	异烟碱	0.62	—	0.84	—	0.95	1.07	0.86	0.85
50	4,7,9-巨豆三烯-3-酮	2.23	6.86	4.50	0.78	0.99	0.87	1.08	0.82
51	4,7,9-巨豆三烯-3-酮	0.56	0.39	0.56	0.47	0.62	0.47	0.60	0.53
52	[*R*-[*R* *,*R* *-(*E*)]]-3,7,11,15-四甲基-2-十六碳烯	2.01	1.70	1.91	2.43	2.34	2.34	2.23	2.44
53	(*E*)-5-十八烯	—	—	0.10	0.39	—	—	0.39	0.65
54	(3*β*,4*α*)-4-甲基-胆甾-8,24-二烯-3-醇	0.10	0.07	0.09	0.58	0.11	0.09	0.09	0.12
55	3,7,11,15-四甲基己烯-1-醇(叶绿醇)	11.51	8.21	10.90	9.31	12.32	10.37	11.30	10.86

8 种品牌卷烟的主流烟气共检测出 55 种挥发性成分，其中烟碱的含量最高（31.14%~21.93%），三乙酸甘油酯（8.78%~21.53%）和叶绿醇（8.21%~12.32%）次之。相比较于烟丝的挥发性成分，主流烟气中的香气成分的种类和含量都出现下降，造成这种现象的原因可能是卷烟烟气分为主流烟气和侧流烟气，主流烟气是卷烟燃烧过程中生成又经过滤嘴过滤后的烟气，烟气在通过滤嘴时会有部分挥发性成分停留在滤嘴中，而侧流烟气是指烟丝顶端燃烧直接进入空气的烟气，所以这两个过程中丢失的成分均不能被剑桥滤片捕集。

8 种不同品牌卷烟主流烟气挥发性成分定量分析结果见表 4-24。

表 4-24　8 种不同品牌卷烟主流烟气挥发性成分定量分析结果

序号	化合物	浓度/mg·kg^{-1}							
		A	B	C	D	E	F	G	H
1	间甲酚	6.89	13.53	21.89	13.48	7.84	19.12	6.69	14.52
2	烟碱	1006.97	833.74	1239.38	968.07	981.36	1085.12	947.90	825.17
3	吲哚	20.08	27.36	25.87	31.75	22.60	30.97	—	—

续表

序号	化合物	浓度/mg·kg^{-1}							
		A	B	C	D	E	F	G	H
4	3-乙基苯酚	15.86	13.89	—	17.82	28.02	18.86	17.31	—
5	2,4-二甲基苯酚	2.10	8.44	38.30	—	5.01	3.06	4.63	—
6	乙酸	39.77	58.21	30.48	46.60	47.97	23.19	36.32	45.11
7	叶绿醇	406.36	301.99	388.36	366.62	411.68	361.55	385.86	408.66
8	金合欢醇	45.71	49.24	45.19	75.14	51.50	65.10	53.30	60.23
9	甲基环戊烯醇酮	22.55	32.75	19.88	38.76	30.91	30.32	31.32	36.22
10	对甲酚	28.10	46.54	50.87	55.12	35.73	52.75	34.48	62.02
11	糠醇	17.25	19.15	14.40	22.01	16.26	11.15	16.37	26.43
12	3-羟基吡啶	29.04	—	—	—	—	35.10	—	—
13	(*S*)-(−)-柠檬烯	17.42	59.01	22.70	59.61	18.78	33.07	47.39	43.96
14	5-甲基呋喃醛	13.18	21.38	18.75	22.19	12.71	12.77	11.95	18.19
15	2-羟甲基环己酮	14.23	—	26.42	—	10.04	15.35	—	—
16	角鲨烯	0.25	0.25	0.26	0.28	0.28	0.37	0.25	0.28
17	对乙基苯酚	—	31.27	18.92	38.98	—	—	21.54	—
18	尼可他因	14.36	15.05	29.95	33.15	18.04	36.20	16.99	17.36
19	对羟基苯甲醚	—	0.84	0.77	0.85	0.64	0.72	0.40	0.63
20	邻苯二酚	0.38	—	0.37	—	0.41	0.43	—	0.35
21	麦芽酚	0.30	0.32	—	—	0.37	0.22	—	0.17
22	乙基环戊烯醇酮	—	—	—	—	—	—	—	0.57
23	茄酮	—	0.88	—	—	—	—	—	—
24	4,7,9-巨豆三烯-3-酮	1.84	2.35	1.97	1.87	1.55	1.92	1.15	1.62
25	2,3-二氢-3,5 二羟基-6-甲基-4(*H*)-吡喃-4-酮	1.19	1.24	1.82	1.02	1.32	1.58	1.66	1.58
26	2,3-二甲基-2-环戊烯-1-酮	—	1.75	—	1.78	—	1.23	—	1.09
27	5-羟甲基糠醛	1.13	1.06	0.76	1.44	1.03	1.09	1.03	1.56
28	丙二醇	—	1.79	1.26	0.88	1.28	1.11	—	1.02
29	1-十六烯	—	0.84	—	1.40	—	1.00	—	0.78
30	正十五烷	1.02	1.28	—	1.50	1.37	—	1.62	—
31	间苯二酚	—	—	—	0.71	—	0.18	—	—
32	2,6,7-三甲基癸烷	—	0.09	—	0.13	—	0.33	—	0.07
33	邻苯二甲醇	—	—	1.28	—	1.37	—	1.62	—
合计		1705.98	1544.15	1999.85	1801.16	1708.07	1843.86	1640.35	1566.95

8 种卷烟烟气的定量结果与定性结果基本一致，烟碱和叶绿醇在这些香气成分中仍是浓度最高的组分，从含量高低来看，C 的挥发性成分总含量均要高于其他卷烟样品，F、D 次之，B 最低。

基于烟叶挥发性成分的含量，通过阈值查询，利用香气活力值 OAV 计算（表 4-25），判断每种挥发性成分对整体香韵的贡献度大小。

表 4-25　8 种不同品牌卷烟烟气挥发性成分的香气活力值

序号	中文名	阈值/mg・kg^{-1}	香气活力值 OAV							
			A	B	C	D	E	F	G	H
1	间甲酚	0.000 44	15 659.09	30 750.00	49 750.00	30 636.36	17 818.18	43 454.55	15 204.55	33 000.00
2	烟碱	0.066	15 257.12	12 632.42	18 778.48	14 667.73	14 869.09	16 441.21	14 362.12	12 502.58
3	吲哚	0.0014	14 342.86	19 542.86	18 478.57	22 678.57	16 142.86	22 121.43	—	—
4	3-乙基苯酚	0.0017	9329.41	8170.59	—	10 482.35	16 482.35	11 094.12	10 182.35	—
5	2,4-二甲基苯酚	0.0005	4200.00	16 880.00	76 600.00	—	10 020.00	6120.00	9260.00	—
6	乙酸	0.013	3059.23	4477.69	2344.62	3584.62	3690.00	1783.85	2793.85	3470.00
7	叶绿醇	0.17	2390.35	1776.41	2284.47	2156.59	2421.65	2126.76	2269.76	2403.88
8	金合欢醇	0.02	2285.50	2462.00	2259.50	3757.00	2575.00	3255.00	2665.00	3011.50
9	甲基环戊烯醇酮	0.026	867.31	1259.62	764.62	1490.77	1188.85	1166.15	1204.62	1393.08
10	对甲酚	0.29	96.90	160.48	175.41	190.07	123.21	181.90	118.90	213.86
11	糠醇	0.18	95.83	106.39	80.00	122.28	90.33	61.94	90.94	146.83
12	3-羟基吡啶	0.45	64.53	—	—	—	—	78.00	—	—
13	(*S*)-(−)-柠檬烯	0.27	64.52	218.56	84.07	220.78	69.56	122.48	175.52	162.81
14	5-甲基呋喃醛	0.25	52.72	85.52	75.00	88.76	50.84	51.08	47.80	72.76
15	2-羟甲基环己酮	0.39	36.49	—	67.74	—	25.74	39.36	—	—
16	角鲨烯	5.78	0.04	0.04	0.04	0.05	0.05	0.06	0.04	0.05
17	对乙基苯酚	0.013	—	2405.38	1455.38	2998.46	0.00	—	1656.92	—
18	尼可他因	0.066	217.58	228.03	453.79	502.27	273.33	548.48	257.42	263.03
19	对羟基苯甲醚	2.36	—	0.36	0.33	0.36	0.27	0.31	0.17	0.27
20	邻苯二酚	5	0.08	—	0.07	—	0.08	0.09	—	0.07
21	麦芽酚	102.61	—	—	—	—	—	—	—	—
22	乙基环戊烯醇酮	29.6	—	—	—	—	—	—	—	0.02
23	茄酮	1.82	—	0.48	—	—	—	—	—	—

续表

序号	中文名	阈值/mg·kg^{-1}	香气活力值 OAV							
			A	B	C	D	E	F	G	H
24	4,7,9-巨豆三烯-3-酮	10.04	0.18	0.23	0.20	0.19	0.15	0.19	0.11	0.16
25	2,3-二氢-3,5-二羟基-6-甲基-4(*H*)-吡喃-4-酮	35	0.03	0.04	0.05	0.03	0.04	0.05	0.05	0.05
26	2,3-二甲基-2-环戊烯-1-酮	25.36	—	0.07	—	0.07	—	0.05	—	0.04
27	5-羟甲基糠醛	1000	—	—	—	—	—	—	—	—
28	丙二醇	1400	—	—	—	—	—	—	—	—
29	1-十六烯	3200	—	—	—	—	—	—	—	—
30	正十五烷	13 000	—	—	—	—	—	—	—	—
31	间苯二酚	6	—	—	—	0.12	—	0.03	—	—
32	2,6,7-三甲基癸烷	11.08	—	—	—	0.01	—	0.03	—	—
33	邻苯二甲醇	9.36	—	—	0.14	—	0.15	—	0.17	—

香气活力值 OAV 表征了物质对形成某种香气的贡献度大小，OAV 越大，则表示该物质的贡献度越大。根据 8 种品牌卷烟烟气挥发性成分的相对香气活力值结果（表 4-26）可以得出，除 C 以外其他品牌卷烟相对香气活力值最高的成分均为间甲酚。A 卷烟的烟气中有 16 种香气成分，B 有 14 种香气成分，C 有 15 种香气成分，D 有 14 种香气成分，E 有 15 种香气成分，F 有 16 种香气成分，G 有 14 种香气成分，H 有 11 种香气成分。

表 4-26　8 种不同品牌卷烟烟气主要挥发性香气成分

卷烟品牌	主要香气成分
A	间甲酚、烟碱、吲哚、3-乙基苯酚、2,4-二甲基苯酚、乙酸、叶绿醇、金合欢醇、甲基环戊烯醇酮、对甲酚、糠醇、3-羟基吡啶、(*S*)-(−)-柠檬烯、5-甲基呋喃醛、2-羟甲基环己酮、尼可他因
B	间甲酚、烟碱、吲哚、3-乙基苯酚、2,4-二甲基苯酚、乙酸、叶绿醇、金合欢醇、甲基环戊烯醇酮、对甲酚、糠醇、(*S*)-(−)-柠檬烯、5-甲基呋喃醛、对乙基苯酚、尼可他因
C	间甲酚、烟碱、吲哚、2,4-二甲基苯酚、乙酸、叶绿醇、金合欢醇、甲基环戊烯醇酮、对甲酚、糠醇、(*S*)-(−)-柠檬烯、5-甲基呋喃醛、2-羟甲基环己酮、对乙基苯酚、尼可他因
D	间甲酚、烟碱、吲哚、3-乙基苯酚、乙酸、叶绿醇、金合欢醇、甲基环戊烯醇酮、对甲酚、糠醇、(*S*)-(−)-柠檬烯、5-甲基呋喃醛、对乙基苯酚、尼可他因

续表

卷烟品牌	主要香气成分
E	间甲酚、烟碱、吲哚、3-乙基苯酚、2,4-二甲基苯酚、乙酸、叶绿醇、金合欢醇、甲基环戊烯醇酮、对甲酚、糠醇、(*S*)-(−)-柠檬烯、5-甲基呋喃醛、2-羟甲基环己酮、尼可他因
F	间甲酚、烟碱、吲哚、3-乙基苯酚、2,4-二甲基苯酚、乙酸、叶绿醇、金合欢醇、甲基环戊烯醇酮、对甲酚、糠醇、3-羟基吡啶、(*S*)-(−)-柠檬烯、5-甲基呋喃醛、2-羟甲基环己酮、尼可他因
G	间甲酚、烟碱、3-乙基苯酚、2,4-二甲基苯酚、乙酸、叶绿醇、金合欢醇、甲基环戊烯醇酮、对甲酚、糠醇、(*S*)-(−)-柠檬烯、5-甲基呋喃醛、对乙基苯酚、尼可他因
H	间甲酚、烟碱、乙酸、叶绿醇、金合欢醇、甲基环戊烯醇酮、对甲酚、糠醇、(*S*)-(−)-柠檬烯、5-甲基呋喃醛、尼可他因

4.4.2.2 卷烟烟气中不同组群主要挥发性香气成分

利用香气活力值分析不同卷烟烟气的特征香气化学成分。

1. 主要材料与仪器

材料：不同产地卷烟（Ⅰ、Ⅱ、Ⅲ、Ⅳ、Ⅴ、Ⅵ、Ⅶ、Ⅷ、Ⅸ、Ⅹ）；剑桥滤片（英国 Whatman 公司，44 mm）；凝胶色谱柱（瑞士 Buchi 公司）；Sephadex LH-20 填料（瑞典 GE Healthcare 公司）。

试剂：蒸馏水（10 MΩ，屈臣氏公司）；乙醇（色谱纯，迪马科技公司）。

仪器：20 孔道抽烟机（英国 Cerulean 公司，SM450）；HY-5 型振荡器（金坛中大仪器厂）；BUCHI 旋转蒸发仪（瑞士 Buchi 公司）；分析天平（德国 Sartorius 公司，感量 0.0001 g）；冷冻干燥机（德国 Christ 公司）；气相色谱-质谱联用仪（美国 Agilent 公司，7890A/5975C）；液相色谱（美国 Agilent 公司，1200，配置自动馏分收集器）。

2. 分析方法

（1）卷烟烟气粒相物的收集

挑选吸阻为(1080±50)Pa 的卷烟，按 ISO3308 和 GB/T 19609—2004 规定的方法，在温度(22±2) °C，湿度(60±5)%条件下抽吸卷烟。每张滤片收集 5 支卷烟的主流烟气粒相物。抽吸前后分别测定带有滤片的夹持器质量，得到滤片上所收集粒相物质量。取抽吸好的滤片，每 10 张置于 200 mL 具塞锥形瓶中，加入乙醇 125 mL 于室温下振荡 1 h，过滤后合并溶液转移至 250 mL 茄形瓶中，10 mL 溶剂洗涤滤片，合并后置于旋转蒸发仪中浓缩至无溶剂，得主流烟气粒相物乙醇提取物。

（2）主流烟气粒相物醇溶物的制备及分离

将葡聚糖凝胶 Sephadex LH-20 用乙醇充分溶胀后，装填层析柱（2.6 cm×100 cm），以乙醇为流动相平衡 24 h 以上。取 10 张滤片量的主流烟气粒相物乙醇提取物，用乙醇溶解，进行柱层析。以乙醇为流动相，流速为 3 mL/min，按时间连续收集，每个流份收集 10 mL，共收集 40 个流份。

（3）主流烟气粒相物水溶物的制备及分离

将葡聚糖凝胶 Sephadex LH-20 用纯净水充分溶胀后，装填层析柱（2.6 cm×100 cm），以水为流动相平衡 24 h 以上。取 60 张滤片量的主流烟气粒相物乙醇提取物，用 60 mL 蒸馏水溶解，过滤，滤液经冷冻干燥后，得到棕红色黏稠状物，即为主流烟气粒相物的水溶物。将水溶性物溶于 20 mL 蒸馏水中，进行柱层析。以蒸馏水为流动相，流速 1 mL/min，按时间连续收集，每个流份收集 10 mL，共收集 40 个流份。

（4）分离流份的风味特征评价

凝胶色谱分离流份的香气评价方法：由 10 位评价人员通过直接嗅闻或者品尝的方式对各流份的嗅觉/味觉特征进行辨识，获得具有香气/味觉特征的流份。有 7 位以上评价人员结论一致时，辨识结果方被接受。

①焦甜香组群

取已捕集有卷烟焦油的剑桥滤片 2 张，置于 50 mL 具塞锥形瓶中，加入 20 mL 丙酸苏合香酯（内标）乙醇溶液，室温下振荡 30 min，取上清液 2 mL，进行 GC/MS 分析，每个样品测定 2 次取平均值。GC/MS 分析条件：DB-5MS（60 m×0.25 mm×0.25 μm）；载气：He；柱流量：1 mL/min；进样口温度：250 °C；程序升温：50 °C（1 min），5 °C/min→160 °C（1 min）；分流比：2∶1；GC/MS 传输线温度：250 °C，EI 离子源温度：230 °C，四级杆温度：150 °C；EI 电离能量：70 eV；扫描模式：选择离子扫描。见表 4-27。

表 4-27　焦甜香组群成分及内标选择离子

序号	化合物名称	定量离子	定性离子
1	糠醛	96	95, 67
2	糠醇	98	97, 81
3	当归内酯	98	55, 70
4	2-环戊烯-1,4-二酮	96	68, 54
5	5-甲基糠醛	110	109, 53
6	3-甲基-2-环戊烯-1-酮	96	67, 81
7	3-甲基-2(5*H*)-呋喃酮	98	69, 68
8	环己二酮	112	83, 55
9	甲基环戊烯醇酮	112	69, 55
10	4-甲基-2(5*H*)-呋喃酮	69	98, 41
11	4-羟基-2,5-二甲基-3(2*H*)-呋喃酮	128	85, 129
12	3,4-二甲基环戊烯醇酮	126	111, 83
13	麦芽酚	126	71, 97
14	乙基环戊烯醇酮	126	83, 97
内标	丙酸苏合香酯（内标）	104	178, 122

②烟熏香组群

取已捕集有卷烟焦油的剑桥滤片 2 张，置于 50 mL 具塞锥形瓶中，加入 20 mL 对氯苯酚（内标）乙醇溶液，室温下振荡 30 min，取上清液 2 mL，进行 GC/MS 分析，每个样品测定 2

次取平均值。GC/MS 分析条件：色谱柱：DB-WAXETR（60 m×0.25 mm×0.25 μm）；载气：He；柱流量：1 mL/min；进样口温度：250 °C；程序升温：50 °C（1 min），10 °C/min→160 °C（10 min），3 °C/min→240 °C（20 min）；不分流模式；GC/MS 传输线温度：250 °C；EI 离子源温度：230 °C；四级杆温度：150 °C；EI 电离能量：70 eV；扫描模式：选择离子扫描。见表 4-28。

表 4-28 烟熏香组群成分及内标保留时间和选择离子

化合物名称	定量离子	定性离子
愈创木酚	109	124
2,6-二甲基苯酚	122	107
2,4,6-三甲基苯酚	121	136
邻甲酚	108	107
苯酚	94	66
4-乙基愈创木酚	137	152
2,5-二甲基苯酚	107	122
2,4-二甲基苯酚	122	107
对甲酚	108	107
2,3-二甲基苯酚	107	122
丁香酚	164	149
3,5-二甲基苯酚	107	107
4-乙烯基愈创木酚	150	135
3,4-二甲基苯酚	122	122
2,6-二甲氧基苯酚	154	139
异丁香酚	164	149
3-羟基苯甲醛	122	121
3-羟基苯乙酮	121	136
2-(4-羟苯基)乙醇	107	138
对氯苯酚（内标）	128	130

③酸香组群

取 2 张收集卷烟主流烟气的剑桥滤片于锥形瓶中，加入二氯甲烷 25 mL，以及 2 mg/mL 反-2-己烯酸（内标）的环己烷溶液 30 μL，超声波萃取 20 min，静置。取上清液，用 0.22 μm 尼龙滤膜过滤，取滤液 1.5 mL 于 2 mL 色谱瓶中，加入 60 μL BSTFA，密封，在 60 °C 水浴中衍生化 50 min 后，冷却至室温，进行 GC/MS 分析。每个样品测定 2 次取平均值。

标准工作溶液衍生化：取 1 mL 溶液于 2 mL 色谱瓶中，加入 30 μL BSTFA，密封，在 60 °C 水浴中衍生化 50 min 后，冷却至室温，进行 GC/MS 分析。色谱柱：DB-5MS（60 m×0.25 mm×

0.25 μm）；载气：He；柱流量：1 mL/min；进样口温度：250 °C；程序升温：50 ℃（0 min），5 ℃/min→200 ℃（0 min）；分流比：5∶1；GC/MS 传输线温度：250 ℃，EI 离子源温度：230 ℃，四级杆温度：150 ℃；EI 电离能量：70 eV；扫描模式：选择离子扫描。见表 4-29。

表 4-29 酸香组群成分及内标选择离子

化合物名称	定量离子	定性离子
甲酸	103	73, 45
乙酸	117	75
异戊酸	159	117
正戊酸	159	117, 132
3-甲基-2-丁烯酸	113	157
3-甲基戊酸	173	132
4-甲基戊酸	173	145
正己酸	173	174
反-2-己烯酸	171	143
正庚酸	187	188
苯甲酸	179	77, 135

④酸味组群

取抽吸好的剑桥滤片 2 张，置于 50 mL 具塞锥形瓶中，加入丙酮 20 mL，室温下在振荡器上振荡 30 min，加入反式 3-己烯酸内标溶液，混匀，取 1 mL 上清液，加入衍生化试剂 BSTFA 90 μL，置于 30 °C 水浴下加热 80 min，进行 GC/MS 分析，每个样品测定 2 次取平均值。

色谱柱：DB-5MS（60 m×0.25 mm×0.25 μm）；载气：He；柱流量：1 mL/min；进样口温度：250 ℃；程序升温：50 ℃（1 min），5 ℃/min→200 ℃（1 min）；分流模式：不分流；GC/MS 传输线温度：250 ℃，EI 离子源温度：230 ℃，四级杆温度：150 °C；EI 电离能量：70 eV；扫描模式：选择离子扫描，根据保留时间划分时间段。见表 4-30。

表 4-30 酸味组群成分及内标保留时间和选择离子

化合物	衍生物保留时间/min	衍生物定量离子	衍生物定性离子
2-甲基丁酸	10.549	159	75
4-戊烯酸	11.849	157	75
乳酸	14.518	147	117
2-羟基乙酸	15.023	147	73
2-羟基丁酸	16.553	147	131
乙酰丙酸	16.859	173	145
3-羟基丙酸	17.112	149	147
3-甲基-2-羟基丁酸	17.681	145	73

续表

化合物	衍生物保留时间/min	衍生物定量离子	衍生物定性离子
4-甲基-2-羟基戊酸	19.727	159	103
2,3-二羟基丙酸	22.401	147	73
丁二酸	22.036	189	147
2-亚甲基丁二酸	22.981	147	73
丁二烯酸	23.024	245	147
苹果酸	26.552	147	75
反式-3 己烯酸（内标）	15.039	171	73

3. 分析结果

（1）焦甜香组群特征成分

10 种不同产地卷烟主流烟气中焦甜香组群成分释放量见表 4-31。GC-SIM-MC 谱图见图 4-2。

表 4-31 不同卷烟烟气中焦甜香组群成分释放量

焦甜组群	含量/μg·支$^{-1}$									
	Ⅰ	Ⅱ	Ⅲ	Ⅳ	Ⅴ	Ⅵ	Ⅶ	Ⅷ	Ⅸ	Ⅹ
糠醛	8.23	10.14	9.21	10.50	8.56	9.19	2.91	8.42	3.59	4.44
糠醇	12.29	15.27	14.00	16.83	12.35	15.49	6.64	12.89	6.75	6.21
当归内酯	0.77	0.91	0.84	0.95	0.82	0.80	0.21	0.72	0.47	0.48
2-环戊烯-1,4-二酮	7.33	9.29	8.61	9.85	8.79	9.30	3.82	7.09	4.19	9.60
5-甲基糠醛	7.97	8.71	7.53	9.23	7.57	8.08	3.05	7.16	3.11	3.65
3-甲基-2-环戊烯-1-酮	3.48	4.31	4.19	4.10	3.98	4.01	1.62	3.55	2.93	3.28
3-甲基-2(5*H*)-呋喃酮	1.08	1.33	1.24	1.25	1.31	1.29	0.48	1.04	0.81	0.80
环已二酮	3.34	3.44	3.49	3.79	3.20	3.55	1.25	2.77	2.37	3.11
甲基环戊烯醇酮	15.53	17.47	17.78	16.77	16.73	17.90	8.74	14.30	12.53	12.88
4-甲基-2(5*H*)-呋喃酮	1.98	2.21	2.20	2.18	2.16	2.12	1.08	1.68	1.62	1.55
4-羟基-2,5-二甲基-3(2*H*)-呋喃酮	8.34	8.40	8.56	10.98	6.42	10.42	7.48	9.94	5.91	3.75
3,4-二甲基环戊烯醇酮	1.36	1.38	1.47	1.44	1.26	1.39	0.81	1.23	1.11	1.19
麦芽酚	8.60	9.24	9.09	9.53	9.18	8.65	6.13	7.84	6.95	7.09
乙基环戊烯醇酮	3.66	4.25	4.37	4.00	3.92	4.21	2.48	3.63	3.45	3.50

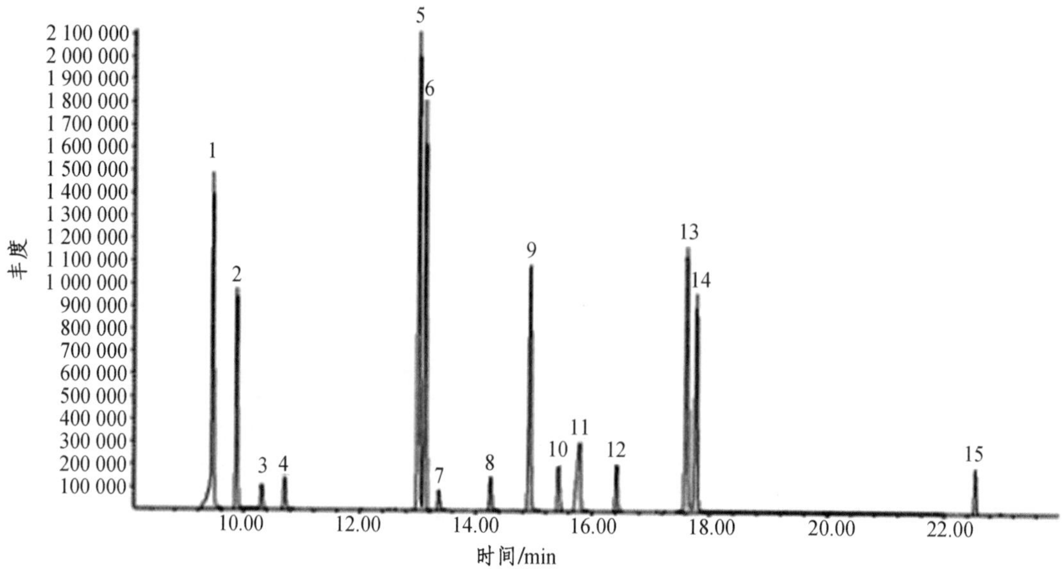

（a）标准混合溶液

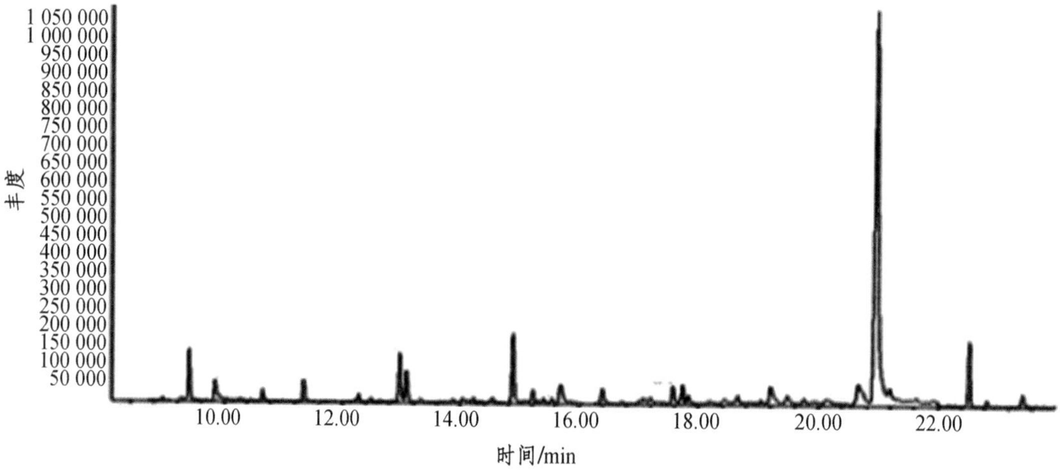

（b）卷烟烟气样品

1—糠醛；2—糠醇；3—当归内酯；4—2-环戊烯-1,4-二酮；5—5-甲基糠醛；6—3-甲基-2-环戊烯-1-酮；7—3-甲基-2(5*H*)-呋喃酮；8—环已二酮；9—甲基环戊烯醇酮；10—4-甲基-2(5*H*)-呋喃酮；11—4-羟基-2,5-二甲基-3(2*H*)-呋喃酮；12—3,4-二甲基环戊烯醇酮；13—麦芽酚；14—乙基环戊烯醇酮；15—丙酸苏合香酯。

图 4-2　焦甜香风味组群的 GC-SIM-MS 谱图

不同卷烟烟气中焦甜香组群成分释放量分布趋势类似：甲基环戊烯醇酮含量均为最高，糠醇、4-羟基 2,5-二甲基-3(2*H*)-呋喃酮、麦芽酚、糠醛等略低，而当归内酯、3-甲基-2(5*H*)-呋喃酮、3,4-二甲基环戊烯醇酮等含量较低。

借助风味活性值的计算公式，依据焦甜香组群在卷烟烟气中的分布以及相关成分的阈值，获取焦甜香风味成分在不同卷烟中的风味活性值，见表 4-32。

表 4-32 焦甜香组分在不同卷烟烟气中的风味活性值

化合物名称	风味活性值（×10^3）									
	Ⅰ	Ⅱ	Ⅲ	Ⅳ	Ⅴ	Ⅵ	Ⅶ	Ⅷ	Ⅸ	Ⅹ
糠醛	16.1	19.8	18.0	20.5	16.7	18.0	5.7	16.5	7.0	8.7
糠醇	81.6	101.4	93.0	111.7	82.0	102.8	44.1	85.6	44.8	41.2
当归内酯	6.1	7.2	6.6	7.5	6.5	6.3	1.7	5.7	3.7	3.8
2-环戊烯-1,4-二酮	5.1	6.5	6.0	6.9	6.1	6.5	2.7	4.9	2.9	6.7
5-甲基糠醛	356.0	389.0	336.3	412.2	338.1	360.9	136.2	319.8	138.9	163.0
3-甲基-2-环戊烯-1-酮	25.2	31.2	30.3	29.7	28.8	29.0	11.7	25.7	21.2	23.7
3-甲基-2(5*H*)-呋喃酮	0.5	0.7	0.6	0.6	0.7	0.6	0.2	0.5	0.4	0.4
环己二酮	81.3	83.8	85.0	92.3	77.9	86.5	30.4	67.5	57.7	75.7
甲基环戊烯醇酮	104.1	117.1	119.2	112.4	112.2	120.0	58.6	95.9	84.0	86.4
4-甲基-2(5*H*)-呋喃酮	5.3	5.9	5.9	5.8	5.7	5.6	2.9	4.5	4.3	4.1
4-羟基-2,5-二甲基-3(2*H*)-呋喃酮	447.2	450.4	459.0	588.7	344.2	558.7	401.1	533.0	316.9	201.1
3,4-二甲基环戊烯醇酮	265.1	269.0	286.5	280.7	245.6	271.0	157.9	239.8	216.4	232.0
麦芽酚	83.8	90.0	88.6	92.9	89.5	84.3	59.7	76.4	67.7	69.1
乙基环戊烯醇酮	123.6	143.6	147.6	135.1	132.4	142.2	83.8	122.6	116.6	118.2
焦甜香风味活性值	1601	1716	1683	1897	1487	1792	997	1598	1083	1034

可以看出，各化合物在不同卷烟品牌中的贡献排序基本一致。其中 4-羟基 2,5-二甲基-3(2*H*)呋喃酮的风味活性值最高，随后依次为 5-甲基糠醛、3,4-二甲基环戊烯醇酮、乙基环戊烯醇酮和甲基环戊烯醇酮。这表明这些成分对卷烟烟气焦甜香香韵特征贡献较大。

（2）烟熏香组群特征成分

10 种不同产地卷烟主流烟气中烟熏香组群成分释放量见表 4-33。GC-SIM-MC 谱图见图 4-3。

表 4-33 不同卷烟烟气中烟熏香组群成分释放量

烟熏香组群	含量/μg·支$^{-1}$									
	Ⅰ	Ⅱ	Ⅲ	Ⅳ	Ⅴ	Ⅵ	Ⅶ	Ⅷ	Ⅸ	Ⅹ
愈创木酚	2.15	2.96	2.59	2.46	1.94	2.28	0.87	1.86	2.57	4.03
2,6-二甲基苯酚	0.48	0.62	0.62	0.61	1.09	0.60	0.79	0.55	0.51	0.71
2,4,6-三甲基苯酚	0.25	0.31	0.29	0.32	0.19	0.21	0.10	0.22	0.32	0.27

续表

烟熏香组群	含量/μg·支$^{-1}$									
	Ⅰ	Ⅱ	Ⅲ	Ⅳ	Ⅴ	Ⅵ	Ⅶ	Ⅷ	Ⅸ	Ⅹ
邻甲酚	4.31	5.43	4.83	5.11	4.02	4.23	1.92	3.72	4.45	5.22
苯酚	19.95	23.32	20.09	22.46	17.40	18.76	7.72	15.94	16.54	21.41
4-乙基愈创木酚	0.44	0.55	0.45	0.45	0.33	0.39	0.19	0.34	0.48	0.65
2,5-二甲基苯酚	1.06	1.37	1.33	1.47	0.93	1.03	0.52	0.96	1.08	2.62
2,4-二甲基苯酚	2.42	2.98	2.68	2.90	2.40	2.42	1.33	2.11	2.72	3.04
对甲酚	8.78	10.66	9.25	10.20	8.51	8.38	4.42	7.51	8.35	9.77
2,3-二甲基苯酚	0.68	0.84	0.77	0.85	0.64	0.72	0.40	0.63	0.78	0.81
丁香酚	0.30	0.32	0.58	0.25	0.37	0.22	0.14	0.17	0.28	0.37
3,5-二甲基苯酚	2.82	3.57	3.08	3.38	2.63	2.82	1.57	2.53	3.10	3.59
4-乙烯基愈创木酚	8.90	10.71	9.27	8.77	7.73	8.62	5.43	7.71	9.26	12.17
3,4-二甲基苯酚	0.72	0.88	0.84	0.92	0.64	0.73	0.42	0.65	0.73	0.79
2,6-二甲氧基苯酚	1.84	2.35	1.97	1.87	1.55	1.92	1.15	1.62	2.21	2.67
异丁香酚	1.60	2.02	1.72	1.55	1.39	1.48	1.04	1.34	2.13	2.58
3-羟基苯甲醛	2.33	2.83	2.86	2.40	2.58	2.55	2.40	2.50	2.12	2.06
3-羟基苯乙酮	1.41	1.66	1.59	1.60	1.38	1.46	1.11	1.40	1.29	1.20
2-(4-羟苯基)乙醇	3.67	4.61	5.35	5.28	4.73	4.42	3.72	4.00	2.90	4.09

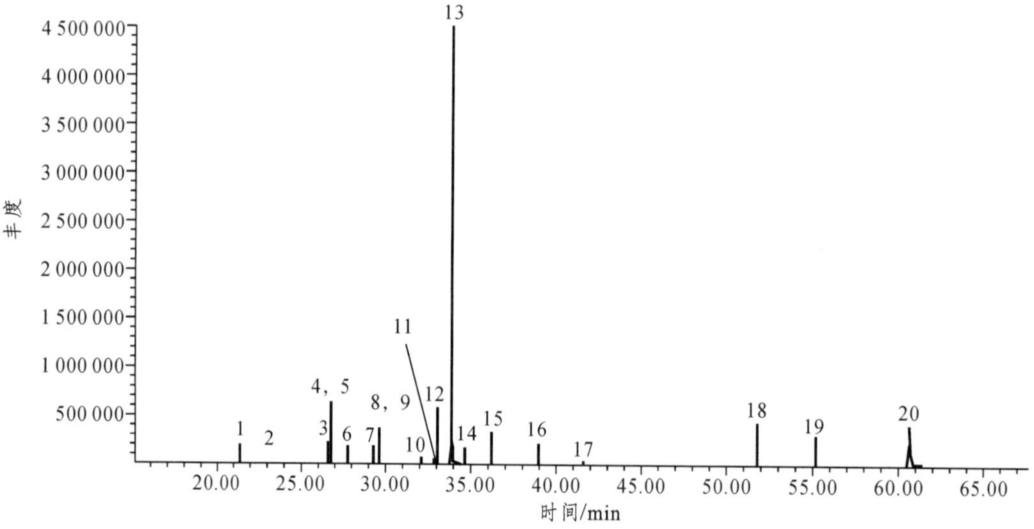

（a）标准物质溶液

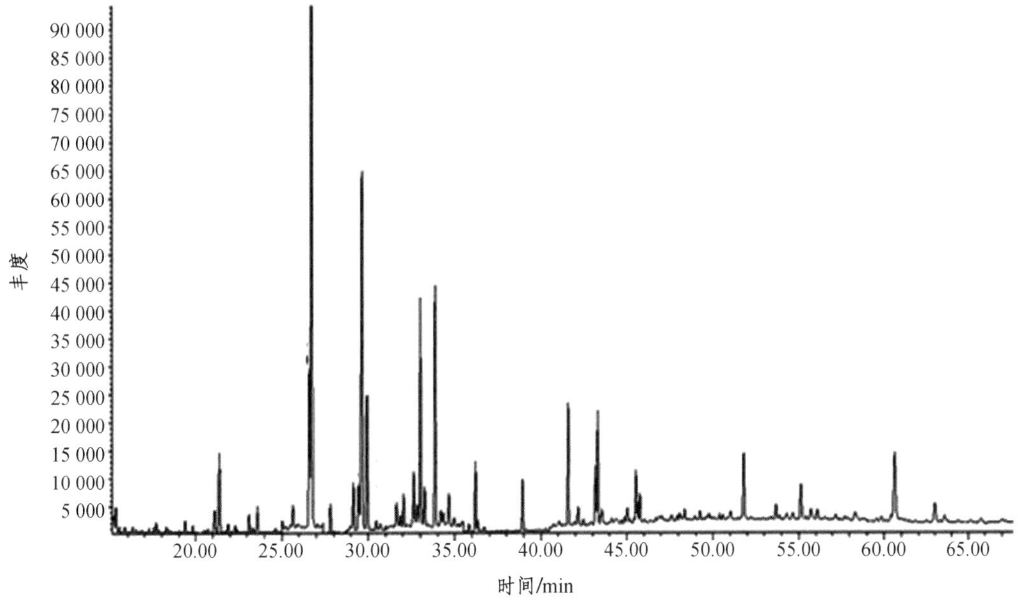

（b）典型卷烟样品

1—愈创木酚；2—2,6-二甲基苯酚；3—2,4,6-三甲基苯酚；4—邻甲酚；5—苯酚；6—4-乙基愈创木酚；7—2,5-二甲基苯酚；8—2,4-二甲基苯酚；9—对甲酚；10—2,3-二甲基苯酚；11—丁香酚；12—3,5-二甲基苯酚；13—4-乙烯基愈创木酚；14—3,4-二甲基苯酚；15—2,6-二甲氧基苯酚；16—异丁香酚；17—对氯苯酚（内标）；18—3-羟基苯甲醛；19—3-羟基苯乙酮；20—2-(4-羟苯基)乙醇。

图 4-3　烟熏香组群的 GC-SIM-MS 谱图

不同卷烟烟气中烟熏香组群成分分布趋势非常类似：苯酚含量均为最高，4-乙烯基愈创木酚、对甲酚、2-(4-羟苯基)乙醇等化合物含量略低，2,6-二甲基苯酚、4-乙烯基愈创木酚、2,4,6-三甲基苯酚、3,4-二甲基苯酚等化合物含量则比较低。

借助风味活性值的计算公式，依据烟熏香组群在卷烟烟气中的分布以及相关成分的阈值，获取烟熏香风味成分在不同卷烟中的风味活性值，见表 4-34。

表 4-34　焦甜香组分在不同卷烟烟气中的风味活性值

烟熏香成分	风味活性值（$\times 10^3$）									
	Ⅰ	Ⅱ	Ⅲ	Ⅳ	Ⅴ	Ⅵ	Ⅶ	Ⅷ	Ⅸ	Ⅹ
愈创木酚	311	428	375	356	281	330	126	269	372	583
2,6-二甲基苯酚	414	534	534	526	940	517	681	474	440	612
2,4,6-三甲基苯酚	13	17	16	17	10	11	5	12	17	15
邻甲酚	380	479	426	451	355	373	169	328	393	461
苯酚	798	932	803	898	696	750	309	637	661	856
4-乙基愈创木酚	39	49	40	40	29	34	17	30	42	57

续表

烟熏香成分	风味活性值（×10³）									
	Ⅰ	Ⅱ	Ⅲ	Ⅳ	Ⅴ	Ⅵ	Ⅶ	Ⅷ	Ⅸ	Ⅹ
2,5-二甲基苯酚	228	295	286	316	200	222	112	206	232	563
2,4-二甲基苯酚	351	432	388	420	348	351	193	306	394	441
对甲酚	30276	36759	31897	35172	29345	28897	15241	25897	28793	33690
2,3-二甲基苯酚	2615	3231	2962	3269	2462	2769	1538	2423	3000	3115
丁香酚	79	84	152	66	97	58	37	45	73	97
3,5-二甲基苯酚	152	192	166	182	141	152	84	136	167	193
4-乙烯基愈创木酚	18542	22313	19313	18271	16104	17958	11313	16063	19292	25354
3,4-二甲基苯酚	43	52	50	55	38	43	25	39	43	47
2,6-二甲氧基苯酚	176	225	188	179	148	184	110	155	211	255
异丁香酚	2759	3483	2966	2672	2397	2552	1793	2310	3672	4448
3-羟基苯甲醛	31	38	38	32	35	34	32	34	29	28
烟熏香风味活性值	57206	69542	60599	62922	53625	55235	31786	49363	57832	70816

各化合物在不同卷烟品牌中的贡献排序基本一致。其中对甲酚、4-乙烯基愈创木酚和异丁香酚的风味活性值在不同卷烟中均较高，这表明这些成分对卷烟烟气烟熏香香韵特征贡献较大。感官评价也显示对甲酚具有刺鼻的烟熏香气息，4-乙烯基愈创木酚具有温柔的烟熏气息和辛香特征，异丁香酚则是典型的辛香特征。

（3）酸香组群特征成分

10 种不同产地卷烟主流烟气中酸香组群成分释放量见表 4-35。离子色谱图见图 4-4。

表 4-35　不同卷烟烟气中酸香组群成分释放量

酸味组群	含量/μg·支$^{-1}$									
	I	II	III	IV	V	VI	VII	VIII	IX	X
甲酸	23.05	31.27	26.78	29.13	23.94	30.12	15.51	24.08	15.69	26.24
乙酸	88.59	92.51	88.56	85.03	74.71	92.55	47.42	77.19	70.18	92.82
异戊酸	2.15	2.36	2.10	3.07	2.09	2.26	1.44	2.06	2.96	2.63
正戊酸	0.77	0.83	0.87	0.96	0.69	0.82	0.53	0.78	0.68	0.75
3,3-二甲基丙烯酸	0.29	0.27	0.25	0.30	0.23	0.25	0.17	0.22	0.22	0.24
3-甲基戊酸	0.44	0.55	0.52	0.61	0.41	0.46	0.35	0.48	7.43	1.81
4-甲基戊酸	0.74	0.87	0.75	1.02	0.69	0.73	0.54	0.74	0.89	0.81
正己酸	0.72	0.79	0.73	0.94	0.69	0.79	0.52	0.72	0.78	0.79
正庚酸	1.04	1.39	1.21	1.52	1.22	1.2	0.95	1.11	1.10	1.23
苯甲酸	4.72	4.57	4.09	5.44	3.75	4.04	3.00	4.00	3.61	4.81

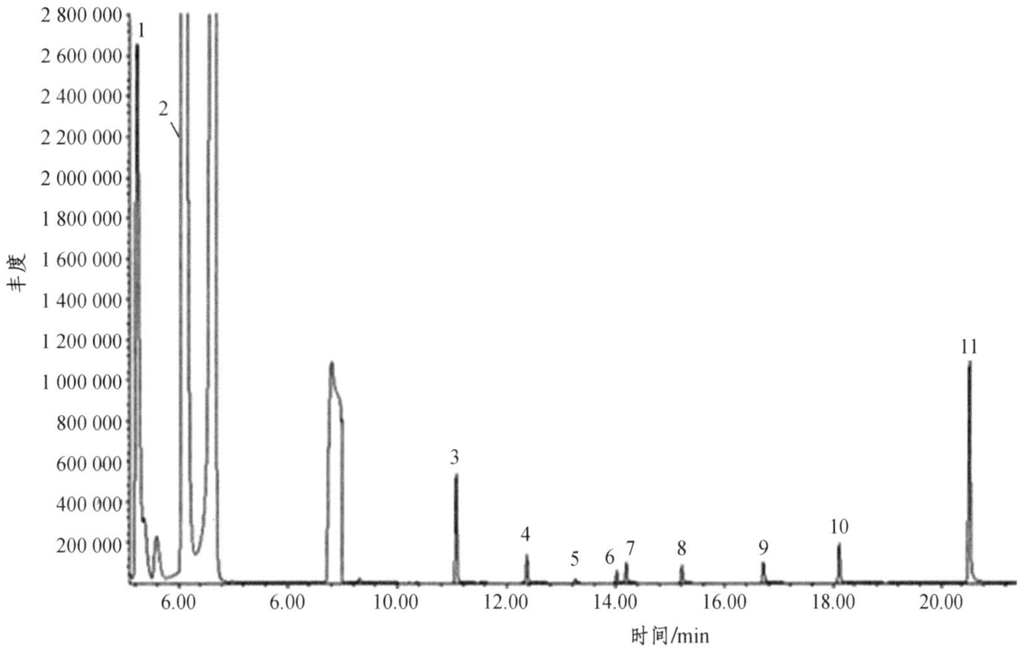

（a）标准物质溶液

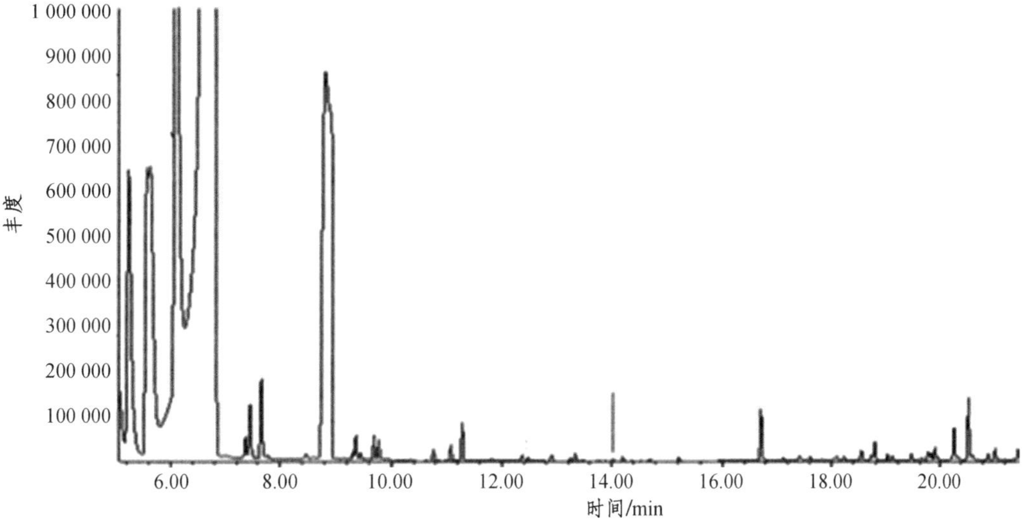

（b）典型卷烟样品

1—甲酸；2—乙酸；3—异戊酸；4—正戊酸；5—3-甲基-2-丁烯酸；6—3-甲基戊酸；7—4-甲基戊酸；8—正己酸；9—反式-2-己烯酸（内标）；10—正庚酸；11—苯甲酸。

图 4-4 酸香组群选择离子色谱图

乙酸和甲酸的释放量在各卷烟中均大大超过其他酸香成分。

借助风味活性值的计算公式，依据酸香组群在卷烟烟气中的分布以及相关成分的阈值，获取酸香风味成分在不同卷烟中的风味活性值，见表 4-36。

表 4-36　酸香组分在不同卷烟烟气中的风味活性值

酸香成分	风味活性值（$\times10^3$）									
	Ⅰ	Ⅱ	Ⅲ	Ⅳ	Ⅴ	Ⅵ	Ⅶ	Ⅷ	Ⅸ	Ⅹ
乙酸	11 157	11 651	11 154	10 709	9409	11 656	5972	9722	8839	11 690
异戊酸	23 889	26 222	23 333	34 111	23 222	25 111	16 000	22 889	32 889	29 222
正戊酸	2406	2594	2719	3000	2156	2563	1656	2438	2125	2344
3,3-二甲基丙烯酸	32	30	27	33	25	27	19	24	24	26
3-甲基戊酸	1571	1964	1857	2179	1464	1643	1250	1714	26 536	6464
4-甲基戊酸	1947	2289	1974	2684	1816	1921	1421	1947	2342	2132
正己酸	158	174	160	207	152	174	114	158	171	174
正庚酸	50	66	58	73	58	57	45	53	53	59
酸香风味活性值	41 211	44 991	41 282	52 995	38 303	43 152	26 478	38 945	72 979	52 111

各化合物在不同品牌卷烟中的贡献排序基本一致。其中乙酸、异戊酸、正戊酸、3-甲基戊酸、4-甲基戊酸的风味活性值在不同卷烟中均较高，这表明这些成分对卷烟烟气酸香香韵特征贡献较大。尽管卷烟烟气中异戊酸的释放量并不高，但由于其阈值很低，因此风味活性值最高，乙酸的释放量远远高于其他化合物，但其阈值远高于异戊酸，其风味活性值反而低于异戊酸。苯甲酸的含量是排在甲酸和乙酸之后最大的酸香成分，然而由于其阈值太高，评价人员无法区分其饱和溶液与空白，所以可推测，苯甲酸对于烟气酸香的贡献几乎可以忽略。

（4）酸味组群特征成分

10 种不同产地卷烟主流烟气中酸味组群成分释放量见表 4-37。离子色谱图见图 4-5。

表 4-37　不同卷烟烟气中酸味组群成分释放量

酸味组群	含量/μg·支$^{-1}$									
	Ⅰ	Ⅱ	Ⅲ	Ⅳ	Ⅴ	Ⅵ	Ⅶ	Ⅷ	Ⅸ	Ⅹ
2-甲基丁酸	1.57	1.74	1.66	2.49	1.75	1.45	0.89	1.41	2.23	2.18
4-戊烯酸	0.68	0.76	0.76	0.82	0.71	0.64	0.43	0.60	0.51	0.72
乳酸	48.57	54.06	45.90	49.72	62.62	113.01	53.73	124.99	28.41	36.17
2-羟基乙酸	19.71	21.91	19.42	28.63	21.41	22.83	15.23	18.48	9.10	14.78
2-羟基丁酸	3.02	3.28	3.28	3.50	3.37	3.07	2.62	2.96	2.66	3.22
乙酰丙酸	6.03	6.23	6.33	8.71	6.24	6.18	4.24	5.21	4.57	5.81
3-羟基丙酸	6.97	8.56	7.74	11.03	9.17	8.73	4.75	6.47	4.64	7.25
3-甲基-2-羟基丁酸	0.25	0.25	0.26	0.28	0.28	0.37	0.25	0.28	0.24	0.25
4-甲基-2-羟基戊酸	0.38	0.40	0.37	0.46	0.41	0.43	0.32	0.35	0.32	0.37
丁二酸	3.19	3.24	2.82	4.02	3.32	3.58	2.66	2.58	2.51	3.23
2,3-二羟基丙酸	5.56	4.75	4.84	6.78	5.65	5.23	3.46	4.09	3.46	4.17
2-亚甲基丁二酸	1.13	1.06	0.76	1.44	1.03	1.09	1.03	1.06	0.56	0.77
丁二烯酸	7.44	5.79	6.26	8.88	7.28	7.11	0.79	5.02	3.82	5.64
苹果酸	1.39	0.84	0.85	1.40	1.19	1.00	1.32	0.78	0.51	0.78

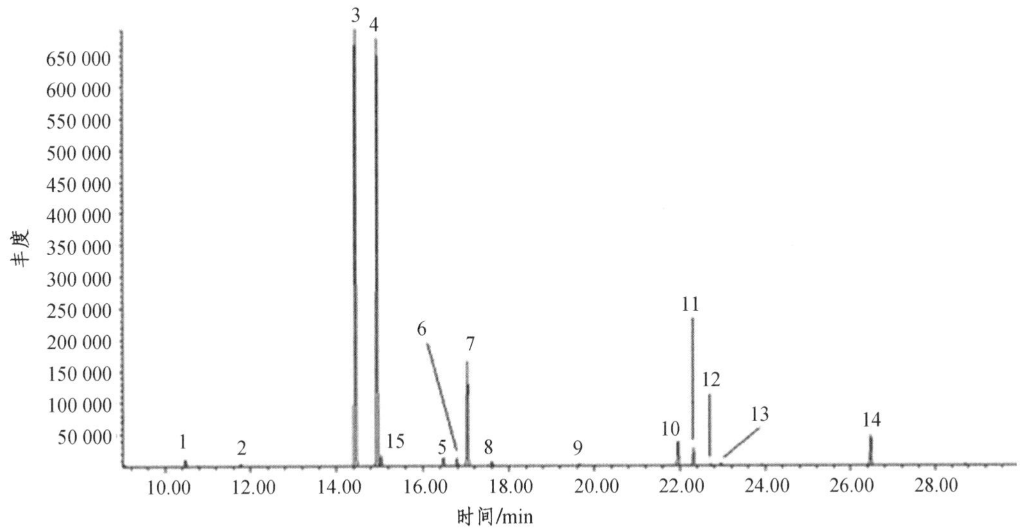

（a）标准物质溶液

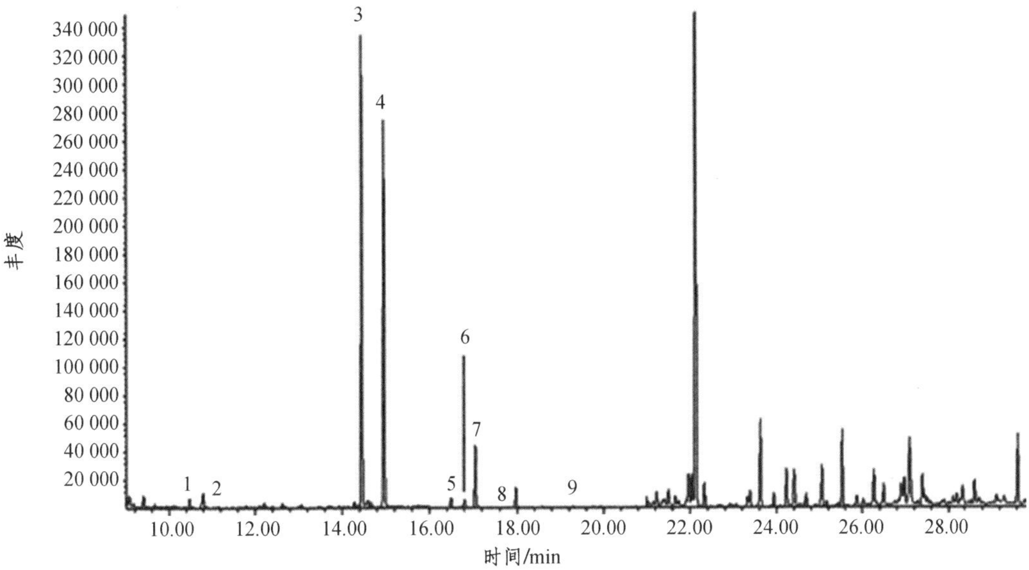

（b）典型卷烟样品

1—2-甲基丁酸；2—4-戊烯酸；3—乳酸；4—2-羟基乙酸；5—2-羟基丁酸；
6—乙酰丙酸；7—3-羟基丙酸；8—3-甲基-2-羟基丁酸；9—4-甲基-2-羟基戊酸；
10—2,3-二羟基丙酸；11—丁二酸；12—2-亚甲基丁二酸；
13—丁二烯酸；14—苹果酸；15—内标。

图 4-5 酸味组群选择离子色谱图

各卷烟酸味组群成分中烟气中的释放量分布规律基本一致，乳酸和 2-羟基乙酸含量明显高于其余化合物，其次是 3-羟基丙酸、乙酰丙酸、丁二烯酸、2,3-二羟基丙酸等化合物，3-甲基-2-羟基丁酸、4-甲基-2-羟基戊酸、2-亚甲基丁二酸、苹果酸、4-戊烯酸等含量则明显低于其他化合物。

借助风味活性值的计算公式，依据酸味组群在卷烟烟气中的分布以及相关成分的阈值，获取酸味风味成分在不同卷烟中的风味活性值，见表 4-38。

表 4-38　酸味组分在不同卷烟烟气中的风味活性值

酸味成分	风味活性值（×10³）									
	Ⅰ	Ⅱ	Ⅲ	Ⅳ	Ⅴ	Ⅵ	Ⅶ	Ⅷ	Ⅸ	Ⅹ
2-甲基丁酸	47	52	50	74	52	43	27	42	67	65
4-戊烯酸	27	30	30	32	28	25	17	24	20	28
乳酸	4444	4946	4199	4549	5729	10 339	4916	11 435	2599	3309
2-羟基乙酸	777	863	765	1128	844	900	600	728	359	582
2-羟基丁酸	137	148	148	158	152	139	119	134	120	146
乙酰丙酸	175	181	183	252	181	179	123	151	132	168
3-羟基丙酸	275	337	305	435	361	344	187	255	183	286
3-甲基-2-羟基丁酸	15	15	16	17	17	22	15	17	14	15
4-甲基-2-羟基戊酸	13	14	13	16	14	15	11	12	11	13
丁二酸	192	195	170	242	200	215	160	155	151	194
2,3-二羟基丙酸	664	568	578	810	675	625	413	489	413	498
2-亚甲基丁二酸	26	24	17	33	23	25	23	24	13	17
丁二烯酸	224	174	188	267	219	214	24	151	115	170
苹果酸	31	19	19	32	27	23	30	18	12	18
酸味风味活性值	7045	7566	6682	8045	8522	13 108	6664	13 634	4209	5510

各化合物在不同品牌卷烟中的贡献排序基本一致。其中乳酸、2-羟基乙酸、丁二酸、2,3-二羟基丙酸、3-羟基丙酸的风味活性值在不同卷烟中均较高，这表明这些成分对卷烟烟气酸味特征贡献较大。在不同的卷烟烟气中，乳酸的含量均较高，同时阈值（10.93 μg/mg）也相对较低，因此其对卷烟烟气酸味的贡献远远大于其他的酸味成分。

（5）不同组群特征香气物质

焦甜香组群中 4-羟基 2,5-二甲基-3(2*H*)呋喃酮、5-甲基糠醛、3,4-二甲基环戊烯醇酮、乙基环戊烯醇酮和甲基环戊烯醇酮的贡献较大；烟熏香组群中对甲酚、4-乙烯基愈创木酚和异丁香酚的贡献较大；酸香组群中乙酸、异戊酸、正戊酸、3-甲基戊酸、4-甲基戊酸的贡献较大；酸味组群中乳酸、2-羟基乙酸、丁二酸、2,3-二羟基丙酸、3-羟基丙酸的贡献较大。

4.4.2.3　卷烟烟气酸味特征香气成分

冒德寿等[2]对 51 份烟叶样本主流烟气中 27 种有机酸进行了测定，通过味觉活力值分析技术，鉴定出烟气中的关键酸味物质，以此建立烟气酸味指数模型，并与感官评价进行了比较研究。

烟叶来源：采集我国云南（8 个地州）、福建、贵州、湖南、江西、四川、黑龙江、湖北，以及巴西、美国和津巴布韦等 11 个烟叶原料主产区共计 51 份烟叶样本，其中，白肋烟叶 5 份、晒烟 1 份、梗丝 1 份、烤烟 44 份；上部烟叶 25 份、中部烟叶 17 份、下部烟叶 8 份；国外烟叶 9 份（津巴布韦 3 份、巴西 4 份、美国 2 份），国内烟叶 42 份。按 GB 5606.3—2005 方法卷制烟支，放置于温度(22±1) ℃、相对湿度(60±3)%环境下平衡 48 h 以上，筛选重量和吸阻后（除 50 号梗丝样本外）用于烟气测试和感官评价。结果见表 4-39。

表 4-39　主流烟气中不同有机酸味觉贡献率（TAV）

有机酸名称	含量 /μg·支$^{-1}$	阈值 /mg·kg^{-1}	味觉贡献率	味觉特征
甲酸	122.98	160	0.769	刺鼻，辣，酸味
乙酸	119.49	50	2.390	刺鼻，辛辣，酸味
丙酸	9.4	245	0.039	辛辣，刺激，酸味
异丁酸	1.09	5	0.219	酸奶酪，水果味，黄油
丁酸	2.24	3.19	0.701	酸，黄油，水果香味
异戊酸	6.88	0.74	9.303	酸，坚果，黄油
戊酸	0.69	0.5	2.298	甜味，水果，酸奶酪，黄油
3-甲基戊酸	0.64	30	0.021	酸，奶酪，水果，香料烟
己酸	1.18	81	0.039	蜡质，甜，枫槭
庚酸	0.74	94	0.008	蜡质，甜，枫槭
辛酸	0.64	101	0.006	甜，蜡质，柔和
壬酸	0.55	10	0.055	脂肪，蜡质，清甜奶酪
癸酸	0.57	69	0.008	脂肪和弱酸味
月桂酸	9.45	500	0.019	弱酸味和油脂味
肉豆蔻酸	7.34	5000	0.001	弱酸味和脂蜡味
苯甲酸	7.51	340	0.022	柔和的弱酸味
苯乙酸	3.00	647	0.005	甜，蜂蜜，花香，弱酸味
苯丙酸	1.12	755	0.002	膏香味，弱酸味
棕榈酸	133.75	5000	0.027	弱酸味
油酸	22.23	1100	0.021	弱酸味
亚油酸	33.35	670	0.052	弱酸味和脂蜡味
亚麻酸	5.58	1000	0.056	弱酸味和脂蜡味
草酸	3.52	45	0.078	酸味
乳酸	36.57	133.2	0.277	酸味
苹果酸	32.26	87	0.042	酸味
柠檬酸	4.44	770	0.088	酸味
琥珀酸	53.38	50	0.614	酸味

由统计数据可知：从均值看，异戊酸、乙酸、戊酸的 TAV 值大于 1，甲酸、丁酸、琥珀酸、乳酸和异丁酸大于 0.1，而其余 15 种有机酸均小于 0.1；从标准差看，除异戊酸外，其余 22 种有机酸 TAV 值的标准差均小于 2%，因此这些有机酸对烟气酸味的贡献率呈现极高的规律性；从 TAV 值≥ 0.1 样本所占比例（%）看，甲酸、乙酸、丁酸、异戊酸、戊酸、乳酸和琥珀酸等 7 个有机酸在 51 个样本中均是 100%，而异丁酸也高达 98.04%。综上所述，烟气中

关键的酸味物质是甲酸、乙酸、异丁酸、丁酸、异戊酸、戊酸、乳酸和琥珀酸等 8 种有机酸，具体排序是：异戊酸 > 乙酸 > 戊酸 > 甲酸 > 丁酸 > 琥珀酸 > 异丁酸 > 乳酸，而六碳以上的直链羧酸、芳香酸和多数二元酸等其他 15 种有机酸对酸味的贡献几乎可以忽略不计。

甲酸、乙酸、棕榈酸、琥珀酸、乳酸、苹果酸、油酸、亚油酸和亚麻酸是主流烟气中主要的 9 种有机酸，异戊酸、辛酸、苯乙酸、苯甲酸、己酸和戊酸在不同样本中含量变化较大，而琥珀酸、乳酸、草酸、苹果酸和肉豆蔻酸的变化较小。

烟气中关键的酸味物质是甲酸、乙酸、异丁酸、丁酸、异戊酸、戊酸、乳酸和琥珀酸等 8 种有机酸，而六碳以上的直链羧酸、芳香酸和多数二元酸等其他 19 种有机酸对酸味的贡献几乎可以忽略不计。

4.4.2.4 卷烟烟气中重要碱性香气成分

陈芝飞等[3]针对卷烟主流烟气中吡嗪和吡啶类重要碱性香气成分，以“黄金叶”品牌参比卷烟为基质，采用烟用香料作用阈值感官评价方法评定其作用阈值，并利用 GC/MS 分析技术测定其在卷烟烟气中的释放量，经计算获得其活性阈值并进行比较分析，考察不同碱性香气成分在彰显卷烟风格特征时的作用和贡献程度，为卷烟中香气成分活性阈值的分析技术研究奠定基础，也为吡嗪和吡啶类化合物在卷烟调香中的应用提供参考。

以“黄金叶”品牌参比卷烟为基质，对甲基吡嗪、2,3-二甲基吡嗪、2,5-二甲基吡嗪、2,6-二甲基吡嗪、三甲基吡嗪、乙基吡嗪、2-甲基吡啶、3-甲基吡啶、2,3-二甲基吡啶、2,4-二甲基吡啶、2,5-二甲基吡啶、2,6-二甲基吡啶、3,5-二甲基吡啶、2,3,5-三甲基吡啶、2-乙基吡啶、3-乙基吡啶、4-乙基吡啶、2-乙烯基吡啶、3-乙烯基吡啶、2-乙酰基吡啶、3-乙酰基吡啶、4-乙酰基吡啶、4-甲基-2-乙酰基吡啶、2-甲基-5-乙基吡啶、3-丁基吡啶等 25 种重要碱性香气成分（以下简称 25 种碱性成分）的作用阈值进行评定。

以“黄金叶”品牌成品卷烟为对象，按 GB/T 5606.1—2004《卷烟　第 1 部分：抽样》和 GB/T 19609—2004《卷烟　用常规分析用吸烟机测定总粒相物和焦油》的规定挑选烟支，并于温度(22±1) ℃和相对湿度(60±2)%条件下平衡 48 h，使用 20 孔道转盘式吸烟机，按照 ISO 抽吸模式抽吸卷烟，每 20 支卷烟主流烟气粒相物用 1 张剑桥滤片捕集。抽吸完毕后，将一组剑桥滤片（10 张）置于 1 000 mL 圆底烧瓶中，加入 400 mL 超纯水，用 60 mL 二氯甲烷同时蒸馏萃取 2.5 h；二氯甲烷萃取液用 100 mL 5%盐酸分 5 次萃取，合并水相，用 60 mL 二氯甲烷分 3 次反萃取后，用 20%氢氧化钠将水相 pH 值调至 9，然后用 100 mL 二氯甲烷分 5 次萃取；合并有机相，用无水硫酸钠干燥过夜；过滤后加入 0.5 mL 内标溶液，水浴 45 ℃、常压条件下旋转蒸发浓缩至 1.0 mL，进行 GC/MS 分析。分析条件为：

色谱柱：DB-FFAP 石英毛细管柱（60 m×0.25 mm i.d.×0.25 μm d.f.）；载气：氦气；流量：1.0 mL/min；进样量：1 μL；进样口温度：240 ℃；分流比：2∶1；溶剂延迟：10 min。升温程序：50 ℃ 保持 2 min，以 3 ℃/min 升至 75 ℃，保持 10 min，以 1 ℃/min 升至 105 ℃，保持 15 min，以 2 ℃/min 升至 170 ℃，保持 10 min，以 2 ℃/min 升至 200 ℃，保持 4 min；离子源温度：250 ℃；电离方式：EI；电子能量：70 eV；质量扫描范围：35 ~ 550 amu。

烟气中重要碱性香气成分活性阈值的计算，由于作用阈值的真实值无法真正获得，因此，以 25 种碱性成分作用阈值范围的上限作为其作用阈值，结合 25 种碱性成分在卷烟主流烟气中的释放量，计算烟气中重要碱性香气成分的活性阈值，见表 4-40。

表 4-40 25 种碱性成分的作用阈值、主流烟气中的释放量及活性阈值

碱性成分	作用阈值/μg·支$^{-1}$	主流烟气中的释放量/μg·支$^{-1}$	活性阈值
甲基吡嗪	$(1.53\sim2.74)\times10^{-5}$	0.501	1.83×10^{4}
2,3-二甲基吡嗪	$(2.00\sim8.96)\times10^{-8}$	0.095	1.06×10^{6}
2,5-二甲基吡嗪	$(1.37\sim2.42)\times10^{-6}$	0.112	4.63×10^{4}
2,6-二甲基吡嗪	$(1.00\sim2.04)\times10^{-8}$	0.316	1.55×10^{5}
三甲基吡嗪	$(1.03\sim2.41)\times10^{-7}$	0.158	6.56×10^{5}
乙基吡嗪	$(1.20\sim4.94)\times10^{-8}$	0.083	1.68×10^{6}
2-甲基吡啶	$(2.22\sim3.21)\times10^{-13}$	0.709	2.21×10^{12}
3-甲基吡啶	$(2.02\sim3.71)\times10^{-8}$	2.476	6.67×10^{7}
2,3-二甲基吡啶	$(1.11\sim4.91)\times10^{-8}$	0.267	5.44×10^{6}
2,4-二甲基吡啶	$(1.77\sim3.81)\times10^{-10}$	0.435	1.14×10^{9}
2,5-二甲基吡啶	$(1.00\sim4.43)\times10^{-8}$	0.402	9.07×10^{7}
2,6-二甲基吡啶	$(1.03\sim1.92)\times10^{-13}$	0.316	1.65×10^{12}
3,5-二甲基吡啶	$(1.25\sim2.25)\times10^{-7}$	0.136	6.04×10^{5}
2,3,5-三甲基吡啶	$(2.38\sim7.72)\times10^{-6}$	0.094	1.22×10^{4}
2-乙基吡啶	$(2.40\sim5.77)\times10^{-11}$	0.239	4.14×10^{9}
3-乙基吡啶	$(1.00\sim4.10)\times10^{-13}$	0.959	2.34×10^{12}
4-乙基吡啶	$(1.80\sim3.30)\times10^{-7}$	0.070	2.12×10^{5}
2-乙烯基吡啶	$(1.35\sim3.71)\times10^{-13}$	0.113	3.05×10^{11}
3-乙烯基吡啶	$(1.23\sim4.02)\times10^{-9}$	2.784	6.93×10^{8}
2-乙酰基吡啶	$(1.00\sim1.73)\times10^{-5}$	0.207	1.20×10^{4}
3-乙酰基吡啶	$(1.89\sim3.53)\times10^{-9}$	0.237	6.71×10^{7}
4-乙酰基吡啶	$(1.20\sim5.32)\times10^{-8}$	0.045	8.46×10^{5}
2-甲基-5-乙基吡啶	$(1.00\sim4.41)\times10^{-8}$	0.104	2.36×10^{6}
4-甲基-2-乙酰基吡啶	$(3.10\sim6.82)\times10^{-9}$	0.054	7.92×10^{6}
3-丁基吡啶	$(2.01\sim3.81)\times10^{-8}$	0.218	5.27×10^{5}

总体上，25 种碱性香气成分的作用阈值存在不同程度的差异，其值在 $1.00\times10^{-13}\sim2.74\times10^{-5}$ μg/支。其中，2-甲基吡啶、2,6-二甲基吡啶、3-乙基吡啶和 2-乙烯基吡啶的作用阈值较小，甲基吡嗪和 2-乙酰基吡啶的作用阈值较大，两类碱性香气成分作用阈值的差异显著。

主流烟气粒相物中 25 种碱性香气成分的总量为 11.13 μg/支；其中，3-乙烯基吡啶和 3-甲基吡啶的质量分数较高，分别占总量的 25.0%和 22.2%；2,3-二甲基吡嗪、2-甲基吡啶、2,3,5-三甲基吡啶、4-乙基吡啶、4-乙酰基吡啶和 4-甲基-2-乙酰基吡啶的质量分数较低，其和仅占总量的 4.0%。

烟气中 25 种碱性香气成分的活性阈值范围在 $1.20\times10^{4}\sim2.34\times10^{12}$，总活性阈值为 6.51×10^{12}。3-乙基吡啶、2-甲基吡啶、2,6-二甲基吡啶和 2-乙烯基吡啶 4 种化合物的活性阈值

高达 $3.05\times10^{11}\sim2.34\times10^{12}$，其和占总活性阈值的 99.9%，表明其在彰显卷烟烘焙香香韵时作为关键香气成分起着决定性的作用。

4.4.2.5 卷烟烟气中重要中性香气成分

蔡莉莉等[4]以卷烟主流烟气中 32 种重要中性香气成分（以下简称中性成分）为研究对象，采用烟用香料作用阈值感官评价方法评定其作用阈值，利用 GC-MS 技术测定其在卷烟烟气中的释放量，获得活性阈值并进行比较分析，考察不同中性香气成分在彰显卷烟香气风格时的贡献程度。

依据“已商品化和卷烟调香常用”2 个原则，筛选属于卷烟烟气中性香气成分的 32 种烟用单体香料，包括香叶醇、苯乙醇、2-乙基己醇、苯甲醇和橙花醇等 5 种醇类，肉桂醛、紫苏醛、苯乙醛、壬醛、癸醛、4-乙基苯甲醛、β-环柠檬醛、5-甲基糠醛和枯茗醛等 9 种醛类，β-二氢大马酮、6-甲基-5-庚烯-2-酮、β-紫罗兰酮、β-大马酮、异佛尔酮、β-二氢紫罗兰酮、4-氧代异佛尔酮、苯乙酮和 4-甲基苯乙酮等 9 种酮类，戊酸乙酯、苯乙酸乙酯、乙酸 2-乙基己酯、乙酸芳樟酯、乙酸糠酯、乙酸苄酯、乙酸对甲酚酯和糠酸甲酯等 8 种酯类，以及 6-甲基香豆素，并以“黄金叶”品牌参比卷烟为基质，对其作用阈值进行评价。

按 GB/T 5606.1—2004 的方法挑选卷烟烟支，并于温度(22±2) ℃和相对湿度(60±5)%条件下平衡 48 h。使用 20 孔道转盘吸烟机，按照 GB/T 19609—2004 的方法，采用 ISO 抽吸模式抽吸卷烟，每组抽吸 20 支。用 1 张剑桥滤片捕集主流烟气粒相物；抽吸完毕后，将 10 张剑桥滤片置于 1 000 mL 圆底烧瓶中，随后加入 400 mL 水，用 100 mL 二氯甲烷进行同时蒸馏萃取。萃取 2.5 h 后，萃取液先用 5%盐酸（20 mL×5）洗涤；合并盐酸洗涤液，用二氯甲烷（20 mL×3）反萃取；合并有机相，用 5%氢氧化钠水溶液（20 mL×5）洗涤；合并氢氧化钠洗涤液，用二氯甲烷（20 mL×3）反萃取。合并有机相，无水硫酸钠干燥过夜。有机相经过滤后，水浴 45 ℃、常压条件下旋转蒸发浓缩至 1.0 mL，将得到的中性香气成分浓缩液采用半制备型高效液相色谱分离。在各流份中加入 0.05 mL 内标溶液，水浴 45 ℃，常压或减压条件下旋转蒸发浓缩至 1.0 mL。进行 GC-MS 分析，分析条件：

色谱柱：HP-5MS（30 m×0.25 mm i.d.×0.25 μm .d.f.）；载气：氦气；流量：1.0 mL/min；进样量：1 μL；进样口温度：280 ℃；分流比：2∶1；溶剂延迟：8 min。升温程序：50 ℃ 保持 4 min，以 3 ℃/min 升至 70 ℃，保持 5 min，以 2 ℃/min 升至 100 ℃，保持 10 min，以 2 ℃/min 升至 140 ℃，以 3 ℃/min 升至 170 ℃，以 4 ℃/min 升至 240 ℃；离子源温度：230 ℃；四极杆温度：150 ℃；传输线温度：250 ℃；电离方式：电子轰击（EI）；电离能量：70 eV；扫描模式：全扫描（Scan）和选择离子监测（SIM）；质量扫描范围：35 ~ 550 amu。利用 NIST 质谱数据库进行检索。采用标样保留时间、目标物质谱图与标准谱图匹配度相结合的方式进行定性，SIM 模式下内标法定量。

获得的目标成分作用阈值范围的上限作为作用阈值，结合目标成分在卷烟主流烟气中的释放量，计算活性阈值，见表 4-41。

卷烟烟气中 32 种中性香气成分的作用阈值存在不同程度的差异，在 $7.04\times10^{-4}\sim6.76\times10^{-7}$ μg/支。其中，戊酸乙酯和 β-二氢大马酮的作用阈值最小，糠酸甲酯、6-甲基香豆素、5-甲基糠醛、枯茗醛、苯乙酮和 4-甲基苯乙酮等 6 种成分的作用阈值较大，作用阈值最大相差约 7 个数量级。

表 4-41 32 种中性香气成分的作用阈值、在主流烟气中的释放量及活性阈值

种类	中性成分	作用阈值 /μg · 支$^{-1}$	主流烟气中的释放量 /μg · 支$^{-1}$	活性阈值
醇类	香叶醇	2.33×10^{-12}	0.271	1.16×10^{11}
	苯乙醇	1.69×10^{-11}	0.694	4.11×10^{10}
	2-乙基己醇	1.80×10^{-10}	0.189	1.05×10^{9}
	苯甲醇	2.26×10^{-10}	0.343	1.52×10^{9}
	橙花醇	6.76×10^{-9}	0.148	2.19×10^{7}
醛类	肉桂醛	1.33×10^{-12}	0.331	2.49×10^{11}
	紫苏醛	1.35×10^{-12}	0.021	1.56×10^{10}
	苯乙醛	9.01×10^{-12}	0.346	3.84×10^{10}
	壬醛	2.44×10^{-9}	0.054	2.21×10^{7}
	癸醛	3.06×10^{-9}	0.018	5.88×10^{6}
	4-乙基苯甲醛	3.51×10^{-9}	0.041	1.17×10^{7}
	β-环柠檬醛	9.14×10^{-9}	0.014	1.53×10^{6}
	5-甲基糠醛	2.70×10^{-7}	5.881	2.18×10^{7}
	枯茗醛	4.09×10^{-7}	0.010	2.45×10^{4}
酮类	β-二氢大马酮	8.19×10^{-14}	0.049	5.98×10^{11}
	6-甲基-5-庚烯-2-酮	3.37×10^{-13}	0.125	3.71×10^{11}
	β-紫罗兰酮	5.66×10^{-13}	0.018	3.18×10^{10}
	β-大马酮	5.30×10^{-13}	0.955	1.80×10^{12}
	异佛尔酮	5.97×10^{-11}	0.207	3.47×10^{9}
	β-二氢紫罗兰酮	7.32×10^{-11}	0.111	1.52×10^{9}
	4-氧代异佛尔酮	3.06×10^{-8}	0.136	4.44×10^{6}
	苯乙酮	5.39×10^{-7}	0.336	6.23×10^{5}
	4-甲基苯乙酮	6.76×10^{-7}	0.308	4.56×10^{5}
酯类	戊酸乙酯	7.04×10^{-14}	0.195	2.77×10^{12}
	苯乙酸乙酯	1.38×10^{-13}	0.035	2.54×10^{11}
	乙酸 2-乙基己酯	1.55×10^{-13}	0.013	8.39×10^{10}
	乙酸芳樟酯	4.53×10^{-12}	0.017	3.75×10^{9}
	乙酸糠酯	2.62×10^{-9}	0.114	4.35×10^{7}
	乙酸苄酯	7.89×10^{-9}	0.048	6.08×10^{6}
	乙酸对甲酚酯	6.66×10^{-8}	0.040	6.01×10^{5}
	糠酸甲酯	1.89×10^{-7}	0.046	2.43×10^{5}
内脂类	6-甲基香豆素	2.68×10^{-7}	0.206	7.69×10^{5}

主流烟气粒相物中 32 种中性成分的总量为 11.320 μg/支；其中，5-甲基糠醛的质量分数占总量的 50.2%；β-大马酮和苯乙醇的质量分数较高，二者之和占总量的 14.5%；枯茗醛、乙酸 2-乙基己酯、β-环柠檬醛、乙酸芳樟酯、β-紫罗兰酮、癸醛、紫苏醛、苯乙酸乙酯、乙酸对甲酚酯、4-乙基苯甲醛、糠酸甲酯、乙酸苄酯、β-二氢大马酮和壬醛等 14 种中性成分的质量分数之和仅占总量的 3.7%。

卷烟烟气中 32 种中性香气成分的活性阈值范围为 $2.45\times10^4 \sim 2.77\times10^{12}$，总活性阈值为 6.38×10^{12}；戊酸乙酯、β-大马酮、β-二氢大马酮、6-甲基-5-庚烯-2-酮、苯乙酸乙酯、肉桂醛和香叶醇的活性阈值之和占 32 种中性香气成分总活性阈值的 96.5%，表明在彰显卷烟香气风格时此 7 种化合物作为关键香气成分起着决定性作用。

4.4.2.6 卷烟烟气中的巨豆三烯酮

杨靖等[5]以同时蒸馏萃取法萃取卷烟主流烟气粒相物，利用半制备高效液相色谱法制备含有巨豆三烯酮馏分，采用 GC-MS/O 技术测定巨豆三烯酮 4 种同分异构体在卷烟烟气中的含量和嗅觉阈值，从而获得了相应香味化合物的香气活力值（OAV），为此类技术在卷烟中的应用奠定基础，为卷烟调香技术深入开展提供数据支撑。

挑取黄金叶“大金圆”成品卷烟 50 支，采用 RM20H 吸烟机按 GB/T 19609—2004 标准对卷烟中的粒相物进行捕集，每支烟捕集 8 口主流烟气，将捕集后的剑桥滤片置于 1 000 mL 圆底烧瓶中，随后加入 500 mL 的超纯水，在同时蒸馏萃取装置的另一端连接 1 个 250 mL 圆底烧瓶，加入 100 mL 色谱纯的二氯甲烷进行同时蒸馏萃取，加热萃取时间 2.5 h，得到二氯甲烷萃取液。用 5%（体积分数，下同）盐酸（20 mL×5）洗涤，合并盐酸洗涤液，用二氯甲烷（20 mL×3）反萃，合并有机相；再用 5% 氢氧化钠水溶液（20 mL×5）洗涤有机相，合并氢氧化钠洗涤液，用二氯甲烷（20 mL×3）反萃取，合并有机相，即得到中性香气成分萃取液。加入适量无水硫酸钠干燥过夜，然后过滤减压浓缩至 1 mL，备用。

将浓缩后的中性香气成分萃取液采用半制备型 HPLC 进行分离，色谱柱条件：SunFire Silica 硅胶柱（10 μm×10 mm×250 mm）（美国 Waters 公司）；检测器：Waters 2489 紫外-可见光检测器；检测波长：254 nm；柱温：20 ℃。流动相 A 为正己烷，流动相 B 为正己烷-乙醚（85∶15）。洗脱程序为：0 min，1.5 mL/min 100% A；20 min，1.5 mL/min 100% A；30 min，1.0 mL/min 100% B；100 min，1.0 mL/min 100% B。每 10 min 收集 1 个馏分，共收集 10 个，分别标记为馏分 1~10，分别过滤减压浓缩至 1 mL，并利用 GC/MS 对其进行定性定量分析，确定含有巨豆三烯酮的馏分及其含量。

将利用半制备 HPLC 处理获得的含有巨豆三烯酮的馏分浓缩定量后，按照 $1/3n$ 梯度进行稀释，得到不同浓度样品溶液，按照 GC/MS 操作条件进样，同时由嗅辨员在 GC-MS/O 嗅觉端口嗅辨。

嗅辨员在嗅闻时只需分辨出有气味或无气味两种状态，将结果列入香料嗅觉阈值评价结果统计表中。对照显著性检验结果表判别评价结果：当答对人数小于表中的人数时，表明该香料样品浓度在阈值之下，否则在阈值之上。重复嗅辨，直至找到相邻的两个浓度（即低浓度与高浓度之比为 1∶3，下同），其中一个浓度在作用阈值以上，另一个浓度在阈值以下，初步确定该香味化合物嗅觉阈值介于上述两个浓度之间。然后，按照黄金分割法由高向低分割浓度并进行嗅辨，直至高低两个浓度处于同一个数量级，取高浓度点作为该香味化合物的嗅觉阈值。结果见表4-42。

表4-42 卷烟烟气中巨豆三烯酮的OAV

名称	含量/ng·mL^{-1}	嗅觉阈值/ng·mL^{-1}	OAV
巨豆三烯酮A	18.64	0.81	23.01
巨豆三烯酮B	72.46	2.05	35.35
巨豆三烯酮C	9.11	3.86	2.36
巨豆三烯酮D	66.51	0.88	75.58

巨豆三烯酮A、B、C和D的OAV均大于1，说明其对黄金叶“大金圆”卷烟香气具有显著贡献；4种香味化合物对卷烟香气的贡献大小顺序为：巨豆三烯酮D>巨豆三烯酮B>巨豆三烯酮A>巨豆三烯酮C。

4.4.3 小 结

利用HS-SPME-GC/MS结合香气活力值分析8种不同竞争品牌卷烟烟气的特征香气化学成分，比较不同样品主要香气成分的差异。

利用感官导向分离-香气活力值分析不同卷烟烟气不同组群的特征香气化学成分，分析焦甜香组群、烟熏香组群、酸香组群、酸味组群的特征香气成分。

利用味觉活力值分析卷烟烟气中的酸味特征香气成分。

采用活性阈值的分析技术分析卷烟烟气中的重要碱性、中性香气成分。

采用GC-MS/O结合香气活力值（OAV）分析卷烟烟气中巨豆三烯酮的香气活性大小，为卷烟调香技术深入开展提供数据支撑。

4.5 烟草提取物

4.5.1 分析技术

利用HS-SPME-GC/MS结合相对香气活力值分析4种不同烟草提取物的特征香气化学成分。

利用凝胶渗透色谱分离浓香型初烤烟叶提取物，用感官导向分离结合滋味活性值（TAV）分析了浓香型初烤烟叶提取物中的关键甜味成分。

4.5.2 特征成分

4.5.2.1 烟草提取物中主要挥发性香气成分

刘哲[1]建立烟草提取物的HS-GC/MS定性半定量分析方法，利用相对香气活力值分析4种不同烟草提取物的特征香气化学成分，比较不同样品主要香气成分的差异。

1. 主要材料与仪器

材料：津巴布韦烟草提取物、弗吉尼亚烟草提取物、云南烟草提取物、巴西烟草提取物；

粉色固相微萃取头（65 µm PDMS/DVB，Stable Flex，23Ga，3pk）。

仪器：固相微萃取-气相色谱-串联质谱联用仪（美国 Bruker 公司，型号：456GC-TQ），CTC 多功能自动进样器（瑞士 Combi-PAL 公司，型号：Combi-xt PAL 型）。

2. 分析方法

称取 0.10 g 提取物样品至顶空瓶中，迅速密封后在 CTC 固相微萃取装置中进行萃取，萃取温度：70 ℃，萃取时间：20 min，解吸时间：2 min，萃取头转速：250 r/min。

（1）气相色谱条件

色谱柱为弹性石英毛细管柱（推荐使用 DB-5MS 柱或分离效能相近的毛细管柱），规格：30 m（长度）×0.25 mm（内径）×0.25 µm（膜厚）。载气：He，恒流模式；柱流量：1.0 mL/min；分流比：10∶1。进样口温度：250 ℃；程序升温：初始温度 40 ℃，保持 2.0 min，以 5 ℃/min 的升温速率升至 260 ℃，保持 10.0 min。

（2）质谱条件

传输线温度：250 ℃；电离方式：电子轰击源（EI）；电离能量：70 eV；离子源温度：200 ℃；溶剂延迟时间：3.0 min；检测方式：全扫描监测模式，质量扫描范围：30 ~ 500 amu。

（3）阈值查询与测定方法

采用香气萃取稀释分析法（Aroma Extract Dilution Analysis，AEDA）对提取物样品中挥发性成分进行阈值测定，其他香气成分的阈值通过查阅文献获得。

（4）相对香气活力值

利用相对香气活力值 ROAV 找出分别四种烟草提取物中的关键香气成分、修饰香气成分。

3. 分析结果

4 种烟草提取物 HS-SPME-GC/MS 分析结果见表 4-43。

表 4-43　烟草提取物定性半定量分析结果

物质种类	保留时间/min	中文名	相对含量/%			
			津巴布韦	弗吉尼亚	云南	巴西
醇类	3.16	乙醇	—	0.79	0.93	0.91
	5.92	丙二醇	52.47	11.16	64.34	42.21
	6.97	(*S*)-1,2-丙二醇	0.25	—	—	—
	7.26	2,3-丁二醇	0.19	—	—	—
	9.41	糠醇	0.11	0.01		0.09
	15.15	3,3,6-三甲基-1,5-庚二烯-4-醇	—	—	—	0.00
	15.27	5-甲基-2-呋喃甲醇	—	—	—	0.01
	20.58	二丙二醇	0.03	—	—	0.01
	21.35	桉叶油醇	0.01	—	—	—
	21.49	苯甲醇	0.04	—	—	—

续表

物质种类	保留时间/min	中文名	相对含量/%			
			津巴布韦	弗吉尼亚	云南	巴西
醇类	24.41	2,4-二甲基-2,6-庚二烯基-1-醇	0.01	—	—	—
	26.73	芳樟醇	—	—	—	0.01
	27.51	苯乙醇	0.05	—	—	0.06
	31.14	4,5-二甲基-3-庚醇	0.18	—	—	—
	32.72	4-萜烯醇	—	—	—	0.01
	33.84	α-松油醇	0.01		0.03	0.04
	52.20	绿花白千层醇	0.04	—	—	0.04
	52.43	β-檀香醇	0.01	—	—	—
	58.00	3,7,11-三甲基-1,6,10-癸三烯-3-醇	—	0.01	0.13	—
	66.84	法尼醇	—	—	—	0.01
	73.20	新植二烯	0.34	0.22	2.29	4.67
	82.10	(2*E*,6*E*,11*Z*)-3,7,13-三甲基-10-(2-丙基)-2,6,11-环十四碳三烯-1,13-二醇	—	—	—	0.03
	86.06	1,5,9-三甲基-12-(1-甲基乙基)-4,8,13-环十四碳三烯-1,3-二醇	0.11	—	—	—
	87.44	羊角拗醇	—	0.01	—	—
酯类	9.08	甲基 4-羟基丁酸酯	—	—	0.02	—
	9.87	2-氧代-己酸甲酯	0.04	—	—	—
	11.32	1,2-丙烷二醇 2-乙酸酯	0.11	0.04	—	0.05
	11.89	反式-2-甲基-乙酸环戊醇酯	0.02	—	—	—
	12.36	4-羟基丁酸乙酰酯	—	—	—	0.02
	15.17	γ-戊内酯	0.01	—	—	—
	21.83	*D,L*-泛酰酸内酯	0.02	—	—	—
	22.72	γ-己内酯	—	0.01	—	0.01
	27.84	三氯乙酸十六酯	—	—	—	0.01
	31.02	马索亚内酯	0.05	0.16	0.15	0.20
	32.12	乙酸异龙脑酯	0.04	—	—	—
	37.22	苯乙酸乙酯	0.01	—	0.02	0.01
	38.06	丙位辛内酯	0.04	—	—	—
	38.31	2-乙基丁酸烯丙酯	0.01	—	—	0.02
	42.61	反式-3-甲基-4-辛内酯	0.21	—	—	—
	46.93	肉桂酸甲酯	0.02	—	—	—
	49.76	2,5-十八碳二炔酸甲酯	—	0.02	—	0.02
	53.05	二十碳五烯酸甲酯	0.59	0.15	0.29	0.04

续表

物质种类	保留时间/min	中文名	相对含量/%			
			津巴布韦	弗吉尼亚	云南	巴西
酯类	55.00	四氢猕猴桃内酯	—	—	—	0.02
	55.65	二氢猕猴桃内酯	0.18	0.10	—	0.16
	64.22	4,7-十八碳二烯酸甲酯	0.02	0.03	—	—
	67.33	十四酸甲酯	—	—	—	0.02
	69.14	6,9-十八碳二炔酸甲酯	—	—	—	0.01
	72.29	木香烃内酯	0.48	—	—	0.97
	74.66	6,9,12,15-二十二碳四烯酸甲酯	—	0.01	—	—
	74.85	5,8,11,14,17-五烯酸甲酯	0.05	—	—	0.02
	75.25	花生四烯酸甲酯	—	—	—	0.06
	76.11	十五酸乙酯		0.02		0.05
	77.68	棕榈酸甲酯	0.01	0.02	0.02	0.15
	79.82	二十二六烯酸甲酯	1.38	0.08	—	1.19
	81.00	棕榈酸乙酯	0.15		0.22	1.05
	83.17	维生素A醋酸酯	2.66	0.51	3.61	3.28
	87.37	二十二碳六烯酸甘油三酯	—	—	0.05	—
	88.53	亚油酸乙酯	—	—	—	0.09
	88.78	亚麻酸乙酯	—	—	—	0.24
	88.81	6,9,12,15-二十二碳四烯酸甲酯	—	—	0.15	—
	88.84	油酸乙酯	0.08	0.06	—	—
酮类	5.01	3-乙氧基-3-甲基-2-丁酮	0.14	—	—	—
	7.70	2-甲基四氢呋喃-3-酮	0.10	—	—	—
	10.20	1-(3-乙基环丁基)乙酮	0.04	—	—	—
	10.65	羟基丙酮	0.20	0.10	0.23	0.11
	15.47	2-甲基-6-庚酮	—	—	—	0.01
	17.79	甲基庚烯酮	0.01	—	—	—
	25.36	3,4,4-三甲基-2-环戊烯-1-酮	—	—	—	0.01
	26.88	6-甲基-3,5-庚二烯-2-酮	0.01	—	—	0.01
	28.15	异佛尔酮	0.02	—	—	0.02
	30.02	茶香酮	0.02	0.01	—	0.01
	30.64	4-甲基-5,6-二氢吡喃-2-酮	—	0.03	—	0.01
	31.92	2,2,6-三甲基-1,4-环己二酮	0.06	0.02	—	0.04
	33.23	4-羟基-3-甲基-2-(2-丙烯基)-2-环戊烯-1-酮	—	—	—	0.03
	36.68	3-乙基-4-甲基吡咯-2,5-二酮	0.02	0.04	0.01	0.02

续表

物质种类	保留时间/min	中文名	相对含量/%			
			津巴布韦	弗吉尼亚	云南	巴西
酮类	38.75	1-(1-吡咯烷基)-2,5-十八碳二烯-1-酮	—	—	—	0.02
	40.45	顺式-5-丁二氢-4-甲基-2(3*H*)-呋喃酮	0.04	—	—	—
	45.17	大马酮	0.24	0.01	0.66	0.32
	45.35	茄酮	2.31	1.05	2.56	1.57
	46.09	对叔丁基苯乙酮	—	0.03	—	0.01
	48.51	α-大马酮	0.10	—	0.09	0.08
	50.55	宝丹酮	0.01			
	51.05	香叶基丙酮	0.32	0.04	0.19	0.10
	52.06	17-表美雄酮	—	—	—	0.02
	52.76	3,4-脱氢-β-紫罗兰酮	0.18	0.27	—	0.19
	55.20	3-(2-戊烯基)-1,2,4-环戊三酮	0.14	0.03	0.08	0.12
	57.62	4,7,9-巨豆三烯-3-酮	0.83	0.09	0.31	0.72
	58.75	4,7,9-巨豆三烯-3-酮	6.00	0.86	2.25	4.58
	59.23	假紫罗兰酮	0.02	—	—	—
	60.54	4,7,9-巨豆三烯-3-酮	0.44	0.60	0.12	0.38
	60.56	1-甲基-3-叔丁基-吲哚-2-酮	—	0.19	—	—
	60.58	4,7,9-巨豆三烯-3-酮	—	—	0.12	3.75
	60.83	4-羟基-β-二氢大马酮	0.05	—	—	0.05
	61.09	5,6,6-三甲基-十一烷-3,4-二烯-2,10-二酮	—	0.01	—	—
	61.39	4,7,9-巨豆三烯-3-酮	3.65	—	1.57	
	62.45	(6*R*,7*E*,9*R*)-9-羟基-4,7-巨豆二烯-3-酮	0.08	—	0.20	0.08
	64.70	4a,5,8,8a-四氢-1,1,4a-三甲基-反式-2(1*H*)-萘酮	—	—	0.10	—
	65.42	吡啶吡咯酮	—	0.28	—	—
	65.74	诺卡酮	—	0.14	0.25	—
	68.67	2,3,6-三甲基-1,4-萘二酮	0.04	—	0.05	0.02
	70.91	螺岩兰草酮	1.44	0.17	0.34	1.88
	71.27	1-(4-羟基-3-异丙烯基-4,7,7-三甲基-环庚-1-烯基)-乙酮	—	0.07	—	—
	73.43	植酮	0.26	0.26	—	0.26
	76.78	法尼基丙酮	0.29	0.25	0.20	0.36
醛类	8.56	糠醛	—	—	—	0.00
	9.03	己醛丙二醇缩醛	0.13	—	—	0.05

续表

物质种类	保留时间/min	中文名	相对含量/%			
			津巴布韦	弗吉尼亚	云南	巴西
醛类	14.86	2-甲基-4-戊醛	—	—	—	0.00
	15.02	辛醛丙二醇缩醛	0.01	0.01	—	—
	15.98	苯甲醛	0.01	—	—	0.01
	22.21	苯乙醛	0.01	—	—	
	34.06	藏花醛	0.01	—	—	0.02
	35.52	*β*-环柠檬醛	0.02	—	0.01	0.01
	50.09	(*Z*)-9,17-十八二烯醛	0.01	—	—	—
	56.45	4-异丙基苯甲醛	0.02	—	—	—
酸类	3.46	草酸	—	0.08	—	—
	3.70	乙酸	1.42	—	—	—
	8.66	异戊酸	0.21	0.01	—	0.01
	9.13	2-甲基丁酸	—	—	—	0.00
	9.27	2-甲基己酸	—	—	—	0.00
	12.40	4-羟基丁酸	0.03	—	—	—
	17.93	正戊酸	—	—	—	0.02
	32.46	辛酸	0.02	—	—	—
	39.66	油酸	0.02	—	0.03	—
	39.80	*Z*-11-棕榈油酸	0.01	—		—
	52.82	硼酸	—	—	0.37	—
	64.33	3,4-二甲氧基苯丙酸	—	—	0.07	—
	68.83	肉豆蔻羟肟酸	0.04	0.03	—	—
	69.13	2,3-双(乙酰氧基)丙酯十二酸	0.12	0.02	—	—
	79.25	棕榈酸	—	0.01	—	0.09
	85.57	花生五烯酸	—	—	—	1.03
	93.01	2-单棕榈酸甘油	0.02	—	—	—
烷烃类	4.84	2-甲基-1,3-二噁烷	0.16	—	—	—
	5.48	2,2,4-三甲基-1,3-二氧戊烷	0.17	—	—	—
	5.48	2,2,4-三甲基-1,3-二氧杂戊烷	—	—	—	0.14
	41.07	(1-甲基戊基)环丙烷	0.07	0.08	—	0.03
	46.44	2-羟基-1,1,10-三甲基-6,9-环二氧萘烷	0.05	0.04	—	—
	54.75	1,3,7,7-四甲基-9-氧代-2-氧双环[4.4.0]癸烷	—	0.09	0.14	0.15
	72.10	1-乙烯基-1-甲基-2-(1-甲基乙基)-4-(1-甲基亚乙基)环己烷	—	0.50	—	—

续表

物质种类	保留时间/min	中文名	相对含量/%			
			津巴布韦	弗吉尼亚	云南	巴西
烯烃类	14.01	(*E*)-B-罗勒烯	—	—	—	0.00
	21.12	L-柠檬烯	0.01	—	—	0.00
	31.89	4-苯甲氧基-1-吗啉环已烯	—	—	0.06	—
	33.04	1,4-二甲基-4-乙酰基-1-环已烯	0.03	0.02	—	0.02
	37.98	紫罗烯	—	—	—	0.07
	39.02	(*Z*)-3-戊烯基-苯	—	—	—	0.02
	42.92	1,5,5-三甲基-6-乙酰甲基-环已烯	0.01	—	0.02	0.01
	50.94	氧化石竹烯	0.02	0.01	—	0.02
	51.65	1,1'-二环戊烯	0.08	0.02	—	0.10
	59.73	B-瑟林烯	0.43	0.03	0.26	0.56
	62.80	愈创木烯	—	0.01	—	0.01
	72.17	γ-榄香烯	0.16		0.34	
	72.61	4,5,9,10-脱氢-异长烯烃	0.18	0.02	0.12	0.21
	77.22	西松烯	0.58	1.08	0.28	0.43
	79.66	香叶基-α-松油烯	—	—	—	0.02
	80.20	14,15-二氢-1,4,5,8,9,10,11,12,13,16,17,18,19,20-四氢-环十碳四烯	0.07	1.29	—	—
其他类	3.99	乳酰胺	—	—	—	0.51
	4.99	2-丁基-4-甲基-1,3-二氧戊环	—	—	—	0.12
	9.86	4-氨基-3-羟基萘-1-甲腈	—	—	—	0.00
	12.58	2,6-二甲基吡嗪	—	0.03	—	0.02
	20.77	邻伞花烃	—	—	—	0.01
	23.64	2-乙酰基吡咯	0.03	—	0.08	0.06
	27.10	3-乙酰基吡啶	—	0.07	—	—
	27.13	麦芽酚	0.03		0.05	0.08
	28.14	4,5-二氢-5,5-二甲基-4-异丙基-1*H*-吡唑	—	0.08	—	—
	28.35	2-甲基-3-羟基吡啶	—	—	—	0.01
	30.09	樟脑	—	—	0.02	
	30.14	左旋樟脑	0.04	—	—	0.06
	30.77	二丙二醇丁醚	0.02	—	—	—
	32.09	冰片	—	—	—	0.05
	36.27	龙脑酰氯	—	—	—	0.01
	39.44	乙琥胺	—	0.01	—	—

续表

物质种类	保留时间/min	中文名	相对含量/%			
			津巴布韦	弗吉尼亚	云南	巴西
其他类	40.34	茴香脑	0.01	—	—	0.01
	40.98	吲哚	—	0.01	—	—
	44.23	烟碱	17.50	74.02	13.25	21.91
	44.54	1,3,5-三甲基-2-(2-丁烯基)苯	—	—	—	0.13
	44.83	1,1,6-三甲基-1,2-二氢萘	—	0.09	—	0.05
	47.47	异香兰素	—	—	—	0.09
	48.04	4-乙基苯基缩水甘油醚	—	—	—	0.02
	49.21	麦司明	0.01	0.33	—	0.04
	53.84	2-环己基哌啶	0.01	—	—	—
	54.88	2-环己基溴乙烷	—	0.11	—	—
	55.83	2,3'-联吡啶	0.37	3.17	0.21	0.57
	61.96	(4a*R*)-反式-十氢-4a-甲基-1-亚甲基-7-(1-甲基亚乙基)-萘	—	0.05	—	—
	66.70	7-甲氧基香豆素	—	—	—	0.02
	67.98	1,4-二异丙烯基苯	0.09	0.24	0.03	0.08
	68.36	1,2,3,6,7,8,8A,8B-八氢-4-5-二甲基联苯	0.19	0.02	0.08	0.13
	75.01	二(1-甲基)-4,7-亚甲基氢-1*H*-茚	—	—	—	0.22

4 种烟草提取物样品中共检测到 187 个化学成分，醇类物质 24 种（除去丙二醇，1.04%~5.89%），其中含量最高的成分均为丙二醇，应该为提取物的溶剂；酯类物质 37 种（1.16%~7.60%），酮类物质 44 种（4.53%~17.06%），醛类物质 10 种（0.01%~0.21%），酸类物质 17 种（0.15%~1.89%），烷烃类 7 种（0.14%~0.71%），烯烃类 16 种（1.08%~2.49%），其他 33 种（13.72%~78.23%）。4 种烟草提取物中含量最高的为烟碱（13.25%~74.02%），弗吉尼亚烟草提取物最高，云南烟草提取物最低。

4 种烟草提取物相对香气活力值计算结果见表 4-44。

表 4-44　四种烟草提取物挥发性半挥发性成分相对香气活力值分析结果

	物质名称	阈值	ROAV	嗅觉描述
津巴布韦烟叶提取物	烟碱	0.013	100.000	难闻、味苦
	乙酸	1400	87.120	有刺鼻的醋酸味
	苯乙醛	668	15.650	具有类似风信子的香气，稀释后具有水果的甜香气
	香叶基丙酮	120	9.630	具有青香、果香、蜡香、木香，并有生梨、番石榴、苹果、香蕉、热带水果香韵

续表

	物质名称	阈值	ROAV	嗅觉描述
津巴布韦烟叶提取物	肉桂酸甲酯	4.5005	8.223	具有可可香味，呈樱桃和香酯似香气
	α-大马酮	10	6.455	具类似玫瑰的香气
	大马酮	0.085	1.916	具有令人愉快的玫瑰香气
	异佛尔酮	0.018 89	1.626	带有薄荷香或樟脑样味
	茶香酮	1600	0.789	香甜的木香、烟草香以及茶香
	茴香脑	0.002 67	0.674	带有甜味，具茴香的特殊香气
	麦芽酚	2.546 21	0.510	具有焦奶油硬糖的特殊香气，稀溶液具有草莓样芳香味道
	棕榈酸乙酯	0.0008	0.141	呈微弱蜡香、果爵和奶油香气
	苯甲醛	2	0.823	具有特殊的杏仁气味
	甲基庚烯酮	0.0024	0.626	具有柠檬草和乙酸异丁酯般的香气
	氧化石竹烯	0.2	0.622	有温和的丁香香气
	马索亚内酯	0.000 72	0.604	具有水果香、花香香气
	苯乙醇	0.1	0.525	具有清甜的玫瑰样花香
	丙二醇	0.025	0.053	近乎无味，细闻微甜
	糠醇	1.1	0.058	呈微弱香气，有焦香味
	苯甲醇	0.8	0.041	有芳香味
	α-松油醇	0.38	0.032	具有丁香味，有樟脑气味，辛辣味
	棕榈酸甲酯	0.0208	0.023	具有令人喜爱的核桃香味
	辛酸	44	0.009	有汗臭味
	桉叶油醇	0.057	0.006	有与樟脑相似的气味
	羟基丙酮	0.066	0.004	具有类似酸甜气味
	4-庚酮	0.3	0.004	有刺激性气味，有灼烧味
	2-乙酰基吡咯	0.011	0.003	具有核桃、甘草、烤面包、炒榛子和鱼样的香气
	油酸	0.05	0.003	有动物油或植物油气味
	芳樟醇	0.06	0.003	具有铃兰香气，但随来源而有不同香气
	2,3-丁二醇	0.41	0.003	无臭，略有苦甜味
	异戊酸	2	0.002	有刺激性酸败味，高度稀释后则有甜润的果香，以及笃斯越橘样的香味
	二丙二醇	2	0.001	有着辛辣的甜味
弗吉尼亚烟叶提取物	烟碱	1400	100	难闻、味苦
	异戊酸	0.000 33	25.36	具有清香和果香香气
	吲哚	0.0014	19.64	茉莉花的香气

续表

	物质名称	阈值	ROAV	嗅觉描述
弗吉尼亚烟叶提取物	乙酸	0.013	10.24	有刺鼻的醋味
	γ-己内酯	0.26	0.43	温暖的辛甜样药草香气，似香豆素、椰子和甘草样香韵
	二氢猕猴桃内酯	0.28	0.36	带有香豆素样香气，并有麝香样气息
	糠醇	4.50	0.22	有特殊的苦辣气味
	γ-戊内酯	0.55	0.21	具有香兰素和椰子芳香味
	茄酮	1.82	0.21	具有新鲜胡萝卜样的香味，可增加烟草香
	马索亚内酯	1.1	0.14	具有水果香、花香香气
	氧化石竹烯	0.41	0.13	有温和的丁香香气
	4,7,9-巨豆三烯-3-酮	10.04	0.12	具有烟草甘甜香气
	棕榈酸	10	0.08	具有特殊香气和滋味
	油酸乙酯	0.87	0.07	呈鲜花香气
	新植二烯	12	0.02	有很弱的花香和香脂香气
	羟基丙酮	80	0.02	具有花甜香香气，略带玫瑰香韵
	棕榈酸甲酯	2	0.01	具有令人喜爱的核桃香味
云南烟草提取物	烟碱	0.066	100.74	难闻、味苦
	乙酸	0.013	24.34	有刺鼻的醋酸味
	苯乙酸乙酯	0.0033	20.62	有浓烈而甜的蜂蜜香气
	β-环柠檬醛	0.003	18.84	具有果香、红浆果样和花香香气
	香叶基丙酮	0.06	13.16	具有新鲜、清、淡的花香香气，略带甜蜜-玫瑰香韵味
	茄酮	1.82	1.41	具有新鲜胡萝卜样的香味，可增加烟草香
	γ-榄香烯	0.26	1.30	有辛辣的茴香气味
	麦芽酚	0.21	0.23	具有焦奶油硬糖的特殊香气，稀溶液具有草莓样芳香味道
	4,7,9-巨豆三烯-3-酮	10.04	0.22	具有烟草甘甜香气
	马索亚内酯	1.1	0.14	具有水果香、花香香气
	棕榈酸乙酯	2	0.11	呈微弱蜡香、果爵和奶油香气
	大马酮	8.5	0.08	具有令人愉快的玫瑰香气
	樟脑	0.49	0.05	樟脑香气
	苯甲醇	2.55	0.04	有芳香味
	α-大马酮	10	0.01	具类似玫瑰的香气
	棕榈酸甲酯	2	0.01	具有令人喜爱的核桃香味
	羟基丙酮	80	—	具有花甜香香气，略带玫瑰香韵

续表

	物质名称	阈值	ROAV	嗅觉描述
云南烟草提取物	3,4-二甲氧基苯丙酸	25.64	—	有香荚兰果实的香味，有甜味
	2-乙酰基吡咯	58.56	—	具有核桃、甘草、烤面包、炒榛子和鱼样的香气
巴西烟草提取物	烟碱	0.066	100.00	难闻、味苦
	正戊酸	0.000 16	56.23	有令人不愉快的气味
	乙酸	0.013	24.56	有刺鼻的醋味
	异戊酸	0.000 33	20.31	具有清香和果香香气
	苯乙醛	0.000 72	18.42	具有类似风信子的香气，稀释后具有水果的甜香气
	丙位十二内酯	0.000 43	17.37	呈奶油和桃子、梨似水果香气
	苯乙醇	0.012	11.95	具有清甜的玫瑰样花香
	β-环柠檬醛	0.003	10.54	具有果香、红浆果样和花香香气
	异丁酸甲酯	0.008	9.23	有水果香气
	香叶基丙酮	0.06	8.05	具有新鲜、清、淡的花香香气，略带甜蜜-玫瑰香韵味
	茄酮	1.82	5.86	具有新鲜胡萝卜样的香味，可增加烟草香
	二氢猕猴桃内酯	0.28	1.78	带有香豆素样香气，并有麝香样气息
	棕榈酸乙酯	2	0.92	呈微弱蜡香、果爵和奶油香气
	茶香酮	0.025	0.76	香甜的木香、烟草香以及茶香
	新植二烯	12	0.59	有很弱的花香和香脂香气
	麦芽酚	0.2	0.38	有芬芳香气
	乙醇	0.62	0.26	具有酒香的气味，并略带刺激的辛辣滋味
	亚油酸乙酯	0.45	0.10	具有特殊的花果香气
	异佛尔酮	0.1	0.09	青香和木香
	马索亚内酯	0.1	0.08	具有水果香、花香香气
	2-甲基丁酸	0.02	0.08	低浓度时呈愉快的水果香气，味辛辣
	苯甲醛	0.1	0.08	具有特殊的杏仁气味
	棕榈酸甲酯	2	0.08	具有令人喜爱的核桃香味
	4,7,9-巨豆三烯-3-酮	10.04	0.07	具有烟草甘甜香气
	α-松油醇	0.86	0.04	具有丁香味，有樟脑气味，辛辣味
	甲基庚烯酮	0.3	0.04	具有柠檬草和乙酸异丁酯般的香气
	氧化石竹烯	0.41	0.04	有温和的丁香香气
	大马酮	8.5	0.04	具有令人愉快的玫瑰香气

续表

	物质名称	阈值	ROAV	嗅觉描述
巴西烟草提取物	桉叶油醇	2	0.03	有与樟脑相似的气味
	2,6-二甲基吡嗪	0.72	0.02	有典型的氨味
	糠醇	4.50	0.02	有特殊的苦辣气味
	苯甲醇	2.57	0.02	有芳香味
	2-正戊基呋喃	0.27	0.02	具有青草香气
	4-萜烯醇	0.59	0.01	具有微弱酸甜气息
	棕榈酸	10	0.01	具有特殊香气和滋味
	法尼醇	1	0.01	具有甜香、花香、青香
	藏花醛	2.62	0.01	具类似番红花样的香气
	7-甲氧基香豆素	9.5	—	具有芳香气味
	愈创木烯	7.5	—	具有芳香气息，带微甜气味
	羟基丙酮	80	—	具有花甜香香气，略带玫瑰香韵
	2-乙酰基吡咯	58.56	—	呈面包香气
	芳樟醇	6	—	具有铃兰香气，但随来源而有不同香气
	糠醛	8	—	有杏仁味
	L-柠檬烯	12	—	有新鲜橙子香气及柠檬样香气
	二丙二醇	1600	—	低浓度下无气味，浓度较大时微甜

香气成分的大部分为醇类，酯类，酚类、醛类和酮类物质，通常当物质相对含量一定时，阈值越低，说明该物质对香气形成的贡献越大，四种烟草提取物的相对香气活力值最大的组分均为烟碱，所以烟碱是形成提取物香气的重要香气成分，这与以往文献研究是一致的，除此之外，四种提取物的关键香气成分中还含有乙酸，并且弗吉尼亚烟草提取物和巴西烟草提取物的关键香气成分中，酸类物质成为主体。

津巴布韦烟草提取物的关键香气成分为烟碱、乙酸、苯乙醛、香叶基丙酮、肉桂酸甲酯、α-大马酮、大马酮、异佛尔酮，修饰香气成分为茶香酮、茴香脑、麦芽酚、棕榈酸乙酯、苯甲醛、甲基庚烯酮、氧化石竹烯、马索亚内酯、苯乙醇。

弗吉尼亚烟草提取物的关键香气成分为烟碱、异戊酸、吲哚、乙酸，致香修饰组分为 γ-己内酯、二氢猕猴桃内酯、糠醇、γ-戊内酯、茄酮、马索亚内酯、氧化石竹烯、4,7,9-巨豆三烯-3-酮。

云南烟草提取物的关键香气成分为烟碱、乙酸、苯乙酸乙酯、β-环柠檬醛、香叶基丙酮、茄酮、γ-榄香烯，修饰香气成分为麦芽酚、4,7,9-巨豆三烯-3-酮、马索亚内酯、棕榈酸乙酯。

巴西烟草提取物的关键香气成分为烟碱、正戊酸、乙酸、异戊酸、苯乙醛、丙位十二内酯、苯乙醇、β-环柠檬醛、异丁酸甲酯、香叶基丙酮、茄酮、二氢猕猴桃内酯，修饰香气成分为棕榈酸乙酯、茶香酮、新植二烯、麦芽酚、乙醇、亚油酸乙酯。

4.5.2.2 浓香型初烤烟叶提取物中的关键甜味成分

张启东等[6]利用凝胶渗透色谱分离烟叶提取物，用感官导向分离结合滋味活性值（TAV）分析了浓香型初烤烟叶提取物中的关键甜味成分。

制备烟叶提取物，并用 GPC 法分离。由 10 位按 GB/T 12312—2012 的要求进行过味觉校正和训练的味觉评价人员对各流份的滋味特征进行评价，确定具有甜味的特征流份。滋味评价结果须至少 8 位评价人员意见一致才被接受。合并甜味特征流份，冷冻干燥后得到约 1.2 g 浅黄色固体，即为甜味特征组分。

将 10 mg 甜味特征组分溶于 1 mL 吡啶中，加入 100 μL *O*-甲基羟胺盐酸盐吡啶溶液（30 mg/mL），置于 37 ℃水浴中 1 h，再加入 100 μL MSTFA，置于 37 ℃水浴中 30 min。反应后的溶液直接进行 GC/MS 分析，利用 NIST08 和 Wiley 谱库，以匹配度高于 85%者定性，并对定性结果进行标准品对照实验确认。

GPC 条件：流动相为蒸馏水；填料 Sephadex LH-20；流速 1 mL/min；通过收集器每 10 min 收集 1 个流份，共收集 40 个流份。通过紫外检测仪监测确定收集流份的起点和终点。GC/MS 条件：DB-5MS 毛细管柱（30 m×250 μm×0.25 μm）；载气 He；柱流量 1 mL/min；进样口温度 250 ℃；升温程序 50 ℃（1 min）5 ℃/min 240 ℃（10 min）；不分流模式；传输线温度 250 ℃；EI 离子源；电离能量 70 eV；离子源温度 230 ℃；四极杆温度 150 ℃；扫描模式为全扫描；质量扫描范围 33~450 amu。

为避免甜味特征组分在存储过程中吸收水分而造成含量变化，保证定量结果和感官评价的一致性，将配制甜味特征组分的水溶液（100 mg/mL）避光存储于 4 ℃冰箱中，记为甜味特征组分储备溶液（溶液 A），供定量分析实验和感官评价实验共同使用。储备溶液保存不超过 1 周。

移取 220 μL 甜味特征组分储备溶液置于 10 mL 容量瓶中，加水定容，作为进样溶液。取 1 mL 进样溶液经超滤膜过滤后进行果糖、葡萄糖、蔗糖、肌糖等 4 种甜味成分的 HPLC-ELSD 定量分析。HPLC-ELSD 条件：色谱柱：Prevail Carbohydrate ES 色谱柱（5 μm，250 mm×4.6 mm）；流动相：乙腈和水；梯度洗脱：80%乙腈+20%水（0 min），75%乙腈+25%水（20 min），55%乙腈+45%水（26 min），80%乙腈+20%水（30 min），80%乙腈+ 20% 水（30~32 min）；流速：0.8 mL/min；柱温：30 ℃；进样量：10 μL；ELSD 漂移管温度：80 ℃；氮气流量：2.4 L/min。色谱图见图 4-6。

依据定量分析结果，计算溶液 A 中果糖、葡萄糖、肌糖和蔗糖 4 种甜味成分的质量浓度。分别配制甜味成分水溶液 B~F，使各复配溶液中的甜味成分均具有和溶液 A 中对应成分相同的浓度。将溶液 A 和各复配溶液分别逐级等比例稀释 5 次，获得 6 组各个浓度等倍降低的溶液系列，记录各溶液的稀释倍数（表 4-45）。

对各组溶液系列进行 TDA 比较研究。TDA 方法：10 位味觉评价人员依据 GB/T 12312—2012 的要求进行味觉校正和训练后，通过三点法对上述 6 组溶液系列进行味觉辨识：即针对每个溶液，评价人员仅通过味觉特征评价，从溶液和 2 个空白水样中辨识出该溶液；7 位以上评价人员结论一致时，辨识结果方被接受，否则即认为该浓度下待评价溶液无法与空白水样品区分。对比 6 组溶液系列各自可辨识最小浓度溶液的稀释倍数。

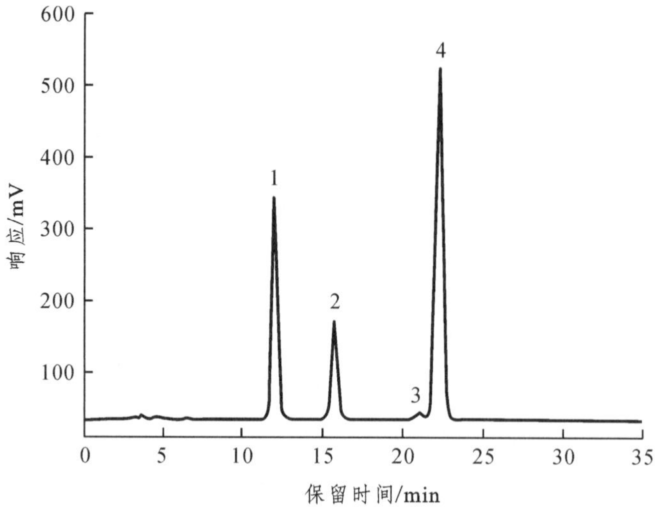

1—果糖；2—葡萄糖；3—肌糖；4—蔗糖。

图 4-6　甜味特征组分样品色谱图

表 4-45　甜味特征组分溶液和甜味成分复配溶液

溶液序号	溶液成分及质量浓度/mg · mL^{-1}
A	甜味特征组分为 100
B	果糖、葡萄糖、肌糖、蔗糖分别为 21.9、20.6、1.6、34.2
C	果糖、葡萄糖、蔗糖分别为 21.9、20.6、34.2
D	果糖、葡萄糖分别为 21.9、20.6
E	葡萄糖、蔗糖分别为 20.6、34.2
F	果糖、蔗糖分别为 21.9、34.2

依据 GB/T 12312—2012 的要求，对 10 位味觉评价人员进行味觉校正和训练。依据 GB/T 22366—2008 针对最优估计阈值法（BET 法）测定风味物质阈值的描述，10 位味觉评价人员通过三点法对 4 种甜味成分的味觉阈值进行测定：将各甜味成分分别配制成 8 mg/g 的水溶液，并逐级等比例稀释 6 次后，分别获得各甜味成分 7 个浓度等倍降低的溶液系列；针对每个浓度的溶液，评价人员仅通过味觉特征评价，从溶液和 2 个空白水样中，辨识出该溶液；对每一个甜味成分，以每位评价人员辨识失误的最高浓度和其紧邻的更高一级浓度的几何平均值作为该评价人员对该成分的 BET 值；分别计算 10 位评价人员对每一个甜味成分 BET 值的几何平均值作为该甜味成分的味觉阈值。以甜味特征组分中各甜味成分含量（mg/g）与其味觉阈值（mg/g）的比值，作为该成分在甜味特征组分中的 TAV，比较 4 种甜味物质的 TAV 差异。结果见表 4-46。

表 4-46　4 种甜味物质的味觉阈值、相对甜度及在甜味特征组分中的含量与 TAV

目标物	阈值 $mg \cdot g^{-1}$	含量/$mg \cdot g^{-1}$	TAV	相对甜度
果糖	0.9	206.3	229	130~180
葡萄糖	1.1	219.6	200	70
肌糖	0.8	16.3	20	50
蔗糖	1.0	342.5	343	100

果糖、葡萄糖、肌糖、蔗糖是烟叶提取物甜味特征组分味觉效应的主要来源，推测 4 种甜味成分的贡献排序为果糖>蔗糖>葡萄糖>肌糖。通过 TDA 考察可确定 4 种甜味成分对烟叶提取物甜味特征组分味觉效应的代表性；而要判断烟叶中 4 种甜味成分的贡献排序，可直接测定烟叶中各甜味成分含量，进而计算其 TAV，并综合考虑各甜味成分的相对甜度。

4.5.3 小　结

利用 HS-SPME-GC/MS 结合相对香气活力值分析 4 种不同烟草提取物的特征香气化学成分。

利用凝胶渗透色谱分离浓香型初烤烟叶提取物，用感官导向分离结合滋味活性值（TAV）分析了浓香型初烤烟叶提取物中的关键甜味成分。

参考文献

[1] 刘哲. 基于香气活力值研究烟叶、卷烟、烟草添加剂中的特征香气成分[D]. 昆明：昆明理工大学，2020.

[2] 冒德寿，李智宇，刘强，等. 基于味觉活力值的烤烟主流烟气关键酸味物质的研究[J]. 中国烟草学报，2014，20（6）：21-27.

[3] 陈芝飞，杨靖，马宇平，等. 基于活性阈值的卷烟烟气中重要碱性香气成分剖析[J]. 烟草科技，2017，50（3）：39-46.

[4] 蔡莉莉，刘绍锋，郝辉，等. 卷烟烟气重要中性香气成分的活性阈值[J]. 烟草科技，2018，51（9）：33-39.

[5] 杨靖，毛多斌，陈芝飞，等. GC-MS/O 技术测定卷烟烟气中巨豆三烯酮的香气活力值[J]. 中国烟草学报，2016，22（6）：11-17.

[6] 张启东，刘俊辉，张文娟，等. 初烤烟叶提取物中关键甜味成分的感官导向分析[J]. 烟草科技，2016，49（6）：58-64.

5 茶叶特征香气成分

5.1 概 述

茶叶（*Camellia sinensis*），俗称茶，一般包括茶树的叶子和芽。别名茶、槚（jiǎ），茗，荈（chuǎn）。茶叶成分有儿茶素、胆甾烯酮、咖啡因、肌醇、叶酸、泛酸，有益健康。茶叶制成的茶饮料，是世界三大饮料之一。茶叶源于中国，茶叶最早是被作为祭品使用的。但从春秋后期就被人们作为菜食，在西汉中期发展为药用，西汉后期才发展为宫廷高级饮料，普及民间作为普通饮料那是西晋以后的事。发现最早人工种植茶叶的遗迹在浙江余姚的田螺山遗址，已有 6000 多年的历史。饮茶始于中国。叶革质，长圆形或椭圆形，可以用开水直接泡饮，依据品种和制作方式以及产品外形分成六大类。依据季节采制可分为春茶、夏茶、秋茶、冬茶。以各种毛茶或精制茶叶再加工形成再加工茶，包括花茶、紧压茶、萃取茶、药用保健茶、茶食品、含茶饮料等。中国茶叶有绿茶、黄茶、白茶、青茶、红茶、黑茶等六大茶系。

绿茶是不发酵的茶（发酵度为 0）。代表茶有：黄山毛峰、普龙茶、蒙顶甘露、日照绿茶、崂山绿茶、六安瓜片、龙井茶、湄潭翠芽、碧螺春、蒙洱茶、信阳毛尖、都匀毛尖、黎平雀舌、官庄干发茶叶、紫阳毛尖茶。

黄茶是微发酵的茶（发酵度为 10% ~ 20%）。在制茶过程中，经过闷堆渥黄，因而形成黄叶、黄汤。分“黄芽茶”（包括湖南洞庭湖君山银芽、四川雅安名山区的蒙顶黄芽、安徽霍山的霍山黄芽）、“黄小茶”（包括湖南岳阳的北港毛尖、湖南宁乡的沩山毛尖、浙江平阳的平阳黄汤、湖北远安的鹿苑）、“黄大茶”（包括广东的大叶青、安徽的霍山黄大茶）三类。

白茶是轻度发酵的茶（发酵度为 5% ~ 10%）。它加工时不炒不揉，只将细嫩、叶背满茸毛的茶叶晒干或用文火烘干，而使白色茸毛完整地保留下来。白茶主要产于福建的福鼎、政和、松溪和建阳等县，贵州省黎平县也有种植，有“银针”“白牡丹”“贡眉”“寿眉”几种。白茶白毫显露，比较出名的出自福建北部和宁波的白毫银针，还有白牡丹。

青茶又称乌龙茶，属半发酵茶（发酵度为 15%~70%）。即制作时适当发酵，使叶片稍有红变，是介于绿茶与红茶之间的一种茶叶。它既有绿茶的鲜浓，又有红茶的甜醇。因其叶片中间为绿色，叶缘呈红色，故有“绿叶红镶边”之称。代表茶有：铁观音、大红袍、冻顶乌龙茶。

红茶是全发酵的茶（发酵度为 80%～90%）。红茶主要有小种红茶、工夫红茶和红碎茶三大类。工夫红茶主要分布在广东、福建、江西一带，如祁门红茶、荔枝红茶、汉山红红茶等，以潮汕的工夫茶为主。

黑茶是后发酵的茶（发酵度为 100%）。普洱茶六堡茶湖南黑茶（渠江薄片金茶）泾渭茯茶（产地陕西咸阳）原料粗老，加工时堆积发酵时间较长，使叶色呈暗褐色，压制成砖。黑茶主要品种要包括陕西咸阳茯砖茶、云南普洱茶、湖南黑茶、湖北老青茶、广西六堡茶、四川边茶等。

5.2 绿　茶

5.2.1 分析技术

利用 GC-MS、GC-O、芳香萃取物稀释分析法（AEDA）和香气活力值（OAV）方法对五个等级的江苏洞庭碧螺春茶的香气成分进行分析，获得五个等级碧螺春茶的关键香气化合物。

利用 HS-SPME-GC/MS 结合相对香气活力值对树根地绿茶中的主要香气成分进行分析。

利用 HS-SPME-GC/MS 结合相对香气活力值分析云雾绿叶茶中的主要香气贡献成分。

5.2.2 特征成分

5.2.2.1 碧螺春特征香气成分

韩熠等[1]建立江苏洞庭碧螺春茶中香气成分分析方法，利用 GC-MS、GC-O、芳香萃取物稀释分析法（AEDA）和香气活力值（OAV）分析碧螺春茶中具有香气活力的特征香气成分。

1. 主要材料与仪器

碧螺春茶购自上海满堂春茶叶市场，产地江苏洞庭；特一级（D1）、特二级（D2）、一级（D3）、二级（D4）、三级（D5）。样品密封，储藏于 4 ℃冰箱内备用。

顶空蒸馏装置（上海有机化学研究所定制）；电子分析天平（METTLER TOLEDO 公司）；刺型分馏柱（上海泰坦科技股份有限公司）；电子恒温不锈钢水浴锅（上海康路仪器设备有限公司）；电加热套（郑州长城科工贸有限公司）；气相色谱 7890A、质谱 5975C（美国 Agilent 公司）；嗅闻仪（ODP2）（德国 GERSTEL 公司）。

2. 分析方法

（1）香气提取

准确量取 400 mL 纯净水于蒸馏瓶中，用电热套加热煮沸；准确称量 30 g 茶样于样品瓶中，连接好顶空蒸馏装置，用 4~6 ℃的乙醇（冷凝泵循环）通入冷凝管冷却；从收集瓶中有液滴滴下时开始计时，蒸馏持续 30 min，收集到约 80 g 蒸馏组分（香气物质+水）。

将收集到的蒸馏组分加入 30 μL 230 μg/g 氘代愈创木酚水溶液混匀，依次用 20 mL、10 mL、10 mL 二氯甲烷萃取 3 次，得到的萃取液加入少许无水硫酸钠除去水分。将样品加入刺型分馏的加热回流装置瓶内，打开冷凝水和循环水浴锅，使样品微沸即可，待样品浓缩至 2 mL 左右后，用氮吹继续浓缩至 1 mL 密封好放入 4 ℃冰箱内备用。

（2）分析条件

取 2 μL 浓缩液，用安捷伦 7890A-5975C 气相色谱-质谱联用仪进行分析。气相色谱柱末端经分流阀分为两路，分别流经 FID 检测器和 MS 检测器，分流比为 1∶1。

①气相色谱（GC）条件

色谱柱：INNOWAX（60 m×0.25 mm×0.25 μm）；载气：He；载气流速：2 mL/min；进样模式：不分流；进样口温度：250 ℃；升温程序：40 ℃保持 6 min，以 3 ℃/min 升至 100 ℃，再以 5 ℃/min 升至 230 ℃保持 20 min。

②FID 条件

检测器温度：300 ℃；氢流速：30 mL/min；空气流速：400 mL/min。

③质谱（MS）条件

离子源：EI 源；离子源温度：230 ℃；电子能量：70 eV；质量扫描范围：30 ~ 350 amu；扫描模式：全扫描。

④GC-O 分析条件

GC-O 系统由气相色谱（配有 FID 检测器）及嗅闻装置（ODP2）组成。气相色谱柱末端分流比为 1∶1。将浓缩液用二氯甲烷按 1∶4、1∶16、1∶64 和 1∶256 等比例（体积比）进行梯度稀释。每次稀释后取 2 μL 注入 GC-O 中进行分析，记录香气特征和保留时间，直到评价员在嗅闻口末端闻不到气味则停止稀释。每种香气化合物的最高稀释倍数为其风味稀释因子（Flavor Dilution Factor，FD）。由 3 位评价员操作 AEDA，记录从嗅闻口闻到的气味特性及时间。每种化合物的气味特性及气相色谱保留时间需要至少两名评价员的描述一致才能确定。

（3）定性与定量

定性：由 GC-MS 分析得到的质谱数据经计算机在 NIST11、Wiley7 标准谱库内检索并结合人工解析进行定性。

定量：以 230 μg/g 的氘代愈创木酚为内标，根据样品中各组分的气相峰面积与内标气相峰面积的比值以及内标物的浓度，计算样品中各组分的含量，认定内标的校正因子为 1。

3. 分析结果

（1）不同等级洞庭碧螺春茶香气成分

D1~D5 五个等级的江苏洞庭碧螺春茶进行顶空蒸馏萃取结合刺型分馏柱浓缩，经 GC-MS 分析，香气成分鉴定结果见表 5-1。通过 HDE 结合 GC-MS 分析不同等级洞庭碧螺春茶的香气成分，共鉴定出香气物质 77 种，包括醇类 20 种、醛类 11 种、酮类 17 种、酸类 4 种、杂环类 5 种、酚类 4 种等。其中洞庭碧螺春茶特一级含有 75 种香气物质。

表 5-1　不同等级洞庭碧螺春茶香气成分分析结果

化合物	保留指数（RI）	质量浓度/mg · L^{-1}				
		D1	D2	D3	D4	D5
2,3-丁二酮	1009	10.00^{a}	14.90^{ab}	18.80^{b}	17.50^{b}	33.57^{c}
2,3-戊二酮	1084	2.70^{ab}	3.09^{c}	2.04^{a}	4.39^{c}	4.28^{c}
己醛	1105	9.58^{c}	5.74^{b}	5.82^{b}	8.85^{c}	1.12^{a}

续表

化合物	保留指数（RI）	质量浓度/mg·L^{-1}				
		D1	D2	D3	D4	D5
3-戊烯-2-酮	1146	0.22[a]	7.10[b]	10.04[c]	15.23[d]	11.49[c]
反-2-戊烯醛	1149	—	0.69	0.29	1.13	—
4-甲基-3-戊烯-2-酮	1152	13.50[ab]	11.35[a]	17.04[b]	22.27[c]	14.74[ab]
1-戊烯-3-醇	1177	8.99[a]	12.16[ab]	15.04[bc]	20.33[c]	37.60[d]
2-庚酮	1201	2.07[c]	1.25[a]	1.47[a]	3.08[d]	1.74[ab]
庚醛	1204	4.66[b]	3.47[ab]	2.98[a]	4.52[b]	7.12[c]
反式-2-己烯醛	1237	1.21[a]	1.07[a]	1.85[b]	2.13[b]	3.69[c]
2-戊基呋喃	1251	0.50[b]	0.31[a]	0.63[b]	0.63[b]	0.64[b]
异戊醇	1266	7.56[a]	7.96[a]	12.12[b]	10.26[ab]	21.20[c]
2-甲基吡嗪	1283	6.31[a]	8.16[ab]	13.73[c]	10.38[b]	8.93[ab]
3-羟基-2-丁酮	1304	6.63[a]	7.43[a]	11.39[b]	10.85[b]	8.98[ab]
1-羟基-2-丙酮	1320	9.12[a]	13.61[b]	18.93[c]	12.05[ab]	14.05[b]
乙酸叶醇酯	1335	0.71[a]	1.09[a]	2.82[b]	3.10[b]	3.41[b]
2,3-辛二酮	1346	2.56[a]	—	—	—	13.28[b]
6-甲基-5-庚烯-2-酮	1359	2.20[a]	2.39[a]	2.96[a]	4.22[b]	6.65[c]
己醇	1370	3.17[b]	2.18[a]	2.31[a]	2.06[a]	3.41[b]
叶醇	1400	13.90[c]	6.20[b]	2.79[a]	2.98[a]	7.19[b]
壬醛	1413	5.25[a]	4.64[a]	4.17[a]	5.27[a]	8.74[b]
异弗儿酮	1423	—	—	3.51[a]	4.51[b]	5.00[b]
顺式氧化芳樟醇	1462	1.80[a]	3.56[a]	11.02[c]	9.79[c]	6.22[b]
2-乙基-3,6-二甲基吡嗪	1464	2.79[c]	1.94[b]	0.10[a]	0.09[a]	0.06[a]
1-辛烯-3-醇	1468	2.88[a]	2.82[a]	4.20[a]	3.34[a]	21.61[b]
庚醇	1472	1.37[b]	1.13[ab]	0.97[a]	1.26[ab]	1.76[c]
乙酸	1476	1.00[ab]	1.13[ab]	0.73[a]	2.79[c]	1.22[b]
糠醛	1488	3.64[c]	3.08[bc]	1.59[a]	2.85[b]	3.11[bc]
反式氧化芳樟醇	1490	9.20[b]	3.84[a]	26.19[c]	12.48[b]	4.90[a]
1,5-辛二烯-3-醇	1503	1.03[a]	2.26[a]	1.55[a]	1.19[a]	13.49[b]
2-乙基己醇	1506	0.70[a]	1.50[bc]	1.74[c]	1.21[b]	1.48[bc]
茶（香）螺烷	1524	0.80[a]	2.89[b]	0.74[a]	0.98[a]	3.20[b]
2-乙酰基呋喃	1530	2.13[a]	2.59[a]	2.36[a]	2.12[a]	3.80[b]
苯甲醛	1550	7.19[b]	8.15[b]	14.26[c]	1.76[a]	14.22[c]
芳樟醇	1569	131.22[a]	123.6[a]	288.66[b]	232.69[b]	118.87[a]
1-辛醇	1575	3.68[a]	3.20[a]	3.48[a]	3.69[a]	8.72[b]

续表

化合物	保留指数（RI）	质量浓度/mg·L^{-1}				
		D1	D2	D3	D4	D5
6-甲基-3,5-庚二烯-2-酮	1617	3.10^{a}	4.65^{ab}	6.23^{ab}	6.71^{c}	10.48^{d}
脱氢芳樟醇	1628	10.71^{bc}	4.69^{a}	11.26^{bc}	12.71^{c}	8.76^{b}
1-乙基-吡咯-2-甲醛	1638	9.98^{b}	8.11^{b}	5.80^{a}	5.27^{a}	8.35^{b}
乙位环高柠檬醛	1648	3.69^{a}	4.34^{a}	8.53^{b}	12.11^{c}	8.72^{b}
γ-丁内酯	1661	12.55^{a}	18.16^{c}	14.11^{ab}	12.36^{a}	16.78^{bc}
2-乙酰基-*N*-乙基吡咯	1667	4.75^{a}	4.17^{a}	3.88^{a}	4.85^{a}	8.78^{b}
苯乙醛	1674	5.43^{a}	3.01^{a}	18.17^{c}	4.85^{a}	11.66^{b}
苯乙酮	1681	3.83^{a}	4.19^{a}	4.17^{a}	5.66^{b}	5.89^{b}
糠醇	1683	53.31^{b}	51.02^{b}	49.31^{b}	26.72^{a}	35.32^{a}
α-松油醇	1721	15.94^{a}	15.24^{a}	83.69^{c}	63.50^{b}	14.58^{a}
γ-己内酯	1735	6.52^{a}	5.74^{a}	4.98^{a}	8.75^{b}	8.66^{b}
3-甲基-2,4-壬二酮	1747	6.17^{a}	—	—	—	6.28^{a}
乙酸苄酯	1759	2.43^{b}	3.13^{c}	0.99^{a}	2.03^{b}	2.60^{bc}
2,4-二甲基苯甲醛	1763	7.25^{b}	5.06^{a}	6.60^{ab}	6.32^{ab}	5.56^{a}
橙花醇	1822	8.28^{a}	5.96^{a}	17.74^{b}	15.11^{b}	5.46^{a}
乙酸苯乙酯	1846	2.83^{d}	1.90^{c}	0.95^{a}	1.42^{b}	-
香叶醇	1868	67.62^{d}	39.68^{b}	53.51^{c}	44.52^{bc}	26.39^{a}
α-紫罗兰酮	1881	3.32^{a}	6.61^{b}	6.03^{b}	11.70^{c}	16.49^{d}
苯甲醇	1906	292.50^{b}	401.25^{c}	92.85^{a}	48.00^{a}	94.33^{a}
苯乙醇	1943	111.68^{b}	134.15^{b}	170.22^{b}	68.22^{a}	69.16^{a}
β-紫罗兰酮	1971	12.68^{a}	14.49^{a}	30.41^{b}	41.51^{c}	35.47^{bc}
顺式茉莉酮	1978	41.17^{c}	53.79^{d}	3.37^{a}	3.54^{a}	9.93^{b}
4-甲基愈创木酚	1989	4.30^{c}	4.30^{c}	3.70^{bc}	1.31^{a}	2.78^{b}
麦芽酚	1998	12.00^{a}	11.35^{a}	18.66^{b}	19.75^{b}	17.84^{b}
2-乙酰基吡咯	2005	45.85^{a}	42.37^{a}	45.17^{a}	43.57^{a}	41.67^{a}
苯酚	2037	15.33^{ab}	18.57^{b}	15.85^{ab}	15.64^{ab}	13.91^{a}
呋喃酮	2061	20.41^{b}	2.18^{a}	27.57^{c}	30.82^{c}	19.35^{b}
γ-壬内酯	2068	4.10^{a}	3.39^{a}	—	—	5.75^{b}
丁香酚	2203	16.52^{b}	1.09^{a}	2.31^{a}	20.18^{c}	—
4-乙烯基愈创木酚	2233	9.93^{ab}	7.49^{a}	11.14^{b}	12.00^{b}	10.74^{b}
邻氨基苯甲酸甲酯	2284	3.46^{c}	4.40^{d}	0.24^{a}	2.06^{b}	—
反式异丁香酚	2388	5.61^{bc}	4.92^{b}	6.25^{c}	2.66^{a}	3.50^{a}
二氢猕猴桃内酯	2404	14.77^{a}	15.66^{a}	38.13^{b}	60.31^{c}	115.96^{d}
4-乙烯基苯酚	2429	74.57^{a}	98.36^{bc}	139.50^{c}	79.53^{ab}	65.03^{a}

续表

化合物	保留指数（RI）	质量浓度/mg·L^{-1}				
		D1	D2	D3	D4	D5
吲哚	2497	16.02^{a}	28.73^{b}	12.39^{a}	16.36^{a}	23.62^{b}
十二酸	2508	8.43^{bc}	12.01^{d}	1.80^{a}	7.02^{b}	10.44^{cd}
香豆素	2512	9.88^{d}	5.82^{c}	2.67^{a}	3.96^{ab}	4.98^{bc}
香兰素	2610	3.59^{a}	4.22^{a}	1.59^{a}	3.10^{a}	21.10^{b}
叶绿醇	2633	194.54^{c}	154.98^{b}	16.84^{a}	23.50^{a}	37.32^{a}
十四酸	2719	15.56^{b}	18.92^{b}	—	10.92^{a}	17.68^{b}
十六酸	2942	179.39^{a}	235.56^{b}	130.25^{a}	236.59^{b}	145.29^{a}

注：①“—”表示未检测到。

② 字母 a、b、c、d 用于表示不同等级洞庭碧螺春茶香气成分质量浓度的差异性。

（2）GC-O 鉴定不同等级洞庭碧螺春茶特征香气成分

将不同等级碧螺春茶香气浓缩液进行 GC-O-AEDA 分析，共嗅闻出 60 个香气组分。香气组分通过质谱、保留指数和香气比对进行鉴定。分析结果见表 5-2。

表 5-2 不同等级洞庭碧螺春茶香气成分 AEDA 分析结果

序号	化合物	保留指数（RI）	稀释因子（log_4FD）					香气描述
			D1	D2	D3	D4	D5	
1	2,3-丁二酮	1009	3	4	4	4	5	奶油香、甜香
2	2,3-戊二酮	1084	1	1	1	1	—	奶油香、甜香
3	己醛	1105	3	2	2	2	1	青草气、青香
4	3-戊烯-2-酮	1146	0	2	0	0	0	蛋腥味
5	4-甲基-3-戊烯-2-酮	1152	3	3	4	4	4	花香
6	1-戊烯-3-醇	1177	3	4	4	4	5	果甜香
7	庚醛	1204	2	2	2	2	3	青香
8	反式-2-己烯醛	1237	2	2	2	2	2	清香、果香
9	2-戊基呋喃	1251	2	1	2	2	2	青香、微苦
10	异戊醇	1266	2	2	2	2	3	青草气
11	2-甲基吡嗪	1283	0	0	1	0	0	烤香
12	3-羟基-2-丁酮	1304	2	2	2	2	2	奶香
13	1-羟基-2-丙酮	1320	1	2	2	2	2	腥味
14	乙酸叶醇酯	1335	2	2	3	3	3	果香、清香
15	2,3-辛二酮	1346	0	—	—	—	1	甜香、奶香
16	未知	1381	3	4	4	3	3	辛香
17	叶醇	1400	4	3	3	3	3	鲜香
18	壬醛	1413	5	5	5	5	6	青香、脂香
19	未知	1430	1	2	3	1	3	甜香、花香

续表

序号	化合物	保留指数（RI）	稀释因子（log_4FD）					香气描述
			D1	D2	D3	D4	D5	
20	顺式氧化芳樟醇	1462	4	4	4	5	4	木香、花香
21	2-乙基-3,6-二甲基吡嗪	1464	2	2	0	0	0	烤香
22	1-辛烯-3-醇	1468	0	0	0	0	2	木香、青香
23	糠醛	1488	0	0	—	—	0	甜香
24	反式氧化芳樟醇	1490	3	3	4	3	3	花香
25	1,5-辛二烯-3-醇	1503	1	1	1	1	2	青香
26	2-乙基己醇	1506	0	0	0	0	0	清香、酵母香
27	2-乙酰基呋喃	1530	0	—	0	—	—	辛香
28	苯甲醛	1550	1	1	2	0	2	焦甜、微苦
29	芳樟醇	1569	4	4	5	5	4	花香、青香
30	1-辛醇	1575	2	2	2	2	3	果香
31	6-甲基-3,5-庚二烯-2-酮	1617	0	0	0	0	1	青香、甜香
32	脱氢芳樟醇	1628	4	3	4	4	4	青草气
33	1-乙基吡咯-2-甲醛	1638	4	4	4	3	4	烤面包香、坚果香
34	乙位环高柠檬醛	1648	2	2	3	4	3	青香、甜香
35	γ-丁内酯	1661	3	3	3	3	3	花香
36	苯乙醛	1674	5	4	6	5	5	蜜香
37	糠醇	1683	5	5	5	4	4	焦糖香
38	α-松油醇	1721	2	2	3	2	2	花香
39	乙酸苄酯	1759	1	1	—	—	1	花香、果香
40	2,4-二甲基苯甲醛	1763	3	3	3	3	3	清香
41	氧化芳樟醇（吡喃型）	1784	3	3	4	3	2	花香
42	橙花醇	1822	1	1	1	1	1	甜香
43	香叶醇	1868	4	3	4	3	3	甜香、花香
44	α-紫罗兰酮	1881	3	3	3	3	4	花香
45	苯甲醇	1906	4	5	4	3	4	花香、甜香
46	苯乙醇	1943	4	4	4	3	3	花香
47	β-紫罗兰酮	1971	5	5	5	6	5	木香、甜香
48	顺式茉莉酮	1966	4	4	3	3	3	花香
49	4-甲基愈创木酚	1989	4	4	4	3	3	药草香
50	麦芽酚	1998	4	4	4	4	4	甜香
51	2-乙酰基吡咯	2005	1	1	1	1	0	药草香、烤香
52	苯酚	2037	4	4	4	4	3	药味
53	呋喃酮	2061	3	1	3	3	3	焦糖香

续表

序号	化合物	保留指数（RI）	稀释因子（log_4FD）					香气描述
			D1	D2	D3	D4	D5	
54	4-乙烯基愈创木酚	2233	2	2	3	3	3	烟气
55	邻氨基苯甲酸甲酯	2284	3	3	2	2	—	甜香、花香
56	反式异丁香酚	2388	4	4	4	3	3	花香
57	二氢猕猴桃内酯	2404	3	3	3	4	4	甜香、奶香、果香
58	4-乙烯基苯酚	2429	3	3	4	3	3	烟气
59	吲哚	2497	3	3	3	3	3	微苦、木香
60	叶绿醇	2633	3	3	2	2	2	青香、花香

注："—"表示未嗅闻到。

（3）不同等级洞庭碧螺春茶香气成分 OAV 值

根据查阅相关文献，找出相关香气化合物的阈值，计算出的不同等级洞庭碧螺春茶香气成分 OAV 值结果见表 5-3。

表 5-3　不同等级洞庭碧螺春茶香气成分 OAV 值结果

序号	化合物	保留指数（RI）	阈值[2]/$\mu g \cdot L^{-1}$	OAV 值				
				D1	D2	D3	D4	D5
1	2,3-丁二酮	1009	100	100	149	188	175	336
2	2,3-戊二酮	1084	5500	<1	1	<1	1	1
3	己醛	1105	479	20	12	12	18	2
4	3-戊烯-2-酮	1146	1200	<1	6	8	13	10
5	反-2-戊烯醛	1149	980	<1	1	<1	1	<1
6	1-戊烯-3-醇	1177	400	22	30	38	51	94
7	庚醛	1204	550	8	6	5	8	13
8	反式-2-己烯醛	1237	82	15	13	23	26	45
9	2-戊基呋喃	1251	6	83	51	105	105	106
10	异戊醇	1266	4000	2	2	3	3	5
11	2-甲基吡嗪	1283	30 000	<1	<1	<1	<1	<1
12	3-羟基-2-丁酮	1304	150 000	<1	<1	<1	<1	<1
13	1-羟基-2-丙酮	1320	10 000	1	1	2	1	1
14	6-甲基-5-庚烯-2-酮	1359	50	44	48	59	84	133
15	己醇	1370	1600	2	1	1	1	2
16	叶醇	1400	1000	14	6	3	3	7
17	壬醛	1413	15	350	310	278	351	582
18	顺式氧化芳樟醇	1462	6	299	593	1837	1632	1037
19	2-乙基-3,6-二甲基吡嗪	1464	8.6	325	226	12	11	7

续表

序号	化合物	保留指数（RI）	阈值[2]/μg·L^{-1}	OAV 值				
				D1	D2	D3	D4	D5
20	1-辛烯-3-醇	1468	1.5	1918	1882	2797	2224	14 410
21	庚醇	1472	3	458	377	322	419	587
22	乙酸	1476	22 000	<1	<1	<1	<1	<1
23	糠醛	1488	770	5	4	2	4	4
24	反式氧化芳樟醇	1490	6	1534	640	4365	2081	817
25	1,5-辛二烯-3-醇	1503	10	103	226	155	119	1349
26	2-乙基己醇	1506	8000	<1	<1	<1	<1	<1
27	2-乙酰基呋喃	1530	10 000	<1	<1	<1	<1	<1
28	苯甲醛	1550	350	21	23	41	5	41
29	芳樟醇	1569	500	262	247	577	465	238
30	1-辛醇	1575	110	33	29	32	34	79
31	脱氢芳樟醇	1628	110	97	43	102	116	80
32	1-乙基吡咯-2-甲醛	1638	37	270	219	157	142	226
33	乙位环高柠檬醛	1648	19.3	191	225	442	627	452
34	苯乙醛	1674	4	1359	753	4544	1212	2916
35	苯乙酮	1681	170	23	25	25	33	35
36	糠醇	1683	4500	12	11	11	6	8
37	α-松油醇	1721	330	48	46	254	192	44
38	γ-己内酯	1735	16 000	<1	<1	<1	1	1
39	乙酸苄酯	1759	270	9	12	4	8	10
40	2,4-二甲基苯甲醛	1763	200	36	25	33	32	28
41	橙花醇	1822	300	28	20	59	50	18
42	乙酸苯乙酯	1846	160	18	12	6	9	0
43	香叶醇	1868	40	1690	992	1338	1113	660
44	α-紫罗兰酮	1881	50	66	132	121	234	330
45	苯甲醇	1906	620	472	647	150	77	152
46	苯乙醇	1943	750	149	179	227	91	92
47	β-紫罗兰酮	1971	7	1811	2070	4345	5930	5067
48	4-甲基愈创木酚	1989	10	430	430	370	131	278
49	麦芽酚	1998	2500	5	5	7	8	7
50	2-乙酰基吡咯	2005	170 000	<1	<1	<1	<1	<1
51	苯酚	2037	1000	15	19	16	16	14
52	呋喃酮	2061	2900	7	1	10	11	7

续表

序号	化合物	保留指数（RI）	阈值[2]/μg·L^{-1}	OAV 值				
				D1	D2	D3	D4	D5
53	丁香酚	2203	150	110	7	15	135	0
54	4-乙烯基愈创木酚	2233	100	99	75	111	120	107
55	邻氨基苯甲酸甲酯	2284	70	49	63	3	29	<1
56	反式异丁香酚	2388	100	56	49	62	27	35
57	4-乙烯基苯酚	2429	100	746	984	1396	795	650
58	吲哚	2497	500	32	57	25	33	47
59	香豆素	2512	300	33	19	9	13	17
60	香兰素	2610	1000	4	4	2	3	21
61	叶绿醇	2633	640	304	242	26	37	58
62	十四酸	2719	10 000	2	2	<1	1	2

在这五个等级的洞庭碧螺春茶香气化合物 OAV 值结果中，至少 3 个等级中 OAV>50 的香气化合物被认为是洞庭碧螺春茶的特征香气化合物。由 OAV 值判定的洞庭碧螺春茶特征香气化合物有：2,3-丁二酮、2-戊基呋喃、6-甲基-5-庚烯-2-酮、壬醛、顺式氧化芳樟醇、1-辛烯-3-醇、庚醇、反式氧化芳樟醇、1,5-辛二烯-3-醇、芳樟醇、脱氢芳樟醇、1-乙基吡咯-2-甲醛、乙位环高柠檬醛、苯乙醛、氧化芳樟醇（吡喃型）、反,反-2,4-癸二烯醛、香叶醇、α-紫罗兰酮、苯甲醇、苯乙醇、β-紫罗兰酮、4-甲基愈创木酚、4-乙烯基愈创木酚、反式异丁香酚、4-乙烯基苯酚、叶绿醇。

4. 碧螺春茶特征香气物质

通过对五个等级的江苏洞庭碧螺春茶进行 GC-MS、芳香萃取物稀释分析法（AEDA）和香气活力值（OAV）分析，结果显示 2,3-丁二酮、顺式氧化芳樟醇、1-辛烯-3-醇、反式氧化芳樟醇、芳樟醇、脱氢芳樟醇、α-紫罗兰酮、苯乙醇、β-紫罗兰酮、顺式茉莉酮等物质是洞庭碧螺春茶的主要特征性香气成分，是引起不同等级洞庭碧螺春茶香气差异的关键香气化合物。

5.2.2.2 树根地绿茶特征香气成分

笔者建立树根地绿茶中香气成分分析方法，利用 HS-SPME-GC/MS 和香气活力值分析树根地绿茶中具有香气活力的特征香气成分。

1. 主要材料与仪器

树根地绿茶（云南昌宁），二氯甲烷（色谱纯），萘（纯度不低于 99%）。

顶空-固相微萃取-气相色谱-质谱仪。

2. 分析方法

称取 0.5 g 树根地绿茶样品至顶空瓶中，迅速密封后在 CTC 固相微萃取装置中进行萃取，萃取温度：80 ℃，萃取时间：20 min，解吸时间：2 min，萃取头转速：250 r/min。

（1）分析条件

①气相色谱条件

色谱柱为 DB-5MS 柱，规格：30 m（长度）×0.25 mm（内径）×0.25 μm（膜厚）。载气：He，恒流模式；柱流量：1.0 mL/min；分流比：10∶1。进样口温度：250 ℃；程序升温：初始温度 40 ℃，保持 2.0 min，以 2 ℃/min 的升温速率升至 250 ℃，保持 10.0 min。

②质谱条件

传输线温度：250 ℃；电离方式：电子轰击源（EI）；电离能量：70 eV；离子源温度：200 ℃；溶剂延迟时间：3.0 min；检测方式：全扫描监测模式，质量扫描范围：30 ~ 500 amu。

（2）阈值查询

挥发性半挥发性成分的阈值通过查阅文献[2]获得。

（3）香气活力值计算方法

各组分的含量和阈值的比。

3. 分析结果

GC-MS 定性定量分析表明，树根地绿茶中分析出 35 种挥发性半挥发性成分，其中含量较高的成分有：咖啡因（37.005%）、芳樟醇（23.143%）、(*R*)-5,6,7,7a-四氢-4,4,7a-三甲基-2(4*H*)-苯并呋喃酮（7.656%）、十六烷（3.306%）、(*E*)-4-(3-羟基-1-丙烯基)-2-甲氧基-苯酚（3.152%）、十四烷（2.159%）、棕榈酸甲酯（2.128%）、(*E*)-*β*-紫罗兰酮（2.072%）、苯甲醇（1.628%）、苯甲醛（1.373%）、壬酸（1.315%）、十二烷（1.244%）、水杨酸甲酯（1.104%）。见表 5-4。

表 5-4　树根地绿茶挥发性半挥发性成分分析结果

序号	保留时间/min	CAS 号	挥发性半挥发性成分	相对含量/%
1	23.408	100-52-7	苯甲醛	1.373
2	28.513	5989-27-5	柠檬烯	0.453
3	28.768	100-51-6	苯甲醇	1.628
4	31.451	932-66-1	1-(1-环己烯-1-基)-乙酮	0.348
5	31.653	34995-77-2	反-氧化芳樟醇	0.466
6	32.863	5989-33-3	顺-呋喃氧化芳樟醇	0.796
7	33.795	78-70-6	芳樟醇	23.143
8	34.045	150-86-7	植醇	0.828
9	34.169	112-31-2	癸醛	0.919
10	34.288	659-70-1	戊酸异戊酯	0.908
11	40.722	119-36-8	水杨酸甲酯	1.104
12	40.977	554-61-0	2-蒈烯	0.551
13	41.262	112-40-3	十二烷	1.244
14	42.704	432-25-7	*β*-环柠檬醛	0.330
15	45.636	112-05-0	壬酸	1.315
16	46.527	563-16-6	3,3-二甲基己烷	0.716
17	48.153	90-12-0	1-甲基萘	0.730

续表

序号	保留时间/min	CAS 号	挥发性半挥发性成分	相对含量/%
18	50.907	631-67-4	*N*,*N*-二甲基乙酰胺	0.387
19	52.088	1000357-25-7	(*E*)-1-(2,3,6-三甲基苯基)丁-1,3-二烯	0.209
20	55.014	629-59-4	十四烷	2.159
21	55.495	569-41-5	1,8-二甲基-萘	0.195
22	56.362	1127-76-0	1-乙基-萘	0.197
23	56.522	87-44-5	石竹烯	0.784
24	60.036	79-77-6	(*E*)-*β*-紫罗兰酮	2.072
25	60.243	4466-14-2	茉莉菊酯	0.764
26	60.546	630-02-4	二十八烷	0.899
27	60.849	1000309-34-6	草酸双(6-乙基辛-3-基)酯	0.312
28	61.347	544-76-3	十六烷	3.306
29	61.603	1000196-74-3	3,3a,4,5,6,7,8,8b-八氢-8,8-二甲基-2*H*-茚并[1,2-b]呋喃-2-酮	0.313
30	62.362	32811-40-8	(*E*)-4-(3-羟基-1-丙烯基)-2-甲氧基-苯酚	3.152
31	62.558	483-76-1	(1*S*-*cis*)-1,2,3,5,6,8a-六氢-4,7-二甲基-1-(1-甲基乙基)-萘	0.653
32	63.158	17092-92-1	(*R*)-5,6,7,7a-四氢-4,4,7a-三甲基-2(4*H*)-苯并呋喃酮	7.656
33	73.022	3892-00-0	2,6,10-三甲基-十五烷	0.958
34	80.376	58-08-2	咖啡因	37.005
35	84.756	112-39-0	棕榈酸甲酯	2.128

基于香气活力值，分析了树根地绿茶的 19 种香气成分。其中香气活力值大于 1 的对树根地绿茶香气有贡献的成分为：芳樟醇（12383.174）、(*E*)-*β*-紫罗兰酮（1584.203）、癸醛（614.799）、苯甲醛（73.457）、壬酸（4.399）、水杨酸甲酯（2.954）。见表 5-5。

表 5-5 树根地绿茶香气成分 OAV 值结果

序号	保留时间/min	CAS 号	香气成分	含量/mg·kg^{-1}	阈值/mg·kg^{-1}	活力值
1	33.795	78-70-6	芳樟醇	0.123 83	0.000 010	12 383.174
2	60.036	79-77-6	(*E*)-*β*-紫罗兰酮	0.011 09	0.000 007	1584.203
3	34.169	112-31-2	癸醛	0.004 92	0.000 008	614.799
4	23.408	100-52-7	苯甲醛	0.007 35	0.0001	73.457
5	45.636	112-05-0	壬酸	0.007 04	0.0016	4.399
6	40.722	119-36-8	水杨酸甲酯	0.005 91	0.002	2.954
7	42.704	432-25-7	*β*-环柠檬醛	0.001 77	0.003	0.588

续表

序号	保留时间/min	CAS 号	香气成分	含量/mg·kg^{-1}	阈值/mg·kg^{-1}	活力值
8	48.153	90-12-0	1-甲基萘	0.0039	0.0075	0.521
9	28.513	5989-27-5	柠檬烯	0.002 42	0.0059	0.410
10	34.288	659-70-1	戊酸异戊酯	0.004 86	0.02	0.243
11	28.768	100-51-6	苯甲醇	0.008 71	0.1	0.087
12	56.522	87-44-5	石竹烯	0.004 19	0.064	0.066
13	32.863	5989-33-3	顺-呋喃氧化芳樟醇	0.004 26	0.1	0.043
14	31.653	34995-77-2	反-氧化芳樟醇	0.002 49	0.06	0.042
15	61.347	544-76-3	十六烷	0.017 69	0.5	0.035
16	55.014	629-59-4	十四烷	0.011 55	1	0.012
17	41.262	112-40-3	十二烷	0.006 65	0.77	0.009
18	34.045	150-86-7	植醇	0.004 43	0.64	0.007
19	84.756	112-39-0	棕榈酸甲酯	0.011 39	2	0.006

4. 树根地绿茶特征香气物质

通过 HS-SPME-GC/MS 和香气活力值分析树根地绿茶中具有香气活力的特征香气成分。结果显示，芳樟醇、(*E*)-*β*-紫罗兰酮、癸醛、苯甲醛、壬酸、水杨酸甲酯为树根地绿茶的特征香气物质。

5.2.2.3 云雾绿叶茶特征香气成分

笔者建立云雾绿叶茶中香气成分分析方法，利用 HS-SPME-GC/MS 和香气活力值分析云雾绿叶茶中具有香气活力的特征香气成分。

1. 主要材料与仪器

云雾绿叶茶（云南澜沧），二氯甲烷（色谱纯），萘（纯度不低于 99%）。

顶空-固相微萃取-气相色谱-质谱仪。

2. 分析方法

称取 0.5 g 云雾绿叶茶样品至顶空瓶中，迅速密封后在 CTC 固相微萃取装置中进行萃取，萃取温度：80 ℃，萃取时间：20 min，解吸时间：2 min，萃取头转速：250 r/min。

（1）分析条件

①气相色谱条件

色谱柱为 DB-5MS 柱，规格：30 m（长度）×0.25 mm（内径）×0.25 μm（膜厚）。载气：He，恒流模式；柱流量：1.0 mL/min；分流比：10∶1。进样口温度：250 ℃；程序升温：初始温度 40 ℃，保持 2.0 min，以 2 ℃/min 的升温速率升至 250 ℃，保持 10.0 min。

②质谱条件

传输线温度：250 ℃；电离方式：电子轰击源（EI）；电离能量：70 eV；离子源温度：200 ℃；溶剂延迟时间：3.0 min；检测方式：全扫描监测模式，质量扫描范围：30 ~ 500 amu。

（2）阈值查询

挥发性半挥发性成分的阈值通过查阅文献[2]获得。

（3）香气活力值计算方法

各组分的含量和阈值的比。

3. 分析结果

GC-MS 定性定量分析表明，云雾绿叶茶中分析出 32 种挥发性半挥发性成分，其中含量较高的成分有：咖啡因（37.866%）、芳樟醇（9.805%）、(*R*)-5,6,7,7a-四氢-4,4,7a-三甲基-2(4*H*)-苯并呋喃酮（6.819%）、水杨酸甲酯（6.014%）、十二烷（4.164%）、十四烷（4.005%）、2-(5-甲基-5-乙烯基四氢呋喃-2-基)丙-2-基碳酸乙酯（3.557%）、*α*-松油醇（3.304%）、(*E*)-*β*-紫罗兰酮（3.153%）、十六烷（2.317%）、3-甲基-丁酸-2-甲基丁酯（1.751%）、3-甲基-十三烷（1.626%）、3,7-二甲基-1,5,7-辛二烯-3-醇（1.526%）、壬醛（1.400%）、2,2,4,6,6-五甲基庚烷（1.193%）、柠檬烯（1.112%）、4-(2,2,6-三甲基-7-氧杂二环[4.1.0]庚-1-基)-3-丁烯-2-酮（1.067%）、2,4-二叔丁基酚（1.047%）。见表 5-6。

表 5-6 云雾绿叶茶挥发性半挥发性成分分析结果

序号	保留时间/min	CAS 号	挥发性半挥发性成分	相对含量/%
1	25.49	13475-82-6	2,2,4,6,6-五甲基庚烷	1.193
2	26.27	124-18-5	癸烷	0.479
3	28.53	138-86-3	柠檬烯	1.112
4	28.95	2408-37-9	2, 2, 6-三甲基环庚烷	0.417
5	29.85	2167-14-8	1-乙基-1H-吡咯-2-甲醛	0.580
6	31.66	1000373-80-3	2-(5-甲基-5-乙烯基四氢呋喃-2-基)丙-2-基碳酸乙酯	3.557
7	33.80	78-70-6	芳樟醇	9.805
8	34.06	29957-43-5	3,7-二甲基-1,5,7-辛二烯-3-醇	1.526
9	34.18	124-19-6	壬醛	1.400
10	34.31	2445-77-4	3-甲基-丁酸-2-甲基丁酯	1.751
11	40.73	119-36-8	水杨酸甲酯	6.014
12	40.98	98-55-5	*α*-松油醇	3.304
13	41.27	112-40-3	十二烷	4.164
14	42.71	43219-68-7	1-[3-(1-甲基乙烯基)环戊基]-乙酮	0.509
15	53.07	6418-41-3	3-甲基-十三烷	1.626
16	54.50	6765-39-5	1-十七烯	0.437
17	55.02	629-59-4	十四烷	4.005
18	56.45	8013-90-9	紫罗兰酮	0.667
19	58.01	1000144-10-6	1-亚甲基-2b-羟甲基-3,3-二甲基-4b-(3-甲基丁烯基)-环己烷	0.530
20	60.04	79-77-6	(*E*)-*β*-紫罗兰酮	3.153

续表

序号	保留时间/min	CAS 号	挥发性半挥发性成分	相对含量/%
21	60.25	23267-57-4	4-(2,2,6-三甲基-7-氧杂二环[4.1.0]庚-1-基)-3-丁烯-2-酮	1.067
22	61.35	1000383-25-6	碳酸壬基乙烯酯	0.493
23	61.51	128-37-0	2,6-二叔丁基对甲酚	0.836
24	61.61	96-76-4	2,4-二叔丁基酚	1.047
25	63.16	17092-92-1	(*R*)-5,6,7,7a-四氢-4,4,7a-三甲基-2(4*H*)-苯并呋喃酮	6.819
26	63.35	1000309-34-6	草酸双（6-乙基辛-3-基）酯	0.614
27	65.19	94427-47-1	1-甲基-4-[4,5-二羟基苯基]六氢吡啶	0.749
28	65.60	2882-96-4	3-甲基-十五烷	0.698
29	67.34	544-76-3	十六烷	2.317
30	80.39	58-08-2	咖啡因	37.866
31	82.48	108873-36-5	十二氢吡啶[1,2-b]异喹啉-6-酮	0.355
32	84.76	112-39-0	棕榈酸甲酯	0.910

基于香气活力值，分析了云雾绿叶茶的 15 种香气成分。其中香气活力值大于 1、对云雾绿叶茶香气有贡献的成分有 6 个，分别为：芳樟醇（11744.039）、(*E*)-*β*-紫罗兰酮（5394.908）、壬醛（55.896）、水杨酸甲酯（36.015）、*α*-松油醇（8.602）、柠檬烯（3.330）。见表 5-7。

表 5-7 云雾绿叶茶香气成分 OAV 值结果

序号	保留时间/min	CAS 号	香气成分	含量/mg·kg^{-1}	阈值/mg·kg^{-1}	活力值
1	33.80	78-70-6	芳樟醇	0.117 44	0.000 01	11 744.039
2	60.04	79-77-6	(*E*)-*β*-紫罗兰酮	0.037 76	0.000 007	5394.908
3	34.18	124-19-6	壬醛	0.016 77	0.0003	55.896
4	40.73	119-36-8	水杨酸甲酯	0.072 03	0.002	36.015
5	40.98	98-55-5	*α*-松油醇	0.039 57	0.0046	8.602
6	28.53	138-86-3	柠檬烯	0.013 32	0.004	3.330
7	41.27	112-40-3	十二烷	0.049 87	0.77	0.065
8	67.34	544-76-3	十六烷	0.027 75	0.5	0.056
9	28.95	2408-37-9	2,2,6-三甲基环庚烷	0.005	0.1	0.050
10	55.02	629-59-4	十四烷	0.04796	1	0.048
11	61.61	96-76-4	2,4-二叔丁基酚	0.01254	0.5	0.025
12	61.51	128-37-0	2,6-二叔丁基对甲酚	0.01001	1	0.010
13	84.76	112-39-0	棕榈酸甲酯	0.0109	2	0.005
14	26.27	124-18-5	癸烷	0.00574	3.6	0.002
15	54.50	6765-39-5	1-十七烯	0.00524	8	0.001

4. 云雾绿叶茶特征香气物质

选择云雾绿叶茶作为研究对象，采用 HS-SPME-GC/MS 和香气活力值分析云雾绿叶茶中具有香气活力的特征香气成分。其中香气活力值大于 1 的对云雾绿叶茶香气有贡献的成分有 6 个，分别为：芳樟醇、(*E*)-*β*-紫罗兰酮、壬醛、水杨酸甲酯、*α*-松油醇、柠檬烯。

5.2.3 小 结

应用 GC-MS、GC-O、芳香萃取物稀释分析法（AEDA）和香气活力值（OAV）方法，分析了五个等级的江苏洞庭碧螺春茶的香气成分。共检测出 77 种香气组分，包括醇类 20 种、醛类 11 种、酮类 17 种、酸类 4 种、杂环类 5 种、酚类 4 种等。在这些成分中，2,3-丁二酮、顺式氧化芳樟醇、1-辛烯-3-醇、反式氧化芳樟醇、芳樟醇、脱氢芳樟醇、*α*-紫罗兰酮、苯乙醇、*β*-紫罗兰酮、顺式茉莉酮等物质是洞庭碧螺春茶的主要特征性香气成分，是引起不同等级洞庭碧螺春茶香气差异的关键香气化合物。

通过 HS-SPME-GC/MS 和香气活力值分析树根地绿茶中具有香气活力的特征香气成分。结果显示，芳樟醇、(*E*)-*β*-紫罗兰酮、癸醛、苯甲醛、壬酸、水杨酸甲酯为树根地绿茶的特征香气物质。

采用 HS-SPME-GC/MS 和香气活力值分析云雾绿叶茶中具有香气活力的特征香气成分。芳樟醇、(*E*)-*β*-紫罗兰酮、壬醛、水杨酸甲酯、*α*-松油醇、柠檬烯 6 个成分为对云雾绿叶茶香气有贡献的成分。

5.3 黄 茶

5.3.1 分析技术

利用 HS-SPME-GC/MS 结合香气活力值对蒙顶黄芽茶中的特征香气成分进行分析。

5.3.2 蒙顶黄芽茶特征成分

笔者建立蒙顶黄芽茶中香气成分分析方法，利用 HS-SPME-GC/MS 结合香气活力值分析蒙顶黄芽茶中具有香气活力的特征香气成分。

5.3.2.1 主要材料与仪器

蒙顶黄芽茶（四川蒙顶山），二氯甲烷（色谱纯），萘（纯度不低于 99%）。

顶空-固相微萃取-气相色谱-质谱仪。

5.3.2.2 分析方法

称取 0.5 g 蒙顶黄芽茶样品至顶空瓶中，迅速密封后在 CTC 固相微萃取装置中进行萃取，萃取温度：80 ℃，萃取时间：20 min，解吸时间：2 min，萃取头转速：250 r/min。

（1）分析条件

①气相色谱条件

色谱柱为 DB-5MS 柱，规格：30 m（长度）×0.25 mm（内径）×0.25 μm（膜厚）。载气：

He，恒流模式；柱流量：1.0 mL/min；分流比：10∶1。进样口温度：250 ℃；程序升温：初始温度 40 ℃，保持 2.0 min，以 2 ℃/min 的升温速率升至 250 ℃，保持 10.0 min。

②质谱条件

传输线温度：250 ℃；电离方式：电子轰击源（EI）；电离能量：70 eV；离子源温度：200 ℃；溶剂延迟时间：3.0 min；检测方式：全扫描监测模式，质量扫描范围：30 ~ 500 amu。

（2）阈值查询

挥发性半挥发性成分的阈值通过查阅文献[2]获得。

（3）香气活力值计算方法

各组分的含量和阈值的比。

5.3.2.3　分析结果

GC-MS 定性定量分析表明，蒙顶黄芽茶中分析出 64 种挥发性半挥发性成分，其中含量较高的成分有：1,2-苯二甲酸-二甲酯（22.462%）、咖啡因（12.241%）、二十二烷（5.380%）、正十五烷（4.652%）、(*R*)-5,6,7,7a-四氢-4,4,7a-三甲基-2(4*H*)-苯并呋喃酮（3.890%）、2-甲基-辛烷（3.201%）、二十四烷（2.599%）、二十烷（2.275%）、十四烷（2.259%）、1,2-二乙酸甘油酯（2.190%）、3-甲基-十一烷（2.101%）、邻苯二甲酸二乙酯（2.039%）、二十八烷（2.018%）。见表 5-8。

表 5-8　蒙顶黄芽茶挥发性半挥发性成分分析结果

序号	保留时间/min	CAS 号	挥发性半挥发性成分	相对含量/%
1	19.48	503-64-0	(*Z*)-2-丁烯酸	0.143
2	23.40	100-52-7	苯甲醛	0.581
3	24.09	142-62-1	己酸	0.321
4	24.45	108-95-2	苯酚	0.195
5	29.56	122-78-1	苯乙醛	0.519
6	30.39	1000383-16-1	碳酸十二烷基酯	0.449
7	30.80	1072-83-9	2-乙酰基吡咯	0.443
8	31.65	5989-33-3	顺-呋喃氧化芳樟醇	0.167
9	32.86	34995-77-2	反-氧化芳樟醇	0.399
10	33.80	78-70-6	芳樟醇	1.883
11	33.98	1604-28-0	(*E*)-6-甲基-3,5-庚二烯-2-酮	0.150
12	34.17	124-19-6	壬醛	0.628
13	34.29	659-70-1	戊酸异戊酯	0.199
14	34.80	60-12-8	苯乙醇	0.335
15	40.72	119-36-8	水杨酸甲酯	1.476
16	40.97	10482-56-1	(4*S*)-(−)-*α*-松油醇	0.232
17	41.27	112-40-3	十二烷	1.929
18	41.67	112-31-2	癸醛	0.321
19	41.92	1000309-13-0	亚硫酸己基辛酯	0.227

续表

序号	保留时间/min	CAS 号	挥发性半挥发性成分	相对含量/%
20	42.17	17301-23-4	2,6-二甲基-十一烷	0.558
21	44.54	629-78-7	十七烷	1.133
22	45.00	20959-33-5	7-甲基七烷	0.957
23	45.42	6117-97-1	4-甲基十二烷	0.508
24	45.77	112-05-0	壬酸	1.972
25	46.11	630-02-4	二十八烷	2.018
26	46.53	3221-61-2	2-甲基-辛烷	3.201
27	46.63	28785-06-0	4-丙基苯甲醛	1.036
28	48.03	629-62-9	正十五烷	4.652
29	48.75	1000309-34-2	草酸丁基 6-乙基辛-3-基酯	1.089
30	50.37	3891-98-3	2,6,10-三甲基-十二烷	0.782
31	50.89	102-62-5	1,2-二乙酸甘油酯	2.190
32	51.45	1000425-83-4	3-(1-甲基-2-吡咯烷基)吡啶	0.579
33	55.01	629-59-4	十四烷	2.259
34	55.99	112-95-8	二十烷	2.275
35	57.29	629-94-7	二十一烷	0.360
36	57.68	1000406-37-6	壬基十四烷基醚	0.185
37	57.99	131-11-3	1,2-苯二甲酸-二甲酯	22.462
38	58.20	646-31-1	二十四烷	2.599
39	58.31	25117-35-5	5-甲基十八烷	0.327
40	58.85	3891-99-4	2,6,10-三甲基十三烷	1.542
41	58.98	1002-43-3	3-甲基-十一烷	2.101
42	60.55	629-97-0	二十二烷	5.380
43	60.84	630-07-9	三十五烷	0.333
44	61.51	128-37-0	2,6-二叔丁基对甲酚	1.198
45	61.61	5875-45-6	2,5-双(1,1-二甲基乙基)苯酚	0.955
46	61.84	1560-96-9	2-甲基-十三烷	0.444
47	61.99	15594-90-8	1-二十一醇	0.441
48	62.65	593-49-7	二十七烷	0.847
49	63.16	17092-92-1	(*R*)-5,6,7,7a-四氢-4,4,7a-三甲基-2(4*H*)-苯并呋喃酮	3.890
50	63.94	593-45-3	正十八烷	0.428

续表

序号	保留时间/min	CAS 号	挥发性半挥发性成分	相对含量/%
51	65.03	5956-09-2	[3*R*-(3*α*,5a*α*,9*α*,9a*α*)]-八氢-2,2,5a,9-四甲基-2*H*-3,9a-甲氧基-1-苯并噻吩	0.199
52	65.18	1560-93-6	2-甲基-十五烷	0.963
53	66.49	84-66-2	邻苯二甲酸二乙酯	2.039
54	67.34	544-76-3	十六烷	1.619
55	68.17	19870-75-8	柏木甲醚	0.542
56	68.81	630-04-6	三十一烷	0.386
57	69.04	638-36-8	植烷	0.215
58	70.03	504-44-9	2,6,11,15-四甲基十六烷	1.068
59	70.59	40710-32-5	壬二酸	0.576
60	70.80	1000309-70-6	草酸环丁基十六烷基酯	0.151
61	72.23	26137-53-1	(*E*)-1,2,3-三甲基-4-丙烯基-萘	0.355
62	75.18	1560-78-7	2-甲基-二十四烷	0.111
63	76.46	94427-47-1	1-甲基-4-[4,5-二羟基苯基]六氢吡啶	0.238
64	80.37	58-08-2	咖啡因	12.241

基于香气活力值，分析了蒙顶黄芽茶的 22 种香气成分。其中香气活力值大于 1、对蒙顶黄芽茶香气有贡献的成分有 9 个，分别为：芳樟醇（4682.278）、癸醛（999.304）、苯乙醇（555.224）、苯甲醛（144.429）、壬醛（52.100）、苯乙醛（43.039）、壬酸（30.660）、水杨酸甲酯（18.351）、己酸（2.752）。见表 5-9。

表 5-9 蒙顶黄芽茶香气成分 OAV 值结果

序号	保留时间/min	CAS 号	香气成分	含量/mg·kg^{-1}	阈值/mg·kg^{-1}	活力值
1	33.80	78-70-6	芳樟醇	0.047	0.000 01	4682.278
2	41.67	112-31-2	癸醛	0.008	0.000 008	999.304
3	34.80	60-12-8	苯乙醇	0.008	0.000 015	555.224
4	23.40	100-52-7	苯甲醛	0.014	0.0001	144.429
5	34.17	124-19-6	壬醛	0.016	0.0003	52.100
6	29.56	122-78-1	苯乙醛	0.013	0.0003	43.039
7	45.77	112-05-0	壬酸	0.049	0.0016	30.660
8	40.72	119-36-8	水杨酸甲酯	0.037	0.002	18.351

续表

序号	保留时间/min	CAS 号	香气成分	含量/mg·kg^{-1}	阈值/mg·kg^{-1}	活力值
9	24.09	142-62-1	己酸	0.008	0.0029	2.752
10	63.94	593-45-3	正十八烷	0.011	0.02	0.532
11	24.45	108-95-2	苯酚	0.005	0.0172	0.282
12	34.29	659-70-1	戊酸异戊酯	0.005	0.02	0.248
13	32.86	34995-77-2	反-氧化芳樟醇	0.010	0.06	0.165
14	66.49	84-66-2	邻苯二甲酸二乙酯	0.051	0.33	0.154
15	67.34	544-76-3	十六烷	0.040	0.5	0.081
16	41.27	112-40-3	十二烷	0.048	0.77	0.062
17	55.01	629-59-4	十四烷	0.056	1	0.056
18	31.65	5989-33-3	顺-呋喃氧化芳樟醇	0.004	0.1	0.041
19	61.51	128-37-0	2,6-二叔丁基对甲酚	0.030	1	0.030
20	46.63	28785-06-0	4-丙基苯甲醛	0.026	1.1	0.023
21	30.80	1072-83-9	2-乙酰基吡咯	0.011	2	0.006
22	40.97	10482-56-1	(4*S*)-(−)-α-松油醇	0.006	9.18	0.001

5.3.2.4 蒙顶黄芽茶特征香气物质

采用 HS-SPME-GC/MS 和香气活力值分析蒙顶黄芽茶中具有香气活力的特征香气成分。芳樟醇、癸醛、苯乙醇、苯甲醛、壬醛、苯乙醛、壬酸、水杨酸甲酯、己酸 9 个成分为对蒙顶黄芽茶香气有贡献的成分。

5.3.3 小　结

采用 HS-SPME-GC/MS 和香气活力值对蒙顶黄芽茶中具有香气活力的特征香气成分进行分析，对蒙顶黄芽茶香气有贡献的成分为芳樟醇、癸醛、苯乙醇、苯甲醛、壬醛、苯乙醛、壬酸、水杨酸甲酯、己酸。

5.4 白　茶

5.4.1 分析技术

采用自动热脱附-气相色谱-质谱联用仪（ATD-GC-MS）结合香气活性值对不同品种牡丹制成的白牡丹茶进行香气检测分析，探究其香气特征成分。

5.4.2 白牡丹茶特征香气成分

邵淑贤等[3]建立白牡丹茶中香气成分分析方法，利用自动热脱附-气相色谱-质谱联用和香气活性值分析白牡丹茶中具有香气活力的特征香气成分。

5.4.2.1 主要材料与仪器

政和大白茶（B1）、九龙大白茶（B2）、福鼎大毫茶（B3）、福云6号（B4）、福云595（B5）（均为2020年白牡丹春茶，由福建水木年生态茶业有限公司提供），茶样于−20 ℃下保存；癸酸乙酯（纯度99%，上海阿拉丁生化科技股份有限公司）。

QC-1S大气采样仪（北京市科安劳保新技术有限公司）；自动热脱附-解吸仪配有吸附管（成都科林分析技术有限公司）；GCMS-TQ8040（日本岛津公司）；HH-1 型数显恒温水浴锅（常州智博瑞仪器制造有限公司）。

5.4.2.2 分析方法

（1）样品前处理

将浓度为 1.00×10^{-4} 的癸酸乙酯作为内标。取3.0 g干茶样品和15 μL癸酸乙酯到顶空瓶中并密封，随后将密封的顶空瓶放置于55 ℃的水浴锅中平衡20 min，在大气采样仪和顶空瓶之间用聚四氟乙烯管链接，并以200 mL/min的流速采集香气成分30 min。采集结束后，用聚四氟乙烯盖封住吸附管两端，随后上机测试。

（2）分析条件

①自动热脱附-解吸仪条件

阀温度200 ℃；传输温度200 ℃；一级解吸温度250 ℃；一级解吸时间5 min；冷阱吸附温度25 ℃；冷阱加热时间3 min；二级解吸温度300 ℃；进样时间60 s；循环时间50 min。

②GC-MS分析条件

色谱条件：色谱柱：Rtx-5MS毛细柱（30 m×0.25 mm，0.25 μm）；载气为3 mL/min的氦气，压力49.5 kPa；分流比5∶1；柱箱温度40 ℃，进样口温度240 ℃，柱流量1 mL/min；升温程序：起始温度40 ℃，保持3 min；以5 ℃/min升至120 ℃，保持5 min；以30 ℃/min升至240 ℃，保持8 min。

质谱条件：质谱的电离模式为电子轰击离子源；接口温度 280 ℃；检测器电压 0.8 kV；离子源温度230 ℃；质量扫描范围28~500 *m*/*z*。

（3）定性与定量

①定性分析

在ATD-GC-MS 条件下，测得白茶香气成分GC-MS总离子流色谱图。物质的定性则将质谱图NIST 11.L与质谱库Wiley 7相匹配，以匹配度大于90%为鉴定依据，并参照每种香气成分的CAS编号，再根据相关文献中的数据进行定性。

②定量分析

物质的定量通过与内标物的峰面积比较，得到香气成分的相对含量，单位为10 μg/kg，即

$$\text{香气成分相对含量}=\frac{\text{香气成分物质峰面积}\times\text{内标物相对含量}}{\text{内标物峰面积之比}}$$

③OAV 值分析

计算香气活性值（OAV），即香气成分的含量与香气成分阈值之比。

5.4.2.3 分析结果

（1）不同品种白牡丹茶香气成分的定性定量分析

5 个品种白牡丹茶中共检测出的 50 种香气成分，包括 10 个醛类、14 个醇、23 个碳氢化合物和 3 个酮类。本研究中，政和大白茶、九龙大白茶、福鼎大毫茶、福云 6 号和福云 595 中的醛类占各品种总香气成分的 5.13%~17.09%，醇类占各品种总香气成分的 16.03%~38.37%，碳氢类化合物占各品种总香气成分的 38.74%~66.61%，酮类占各品种总香气成分的 8.02%~13.98%。见表 5-10。

（2）不同品种白牡丹茶香气成分的 OAV 值分析

政和大白茶（B1）中 OAV 值>1 的香气成分有 17 种，它们构成了政和大白茶的基本香气特征。OAV 值>50 的正己醛、辛醛、壬醛、癸醛、1-戊醇、苯甲醇、芳樟醇和 4-萜烯醇在感官上多具花果香，可能对政和大白茶的香气特征有较大贡献。

九龙大白茶（B2）中 OAV 值>1 的香气成分有 17 种，被认为构成了九龙大白茶的基本香型。其中，壬醛（玫瑰花香）、1-戊醇（果香）、芳樟醇（铃兰花香）和苯甲醇（果香、清香）的 OAV 值>90，具有柑橘香的癸醛 OAV 值>400，认为它们可能对赋予九龙大白茶香气特征有较大贡献。

福鼎大毫茶（B3）中大部分香气成分的 OAV 值，与其他品种相比较低。具有花果香气特征的癸醛、壬醛、1-戊醇和芳樟醇的 OAV 值在福鼎大毫茶中较为突出。

对福云 6 号香气形成有一定影响的香气成分有 16 种（OAV>1），戊醛、正己醛、辛醛、壬醛、癸醛、1-戊醛和正己醇的 OAV 值显著高于其他品种（$P<0.05$）。

福云 595（B5）中芳樟醇、柠檬烯、α-紫罗兰酮和 β-紫罗兰酮的 OAV 值显著高于其他品种（$P<0.05$），它们多具花香气息。

具体见表 5-11。

5.4.2.4 白牡丹茶特征香气物质

采用自动热脱附-气相色谱-质谱联用仪结合香气活性值对不同品种牡丹制成的白牡丹茶进行香气检测分析，探究其香气特征成分。5 个白牡丹品种茶中共鉴定出 50 种香气成分，正己醛、壬醛、癸醛、苯甲醇、芳樟醇、1-戊醇和 β-紫罗兰酮是主要香气成分。

5.4.3 小　结

采用自动热脱附-气相色谱-质谱联用仪结合香气活性值分析不同品种牡丹制成的白牡丹茶香气成分，5 个白牡丹品种茶中共鉴定出 50 种香气成分，正己醛、壬醛、癸醛、苯甲醇、芳樟醇、1-戊醇和 β-紫罗兰酮是主要香气成分。

表 5-10　不同品种白牡丹茶的香气成分

香气成分			相对含量/10 μg · kg^{-1}				
中文名	英文名	CAS 号	政和大白茶	九龙大白茶	福鼎大毫茶	福云6号	福云595
异戊醛	3-Methyl-butanal	590-86-3	7.12±1.42^{b}	5.26±0.65^{b}	—	10.22±2.06^{a}	—
戊醛	Pentanal	110-62-3	16.26±3.67^{b}	13.23±1.95^{bc}	8.98±0.42^{c}	42.90±4.99^{a}	10.23±1.03^{c}
正己醛	Hexanal	66-25-1	33.08±5.39^{b}	14.09±2.01^{c}	11.91±0.44^{c}	104.53±7.67^{a}	10.20±0.80^{c}
反-2-己烯醛	*trans*-2-Hexenal	6728-26-3	0.87±0.12^{b}	0.93±0.27^{b}	0.69±0.26^{b}	4.70±0.55^{a}	—
庚醛	Heptanal	111-71-7	7.81±1.98^{a}	3.44±0.61^{c}	1.76±0.10^{d}	6.26±0.53^{b}	2.49±0.31^{d}
苯甲醛	Benzaldehyde	100-52-7	20.29±1.66^{a}	14.91±3.17^{b}	15.72±2.57^{b}	13.82±1.10^{bc}	9.99±0.15^{c}
辛醛	Octanal	124-13-0	2.62±0.35^{b}	1.22±0.14^{c}	1.65±0.35^{c}	5.59±0.29^{a}	1.41±0.40^{c}
壬醛	Nonanal	124-19-6	13.64±0.67^{b}	9.61±1.20^{c}	6.10±0.34^{d}	18.66±1.44^{a}	7.78±0.57^{cd}
癸醛	Decanal	112-31-2	3.59±1.08^{b}	4.30±0.92^{b}	3.35±0.12^{b}	6.16±0.26^{a}	4.80±0.93^{ab}
β-环柠檬醛	*β*-Cyclocitral	432-25-7	0.36±0.09^{c}	0.39±0.02^{c}	—	1.66±0.20^{a}	0.98±0.08^{b}
醛类	Aldehydes		105.64±12.55	67.38±7.60^{c}	50.15±3.24^{c}	214.51±18.18	47.87±2.18^{c}
1-戊烯-3-醇	1-Penten-3-ol	616-25-1	44.23±7.89^{cd}	58.16±9.77^{b}	71.74±3.50^{a}	38.70±4.41^{d}	56.25±4.55^{bc}
异戊醇	iso-Pentanol	123-51-3	1.66±0.79^{a}	2.36±0.22^{a}	1.80±0.39^{a}	2.09±0.48^{a}	2.50±0.17^{a}
1-戊醇	1-Pentanol	71-41-0	10.41±1.40^{a}	6.38±1.62^{b}	5.36±0.39^{b}	11.05±1.03^{a}	2.20±0.50^{c}
正己醇	Hexanol	111-27-3	2.85±0.24^{b}	1.7±0.83^{b}	—	31.04±5.36^{a}	—
2-乙基己醇	2-Ethylhexanol	104-76-7	77.73±9.57^{a}	67.74±10.57^{ab}	48.70±9.20^{c}	51.74±4.78^{bc}	52.90±5.58^{bc}
苯甲醇	Benzyl alcohol	100-51-6	27.55±5.50^{a}	27.20±4.91^{a}	8.04±3.72^{b}	10.37±1.86^{b}	10.68±1.91^{b}
顺式氧化芳樟醇	*cis*-Linalool oxide	5989-33-3	10.91±0.97^{b}	9.06±0.91^{c}	4.81±0.43^{d}	11.93±0.73^{b}	26.32±0.94^{a}
芳樟醇	Linalool	78-70-6	19.76±2.42^{d}	35.86±2.64^{b}	27.57±3.13^{c}	24.17±1.39^{cd}	97.35±5.71^{a}
苯乙醇	Phenylethyl alcohol	60-12-8	15.82±0.57^{c}	26.73±2.48^{a}	21.57±3.53^{b}	14.13±1.69^{c}	24.21±3.23^{ab}
香叶醇	Geraniol	106-24-1	9.02±0.11^{a}	2.63±0.29^{c}	2.51±0.42^{c}	5.58±0.29^{b}	6.12±0.56^{b}

续表

香气成分			相对含量/10 μg · kg^{-1}				
中文名	英文名	CAS 号	政和大白茶	九龙大白茶	福鼎大毫茶	福云6号	福云595
2.6-二甲基环己醇	2,6-Dimethyl-cyclohexanol	5337-72-4	12.99 ± 0.89^{a}	10.53 ± 0.53^{b}	4.36 ± 0.18^{d}	—	9.13 ± 0.42^{c}
4-萜烯醇	Terpinen-4-ol	562-74-3	1.13 ± 0.08^{a}	1.23 ± 0.15^{a}	0.87 ± 0.16^{b}	—	1.09 ± 0.12^{ab}
正丁醇	1-Butanol	71-36-3	23.17 ± 4.89^{a}	15.97 ± 2.51^{b}	16.75 ± 3.54^{b}	—	8.88 ± 1.05^{c}
2-丁基辛醇	2-Butyl-1-octanol	3913-02-8	—	—	1.75 ± 0.39^{a}	0.41 ± 0.09^{b}	2.07 ± 0.36^{a}
醇类	Alcohols		257.22 ± 2.46^{b}	265.54 ± 5.07^{b}	215.83 ± 18.93^{c}	201.21 ± 4.35^{c}	299.70 ± 12.42^{a}
六甲基环三硅氧烷	Hexamethylcy clotrisiloxane	541-05-9	—	58.73 ± 5.36^{a}	—	41.25 ± 7.05^{b}	41.05 ± 5.92^{b}
八甲基环四硅氧烷	Octamethyl cyclotetrasiloxane	556-67-2	—	95.46 ± 7.64^{a}	—	88.63 ± 3.87^{a}	85.27 ± 9.31^{a}
十甲基环五硅氧烷	Decamethyl cyclopentasiloxane	541-02-6	—	49.71 ± 4.75^{a}	—	50.91 ± 9.36^{a}	49.53 ± 11.16^{a}
戊基环戊烷	Pentyl cyclopentane	3741-00-2	1.34 ± 0.13^{c}	2.26 ± 0.13^{b}	1.40 ± 0.87^{c}	3.02 ± 0.18^{a}	1.48 ± 0.17^{c}
十二甲基环六硅氧烷	Dodecamethyl cyclohexasiloxane	540-97-6	—	213.69 ± 31.24^{a}	—	197.69 ± 19.90^{a}	206.71 ± 16.33^{a}
2-溴十二烷	2-Bromo dodecane	13187-99-0	—	4.06 ± 0.26^{a}	2.68 ± 0.24^{c}	3.26 ± 0.28^{b}	4.07 ± 0.26^{a}
十一烷	Undecane	1120-21-4	—	—	12.39 ± 1.00^{b}	51.25 ± 5.62^{a}	13.31 ± 1.36^{b}
十四烷	Tetradecane	629-59-4	59.76 ± 2.64^{c}	93.31 ± 3.63^{b}	46.14 ± 3.80^{d}	133.96 ± 7.54^{a}	65.80 ± 9.46^{c}
正二十烷	Eicosane	112-95-8	1.58 ± 0.04^{a}	0.78 ± 0.06^{c}	0.75 ± 0.08^{c}	1.14 ± 0.26^{b}	0.75 ± 0.05^{c}
正二十一烷	Heneicosane	629-94-7	15.77 ± 0.84^{a}	11.90 ± 0.72^{b}	—	4.71 ± 0.25^{c}	12.17 ± 1.27^{b}
姥鲛烷	2,6,10,14-Tetramethyl-pentadecane	1921-70-6	2.17 ± 0.29^{a}	2.13 ± 0.16^{a}	2.15 ± 0.52^{a}	2.27 ± 0.49^{a}	1.98 ± 0.32^{a}
2,6,10-三甲基十二烷	2,6,10-Trimethyl-dodecane	3891-98-3	—	1.68 ± 0.17^{a}	1.35 ± 0.09^{a}	1.97 ± 0.73^{a}	—

续表

香气成分			相对含量/10 μg·kg^{-1}				
中文名	英文名	CAS 号	政和大白茶	九龙大白茶	福鼎大毫茶	福云6号	福云595
十四甲基环七硅氧烷	Tetradecamethyl cycloheptasiloxane	107-50-6	—	43.90 ± 6.29^{a}	—	45.89 ± 3.53^{a}	49.20 ± 4.98^{a}
正壬基环己烷	*n*-Nonylcyclohexane	2883-02-5	2.69 ± 0.23^{a}	2.44 ± 0.23^{ab}	2.69 ± 0.28^{a}	2.50 ± 0.16^{ab}	2.12 ± 0.26^{b}
2,2,3,4-四甲基戊烷	2,2,3,4-Tetramethyl-pentane	1186-53-4	7.41 ± 0.38^{a}	4.03 ± 0.30^{c}	4.47 ± 0.27^{c}	—	5.42 ± 0.48^{b}
甲苯	Toluene	108-88-3	27.30 ± 5.32^{a}	12.25 ± 1.83^{bc}	17.36 ± 4.69^{b}	10.45 ± 1.76^{c}	10.51 ± 0.79^{c}
对二甲苯	*p*-Xylene	106-42-3	13.86 ± 1.48^{a}	9.50 ± 0.15^{c}	—	13.08 ± 1.88^{ab}	11.53 ± 0.31^{bc}
邻二甲苯	*m*-Xylene	95-47-6	28.74 ± 2.55^{ab}	19.86 ± 0.20^{c}	17.15 ± 0.88^{c}	30.01 ± 3.11^{a}	25.15 ± 0.96^{b}
蒎烯	Pinene	7785-70-8	116.59 ± 19.02^{a}	84.96 ± 7.77^{b}	30.04 ± 4.12^{c}	—	—
桧烯	Junipene	3387-41-5	156.62 ± 10.33^{a}	124.64 ± 5.70^{b}	52.50 ± 0.83^{c}	45.86 ± 8.54^{c}	44.10 ± 3.5^{c}
γ-松油烯	γ-Terpinene	99-85-4	40.37 ± 2.01^{a}	38.35 ± 5.55^{a}	23.72 ± 3.60^{b}	24.75 ± 0.87^{b}	24.99 ± 2.01^{b}
α-柏木萜烯(t)	alpha-funcbrene	50894-66-1	0.87 ± 0.12^{b}	0.53 ± 0.04^{c}	0.67 ± 0.06^{c}	—	1.46 ± 0.16^{a}
柠檬烯	Limonene	5989-27-5	—	—	2.43 ± 0.23^{b}	2.73 ± 0.39^{ab}	3.87 ± 1.45^{a}
碳氢化合物	Hydrocarbons		475.07 ± 21.12^{d}	874.16 ± 47.33	217.89 ± 2.36^{e}	755.33 ± 11.25	660.47 ± 50.95^{c}
异佛尔酮	Isophorone	78-59-1	107.10 ± 8.74^{a}	98.53 ± 16.83^{ab}	75.96 ± 15.83^{b}	77.12 ± 11.59^{b}	76.43 ± 9.97^{b}
α-紫罗兰酮	α-Ionone	127-41-3	0.87 ± 0.08^{b}	0.73 ± 0.03^{b}	0.36 ± 0.05^{c}	0.75 ± 0.04^{b}	1.53 ± 0.20^{a}
β-紫罗兰酮	β-Ionone	14901-07-6	4.42 ± 0.77^{c}	6.02 ± 0.37^{b}	2.30 ± 0.19^{c}	6.02 ± 0.11^{b}	8.05 ± 1.04^{a}
酮类	Ketones		112.38 ± 9.19^{a}	105.29 ± 17.20	78.63 ± 16.04^{b}	83.90 ± 11.68^{b}	86.01 ± 11.13^{ab}
总含量	Total content		950.31 ± 26.71^{c}	1312.37 ± 56.29^{a}	562.50 ± 35.61^{d}	1254.95 ± 26.81^{a}	1094.05 ± 71.97^{b}

注：①“—”表示该成分未检测出。

②表中数值为平均值±标准差。

表 5-11 不同品种白牡丹茶香气成分的 OAV 值

香气成分	香气阈值/μg · kg^{-1}	OAV 值					香气描述
		政和大白茶	九龙大白茶	福鼎大毫茶	福云 6 号	福云 595	
异戊醛	9.0	7.92 ± 1.58^{b}	5.84 ± 0.72^{b}	—	11.36 ± 2.29^{a}	—	果香
戊醛	12.0	13.55 ± 3.06^{b}	11.03 ± 1.62^{bc}	7.48 ± 0.34^{c}	35.75 ± 4.15^{a}	8.52 ± 0.86^{c}	果香
正己醛	4.5	73.52 ± 11.97^{b}	31.31 ± 4.45^{bc}	26.48 ± 0.97^{c}	232.29 ± 17.04^{a}	22.67 ± 1.78^{c}	果香
庚醛	10.0	7.81 ± 1.98^{a}	3.43 ± 0.61^{b}	1.75 ± 0.10^{b}	6.26 ± 0.54^{a}	2.49 ± 0.30^{b}	清香
辛醛	0.5	52.34 ± 7.01^{b}	24.38 ± 2.80^{c}	32.95 ± 7.07^{c}	111.91 ± 5.87^{a}	28.19 ± 7.90^{c}	果香
壬醛	1.0	136.43 ± 6.72^{b}	96.08 ± 12.04^{c}	60.97 ± 3.40^{c}	186.56 ± 14.42^{a}	77.77 ± 5.64^{c}	玫瑰花香
癸醛	0.1	359.10 ± 107.66^{b}	430.46 ± 91.92^{b}	334.75 ± 12.59^{b}	616.20 ± 25.41^{a}	479.68 ± 93.33^{ab}	柑橘香
β-环柠檬醛	5.0	0.72 ± 0.17^{c}	0.77 ± 0.03^{c}	—	3.33 ± 0.40^{a}	1.96 ± 0.16^{b}	花果香
1-戊烯-3-醇	400.0	1.11 ± 0.20^{cd}	1.45 ± 0.24^{b}	1.79 ± 0.09^{a}	0.97 ± 0.11^{d}	1.41 ± 0.11^{bc}	果香
1-戊醇	0.7	155.40 ± 20.85^{b}	95.19 ± 24.08^{c}	79.98 ± 5.75^{c}	164.94 ± 15.33^{a}	32.80 ± 7.27^{d}	果香
正己醇	4.5	6.33 ± 0.53^{b}	3.77 ± 1.86^{b}	—	68.98 ± 11.91^{a}	—	果香、脂肪香
苯甲醇	3.0	91.83 ± 18.35^{a}	90.66 ± 16.38^{a}	26.81 ± 12.40^{b}	34.57 ± 6.19^{b}	35.60 ± 6.35^{b}	花香、清香
芳樟醇	3.8	52.00 ± 6.36^{d}	94.37 ± 6.96^{b}	72.56 ± 8.25^{c}	63.60 ± 3.64^{c}	256.19 ± 15.02^{a}	铃兰花香
香叶醇	20.0	4.51 ± 0.06^{a}	1.32 ± 0.14^{c}	1.26 ± 0.21^{c}	2.79 ± 0.14^{b}	3.06 ± 0.28^{b}	玫瑰花香
4-萜烯醇	0.2	56.49 ± 3.63^{a}	61.47 ± 7.70^{a}	43.37 ± 7.77^{b}	—	54.38 ± 6.06^{ab}	胡椒气息
蒎烯	140.0	8.33 ± 1.36^{a}	6.07 ± 0.55^{b}	2.15 ± 0.29^{c}	—	—	松油香
柠檬烯	10.0	—	—	2.43 ± 0.23^{b}	2.74 ± 0.39^{ab}	3.87 ± 1.45^{a}	柠檬香
α-紫罗兰酮	5.7	1.53 ± 0.13^{b}	1.29 ± 0.05^{b}	0.64 ± 0.09^{c}	1.33 ± 0.06^{b}	2.70 ± 0.36^{a}	紫罗兰花香
β-紫罗兰酮	3.5	12.62 ± 2.21^{c}	17.20 ± 1.04^{b}	6.58 ± 0.52^{d}	17.20 ± 0.31^{b}	23.00 ± 2.96^{a}	紫罗兰花香

5.5 青　茶

5.5.1 分析技术

采用感官导向分离-顶空固相微萃取-气相色谱/ 质谱联用技术结合香气活力值分析铁观音茶叶香气特征成分。

利用 GC-O 和香气活力值分析龙井茶中具有香气活力的特征香气成分。

利用 HS-SPME-GC/MS 和香气活力值分析武夷岩茶的特征香气成分

5.5.2 特征成分

5.5.2.1 铁观音茶特征香气成分

操晓亮等[4]建立铁观音茶中香气成分分析方法，利用感官导向分离-顶空固相微萃取-气相色谱/ 质谱联用技术结合香气活力值分析铁观音茶中具有香气活力的特征香气成分。

1. 主要材料与仪器

铁观音茶叶（2019 年安溪祥华红心铁观音秋茶）；葡聚糖凝胶 Sephadex LH-20（瑞典 GE Healthcare 公司）。

冷冻干燥机（德国 Christ 公司）；7890A/5975C 气相色谱-质谱联用仪（美国 Agilent 公司）；SPME 手柄、SPME 萃取纤维头（美国 Supelco 公司）；带橡胶垫螺纹顶空进样玻璃瓶（美国 CNW 公司）；CP2245 电子天平（感量 0.0001 g，德国 Sartorius 公司）；天然香料中试实验线（厦门烟草工业有限责任公司）；RNF-2500 型卷式膜多功能中试设备（厦门世达膜科技有限公司）。

2. 分析方法

（1）铁观音茶叶提取物制备方法

以铁观音茶叶为原料，投料 30 kg，采用水蒸气蒸馏法提取香气成分馏出液，其中，蒸馏方式为直通蒸汽，蒸馏速率为 20 kg/h，蒸馏时间 2.5 h；然后采用反渗透膜浓缩富集香气成分而获得具有铁观音茶香特征香韵的茶叶提取物，得率为 1.04%。

（2）茶叶提取物关键贡献组分分离方法

感官导向凝胶色谱分离法：取茶叶提取物 300 mL，经冷冻干燥后得 0.79 g 冻干物，用 10 mL 乙醇多次洗脱后合并，得茶叶提取物香味物质溶液，以蒸馏水作为流动相，以 Sephadex LH-20 作为填料，以流速 3 mL/min，进行凝胶色谱分离，通过收集器每 3 min 收集一个流份，紫外检测仪监测以确定收集流份的起点和终点。通过此法共收集 117 个流份，由 10 位评价人员以直接嗅闻的方式对各流份的香气特征进行评价。

（3）茶叶提取物及其特征香味物质组分的定性分析

固相微萃取分析方法：取茶叶提取物或特征香味物质组分样品 1 g，置于 20 mL 螺纹顶空瓶中，用聚四氟乙烯衬里的硅橡胶垫密封。分别使用 10 种市售的萃取头 30 ℃顶空吸附 1 h，利用气质联用仪对吸附在纤维头上的组分进行解吸附及分析。

色谱柱：DB-5MS（60 m×0.25 mm×0.25 μm）；载气：He；恒流模式：1.0 mL/min；升温程序：50 ℃保持 0 min，以 3 ℃/min 的速率升至 300 ℃，保持 0 min；进样方式：不分流进样；

进样口温度：280 ℃；解吸附时间：5 min；传输线温度：280 ℃；电离方式：EI；电离能量：70 eV；离子源温度 230 ℃；四极杆温度：150 ℃；扫描质量范围：33~500 amu；溶剂延迟：0 min。

（4）特征香味物质的定量分析方法

前处理方法：取 100 mL 的铁观音茶叶提取物样品于表面皿中，冷冻处理。将完全冷冻的样品放入冷冻干燥机中进行干燥处理。称量冻干后的铁观音茶叶提取物样品，将样品转移到容量瓶中，加入 50 μL 浓度为 1 mg/mL 以丙酮配制的丙酸苏合香酯内标储备液，定容至 5 mL，配制成内标浓度 10 μg/mL 的样品溶液。

分析方法：采用内标法进行定量分析，色谱柱：DB-5MS（60 m×0.25 mm×0.25 μm）；载气：He；柱流量：1 mL/min；进样口温度：280 ℃；进样量：1 μL；程序升温：起始温度 50 ℃，以 3 ℃/min 的速率升至 300 ℃，保持 1 min；分流模式：不分流进样；GC/MS 传输线温度：280 ℃；EI 离子源温度：230 ℃；四级杆温度：150 ℃；EI 电离能量：70 eV；扫描模式：SIM。

（5）特征香味物质的贡献度分析方法

阈值测定方法：依据 GB/T 22366—2008《感官分析方法学采用三点选配法（3-AFC）测定嗅觉、味觉和风味觉察阈值的一般导则》测定茶叶提取物各特征香气成分在乙醇中的嗅觉阈值。

香气活性值（OAV）计算方法：

香气成分在香气体系中的绝对质量浓度（C）与其觉察阈值（T）的比值，即 OAV = C/T。

3. 分析结果

铁观音茶叶提取物中苯乙醇、氧化芳樟醇（吡喃型）、吲哚、橙花叔醇、氧化芳樟醇（呋喃型）、芳樟醇、茉莉酸甲酯、苯甲醇、香叶醇等的含量明显高于其他香味成分，其中苯乙醇、氧化芳樟醇（吡喃型）、吲哚、橙花叔醇和氧化芳樟醇（呋喃型）的含量尤其高。

通过比较 OAV 结果可知：41 种成分中，芳樟醇、香叶醇、柠檬醛和茉莉酸甲酯阈值远低于其他成分，但具有较高的 OAV；苯乙醇、氧化芳樟醇（吡喃型）和吲哚具有较高的含量和较低的阈值，其 OAV 也高于其他成分；因此，这些 OAV 大于 1 的成分对整体香气均有贡献，整体来看，己酸乙酯、芳樟醇、苯乙醇、氧化芳樟醇（吡喃型）、香叶醇、柠檬醛、吲哚、橙花叔醇、茉莉酸甲酯对铁观音茶叶提取物香气贡献最大，是茶叶提取物中最重要的香气成分。见表 5-12。

表 5-12 铁观音茶叶提取物特征香气成分评价及分析结果

序号	化合物	香气嗅辨评价描述	保留时间 /min	定性离子（m/z）	定量离子（m/z）	含量 /μg · mL^{-1}	嗅觉阈值 /μg · mL^{-1}	OAV
1	正己醛	低浓度时有水果样的特有香气和味道	8.951	72	57	1.09	11.05	0.1
2	叶醇	绿叶的青香香气，稀释后具有特殊的药草香和树叶气味	10.826	82	67	39.54	0.48	82.38
3	2(5*H*)-呋喃酮	坚果、苦杏仁、略带酸、奶酪的气息	13.037	54	55	1.02	53.46	0.02

续表

序号	化合物	香气嗅辨评价描述	保留时间/min	定性离子（m/z）	定量离子（m/z）	含量/μg·mL^{-1}	嗅觉阈值/μg·mL^{-1}	OAV
4	γ-丁内酯	弱的、轻微的坚果的、黄油的香气，类似奶油味道	13.119	86	56	1.17	245.01	0.0048
5	苯甲醛	有强烈的苦杏仁的特殊香气	15.602	106	77	89.48	13.14	6.81
6	月桂烯	令人愉快的、清淡的香脂气味	16.686	136	93	0.15	2.46	0.06
7	己酸乙酯	强烈的苹果、菠萝和酒香香气	17.036	73	60	7.02	1.16	6.05
8	α-水芹烯	新鲜的柑橘、胡椒的气味，带薄荷香调	17.677	91	93	0.03	4.11	0.01
9	α-萜品烯	具有柑橘和柠檬似香气，略带木香，似芳樟醇	18.173	136	121	0.02	13.47	0.0015
10	对伞花烃	柠檬似香气，带油脂气息	18.554	134	119	0.02	34.49	0.0006
11	柠檬烯	具有青酸带甜的新鲜的橘子-柠檬果香	18.785	136	93	0.01	27.62	0.0004
12	苯甲醇	微弱的、甜的、果味的芳香，微带辛辣的甜味	18.935	108	79	155.38	153.89	1.01
13	2-甲基丁酸丁酯	果味的、果酒、类似苹果的香气和味道	19.131	85	57	0.28	44.19	0.0063
14	苯乙醛	粗糙的青香，有甜水果风味	19.512	92	91	1.87	1.1	1.7
15	氧化芳樟醇（呋喃型）	花香、甜香	20.769	59	94	1253.01	50.77	24.68
16	(Z)-丙酸-3-己烯酯	菠萝气息	21.923	67	57	0.21	13.41	0.02
17	芳樟醇	花香香气，清新飘逸，淡淡的柑橘类果香韵调	22.096	93	71	196.99	0.04	4924.75

续表

序号	化合物	香气嗅辨评价描述	保留时间/min	定性离子（*m*/*z*）	定量离子（*m*/*z*）	含量/μg·mL^{-1}	嗅觉阈值/μg·mL^{-1}	OAV
18	苯乙醇	似栀子花、玫瑰、紫丁香等花香香气	22.846	92	91	20 717.02	0.69	30 024.67
19	茶香酮	花香	24.426	68	96	0.35	0.03	11.67
20	1-苯基-1,2-丙二酮	花香	25.545	77	105	1.71	35.72	0.05
21	氧化芳樟醇（吡喃型）	花香、甜香	25.668	94	68	8325.98	50.77	163.99
22	苯甲酸乙酯	有依兰似的花香和果香香气	25.672	77	105	1.03	5.01	0.21
23	4-萜烯醇	甜的、泥土的、发霉的香味，微带胡椒的香韵	26.283	93	111	0.57	32.85	0.02
24	对甲基苯异丙醇	柑橘样、葡萄汁气息	26.503	150	135	1.39	19.12	0.07
25	水杨酸甲酯	特殊的冬青香气，味甜	26.826	152	120	0.81	3.91	0.21
26	*α*-松油醇	青香似海桐花气息和紫丁香、铃兰的鲜幽香气	26.952	136	121	72.21	25.38	2.85
27	癸醛	有似甜橙油与柠檬油及玫瑰样和蜡香的香韵	27.288	70	82	4.19	6.35	0.66
28	橙花醇	新鲜清甜的橙花和玫瑰花香，带些果香香韵	28.164	93	69	21.5	4.53	4.75
29	香叶醇	玫瑰似的香气	29.317	41	69	154.55	0.034	4545.59
30	乙酸苯乙酯	玫瑰的、带有蜂蜜样底香的花香香气	29.617	91	104	0.39	0.48	0.81
31	柠檬醛	强烈的柠檬样香气	30.206	84	69	47.9	0.03	1596.67
32	2-苯基巴豆醛	花香、蜜甜香气息	30.379	146	115	1.67	7.38	0.23
33	吲哚	低浓度时有花香香气	31.521	90	117	6304.02	0.69	9136.26

续表

序号	化合物	香气嗅辨评价描述	保留时间/min	定性离子（m/z）	定量离子（m/z）	含量/μg·mL^{-1}	嗅觉阈值/μg·mL^{-1}	OAV
34	γ-壬内酯	浓烈的椰子和奶油样香气，稀释后有桃子、杏、李子似的果香	34.474	100	85	0.64	0.27	2.37
35	茉莉酮	花的、茉莉的香气	35.974	164	79	35.79	1.22	29.34
36	丁酸苯乙酯	玫瑰似的芳香，蜂蜜样的甜味	37.935	71	104	0.4	5.52	0.07
37	γ-癸内酯	似桃子特征香气，低浓度时有奶油样的香气	39.043	100	85	0.39	0.79	0.49
38	可卡醛	苦可可、坚果、药草香	39.85	115	117	2.51	49.64	0.05
39	橙花叔醇	近似玫瑰、苹果的微弱花香	41.592	93	69	2125.02	104.06	20.42
40	二猕猴桃内酯	带有香豆素样香气，并有麝香样气息	41.961	137	111	36.69	176.78	0.21
41	茉莉酸甲酯	强的花香、青滋香，甜而持久的大花茉莉净油样花香	46.091	151	83	163.61	0.43	380.49

4. 铁观音茶特征香气物质

感官导向凝胶色谱分离收集到117个流份，其中分离富集到铁观音茶叶香气特征流份28份。铁观音茶叶提取物中含有41种特征香气成分，其中芳樟醇、橙花叔醇、苯乙醇、香叶醇、柠檬醛、吲哚和茉莉酸甲酯、己酸乙酯等22种香气成分对感官作用贡献最大。

5.5.2.2 龙井茶特征香气成分

舒畅等[5]建立龙井茶中香气成分分析方法，利用GC-O和香气活力值分析龙井茶中具有香气活力的特征香气成分。

1. 主要材料与仪器

大佛龙井新茶（一级）、大佛龙井陈茶（一级，冷藏储存 1 年）（上海九星茶叶市场，贮藏于4 ℃待测）。

C7-C30正构烷烃（色谱纯）（德国 Dr. Ehrenstorfer GmbH 公司）；氘代愈创木酚（加拿大C/D/N ISOTopes 公司）。

固相微萃取头（75 μm CAR/PDMS）；7890A/5975C 气相色谱-质谱联用仪（美国 Agilent 公司）；7890A 气相色谱仪（美国 Agilent 公司）；嗅觉检测器（ODP）（德国 Gerstel 公司）；电子恒温不锈钢水浴锅（上海康路仪器设备有限公司）。

2. 分析方法

（1）SPME 萃取方法

精确称取 5.00 g 龙井茶放入锥形瓶中，加入 100 mL 沸水，80 ℃下振荡 10 min，冰浴 5 min。精确称取 10.00 g 茶汤，吸取 10 μL 氘代愈创木酚（内标）加入 15 mL 顶空瓶中，然后将 SPME 手持器插入顶空瓶中，45 ℃吸附 40 min。

（2）GC-MS 测定条件

色谱条件：毛细管柱为 DB-INNOWAX 柱（60 m×0.25 mm×0.25 μm，Agilent）。以氦气（99.999%）为载气，恒定流速 1.0 mL/min，进样口温度 250 ℃。柱箱采用程序升温，初始温度为 40 ℃保持 6 min，以 3 ℃/min 升温至 100 ℃，再以 5 ℃/min 升温至 230 ℃。进样方式为将 SPME 手持器插入进样口于 250 ℃解析 5 min。平行进样 3 次。

质谱检测条件：电子轰击离子源（EI），电子能量 70 eV，质量扫描范围 30~450 amu，采集方式为全扫描，溶剂延迟 3.00 min。

（3）GC-O 测定条件

GC-O 系统由气相色谱（配 FID 检测器）及 ODP（Olfactory Detection Port）嗅闻装置组成。色谱条件：毛细管柱为 DB-INNOWAX 柱（60 m×0.25 mm×0.25 μm，Agilent）。以氮气（99.999%）为载气，恒定流速 1.0 mL/min，进样口温度 250 ℃，进样量：1.0 μL，不分流。程序升温同 GC-MS。流出物在毛细管末端以 1∶1 的分流比分别流入 FID 检测器和 ODP 嗅闻装置。

聘请 5 位专业感官员组成感官评价小组（2 男 3 女，年龄范围为 23~29 岁），每个样品由各小组成员嗅闻 1 次，记录各嗅感物质的气味特征以及保留时间。至少有 3 位感官员在同一保留时间处嗅闻到相同的气味特征，则将其记录为有效结果。

（4）OAV 确定关键香气成分

在各种挥发性组分定量的基础上，参考文献中各物质在水中的香气阈值，计算表征气味物质贡献大小的物理量——气味活性值（OAV）。

OAV 值≥1 的化合物定义为大佛龙井茶的关键香气成分。

（5）数据处理

定性分析：将化合物的质谱与 Wiley7n Database（Agilent Technologies Inc）进行比对，辅助人工解谱，同时计算各挥发物的保留指数（RI），并与文献中的 RI 值进行比对。

定量分析：以氘代愈创木酚为内标，根据内标物的浓度、样品中各组分的峰面积与内标峰面积的比值，计算样品中各组分的含量。

3. 分析结果

经 GC-MS 在龙井新茶中鉴定出 83 种香气成分，在龙井陈茶中鉴定出 84 种香气成分。新茶香气成分主要包括醛类 16 种，酯类 8 种，醇类 10 种，酮类 11 种，酸类 7 种、杂环类 17 种以及萜烯类 14 种。陈茶香气成分主要包括醛类 17 种，酯类 7 种，醇类 10 种，酮类 12 种，酸类 7 种、杂环类 17 种以及萜烯类 14 种。其中，反,反-2, 4-庚二烯醛、6-甲基-2-庚酮是龙井陈茶特有的成分，己酸甲酯是龙井新茶特有的成分。β-紫罗兰酮、2-甲基丙醛、2-甲基丁醛、癸醛和己醛对新、陈龙井茶香气贡献较大。见表 5-13。

表 5-13　龙井新、陈茶中挥发性组分的鉴定及 OAV 计算结果

序号	RI	化合物	含量/$\mu g \cdot mL^{-1}$		鉴定方法	阈值	OAV 值	
			新茶	陈茶			新茶	陈茶
1	795	丙醛	5.81±0.64	73.18±7.32	MS, RI	15.1	0.38	4.85
2	813	2-甲基丙醛	336.64±60.60	664.88±79.79	MS, RI	4.4	151.11	76.51
3	877	丁醛	9.51±0.57	22.51±0.57	MS, RI			
4	915	2-甲基丁醛	623.79±81.09	1393.79±223.01	MS, RI, O	4.4	316.77	141.77
5	919	异戊醛	689.51±34.48	278.09±22.25	MS, RI			
6	982	戊醛	67.47±2.70	126.15±3.78	MS, RI	12	5.62	10.51
7	1007	2-甲基戊醛	12.26±1.22	6.48±0.45	MS, RI			
8	1084	己醛	129.04±18.07	346.74±31.21	MS, RI, O	4.5	28.67	77.05
9	1098	2-甲基-2-丁烯醛	17.98±3.24	13.07±3.24	MS, RI	500	0.04	0.03
10	1222	反式-2-己烯醛	10.79±0.54	17.81±0.54	MS, RI	17	0.63	1.05
11	1289	辛醛	1.89±0.30	2.79±0.30	MS, RI	0.7	2.69	3.98
12	1395	壬醛	18.47±1.29	15.37±1.29	MS, RI	1	18.47	15.37
13	1502	癸醛	4.41±0.40	7.91±0.40	MS, RI	0.1	44.13	79.11
14	1503	反,反-2,4-庚二烯醛	—	22.62±1.58	MS, RI	94.8		0.24
15	1540	苯甲醛	95.55±7.64	128.94±15.74	MS, RI	350	0.27	0.37
16	1628	1-乙基-吡嗪-2-甲醛	80.28±9.63	83.98±8.40	MS, RI			
17	1703	水扬醛	0.87±0.14	3.18±0.35	MS, RI			
总含量			2104.25	3207.5	MS, RI			
18	905	2-丁酮	86.68±10.40	87.47±8.74	MS, RI	35 400	0	0
19	985	2,3-丁二酮	51.71±4.65	47.05±3.29	MS, RI	100	0.52	0.47
20	1024	1-戊烯-3-酮	2.60±0.55	18.92±0.95	MS, RI	1	2.60	18.92
21	1135	4-甲基-3-戊烯-2-酮	301.91±45.29	224.08±15.69	MS, RI			
22	1182	2-庚酮	10.88±0.65	22.69±2.04	MS, RI			
23	1238	6-甲基-2-庚酮	—	3.52±0.11	MS, RI			
24	1343	6-甲基-5-庚烯-2-酮	42.52±2.98	19.55±0.59	MS, RI, O	50	0.85	0.39
25	1408	异弗儿酮	4.00±0.16	14.64±1.76	MS, RI			
26	1529	反,反-3,5-辛二烯-2-酮	—	36.59±4.02	MS, RI			
27	1671	苯乙酮	8.52±0.09	13.03±1.17	MS, RI			
28	1959	β-紫罗兰酮	10.10±1.11	48.79±2.44	MS, RI, O	0.007	1442.34	6969.70
29	1967	反式茉莉酮	9.95±0.60	16.48±0.33	MS, RI			
总含量			534.20	552.80	MS, RI			

续表

序号	RI	化合物	含量/μg·mL^{-1}		鉴定方法	阈值	OAV 值	
			新茶	陈茶			新茶	陈茶
30	1155	丁醇	5.71±0.23	11.50±0.58	MS, RI	15 000	0	0
31	1172	1-戊烯-3-醇	72.89±5.10	348.48±31.36	MS, RI	400	0.18	0.87
32	1359	己醇	48.41±2.42	63.42±7.61	MS, RI	500	0.10	0.13
33	1391	叶醇	164.99±13.20	123.02±19.68	MS, RI	70	2.36	1.76
34	1412	反式-2-己烯醇	11.48±1.03	9.34±1.03	MS, RI	232	0.05	0.04
35	1455	1-辛烯-3-醇	8.08±1.13	22.06±3.09	MS, RI	1	8.08	22.06
36	1460	庚醇	7.58±1.29	17.95±1.80	MS, RI	425	0.02	0.04
37	1493	2-乙基己醇	3.62±0.18	8.92±0.36	MS, RI	8000	0	0
38	1562	1-辛醇	25.86±2.07	36.94±2.22	MS, RI	110	0.24	0.34
39	1898	苯甲醇	7.63±0.46	8.89±0.27	MS, RI	20 000	0	0
总含量			365.25	650.52				
40	828	乙酸甲酯	25.36±0.76	18.96±1.52	MS, RI			
41	891	乙酸乙酯	54.67±2.19	33.21±2.66	MS, RI	5	10.93	6.64
42	1074	乙酸丁酯	9.06±0.82	16.20±0.49	MS, RI	58	0.16	0.28
43	1187	己酸甲酯	2.03±0.24	—	MS, RI	70	0.03	0
44	1318	乙酸叶醇酯	58.61±9.96	28.16±0.28	MS, RI, O			
45	1464	丁酸叶醇酯	28.17±7.61	15.05±0.75	MS, RI			
46	1660	己酸叶醇酯	65.01±1.95	31.54±2.20	MS, RI			
47	1800	水杨酸甲酯	36.99±3.33	40.08±2.81	MS, RI, O	40	0.92	1.00
总含量			279.91	183.2				
48	1474	乙酸	92.59±4.63	79.11±6.33	MS, RI	200 000	0	0
49	1559	丙酸	3.96±0.28	7.70±0.39	MS, RI			
50	1647	丁酸	2.46±0.05	3.73±0.12	MS, RI	0.2	12.29	18.64
51	1687	3-甲基丁酸	70.92±7.80	32.48±7.80	MS, RI	1200	0.06	0.03
52	1756	戊酸	6.80±0.82	10.87±0.54	MS, RI			
53	1863	己酸	11.92±0.48	19.06±1.33	MS, RI	3000	0	0.01
54	2477	苯甲酸	4.13±0.08	0.30±0.03	MS, RI			
总含量			192.77	153.25				
55	743	二甲基硫醚	9751.61±1365.23	1906.21±381.24	MS, RI, O	1100	8.87	1.73
56	871	2-甲基呋喃	1.13±0.08	14.36±1.58	MS, RI			
57	955	2-乙基呋喃	20.44±1.84	28.19±0.85	MS, RI	2.3	8.89	12.26
58	1184	1-乙基吡嗪	269.89±29.69	234.88±14.09	MS, RI			
59	1191	吡啶	0.93±0.09	7.46±0.30	MS, RI	2000	0	0
60	1227	2-戊基呋喃	1.48±0.12	12.89±0.39	MS, RI	6	0.25	2.15
61	1273	2-甲基吡嗪	29.69±3.23	13.59±0.95	MS, RI, O	10 500	0	0
62	1336	2,5-二甲基吡嗪	44.08±3.09	4.98±0.45	MS, RI, O	1750	0.03	0
63	1396	2-乙基-6-甲基吡嗪	14.97±2.25	28.26±4.80	MS, RI	100	0.15	0.28
64	1408	2,3,5-三甲基吡嗪	3.02±0.60	4.77±0.19	MS, RI	297	0.01	0.02

续表

序号	RI	化合物	含量/μg·mL^{-1}		鉴定方法	阈值	OAV 值	
			新茶	陈茶			新茶	陈茶
65	1450	2-乙基-3,6-二甲基吡嗪	8.22±0.58	22.27±0.22	MS, RI, O	7.5	1.10	2.97
66	1479	糠醛	50.73±2.54	44.95±2.25	MS, RI	3000	0.02	0.01
67	1520	2-乙酰基呋喃	13.05±0.78	17.81±3.56	MS, RI	8000	0	0
68	1589	5-甲基糠醛	6.70±0.34	8.57±1.11	MS, RI	6	1.43	1.11
69	1675	糠醇	3.85±0.31	3.97±0.16	MS, RI	4500	0	0
70	120	2-甲基萘	0.10±0.00	1.15±0.11	MS, RI			
71	2494	吲哚	2.99±0.06	18.30±1.28	MS, RI	500	0.01	0.04
总含量			10 222.89	2372.63				
72	1018	甲位蒎烯	2.74±0.55	38.68±3.87	MS, RI	6	0.46	6.45
73	1153	乙位月桂烯	37.97±4.18	31.64±2.21	MS, RI	100	0.38	0.32
74	1190	dl-柠檬烯	12.85±0.64	0.41±0.02	MS, RI	200	0.06	0
75	1267	对伞花烃	21.82±1.53	18.33±1.47	MS, RI	11.4	1.91	1.61
76	1449	顺式氧化芳樟醇	23.28±2.10	26.55±2.39	MS, RI	320	0.08	0.07
77	1478	反式氧化芳樟醇	27.01±1.08	33.05±3.31	MS, RI	320	0.08	0.10
78	1552	芳樟醇	146.27±10.24	155.42±12.43	MS, RI, O	6	24.38	25.9
79	1574	柏水烯	1.24±0.12	2.16±0.24	MS, RI			
80	1617	脱氧芳樟醇	25.46±2.80	24.39±1.22	MS, RI	110	0.23	0.22
81	1707	甲位松油醇	5.91±0.41	4.77±0.52	MS, RI	5000	0	0
82	1854	香叶醇	19.26±1.73	21.93±0.88	MS, RI	40	0.48	0.55
83	2046	橙花叔醇	2.10±0.10	7.53±0.53	MS, RI	15	0.14	0.50
84	2151	柏水醇	1.71±0.03	2.92±0.26	MS, RI			
总含量			327.62	367.8				

将 GC-O 和 OAV 方法联用，鉴定出 23 种大佛龙井新茶特征香气成分，26 种大佛龙井陈茶特征香气成分，6-甲基-5-庚烯-2-酮（果香，青香）和 2, 5-二甲基吡嗪（可可香，烘烤香）为新茶特有的特征香气成分，丙醛（刺激的）、反-2-己烯醛（青香）、2-戊基呋喃（豆香，果香，壤香）和甲位蒎烯（松木香）为陈茶独有的关键香气成分。

4. 龙井茶特征香气物质

联合 GC-O 和 OAV 在龙井新茶中鉴定出 23 种香气活性成分，在龙井陈茶中鉴定出 26 种香气活性成分。其中，β-紫罗兰酮、2-甲基丙醛、2-甲基丁醛、癸醛和己醛对龙井新、陈茶香气贡献较大。

5.5.2.3 武夷岩茶特征香气成分

笔者建立武夷岩茶中香气成分分析方法，利用 HS-SPME-GC/MS 和香气活力值分析武夷岩茶中具有香气活力的特征香气成分。

1. 主要材料与仪器

武夷岩茶（福建武夷山），二氯甲烷（色谱纯），萘（纯度大于 99%）。

顶空-固相微萃取-气相色谱-质谱仪。

2. 分析方法

称取 0.5g 武夷岩茶样品至顶空瓶中，迅速密封后在 CTC 固相微萃取装置中进行萃取，萃取温度：80 ℃，萃取时间：20 min，解吸时间：2 min，萃取头转速：250 r/min。

（1）分析条件

①气相色谱条件

色谱柱为 DB-5MS 柱，规格：30 m（长度）×0.25 mm（内径）×0.25 μm（膜厚）。载气：He，恒流模式；柱流量：1.0 mL/min；分流比：10∶1。进样口温度：250 ℃；程序升温：初始温度 40 ℃，保持 2.0 min，以 2 ℃/min 的升温速率升至 250 ℃，保持 10.0 min。

②质谱条件

传输线温度：250 ℃；电离方式：电子轰击源（EI）；电离能量：70 eV；离子源温度：200 ℃；溶剂延迟时间：3.0 min；检测方式：全扫描监测模式，质量扫描范围：30 ~ 500 amu。

（2）阈值查询

挥发性半挥发性成分的阈值通过查阅文献[2]获得。

（3）香气活力值计算方法

各组分的含量和阈值的比。

3. 分析结果

GC-MS 定性定量分析表明，武夷岩茶中分析出 105 种挥发性半挥发性成分，其中含量较高的成分有：(*R*)-5,6,7,7a-四氢-4,4,7a-三甲基-2(4*H*)-苯并呋喃酮（9.284%）、咖啡因（8.186%）、反式橙花苷甲酸酯（3.718%）、(*E*, *E*)-3, 5-辛二烯-2-酮（3.634%）、十四烷（2.873%）、2-乙酰基吡咯（2.795%）、苯甲醛（2.780%）、*β*-紫罗兰酮（2.666%）、己酸（2.500%）、甲基庚烯酮（2.412%）、3-甲基-十五烷（2.152%）、二叔十二烷基二硫化物（2.034%）。见表 5-14。

表 5-14　武夷岩茶中挥发性半挥发性成分分析结果

序号	保留时间/min	CAS 号	挥发性半挥发性成分	相对含量/%
1	12.64	66-25-1	己醛	0.405
2	13.00	3188-00-9	二氢-2-甲基-3(2*H*)-呋喃酮	0.229
3	16.54	625-38-7	3-丁烯酸	0.082
4	18.11	110-43-0	2-庚酮	0.127
5	19.44	1192-62-7	2-乙酰基呋喃	0.580
6	19.69	1558-17-4	4,6-二甲基-嘧啶	0.524
7	19.94	13925-00-3	乙基吡嗪	0.097
8	20.55	106-70-7	己酸甲酯	0.114
9	23.20	620-02-0	5-甲基糠醛	0.534
10	23.39	100-52-7	苯甲醛	2.780

续表

序号	保留时间/min	CAS 号	挥发性半挥发性成分	相对含量/%
11	24.36	142-62-1	己酸	2.500
12	24.66	77-05-4	甜菊糖苷	0.140
13	25.03	110-93-0	甲基庚烯酮	2.412
14	25.49	13475-82-6	2,2,4,6,6-五甲基庚烷	1.531
15	25.80	108-67-8	均三甲苯	0.125
16	26.12	29261-12-9	(3*β*,5*Z*,7*E*)-9,10-二酸-5,7,10(19)-三烯-3,25,26 三醇	0.091
17	26.34	13925-03-6	2-乙基-6-甲基吡嗪	0.174
18	26.90	1003-29-8	2-吡咯甲醛	0.212
19	27.08	4313-03-5	(*E*, *Z*)-2, 4-庚二烯醛	0.590
20	27.83	526-73-8	1,2,3-三甲基-苯	0.134
21	28.16	1758-88-9	1,4-二甲基-2-乙基-苯	0.222
22	28.53	5989-27-5	D-柠檬烯	0.826
23	28.77	470-82-6	1, 8-桉叶素	0.483
24	28.95	2408-37-9	2, 2, 6-三甲基环庚烷	0.429
25	29.58	122-78-1	苯乙醛	0.289
26	29.85	2167-14-8	1-乙基-1*H*-吡咯-2-甲醛	1.010
27	30.03	15721-22-9	2,2-二甲基戊酰氯	0.350
28	30.28	23074-10-4	5-乙基-2-呋喃甲醛	0.218
29	30.63	1000406-37-6	壬基十四烷基醚	0.114
30	30.77	1072-83-9	2-乙酰基吡咯	2.795
31	31.44	30086-02-3	(*E*,*E*)-3, 5-辛二烯-2-酮	3.634
32	31.66	1000373-80-3	2-(5-甲基-5-乙烯基四氢呋喃-2-基)丙-2-基碳酸乙酯	1.060
33	31.91	13360-65-1	3-乙基-2, 5-二甲基吡嗪	0.298
34	32.86	34995-77-2	反-氧化芳樟醇	0.431
35	33.26	38284-27-4	3,5-辛二烯-2-酮	1.405
36	33.55	53282-47-6	7-(1-甲基亚乙基)-双环[4.1.0]庚烷	0.201
37	33.81	13877-91-3	罗勒烯	0.694
38	33.99	1604-28-0	(*E*)-6-甲基-3,5-庚二烯-2-酮	0.801
39	34.31	2173-56-0	戊酸戊酯	0.741
40	35.34	932-16-1	1-(1-甲基-1*H*-吡咯-2-基)-乙酮	0.403
41	35.55	339352-50-0	2-甲基-6-(5-甲基-2-噻唑啉-2-基氨基)吡啶	0.141
42	36.62	140-29-4	苯乙腈	1.447
43	36.99	593-49-7	二十七烷	0.297

续表

序号	保留时间/min	CAS 号	挥发性半挥发性成分	相对含量/%
44	37.16	56621-35-3	5,5-二甲基-3-氧代-1-环己烯-1-甲醛	0.413
45	37.43	1000309-33-9	草酸 6-乙基辛-3-基乙酯	0.216
46	37.73	432-25-7	*β*-环柠檬醛	0.664
47	37.93	1517-96-0	3-甲基异噁唑-5(4*H*)-酮	0.095
48	39.09	1000309-34-6	草酸双(6-乙基辛-3-基)酯	0.645
49	39.45	15764-16-6	2,4-二甲基-苯甲醛	0.369
50	40.72	119-36-8	水杨酸甲酯	1.009
51	41.27	112-40-3	十二烷	1.754
52	41.68	112-31-2	癸醛	0.168
53	43.34	20189-42-8	4-甲基-3-乙基-1*H*-吡咯-2,5-二酮	1.950
54	43.75	10032-15-2	2-甲基丁酸己酯	0.373
55	43.98	693-95-8	4-甲基噻唑	0.129
56	45.72	112-05-0	壬酸	1.342
57	45.81	1560-97-0	2-甲基-十二烷	0.425
58	46.00	1680-51-9	5,6,7,8-四氢-2-甲基-萘	0.114
59	46.16	2051-33-4	1-己醇,5-甲基-2-(1-甲基乙基)	0.156
60	46.41	53837-34-6	6,10-二甲基-5,9-十一碳二烯-2-醇	0.443
61	47.41	104-46-1	茴香脑	1.013
62	48.17	90-12-0	1-甲基萘	0.333
63	49.44	487-68-3	2,4,6-三甲基-苯甲醛	0.435
64	49.82	1000318-88-7	4-(2-氧代丙基)-4*H*-呋喃[3,2-b]吡咯-5-羧酸	0.503
65	51.33	54299-96-6	1,2-二甲基环辛烯	1.215
66	52.10	30316-23-5	1,2-二氢-2,5,8-三甲基萘	0.939
67	52.23	30316-36-0	1,2,3,4-四氢-1,6,8-三甲基-萘	0.537
68	52.66	35953-54-9	(*E*)-2-十四烯	1.371
69	53.07	27458-90-8	二叔十二烷基二硫化物	2.034
70	53.64	31501-11-8	己酸-3-己烯基酯	0.549
71	53.99	106-21-8	四氢香叶醇	0.790
72	54.49	1120-36-1	1-十四烯	1.135
73	55.02	629-59-4	十四烷	2.873
74	55.12	928-68-7	6-甲基-2-庚酮	0.661
75	55.50	571-61-9	1,5-二甲基-萘	0.250
76	55.95	475-20-7	[1*S*-(1*α*,3a*β*,4*α*,8a*β*)]-十氢-4,8,8-三甲基-9-次甲基-1,4-亚甲基薁	1.006
77	56.35	469-61-4	*α*-柏木烯	0.812

续表

序号	保留时间/min	CAS 号	挥发性半挥发性成分	相对含量/%
78	56.46	127-41-3	*α*-紫罗兰酮	1.117
79	56.80	81561-77-5	1-(4-叔丁基苯基)丙-2-酮	1.553
80	57.25	193695-14-6	(1*R*,2*R*,5*R*,*E*)-7-亚乙基-1,2,8,8-四甲基二环[3.2.1]辛烷	0.535
81	58.00	3879-26-3	橙花基丙酮	1.640
82	58.33	625-33-2	3-戊烯-2-酮	0.500
83	58.55	66884-74-0	(2*R*,3*R*,4a*R*,5*S*,8a*S*)-2-羟基-4a,5-二甲基-3-(丙-1-烯-2-基)八氢萘-1(2*H*)-酮	0.236
84	59.08	66214-27-5	2-甲基-三十三烷	0.999
85	59.50	3891-98-3	法尼烷	0.319
86	60.04	14901-07-6	*β*-紫罗兰酮	2.666
87	60.24	23267-57-4	4-(2,2,6-三甲基-7-氧杂二环[4.1.0]庚-1-基)-3-丁烯-2-酮	1.657
88	60.65	25524-95-2	(*Z*)-四氢-6-(2-戊烯基)-2*H*-吡喃-2-酮	0.442
89	60.83	1560-92-5	2-甲基-十六烷	0.866
90	61.35	629-62-9	正十五烷	0.556
91	61.60	127-43-5	1-(2,6,6-三甲基-1-环己烯-1-基)-1-戊烯-3-酮	0.295
92	61.75	2004-39-9	1-二十七醇	0.207
93	61.89	6222-06-6	五氟丙酸十四烷基酯	0.322
94	62.98	630-01-3	二十六烷	0.152
95	63.16	17092-92-1	(*R*)-5,6,7,7a-四氢-4,4,7a-三甲基-2(4*H*)-苯并呋喃酮	9.284
96	65.02	1000429-39-7	反式橙花苷甲酸酯	3.718
97	65.21	29833-69-0	2-甲基-1-十五烯	1.600
98	65.60	2882-96-4	3-甲基-十五烷	2.152
99	66.13	6789-88-4	苯甲酸己酯	0.322
100	67.34	544-76-3	十六烷	0.986
101	67.72	1000382-54-3	碳酸二十烷基乙烯酯	0.252
102	68.11	94427-47-1	1-甲基-4-[4,5-二羟基苯基]六氢吡啶	0.693
103	70.97	62238-14-6	2,3,8-三甲基癸烷	0.232
104	76.52	4923-79-9	1-甲基乙酰苯胺	0.120
105	80.38	58-08-2	咖啡因	8.186

基于香气活力值，分析了武夷岩茶的 38 种香气成分。其中香气活力值大于 1、对武夷岩茶香气有贡献的成分为：*β*-紫罗兰酮（9794.567）、*α*-紫罗兰酮（2872.376）、苯甲醛（715.043）、

癸醛（540.642）、3-乙基-2, 5-二甲基吡嗪（191.875）、1, 8-桉叶素（179.970）、已醛（32.593）、四氢香叶醇（25.715）、苯乙醛（24.753）、已酸（22.171）、壬酸（21.575）、茴香脑（14.473）、水杨酸甲酯（12.978）、甲基庚烯酮（9.849）、3-戊烯-2-酮（8.581）、*β*-环柠檬醛（5.695）、D-柠檬烯（3.602）、2-庚酮（3.255）、6-甲基-2-庚酮（2.100）、1-甲基萘（1.142）、均三甲苯（1.071）。见表 5-15。

表 5-15　武夷岩茶中挥发性半挥发性成分 OAV 计算结果

序号	保留时间/min	CAS 号	香气成分	含量/mg·kg^{-1}	阈值/mg·kg^{-1}	活力值
1	60.04	14901-07-6	*β*-紫罗兰酮	0.069	0.000 007	9794.567
2	56.46	127-41-3	*α*-紫罗兰酮	0.029	0.000 01	2872.376
3	23.39	100-52-7	苯甲醛	0.072	0.0001	715.043
4	41.68	112-31-2	癸醛	0.004	0.000 008	540.642
5	31.91	13360-65-1	3-乙基-2, 5-二甲基吡嗪	0.008	0.000 04	191.875
6	28.77	470-82-6	1, 8-桉叶素	0.012	0.000 069	179.970
7	12.64	66-25-1	已醛	0.010	0.000 32	32.593
8	53.99	106-21-8	四氢香叶醇	0.020	0.000 79	25.715
9	29.58	122-78-1	苯乙醛	0.007	0.0003	24.753
10	24.36	142-62-1	已酸	0.064	0.0029	22.171
11	45.72	112-05-0	壬酸	0.035	0.0016	21.575
12	47.41	104-46-1	茴香脑	0.026	0.0018	14.473
13	40.72	119-36-8	水杨酸甲酯	0.026	0.002	12.978
14	25.03	110-93-0	甲基庚烯酮	0.062	0.0063	9.849
15	58.33	625-33-2	3-戊烯-2-酮	0.013	0.0015	8.581
16	37.73	432-25-7	*β*-环柠檬醛	0.017	0.003	5.695
17	28.53	5989-27-5	D-柠檬烯	0.021	0.0059	3.602
18	18.11	110-43-0	2-庚酮	0.003	0.001	3.255
19	55.12	928-68-7	6-甲基-2-庚酮	0.017	0.0081	2.100
20	48.17	90-12-0	1-甲基萘	0.009	0.0075	1.142
21	25.80	108-67-8	均三甲苯	0.003	0.003	1.071
22	27.08	4313-03-5	(*E*, *Z*)-2, 4-庚二烯醛	0.015	0.0154	0.986
23	31.44	30086-02-3	(*E*, *E*)-3, 5-辛二烯-2-酮	0.093	0.1	0.935
24	34.31	2173-56-0	戊酸戊酯	0.019	0.026	0.733
25	54.49	1120-36-1	1-十四烯	0.029	0.06	0.487
26	43.75	10032-15-2	2-甲基丁酸己酯	0.010	0.022	0.437
27	20.55	106-70-7	己酸甲酯	0.003	0.01	0.293
28	32.86	34995-77-2	反-氧化芳樟醇	0.011	0.06	0.185
29	26.34	13925-03-6	2-乙基-6-甲基吡嗪	0.004	0.04	0.112

续表

序号	保留时间/min	CAS 号	香气成分	含量/mg·kg^{-1}	阈值/mg·kg^{-1}	活力值
30	28.95	2408-37-9	2, 2, 6-三甲基环庚烷	0.011	0.1	0.110
31	55.02	629-59-4	十四烷	0.074	1	0.074
32	43.98	693-95-8	4-甲基噻唑	0.003	0.055	0.060
33	41.27	112-40-3	十二烷	0.045	0.77	0.059
34	67.34	544-76-3	十六烷	0.025	0.5	0.051
35	36.62	140-29-4	苯乙腈	0.037	1	0.037
36	30.77	1072-83-9	2-乙酰基吡咯	0.072	2	0.036
37	23.20	620-02-0	5-甲基糠醛	0.014	0.5	0.027
38	19.94	13925-00-3	乙基吡嗪	0.002	0.25	0.010

4. 武夷岩茶特征香气物质

选择武夷岩茶作为研究对象，通过 HS-SPME-GC/MS 和香气活力值分析其中的特征香气成分。结果表明，β-紫罗兰酮、α-紫罗兰酮、苯甲醛、癸醛、3-乙基-2, 5-二甲基吡嗪、1, 8-桉叶素、己醛、四氢香叶醇、苯乙醛、己酸、壬酸、茴香脑、水杨酸甲酯、甲基庚烯酮、3-戊烯-2-酮、β-环柠檬醛、D-柠檬烯、2-庚酮、6-甲基-2-庚酮、1-甲基萘、均三甲苯等 21 种物质为对武夷岩茶香气有贡献的特征香气成分。

5.5.3 小 结

采用感官导向分离-顶空固相微萃取-气相色谱/质谱联用技术结合香气活力值分析铁观音茶叶香气特征成分，铁观音茶叶提取物中含有 41 种特征香气成分，其中芳樟醇、橙花叔醇、苯乙醇、香叶醇、柠檬醛、吲哚和茉莉酸甲酯、己酸乙酯等 22 种香气成分对感官作用贡献最大。

联合 GC-O 和 OAV 在龙井新茶中鉴定出 23 种香气活性成分，在龙井陈茶中鉴定出 26 种香气活性成分。其中，β-紫罗兰酮、2-甲基丙醛、2-甲基丁醛、癸醛和己醛对龙井新、陈茶香气贡献较大。

通过 HS-SPME-GC/MS 和香气活力值分析武夷岩茶中的特征香气成分，β-紫罗兰酮、α-紫罗兰酮、苯甲醛、癸醛、3-乙基-2, 5-二甲基吡嗪、1, 8-桉叶素、己醛、四氢香叶醇、苯乙醛、己酸、壬酸、茴香脑、水杨酸甲酯等 21 种物质为对武夷岩茶香气有贡献的特征香气成分。

5.6 红 茶

5.6.1 分析技术

采用顶空蒸汽蒸馏提取结合气相色谱-质谱联用技术及气相色谱-嗅闻技术分析工夫红茶中具有香气活力的特征香气成分。

利用 HS-SPME-GC/MS 和香气活力值分析云南红茶的特征香气成分。

5.6.2 特征成分

5.6.2.1 工夫红茶特征香气成分

肖作兵等[6]建立工夫红茶中香气成分分析方法，利用顶空蒸汽蒸馏提取结合气相色谱-质谱联用技术及气相色谱-嗅闻技术分析工夫红茶中具有香气活力的特征香气成分。

1. 主要材料与仪器

坦洋工夫红茶（特级）[福建新坦洋茶业（集团）股份有限公司]；宜昌工夫红茶（特级）（湖北省宜都市宜红茶业有限公司）；滇红工夫红茶（特级）（云南滇红集团股份有限公司）；祁门工夫红茶（特级）（安徽省祁门红茶发展有限公司）。茶叶样品密封保存于 4 ℃冰箱中待用。

二氯甲烷、无水硫酸钠（均为分析纯）（上海泰坦化学有限公司）；C_7 ~ C_{30} 正构烷烃（色谱纯）（美国 Sigma-Aldrich 公司）；氘代愈创木酚（色谱纯）（加拿大 C/D/N ISOTopes 公司）。

7890A/5975C GC-MS 联用仪、7890（FID）-ODPGC-O 装置（美国 Agilent 公司）；HSDE 装置（上海有机化学研究所定制）；PBC-B2 氮吹仪（上海皓庄仪器有限公司）；HH-6 电子恒温不锈钢水浴锅（上海科辰实验设备有限公司）；DRT-TW 电加热套（郑州长城科工贸有限公司）。

2. 分析方法

（1）样品前处理

①HSDE 提取工夫红茶挥发性成分

准确量取 350.00 mL 蒸馏水于 500.00 mL 蒸馏瓶中，并用电热套加热；称量 20.00 g 红茶茶样于样品瓶中，连接好蒸馏装置（样品瓶直接与蒸馏瓶连接，并位于蒸馏瓶上方，蒸馏瓶通过通气管与冷凝管连接，冷凝管通过压强平衡管与收集瓶连接）；采用冷凝泵循环（4 ~ 6 ℃的乙醇通入冷凝管）冷却；待收集瓶中开始有冷凝的液滴滴下时开始计时，蒸馏时间持续约 30 min，将收集的带有香气物质的茶汤（香气物质 + 蒸馏水）准确称量（约 80.00 g）。

②溶剂萃取工夫红茶挥发性成分

将 80.00 μL 230.00 mg/L 的氘代愈创木酚溶液作为内标物加入收集瓶中与收集到的茶汤混匀，随后依次用 20.00、20.00、10.00 mL 的二氯甲烷溶剂萃取 3 次，将溶剂萃取得到的萃取液加入少量无水硫酸钠以除去剩余的水分，于 4 ℃冰箱中静置过夜后用氮吹仪将萃取液浓缩至 0.20 mL，样品冷藏于−20 ℃的冰箱中待 GC-MS 分析。

（2）分析条件

①GC 条件

Agilent J&W HP-INNOWAX 石英毛细管柱（60 m×0.25 mm，0.25 μm）；升温程序：40 ℃保持 6 min，以 3 ℃/min 升至 100 ℃，不保持，再以 5 ℃/min 升至 230 ℃，保持 10 min；载气（He）流速 1.0 mL/min；进样量 1.00 μL；不分流进样；进样口温度 250 ℃。

②MS 条件

电子电离源；电子能量 70 eV；离子源温度 230 ℃；传输线温度 280 ℃；四极杆温度 150 ℃；采集方式为全扫描，质量扫描范围（*m/z*）30 ~ 450；扫描速率 1 scan/s。

将分析所得质谱结合人工解谱与 Wiley7n、NIST 11 标准谱库的检索结果进行比对，同时计算各物质的保留指数（RI），并与文献中的 RI（RI 可查阅 http://www.odour.org.uk/lriindex.html、http://www.flavornet.org/flavornet.html），以及购买的标准品对比进行定性。

③GC-O 测定条件及芳香萃取物稀释分析（AEDA）方法

色谱条件及程序升温条件同 GC-MS。由 4 位（2 男 2 女）有相关经验的研究生组成，每个茶样每位成员嗅闻 1 次，同时记录所闻到的气味特征、保留时间。当同一保留时间所闻到的气味特征相同（至少有 2 位成员相同），则将其记录为有效结果。根据记录有效的保留时间来计算各物质的 RI，与购买的标准品及文献中的 RI 对比进行，同时根据记录的香气描述来进行定性。

（3）定量与 OAV 的计算

①定量分析

以氘代愈创木酚为内标，采用内标法来定量。

②OAV 计算

用挥发性成分的含量与香气阈值的比计算。其中，OAV 不小于 1 的挥发性物质定义为工夫红茶中的香气成分。

③感官评价方法

红茶的泡制方法参照 GB/T 23776—2018《茶叶感官审评方法》进行，感官属性的确定参照 GB/T 14487—2017《茶叶感官审评术语》并稍微改动，最终确定为：果香、花香、麦芽香、青草香、甜香、木香。采用九点法来进行评分（1—非常轻、5—中等强度、9—非常强），感官评价小组由 8 名（4 男 4 女，年龄在 22 ~ 30 岁）进行过相关香气属性训练的成员组成，每个成员在不知编码的情况下重复进行 3 次。

3. 分析结果

GC-MS 定性定量分析结果表明，共检测到 88 种挥发性物质，其中包括醇类 24 种、醛类 19 种、酯类和内酯类 10 种、酮类 17 种、吡嗪类 7 种、酸类 3 种及其他类 8 种。通过比较发现，4 种工夫红茶醇类物质含量最高，其次是醛类、酯和内酯类。祁门工夫红茶中含有的醇类和醛类物质最多，而宜昌工夫红茶含有的酯和内酯类、酮类和酸类物质最多，尤其是酸类成分。

OAV 用于评价挥发性物质对茶叶香气的贡献，通常认为 OAV 大于 1 的物质对茶叶的香气有贡献。共有 30 种挥发性成分的 OAV 大于 1，以醇类、醛类和酯类为主。其中，醇类主要赋予红茶以花香、果香和甜香香气，醛类主要赋予红茶以青香和草香香气，酯类主要赋予红茶以青香、花香和果香，酮类主要赋予红茶以香气。这些主要关键香气成分的相互协调与融合，赋予工夫红茶的特征香型。在 4 种茶中 OAV 均大于 1 的共性香气成分有顺-6-壬烯醇、香叶醇、苯乙醇、反-2-己烯醛、水杨酸甲酯、γ-壬内酯和香豆素。其中，OAV 最高的是顺-6-壬烯醇（>40）和香叶醇（>20），这 2 种香气成分对工夫红茶的香气贡献最大，赋予红茶以花香和甜香香气，其次是水杨酸甲酯（>10），主要赋予红茶以花香和草香。

通过 HSDE 法结合 GC-O 分析，结果表明 4 种工夫红茶中共分离出 55 种香气物质（$\log_4 FD \geqslant 1$），包括醇类（20 种）、醛类（10 种）、酯类和内酯类（7 种）、酮类（9 种）和其他（4 种），其中有 33 种挥发性物质的 $\log_4 FD$ 值不小于 4 被确定为活性香气物质，此外，有 36 种挥发性物质在 4 种工夫红茶中均被嗅闻到。从香气描述可知工夫红茶的香气特征为：青、甜、花、果香等，其中花香、甜香和果香尤为重要。从 GC-O 的分析结果 $\log_4 FD$ 值可以发现：4 种工夫红茶中的叶醇、庚醇、反式氧化芳樟醇、香叶醇、苯乙醇、橙花叔醇、反-2-己烯醛、苯乙醛、水杨酸甲酯、2,3-丁二酮的 $\log_4 FD$ 值均比较高（$\log_4 FD \geqslant 4$），此外，4 种工夫红茶中除祁门工夫红茶没有嗅闻到外，其他 3 种工夫红茶中的顺-6-壬烯醇的 log_4FD 值不小于 5。而吡嗪类物质在祁门工夫红茶和滇红工夫红茶中的 log_4FD 值均比较低，吡嗪类物质主要以烤香、可可香、咖啡香、坚果香为主。

2 种方法结合最终确定了 22 种关键香气物质为：1-戊醇、叶醇、1-辛烯-3-醇、反式氧化芳樟醇、芳樟醇、顺-6-壬烯醇、香叶醇、苯甲醇、苯乙醇、橙花叔醇、戊醛、己醛、反-2-己烯醛、糠醛、2,4-庚二烯醛、苯乙醛、2,4-癸二烯醛、水杨酸甲酯、丙位-壬内酯、2,3-丁二酮、2-庚酮和香豆素。

4. 工夫红茶特征香气物质

通过 HSDE-GC-MS 技术分析共检测出 88 种挥发性成分，比较发现 4 种工夫红茶的挥发性成分尽管在种类和含量上存在一定的差异，但其主要成分是相似的。通过对 OAV 和 AEDA 的分析，确定了对工夫红茶香气起重要作用的 22 种关键香气物质为：1-戊醇、叶醇、1-辛烯-3-醇、反式氧化芳樟醇、芳樟醇、顺-6-壬烯醇、香叶醇、苯甲醇、苯乙醇、橙花叔醇、戊醛、己醛、反-2-己烯醛、糠醛、2,4-庚二烯醛、苯乙醛、2,4-癸二烯醛、水杨酸甲酯、丙位-壬内酯、2,3-丁二酮、2-庚酮和香豆素。

5.6.2.2 云南红茶特征香气成分

笔者建立云南红茶中香气成分分析方法，利用 HS-SPME-GC/MS 和香气活力值分析云南红茶中具有香气活力的特征香气成分。

1. 主要材料与仪器

云南红茶（云南凤庆），二氯甲烷（色谱纯），萘（纯度大于 99%）。

顶空-固相微萃取-气相色谱-质谱仪。

2. 分析方法

称取 0.5 g 云南红茶样品至顶空瓶中，迅速密封后在 CTC 固相微萃取装置中进行萃取，萃取温度：80 ℃，萃取时间：20 min，解吸时间：2 min，萃取头转速：250 r/min。

（1）分析条件

①气相色谱条件

色谱柱为 DB-5MS 柱，规格：30 m（长度）×0.25 mm（内径）×0.25 μm（膜厚）。载气：He，恒流模式；柱流量：1.0 mL/min；分流比：10∶1。进样口温度：250 ℃；程序升温：初始温度 40 ℃，保持 2.0 min，以 2 ℃/min 的升温速率升至 250 ℃，保持 10.0 min。

②质谱条件

传输线温度：250 ℃；电离方式：电子轰击源（EI）；电离能量：70 eV；离子源温度：200 ℃；溶剂延迟时间：3.0 min；检测方式：全扫描监测模式，质量扫描范围：30 ~ 500 amu。

（2）阈值查询

挥发性半挥发性成分的阈值通过查阅文献[2]获得。

（3）香气活力值计算方法

各组分的含量和阈值的比。

3. 分析结果

GC-MS 定性定量分析表明，云南红茶中分析出 60 种挥发性半挥发性成分，其中含量较高的成分有：咖啡因（29.378%）、5,6,7,7a-四氢-4,4,7a-三甲基-2(4*H*)-苯并呋喃酮（6.306%）、十六烷（4.968%）、十七烷（3.356%）、正十五烷（3.185%）、雪松醇（2.840%）、(*Z*)-1-甲氧基-4-(1-丙烯基)-苯（2.735%）、芳樟醇（2.328%）、十三烷（2.240%）、邻苯二甲酸二乙酯（2.121%）、乙酸龙脑酯（2.102%）、三十一烷（2.035%）、二十六烷（2.001%）、壬酸（1.922%）、水杨酸甲酯（1.918%）、(4*R*)-(+)-α-松油醇（1.744%）、2,6-二叔丁基对甲酚（1.651%）、十四烷（1.647%）、苯甲醛（1.227%）、苯乙醛（1.198%）、(*E*)-β-紫罗兰酮（1.108%）、壬二酸（1.063%）、茴香醛（1.060%）、顺-呋喃氧化芳樟醇（1.048%）、正十八烷（1.011%）。见表 5-16。

基于香气活力值，分析了云南红茶的 30 种香气成分。其中香气活力值大于 1、对云南红茶香气有贡献的成分为：芳樟醇（4246.537）、(*E*)-β-紫罗兰酮（2886.705）、苯甲醛（223.747）、茴香醛（193.301）、苯乙醛（72.813）、辛酸（65.598）、1, 8-桉叶素（65.096）、壬醛（30.539）、壬酸（21.906）、水杨酸甲酯（17.488）、l-香芹酮（5.196）、己酸（4.740）、D-柠檬烯（2.135）。见表 5-17。

表 5-16　云南红茶中挥发性半挥发性成分分析结果

序号	保留时间/min	CAS 号	挥发性半挥发性成分	相对含量/%
1	23.40	100-52-7	苯甲醛	1.227
2	24.14	142-62-1	己酸	0.754
3	28.53	5989-27-5	D-柠檬烯	0.691
4	28.78	470-82-6	1, 8-桉叶素	0.246
5	29.56	122-78-1	苯乙醛	1.198
6	30.77	1072-83-9	2-乙酰基吡咯	0.680
7	31.66	5989-33-3	顺-呋喃氧化芳樟醇	1.048
8	33.80	78-70-6	芳樟醇	2.328
9	34.05	1000131-85-9	2,10-二甲基-9-十一烯醛	0.228
10	34.18	124-19-6	壬醛	0.502
11	34.30	659-70-1	戊酸异戊酯	0.485
12	34.43	55590-83-5	戊酸-2-甲基丁酯	0.521
13	38.61	124-07-2	辛酸	0.234
14	39.94	150-86-7	植醇	0.722
15	40.72	119-36-8	水杨酸甲酯	1.918
16	40.98	7785-53-7	(4*R*)-(+)-α-松油醇	1.744
17	41.26	112-40-3	十二烷	0.572
18	43.16	95-16-9	苯并噻唑	0.514
19	44.45	6485-40-1	l-香芹酮	0.199

续表

序号	保留时间/min	CAS号	挥发性半挥发性成分	相对含量/%
20	45.20	123-11-5	茴香醛	1.060
21	45.73	112-05-0	壬酸	1.922
22	47.32	76-49-3	乙酸龙脑酯	2.102
23	47.41	25679-28-1	(*Z*)-1-甲氧基-4-(1-丙烯基)-苯	2.735
24	48.17	90-12-0	1-甲基萘	0.221
25	55.02	629-59-4	十四烷	1.647
26	56.36	575-43-9	1,6-二甲基-萘	0.273
27	57.23	1000144-10-7	1,3,3-三甲基-2-羟甲基-3,3-二甲基-4-(3-甲基丁烯基)-环己烯	0.326
28	58.68	128-37-0	2,6-二叔丁基对甲酚	1.651
29	58.94	719-22-2	2,6-二(1,1-二甲基乙基)-2,5-环己二烯-1,4-二酮	0.350
30	59.50	630-06-8	三十六烷	0.334
31	60.04	79-77-6	(*E*)-*β*-紫罗兰酮	1.108
32	60.23	644-30-4	4-甲基-1-(1,5-二甲基-4-己烯基)-苯	0.807
33	60.54	1560-78-7	2-甲基-二十四烷	0.405
34	61.35	629-62-9	正十五烷	3.185
35	61.61	1000194-97-2	1-(3,6,6-三甲基-1,6,7,7a-四氢环戊[c]吡喃-1-基)乙酮	0.378
36	61.88	495-61-4	*β*-双没药烯	0.826
37	62.36	70786-44-6	莳萝醚	0.971
38	62.57	4677-90-1	[1a*R*-(1a*α*，4a*β*，8a*S**)]-1,1a,5,6,7,8-六氢-4a,8,8-三甲基-环丙[d]萘-2(4a*H*)-酮	0.220
39	63.16	15356-74-8	5,6,7,7a-四氢-4,4,7a-三甲基-2(4*H*)-苯并呋喃酮	6.306
40	63.34	630-04-6	三十一烷	2.035
41	64.21	1000383-16-1	碳酸十二烷基酯	0.619
42	64.80	1000383-11-5	碳酸十八烷基丙-1-烯-2-基酯	0.661
43	66.51	84-66-2	邻苯二甲酸二乙酯	2.121
44	66.90	1000370-41-6	2,6,10,14-四甲基-7-(3-甲基戊-4-亚苯基)十五烷	0.296
45	67.34	544-76-3	十六烷	4.968
46	68.18	77-53-2	雪松醇	2.840
47	69.08	119-61-9	苯基苯酮	0.492
48	69.27	1000383-16-5	十六烷基碳酸酯	0.383

续表

序号	保留时间/min	CAS 号	挥发性半挥发性成分	相对含量/%
49	70.03	629-50-5	十三烷	2.240
50	70.97	40710-32-5	壬二酸	1.063
51	71.37	630-07-9	三十五烷	0.897
52	71.65	26137-53-1	(*E*)-1,2,3-三甲基-4-丙烯基-萘	0.947
53	72.25	782-92-3	(4-乙酰苯基)苯基甲烷	0.980
54	72.62	108873-36-5	十二氢吡啶[1,2-b]异喹啉-6-酮	0.216
55	73.02	629-78-7	十七烷	3.356
56	73.17	630-01-3	二十六烷	2.001
57	75.35	1000382-54-3	碳酸-二十烷基乙烯酯	0.589
58	78.43	593-45-3	正十八烷	1.011
59	80.39	58-08-2	咖啡因	29.378
60	86.14	125031-45-0	2-氧代-5,6,7,8-四氢-1*H*-喹啉-3-羧酸甲酯	0.268

表 5-17　云南红茶中挥发性半挥发性成分 OAV 计算结果

序号	保留时间/min	CAS 号	香气成分	含量/mg·kg^{-1}	阈值/mg·kg^{-1}	活力值
1	33.80	78-70-6	芳樟醇	0.042	0.000 01	4246.537
2	60.04	79-77-6	(*E*)-*β*-紫罗兰酮	0.020	0.000 007	2886.705
3	23.40	100-52-7	苯甲醛	0.022	0.0001	223.747
4	45.20	123-11-5	茴香醛	0.019	0.0001	193.301
5	29.56	122-78-1	苯乙醛	0.022	0.0003	72.813
6	38.61	124-07-2	辛酸	0.004	0.000 065	65.598
7	28.78	470-82-6	1, 8-桉叶素	0.004	0.000 069	65.096
8	34.18	124-19-6	壬醛	0.009	0.0003	30.539
9	45.73	112-05-0	壬酸	0.035	0.0016	21.906
10	40.72	119-36-8	水杨酸甲酯	0.035	0.002	17.488
11	44.45	6485-40-1	l-香芹酮	0.004	0.0007	5.196
12	24.14	142-62-1	己酸	0.014	0.0029	4.740
13	28.53	5989-27-5	D-柠檬烯	0.013	0.0059	2.135
14	78.43	593-45-3	正十八烷	0.018	0.02	0.922
15	62.36	70786-44-6	莳萝醚	0.018	0.02	0.886
16	48.17	90-12-0	1-甲基萘	0.004	0.0075	0.537
17	47.32	76-49-3	乙酸龙脑酯	0.038	0.075	0.511

续表

序号	保留时间/min	CAS 号	香气成分	含量/mg·kg^{-1}	阈值/mg·kg^{-1}	活力值
18	34.30	659-70-1	戊酸异戊酯	0.009	0.02	0.442
19	31.66	5989-33-3	顺-呋喃氧化芳樟醇	0.019	0.1	0.191
20	67.34	544-76-3	十六烷	0.091	0.5	0.181
21	43.16	95-16-9	苯并噻唑	0.009	0.08	0.117
22	66.51	84-66-2	邻苯二甲酸二乙酯	0.039	0.33	0.117
23	55.02	629-59-4	十四烷	0.030	1	0.030
24	58.68	128-37-0	2,6-二叔丁基对甲酚	0.030	1	0.030
25	39.94	150-86-7	植醇	0.013	0.64	0.021
26	41.26	112-40-3	十二烷	0.010	0.77	0.014
27	30.77	1072-83-9	2-乙酰基吡咯	0.012	2	0.006
28	40.98	7785-53-7	(4*R*)-(+)-*α*-松油醇	0.032	6.8	0.005
29	70.03	629-50-5	十三烷	0.041	42	0.001
30	61.35	629-62-9	正十五烷	0.058	13 000	0.000

4. 云南红茶特征香气物质

选择云南红茶作为研究对象，通过 HS-SPME-GC/MS 和香气活力值分析其中的特征香气成分，其中芳樟醇、(*E*)-*β*-紫罗兰酮、苯甲醛、茴香醛、苯乙醛、辛酸、1, 8-桉叶素、壬醛、壬酸、水杨酸甲酯、l-香芹酮、己酸、D-柠檬烯等 13 个成分为对云南红茶香气有贡献的成分。

5.6.3 小 结

通过对 OAV 和 AEDA 的分析，确定了对工夫红茶香气起重要作用的 22 种关键香气物质为：1-戊醇、叶醇、1-辛烯-3-醇、反式氧化芳樟醇、芳樟醇、顺-6-壬烯醇、香叶醇、苯甲醇、苯乙醇、橙花叔醇、戊醛、己醛、反-2-己烯醛、糠醛、2,4-庚二烯醛、苯乙醛、2,4-癸二烯醛、水杨酸甲酯、丙位-壬内酯、2,3-丁二酮、2-庚酮和香豆素。

通过 HS-SPME-GC/MS 和香气活力值分析，确定了对云南红茶香气起重要作用的 13 种关键香气物质为：芳樟醇、(*E*)-*β*-紫罗兰酮、苯甲醛、茴香醛、苯乙醛、辛酸、1, 8-桉叶素、壬醛、壬酸、水杨酸甲酯、l-香芹酮、己酸、D-柠檬烯。

5.7 黑 茶

5.7.1 分析技术

利用 HS-SPME-GC/MS 结合香气活力值对普洱生茶中的主要香气成分进行分析。

利用 HS-SPME-GC/MS 结合香气活力值对普洱熟茶中的主要香气成分进行分析。

5.7.2 特征成分

5.7.2.1 普洱生茶特征香气成分

笔者建立普洱生茶中香气成分分析方法，利用 HS-SPME-GC/MS 和香气活力值分析普洱生茶中具有香气活力的特征香气成分。

1. 主要材料与仪器

普洱生茶（云南澜沧），二氯甲烷（色谱纯），萘（纯度大于 99%）。

顶空-固相微萃取-气相色谱-质谱仪。

2. 分析方法

称取 0.5 g 普洱生茶样品至顶空瓶中，迅速密封后在 CTC 固相微萃取装置中进行萃取，萃取温度：80 ℃，萃取时间：20 min，解吸时间：2 min，萃取头转速：250 r/min。

（1）分析条件

①气相色谱条件

色谱柱为 DB-5MS 柱，规格：30 m（长度）×0.25 mm（内径）×0.25 μm（膜厚）。载气：He，恒流模式；柱流量：1.0 mL/min；分流比：10∶1。进样口温度：250 ℃；程序升温：初始温度 40 ℃，保持 2.0 min，以 2 ℃/min 的升温速率升至 250 ℃，保持 10.0 min。

②质谱条件

传输线温度：250 ℃；电离方式：电子轰击源（EI）；电离能量：70 eV；离子源温度：200 ℃；溶剂延迟时间：3.0 min；检测方式：全扫描监测模式，质量扫描范围：30 ~ 500 amu。

（2）阈值查询

挥发性半挥发性成分的阈值通过查阅文献[2]获得。

（3）香气活力值计算方法

各组分的含量和阈值的比。

3. 分析结果

GC-MS 定性定量分析表明，普洱生茶中分析出 49 种挥发性半挥发性成分，其中含量较高的成分有：正十五烷（13.313%）、咖啡因（11.610%）、5,6,7,7a-四氢-4,4,7a-三甲基-2(4*H*)-苯并呋喃酮（11.250%）、十四烷（9.438%）、1,2-苯二甲酸-二甲酯（8.806%）、十六烷（5.395%）、十七烷（3.902%）、2,6,11,15-四甲基十六烷（2.746%）、1,2-二乙酸甘油酯（2.627%）、2-甲基-二十六烷（2.577%）、*β*-紫罗兰酮（2.178%）、二十烷（2.153%）、水杨酸甲酯（1.735%）、3-乙基-2,6,10-三甲基十一烷（1.718%）、二十七烷（1.670%）、十二烷（1.553%）、茉莉菊酯（1.303%）、二十四烷（1.174%）、雪松醇（1.099%）、碳酸十八烷基丙-1-烯-2-基酯（1.076%）、正十八烷（1.040%）。见表 5-18。

表 5-18 普洱生茶中挥发性半挥发性成分分析结果

序号	保留时间/min	CAS 号	挥发性半挥发性成分	相对含量/%
1	12.64	66-25-1	己醛	0.379
2	23.42	100-52-7	苯甲醛	0.527

续表

序号	保留时间/min	CAS 号	挥发性半挥发性成分	相对含量/%
3	28.53	5989-27-5	D-柠檬烯	0.184
4	28.95	2408-37-9	2, 2, 6-三甲基环庚烷	0.255
5	30.39	1000309-34-4	草酸-6-乙基辛-3-基己酯	0.201
6	30.81	1072-83-9	2-乙酰基吡咯	0.363
7	31.46	38284-27-4	3,5-辛二烯-2-酮	0.230
8	33.81	6117-97-1	4-甲基十二烷	0.912
9	34.18	124-19-6	壬醛	0.564
10	40.73	119-36-8	水杨酸甲酯	1.735
11	40.98	54750-08-2	($1\alpha,3\beta,4\beta,6\alpha$)-4,7,7-三甲基-双环[4.1.0]庚烷-3-醇	0.392
12	41.27	112-40-3	十二烷	1.553
13	42.70	432-25-7	β-环柠檬醛	0.356
14	44.14	1000383-16-1	碳酸十二烷基酯	0.201
15	45.00	1560-84-5	2-甲基-二十烷	0.473
16	45.80	1000309-33-9	草酸-6-乙基辛-3-基乙酯	0.273
17	46.63	28785-06-0	4-丙基苯甲醛	0.367
18	47.52	4536-30-5	2-(十二烷氧基)乙醇	0.146
19	48.75	1000383-16-5	十六烷基碳酸酯	0.560
20	50.90	102-62-5	1,2-二乙酸甘油酯	2.627
21	55.02	629-59-4	十四烷	9.438
22	55.57	1000309-38-8	草酸-2-乙基己基异己基酯	0.478
23	55.99	1000413-53-1	3-羟基-2-亚甲基丁酸 4-甲基戊酯	0.429
24	56.45	6901-97-9	4-(2,6,6-三甲基-2-环己烯-1-基)-3-丁烯-2-酮	0.399
25	57.98	131-11-3	1,2-苯二甲酸-二甲酯	8.806
26	58.19	295-17-0	十四烷	0.917
27	58.85	1000432-25-9	3-乙基-2,6,10-三甲基十一烷	1.718
28	59.07	646-31-1	二十四烷	1.174
29	59.50	55333-99-8	7-己基二十烷	0.573
30	60.04	14901-07-6	β-紫罗兰酮	2.178
31	60.25	4466-14-2	茉莉菊酯	1.303
32	60.55	112-95-8	二十烷	2.153
33	60.86	86711-81-1	2-氯丙酸十六烷基酯	0.230
34	61.35	629-62-9	正十五烷	13.313

续表

序号	保留时间/min	CAS 号	挥发性半挥发性成分	相对含量/%
35	61.61	1000195-40-9	2,4,5,8a-五甲基-6,7,8,8a-四氢-5*H*-铬烯	0.376
36	63.16	15356-74-8	5,6,7,7a-四氢-4,4,7a-三甲基-2(4*H*)-苯并呋喃酮	11.250
37	63.34	629-78-7	十七烷	3.902
38	65.18	1561-02-0	2-甲基-二十六烷	2.577
39	65.60	593-49-7	二十七烷	1.670
40	67.34	544-76-3	十六烷	5.395
41	67.73	1000383-11-5	碳酸十八烷基丙-1-烯-2-基酯	1.076
42	68.17	77-53-2	雪松醇	1.099
43	69.28	1000130-99-6	7-甲基-*Z*-十四烯-1-醇乙酸酯	0.404
44	70.03	504-44-9	2,6,11,15-四甲基十六烷	2.746
45	70.60	1120-36-1	1-十四烯	0.634
46	72.01	66884-74-0	(2*R*,3*R*,4a*R*,5*S*,8a*S*)-2-羟基-4a,5-二甲基-3-(丙-1-烯-2-基)八氢萘-1(2*H*)-酮	0.283
47	72.24	26137-53-1	(*E*)-1,2,3-三甲基-4-丙烯基-萘	0.531
48	78.42	593-45-3	正十八烷	1.040
49	80.37	58-08-2	咖啡因	11.610

基于香气活力值，分析了普洱生茶的 16 种香气成分。其中香气活力值大于 1、对普洱生茶香气有贡献的成分为：*β*-紫罗兰酮（6322.880）、苯甲醛（107.030）、壬醛（38.220）、己醛（24.069）、水杨酸甲酯（17.631）、*β*-环柠檬醛（2.412）、正十八烷（1.057）。见表 5-19。

表 5-19 普洱生茶中挥发性半挥发性成分 OAV 计算结果

序号	保留时间/min	CAS 号	香气成分	含量/$mg \cdot kg^{-1}$	阈值/$mg \cdot kg^{-1}$	活力值
1	60.04	14901-07-6	*β*-紫罗兰酮	0.044	0.000 007	6322.880
2	23.42	100-52-7	苯甲醛	0.011	0.0001	107.030
3	34.18	124-19-6	壬醛	0.011	0.0003	38.220
4	12.64	66-25-1	己醛	0.008	0.000 32	24.069
5	40.73	119-36-8	水杨酸甲酯	0.035	0.002	17.631
6	42.70	432-25-7	*β*-环柠檬醛	0.007	0.003	2.412
7	78.42	593-45-3	正十八烷	0.021	0.02	1.057
8	28.53	5989-27-5	D-柠檬烯	0.004	0.0059	0.633
9	67.34	544-76-3	十六烷	0.110	0.5	0.219
10	70.60	1120-36-1	1-十四烯	0.013	0.06	0.215
11	55.02	629-59-4	十四烷	0.192	1	0.192

续表

序号	保留时间/min	CAS 号	香气成分	含量/mg·kg^{-1}	阈值/mg·kg^{-1}	活力值
12	28.95	2408-37-9	2, 2, 6-三甲基环庚烷	0.005	0.1	0.052
13	41.27	112-40-3	十二烷	0.032	0.77	0.041
14	46.63	28785-06-0	4-丙基苯甲醛	0.007	1.1	0.007
15	30.81	1072-83-9	2-乙酰基吡咯	0.007	2	0.004
16	61.35	629-62-9	正十五烷	0.271	13 000	0.000

4. 普洱生茶特征香气物质

选择普洱生茶作为研究对象，通过 HS-SPME-GC/MS 和香气活力值分析其中的特征香气成分。结果表明，对普洱生茶香气有贡献的成分为：*β*-紫罗兰酮、苯甲醛、壬醛、己醛、水杨酸甲酯、*β*-环柠檬醛、正十八烷。

5.7.2.2 普洱熟茶特征香气成分

笔者建立普洱熟茶中香气成分分析方法，利用 HS-SPME-GC/MS 和香气活力值分析普洱生茶中具有香气活力的特征香气成分。

1. 主要材料与仪器

普洱熟茶（云南澜沧），二氯甲烷（色谱纯），萘（纯度大于 99%）。

顶空-固相微萃取-气相色谱-质谱仪。

2. 分析方法

称取 0.5 g 普洱熟茶样品至顶空瓶中，迅速密封后在 CTC 固相微萃取装置中进行萃取，萃取温度：80 ℃，萃取时间：20 min，解吸时间：2 min，萃取头转速：250 r/min。

（1）分析条件

①气相色谱条件

色谱柱为 DB-5MS 柱，规格：30 m（长度）×0.25 mm（内径）×0.25 μm（膜厚）。载气：He，恒流模式；柱流量：1.0 mL/min；分流比：10∶1。进样口温度：250 ℃；程序升温：初始温度 40 ℃，保持 2.0 min，以 2 ℃/min 的升温速率升至 250 ℃，保持 10.0 min。

②质谱条件

传输线温度：250 ℃；电离方式：电子轰击源（EI）；电离能量：70 eV；离子源温度：200 ℃；溶剂延迟时间：3.0 min；检测方式：全扫描监测模式，质量扫描范围：30 ~ 500 amu。

（2）阈值查询

挥发性半挥发性成分的阈值通过查阅文献[2]获得。

（3）香气活力值计算方法

各组分的含量和阈值的比。

3. 分析结果

GC-MS 定性定量分析表明，普洱熟茶中分析出 81 种挥发性半挥发性成分，其中含量较高的成分有：正十五烷（6.029%）、2-甲基-辛烷（5.355%）、5,6,7,7a-四氢-4,4,7a-三甲基-2(4*H*)-

苯并呋喃酮（5.259%）、6,10,14-三甲基-2-十五酮（4.694%）、1,2,3-三甲氧基-苯（3.771%）、1-碘-癸烷（3.320%）、二十四烷（3.222%）、壬醛（2.988%）、5-乙基-2-甲基辛烷（2.913%）、2,6,10-三甲基十三烷（2.804%）、十四烷（2.735%）、4-丙基苯甲醛（2.687%）、草酸-丁基 6-乙基辛-3-基酯（2.572%）、 4-乙基十四烷（2.535%）、咖啡因（2.518%）、十七烷（2.489%）、十六烷（2.399%）、十二烷（2.337%）、水杨酸甲酯（2.327%）、4-甲基十四烷（1.808%）、10-甲基十九烷（1.428%）、1-碘-十四烷（1.419%）、邻苯二甲酸二乙酯（1.369%）、3,3-二甲基己烷（1.333%）、3-乙基-2,6,10-三甲基十一烷（1.227%）、1,2,4-三甲氧基-苯（1.174%）、二十五烷（1.165%）、3-甲基-十四烷（1.090%）。见表 5-20。

表 5-20　普洱熟茶中挥发性半挥发性成分分析结果

序号	保留时间/min	CAS 号	挥发性半挥发性成分	相对含量/%
1	12.64	66-25-1	己醛	0.293
2	23.41	100-52-7	苯甲醛	0.648
3	26.48	124-13-0	辛醛	0.197
4	29.85	53428-02-7	3,6-二甲基-2(1*H*)-吡啶酮	0.187
5	30.39	629-62-9	正十五烷	6.029
6	30.82	20959-33-5	7-甲基七烷	0.285
7	31.46	38284-27-4	3,5-辛二烯-2-酮	0.212
8	33.81	563-16-6	3,3-二甲基己烷	1.333
9	33.99	1604-28-0	(*E*)-6-甲基-3,5-庚二烯-2-酮	0.217
10	34.18	124-19-6	壬醛	2.988
11	38.27	5451-52-5	甲酸正癸酯	0.297
12	38.63	7045-71-8	2-甲基十一烷	0.507
13	39.30	2213-23-2	2,4-二甲基-庚烷	0.302
14	39.38	15869-93-9	3,5-二甲基辛烷	0.207
15	40.72	119-36-8	水杨酸甲酯	2.327
16	40.97	339352-50-0	2-甲基-6-(5-甲基-2-噻唑啉-2-基氨基)吡啶	0.179
17	41.27	112-40-3	十二烷	2.337
18	41.68	112-54-9	月桂醛	0.634
19	42.18	17301-23-4	2,6-二甲基-十一烷	0.986
20	42.47	25117-35-5	5-甲基十八烷	0.446
21	44.77	13150-81-7	2,6-二甲基癸烷	0.178
22	45.22	629-92-5	十九烷	0.368
23	45.49	1120-21-4	十一烷	0.360
24	45.65	2050-77-3	1-碘-癸烷	3.320
25	46.11	629-94-7	二十一烷	0.369

续表

序号	保留时间/min	CAS 号	挥发性半挥发性成分	相对含量/%
26	46.53	3221-61-2	2-甲基-辛烷	5.355
27	46.63	28785-06-0	4-丙基苯甲醛	2.687
28	47.13	17312-55-9	3,8-二甲基癸烷	0.945
29	47.32	629-50-5	十三烷	0.538
30	47.52	544-76-3	十六烷	2.399
31	48.17	91-57-6	2-甲基萘	0.393
32	48.71	634-36-6	1,2,3-三甲氧基-苯	3.771
33	49.22	2471-83-2	1-亚乙基-1*H*-茚	0.307
34	49.73	62016-18-6	5-乙基-2-甲基辛烷	2.913
35	50.18	1560-93-6	2-甲基-十五烷	0.229
36	50.46	1000432-25-9	3-乙基-2,6,10-三甲基十一烷	1.227
37	50.91	1000428-18-0	1,3-甘油二乙酸酯	0.928
38	51.00	638-36-8	植烷	0.527
39	51.69	3891-98-3	法尼烷	0.939
40	52.63	56862-62-5	10-甲基十九烷	1.428
41	52.80	135-77-3	1,2,4-三甲氧基-苯	1.174
42	53.38	1000382-54-3	碳酸二十烷基乙烯酯	0.629
43	55.01	629-59-4	十四烷	2.735
44	55.13	10544-96-4	6-甲基十八烷	0.261
45	55.72	19218-94-1	1-碘-十四烷	1.419
46	56.36	25117-24-2	4-甲基十四烷	1.808
47	57.15	13287-23-5	8-甲基-十七烷	0.334
48	57.45	21450-56-6	1,2,3,4-四甲氧基苯	0.471
49	58.20	629-78-7	十七烷	2.489
50	58.55	646-31-1	二十四烷	3.222
51	58.85	3891-99-4	2,6,10-三甲基十三烷	2.804
52	59.00	1000309-34-2	草酸-丁基 6-乙基辛-3-基酯	2.572
53	59.41	504-44-9	2,6,11,15-四甲基十六烷	0.874
54	60.29	55045-14-2	4-乙基十四烷	2.535
55	60.84	1000383-11-5	碳酸十八烷基丙-1-烯-2-基酯	0.466
56	61.15	629-97-0	二十二烷	0.743
57	61.61	5875-45-6	2,5-双(1,1-二甲基乙基)苯酚	0.706
58	62.65	1000282-04-5	甲氧基乙酸-2-十三烷基酯	0.445
59	63.16	15356-74-8	5,6,7,7a-四氢-4,4,7a-三甲基-2(4*H*)-苯并呋喃酮	5.259
60	63.95	630-04-6	三十一烷	0.430
61	64.43	3913-02-8	2-丁基辛醇	0.770
62	65.18	18435-22-8	3-甲基-十四烷	1.090

续表

序号	保留时间/min	CAS 号	挥发性半挥发性成分	相对含量/%
63	65.59	544-85-4	三十二烷	0.513
64	66.50	84-66-2	邻苯二甲酸二乙酯	1.369
65	67.78	5856-66-6	正五十四烷	0.389
66	68.18	77-53-2	雪松醇	0.879
67	68.51	1560-92-5	2-甲基-十六烷	0.299
68	70.03	629-99-2	二十五烷	1.165
69	70.60	1000382-54-9	碳酸-十一烷基乙烯酯	0.583
70	70.96	1561-02-0	2-甲基-二十六烷	0.340
71	71.38	3892-00-0	降姥鲛烷	0.635
72	71.80	94427-47-1	1-甲基-4-[4,5-二羟基苯基]六氢吡啶	0.211
73	72.04	66884-74-0	(2*R*,3*R*,4a*R*,5*S*,8a*S*)-2-羟基-4a,5-二甲基-3-(丙-1-烯-2-基)八氢萘-1(2*H*)-酮	0.307
74	72.93	630-02-4	二十八烷	0.807
75	73.21	1560-89-0	2-甲基-十七烷	0.656
76	75.34	112-95-8	二十烷	0.443
77	76.46	4443-61-2	9-环己基二十烷	0.350
78	78.42	630-06-8	三十六烷	0.308
79	78.78	1000383-15-8	碳酸癸壬酯	0.505
80	80.38	58-08-2	咖啡因	2.518
81	80.52	502-69-2	6,10,14-三甲基-2-十五酮	4.694

基于香气活力值，分析了普洱熟茶中的 60 种香气成分。其中香气活力值大于 1、对普洱熟茶香气有贡献的成分为：壬醛（238.533）、苯甲醛（155.159）、月桂醛（116.843）、辛醛（90.628）、水杨酸甲酯（27.870）、己醛（21.968）、2-甲基萘（3.137）。见表 5-21。

表 5-21　普洱熟茶中挥发性半挥发性成分 OAV 计算结果

序号	保留时间/min	CAS 号	香气成分	含量/mg·kg^{-1}	阈值/mg·kg^{-1}	活力值
1	34.18	124-19-6	壬醛	0.072	0.0003	238.533
2	23.41	100-52-7	苯甲醛	0.016	0.0001	155.159
3	41.68	112-54-9	月桂醛	0.015	0.000 13	116.843
4	26.48	124-13-0	辛醛	0.005	0.000 052	90.628
5	40.72	119-36-8	水杨酸甲酯	0.056	0.002	27.870
6	12.64	66-25-1	己醛	0.007	0.000 32	21.968
7	48.17	91-57-6	2-甲基萘	0.009	0.003	3.137
8	47.52	544-76-3	十六烷	0.057	0.5	0.115
9	41.27	112-40-3	十二烷	0.056	0.77	0.073

续表

序号	保留时间/min	CAS 号	香气成分	含量/mg·kg^{-1}	阈值/mg·kg^{-1}	活力值
10	55.01	629-59-4	十四烷	0.066	1	0.065
11	46.63	28785-06-0	4-丙基苯甲醛	0.064	1.1	0.059
12	45.49	1120-21-4	十一烷	0.009	5.6	0.002
13	38.63	7045-71-8	2-甲基十一烷	0.012	10	0.001
14	29.85	53428-02-7	3,6-二甲基-2(1*H*)-吡啶酮	0.004	0	0.000
15	30.39	629-62-9	正十五烷	0.144	13 000	0.000
16	47.32	629-50-5	十三烷	0.013	42	0.000

4. 普洱熟茶特征香气物质

选择普洱熟茶作为研究对象，通过 HS-SPME-GC/MS 和香气活力值分析其中的特征香气成分。结果表明，对普洱熟茶香气有贡献的成分为：壬醛、苯甲醛、月桂醛、辛醛、水杨酸甲酯、己醛、2-甲基萘。

5.7.3 小　结

通过HS-SPME-GC/MS和香气活力值分析,普洱生茶中对香气有贡献的特征香气成分为β-紫罗兰酮、苯甲醛、壬醛、己醛、水杨酸甲酯、β-环柠檬醛、正十八烷。

通过 HS-SPME-GC/MS 和香气活力值分析，普洱熟茶中对香气有贡献的特征香气成分为壬醛、苯甲醛、月桂醛、辛醛、水杨酸甲酯、己醛、2-甲基萘。

参考文献

[1] 韩熠，洪鎏，朱东来，等. 应用 GC-MS 和 GC-O 鉴定不同等级洞庭碧螺春茶特征香气成分[J]. 香料香精化妆品，2018，3：1-10.

[2] ZEIST L J G. Odour Thresholds[M]. Netherlands: Oliemans Punter & Partners BV, 2003.

[3] 邵淑贤，王淑燕，王丽，等. 基于 ATD-GC-MS 技术的不同品种白牡丹茶香气成分分析[J]. 食品工业科技，2022，43（1）：262-268.

[4] 操晓亮，张峰，柴国璧，等. 基于感官导向的铁观音茶叶特征香气的分析、重构及在卷烟加香中的应用[J]. 中国烟草学报，2021，27（4）：10-18.

[5] 舒畅，佘远斌，肖作兵，等. 新、陈龙井茶关键香气成分的 SPME/GC-MS/GC-O/OAV 研究[J]. 食品工业，37（9）：279-285.

[6] 肖作兵，王红玲，牛云蔚，等. 基于 OAV 和 AEDA 对工夫红茶的 PLSR 分析[J]. 食品科学，2018，39（10）：242-249.

6 水果特征香气成分

6.1 概 述

香气是水果风味的重要组成部分，水果果实的挥发性香气物质包括大约2000种各不相同的化合物，其香气物质以有机酸、酯类、醛类和萜类为主，其次是醇、酮类及挥发酸。香气成分的组成差异构成了水果香气特征，也赋予其各种各样的独特风味。水果香气物质属于果实的次级代谢产物，是由脂肪酸、氨基酸、碳水化合物等作为前体物质，在果实的生长发育过程中经过一系列酶促反应而形成的。脂肪酸是形成水果香气物质的主要前体物质，支链脂肪族醇、醛、酮和酯类物质主要来源于脂肪酸的代谢；氨基酸的代谢可以产生脂肪族、支链或芳香族的醇类、羰基化合物、酸类和酯类，代谢途径中的酶活性和底物的专一性决定了水果香气成分在种类和含量上的不同；萜类是经类异戊二烯途径产生；酯类是通过上述各代谢途径生成的醇类和酰基-CoA在酯化作用下形成。

尽管水果中检测到的香气成分众多，但只有香气活性物质才对食品的整体风味起着重要作用，能够被人们感受到，客观地反映不同水果的风味特点，是评价果实风味品质的重要指标。如葡萄的主体香气成分是邻氨基苯甲酸甲酯，苹果的主体香气成分是乙酸异戊酯，桃的主体香气成分是醋酸乙酯和沉香醇酸内酯。根据人对不同化学结构的香气成分的感官效果，水果香气可分为果香型、青香型、辛香型、木香型、醛香型等。果香型（Fruity Note）化合物是指那些有成熟水果香气且伴有甜气味的物质，如乙酸丁酯、乙酸乙酯、己酸乙酯、酪酸戊酯等各种酯类物质，内酯类物质、柑橘中的香柠檬油、甜橙油等，都属于果香型化合物。成熟水果释放出的怡人的香气主要为果香型。青香型（Green Note）化合物指具有绿色植物青香气，能使人联想起刚采摘下来的草或树叶的香气的物质，C_6及C_9的醛类、醇类物质是青香型化合物的代表。C_7~C_{12}的脂肪族醛类是醛香型（Aldehyde Note）化合物的重要代表。在果实生长发育过程中以产生青香型和醛香型气味的物质为主[1]。

过去，科研工作者对香气研究主要集中在定性定量分析上，识别和测定存在的挥发性香气成分及其组成差异的相关数据，甚至很长一段时间内，仅以香气成分在体系中的浓度这一个维度衡量其对体系的贡献度。从而导致无法在技术层面上全面、准确地区分其中香气的特征差异，未给予回答究竟是哪些成分对香气起关键作用。感官评定是一种可直接鉴别食品风味的有效方法，但其不能用于解决香气成分对体系贡献度的问题。20 世纪 60 年代，Rothe 等[2]为表征面包香气特点，通过感官评定的方法获得香气成分阈值，并结合仪器分析获得相应的香气成分浓度，从而首次提出芳香值（Aroma Value）的概念，其认为当芳香值不小于 1 时香气成分对体系的香气有贡献，其值越高贡献越大，反之则其对香气贡献可以忽略。其后，香味研究领域又相继提出香气单元（Odor Unit）、香味单元（Flavor Unit）等概念[3-6]；直到 80 年代，Acree 等[7]为了定量表征食品中挥发性香气成分的贡献度，又以香气活力值（Odor Activity Value，OAV）替代上述名称，此后相关研究均采用 OAV 来表征香气成分对体系的贡献度，并一直沿用至今。这些研究表明，香气成分对香气体系的贡献不仅仅取决于其浓度，更是与其自身阈值密切相关，因此需从浓度和阈值两个维度进行综合判定。

OAV 是指香气成分在香气体系中的绝对或质量浓度（C）与其香气或感觉阈值（T）的比值，即 $\text{OAV} = C/T$。OAV 概念的提出为解决香气成分对体系香气贡献度问题提供了重要的科学依据和技术手段。一方面，由于香气成分分子结构和化学组成不同，且人体鼻腔嗅觉受体细胞对香气成分特异性结合的程度不同，因此，人们对不同香气成分的嗅觉敏感性差异很大，进而导致各香气成分之间阈值存在不同程度差异；另一方面，各香气成分在水果香气体系中浓度不同。因此，通过比较分析这种差异可确定不同成分在水果香气体系中的贡献度，从而判定哪些成分对食品水果起着关键作用。本章节针对浆果、梨果、核果、聚合核果、柑果和瓠果类中的代表性水果的香气分析技术和特征香气进行了总结。

6.2 浆　果

浆果是单心皮或多心皮合生雌蕊，上位或下位子房发育形成的果实，外果皮薄，中果皮和内果皮肉质多汁，内有 1 至多粒种子。浆果，是由子房或联合其他花器发育成柔软多汁的肉质果。浆果类果树种类很多，日常生活中常见的，如葡萄、猕猴桃、树莓、越橘、果桑、无花果、石榴、杨桃、番木瓜、石榴、蓝莓、西番莲等。

目前对于浆果类特征香气成分分析技术主要以顶空固相微萃取结合 GC、GC-MS 等技术进行分析。张娟娟等[8]利用 GC-MS 分析技术在草莓有机相提取物中鉴定出 102 种化合物，主要包括酯、醇、醛、酮、碳氢化合物、挥发酸等，在水相提取物中鉴定出 64 种化合物，主要为糖（包括糖醇和糖苷）有机酸、脂肪酸、氨基酸、非挥发酸等。朱珠芸茜等[9]采用 HS-SPME-GC/MS 技术检测了新疆 5 种鲜食葡萄的挥发性风味物质。臧慧明等[10]采用 HS-SPME-GC/MS 技术检测了半高丛蓝莓果实，分析表明醇类、酯类、萜类是“北陆”“北蓝”“圣云”等半高丛蓝莓的主要香气成分。李洪波等[11]运用顶空固相微萃取-气相色谱-质谱联用法对菠萝蜜果实中的香气成分进行鉴定，共鉴定出 66 种香气物质。

6.2.1 浆果中特征香气成分

6.2.1.1 草莓特征香气成分

草莓（*Fragaria ananassa* Duch.）属蔷薇科多年生草本植物，由于其果小、香气浓，营养丰富，深受消费者青睐[12]。水培草莓的栽培方式具有病害少、果品清洁卫生等优点[13-14]。草莓的风味由可溶性糖、有机酸及香气物质共同决定，香气在其风味形成过程中起重要作用，且在果实品质领域一直是研究的主题。研究表明不同的环境条件、栽培管理技术和储存方式对草莓果实中的香气物质组分和含量都存在着一定的影响[15-16]。刘松忠[17]研究表明，不同氮素水平均对草莓果实的芳香成分，尤其是衡量果实特有风味的特征香气成分有影响显著，各特征香气成分的相对含量及总量（*w*）以中量氮肥（53 mg/kg）为最高。张娜等[18]研究表明，“R6”“R8”和“TiMA”3 个品种的酯类物质在后熟时达到最大，随着草莓果实储藏时间的延长，醇类物质逐渐下降，导致酯类含量也逐渐下降。曾祥国等[19]研究了“晶玉”“甜查理”“晶瑶”“章姬”和“丰香”5 个草莓品种果实挥发性物质成分的差异。王铭悦[20]测定了 5 个品种草莓香气成分，结果表明“R7”草莓速冻储藏 5 个月后，酯类仍是“R7”草莓的主要成分，并对速冻草莓香气起主要作用。

王玲等[21]采用 HS-SPME-GC-MS 技术鉴定了分析“达赛莱克特”草莓各发育阶段中果实香气物质含量变化，鉴定出的特征香气物质见表 6-1。由表 6-1 可以看出，己酸乙酯是香气值最大的香气成分，(*E*)-2-己烯醛次之，丁酸乙酯位列第 3。萜烯类中的 D-柠檬烯和 *β*-金合欢烯的香气值均超过 30；酯类中的丁酸甲酯、乙酸丁酯和丁酸丁酯的香气值在 10 以下，而辛酸乙酯的香气值超过 20；除(*E*)-2-己烯醛外，其他 3 种醛的香气值都在 15 以下；2 种酮类的香气值都较高，*γ*-癸内酯达 129.5，DMMF 达 40.63；醇类中芳樟醇的香气值最大，为 49.29。

表 6-1　“达赛莱克特”草莓主要香气物质的香气值[21]

序号	化合物	w/μg · g^{-1}					阈值（OOT）/μg · g^{-1}	香气值 OVA
		绿果期（S1）	白果期（S2）	转色期（S3）	粉果期（S4）	全红期（S5）		
1	D-柠檬烯	0.00	0.00	0.00	1.23	0.00	0.034	36.18
2	*β*-金合欢烯 *β*	0.00	0.00	0.00	0.55	0.68	0.020	34.00
3	丁酸甲酯	0.00	0.00	0.00	0.36	0.42	0.076	5.53
4	丁酸乙酯	0.00	0.00	0.09	0.00	0.31	0.001	310.00
5	乙酸丁酯	0.00	0.00	0.00	0.00	0.07	0.066	1.06
6	乙酸乙酯	0.00	0.00	0.00	0.11	1.28	0.001	1280.00
7	辛酸乙酯	0.00	0.00	0.00	0.00	0.11	0.005	22.00
8	丁酸丁酯	0.00	0.00	0.00	0.00	0.73	0.100	7.30
9	乙烯醛	1.84	1.80	2.82	1.47	1.43	0.100	14.30
10	(*E*)-2-己烯醛	7.15	17.86	35.45	10.08	6.67	0.017	392.35
11	壬醛	0.48	0.19	0.43	0.00	0.26	0.100	2.60
12	辛醛	0.14	0.13	0.31	0.07	0.20	0.082	2.44
13	顺式-3-己烯醇	0.56	0.46	0.31	0.00	0.00	0.070	8.00
14	芳樟醇	0.00	0.00	0.87	2.4	1.38	0.028	49.29
15	反式橙花叔醇	0.00	0.00	0.00	6.12	9.27	2.250	4.12
16	*γ*-癸内酯	0.00	0.00	0.00	1.06	10.36	0.080	129.50
17	DMMF[2,5-二甲基-4-甲氧基-3(2*H*)-呋喃酮]	0.00	0.00	0.00	0.28	0.50	0.160	40.63

基于表 6-1 的 17 种香气物质的 PCA 模型中，按照草莓的发育阶段，香气物质明显地分成 3 类（图 6-1）。绿果期（S1）、白果期（S2）和转色期（S3）的果实与己烯醛、(*E*)-2-己烯醛、

壬醛、辛醛及顺式-3-己烯醇聚集在一起，该类包括了大部分醛类和1种醇类物质；D-柠檬烯、β-金合欢烯、丁酸甲酯、芳樟醇和反式橙花叔醇与粉果期（S4）的果实聚在一起，该类聚集了萜烯类、酯类和醇类部分香气物质；全红期（S5）的果实聚集了7类香气物质，分别是丁酸乙酯、乙酸丁酯、己酸乙酯、辛酸乙酯、丁酸丁酯、反式橙花叔醇、γ-癸内酯和DMMF，该类聚集了大部分的酯类和2种酮类。

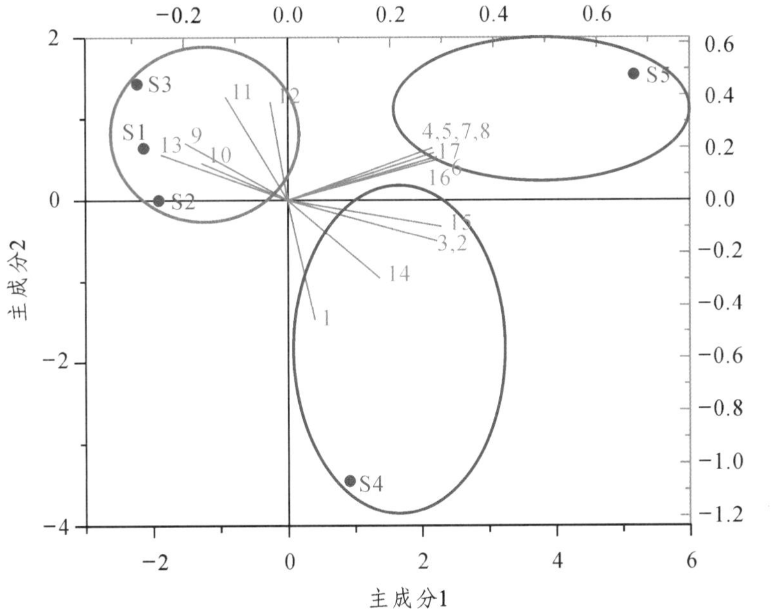

图6-1 “达赛莱克特”草莓果实发育成熟过程中主要香气成分的PCA分析[21]

注：①圈内蓝色数字为表6-1中的化合物。

②坐标轴数值表示各个主成分与原始变量之间的相关系数。

果实香气品质不仅受各类型香气成分绝对含量的影响，其组成比例的转变对香气品质的形成具有更重要的意义。带绿苹果和青草样香味的醛类是“达赛莱克特”果实发育前期最丰富的香气物质，在绿果期、白果期和转色期各占76.84%、83.75%和77.45%。果实成熟过程中，特别是粉果期这个阶段，醛类含量迅速下降到37.94%，全红时，醛类占比低于20%。而果实成熟后期，酮类物质含量显著增加，全红期总酮含量超过总香气物质的29.55%，特别是DMMF等草莓特有的香气物质在这一过程中有重要贡献。同时，萜烯类的相对含量在粉果期最高，果实全红时含量降低，保持在3%以下。转色期酯类物质才出现，并随着果实的成熟，酯类物质的种类和含量迅速增多。

根据香气阈值，鉴定出“达赛莱克特”草莓的主要香气成分为D-柠檬烯、β-金合欢烯、丁酸甲酯、丁酸乙酯、乙酸丁酯、己酸乙酯、辛酸乙酯、丁酸丁酯、己烯醛、(*E*)-2-己烯醛、壬醛、辛醛、顺式-3-己烯醇、芳樟醇、反式橙花叔醇、γ-癸内酯和DMMF，这17种物质与曾祥国等[22]在“甜查理”“晶瑶”和“晶玉”3种草莓中检测到特征香气相比，酯类中多出了乙酸丁酯、辛酸乙酯和丁酸丁酯。但曾祥国等检测到了DMHF[2,5-二甲基-4-羟基-3(2*H*)-呋喃酮]，这可能是因为品种不同，也可能是因为O-甲基转移酶将DMHF转化成了DMMF[23]。

6.2.1.2 蓝莓特征香气成分

蓝莓（*Vaccinium corymbosum* L.），又名笃斯、甸果、越橘、越橘，《中国植物志》记载，越橘属于被子植物门（Angiospermae）双子叶植物纲（Dicotyledoneae）合瓣花亚纲（Sympetalae）杜鹃花科（Ericaceae）越橘属（*Vaccinium*）植物[24-26]。蓝莓原产于美洲，是多年生落叶小灌木。经过多年的引种试验，密斯蒂、布里吉塔蓝莓成为中国长江流域的主栽品种。蓝莓酸甜可口，香气清爽，营养丰富，含有大量的植物多酚，富含绿原酸、鞣花酸、花青素等物质，具有清除自由基、保护视力、降低心脏风险等功效，国际粮农组织确定蓝莓为人类健康食品[27]。谢妍纯等[28]通过相对百分含量分析，发现异戊酸乙酯、乙酸乙酯是都克蓝莓主要的香气成分。孙阳[29]研究发现蓝莓果实主要以酯类为主，其中3-甲基丁酸乙酯、3-甲基丁酸甲酯是Geo和Reveilla的主要香气成分。胡秋丽[30]研究发现癸醛、芳樟醇、大马士酮阈值较低，结合香气成分的百分含量进行气味活度值分析表明：大马士酮、芳樟醇是蓝莓果实的关键风味化合物。目前，对蓝莓完整果实、果皮、果肉中的香气研究均有报道。

以密斯蒂、布里吉塔两种蓝莓果肉组织为实验材料，对能够起到人体感官味觉刺激的香气成分进行检出，结果如表6-2所示：共鉴定出20种风味化合物，其中密斯蒂18种，布里吉塔14种，共同含有10种香气成分。主要以醛类、酮类、醇类为主要香气化合物，相对含量较高的挥发性香气化合物是芳樟醇、*α*-松油醇、6-甲基-5-庚烯-2-酮、*E*-2-庚烯醛，芳樟醇在二者中相对含量均高于30%，是蓝莓果肉挥发性香气的主要成分。密斯蒂蓝莓果肉香气成分相对含量较高的是芳樟醇（36.4%）、*α*-松油醇（7.9%）、6-甲基-5-庚烯-2-酮（3.49%）、香叶基丙酮（2.49%）、*E*-2-庚烯醛（2.29%）；布里吉塔蓝莓果肉香气成分相对含量较高的是芳樟醇（33.139%）、*α*-松油醇（9.29%）、桉叶油醇（6.2%）、*E*-2-庚烯醛（4.4%）、6-甲基-5-庚烯-2-酮（4.0%）。由此可见，密斯蒂果肉与布里吉塔果肉香气成分主体香气成分芳樟醇、*α*-松油醇相同，二者共占整体蓝莓香气的40%以上，但组成成分有较大差异，是由品种遗传因素所决定。通过香气成分阈值以及气味活度值分析，密斯蒂果肉关键风味化合物为大马士酮（234.65）、芳樟醇（6.06）、*E*-2-壬烯醛（3.42），修饰性风味化合物为桉叶油醇（0.14）、1-辛烯-3-酮（0.11）；布里吉塔果肉关键风味化合物为大马士酮（117.80）、芳樟醇（5.52）、*E*-2-壬烯醛（4.89），修饰性风味化合物为桉叶油醇（0.62）、1-辛烯-3-酮（0.24）。综合气味活度值表明密斯蒂果肉组织气味强度高于布里吉塔。综上所述，虽然密斯蒂与布里吉塔果肉香气成分种类及相对含量次序均有差异，通过香气成分阈值及气味活度值分析，二者的关键风味化合物及修饰性风味化合物种类及贡献次序一致，说明二者果肉组织气味活度是一致的，大马士酮、芳樟醇、*E*-2-壬烯醛，桉叶油醇、1-辛烯-3-酮是构成密斯蒂、布里吉塔果肉的主要呈味物质。

表6-2　2种蓝莓果肉组织挥发性香气及阈值分析[31]

序号	保留时间/min	香气物质名称	阈值/$\mu g \cdot kg^{-1}$	密斯蒂/%	OVA值	布里吉塔/%	OVA值
1	6.1366	2-己烯醛	500	0.2166	<0.01		
2	8.8889	*E*-2-庚烯醛	750	2.2264	<0.01	4.3596	0.01
3	9.4331	1-辛烯-3-酮	10	1.1225	0.11	2.4478	0.24
4	9.6396	6-甲基-5-庚烯-2-酮	1000	3.4494	<0.01	4.0304	<0.01

续表

序号	保留时间/min	香气物质名称	阈值/μg·kg^{-1}	密斯蒂/%	OVA 值	布里吉塔/%	OVA 值
5	9.8521	*Z*-5-辛烯-2-酮	3			0.7013	0.23
6	10.9782	对伞花烃	11.4	0.2452	0.02		
7	11.097	右旋萜二烯	210	1.2339	0.01		
8	11.2159	桉叶油醇	10	1.3641	0.14	6.1710	0.62
9	11.5037	罗勒烯	34	0.8423	0.02	1.0765	0.03
10	11.8977	2-辛烯醇	125	1.1404	0.01	2.1958	0.02
11	13.1863	芳樟醇	6	36.3754	6.06	33.1327	5.52
12	14.9691	*E*-3-壬烯醛	0.08	0.2738	3.42	0.3911	4.89
13	15.6758	柠檬醛	41			0.2974	0.01
14	15.7448	4-萜烯醇	130	0.3447	<0.01	0.5151	<0.01
15	16.1826	*α*-松油醇	330	7.8945	0.02	9.2022	0.03
16	16.4266	二氢香芹酮	70	0.5243	0.01		
17	17.5463	右旋香芹酮	86	0.7574	0.01		
18	17.9904	香叶醇	40	0.8568	0.02		
19	21.2181	大马士酮	0.002	0.4693	234.65	0.2356	117.80
20	22.8821	香叶甲基酮	60	2.4344	0.04	2.1148	0.04

以密斯蒂、布里吉塔两种蓝莓果皮组织为实验材料，对能够起到人体感官味觉刺激的香气成分进行检出，结果如表 6-3 所示：共鉴定出 26 种风味化合物，其中密斯蒂 23 种，布里吉塔 15 种，共同含有 12 种香气成分。主要以醛类、萜烯类、醇类为主要香气化合物，相对含量较高的挥发性香气化合物是芳樟醇、右旋萜二烯、壬醛、癸醛，芳樟醇为二者中相对含量最高。密斯蒂蓝莓果皮香气成分相对含量较高的是芳樟醇（13.3%）、右旋萜二烯（11.8%）、壬醛（3.4%）、丁香酚（2.9%）、萜品油烯（2.7%）；布里吉塔蓝莓果皮香气成分相对含量较高的是芳樟醇（10.7%）、壬醛（9.0%）、甲基庚烯酮（5.8%）、2,4-壬二烯醛（4.8%）、苯甲醇（4.7%）。由此可见，密斯蒂果皮与布里吉塔果皮主体香气成分除芳樟醇外、其余相对含量较高的成分均不相同，这也是区别两种蓝莓的重要指标。通过香气成分阈值以及气味活度值分析，密斯蒂果皮关键风味化合物为癸醛（14.73）、2-壬烯醛（7.82）、壬醛（3.37）、芳樟醇（2.21）、右旋萜二烯（1.18），修饰性风味化合物为丁香酚（0.48）、正辛醛（0.13）；布里吉塔果皮关键风味化合物为 2,4-壬二烯醛（79.68）、癸醛（30.49）、2-壬烯醛（24.03）、壬醛（9.00）、芳樟醇（1.79），修饰性风味化合物为正辛醛（0.54）、右旋萜二烯（0.40）、桉叶油醇（0.27）。综合气味活度值表明布里吉塔果皮组织气味强度高于密斯蒂。综上所述，密斯蒂与布里吉塔果皮香气成分种类及相对含量次序均有差异，通过香气成分阈值及气味活度值分析，二者的关键风味化合物种类相近，气味活度值有所差异，修饰性风味化合物种类及贡献均不一致，说明 2,4-壬二烯醛、癸醛、2-壬烯醛、壬醛、芳樟醇是构成密斯蒂、布里吉塔果皮的主要呈味物质。

表 6-3　2 种蓝莓果皮组织挥发性香气及阈值分析[31]

序号	保留时间/min	香气名称	阈值/μg·kg^{-1}	密斯蒂/%	OVA 值	布里吉塔/%	OVA 值
1	4.9293	己醛	4.5	0.1181	0.03		
2	6.1303	2-己烯醛	500	1.3006	<0.01		
3	9.2455	苯甲醛	100	2.3578	0.02	3.312	0.03
4	9.6458	甲基庚烯酮	1000	1.059	<0.01	5.754	0.01
5	9.827	2,4-壬二烯醛	0.06			4.7808	79.68
6	10.2213	正辛醛	6	0.7944	0.13	3.2483	0.54
7	11.1033	右旋萜二烯	10	11.7571	1.18	3.958	0.40
8	11.2095	桉叶油醇	10			2.6709	0.27
9	11.5162	异辛醇	160 000	1.047	<0.01		
10	11.6851	苯甲醇	10 000	1.9	<0.01	4.6841	<0.01
11	11.9102	*E*-2-辛烯醛	125	1.9413	0.02	3.4762	0.03
12	12.7922	萜品油烯	200	2.697	0.01		
13	13.1801	芳樟醇	6	13.2597	2.21	10.7441	1.79
14	13.2739	壬醛	1	3.3716	3.37	9.0008	9.00
15	14.9628	2-壬烯醛	0.08	0.6257	7.82	1.922	24.03
16	15.9387	对甲基苯异丙醇	11.4	0.6869	0.06		
17	16.0888	水杨酸甲酯	60	0.7865	0.01		
18	16.1826	*α*-松油醇	330	1.715	0.01	1.4163	<0.01
19	16.2827	癸醛	0.1	1.4734	14.73	3.0487	30.49
20	17.2648	橙花醇	300	1.3429	<0.01		
21	17.9403	香叶醇	40	1.6572	0.04		
22	18.472	桂皮醛	500	2.562	0.01		
23	18.7223	甲基壬基甲酮	30	1.9171	0.06	2.4363	0.08
24	20.5488	丁香酚	6	2.9051	0.48		
25	22.4502	1-石竹烯	160			2.6006	0.02
26	22.882	香叶基丙酮	60	2.3917	<0.01		

湖北随州 5 种蓝莓果实共鉴定出 25 种具有气味的香气成分，如表 6-4 所示，其中醛类 8 种、醇类 7 种、烯类 5 种、酮类 4 种、酚类 1 种。5 种蓝莓共同含有芳樟醇与 *α*-松油醇两种香气成分，且相对含量较高，但其余挥发性成分差异较大，奥尼尔品种中反-2-己烯醛、二氢香芹酮；蓝丰品种中 2-庚烯醛、氧化石竹烯、异辛醇、桉叶油醇、橙花醇；布里吉塔品种中桉叶油醇、2-庚烯醛、反-2-辛烯醛、萜品油烯、桉叶油醇、香叶醇、香叶基丙酮、甲基庚烯酮；北陆品种中异辛醇、桉叶油醇、香叶醇、橙花醇、甲基庚烯酮；密斯蒂品种中月桂烯、右旋萜二烯、桉叶油醇、香叶醇、橙花醇、香叶基丙酮相对含量都大于 1%，说明这些香气成分都对蓝莓果实的整体香气有着较强的贡献作用，因此也构成了蓝莓挥发性香气品种间差异化的指标。

表 6-4 5 种蓝莓的香气成分及阈值分析[31]

香气名称	阈值 /μg · kg^{-1}	布里吉塔/%	OVA 值	北陆 /%	OVA 值	密斯蒂 /%	OVA 值	蓝丰 /%	OVA 值	奥尼尔 /%	OVA 值
醛类											
正己醛	4.5			0.76	0.17						
正辛醛	6	0.17	0.03								
癸醛	0.1			0.53	5.35						
柠檬醛	41					0.25	0.01			0.09	<0.01
反-2-己烯醛	0.5	0.13	0.26							26.23	52.47
2-庚烯醛	750	1.11	<0.01					1.47	<0.01		
反-2-辛烯醛	125	1.17	0.01								
反-2-壬烯醛	0.08	0.34	4.30								
烯烃类											
氧化石竹烯	160	0.08	<0.01			0.29	<0.01	1.42	0.01		
月桂烯	13	0.46	0.04	0.64	0.05	1.93	0.15				
右旋萜二烯	10					1.15	0.11				
萜品油烯	200	1.27	0.01	0.56	<0.01						
揽香素	22 000									0.27	<0.01
醇类											
异辛醇	260 000			3.42	<0.01			2.81	<0.01		
桉叶油醇	10	4.99	0.50	2.06	0.21	1.00	0.10	12.18	1.22		
芳樟醇	6	25.85	4.31	30.42	5.07	41.37	6.90	10.60	1.77	34.88	5.81
4-萜烯醇	130	0.80	0.01							0.37	<0.01
α-松油醇	330	16.23	0.05	9.90	0.03	16.52	0.05	2.32	0.01	5.58	0.02
香叶醇	40	1.20	0.03	3.05	0.08	3.11	0.08			0.44	0.01
橙花醇	300	0.66	<0.01	1.10	<0.01	1.52	0.01	1.72	0.01		
酮类											
二氢香芹酮	70									2.32	0.03
香叶基丙酮	60	2.87	0.05			1.29	0.02	1.36	0.02	0.03	<0.01
甲基庚烯酮	1000	1.33	<0.01	1.68	<0.01	0.52	<0.01	1.44	<0.01		
大马士酮	0.002	0.27	133.95			0.47	236.35			0.21	103.50
酚类											
丁香酚	6	0.36	0.06					1.70	0.28		

如图 6-2 和图 6-3 所示，经气味活度值分析，布里吉塔果实关键风味化合物为大马士酮、芳樟醇、反-2-壬烯醛，修饰性风味化合物为桉叶油醇、反-2-己烯醛；北陆关键风味化合物为芳樟醇、癸醛，修饰性风味化合物为桉叶油醇、正己醛；密斯蒂关键风味化合物为大马士酮、芳樟醇，修饰性风味化合物为桉叶油醇、月桂烯、右旋萜二烯；蓝丰关键风味化合物为芳樟醇、桉叶油醇，修饰性风味化合物为丁香酚；奥尼尔关键风味化合物为大马士酮、芳樟醇、反-2-己烯醛。奥尼尔果实无修饰性风味化合物，但反-2-己烯醛感官明显，赋予奥尼尔果实特殊的香气；其余 4 种蓝莓果实都含有少量几种修饰性风味化合物，赋予蓝莓果实均匀、协调

的果实香气。5 种蓝莓气味强弱次序为密斯蒂>布里吉塔>奥尼尔>北陆>蓝丰。

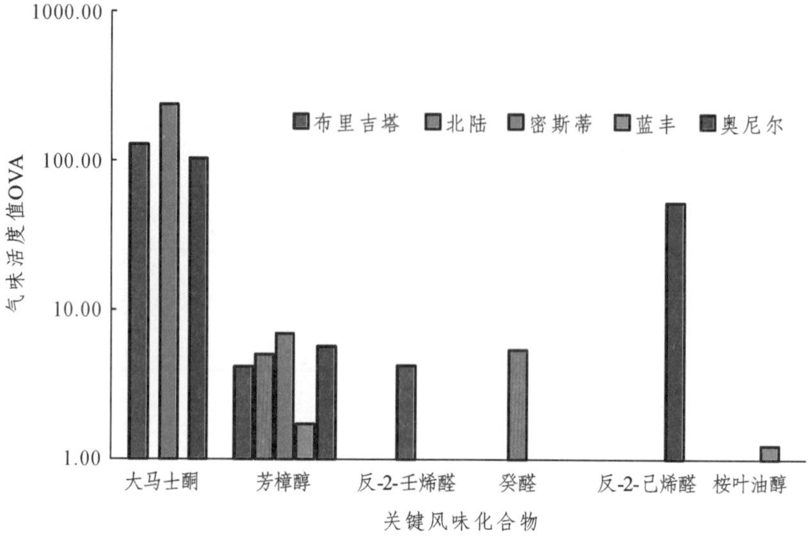

图 6-2　5 种蓝莓关键风味化合物分析[31]

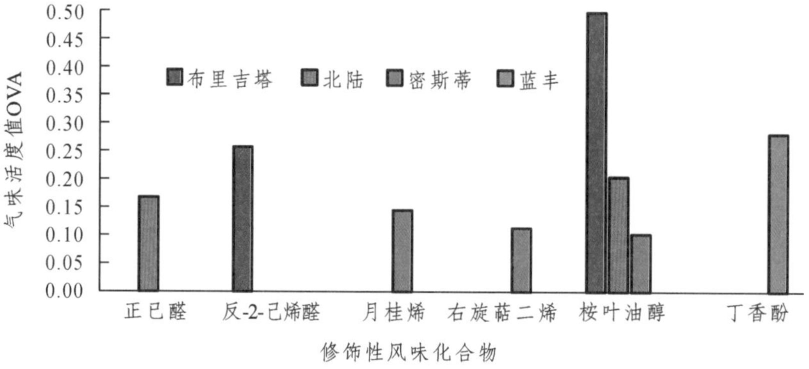

图 6-3　5 种蓝莓修饰性风味化合物分析[31]

以上分析表明，蓝莓整果的关键性风味化合物主要来自果肉组织，且整果气味活度值均略高于果肉组织，部分修饰性风味化合物来自果皮组织，但果皮风味化合物种类远多于果肉组织，为蓝莓果实整体香味体系提供特征依据，果皮中存在的香气化合物大多为潜在风味化合物。

6.2.1.3　葡萄特征香气成分

葡萄果实风味由甜、酸、涩、香气、果皮和果肉质地等多重特性构成，其中香气是重要组成部分。根据香气特征，葡萄品种通常被描述为中性香、玫瑰香和草莓香[32]，不同类型的香气都由特定呈香成分贡献。葡萄果实中含有数量丰富的香气化合物，主要包括萜烯类、醇类、酯类、醛类和酮类化合物等[33]。香气化合物对果实风味的贡献程度与其嗅觉阈值密切相关，当其浓度高于嗅觉阈值时才被称为活性香气成分。已有学者对“威代尔”等葡萄成熟或后熟过程中香气成分变化[33-36]、不同葡萄品种的特征香气[37-40]、产地间香气积累差异[41-42]、套袋或灌溉方式等栽培措施对香气的影响[43-44]进行了研究。结果表明，葡萄品种、成熟时间、原产地以及栽培管理措施等许多因素都会影响果实香气组成。目前葡萄果实香气研究主要集中在生长发育期香气积累规律[45-48]、品种特征香气[49-52]、产地对香气影响[53-54]、栽培管理方式对香气影响[55-56]等方面，结果表明生长期、品种、产地及栽培管理方式等均影响香气积累。

表 6-5 显示 6 个品种的主要呈香物质的香气值，从各品种香气值总量来看，贵妃玫瑰 > 红香蕉 > 葡萄园皇后 > 丰宝 > 黑香蕉 > 红双味，说明“贵妃玫瑰”葡萄香味最为浓郁，“红双味”葡萄较为寡淡。在所有品种中，C_6类物质正己醛、3-己烯醛、2-己烯醛的香气值都较高，是葡萄草本香气的主要贡献者；“贵妃玫瑰”中反式-*β*-紫罗兰酮、里那醇、香茅醇、香叶醇为果实玫瑰香味的贡献者，其中里那醇、香茅醇、香叶醇显著高于其他品种，香叶醇为其独有，(*E*,*Z*)-2,6-壬二烯醛为果香的主要贡献；“葡萄园皇后”中具有玫瑰香味的反式-*β*-紫罗兰酮、里那醇最为突出，具有果香的(*E*,*Z*)-2,6-壬二烯醛、具有牛脂味的癸醛含量最高；“红香蕉”葡萄中具有香蕉果香的己酸乙酯、辛酸乙酯较为突出，具有花香的反式-*β*-紫罗兰酮、具有果香的(*E*,*Z*)-2,6-壬二烯醛、具有脂肪气息的癸醛、(*E*)-2-壬烯醛含量较高；“丰宝”葡萄中具有花香的反式-*β*-紫罗兰酮、具有脂肪气息的癸醛、具有果香的(*E*,*Z*)-2,6-壬二烯醛、具有脂肪气息的(*E*)-2-壬烯醛含量较高；“红双味”葡萄中反式-*β*-紫罗兰酮、癸醛、己酸乙酯、辛酸乙酯较为突出；“黑香蕉”葡萄中癸醛、反式-*β*-紫罗兰酮、(*E*)-2-壬烯醛、(*E*,*Z*)-2,6-壬二烯醛、己酸乙酯、辛酸乙酯和丁酸乙酯为主要香味物质。

表 6-5　6 个葡萄品种香气物质的气味活性值[57]

化合物名称		葡萄园皇后	红香蕉	丰宝	红双味	贵妃玫瑰	黑香蕉	香味描述
醇	芳樟醇	7.87	0.09	0.04	1.28	7.70	0.15	花香，荔枝味，玫瑰香味
	香茅醇	0.03	0.06	—	0.07	8.30	0.02	玫瑰香味
	香叶醇	—	—	0.02	—	1.89	—	花香，柠檬味，玫瑰香味
C_6化合物	正己醛	64.63	45.16	52.84	16.35	77.31	31.38	绿色蔬菜
	3-己烯醛	95.87	70.51	62.06	22.16	97.03	54.74	青草
	2-己烯醛	49.45	29.14	28.94	9.64	42.41	22.15	青草，草本
醛	(*Z*)-2-癸烯醛	1.36	—	—	—	0.30	0.42	鸡、家禽，橙子似香味
	辛醛	1.12	1.11	1.29	—	—	0.93	果味，甜橙，蜂蜜，脂肪
	壬醛	5.29	3.61	3.23	1.47	3.76	3.13	脂肪，甜橙
	癸醛	31.48	41.13	35.68	10.65	19.71	27.49	肥皂，牛脂味
	(*E*,*Z*)-2,6-壬二烯醛	31.94	26.50	31.91	6.98	88.99	21.44	果香，黄瓜味
	(*E*)-2-壬烯醛	—	21.09	27.35	—	—	21.76	脂肪香，青香，蜡香，黄瓜香，甜瓜香
酮	2-辛酮	1.24	1.17	1.34	1.53	0.99	1.00	果香，苹果味
	反式-*β*-紫罗兰酮	42.42	43.83	36.24	13.38	67.47	22.99	脂膏香，玫瑰香味，紫罗兰香
酯	己酸乙酯	0.49	44.51	0.97	7.57	1.26	17.36	果香，青苹果味，香蕉味
	乙酸乙酯	—	2.73	—	0.67	—	2.50	苹果，梨，花香，青菜，樱桃
	辛酸乙酯	—	20.25	1.02	6.46	—	10.37	成熟水果，梨，甜香
	丁酸乙酯	—	19.37	—	7.11	—	10.37	菠萝味，草莓味

如图 6-4 所示，草本香、果香、脂肪味及花香是试材葡萄的主要香气，但浓郁程度不同，从而构成各品种独有的特征香气。6 个品种中，草本香最为浓郁，为品种基础香气。除去基础香气，“葡萄园皇后”和“丰宝”葡萄脂肪香气最为显著，其次为花香和果香，含量较为一致；“贵妃玫瑰”花香、果香、脂肪香较为均衡；“红双味”“黑香蕉”“红香蕉”葡萄脂肪香及果香最为显著，其次为花香。

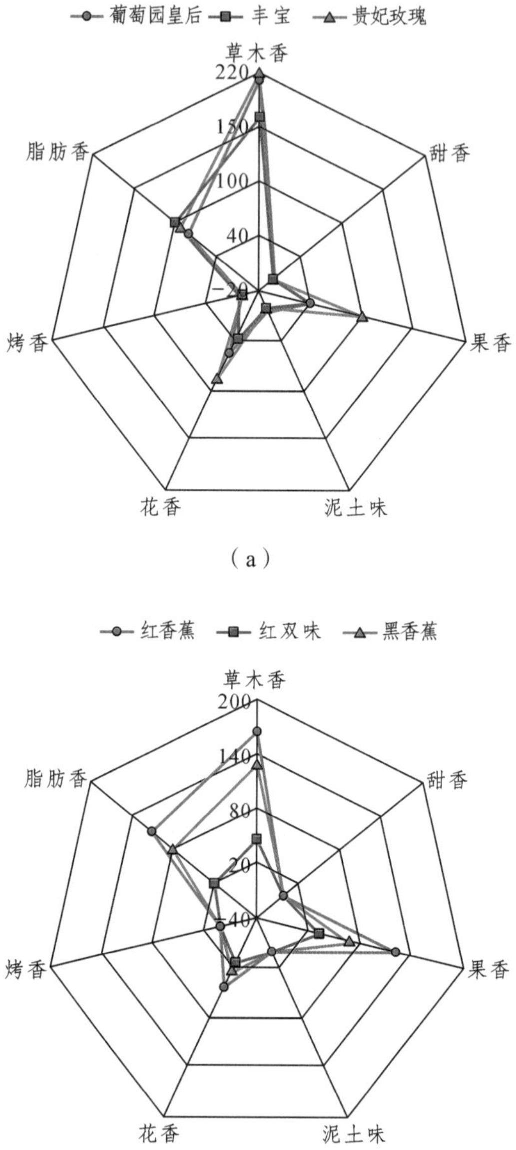

（b）

图 6-4　6 个葡萄品种的香气轮廓图[57]

表 6-6 展示了另外 5 个品种葡萄的香气成分，共检测到 16 种重要贡献香气物质，包括醇、醛、酯、酮和萜烯 5 类化合物，酸和其他类化合物对香气的贡献较低。其中，正己醛、2-己烯醛具有青香气味，酯类化合物可以增强葡萄果实的果香味，正辛醛、壬醛具备的柑橘香也能一定程度上增强葡萄的水果香气，苯乙醛和萜烯类化合物则能为葡萄带来甜玫瑰和花香气息。

表 6-6　5 种葡萄的重要贡献香气物质[58]

	化合物	阈值/ μg·kg^{-1}	OAV					香味描述	香系
			玫瑰香	乍娜	美人指	喀什哈尔	无核紫		
1	乙醇	10	—	5.56^{ab}	1.89^{a}	16.42^{c}	5.56^{b}	醇香	1/2
2	乙醛	0.21	—	—	53.86^{a}	584.57^{b}	—	果香、酒香、青香	1
3	正己醛	4.5	27.20^{a}	37.31^{a}	135.36^{b}	173.79^{b}	328.20^{c}	绿色蔬菜香气	1
4	2-己烯醛	17	42.37^{a}	12.35^{b}	91.73^{c}	1.46^{b}	84.61^{c}	青草、草本	1
5	3-己烯醛	0.25	55.44	—	—	—	—	青草香气	2/3/5
6	正辛醛	0.7	17.71^{a}	18.61^{ac}	56.33^{b}	75.10^{c}	31.97^{ab}	果味、玫瑰、柑橘	3/5
7	壬醛	1	16.47^{a}	69.37^{bc}	98.65^{c}	93.21^{c}	36.38^{ab}	玫瑰、柑橘	5
8	苯乙醛	4	2.97^{a}	12.61^{b}	5.92^{a}	30.37^{c}	—	花香、玫瑰味	2
9	己酸乙酯	1	—	—	12.19^{a}	131.59^{b}	4.13^{c}	水果、白兰地香气	2
10	乙酸异戊酯	37	—	—	—	2.22	—	果香、香蕉	2
11	2-辛酮	5	3.35^{ab}	2.29^{a}	—	—	4.36^{b}	牛奶、乳酪、蘑菇	13/14
12	甲基庚烯酮	50	0.60^{a}	0.38^{a}	0.62^{a}	2.53^{b}	1.15^{ab}	青香、柑橘	1/3
13	(+)-柠檬烯	10	6.82^{a}	—	20.61^{b}	—	8.47^{a}	甜香、柠檬	
14	柠檬醛	32	0.37^{a}	1.46^{a}	—	—	—	柑橘、柠檬	3
15	香茅醇	40	2.70^{a}	0.61^{b}	0.29^{b}	—	—	玫瑰香气	5
16	香叶醇	40	1.94^{a}	1.75^{a}	—	—	—	甜玫瑰花、柠檬香气	3/5

注：① OT 值均以水作为介质。

② 同列不同字母表示组间存在显著性差异（Duncan 检验，$P<0.05$）。

③ 香系按照孙宝国《使用调香术》中介绍的香味轮分类法分为 16 个：1—青香，2—果香，3—柑橘香，4—薄荷香，5—花香，6—辛草香，7—木香-烟熏，8—烤香-焦香，9—焦糖、坚果香，10—肉汤-HVP 香，11—肉香，12—脂肪-腐臭香味，13—奶香-黄油香味，14—蘑菇-壤香香味，15—芹菜-汤汁香味，16—硫化物-葱蒜香味。

④ “—”表示未检测出该化学成分。

通过主成分分析，2 个主成分 PC1 与 PC2 的方差贡献率分别为 50.4%和 23.6%，累计总贡献率为 74%。5 个品种葡萄样品在 PCA 得分图（图 6-5）中分为 3 类，其中喀什哈尔（K）葡萄样品位于第一象限，无核紫（N）和美人指（F）葡萄样品位于第三象限，玫瑰香（M）和乍娜（Z）葡萄样品位于第四象限，3 类样品在得分图中距离分别属于不同象限且距离较远，说明在主要贡献香气物质具有较大差异。喀什哈尔（K）葡萄样品主要贡献香气物质为乙醇、乙醛、己酸乙酯、乙酸异戊酯和苯乙醛；无核紫（N）和美人指（F）葡萄样品的主要贡献香气物质较少，仅有 2-己烯醛和(+)-柠檬烯；玫瑰香（M）和乍娜（Z）葡萄样品主要贡献香气物质为 3-己烯醛、2-辛酮、柠檬醛、香茅醇和香叶醇。

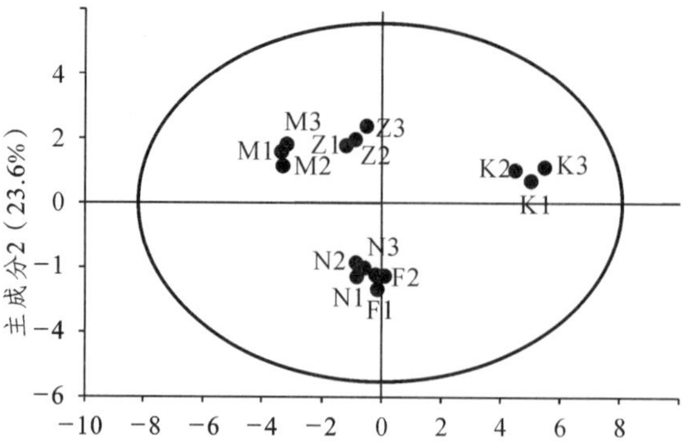

（a）得分图

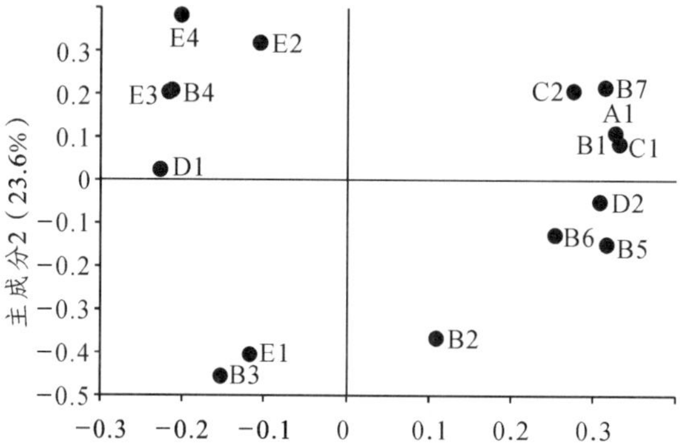

（b）载荷图

A1—乙醇；B1—乙醛；B2—正己醛；B3—2-己烯醛；B4—3-己烯醛；B5—正辛醛；B6—壬醛；B7—苯乙醛；C1—己酸乙酯；C2—乙酸异戊酯；D1—2-辛酮；D2—甲基庚烯酮；E1—(+)-柠檬烯；E2—柠檬醛；E3—香茅醇；E4—香叶醇。

图 6-5　5 种葡萄主要香气物质主成分分析[58]

由图 6-6 可知，不同品种葡萄具有不同的香气轮廓，其中青香、果香、柑橘香、花香是 5 种葡萄的典型特征香气，但浓郁程度及侧重香气各不相同。通过比较发现，玫瑰香和无核紫的香气轮廓比较相似，都更加突出青香气味，是玫瑰香和无核紫的特征香气；喀什哈尔葡萄则更加突出青香和果香味；乍娜葡萄更加突出柑橘香和花香味；相比之下，美人指葡萄的特征香气更加平衡，具有青香、果香、柑橘香和花香。

表 6-7 列出了 11 种葡萄果实中的呈香成分，共定性定量 54 种香气成分，只有 22 种为活性呈香成分，包括 3 种醇类、8 种酯类、6 种萜烯类和 5 种醛类。不同品种的活性呈香成分数量存在一定差异，中性品种最少（8 和 11）；玫瑰香型品种中等（12～15，平均 13.4），但活性萜烯类数量高于其他香型品种，其中里那醇对玫瑰香型品种中的花卉类和水果类气味贡献最大（OAV>30）；草莓香型品种较多（14～17，平均 16.0），其中酯类数量高于其他香型品种，异丁酸乙酯、丁酸乙酯、2-甲基丁酸乙酯和己酸乙酯虽然浓度不高，但阈值较低，气味活性值相对较高，而乙酸乙酯虽然浓度极高，但阈值也极高，因此气味活性值较低，这些酯类主要

为草莓香型品种贡献水果类气味。反式-2-己烯-1-醇、1-辛烯-3-醇、己酸乙酯、正己醛、反式-2-己烯醛、正庚醛和苯乙醛在所有品种中的 OAV 均>1，虽然品种间存在差异，但与香气类型相关性不强，其中正己醛和反式-2-己烯醛的气味活性值较高（除了红巴拉多，其他品种 OAV 均>30），对植物类气味贡献最大。

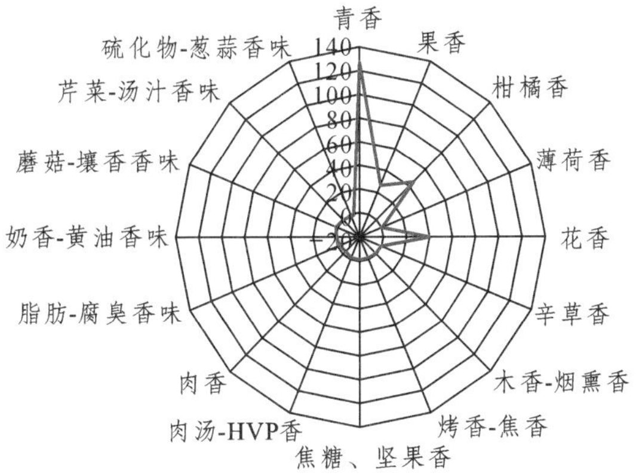

（a）M-玫瑰香

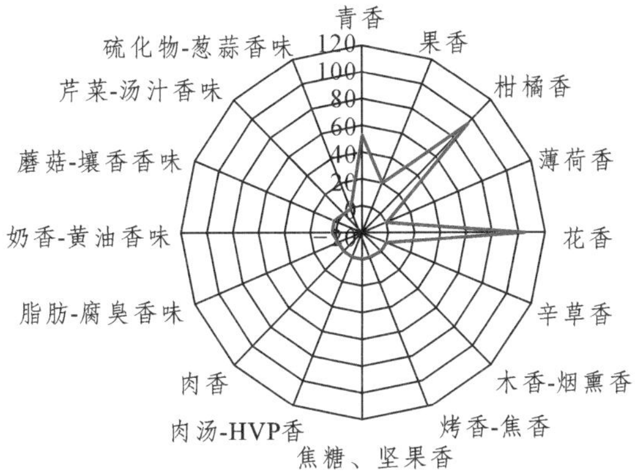

（b）Z-乍娜

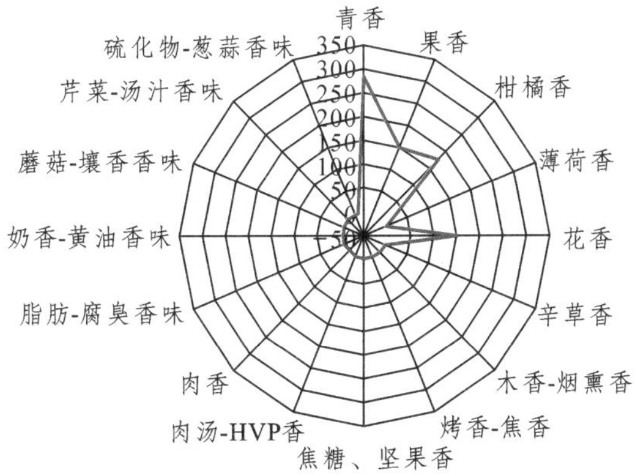

（c）F-美人指

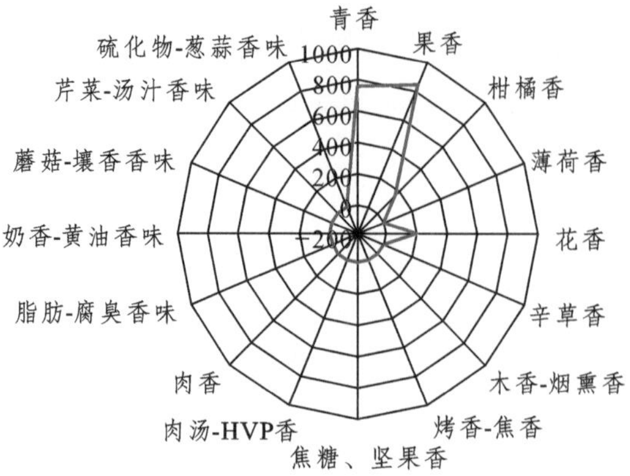

（d）k-喀什哈尔

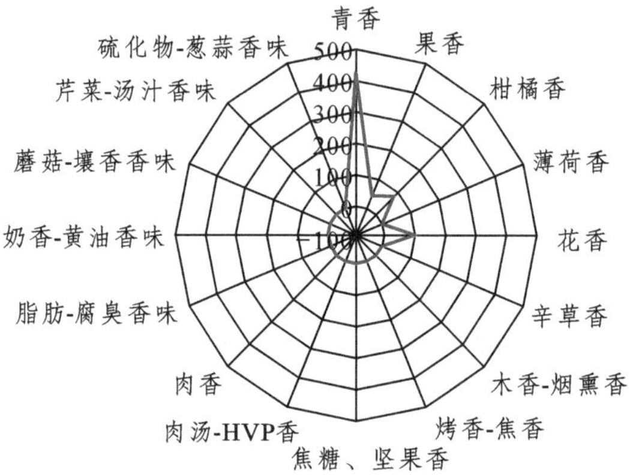

（e）N-无核紫

图 6-6　5 种鲜食葡萄香气雷达图[58]

从图 6-7 可知，红巴拉多、维多利亚、贵妃玫瑰、亚历山大和夏黑前 4 种气味系列强度均为植物类 > 脂肪类 > 水果类 > 花卉类，香气轮廓较为相似，均有突出植物类气味，但也存在差异，红巴拉多的这 4 种气味系列强度均极低，维多利亚的水果类和花卉类气味强度极低，贵妃玫瑰和亚历山大的水果类和花卉类气味强度较高但亚历山大的整体气味强度高于贵妃玫瑰，而夏黑的花卉类气味强度很低。碧香无核和香妃前 4 种气味系列强度均为植物类 > 水果类 > 花卉类 > 脂肪类，但香妃的整体气味强度高于碧香无核。巨峰和户太八号前 4 种气味系列强度均为植物类 > 水果类 > 脂肪类 > 花卉类，但户太八号的植物类和水果类气味强度高于巨峰。玫瑰香的前 4 种气味系列强度为水果类 > 花卉类 > 植物类 > 脂肪类，水果类和花卉类气味尤其突出。黑色甜菜的前 4 种气味系列强度为水果类 > 化学类 > 植物类 > 脂肪类，水果类和化学类气味最为突出。

表 6-7 11 种葡萄活性呈香成分的 OAV[59]

化合物	气味描述	气味系列	OAV										
			红巴拉多	维多利亚	玫瑰香	碧香无核	贵妃玫瑰	亚历山大	香妃	巨峰	黑色甜莱	户太八号	夏黑
1-己醇	甜香，花香、青草，树脂	1,2,3	1.07	2.16	0.28	0.91	1.09	1.83	2.02	2.01	1.03	0.45	0.44
反式-2-己烯-1-醇	草本绿植，树叶、胡桃木	3	2.10	3.55	1.48	2.35	2.10	2.35	2.53	2.85	2.80	2.17	1.75
1-辛烯-3-醇	蘑菇，青草、鱼腥味	3,4	7.87	9.42	8.15	8.47	8.60	13.63	10.50	9.58	10.25	10.48	9.46
乙酸乙酯	菠萝，溶剂，香料，大茴香	2,5,6	0.02	0.02	0.03	0.02	0.03	0.10	0.04	4.17	3.98	2.37	2.96
丙酸乙酯	水果，香蕉、苹果	2	—	—	—	—	—	—	—	1.17	4.09	1.23	0.96
异丁酸乙酯	香蕉，甜香，橡胶，水果	2,5	—	—	—	—	—	—	—	7.41	242.27	11.11	—
丁酸乙酯	苹果，菠萝、香蕉	2	0.33	2.40	1.84	2.38	3.17	2.85	3.91	23.43	109.42	29.59	20.21
2-甲基丁酸乙酯	苹果	2	—	—	—	—	—	—	—	14.19	141.20	6.10	2.67
异戊酸乙酯	花香，水果	1,2	—	—	—	—	—	—	—	—	16.71	—	—
乙酸异戊酯	香蕉	2	—	—	—	—	—	4.40	—	—	—	4.37	4.46
己酸乙酯	水果，青苹果、香蕉、类似红酒	2	7.93	6.84	6.85	6.86	6.88	6.92	6.85	8.60	20.50	7.97	7.51
β-蒎烯	木头，松脂，松树、松节油	3	0.01	0.07	0.61	1.09	0.67	0.99	2.11	0.03	0.09	0.24	0.29
柠檬烯	橙子，柠檬	2	0.61	0.62	0.80	0.92	0.78	0.86	1.28	0.63	0.65	0.68	0.69
里哪醇	花香、柑橘、甜香、类似葡萄，薰衣草	1,2	0.72	0.76	108.78	63.69	30.61	46.77	128.93	0.77	0.88	8.78	0.86
玫瑰醚	花香，类似荔枝，玫瑰	1,2	—	—	1.03	0.25	0.75	0.05	0.62	—	—	—	—
香茅醇	玫瑰	1	—	—	1.51	1.50	1.63	1.49	1.51	1.46	1.46	1.45	1.50
香叶醇	橙花，玫瑰、天竺葵	1	—	1.10	1.26	1.40	1.56	1.59	1.50	1.09	1.10	1.10	1.34
正戊醛	杏仁、麦芽、辛辣的，脂肪、清香	3,4,6	0.12	1.43	0.17	1.36	1.49	2.40	1.22	1.79	1.34	2.40	2.27
正己醛	鱼腥味，青草，动物脂油、脂肪	3,4	8.69	45.46	30.18	52.68	46.81	72.58	63.97	49.56	36.51	46.61	84.88
反式-2-己烯-1-醛	青草，绿叶	3	7.79	68.65	35.83	77.31	86.98	160.78	118.63	59.62	58.14	81.34	190.52
正庚醛	鱼干，柑橘类植物、脂肪、不新鲜的	3,4	1.63	1.69	1.68	1.70	1.69	1.74	1.75	1.73	2.05	1.74	1.84
苯乙醛	山楂花、蜂蜜、甜香，玫瑰	1,2	5.04	6.09	5.35	13.27	10.01	5.04	7.96	9.58	5.26	9.39	8.82
合　计			43.94	150.21	205.53	235.68	204.64	325.96	354.31	199.71	659.80	229.53	343.42

注：气味系列：1—花卉类；2—水果类；3—植物类；4—脂肪类；5—化学类；6—香料类；7—烘焙类；8—矿物类。

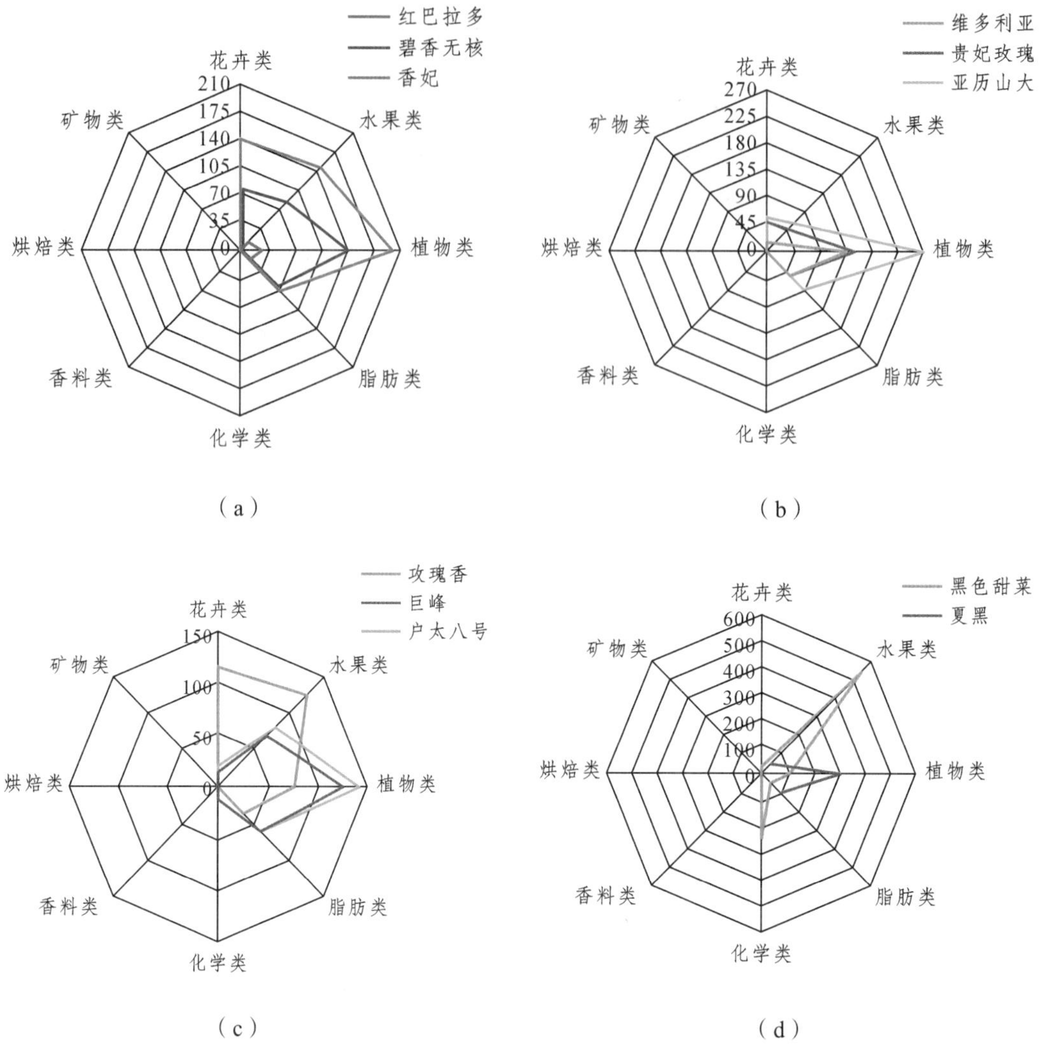

图 6-7　11 种葡萄果实的香气轮廓图[59]

6.2.1.4　百香果特征香气成分

百香果（*Passiflora caerulea* L.），别名西番莲，西番莲科西番莲属草质藤本植物，原产于南美洲，广植于我国广西、云南和福建等地[60]。果汁香气浓郁怡人，素有“果汁之王”的美誉。百香果果汁主要用于果汁加工、调配饮料，因其易与其他水果复配增加整体香气及口感，在国际饮料市场上占有重要地位。近年我国百香果种植业发展迅速，其深加工也日益受到重视。成熟的紫种百香果果皮中富含花色苷[61]，果汁色泽金黄、香气馥郁、酸甜可口，富含多酚、类胡萝卜素、VC 等活性成分[62]，有“果汁之王”的美称[63]，具有抗氧化[64]、抗炎[65]、降血压[66]、镇静止痛[67-68]等功效。

表 6-8 列出了百香果原果汁、果汁酒和全果酒中 OAV 大于 1 的特征香气成分，分别有 15、18 种和 19 种。原果汁中 OAV 最大的是芳樟醇（15473.65），其次是 β-紫罗酮（2714.29）、己酸乙酯（1945.93）、丁酸乙酯（1697.19）和橙花醇（1310.00），对原果汁中酸甜香、果香、花

香、柑橘香等香气轮廓的形成起到决定性作用。果汁酒中 OAV 最大的是芳樟醇（5837.62），其次是 β-紫罗酮（3902.86）、β-苯乙醇（3789.50）、己酸乙酯（2192.41）、辛酸乙酯（1984.67），是果汁酒中果香、甜香、花香等香气轮廓的重要组成部分。全果酒中 OAV 最大的是芳樟醇（6181.99），其次是 β-紫罗酮（3961.43）、辛酸乙酯（3635.33）、己酸乙酯（2356.78）、大马士酮（2155.00），对全果酒中茶香、果香、花香等香气轮廓的形成起重要作用。由此可见，芳樟醇、β-紫罗酮和己酸乙酯是对三者贡献最大的关键香气成分。

表 6-8　百香果酒发酵前后特征香气成分的 OAV 分析[69]

序号	香气成分	香气轮廓	阈值/μg·L^{-1}	OAV		
				原果汁	果汁酒	全果酒
1	乙酸	淡酸味	160 000		0.20^{a}	0.07^{b}
2	乙酸乙酯	酸甜味	32 600	0.99^{a}		
3	异戊醇	苹果香、辛味	179 000		2.33^{b}	2.46^{a}
4	丁酸乙酯	酸甜味、果香	81.5	1697.91^{c}	247.61^{b}	288.59^{a}
5	正己醇	嫩叶香、果香	537	35.34^{a}	25.47^{b}	20.50^{c}
6	顺-3-己烯-1-醇	草香、茶香	70		37.00^{a}	33.57^{b}
7	2-庚醇	草药味	1430	21.99^{a}	12.52^{b}	10.48^{c}
8	β-月桂烯	淡香味、柑橘香	100	160.30^{a}		86.40^{b}
9	己酸乙酯	果香、烘烤香	55.3	1945.93^{c}	2192.41^{b}	2356.78^{a}
10	乙酸己酯	果香、甜香	115	140.70^{a}		26.26^{b}
11	右旋萜二烯	柠檬香、薄荷香	34	445.59^{a}	428.53^{b}	232.94^{c}
12	苯甲醇	青草腥味	320		12.03^{b}	118.16^{a}
13	反式-β-罗勒烯	青草香	34	319.41^{a}	210.29^{b}	
14	正辛醇	果香、茶香	1100		11.62^{b}	11.79^{a}
15	萜品油烯	松木香	260	126.08^{a}		19.27^{b}
16	芳樟醇	木香、果香	16.32	15 473.65^{a}	5837.62^{c}	6181.99^{b}
17	β-苯乙醇	花香、果香	60		3789.50^{a}	1015.33^{b}
18	正壬醛	玫瑰花香	122		69.75^{a}	
19	萜品醇	花香	5000	1.22^{a}	0.88^{c}	0.99^{b}
20	辛酸乙酯	果香、甜香	15		1984.67^{b}	3635.33^{a}
21	香茅醇	玫瑰香	100		513.60^{b}	446.90^{a}
22	橙花醇	清香、柑橘香	10	1310.00^{a}		
23	乙酸苯乙酯	蜜香、玫瑰香	407		63.07^{a}	
24	香叶醇	甜酸味、果香	40	507.00^{a}		
25	大马士酮	茶香、果香	2	1025.00^{b}		2155.00^{a}
26	癸酸乙酯	菠萝香、花香	1122		1.24^{b}	2.13^{a}
27	β-紫罗酮	果香味、茶香	7	2714.29^{c}	3902.86^{b}	3961.43^{a}

注：不同字母表示差异显著（$P<0.05$）。

采用 GC-O-MS 对西番莲果汁进行检测，检测出带有明显香味的酯类有 14 种；酮类有 2 种；醛类 2 种；烯萜类 3 种；醇类 1 种；其他 2 种。醛类带有一定的硫化气味，虽热带水果大多带有硫化气味，若增加量大，则整体香味偏离了西番莲果汁原有气味。通过 GC-O 可以利用嗅觉清楚地感知香味以及大致的强度，使得我们直观感受到西番莲果汁中香气成分的组成和成分对香气的贡献。从表 6-9 可以看出 *β*-紫罗兰酮的香气强度很高，其含量可直接影响到西番莲果汁的整体香气。同时己酸叶醇酯、乙酸叶醇酯、己酸乙酯、丁酸乙酯也拥有较高的气味强度，对整体香气有着重要的贡献。

表 6-9 GC-O-MS 条件下西番莲果汁的香味物质[69]

序号	保留指数（RI）		鉴定方式	化合物	气味描述	气味强度
	真实值	参考值				
1	803	805	MS，RI	乙酸乙酯	清灵、微带果香的酒香	2
2	1039	1044	MS，RI	丁酸乙酯	甜果香	5
3	1149	1150	MS，RI	*β*-月桂烯	清淡的香脂	2
4	1178	1175	MS，RI	柠檬烯	类似柠檬的香味	1
5	1243	1249	MS，RI	罗勒烯	草、花香并伴有橙花油	1
6	1230	1232	MS，RI	己酸乙酯	曲香、菠萝香型	5
7	1257	1255	MS，RI	乙酸仲丁酯	有水果香味	4
8	1270	1275	MS，RI	乙酸己酯	果香	5
9	1315	1313	MS，RI	乙酸叶醇酯	强烈的香蕉香气息	5
10	1460	1459	MS，RI	丁酸叶醇酯	水果香和清香香气	4
11	1394	—	MS	1-甲基丁酸己酯	甜果香味	3
12	1547	1546	MS，RI	芳樟醇	铃兰香气	5
13	1413	1410	MS，RI	丁酸己酯	甜果香味	4
14	1476	1477	MS，RI	辛酸乙酯	白兰地酒香味	2
15	1470	1469	MS，RI	丁酸辛酯	具有甜瓜样的味道	1
16	1556	1557	MS，RI	糠醛	有苦杏仁的味道	3
17	1620	1620	MS，RI	5-甲基呋喃醛	有硫化的气味	2
18	1657	1665	MS，RI	己酸叶醇酯	强烈的青香、果香	5
19	1610	—	MS	己酸己酯	呈嫩荚青刀豆香气和生水果香味	4
20	1711	1702	MS，RI	己酸异丁酯	带玫瑰香的薄荷油香味	4
21	1834	1833	MS，RI	衣康酸酐	有特殊气味	5
22	1944	1942	MS，RI	*β*-紫罗兰酮	特殊花香味	5
23	2045	2043	MS，RI	2,3-二氢-3,5 二羟基-6-甲基-4(*H*)-吡喃-4-酮	焦甜和融熔黄油的香味	4
24	2145	—	MS，RI	5-羟甲基糠醛	有苯醛气味	3

6.2.1.5 菠萝蜜特征香气成分

菠萝蜜（*Artocarpus heterophyllus* Lam.）属桑科波罗蜜属常绿乔木，又称木菠萝、树菠萝，是世界上质量最大的水果，一般质量为 5~20 kg，最大的超过 50 kg，果肉肥厚、柔软，清甜可口，香味浓郁，因此被誉为“热带水果皇后”。菠萝蜜果实的风味主要包括口感和嗅觉，Adela[70]研究发现，可以通过保持最优的风味和营养品质来使食用品质达到最优，风味品质是否突出是消费者接受与否的关键因素。果品的风味由糖酸和各种香气物质组成，而香气又是菠萝蜜果实风味的重要组成部分[71]，是菠萝蜜果实品质分析、储藏保鲜方面重要的评判指标。Swords等[72]在菠萝蜜果实蒸馏液中检测出了 20 种化合物。Rasmussen[73]在菠萝蜜中检测到 21 种化合物。Wong 等[74]分析马来西亚菠萝蜜果实的蒸馏提取物，分析出 45 种挥发性成分，其中酯类物质所占比例很高（31.9%），为菠萝蜜果实的主要香气成分。Maia 等[75]使用水-戊烷体系对菠萝蜜果肉进行同时蒸馏-萃取，鉴定出 39 种挥发性成分，以酯类为主。Ong 等[76]使用二氯甲烷抽提法，从“J3”菠萝蜜果实中鉴定出 23 种香味物质。郭飞燕等[77]以海南菠萝蜜果肉为材料，分别采用乙醚浸提法、水蒸气蒸馏法、吸附法对其挥发油进行提取，并用 GC-MS 技术对 3 种方法所提取的挥发油成分进行分析，分别分离出 38、22、14 种组分。纳智[78]使用乙醚抽提法从菠萝蜜果实中鉴定出 82 种成分，以肪酸类、醇类、醛类、烷氧基烷烃类和酯类物质为主。李洪波等[79]运用顶空固相微萃取-气相色谱-质谱联用法对菠萝蜜果实中的香气成分进行鉴定，共鉴定出 66 种香气物质，其中醇类 3 种、醛类 6 种、烯类 2 种、萜类 1 种、烷类 1 种、酯类 53 种。贺书珍等[80]运用同样方法测定不同成熟阶段菠萝蜜果实中的香气成分，鉴定出 51 种香气物质，其中酯类 21 种。可见，菠萝蜜果实香气属于酯香型，其中酯类物质是菠萝蜜香气物质的主要组成部分。

图 6-8 从香气物质含量方面对菠萝蜜的品系进行分类，9 个菠萝蜜品系中酯类物质含量均最高，并且所含物质中最多的几种物质也都是酯类，由此可推断出，酯类物质应该是决定菠萝蜜香气的主要物质。在 9 个品系中，“305”“湿苞”“28 号”“45 号”“四季”5 个品系的酯类物质都超过了 40 种。酯类物质最少的为“红肉 327”，只有 30 种，但是该品系的醇类物质、醛类物质、烃类物质和其他类物质在 9 个品系中最多。由以上可知，异戊酸异戊酯、辛酸异戊酯、异戊酸丙酯、异戊酸戊酯、异戊酸丁酯、异戊酸甲酯、乙酸丁酯、异戊酸异丁酯、苯丙醛、异戊醇、异戊酸乙酯、乙酸异戊酯等物质在 9 个品系中含量较高，因此这 12 种物质是构成菠萝蜜的香气的主要成分，其中辛酸异戊酯是“92 号”品系特有的香气成分。

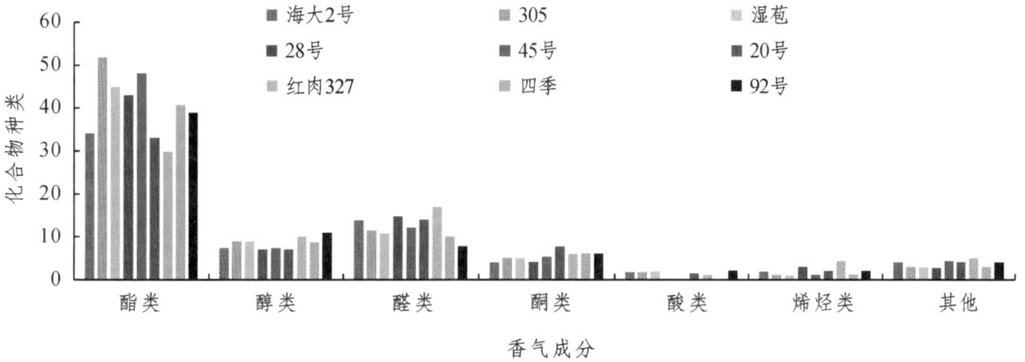

图 6-8 9 个品系菠萝蜜香气成分比较[81]

由表 6-10 可知，各品系的特征香气成分和香气值存在一定的差异。“海大 2 号”的特征香气成分为异戊醛、异戊酸乙酯、异戊醇、异戊酸、苯乙醇；“305”的特征香气成分为 2-甲基丁酸乙酯、异戊酸乙酯、异戊醇、异戊酸；“湿苞”品系的特征香气成分为 2-甲基丁酸乙酯、乙酸异戊酯、异戊酸乙酯、异戊醇、异戊酸；“28 号”的特征香气成分为异戊酸乙酯和异戊醇；“45 号”的特征香气成分为乙酸异戊酯、异戊酸乙酯、异戊醇；“20 号”的特征香气成分为异戊醛、异戊醇、异戊酸；“红肉 327”的特征香气成分为异戊醛、乙酸异戊酯、异戊酸乙酯、异戊醇、苯乙醇；“四季”的特征香气成分为异戊醇；“92 号”的特征香气成分为异戊醛、(*Z*)-2-癸烯醛、异戊醇、苯乙醇、异戊酸。

表 6-10　菠萝蜜果实特征香气成分 OAV 分析

香气成分	香气阈值 /μg·kg^{-1}	香气值								
		海大 2 号	305	湿苞	28 号	45 号	20 号	红肉 327	四季	92 号
2-甲基丁酸乙酯	0.1000	—	2.55	2.90	—	—	—	—	—	—
异戊醛	0.2000	3.88	0.48	0.20	0.49	0.76	3.61	3.56	0.22	6.51
乙酸异戊酯	2.0000	—	0.24	1.03	0.01	1.09	0.37	1.26	0.29	0.56
异戊酸乙酯	3.0000	1.04	4.95	4.43	2.57	1.32	0.02	1.24	0.36	0.58
(*Z*)-2-癸烯醛	0.0700	0.87	—	—	0.89	0.94	0.53	0.59	—	1.51
异戊醇	0.0003	7803.33	5363.33	4576.66	3326.66	2336.60	2873.30	6 040.0	5613.00	7190.00
异戊酸	0.0003	1233.33	210.00	293.33	—	—	383.33	—	—	136.60
苯乙醇	0.0100	14.20	—	—	—	—	—	2.40	—	9.40

综上，9 个菠萝蜜品系的香气成分差异较大，但是 9 个品系的重要香气成分都是以酯类物质为主，酯类占总量的一半以上，因此酯类物质构成了菠萝蜜的风味骨架。通过聚类分析，“92 号”品系与其他 8 个品系的香气成分差异较大，其他 8 个品系聚为一类。经过 OAV 值法分析，品系不同，其特征香气也不同，异戊醇是 9 个品系都含有的特征香气物质。

6.2.1.6　香蕉特征香气成分

香蕉是当前世界贸易中最重要的热带果品之一，在 130 多个国家和地区广泛种植[82]，年产量达 1.55 亿吨（FAO，2020），中国是香蕉种植的主产国之一，近 20 年来中国的香蕉产业不断开发新品种[83]，成为南亚热带地区最大宗水果，产量仅次于苹果、柑橘、梨。香蕉在后熟过程中会释放大量令人愉悦的芳香挥发性物质，目前关于香蕉挥发性成分的研究较多地集中在后熟阶段香气成分的变化及不同品种香蕉的比较分析[84-86]。

采用 GC-MS 检测和分析了香蕉不同成熟时期果实的挥发性成分，如图 6-9（a）所示，在绿熟期检测出 12 种挥发性物质，在黄熟时期检测出 21 种挥发性物质，在过熟期检测出 28 种挥发性物质。由图 6-9（b）可看出，从绿熟期到黄熟期的转变，大部分醛类挥发性物质的相对含量在这个过程中显著下降（$P<0.05$）；从黄熟期开始果实成熟，酯类挥发性物质相对含量显著增加（$P<0.05$），“桂蕉 1 号”果实黄熟期和过熟期酯类挥发性物质相对含量分别为 40.5% 和 59.9%。

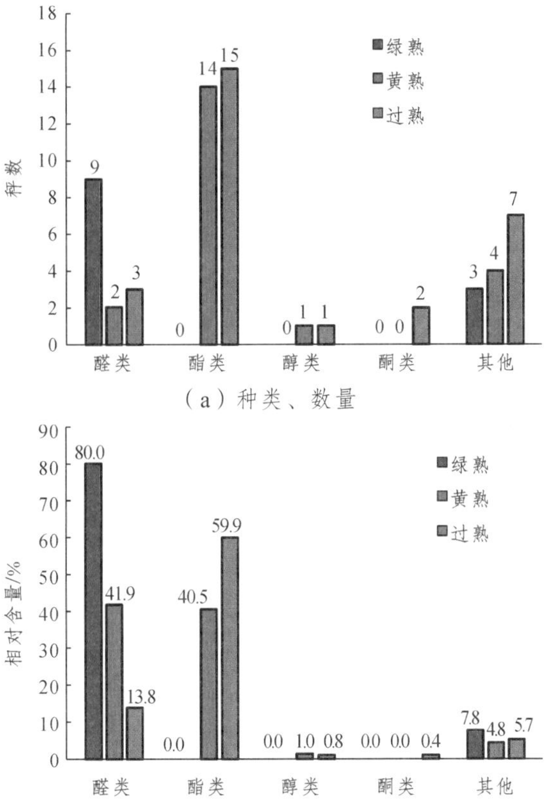

（a）种类、数量

（b）含量

图 6-9 “桂蕉 1 号”不同成熟时期果实挥发性成分的变化[87]

“桂蕉 1 号”不同成熟时期的果实挥发性成分相对含量大于 1%的物质共检出 24 种（表 6-11），主要包括酯类（11 种）、醛类（7 种）和其他挥发性物质（6 种），其中酯类挥发性物质种类最多。在果实不同成熟时期，各组分的种类和相对含量产生较大的变化。由表 6-11 可知，绿熟期果实主要挥发性物质有 9 种，为己醛、反式-2-己烯醛、2-正戊基呋喃、3-乙基-2-甲基-1,3-己二烯、苯乙醛、反-2-辛烯醛、反-2-,顺-6-壬二烯醛、反式-2-壬醛、反式-2,4-癸二烯醛。这 9 种挥发性物质占绿熟期挥发性物质相对含量的 86.57%，主要是醛类化合物；其中含量较高的有反式-2-壬醛（49.74%）和反式-2-,顺-6-壬二烯醛（18.04%），这两种挥发性物质为“桂蕉 1 号”绿熟期特征香气物质。

表 6-11 “桂蕉 1 号”果实不同成熟时期的主要挥发性成分[87]

保留时间/min	挥发性组分	分子式	相对含量/%		
			绿熟期	黄熟期	过熟期
2.04	乙酸异丁酯	$C_6H_{12}O_2$	—	—	4.46±0.12
3.36	己醛	$C_6H_{12}O$	2.57±0.08	10.36±1.01	1.42±0.05
3.35	乙酸丁酯	$C_6H_{12}O_2$	—	—	1.26±0.05
5.20	反式-2-己烯醛	$C_6H_{10}O$	2.61±0.09	31.56±1.01	12.31±0.25
6.15	乙酸异戊酯	$C_7H_{14}O_2$	—	7.80±0.12	21.57±0.15

续表

保留时间/min	挥发性组分	分子式	相对含量/%		
			绿熟期	黄熟期	过熟期
9.25	丁酸异丁酯	$C_8H_{16}O_2$	—	1.43±0.05	2.93±0.07
10.65	2-正戊基呋喃	$C_9H_{14}O$	6.18±0.12	—	—
10.97	丁酸丁酯	$C_8H_{16}O_2$	—	4.79±0.20	3.29±0.03
11.73	乙酸己酯	$C_8H_{16}O_2$	—	3.39±0.07	5.42±0.12
12.20	丁酸 2-戊酯	$C_9H_{18}O_2$	—	2.56±0.05	2.87±0.12
12.25	3-乙基-2-甲基-1,3-己二烯	C_9H_{16}	1.51±0.02	—	—
12.88	苯乙醛	C_8H_8O	1.52±0.02	—	—
13.40	丁酸异戊酯	$C_9H_{18}O_2$	—	—	13.25±0.39
13.54	反-2-辛烯醛	$C_8H_{14}O$	2.77±0.05	—	—
13.62	异丁酸异戊酯	$C_9H_{18}O_2$	—	13.91±0.41	—
15.50	异戊酸异戊酯	$C_{10}H_{20}O_2$	—	—	2.64±0.08
17.50	反-2-,顺-6-壬二烯醛	$C_9H_{14}O$	18.04±0.59	—	—
17.77	反式-2-壬醛	$C_9H_{16}O$	49.74±0.65	—	—
19.20	丁酸己酯	$C_{10}H_{20}O_2$	—	3.17±0.12	—
19.46	乙烯基环己烷	C_8H_{14}	—	2.79±0.04	—
19.83	环辛烯	C_8H_{14}	—	—	1.30±0.20
23.20	反式-2,4-癸二烯醛	$C_{10}H_{16}O$	1.62±0.03	—	—
25.55	2-甲氧基-5-丙-2-烯基苯酚	$C_{10}H_{12}O_2$	—	—	1.27±0.15
26.91	环己烷,1-丁烯基	$C_{10}H_{16}$	—	—	1.26±0.13

黄熟期果实主要挥发性物质有 10 种，分别为己醛、乙酸丁酯、反式-2-己烯醛、乙酸异戊酯、丁酸丁酯、丁酸异丁酯、乙酸己酯、丁酸 2-戊酯、异丁酸异戊酯、丁酸己酯、乙烯基环己烷，占黄熟阶段总挥发性物质相对含量的 81.76%；其中相对含量较高的有反式-2-己烯醛（31.56%）、异丁酸异戊酯（13.91%）、己醛（10.36%）和乙酸异戊酯（7.80%），这几种挥发性组分构成了黄熟时期的特征性化合物。该时期相对于绿熟期，作为一个较为重要的转折点，在该时期除正己醛、反式-2-己烯醛的相对含量逐渐增多外，其他醛类挥发性物质及 2-正戊基呋喃在该时期未被检出或者相对含量小于 1%，其中以绿熟期相对含量最高的反式-2-壬醛的变化最为明显。此外，在该时期部分酯类化合物在该时期被检测出，但总的酯类挥发性物质的相对含量仍低于该时期醛类挥发性物质的相对含量，说明该时期“桂蕉 1 号”果实的果皮虽然已经全部褪绿转黄，但该时期果实香气品质仍未达到最佳食用期，这时期仍是醛类挥发性物质为特征挥发性组分，果实香味较淡，但可作为香蕉最佳的商品期。

过熟期主要挥发性物质有 14 种，主要有乙酸异戊酯（21.57%）、丁酸异戊酯（13.25%）、反式-2-己烯醛（12.31%）、乙酸己酯（5.42%）和乙酸异丁酯（4.46%）。该时期主要为酯类化合物（57.69%），而相对含量大于 1%的醛类物质只有己醛和反式-2-己烯醛。该时期总的酯类挥发性物质相对含量和种类远大于醛类物质，综合该时期挥发性物质的相对含量，可将乙酸异戊酯、丁酸异戊酯、反式-2-己烯醛、乙酸己酯和乙酸异丁酯视为过熟时期的特征香气成分。

6.2.1.7 无花果特征香气成分

无花果（*Ficus carica* L.）是桑科榕属植物，原产阿拉伯地区南部，是人类栽培历史上最为古老的果树之一。无花果大约在唐代传入我国，至今有 1300 余年。目前除青海、西藏和东北外，我国其他地区均有无花果分布。虽然分布面广，但大多零星分布。国内的分布主要地区为江苏、广西、新疆、山东等地，属目前国内栽培面积最小的果树种类之一，而且其新鲜果实极易腐败，故目前大量无花果被加工为易于保存的粒、粉、干、糕等[88]。无花果含有丰富的矿物质、维生素、必需氨基酸、糖和有机酸等[89]。文献报道无花果干有抗代谢疾病[90]、降血脂[91]、止痉挛[92]、抗病毒[93]、抗菌[94]、抗炎症[95]、抗氧化[96]、治疗白癜风[97]等功效，被誉为“21 世纪人类健康的守护神”，因而无花果在医药、食品、保健品、化妆品等领域有很大的应用价值。

采用溶剂辅助蒸发（SAFE）、顶空固相微萃取（SPME）和同时蒸馏萃取（SDE）三种方法对无花果干香气进行提取，通过 GC-O 和 GC-MS 分析提取的挥发性化合物总共鉴定出 75 种香气化合物，包括 15 种醛，15 种醇，12 种酯，7 种酸，5 种萜烯，4 种酮，以及 17 种其他类型化合物。其中，香气化合物（OAV≥1）有 41 种主要香气化合物；香气化合物（OAV≥10）有 34 种主要香气化合物，其中壬醛、苯乙醛、芳樟醇、γ-壬内酯、苯甲酸苄酯、月桂烯、丁香酚、2-甲氧基-4-乙烯基苯酚和香兰素是无花果干中最重要的香气化合物，并且这些香气化合物的 OAV 值超过 1000。

一些具有较高 OAV 的香气化合物也具有较高的风味稀释度（FD）因子。从表 6-12 可知，无花果干中壬醛的 OAV 最高，FD 因子最高，为 2187。壬醛由于低阈值（0.0011 μg/kg）导致其 OAV 值最高。因此，壬醛被认为是无花果干香气的最重要贡献者。此外，己醛，苯乙醛，芳樟醇，γ-壬内酯，苯甲酸苄酯，月桂烯和香兰素的 FD 因子和 OAV 中均有较高的值，这表明这两种方法之间存在很大的相关性。但是，也有一些例外：在无花果干中丁香酚和 2-甲氧基-4-乙烯基苯酚的 OAV 较高，但 FD 因子较低；而苯甲醛，己醇和愈创木酚的 FD 因子较高，但 OAV 较低，这样的差异可能与基质有关[98]。

表 6-12　无花果干中挥发性化合物的阈值和 OAV[99]

序号	化合物	阈值/$\mu g \cdot kg^{-1}$	OAV
1	己醛	0.0615	1183
3	庚醛	0.028	353
5	壬醛	0.0011	503 109
6	呋喃醛	9.562	1
7	(*E*,*E*)-2-3-庚二烯醛	10	<1
8	苯甲醛	0.750 89	98
10	5-甲基呋喃醛	1.11	1
11	苯乙醛	0.004	2108

续表

序号	化合物	阈值/$\mu g \cdot kg^{-1}$	OAV
13	2-甲酰基吡咯	65	<1
14	(*E*)-肉桂醛	6	15
15	肉桂醛	0.75	110
18	戊醇	0.1502	27
19	己醇	0.0056	45
21	2-乙基-1-己醇	1.63	3
22	2,3-丁二醇	100	<1
23	芳樟醇	0.000 22	147 818
24	*α*-松油醇	1.2	<1
27	苯甲醇	2.546 21	201
28	苯乙醇	0.564 23	21
29	3-苯基-1-丙醇	0.42	<1
30	肉桂醇	0.077	7
32	丁酮	30	464
33	苯乙酮	0.0063	244
35	*γ*-丁内酯	2	224
36	*γ*-己内酯	0.26	4
37	乙酸苄酯	0.364	19
38	水杨酸甲酯	0.04	71
39	*γ*-壬内酯	0.0097	5004
41	棕榈酸甲酯	2	119
42	棕榈酸乙酯	2	150
46	苯甲酸苄酯	0.341	4256
47	月桂烯	0.0012	3253
48	苯乙烯	0.065	461
52	乙酸	99	<1
53	己酸	0.89	121
54	庚酸	0.91	27
55	辛酸	3	70
56	壬酸	8.8	36
57	苯甲酸	1	302
60	2,5-二甲基吡嗪	1.75	2
61	2,6-二甲基吡嗪	0.718	<1
62	2-甲基-6-乙基吡嗪	0.04	3
66	愈创木酚	0.0015	87

续表

序号	化合物	阈值/μg·kg⁻¹	OAV
67	2-甲氧基-4-甲基苯酚	1.485	166
68	2-乙酰基吡咯	58.585 25	<1
69	苯酚	58.585 25	<1
70	丁香酚	0.0025	380 704
72	2-甲氧基-4-乙基苯酚	0.03	16 913
73	2,4-二叔丁基苯酚	0.5	406
75	香兰素	0.053	7586

将 OAV≥10 的香气化合物进行香气缺失和重组从而确定新疆无花果干的关键香气物质，鉴定出 22 种无花果干特征香气化合，推断：己醛，庚醛，壬醛，苯乙醛，芳樟醇，苯甲醇，3-羟基-2-丁酮，苯乙酮，γ-丁内酯，γ-壬内酯，棕榈酸甲酯，棕榈酸乙酯，苯甲酸苄酯，月桂烯，苯乙烯，己酸，苯甲酸，愈创木酚，2-甲氧基-4-甲基苯酚，丁香酚，2-甲氧基-4-乙烯基苯酚和香兰素是无花果干的主要香气化合物。

6.2.1.8 灯笼果特征香气成分

灯笼果（*Physalis peruviana*），是茄科酸浆属多年生草本植物。灯笼果酸甜适中，其含有丰富的营养物质[100]。灯笼果中既富含维生素 C，也含有大量的胡萝卜素，每 100 g 鲜果含 55 mg 维生素 C[101]。同时，灯笼果还是一种全草药用植物，富含不饱和脂肪酸，其中亚油酸含量最高（72.42%），其次是油酸[102]，可广泛用于预防和治疗癌症和白血病，还有治疗脑血栓、动脉粥样硬化，降血压和降血脂等功效[103-104]。目前，灯笼果的药用价值[105]和果实营养价值的报道文献较多。对灯笼果的深加工，多集中于罐头、果汁等食品类产品的工艺研究。

灯笼果果汁和果酒的香气物质种类及相对含量差异较大（表 6-13）。灯笼果果汁中共检测出 22 种香气物质，其中：6 种醇类，占总检出香气物质含量的 7.27%；酯类物质 3 种，占 6.35%；酸类物质 3 种，占 57.96%；烃类物质 4 种，占 14.21 %；其他类物质 6 种，占 14.21%。灯笼果的香气成分中亚油酸（56.95%）和苯乙烯（12.62%）为主要的特征香气成分，且酸类物质是主要的香气来源，含量最高。醇类物质中如芳樟醇（萜烯醇类）、薄荷醇和叔戊醇虽含量不高，分别占总香气物质含量的 0.67%、0.89%和 0.36%，但它们具有特征性，也是灯笼果果酒的典型香气物质，其中芳樟醇是一种香气强度很高的物质[107]。另外，丁香酚也是灯笼果的特征香气物质之一，其感官阈值很低[108]，在其他水果中很少见。灯笼果果酒中共检测出 37 种香气物质，其中：7 种醇类和 2 种萜烯醇类物质，占总检出香气物质含量的 52.94%；酯类物质 15 种，占 39.87%；酸类物质 2 种，占 1.4%；烃类物质 5 种，占 2.95%；其他类物质 6 种，占 2.84%。灯笼果果酒中醇类和酯类物质为主要的香气物质成分，占总香气物质含量的 92.87%，其他物质含量较低。在醇类物质中苯乙醇（44.42%）和异戊醇（4.80%），为醇类中的主体香气物质；酯类中琥珀酸二乙酯（10.21%）、苹果酸乙酯（5.68%）、3-羟基己酸乙酯（5.5%）为主要的酯类香气物质。

表 6-13　灯笼果果汁及果酒中香气物质组成及含量[106]

序号	化合物名称	占总香气物质的比例/%		香气描述	香气系列
		灯笼果果汁	灯笼果果酒		
1	叔戊醇	0.36	ND	类似樟脑气味，焦灼味	3
2	3-吡啶甲醇	2.24	ND	微有酒香	6
3	2-丁基-1-辛醇	0.18	ND	果香	2
4	芳樟醇	0.67	0.37	具有铃兰香气，果香	1,2
5	薄荷醇	1.89	ND	有薄荷香气	3
6	异戊醇	ND	4.80	果香，草香和油脂香	2,3,4
7	2-甲基-1-丁醇	ND	1.86	果香，草香和油脂香	2,3,4
8	5-甲氧基-1-戊醇	ND	0.02	酒香	6
9	2-十三醇	ND	0.02	酒香	6
10	己基癸醇	ND	0.46	油脂香和酒香	4,6
11	月桂醇	ND	0.11	油脂香	4
12	苯乙醇	ND	44.42	花香和芳香	1,5
13	α-萜品醇	ND	0.88	花香和草香	1,3
14	1-二十七醇	1.93	ND	酒香	6
15	正己酸乙酯	0.36	0.33	果香	2
16	戊二酸二(2-甲基丙)酯	3.61	ND	果香	2
17	L(−)-乳酸乙酯	ND	2.43	酒香和果香	2,6
18	3-羟基己酸乙酯	ND	5.50	酒香和果香	2,6
19	苹果酸乙酯	ND	5.68	果香	2
20	丙位癸内酯	ND	1.06	果香	2
21	苯乙酸-2-丙烯酯	ND	0.76	果香和芳香	2,5
22	肉桂酸乙酯	ND	0.44	果香、花香和油脂香	1,2,4
23	丁二酸二异丁酯	ND	0.86	油脂香	4
24	己二酸二异丁酯	ND	0.62	N	
25	棕榈酸甲酯	ND	1.69	植物和草香	3
26	十六酸乙烯酯	ND	0.78	果香	2
27	硬脂酸甲酯	ND	0.65	油脂香	4
28	己二酸二(2-乙基己)酯	ND	8.64	果香和油脂香	2,4
29	苯甲酸乙酯	ND	0.28	花香、酯香、果香	1,2
30	琥珀酸二乙酯	ND	10.21	果香	2
31	琥珀酸丁丙烷基酯	2.38	ND	果香	2
32	2-甲基-1-己烯	0.74	ND	N	
33	4-甲基-1-己烯	0.49	ND	果香	2
34	1,1-二环戊烯	ND	0.02	果香	2
35	十七烯	ND	0.72	果香	2
36	4-氨基二苯乙烯	ND	0.41	芳香	5
37	1-十九烯	ND	0.73	N	

续表

序号	化合物名称	占总香气物质的比例/%		香气描述	香气系列
		灯笼果果汁	灯笼果果酒		
38	苯乙烯	12.62	1.07	芳香和果香	2,5
39	2,4,6-三甲基苯乙烯	0.36	ND	芳香	5
40	3-巯基苯甲酸	ND	0.57	芳香	5
41	正辛酸	ND	0.83	草香、果香、花香和酒香	1,2,3,6
42	4-甲硫基苯甲酸	0.92	ND	芳香	5
43	亚油酸	56.95	ND	油脂香	4
44	油酸	0.09	ND	有猪油的油脂气味	4
45	4-氨基尿嘧啶	4.85	ND	植物香	3
46	4-氯苯并呋喃	1.44	ND	N	
47	壬醛	0.47	0.15	果香、花香和油脂香	1,2,4
48	萘	3.14	ND	植物草香和芳香	3,5
49	2-甲基萘	3.55	ND	植物香和芳香	3,5
50	丁香酚	0.76	0.46	花香、焦味和草香	1,3
51	二乙醇缩乙醛	ND	1.64	芳香	5
52	*N*-乙基丙酰胺	ND	0.13	N	
53	乙苯	ND	0.23	芳香	5
54	大茴香醛	ND	0.23	果香、花香、草香	1,2,3
总数		22	37		

注：香气系列：1—花香；2—果香；3—草香；4—油脂香；5—芳香；6—酒香。

由图 6-10 可知，灯笼果果汁中主要的香气物质，如羧酸类和烯烃类，经发酵后含量大幅减少。而灯笼果果酒中醇类、酯类物质含量明显较高，特别是酯类物质，不仅含量增加，而且种类也明显增多，这显然是酵母菌发酵和酸醇化合产生酯的结果。

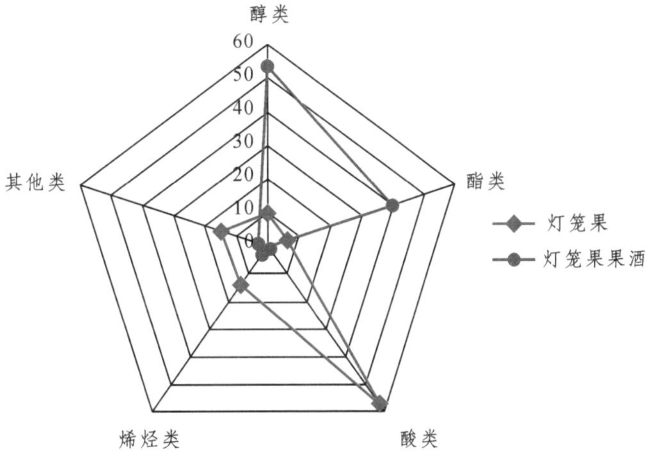

图 6-10　灯笼果及其果酒中香气类型分布[106]

6.2.1.9 火龙果特征香气成分

火龙果（*Hylocereus* spp.）又名仙人果、吉祥果、红龙果、青龙果等，为仙人掌科三角柱属的果用栽培品种，原产于中美、南美[109]，依据特征果皮与果肉的颜色可分为红皮白肉火龙果（Hylocereus undatus）、黄皮白肉火龙果（Hylocereus megalanthus）、红皮红肉火龙果（Hylocereus costaricensis）3 种。火龙果含有丰富的糖、有机酸、氨基酸、维生素、膳食纤维，有清热解毒、降血压等生理功能，具有很高的食用价值。白心火龙果中维生素 C 的含量比红心火龙果中维生素 C 的含量低，但是红心火龙果比白心火龙果不耐储藏，可能是由于红心火龙果比白心火龙果的果皮较厚，含水量较多，容易累积细菌和真菌，也有可能是两种果实携带的病原菌种类不同[110-111]。白心火龙果在储藏过程中维生素 C、可溶性固体物、有机酸和可溶性糖的含量均会下降[112]，而对于红心火龙果和白心火龙果中的具体物质还没有深入的研究。国内外对于火龙果的研究大多数是集中于火龙果的栽培、生物学特性、储藏保鲜等方面，对于火龙果中的营养成分特别是活性成分的提取研究较少。

GC-MS 检测出火龙果汁的挥发性香气物质主要是一些具有水果及生青气味的物质（表 6-14），其中包括 5 种酯类，17 种醇类，13 种醛酮类，2 种酸类，4 种烷烃类及其他 3 种化合物；红心火龙果果酒中香气物质主要包括酯类 52 种，醇类 32 种，醛酮类 10 种，酸类 8 种，烷烃类 7 种及其他 9 种物质；由此可见，在果酒发酵过程中产生了大量的酯类、醇类酸类化合物，使得果酒香气浓郁酒体丰满。

从表 6-15 可知，在红心火龙果汁中，正己醛（生青水果）及苯乙醇（花香、玫瑰、蜂蜜）对香气的贡献程度较大（OAV > 100），虽然 2 种化合物在火龙果汁中含量并不是很高，但是由于其阈值较低，使得最终 OAV 值较大，所以这 2 种化合物对火龙果汁的香气具有较大的贡献；其次具有较大贡献的是乙酸异戊酯（OAV > 10），会给火龙果带来类似水果香味；正己醇（青水果）、叶醇（草青味甜瓜外皮）、糠醛（甜香）这 3 种化合物对火龙果的香气也有一定的贡献作用（OAV > 1）；正己醛及正己醇是火龙果的特征香气已有文献报道[114-115]。

表 6-14 GC-MS 分析鉴定红心火龙果汁和红心火龙果果酒中主要挥发性香气物质[113]

类别	化学物质	物质相对含量/μg · L^{-1}				物质香气描述
		火龙果汁	自制火龙果果酒	市售火龙果果酒 1	市售火龙果果酒 2	
酯类	乙酸乙酯	0.88	491.49	1338.55	1947.85	水果、溶剂
	2-甲基丙酸乙酯	NA	3.39	4.03	5.63	水果
	乙酸异丁酯	NA	0.78	100.36	22.90	水果、甜水果
	丁酸乙酯	NA	1.52	0.91	3.71	多汁水果、白兰地
	乙酸异戊酯	NA	18.07	13.11	6.55	香蕉
	己酸乙酯	NA	30.53	12.05	9.34	果香、大茴香
	乙酸己酯	NA	NA	38.24	6.01	水果、青苹果
	庚酸乙酯	NA	NA	47.48	11.22	果香、白兰地
	L-乳酸乙酯	NA	0.87	NA	NA	果香
	辛酸乙酯	NA	508.06	107.54	32.67	水果、白兰地

续表

类别	化学物质	物质相对含量/μg·L^{-1}				物质香气描述
		火龙果汁	自制火龙果果酒	市售火龙果果酒1	市售火龙果果酒2	
酯类	己酸异戊酯	NA	519.14	146.82	110.92	果香
	癸酸乙酯	NA	46.36	NA	NA	苹果、葡萄、白兰地
	辛酸异戊酯	NA	2.31	4.33	2.19	水果
	丁二酸二乙酯	NA	NA	71.34	747.40	果香、甜香
	癸酸异丁酯	NA	1.32	NA	NA	白兰地
	苯乙酸乙酯	NA	NA	2.08	0.64	花香、蜂蜜、玫瑰
	琥珀酸二乙酯	1.26	1.73	NA	NA	果香、煮熟的苹果
	乙酸苯乙酯	3.16	3.55	NA	NA	花香、玫瑰、甜水果
	月桂酸乙酯	NA	NA	2.38	NA	甜花、肥皂水
	十四酸乙酯	NA	645.52	171.14	63.35	紫罗兰、鸢尾
	棕榈酸乙酯	2.01	NA	1.70	NA	果香、奶油
醇类	异丁醇	NA	2.85	NA	3.16	麦芽
	正丁醇	NA	NA	9.91	NA	杂醇、甜香醋、威士忌
	1-戊烯-3-醇	NA	NA	22.56	85.84	生青、绿色蔬菜
	异戊醇	NA	1.31	NA	NA	杂醇、酒精
	异戊烯醇	NA	NA	4.80	6.58	生青、薰衣草
	正己醇	NA	NA	13.06	5.99	青水果
	cis-2-己烯-1-醇	NA	NA	2.51	5.95	生青
	叶醇	NA	NA	0.98	NA	生青
	trans-2-己烯-1-醇	NA	NA	2.30	2.47	青水果
	1-辛烯-3-醇	NA	264.68	11.83	7.42	泥土、蘑菇、生鸡肉
	2-乙基己醇	NA	NA	19.66	2.89	柑橘
	薰衣草醇	NA	10.79	NA	NA	草本
	α-松油醇	NA	NA	3.58	2.90	松油、紫丁香、木本
	香叶醇	NA	NA	1032.60	1309.77	甜蜜花香、水果
	(R)-(+)-β-香茅醇	NA	0.65	NA	NA	花香
	橙花醇	NA	NA	2.14	NA	橙花柑橘玉兰
	苯乙醇	NA	NA	78.49	53.49	花香、玫瑰、蜂蜜
醛、酮类	乙醛	NA	NA	13.78	6.40	辛辣、水果味
	正己醛	NA	4.88	NA	NA	生青
	2-己烯醛	NA	169.36	40.96	26.60	生青

续表

类别	化学物质	物质相对含量/μg·L^{-1}				物质香气描述
		火龙果汁	自制火龙果果酒	市售火龙果果酒1	市售火龙果果酒2	
醛、酮类	(*Z*)-2-庚烯醛	NA	65.41	2.85	3.92	生青
	3-糠醛	NA	NA	NA	4.84	甜香、烘烤
	3-羟基-2-丁酮	NA	NA	NA	2.95	黄油、奶油
酸类	乙酸	1.47	3.39	46.36	42.12	尖锐的醋酸
	正己酸	NA	NA	6.12	NA	汗味、金属味
	辛酸	NA	15.26	NA	5.34	油腻气息
	正癸酸	NA	NA	5.49	6.71	腐臭酸味
烷烃类	六甲基环三硅氧烷	NA	NA	1.13	NA	
	八甲基环四硅氧烷	NA	NA	3.12	NA	
其他	1-乙氧基-3-甲基-2-丁烯	NA	4.65	NA	10.58	青水果
	玫瑰醚	NA	NA	7.40	15.21	青玫瑰、新鲜的天竺葵
	4-乙基愈创木酚	NA	NA	NA	6.55	烟熏培根
	4-乙烯基-2-甲氧基苯酚	NA	111.29	131.37	51.15	干木香、烤花生

表 6-15　红心火龙果汁及红心火龙果果酒中香气化合物含量及其 OAV 值[113]

香气物质	阈值/mg·L^{-1}		香气物质含量/mg·L^{-1}				OAV			
	水中	10%乙醇中	火龙果汁	自制火龙果果酒	市售火龙果果酒1	市售火龙果果酒2	火龙果汁	自制火龙果果酒	市售火龙果果酒1	市售火龙果果酒2
乙酸乙酯	7.5	12.00	5.01±0.56	41.97±3.49	145.45±5.94	198.58±1.34	0.67	3.50	12.12	16.55
乙酸异戊酯	0.003	0.03	0.13±0.01	3.11±0.03	1.26±0.07	0.53±0.18	42.34	103.54	41.97	17.64
己酸乙酯	0.0005	0.005	NA	1.38±0.78	0.48±0.08	0.7±0.05	NA	276.45	95.41	53.80
辛酸乙酯	0.0001	0.01	NA	0.25±0.083	0.06±0.002	0.01±0.007	NA	50.45	11.67	2.10
癸酸乙酯	0.02	0.20	0.003±0.0002	0.28±0.009	0.01±0.005	0.01±0.001	0.16	1.39	0.06	0.05
苯乙酸乙酯	0.10	0.07	0.03±0.005	0.07±0.005	0.12±0.04	0.10±0.04	0.33	0.93	1.70	1.42
丁二酸二乙酯	1045.0	1.2	NA	NA	22.79±3.15	30.10±2.24	NA	NA	19.00	25.08
异戊醇	0.25	30.00	NA	129.57±5.13	130.94±7.21	63.31±6.81	NA	4.32	4.36	2.11
正己醇	0.70	8.00	4.85±0.15	1.10±0.07	0.32±0.04	0.28±0.06	6.93	0.14	0.04	0.04
苯乙醇	0.05	14.00	4.76±0.18	47.06±2.08	31.76±1.44	24.29±3.10	105.75	3.36	2.27	1.74
叶醇	0.20	0.40	0.41±0.02	0.46±0.09	0.20±0.08	0.11±0.009	2.06	1.15	0.50	0.28
正己醛	0.0075	8.00	1.49±0.46	NA	NA	NA	198.39	NA	NA	NA
3-糠醛	0.10	14.10	0.20±0.02	0.35±0.02	2.79±0.10	4.19±0.67	1.99	0.02	0.20	0.30

6.2.2 小 结

通过上述分析，对浆果香气成分分析的意义主要体现在以下几点：①识别不同香型、不同产地及栽培管理措施浆果的呈香成分、香味特征及香气描述，进而确定关键风味化合物，对于食品香精香料等产品的配伍提供依据。②在果实发育成熟过程中，对特征香气物质的分析，可揭示果实发育成熟过程中香气成分动态变化规律，为风味育种和品质调控提供理论和实践依据。③香气作为果实风味的重要组成部分，也是果实品质分析、储藏保鲜方面重要的评判指标。

6.3 梨 果

梨果为一种假果，由 5 个合生心皮、下位子房与花筒一起发育形成，肉质可食部分是由原来的花筒与外、中果皮一起发育而成，其间界限不明显，内果皮坚韧，革质或木质，常分隔成 2~5 室，每室常含两粒种子。为蔷薇科梨亚科特有的果实，如苹果、梨、山楂等。梨果是果实的一种类型，属于单果，常见于蔷薇科植物。许多果实为梨果的植物都被人类作为水果食用，包括苹果、梨、山楂等。

目前对于梨果类的香气成分分析技术主要有：顶空-固相微萃取-气质联用（HS-SPME-GC-MS）、GC-MS、气相色谱-嗅觉测量（GC-O）、液相色谱技术等。

6.3.1 梨果中特征香气成分

6.3.1.1 苹果特征香气成分

苹果（*Malus domestica*）属于蔷薇科落叶乔木，果实呈球形，苹果中富含维生素、类黄酮类化合物、多酚、膳食纤维、有机酸、可溶性糖、果胶、矿物质和微量元素等。因此，苹果具有生津止渴、健脾益胃、养心益气、润肺、预防心血管疾病和降血压等作用。现阶段对于苹果的研究主要在对苹果内所含物质进行提取和纯化，例如对多酚的提取和纯化[116]。

为明确富士苹果的关键香气化合物以及干燥温度对富士苹果关键香气化合物的影响，李嘉欣等人[117]采用顶空固相微萃取气质联用（HS-SPME-GC-MS）技术结合电子鼻对富士苹果鲜样、50、60、70 和 80 ℃热风干燥苹果脆片的挥发性化合物进行表征。结果表明（表 6-16、图 6-11），苹果鲜样和 4 种干燥样品共鉴定出 64 种挥发性化合物，包括酯类 23 种、醇类 18 种、醛类 8 种、烯烃类 2 种、酮类 2 种、内酯类 3 种、酸类 1 种、含硫化合物 3 种和杂环化合物 4 种。不同样品各类挥发性化合物的种类及含量均存在较大差异，鲜样香气化合物含量为 397.059 mg/kg，不同温度热风干燥样品挥发性化合物含量由高到低分别为 64.189 mg/kg（50 ℃处理）、57.703 mg/kg（80 ℃处理）、32.124 mg/kg（70 ℃处理）、32.020 mg/kg（60 ℃处理）。气味活性值（OAV）分析表明，苹果鲜样与热风干燥样品共有关键香气化合物 8 种，分别为 α-法尼烯（12 746.11~1597.75）、2-甲基丁酸己酯（755.62~6.90）、己醇（2988.00~168.54）、1-辛烯-3-醇（53.12~12.08）、壬醛（1534.99~47.36）、反式-2-壬烯醛（1202.98~189.38）、芳樟醇（1264.30~212.75）和 6-甲基-5-庚烯-2-酮（11.27~3.90）。除此以外，热风干燥样品独有的关键香气化合物包括 2-甲基-1-丁醇（32.26~7.16）、3-甲基-4-庚醇（14.39~6.90）、苯乙醇（11.11~4.67）、辛醛（211.25~84.36）、3-羟基-2-丁酮（64.57~21.86）、3-甲硫基丙醇（13.52~5.88）

和 2-戊基呋喃（26.44~14.88）。

表 6-16　苹果鲜样以及 4 种不同温度热风干燥苹果脆片挥发性化合物 OAV[117]

化合物	气味特征	阈值 /mg·kg^{-1}	OAV				
			鲜样	50 ℃	60 ℃	70 ℃	80 ℃
丁酸乙酯	苹果香、果香	0.0005	27 103.34	—	—	—	—
2-甲基丁酸乙酯	苹果香、果香	0.000 013	936 583.12	—	—	—	—
乙酸丁酯	苹果香、甜香	0.058	137.06	—	—	—	—
2-甲基丁基乙酸酯	苹果香、梨香	0.008	5851.91	—	—	—	—
乙酸戊酯	香蕉味、果香、甜香	0.043	16.25	—	—	—	—
己酸甲酯	果香、新鲜、甜香	0.07	52.41	1.42	—	—	—
丁酸丁酯	花香	0.4	21.42	—	—	—	—
己酸乙酯	香蕉味、苹果皮味	0.0022	2038.17	209.29	37.46	—	—
乙酸己酯	苹果香、浆果香	0.115	258.37	4.20	1.45	1.73	—
2-甲基丁酸 2-甲基丁酯	水果味	0.075	7.28	—	—	—	—
异丁酸己酯	nd	0.0173	21.02	2.56	—	—	—
丁酸己酯	苹果皮香、柑橘香	0.203	112.78	2.01	<1	1.16	1.73
2-甲基丁酸己酯	草莓味	0.022	755.61	115.16	76.90	106.50	100.18
辛酸乙酯	香蕉味、菠萝味	0.0193	—	4.72	2.49	—	—
丙酸庚酯	nd	0.004	41.99	—	—	—	—
壬酸甲酯	椰子味、果香	0.046	50.07	—	1.63	3.72	4.31
月桂酸甲酯	椰子味、脂肪味	0.002	115.08	—	—	—	—
正丁醇	酒精味	0.4592	5.15	—	—	—	—
2-甲基-1-丁醇	燃料味、麦芽味	0.0159	—	32.26	16.58	19.89	7.16
2-庚醇	柑橘味	0.065 235	3.88	—	—	—	—
己醇	清香、草本香、木香	0.0056	2988.00	509.90	210.55	334.09	168.54
3-辛醇	柑橘味、坚果味	0.15	3.86	—	—	—	—
1-辛烯-3-醇	蘑菇味	0.0015	53.12	28.97	12.08	46.57	51.80
正庚醇	腐臭味	0.0054	103.71	28.86	—	—	—
6-甲基-5-庚烯-2-醇	清香	2	2.42	<1	<1	<1	<1
芳樟醇	花香	0.000 22	1264.30	302.31	212.75	605.14	623.18
辛醇	脂肪味	0.11	3.66	3.19	1.63	3.28	—
3-甲基-4-庚醇	nd	0.078	—	11.09	6.90	8.83	14.39
香茅醇	柑橘味、玫瑰香	0.062	2.37	<1	<1	<1	<1
苯乙醇	玫瑰香、甜苹果味	0.012	—	11.77	4.67	9.40	8.25
己醛	青草味、脂肪味	0.005	14 254.57	138.59	52.92	—	—
反式-2-己烯醛	脂肪味、绿色	0.03	619.33	—	—	—	—
辛醛	脂肪香、坚果味	0.000 587	—	211.25	88.42	117.30	84.36
壬醛	柑橘香、脂肪味	0.001	1534.99	116.94	47.36	79.36	73.63
癸醛	脂肪味、花香	0.003	138.76	—	25.42	59.74	—
反式-2-壬烯醛	黄瓜味、青草味	0.000 19	1202.98	328.67	189.38	500.73	533.78

续表

化合物	气味特征	阈值/mg·kg^{-1}	OAV				
			鲜样	50 ℃	60 ℃	70 ℃	80 ℃
橙花醛	花香、果香、柠檬味	0.037	—	1.39	—	1.04	1.41
3-羟基-2-丁酮	黄油味、奶油味	0.014	—	64.57	21.86	37.61	47.17
6-甲基-5-庚烯-2-酮	柑橘味、胡椒味	0.068	9.71	8.70	3.90	8.80	11.27
γ-壬内酯	可可香、桃香	0.0097	—	—	5.58	11.44	—
3-甲硫基丙酸乙酯	卷心菜、青草味	0.008 45	22.54	—	—	—	—
3-甲硫基丙醇	熟牛奶味、熟土豆味、泥土味	0.123 23	—	13.52	5.88	6.79	9.21
2-戊基呋喃	黄油味、花香、果香	0.0058	—	26.44	14.88	31.54	23.52
α-法尼烯	柑橘香、花香、甜香	0.0077	12 746.11	4866.72	2513.41	1597.75	4359.11
Total			1 008 125	7044	3554	3592	6123

注：①“—”表示未检测到该种物质。

②“nd”表示未查阅到该种化合物的气味特征描述词。

③气味特征描述参照 Vcf Home 网站和 Flavomet 网站。

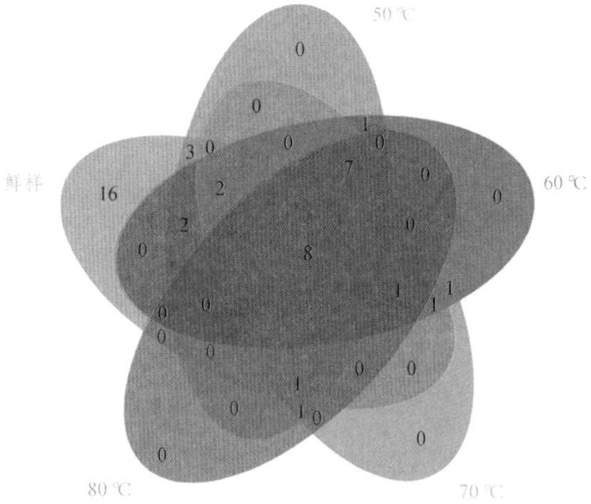

图 6-11 OAV 法鉴定新鲜苹果和四种干燥苹果脆片中关键香气化合物维恩图[117]

电子鼻分析表明鲜样与热风处理苹果脆片香气轮廓存在差异。为了更好地可视化电子鼻数据，作者对电子鼻数据进行了主成分分析（PCA），以确定不同苹果片样品之间是否存在可察觉的嗅觉差异。图 6-12 为电子鼻数据主成分分析得分图（a）和载荷图（b），由图可以看出，两个主成分（第一主成分 PC1 的贡献率为 59.9%，第二主成分 PC2 的贡献率为 36.0%）累计方差 95.9%，说明前两个主成分覆盖了样品的绝大多数气味信息。如图 6-12（a）所示，鲜样与干燥样品之间得到区分，说明干燥处理使苹果的挥发性风味物质发生改变，导致鲜样与干燥样品呈现不同的风味特征。鲜样和 60 ℃热风处理样品都位于 PC1 的右侧区域，50、70 和 80 ℃样品在左侧区域，并且 4 种干燥样品之间没有重叠，表明其在挥发性成分上有一定差异，可能与样品香气化合物的种类和含量差异有关，与 OAV 分析结果相一致。载荷图是利用所有传感器的信号研究样品所属类别的一种统计方法。载荷分析如图 6-12（b）所示，挥发性物质第一主成分以萜烯类和有机硫化合物为主，第二主成分以芳烃、苯类物质为主。W1C、W2W、W5S、W3S、W6S 传感器与苹果鲜样相关联，与鲜样中含有较高含量的 α-法尼烯有关。W1C、

W3CS、W5C 传感器与 50、70 和 80 ℃样品相关联，与 50、70 和 80 ℃样品在干燥过程中生成苯甲醇、苯乙醇有关及与含硫化合物的形成有关，进一步验证了鲜样与热风干燥苹果脆片之间香气轮廓的差异。

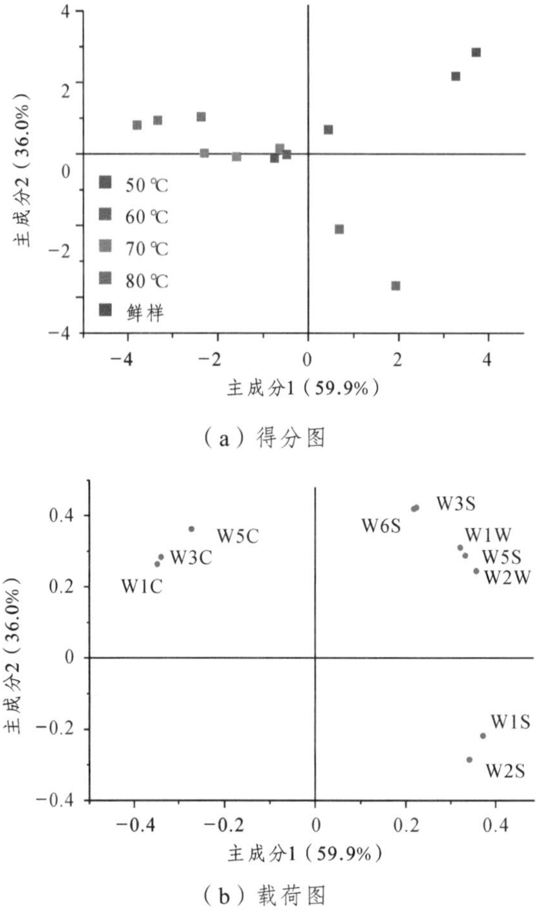

图 6-12 苹果鲜样和 4 种热风干燥苹果脆片电子鼻 PCA 结果[117]

总体而言，苹果鲜样的关键挥发性成分主要是酯类、醇类、醛类以及烯烃类化合物，包括丁酸乙酯、2-甲基丁酸乙酯、乙酸丁酯、2-甲基丁酸乙酸酯、己酸乙酯、乙酸己酯、丁酸己酯、2-甲基丁酸己酯、己醇、芳樟醇、己醛、反式-2-己烯醛、王醛、反式-2-壬烯醛和 α-法尼烯。这些物质以酯类为主，且具有较高的 OAV，使新鲜苹果整体表现强烈的果香、香甜、清新、柑橘香、花香风味。与鲜样相比，热风干燥样品关键香气化合物酯类物质种类减少，OAV 值降低。醛类醇类物质种类增加，还包括一些酮类化合、含硫化合物、杂环化合物。4 种干燥样品共有关键香气化合物包括 2-甲基丁酸己酯、2-甲基-1-丁醇、己醇、1-辛烯-3-醇、芳樟醇、3-甲基-4-庚醇、苯乙醇、己醛、辛醛、壬醛、反式-2-壬烯醛、α-法尼烯，3-羟基-2-丁酮、3-甲硫基丙醇和 2-戊基呋喃。与鲜样相比，苹果脆片果香、青草味和清香味减弱，同时醛类物质提供了脂肪味，3-羟基-2-丁酮、3-甲硫基丙醇和 2-戊基呋喃表现为黄油味、熟牛奶味、焦香味。4 种干燥样品在风味轮廓上具有较高的相似度，而四种样品之间主要香气差异体现在各物质 OAV 值的微小差别，因为相比于 60 ℃和 70 ℃，50 ℃和 80 ℃热风处理后新生成化合物，含量较高，OAV 较大，体现了不同温度热风处理可以在不同程度上影响苹果脆片的感官特性及特征风味，使苹果脆片的风味轮廓更加丰富，同时也说明 50 ℃和 80 ℃热风干燥处理的苹果脆片更具有热风干燥特点。

宋菲红等[118]采用顶空固相微萃取-气相色谱-质谱联用技术分析苹果果泥的香气构成（表 6-17）。香气活性值（OAV）大于 1 的组分包括 1-辛烯-3-醇、芳樟醇、正己醛、2-辛烯醛等 22 种香气化合物，可赋予产品青香、柠檬、苹果、紫丁香和茉莉香气。与苹果果泥相比，苹果沙棘复合果泥增加了 12 种主体香气（OAV>1），果香和花香更浓郁。

表 6-17　苹果沙棘复合果泥、苹果果泥及沙棘原浆主体香气组成[118]

化合物名称	阈值 /μg·g^{-1}	感官特性	OAV		
			苹果沙棘复合果泥	苹果果泥	沙棘原浆
己酸乙酯	80	香蕉、青苹果	19.37	32.28	7.79
2-甲基丁酸己酯	26.8	苹果香	53.51	8.02	—
辛酸乙酯	240	成熟水果、甜、花香、香蕉、梨	36.05	9.93	1.55
1-辛烯-3-醇	20	蘑菇	124.15	1.8	—
芳樟醇	25	花香、薰衣草香	126.84	—	6.46
(*S*)-(−)-2-甲基-1-丁醇	250	令人愉悦的气味	25.14	—	—
正辛醇	800	茉莉、柠檬	1.1	—	—
1-壬醇	5	橙子、蔷薇香、脂肪、生青	86.6	19	8.08
alpha-松油醇	330	紫丁香	1.49	—	—
苯乙醇	750	花香、玫瑰、蜂蜜	2.78	0.65	—
正己醛	4.5	青草气及苹果香	427.77	—	—
正辛醛	0.7	甜橙及脂蜡香	205.71	—	13.2
(*E*)-2-庚烯醛	13	青草、油脂	590.53	—	—
壬醛	15	生青、辛辣	112.2	—	1.3
2-辛烯醛	3	青叶、脂肪、肉香	1474	—	—
糠醛	3000	烤杏仁、花香	1.65	—	—
大马士酮	0.6	玫瑰香	790	441.66	4.7
香叶基丙酮	60	木兰、生青	2.63	—	—
β-蒎烯	140	松节油、树脂香	7.66	8.12	—
柠檬烯	10	甜香、柑橘香、柠檬香	157.4	52.4	—
苯乙烯	120	芳香	8.9	—	—
2-甲基丁酸	30	辛辣、乳酪	186.06	15.1	—

受地理位置及气候等因素的影响，红富士的品质随不同地域的变化而变化。何引[119]对阿克苏、静宁、昭通、洛川、三门峡的 5 个产地红富士苹果，进行感官分析和挥发性组分测试分析。经 GC-MS 检测，共鉴定出 80 种挥发性成分，其中酯类 29 种，醇类 18 种，醛类 11 种，酮类 2 种，萜烯类 6 种，挥发酸 4 种，苯类 8 种，其他类 2 种，所有地区中共有的挥发性成分有 39 种。

比较表 6-18 和图 6-13 分析结果得到挥发性组分的花香和植物香 OAV 大小与感官评价中

表 6-18 五个主产区红富士苹果的挥发性组分浓度及香气活力值[119]

挥发性组分	浓度/μg·L^{-1}					显著性差异	香气类别	OAV				
	阿克苏	静宁	昭通	洛川	三门峡			阿克苏	静宁	昭通	洛川	三门峡
丁酸己酯	15.46±5.58	53.86±10.72	68.10±12.21	1.92±0.88	54.58±16.94	*	果香	0.06	0.22	0.27	0.01	0.22
异戊酸己酯	35.43±5.59	23.73±3.44	57.85±7.84	10.39±1.65	21.97±3.06	*	果香	5.91	3.95	9.64	1.73	3.66
辛酸乙酯	0.07±0.00	0.18±0.02	—	0.07±0.01	0.07±0.01	*	果香，花香	<0.01	<0.01		<0.01	<0.01
2-甲基丁基己酸酯	4.40±0.30	6.11±0.42	6.02±0.45	4.07±0.41	3.78±0.13	*	果香，花香					
己酸戊酯	3.77±0.17	3.81±0.09	4.10±0.10	—	3.62±0.07	*						
2-甲基丙基庚酸酯	4.17±0.57	—	—	—	—							
己酸己酯	6.51±0.62	16.88±2.00	13.55±1.25	4.04±0.43	9.38±0.64	*	辛草香	<0.01	<0.01	<0.01	<0.01	<0.01
辛酸正丁酯	13.18±4.27	36.11±9.70	—	—	26.51±5.27	*						
癸酸乙酯	—	32.14±9.63	10.92±0.00	44.74±0.00	—	*	果香		0.26	0.09	0.37	
辛酸异戊酯	4.02±0.07	—	—	4.09±0.37	—		果香，花香，焦香，脂肪味	0.03			0.03	
正丁醇	156.30±37.44	348.21±47.08	324.86±44.94	19.11±8.64	201.48±67.22	*	化学味	0.31	0.70	0.65	0.04	0.40
2-己醇	1590.22±4.20	365.85±16.15		1590.43±3.70	1585.71±4.82	*						
2-甲基-1-丁醇	20.69±1.75	29.56±3.93	47.48±8.66	25.41±6.46	—	*	脂肪味	0.01	0.12	0.19	0.10	
1-戊醇	1.25±0.39	0.91±0.00	4.21±1.10	—	—	*	化学味，脂肪味	0.01	<0.01	0.02		
2-庚醇	—	6.10±1.59	—	—	1.26±0.58	*	果香，土味		10.17			2.09
正己醇	503.42±72.52	1196.27±91.12	1249.51±63.93	198.00±75.69	807.33±164.49	*	植物香	1.01	2.39	2.50	0.40	1.61
6-甲基-3-庚醇	0.02±0.00	—	—	—	—							
3-辛醇	2.88±0.04	3.11±0.11	3.12±0.10	2.80±0.03	3.32±0.06	*	土味	20.56	22.23	22.26	19.98	23.69
反式-2-己烯-1-醇	—	0.03±0.01	0.04±0.00	—	—		植物香					
氧化芳樟醇	0.33±0.12	—	1.68±0.13	—	—	*	土味					
1-辛烯-3-醇	0.03±0.00	0.02±0.00	0.03±0.00	0.02±0.00	0.02±0.00		土味	5.66	4.56	6.53	4.11	3.88
(±)-6-甲基-5-庚烯基-2-醇	0.05±0.03	0.15±0.09	0.11±0.03	0.04±0.00	0.07±0.01	*						

续表

挥发性组分	浓度/μg·L^{-1}					显著性差异	香气类别	OAV				
	阿克苏	静宁	昭通	洛川	三门峡			阿克苏	静宁	昭通	洛川	三门峡
2-乙基己醇	4.67±0.90	6.47±1.28	4.32±0.56	4.30±0.70	4.76±0.61	*						
2-壬醇	2.71±0.01	2.81±0.02	—	2.73±0.01	—		植物香					
1-辛醇	4.74±0.12	8.19±0.51	5.20±0.72	4.68±0.17	5.21±0.19	*	果香，花香	0.04	0.06	0.04	0.04	0.04
顺式 5-辛烯-1-醇	0.01±0.00	0.02±0.00	0.02±0.00	—	0.01±0.00							
1-壬醇	4.19±0.02	4.26±0.09	4.20±0.04	—	4.11±0.04			6.98	7.11	7.00		6.85
1-庚醇	4.51±0.08	6.11±0.27	5.63±0.25	4.21±0.17	4.97±0.20	*	脂肪味					
己醛	7585.01±834.13	6909.03 ±1135.89	20 431.75 ±2172.13	4732.81 ±1124.47	11 046.10 ±1042.02	*	植物香	722.38	658.00	1945.88	450.74	1052.01
庚醛	4.98±0.59	4.12±0.31	4.08±0.15	3.78±0.34	3.27±0.47	*		1.66	1.37	1.36	1.26	1.09
反式-2-己烯醛	9634.91 ±1746.84	13 589.26 ±1550.29	9583.05 ±1005.63	5015.31 ±1067.24	9337.87 ±921.21	*	植物香	566.76	799.37	563.71	295.02	549.29
正辛醛	4.98±0.59	4.12±0.31	4.08±0.15	3.78±0.34	3.47±0.08	*	化学味	6.22	5.15	5.10	4.72	4.34
壬醛	10.28±1.94	9.47±1.24	10.25±1.04	9.38±1.06	6.46±0.57	*	花香	4.06	3.74	4.05	3.71	2.55
(*E*,*E*)-2,4-己二烯醛	215.79±52.00	246.55±68.13	64.17±13.82	34.03±21.83	231.49±73.37	*						
反-2-辛烯醛	32.27±24.23	—	72.25±28.47	2.84±1.49	—	*						
癸醛	4.90±1.16	—	6.55±2.20	6.27±0.98	4.97±0.98	*	化学味	1.63		2.18	2.09	1.66
反式-2-壬醛	5.67±1.02	10.24±1.37	5.04±1.22	6.75±1.06	3.48±1.27	*	土味	70.84	128.06	63.06	84.40	43.50
2,6-壬二烯醛	1.66±0.22	3.08±0.41	13.80±0.54	2.26±0.26	—	*	植物香					
反式-2-癸烯醛	0.82±0.09	0.82±0.07	—	—	—							
3-己烯-2-酮	173.11±26.24	—	—	—	—							
1-辛烯-3-酮	2.66±0.55	—	1.93±0.48	—	—	*	土味					
玫瑰醚	0.48±0.20	—	0.83±0.05	—	—	*	化学味					
α-法尼烯	9.76±2.08	26.96±4.33	57.62±11.24	2.66±0.03	26.81±4.18	*						

续表

挥发性组分	浓度/μg·L⁻¹					显著性差异	香气类别	OAV				
	阿克苏	静宁	昭通	洛川	三门峡			阿克苏	静宁	昭通	洛川	三门峡
里那醇	3.26±0.21	3.37±0.41	3.69±0.04	3.34±0.44	3.05±0.09	*	花香，焦香	0.54	0.56	0.62	0.56	0.51
香叶基丙酮	1.55±0.10	1.86±0.72	1.76±0.17	0.64±0.00	1.51±0.15	*	花香	0.03	0.03	0.03	0.01	0.03
6-甲基-5-庚烯-2-酮	5.43±0.83	—	—	3.14±0.46	7.12±1.12	*	果香	0.11			0.06	0.14
大马士酮	5.20±2.34	13.26±9.18	26.06±5.92	1.66±0.42	9.94±4.58	*	烤香	103.91	265.18	521.20	33.28	198.82
乙酸	10.33±1.28	17.43±11.71	3.73±0.00	9.75±1.74	—	*	脂肪味	<0.01	<0.01	<0.01	<0.01	
丁酸	0.99±0.00	1.00±0.00	—	—	—		脂肪味	0.01	0.01			
2-甲基丁酸	177.18±85.59	3.73±0.00	239.72±56.76	8.18±1.48	44.58±21.65	*	脂肪味	5.21	0.11	7.05	0.24	1.31
己酸	12.36±0.84	48.47±13.50	20.60±2.65	9.22±1.79	12.59±2.12	*	脂肪味	0.03	0.12	0.05	0.02	0.03
N,N-二丁基酰胺	0.01±0.00	0.02±0.01	0.02±0.00	0.01±0.00	0.01±0.00							
萘	0.94±0.08	—	—	—	—		化学味					
苯甲醇	6.20±0.48	28.98±2.72	—	—	—	*	坚果香	<0.01	<0.01			
苯乙醇	8.49±0.82	—	—	6.20±1.02	7.07±1.16	*	花香	0.01			0.01	0.01
苯甲醛	15.85±1.51	7.25±0.82	7.39±2.20	4.74±1.40	4.45±0.48	*	烤香	0.05	0.02	0.02	0.01	0.01
3,4-二甲基苯甲醛	22.11±15.43	—	—	—	—							
苯乙酮	2.52±0.23	3.76±0.47	3.18±0.40	2.25±0.25	2.83±0.35	*	花香					
苯乙烯	3.11±0.45	3.19±0.20	—	10.31±4.34	2.58±0.29	*						
苯甲酸乙酯	1.42±0.11	2.67±0.38	1.77±0.11	—	—	*		<0.01	0.01	<0.01		
乙酸苯甲酯	1.03±0.15	8.96±1.69	—	1.57±0.37	—	*	果香，花香					
果香 OAV 合计								774.51	4592.11	1443.88	510.67	502.51
植物香 OAV 合计								1290.15	1459.76	2512.09	745.76	1602.91
花香 OAV 合计								4.06	3.74	4.05	3.71	2.55

注：①“—”表示未检测出。

②显著性差异：*表示 $P<0.05$ 水平上差异显著，空白表示无显著差异。

③香气类别：依据附表中的香气描述归类。

的花香、植物香强度相对应，但果香却存在一定的差异。在图 6-13 感官分析中得到阿克苏红富士的果香（鼻香）表现最强，但静宁地区红富士果香 OAV 表现最大，主要为丁酸乙酯、2 甲基丁酸乙酯、己酸乙酯等香气物质为其提供，而阿克苏地区红富士苹果果香 OAV 排第三，主要为 2-甲基丁基乙酸酯、2-甲基丁酸乙酯等物质为其提供。果香 OAV 与感官评价结果不一致的原因可能是具有其他非果香物质的协同增效作用。相关研究报道中苹果的甜度与香气具有较强的正相关性，甜味越强，则果香越浓郁[120]。苹果中的糖经代谢会生成丙酮酸，在脱氢酶的催化下氧化脱羧从而生成乙酰辅酶 A，进一步合成酯类，合成酯类分为两种途径，一是还原酶催化下先生成乙醇，从而合成某酸乙酯，二是醇转酯酰酶催化下生成乙酸某酯[121]。由此，进一步说明，果实中高糖是高果香的可能的前提之一。基于鼻香感官评价分值与挥发性组分的 OAV 值（OAV≥1）对比分析得出，果香为红富士的特征香气，静宁苹果表现出浓郁的果香，昭通地区植物香表现突出阿克苏地区花香最强。

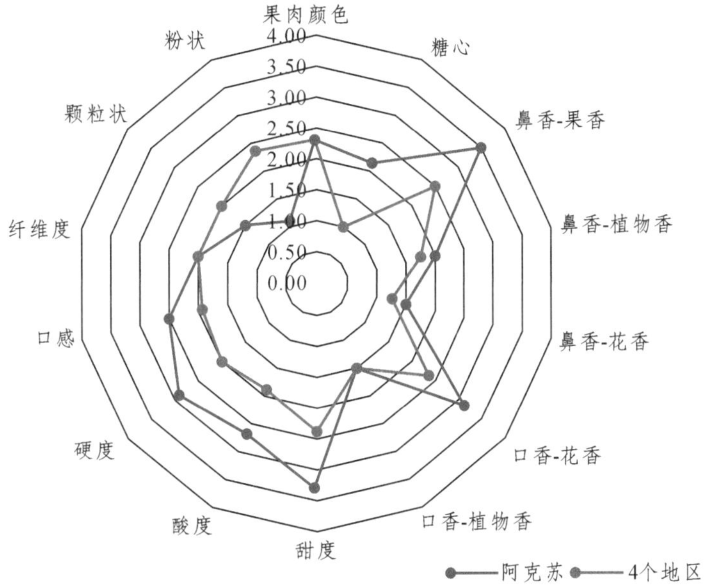

图 6-13　阿克苏及四个产地红富士苹果的感官剖面图[119]

6.3.1.2　刺梨中的特征香气成分

刺梨（*Rosa roxburghii Tratt*），为蔷薇科多年生缫丝花的果实，其经济效益可观，且兼具对石漠化地区水土有保持作用。刺梨富含维生素 C、黄酮、植物多酚、多糖、多种必需氨基酸和超氧化物歧化酶等生理活性物质，具有免疫调节、抗癌和抗氧化损伤等生理医学功效。刺梨风味独特浓郁，香气是其鲜果及其产品的重要品质指标，利用现代风味分析方法揭示刺梨特征香气的化学成分，对解决刺梨种植和加工中存在的风味问题具有重要意义。

王若琳[122]通过气相色谱-嗅觉测量技术（GC-O）和气相色谱-质谱（GC-MS）分析了刺梨香气化合物并对其关键香气物质间的香气协同作用进行研究。表 6-19 描述了刺梨中主要香气成分以及其 OAV 值。根据 OAV，23 种化合物被检测为重要的香气化合物，乙酸乙酯、2-甲基丙酸乙酯、丁酸乙酯、2-甲基丁酸乙酯、己酸乙酯、3-甲基丁酸、己酸、*α*-紫罗兰酮和 *E*-2-己烯醛是刺梨的关键香气化合物。

表 6-19　刺梨香气化合物的标准曲线、浓度和 OAV[122]

序号	香气物质	鉴定方法[a]	标准曲线[b]	范围[c]	R^2	浓度	文献阈值	OAV
1	乙酸乙酯	MS，RI，Std	$y = 0.0047x+0.0002$	0.17–63.85	0.997	45.24[d]±2.02[e]	3.3	14
2	2-甲基丙酸乙酯	MS，RI，Std	$y = 0.0791x-0.0001$	0.000 69–0.27	0.994	0.12±0.01	0.0001	1167
3	丁酸乙酯	MS，RI，Std	$y = 0.1131x+0.0004$	0.0050–2.01	0.999	0.59±0.00	0.000 18	3279
4	2-甲基丁酸乙酯	MS，RI，Std	$y = 0.2248x-0.0011$	0.0040–1.61	0.997	0.24±0.00	0.0003	811
5	3-甲基乙酸丁酯	MS，RI，Std	$y = 0.2804x+0.005$	0.0044–1.77	0.999	0.19±0.01	0.005	38
6	2-庚酮	MS，RI，Std	$y = 0.2183x+0.0056$	0.0025–0.98	0.993	0.12±0.00	0.14	<1
7	3-甲基-1-丁醇	MS，RI，Std	$y = 0.0135x-0.0001$	0.0081–3.24	1.000	2.67±0.14	1	3
8	*E*-2-己烯醛	MS，RI，Std	$y = 0.0517x+0.0046$	0.0073–2.90	0.991	1.78±0.09	0.082	22
9	己酸乙酯	MS，RI，Std	$y = 0.3425x+0.185$	0.071–28.21	0.993	2.21±0.10	0.001	2205
10	惕各酸乙酯	MS，RI，Std	$y = 0.3065x+0.0087$	0.0020–0.81	0.991	0.06±0.00	0.065	<1
11	罗勒烯	MS，RI，Std	$y = 0.0535x-0.001$	0.0019–0.76	0.992	0.49±0.01	0.034	14
12	苯乙烯	MS，RI，Std	$y = 0.3585x-0.0023$	0.0021–0.84	0.995	0.08±0.00	0.065	1
13	3-己烯酸乙酯	MS，RI，Std	$y = 0.5282x+0.0055$	0.0014–0.57	0.990	0.03±0.00	0.25	<1
14	2-庚醇	MS，RI，Std	$y = 0.1362x+0.0151$	0.012–4.80	0.996	1.06±0.08	0.081	13
15	庚酸乙酯	MS，RI，Std	$y = 0.6947x-0.0037$	0.000 98–0.40	0.995	0.02±0.00	0.002	12
16	*E*-2-己烯酸乙酯	MS，RI，Std	$y = 0.6697x+0.0035$	0.0021–0.83	1.000	0.04±0.00	0.001 19	30
17	己醇	MS，RI，Std	$y = 0.0157x+0.001$	0.027–10.6	0.995	2.20±0.10	1.6	1
18	2-壬酮	MS，RI，Std	$y = 0.7779x-0.0003$	0.0030–1.19	1.000	0.05±0.00	0.082	<1
19	壬醛	MS，RI，Std	$y = 0.2457x+0.0063$	0.000 92–0.37	0.997	0.02±0.00	0.04	<1
20	辛酸乙酯	MS，RI，Std	$y = 0.5162x-0.0779$	0.015–6.09	0.993	0.54±0.02	0.015	36
21	乙酸	MS，RI，Std	$y = 0.0014x+0.01$	0.28–112.81	0.992	88.72±3.03	26	3

续表

序号	香气物质	鉴定方法[a]	标准曲线[b]	范围[c]	R^2	浓度	文献阈值	OAV
22	2-壬醇	MS，RI，Std	$y=0.5774x+0.0702$	0.014–5.52	0.999	0.20±0.01	0.082	2
23	苯甲醛	MS，RI，Std	$y=0.1418x+0.0056$	0.0036–1.45	0.994	0.30±0.01	3.5	<1
24	茶螺烷	MS，RI，Std	$y=0.4911x-0.0095$	0.0032–1.28	0.997	0.11±0.01	0.1	1
25	2-十一酮	MS，RI，Std	$y=0.8446x-0.0066$	0.0011–0.44	0.996	0.03±0.00	0.082	<1
26	石竹烯	MS，RI，Std	$y=0.0853x-0.013$	0.0031–1.25	0.991	0.64±0.03	1.5	<1
27	丁酸	MS，RI，Std	$y=0.1664x+0.0143$	0.0019–0.76	0.997	0.07±0.00	1.4	<1
28	3-甲基丁酸	MS，RI，Std	$y=0.0081x+0.0005$	0.053–21.26	0.999	8.69±0.14	0.25	35
29	苯甲酸乙酯	MS，RI，Std	$y=0.7402x+0.0903$	0.012–4.96	0.996	0.10±0.01	0.06	2
30	己酸	MS，RI，Std	$y=0.0267x+0.0036$	0.38–155.80	0.994	97.12±4.32	1.8	54
31	*α*-紫罗兰酮	MS，RI，Std	$y=1.4384x-0.0186$	0.0015–0.59	0.993	0.03±0.00	0.0027	10
32	*α*-紫罗兰醇	MS，RI，Std	$y=0.9664x-0.0453$	0.0067–2.69	0.995	0.14±0.01	Unknown	—
33	*E*-3-己烯酸	MS，RI，Std	$y=0.1469x-0.0025$	0.0013–0.53	0.992	0.14±0.01	Unknown	—
34	庚酸	MS，RI，Std	$y=0.1257x-0.0374$	0.0057–2.29	0.993	0.89±0.02	0.91	<1
35	辛酸	MS，RI，Std	$y=0.2847x-0.0094$	0.000 63–0.25	0.992	0.06±0.00	1.9	<1
36	肉桂酸乙酯	MS，RI，Std	$y=0.7075x-0.0592$	0.011–4.56	0.994	0.30±0.02	0.04	7
37	丁香酚	MS，RI，Std	$y=0.2918x-0.004$	0.0013–0.52	0.996	0.07±0.00	0.15	<1

注：a—鉴定方法：MS，质谱分析；RI，保留指数；Std，标准品鉴定。

b—y 表示待测物质峰面积与内标物峰面积之比；x 表示待测物质浓度与内标物浓度之比。

c—绘制标准曲线的浓度范围（mg/mL）。

d—相对标准偏差（mg/mL）。

e—平均标准偏差（一式三份的平均值）。

Unknown—未知阈值。

国外研究者在刺梨及其产品的挥发性成分等方面主要采用顶空固相微萃取（HS-SPME）技术提取挥发性成分。溶剂辅助风味蒸发(SAFE)技术是在高真空条件下，将液-液萃取的液体中挥发性成分在低温下冷冻富集的一种香气提取方式，此方法既能避免产生氧化和水解产物，也能避免色素、油脂等成分进入馏出液中干扰分析，得到的萃取物香气自然逼真[123]。国内研究者李婷婷等[124]为全面剖析刺梨中挥发性成分的组成及其呈香贡献，采取顶空固相微萃取（HS-SPME）和溶剂辅助风味蒸发（SAFE）结合 GC-MS 对刺梨汁挥发性成分进行分析，通过香气活度值（OAV）评估挥发性成分对刺梨汁整体香气的贡献度。结果表明（表 6-20），HS-SPME 和 SAFE 方法在刺梨汁中分别检测到 67 种和 86 种化合物，共鉴定出 119 种挥发性化合物，其中包括酯类 49 种，醇类 28 种，酸类 9 种，醛酮类 16 种，萜烯类 6 种，芳香族化合物 9 种和其他类 2 种。2 种方法对挥发性化合物的提取效率不同，HS-SPME 对低沸点强挥发性的化合物提取更为有效，SAFE 提取到更多高沸点较难挥发的化合物，两者互补分析获得了较全面的分析结果，鉴定出了刺梨汁中更多种类的挥发性化合物。OAV 分析表明，38 种挥发性化合物对刺梨的香气有主要贡献作用，主要为酯类、醇类和醛酮类化合物，其中有 16 种挥发性成分首次被鉴定为刺梨汁中的香气活性成分，分别是 2-甲基丁酸乙酯、异丁酸乙酯、2-甲基乙酸丁酯、2-乙酸戊酯、3-乙酸戊酯、(*E*)-3-乙酸己烯酯、乙酸己酯、乙酸异丁酯、(*E*)-2-己烯醇、(*E*)-3-己烯醇、(*Z*)-3-己烯醇、2,3-丁二醇、(*E*)-2-戊烯醇、2-庚酮、4-甲氧基-2,5-二甲基-3(2*H*)-呋喃酮和 2-甲基萘。以上结果可为储藏和刺梨加工过程中的香气品质控制以及风味评价提供科学依据。

表 6-20　OAV 确定刺梨汁中具有香气贡献的化合物[124]

序号	化合物名称	CAS 号	阈值 ^{a}/μg・L^{-1}	OAV	
				HS-SPME	SAFE
1	2-甲基丁酸乙酯	7452-79-1	0.006	135 907	105 327
2	己酸乙酯	123-66-0	0.1	13 319	2878
3	乙酸异戊酯	123-92-2	0.15	3386	1808
4	辛酸乙酯	106-32-1	19.3	522	38
5	异丁酸乙酯	97-62-1	0.1	465	—
6	2-甲基乙酸丁酯	624-41-9	5	123	73
7	丁酸乙酯	105-54-4	2.4	114	354
8	2-乙酸戊酯	626-38-0	15	112	86
9	3-乙酸戊酯	620-11-1	9	101	99
10	乙酸异丁酯	110-19-0	25	19	38
11	(*E*)-3-乙酸己烯酯	3681-82-1	870	14	—
12	乙酸己酯	142-92-7	100	13	2
13	辛酸甲酯	111-11-5	200	8	2
14	乙酸仲丁酯	105-46-4	6	7	—
15	(*Z*)-3-己烯己酸酯	31501-11-8	16	6	—
16	乙酸戊酯	628-63-7	43	3	—

续表

序号	化合物名称	CAS 号	阈值[a]/μg·L^{-1}	OAV	
				HS-SPME	SAFE
17	乙酸乙酯	141-78-6	1000	3	—
18	苯甲酸乙酯	93-89-0	60	3	—
19	(*E*)-2-甲基-2-丁酸乙酯	5837-78-5	65	1	—
20	2-乙酸庚酯	5921-82-4	890	1	—
21	乙酸甲酯	79-20-9	1500	<1	—
22	乙酸丙酯	109-60-4	2000	<1	—
23	丁酸己酯	2639-63-6	203	<1	—
24	乙酸辛酯	112-14-1	47	—	8
25	3-羟基丁酸乙酯	5405-41-4	2500	—	2
26	乳酸乙酯	97-64-3	50 000	—	<1
27	γ-丁内酯	96-48-0	20 000	—	<1
28	γ-己内酯	695-06-7	1600	—	<1
29	乙酸苯甲酯	140-11-4	364	—	<1
30	丁醇	71-36-3	500	—	<1
31	戊醇	71-41-0	4000	<1	<1
32	己醇	111-27-3	500	50	181
33	辛醇	111-87-5	110	18	36
34	(*E*)-2-己烯醇	928-95-0	232	14	83
35	(*Z*)-3-己烯醇	928-96-1	70	364	3229
36	(*E*)-3-己烯醇	928-97-2	110	5	37
37	1-戊烯-3 醇	616-25-1	400	<1	8
38	(*Z*)-2-戊烯醇	1576-95-0	89	3	5
39	1,3-丁二醇	107-88-0	20 000	<1	1
40	2,3-丁二醇	24347-58-8	95	—	38
41	(*E*)-2-戊烯醇	1576-96-1	720	—	14
42	呋喃醇	3658-77-3	60	—	7
43	异戊醇	123-51-3	300	—	4
44	2-庚醇	543-49-7	65	—	4
45	苯乙醇	60-12-8	1100	—	1
46	2-呋喃甲醇	98-00-0	2000	—	1
47	2-甲基-2-丁醇	75-85-4	20 000	—	<1
48	异丁醇	78-83-1	16 000	—	<1
49	3-戊醇	584-02-1	4125	—	<1
50	2-戊醇	6032-29-7	8100	—	<1

续表

序号	化合物名称	CAS 号	阈值 a/μg·L^{-1}	OAV	
				HS-SPME	SAFE
51	丙酮醇	116-09-6	80 000	—	<1
52	(*Z*)-2-己烯醇	928-94-9	359	—	<1
53	苯甲醇	100-51-6	20 000	—	<1
54	乙酸	64-19-7	180 000	<1	<1
55	丁酸	107-92-6	1000	—	1
56	己酸	142-62-1	10 000	<1	1
57	辛酸	124-07-2	3000	4	61
58	异丁酸	79-31-2	50	—	6
59	癸酸	334-48-5	2190	—	<1
60	壬醛	124-19-6	1	72	—
61	己醛	66-25-1	5	58	—
62	2-己烯醛	505-57-7	30	8	—
63	糠醛	98-01-1	3000	<1	<1
64	苯甲醛	100-52-7	350	—	1
65	2-庚酮	110-43-0	10	22	566
66	3-戊酮	96-22-0	40	7	—
67	4-甲氧基-2,5-二甲基-3(2*H*)-呋喃酮	4077-47-8	1000	2	110
68	6-甲基-5-庚烯-2-酮	110-93-0	50	1	—
69	3-羟基-2-丁酮	513-86-0	8000	—	2
70	(*Z*)-*β*-罗勒烯	3338-55-4	55	11	—
71	4-萜烯醇	562-74-3	340	<1	—
72	甲苯	108-88-3	1000	<1	1
73	2-甲基萘	91-57-6	10	10	—
74	4-烯丙基苯甲醚	140-67-0	35	4	—
75	甲基丁香酚	93-15-2	68	3	16
76	苯并噻唑	95-16-9	80	2	—

注：a—化合物在水中的阈值。

6.3.1.3 梨子中特征香气成分

梨是蔷薇科梨属植物，有着 3000 年的栽培历史[125]，主要产地有中国、美国、意大利、阿根廷和西班牙[126]。2020—2021 年中国梨的产量达 1610 万吨，在蔷薇科果树中仅次于苹果（4050 万吨）（联合国粮食及农业组织 2020 年数据，http://www.fao.org/），有着重要的经济价值。

近年来梨的香气品质已成为梨产业研究的热点领域，香气浓郁的库尔勒香梨长期以来备受消费者喜爱。迄今为止，人们已经对不同品种梨的挥发性物质进行了大量的研究。田长平等[127]采用 SPME-GC-MS 对 3 种白梨和 3 种砂梨的挥发性物质的组成和质量分数进行测定，确定已醛、1-己醇及乙酸己酯是 6 个品种共有的特征香气成分。Chen 等[128]通过 HS-SPME-GC-MS 分析发现，鸭梨在储藏过程中挥发性成分会随储藏时间发生动态变化，酯类化合物种类会逐渐减少。Lara 等[129]分析了长效气调储藏下梨挥发性物质的合成情况，发现在低 O_2 下储存的梨果在返回正常条件时挥发性物质含量显著降低。Liu 等[130]对南疆 12 个果园的库尔勒香梨进行感官评价，结果表明相比于“果实大小”“果实形状”和“果皮颜色”，消费者们更关注“口感”和“香气”。香气作为决定水果风味特征的关键因素，其在很大程度上影响消费者的选择和偏好。

涂等人[131]采用顶空萃取和气相色谱质谱联用技术分析了 3 个砂梨品种与 1 个新疆库尔勒香梨成熟期果实香气成分（表 6-21）。4 个梨品种主要香气成分种类及其含量、主要香气类别含量与香气总量均存在一定差异，其中库尔勒香梨香气总量、醛类物质含量及其在香气总量中的比例均明显高于 3 个砂梨品种。酯类成分为 68-3-2 和金水 1 号最主要的香气物质，其含量分别为 9402.3、3984.7 μg/kg，醛类成分是玉绿和库尔勒香梨最主要的香气物质，玉绿、库尔勒香梨中已醛含量分别为 3746.0、21 241.0 μg/kg。乙酸己酯是 4 个梨品种共有的特征香气成分，68-3-2 中乙酸己酯的香气值在 4 个品种中最高。

表 6-21　各品种特征香气成分及其阈值、香气值[131]

香气成分	香气阈值/μg・kg^{-1}	香气值/μg・kg^{-1}			
		玉绿	68-3-2	金水 1 号	库尔勒香梨
已醛	64	58.53	—	27.45	331.89
2-乙烯醛	17	—	—	—	567.76
乙酸已酯	2	102.50	687.00	677.50	886.00
已酸乙酯	14	77.79	145.21	167.29	—
2-甲基丁酸乙酯	0.1	750.00	—	—	—

胡哲辉等[132]采用气相色谱-质谱联用仪测定库尔勒香梨（*Pyrus sinkiangensis*）、雪花梨（*P. bretschneideri*）及黄冠梨（*P. bretschneideri*）果皮挥发性物质，3 个品种梨果实中分别检测到 50、48 和 37 种挥发性物质，且均以醛类、萜烯类和脂肪酸类为主，占总挥发性物质的 85%左右；库尔勒香梨以脂肪酸类及醛类含量占优，雪花梨以萜烯类含量占优，黄冠梨中各类物质含量均为最低。进一步由 15 人评价小组分别对 3 个品种梨果实的快闪剖面分析结果，将相关属性强度进行统计并绘制成雷达图（图 6-14）。3 个品种梨果实中属性强度最高的均为果香，属性强度最低的则为酸味；库尔勒香梨中，仅甜香属性显著高于雪花梨，而除莲雾味外的其他香气属性均显著高于黄冠梨。感官评分与挥发性物质的相关性分析表明（图 6-15），戊二酸二甲酯、丁香酚、2-十一烯醛、2-乙基-3-羟基己基-2-甲基丙酸酯、3-亚甲基-1-氧代螺环[4.5]癸-2-酮等 8 种挥发性物质的含量与花香、青草香和果香等多种感官属性的评分呈显著正相关。

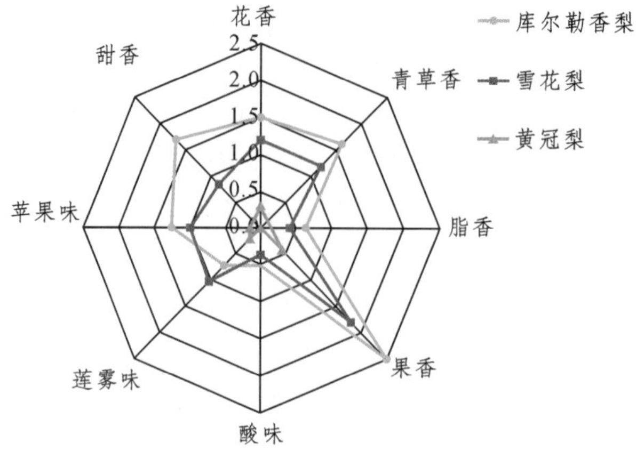

图 6-14　3 个品种梨果实的香味感官属性描述性分析雷达图[132]

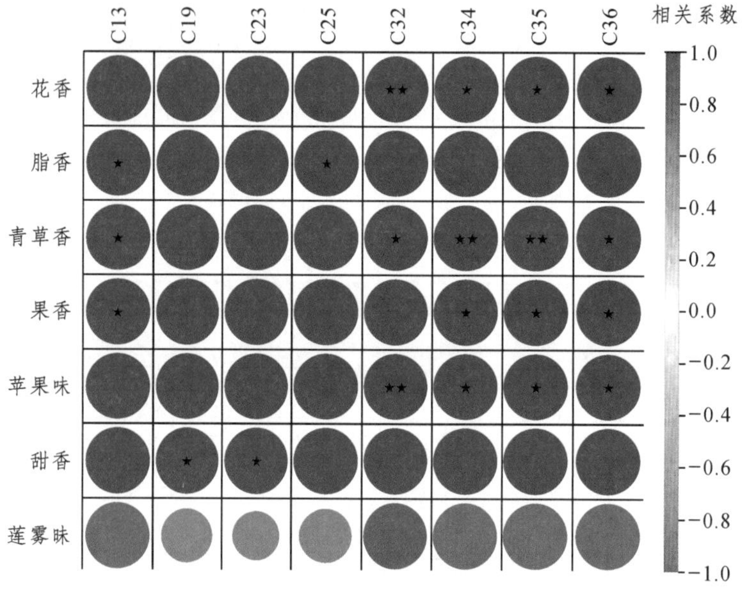

C13—戊二酸二甲酯；C19—己二酸二甲酯；C23—(*Z*)-4-癸烯-1-醇；C25—2-甲基十二烷；
C32—丁香酚；C34—2-十一烯醛；C35—2-乙基-3-羟基己基 2-甲基丙酸酯；
C36—3-亚甲基-1-氧代螺环[4.5]癸-2-酮。红色圆圈越大和颜色越深均表示相关性越高，
*为在 $\alpha = 0.05$ 水平上显著相关；**为在 $\alpha = 0.01$ 水平上显著相关。

图 6-15　感官属性评分与挥发性物质的相关性分析[132]

6.3.1.4　山楂中的特征香气成分

山楂属于蔷薇科山楂属，味酸、甘微温，入脾胃湿热、肝经，为优良传统的中药[133]。山楂富含胡萝卜素、钙、齐墩果酸等三萜类烯酸、黄酮类等成分，这些有益成分可以舒张血管，调节心肌，强化心室与心脏的运动幅度，降低胆固醇含量与血压[134]。山楂果实的营养价值非常高，可以进行二次加工，山楂制品独特诱人的酸甜风味广为人们所喜爱，包括糖葫芦、果冻、罐头等，还包括水果蛋糕、起泡酒与果茶等，产品色泽鲜艳、香气柔和[135]。Juan 等[136]从墨西哥的山楂中分离出不同的具有抗癌特性的分子。磨正遵[137]运用喷雾干燥技术将山楂转

变为果粉固态饮品，突破传统单一食品加工形态，克服大果山楂的口味酸涩问题。

丁德生等[138]采用连续水汽蒸馏溶剂萃取法提取山楂果香味成分，其提取物中具有典型的山楂酸甜特征，且得率较高。通过对山楂香味物的柱层析分离和色质、色红等仪器分析，共鉴定出 90 个化合物。其中烃类 6 种、醇类 19 种、醛类 12 种、酮类 5 种、酸类 5 种、酯类 29 种，其他类 14 种。经过定性、定量分析及嗅感评定，表明其中的庚醛、己酸甲酯、芳樟醇氧化物（吡喃型）、乙酸反式-4-己烯-1-酯、乙酸乙酯、水杨酸甲酯、硫代乙酸-2-甲基丁酯、橙花醛、壬酸醛、顺式-4-辛烯酸甲酯、反式-3-己烯酸对山楂果特征香气起着关键性作用。

我国山楂产量虽高，但鲜食口感较酸，因此常对其进行加工，而山楂酒因其天然的营养成分和细腻的风味作为最有发展前景的产品之一[139-140]。谷佩珊等[141]对发酵型山楂酒圣八礼金标（SBL-J）和配制型山楂酒丰收（FS）中的呈香化合物进行鉴定，结合感官分析结果、量化强度值（Modified Frequency，MF）和气味活性值（OAV）进行分析。采用液-液萃取-溶剂辅助风味蒸发-气相色谱质谱嗅闻法（LLE-SAFE-GC-O-MS）共鉴定出中 89 种香气化合物，SBL-J 和 FS 分别有 29 和 38 种香气化合物的 MF 大于 20%。顶空固相微萃取技术-气相色谱单级四极杆质谱联用法（HS-SPME/GC-Quadrupole-MS）和顶空固相微萃取技术-气相色谱静电场轨道阱质谱联用法（HS-SPME/GC-Orbitrap-MS）共检测到 123 种挥发性组分，SBL-J 和 FS 中分别有 29 和 33 种香气化合物的 OAV 大于 1（酯类大于 0.1），这些香气成分是山楂酒的重要呈香物质。其中，2-甲基丁酸乙酯、己酸乙酯、辛酸乙酯、苯乙醇是 2 个样品中的共有重要香气化合物。见表 6-22。

表 6-22 山楂酒关键香气化合物的 OAV 值[141]

化合物名称	OAV 值		化合物名称	OAV 值	
	SBL-J	FS		SBL-J	FS
酯类			醇类		
乙酸乙酯	0.78	1.25	苯乙醇	86.54*	9.74*
丙酸乙酯	80.1	56.8	萜烯类		
L-乳酸乙酯	0.15	0.92	*β*-罗勒烯	5.48	6.72
乳酸乙酯	<0.1*	0.24	玫瑰醚	2.45	6.85
丁酸乙酯	0.16*	0.21	里那醇	0.3	2.67
D,L-2-羟基-4-甲基戊酸乙酯	0.93	0.56	*α*-松油醇	16.22	70.68
2-甲基丁酸乙酯	9.89*	15.79*	橙花醇	<0.1	2.22
异戊酸乙酯	1.78*	0.53	酸类		
己酸乙酯	10.97*	7.84*	正辛酸	3.59*	1.33*
(*E*,*E*)-2,4-己二烯酸乙酯	<0.1	3.17	醛类		
庚酸乙酯	18.18	4.27	反式-2-辛烯醛	3.93	3.42
辛酸乙酯	0.44*	0.1*	苯乙醛	14.41	46.44*
苯乙酸乙酯	0.81	0.17	苯环类		
肉桂酸乙酯	1.95	9.99	邻二甲苯	1.29	5.66
癸酸乙酯	0.11	<0.1*	吡嗪类		

续表

化合物名称	OAV 值		化合物名称	OAV 值	
	SBL-J	FS		SBL-J	FS
9-癸酸乙酯	0.18	<0.1	2,3-二甲基-5-乙基吡嗪	10.8	5.17
十四酸乙酯	0.53	0.87	挥发性酚类		
乙酸异戊酯	43.65*	1.96	2-甲氧基-4-乙烯基苯酚	8.62	7.72
己酸甲酯	<0.1	0.19	丁香酚	3.53*	6.78*
苹果酸二乙酯	<0.1	0.14*			
乙酸苄酯	0.35	1.04			
乙酸龙脑酯	0.15	0.12			

注：*表示化合物在该样品 GC-O 过程中被嗅闻到。

6.3.2 小　结

上述各项研究结果表明，对不同梨果类物质的主要特征香气成分分析，可在以下方面有应用价值：①确定不同品种、产地等梨果的关键风味化合物，可为品种选育、产地选择提供理论数据支撑，也为开发特定风味香精提供依据。如通过深入了解了不同地域红富士苹果特征风味的差异，可指导提高各个产区红富士苹果的竞争力，发挥和保护产地品牌优势。②根据不同梨果类物质的主要特征香气成分分析，可以进行同一物种不同品类的区分以及品质鉴别。③可为储藏和加工过程中的香气品质控制以及风味评价提供科学依据。④感官评价和代谢物的关联分析还有助于解析影响梨果风味的关键化合物。

6.4 核　果

核果是果实的一种类型，属于单果，由一个心皮发育而成的肉质果；一般内果皮木质化形成核。典型核果的外果皮为膜质，称作果皮；中果皮为肉质，称作果肉；内果皮由石细胞组成，称作核，核内为种子。常见于蔷薇科、鼠李科等类群植物中。生活中常见核果植物有：桃、杏、梅、李等。

目前对于核果的分析技术主要有 GC-MS 技术、SPME-GC-MS 技术、GC-O 技术等，如张等[142]利用 GC-MS 技术等鉴定出了非含硫香气成分和 4 种含硫化合物，高等[143]通过 SPME-GC-MS 技术分析榴莲果肉中的挥发性成分，张等[144]为了解榴莲异味的来源及果肉、果皮气味的差异，采用热脱附-气相色谱/质谱（TCT-GC/MS）联用技术，对动态顶空密闭循环吸附捕集的果肉、果皮样品挥发物进行分析检测。

6.4.1 核果中特征香气成分

6.4.1.1 西梅的特征香气成分

西梅（*European plum*）是蔷薇科李属欧洲李种的植物，在 20 世纪被我国引入正式栽培，目前在我国新疆、陕西、河北、河南等地种植。西梅是一种低热量、低脂肪、低糖的食品，富含维生素 C、维生素 K、维生素 A、膳食纤维、钾、铜、硼等营养成分和抗氧化活成分，有助于预防诸多疾病。除此之外，西梅具有独特的风味，深受消费者的青睐。而香气是天然水果的重要特性，也是评价其质量的关键指标。

张翼鹏等[142]对 3 个不同品种西梅，分别为红喜梅（Y1）、法兰西（Y2）、女神（Y3），进行气相色谱-质谱、气相色谱-硫磷检测器测定，分别鉴定出了 38、35、32 种非含硫香气成分和 4 种含硫化合物（表 6-23）。主要香气成分为：己醇（453.14 ~ 6836.14 μg/kg）、(*E*)-2-己烯醛（926.67 ~ 4153.65 μg/kg）、己醛（438.72 ~ 3567.04 μg/kg）、叶醇（194.26 ~ 608.03 μg/kg）、苯乙醛（18.46 ~ 446.06 μg/kg）。共有 13 个香气成分的 OAV 大于 1，其中乙位突厥烯酮（780.0 ~ 1619.2）、己醇（49.4 ~ 744.7）、己醛（47.8 ~ 388.6）、2-甲基丁醛（20.5 ~ 175.1）、(*E*)-2-己烯醛（11.1 ~ 49.7）、3-甲硫基丙醛（5.3 ~ 10.3）等具有较高的数值，这些香气成分对西梅香气具有重要贡献。在这些成分中，乙位突厥烯酮含量不高，但其呈现最高的 OAV，原因是该成分具有极低的阈值（0.0013 μg/kg）。

表 6-23 不同品种西梅香气成分 OAV[142]

序号	香气成分	保留指数	香气阈值 /μg·kg^{-1}	OAV		
				Y1	Y2	Y3
1	二甲基硫醚	<600	1.1	2.4	1.7	1.8
2	3-甲基丁醛	654	6	3.9	2.5	20.8
3	2-甲基丁醛	664	1	20.5	45.1	175.1
4	二甲基二硫醚	744	0.3	3.4	5.8	6.7
5	己醛	802	9	47.8	261.2	388.6
6	(*E*)-2-乙烯醛	859	82	11.1	22.4	49.7
7	叶醇	863	70	2.9	8.5	2.7
8	己醇	880	9	744.7	460.2	49.4
9	庚醛	904	4.1	1.0	0.5	1.7
10	3-甲硫基丙醛	910	0.2	6.5	5.3	10.3
11	辛醛	1004	0.7	3.1	1.5	4.4
12	苯乙醛	1051	4	4.5	15.3	109.3
13	乙位突厥烯酮	1386	0.0013	807.7	780.0	1619.2

进一步对西梅样品和特征香气成分进行主成分分析（图 6-16），发现不同西梅与特性香气之间的相关性不一致，表明不同品种西梅之间的香气成分有明显差异。结合样品和香气成分可以看出，法兰西品种所在的位置与叶醇较接近，表明叶醇对法兰西品种的香气相关性最强。而庚醛、辛醛、二甲基二硫醚、3-甲基丁醛、苯乙醛、3-甲硫基丙醛、(*E*)-2-己烯醛、2-甲基丁醛、己醛、乙位突厥烯酮与女神品种西梅的香气密切相关。己醇和二甲基硫醚所在位置与红喜梅品种西梅的位置对应，表明这 2 种香气成分对红喜梅品种西梅样品香气影响最强。

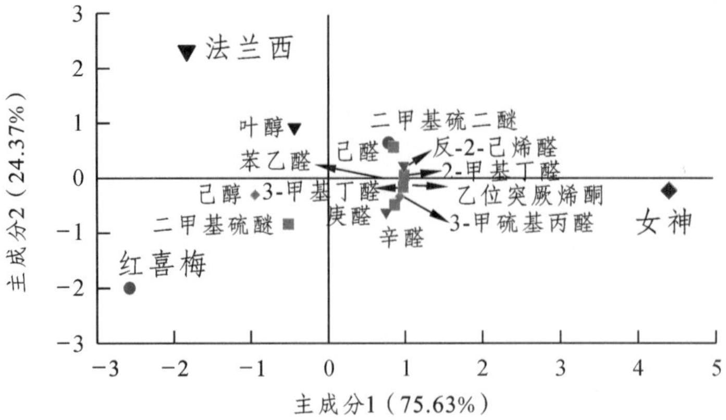

图 6-16 西梅样品和特征香气成分 PC1 与 PC2 散点载荷图[142]

对 3 种西梅样品进行了感官评价，对“脂肪香”“果香”“花香”“青香”“甜香”和“硫化物香”6 个香韵指标进行了综合打分，每个样品的香气强度各不同，结果如图 6-17 所示。醛类和醇类成分对整体香气起着重要作用，“青香”和“脂肪香”香韵包含的化合物有己醇、戊醛、己醛、庚醛、(*E*)-2-己烯醛、反-2-庚烯醛等，即 C_6 ~ C_{10} 的醇类或者醛类化合物往往具有“青香”和“脂肪香”香气。从 OAV 计算结果看，*β*-紫罗兰酮的 OAV 均小于 1，说明该成分对西梅香气贡献很小。同样的，与“甜香”香韵相关的香气活性化合物主要是乙位突厥烯酮。根据 OAV 计算结果，该成分具有最大的 OAV。因此，“甜香”香韵是西梅香气的重要组成部分。

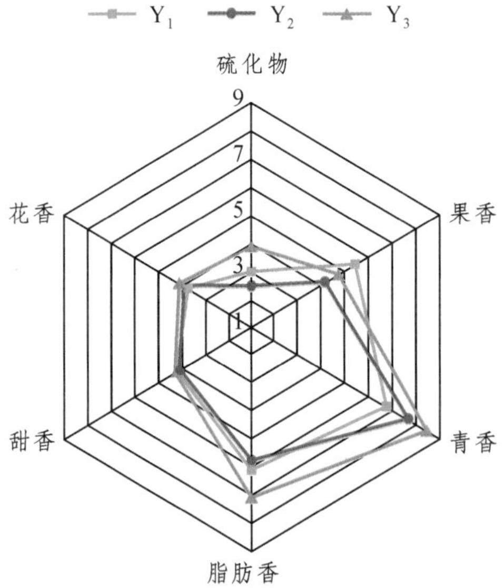

图 6-17 西梅主要香气成分雷达图[142]

根据西梅香气成分中 OAV 和 GC-O 测定结果，选择己醛、乙位突厥烯酮、3-甲硫基丙醛、反-2-戊烯醛 4 个香气成分进行研究，以验证 2 个方法鉴定西梅香气贡献的准确性。如图 6-18 所示，己醛、乙位突厥烯酮、3-甲硫基丙醛 3 种香气成分在不同程度上降低了芳香重组液的阈值，降低比例分别为 0.43、0.33、0.44。而反-2-戊烯醛提高了芳香重组液的阈值，其比例为

1.09。乙位突厥烯酮降低重组液阈值的效果最显著，表明它的加入可以最大限度地提高重组液香气强度。此结论与乙位突厥烯酮具有最大的 OAV 和香气强度值结果一致。可能的原因是乙位突厥烯酮和溶液中其他香气成分之间产生的协同作用。而反-2-戊烯醛的加入，提高了重组液的阈值，降低了重组液的香气强度值。可能的原因是反-2-戊烯醛和溶液中其他香气成分之间产生的掩盖作用，从而降低了重组液中香气成分的挥发性。通过对不同品种西梅的特征香气成分的研究，并找出西梅香气的差异，为西梅的有效利用提供科学依据。

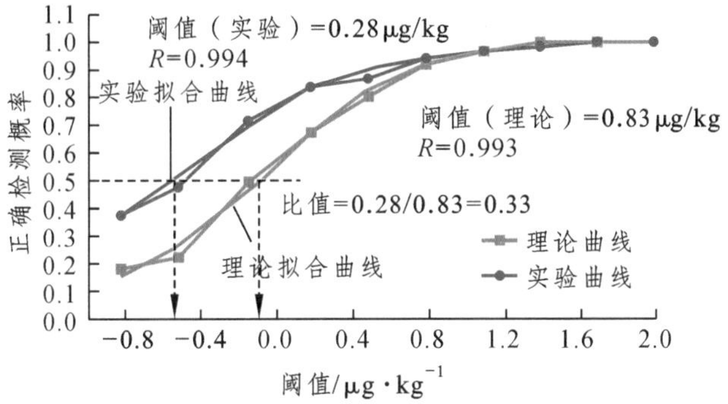

（a）乙位突厥烯酮+重组液

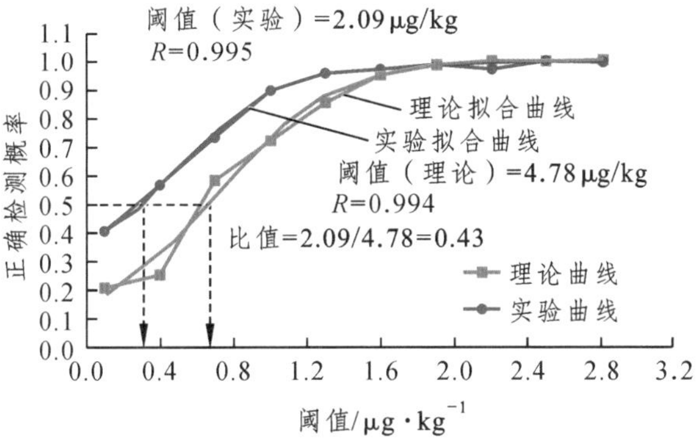

（b）己醛+重组液

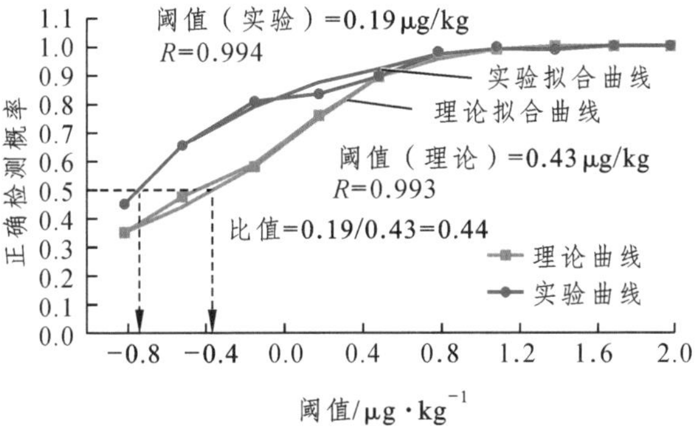

（c）3-甲硫基丙醛+重组液

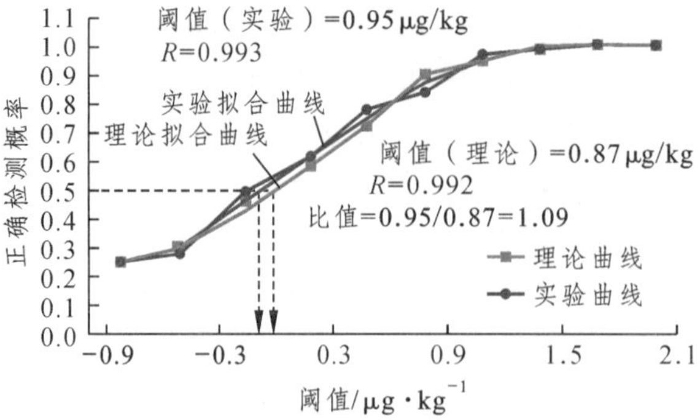

（d）反-2-戊烯醛+重组液

图 6-18 西梅 4 种特征香气成分添加前后对重组液阈值的影响[142]

6.4.1.2 榴莲的特征香气成分

榴莲原产于印度、马来半岛一带，是亚洲热带雨林树种。从原产地首先传到邻近的菲律宾、印度、斯里兰卡、泰国、越南、缅甸及印尼等地，成为有名的热带水果。因其果形巨大、果肉具有特殊的浓郁香甜风味，吃过之后留香唇齿之间，深受当地群众喜爱，故有“果中之王”之称[145, 146]。对于榴莲特征香味化合物鉴定，由于榴莲类型、提取和鉴定方法的不同，获得的特征化合物也相对不同。

刘倩等[147]采用溶液萃取法和吹扫-捕集法，对泰国金枕榴莲的香气进行了富集浓缩，并用 GC-MS 分析其成分。溶液萃取-GC-MS 法鉴定的香气成分含有酯类（27.55%）、酮类（23.44%）和烃类（6.19%）化合物。其中 3-羟基-丁酮-2 含量高达 23.40%，它是一种具有令人愉快的气味的化合物，显然在榴莲的香气成分中起着重要作用。其他物质也有着不同的香气特征，如 2-甲基-丁酸乙酯具有苹果香气特征（9.73%），丙酸乙酯具有菠萝蜜香气特征（7.46%）、乙酸乙酯具有水果香气（2.10%），己酸乙酯具有菠萝香气（0.50%）等。上述多种酯类成分构成了榴莲的独特浓烈的香气特征。然而溶液萃取法并没有鉴定出榴莲的臭味，吹捕-GC-MS 法对于分析低沸点的化合物具有优势。吹捕-GC-MS 法除了鉴定出酯类外，还有少量的二硫化物、三硫化物和四硫化物。二硫化物主要有 1,2-二乙基二硫化物、二乙基硫甲烷、1-甲基乙基-2-乙基二硫化物乙基(1-甲基丙基)二硫化物；三硫化物为 1,3-二乙基三硫化物、1-乙基-3-丙基三硫化物、1-乙基-3-丁基三硫化物；四硫化物为 1,4-二乙基四硫化物。这些含有硫的化合物都具有一种特殊的臭气，榴莲中的臭气由此而来。综上所述，榴莲的香气成分主要为：3-羟基-丁酮-2 和一些 $C_4 \sim C_8$ 的酯类，另外还有少量的烃类和含硫化合物。榴莲不仅具有一般水果的香气成分，而且也有本身特有的香气特征。

JASWIR 等[148]对 D24 无性系榴莲（*Durio zibethinus* Murr.）的挥发性成分进行了鉴定，并确定了榴莲果皮在加工和储存过程中挥发性成分的保留。在新鲜榴莲果肉中鉴定出 38 种挥发性成分，其中 11 种是酯类、10 种醇类、6 种羧酸类、6 种含硫和含氮化合物以及 5 种碳氢化合物，其中酯、醇和硫化合物被发现在榴莲香气中占主导地位。此外，在储藏过程中，产物中酸类的相对比例增加，酯类、醇类、烃类、酚类、硫、氮类和醛类的相对比例降低；而加工后的榴莲皮保留了新鲜榴莲的大部分香气成分。

6.4.1.3 荔枝的特征香气成分

荔枝（*Litchi chinensis* Sonn.）无患子科荔枝属常绿乔木，高约 10 m。果皮有鳞斑状突起，鲜红，紫红，成熟时呈鲜红色。种子全部被肉质假种皮包裹。花期春季，果期夏季。果肉新鲜时半透明凝脂状，味香美，但不耐储藏。分布于中国的西南部、南部和东南部，广东和福建南部栽培最盛。可止呃逆，止腹泻，是顽固性呃逆及五更泻者的食疗佳品，同时有补脑健身，开胃益脾，促进食欲之功效。

迄今为止，已从荔枝果实中鉴定出多种挥发性物质，主要包括萜烯类、酯类、醛类、醇类、酚类、酸类等[149]。1980 年，Johnston 等[150]提取出了荔枝的挥发性成分，开始了对荔枝香气的研究。2007 年，郝菊芳等[151]对妃子笑、黑叶、白蜡、荔枝王、玉荷包的香气成分进行了鉴定分析，共分离鉴定出 105 种挥发性物质，其中妃子笑和黑叶中醇类和酯类等芳香物质的含量较高；2015 年，马锞等[152]在观音绿荔枝中共鉴定出 66 种物质，其中萜类物质占大多数，认为该品种的香气品质特优与其香气成分中萜烯类物质的种类和相对含量有关。2016 年，蒋依辉等对“御金球”荔枝香气成分进行分析，检出了 66 种化合物，结果以烯类、醇类、酯类为主[153]。

Wu 等[154]发现香叶醇、芳樟醇、月桂烯、顺-玫瑰氧化物、1-辛烯-3-醇、反-玫瑰氧化物、香茅醇、香叶醛、己醛和反-2-壬烯醛在不同品种荔枝中 OAV 值较大，认为它们对荔枝果实风味有重要贡献。Feng 等[155]通过最大稀释倍数（FD）法鉴定香气物质，认为香叶醇、芳樟醇、月桂烯、顺-玫瑰氧化物、呋喃醇、橙花醇、和 1-辛烯-3-醇是甜心荔枝香气的关键香气成分。结合文献分析，香叶醇赋予荔枝花香和甜香味、芳樟醇有花香味、月桂烯有草香松树味、顺-玫瑰氧化物有玫瑰花香味、1-辛烯-3-醇有蘑菇样的风味，被认为是荔枝果实的特征香气成分。但董晨等[156]认为正己醛对荔枝新品种冰荔香气贡献较大（表 6-24）。

表 6-24　荔枝果实的主要香气物质[156]

特征香气	风味描述	风味稀释因子	阈值/mg · L^{-1}
香叶醇	花香/甜香	512	0.04
芳樟醇	花香	32	0.006
月桂烯	草香/松树	16	0.015
顺-玫瑰氧化物	花香/玫瑰	8	0.0005
1-辛烯-3-醇	蘑菇	8	0.001
呋喃醇	甜香/焦糖	128	
橙花醇	花香/甜香	64	
香茅醇	柑橘		0.04
反-玫瑰氧化物	花香/玫瑰		0.0005
香叶醛	柠檬/薄荷		0.032
己醛	草香		0.0045
反-2-壬烯醛	青香/叶		0.017

注：香气物质的阈值均为在水中的阈值浓度。

荔枝加工产品的种类较多，荔枝干、荔枝罐头、荔枝汁和荔枝酒是荔枝的主要加工产品，香气也是评价加工产品的重要指标之一。荔枝干的主要香气物质及主要成分与新鲜荔枝有很大差异。郭亚娟等[157]发现荔枝干主要香气物质是醇类、烃类、酮类、酯类和醛类，主要成分为丁香烯、D-柠檬烯、可巴烯、苯甲醇和苯乙醇等。荔枝罐头是第二大荔枝加工品[158]，Peter等[159]在荔枝果肉、荔枝罐头和"Gewurztraminer"荔枝酒3种产品中均发现顺-玫瑰氧化物、芳樟醇、香叶醇、呋喃醇、香橼醇、2-苯乙醇、乙酸苯酯、2-甲基丁酸乙酯、己酸乙酯/异己酸乙酯、异丁酸乙酯、*α*-大马士酮和香兰素等12种常见的气味活性挥发性化合物。荔枝汁除本身可作为果汁或果汁饮料产外，也可作为荔枝酒、荔枝醋等高附加值产品的原料。移兰丽等[160]发现市售荔枝汁的挥发性物质种类明显比鲜荔枝汁高，仅有D-柠檬烯和苯乙醇是其共有的主要挥发性物质。荔枝酒是荔枝产业最优势的加工产品形式，Zhao等[161]用搅拌棒孢子萃取法（SBSE）结合气相色谱-质谱联用法从黑叶荔枝酒和蒸馏酒中检测出128种不同类型的芳香化合物，与新鲜荔枝香气种类不同的是，酯类物质含量较高。*β*-大马士酮、芳樟醇、丁酸乙酯、异戊酸乙酯、己酸乙酯、顺-玫瑰氧化物和反-玫瑰氧化物是荔枝酒和蒸馏酒特征香气。

6.4.1.4 芒果的特征香气成分

芒果（*Mangifera indica* L.）是漆树科杧果属植物，俗称芒果。常绿大乔木，高10~20 m；树皮灰褐色，小枝褐色，无毛。叶薄革质，常集生枝顶，叶形和大小变化较大，通常为长圆形或长圆状披针形。分布于中国、印度、孟加拉国、中南半岛和马来西亚。芒果为热带水果，汁多味美，还可制罐头和果酱或盐渍供调味，亦可酿酒。叶和树皮可作黄色染料。木材坚硬，耐海水，宜用于制作舟车或家具等。树冠球形，常绿，郁闭度大，为热带良好的庭园和行道树种。

刘等[162]比较广西百色地区台农、贵妃、红象牙、金煌、桂七芒的果实、果皮和果叶香气成分种类及其含量的差异，采用顶空固相微萃取和气相色谱-质谱联用技术对5种芒果的果实、果皮和果叶的香气成分进行测定，并对香气成分进行主成分分析。结果表明：从5个不同芒果品种的15个样品中共检测出66种主要香气成分，共检测出66种主要成分，其中烯类55种（单萜烯19种，倍半萜烯28种），芳香烃类9种，2种酯类，即以烯类为主，烯烃和酯类为辅，其中烯类又以单萜烯为主，共同作用形成芒果独特香气。不同芒果品种中香气成分的种类和相对含量差异明显，其中台农34种，贵妃29种，最多则是红象牙40种，金煌35种，而桂七17种占比最少。5个品种共含香气成分*β*-蒎烯、莰烯、*α*-蒎烯、*β*-罗勒烯、*γ*-松油烯、*β*-月桂烯、萜品油烯和石竹烯，但含量各不相同，同品种不同部位成分的种类和相对含量也有明显差异。

但上述研究报道中缺少对香气成分的感官评价，张等[163]以金芒、青芒、红玉和贵妃四种芒果为研究对象，应用电子舌技术和顶空固相微萃取-气相色谱-质谱联用技术，比较四个不同品种芒果之间的风味品质差异。根据张等[163]的研究表明，将四种芒果区分开的特征挥发性成分主要包括：(*E*,*Z*)-2,6-壬二烯醛（4.83%）、异松油烯（14.01%）、3-己烯-1-醇（20.47%）、芳樟醇（1.56%）（金芒）；2-蒈烯（2.15%）、(*E*)-罗勒烯（0.17%）、4-蒈烯（47.24%）（贵妃）；*α*-桉叶烯（5.03%）、己醛（2.27%）、(*E*)-3-己烯醛（3.50%）（青芒）；3-蒈烯（71.79%）、柠檬烯（3.49%）（红玉）。根据参考文献[164, 165]对芒果挥发性组分的香韵描述（表6-25），金芒的特征挥发性成分主要能呈现出青草味、花香、甜香以及松油味；贵妃种主要呈现出青草、花香、甜香以及松木香；青芒主要呈果香、香草味以及松木味；红玉主要呈果香以及松木味。

表 6-25 不同芒果品种挥发性成分中潜在标志物（VIP>1）[163]

项目	编号	物质	VIP 值	呈香
金芒	8	(*E*,*Z*)-2,6-壬二烯醛	1.05	青草以及甜香味
	36	3-己烯-1-醇	2.07	绿色嫩叶清香气味
	22	异松油烯	1.87	松木树脂味
	42	芳樟醇	1.24	玫瑰花香
贵妃	23	4-蒈烯	3.33	松木、甜香味
	18	2-蒈烯	2.81	甜香味
	21	(*E*)-*β*-罗勒烯	1.28	青草、花香并伴有橙花油气息
青芒	30	*α*-桉叶烯	1.62	果实香气
	3	(*E*)-3-己烯醛	1.58	香草味、松木味
	1	己醛	1.26	香草味
红玉	17	3-蒈烯	3.58	松木香气
	20	柠檬烯	1.28	柠檬果香味

最后通过感官分析进一步分析芒果的特征挥发性成分，基本代表了四种芒果的主要呈香成分。由香气强度雷达图（图 6-19）可知，四种芒果中贵妃整体香气强度最大，金芒、红玉次之，青芒最小；贵妃、金芒的“草香”“花香”和“甜香”等香气较为突出，强度高于青芒与红玉；青芒和红玉的“果香”香气强度高于贵妃和金芒；四种芒果在“松香”中强度差别不大。由此可初步推测，贵妃、金芒主要呈现“草香”“花香”和“甜香”等香气，而青芒、红玉则呈现“果香”等香气。此结果与芒果特征挥发性成分的呈香结果相比较发现，贵妃和金芒主要呈现“草香”“花香”以及“甜香”，而青芒和红玉主要呈现“果香”和“松木”等香气。因此，芒果香味感官鉴定结果进一步验证了采集到的芒果挥发性成分基本代表了四种芒果的主要呈香物质。

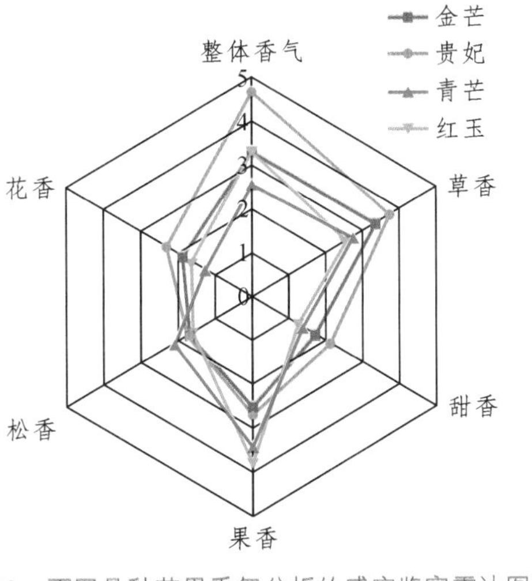

图 6-19 不同品种芒果香气分析的感官鉴定雷达图[163]

国外研究者 Munafo 等[166]以 Haden、White Alfonso、PrayaSowoy、Royal Special 和 Malindi 5 个芒果品种为研究对象，采用溶剂萃取-溶剂辅助风味蒸发（SAFE）法分离成熟果实中的芳香活性物质，并采用气相色谱-嗅觉法（GC-O）进行分析。其中首次报道了芒果中的16个化合物。结合FD因子的鉴定结果表明（图6-20），4-羟基-2,5-二甲基-3(2*H*)-呋喃酮是所有分析品种的重要香气化合物。在FD因子≥128的芒果品种中，至少有27种芳香活性化合物。这些气味的FD因子在每个芒果品种之间有明显的差异，这表明它们导致了不同品种独特的感觉特征。并研究了不同芒果品种的感官特性，结果显示，不同品种之间存在显著差异。Haden芒果的香味是典型的甜芒果味，带有强烈的水果味、热带味和椰子味。White Alfonso也表现出典型的甜芒果型香气，但比Haden的水果味少，而是表现出明显的萜烯味，这使它有别于所有其他研究品种。该品种的感官特征明显以强烈的绿色、草香气味为主，而其他气味的分数相当低。Royal Special芒果的整体香味包括典型的甜芒果味、明显的水果味、菠萝味和花香，尤其是强烈而独特的覆盆子味。Malindi的香气被描述为非常平衡的甜芒果香气，有菠萝般的、果香的、绿色的、热带的和温和的萜类气味，但没有任何特别的味道。

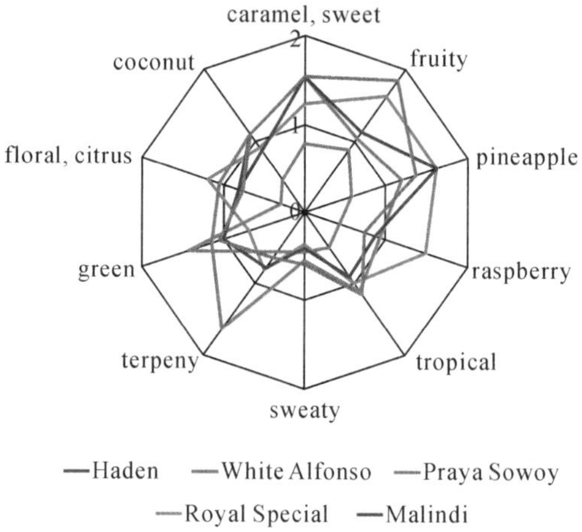

图6-20　5个芒果品种新鲜果肉的香气特征[166]

注：小组成员对每个强度进行评分，从0到3，以0.5个增量为单位，0 = 不可检测，1 = 弱，2 = 中等，3 = 强。

6.4.2　小　结

上述各项研究结果表明，对不同核果类物质的主要特征香气识别，具有较大的应用价值：①探讨不同核果独特的香气成分，识别不同品种香气的差异，不仅可为其有效利用、品种筛选和品质提升提供科学依据，还可为食品香料添加剂的开发提供信息。②研究不同加工过程中香气成分变化，可为产品的深加工提供理论依据。

6.5　聚合核果

聚合核果属于聚合果类，是由一朵花中多个离生雌蕊发育而成的果实，每个雌蕊都形成一个独立的小果，集生在膨大的花托上。悬钩子属植物的果实如树莓、黑莓等均属于聚合核果，可食部分是每个小核果的中果皮。生活中常见的聚合核果有树莓、茅莓和蓝莓等。目前对于聚合核果类的香气成分分析技术有：气相-闻香（GC-O）技术、IMS 与气相色谱联用技术、固相微萃取 SPME-GC/MS 技术等。

6.5.1 聚合核果中特征香气成分

6.5.1.1 菠萝特征香气成分

菠萝[*Ananas comosus* (L.) *Merrill*]属于凤梨科（Bromeliaceae）凤梨属（*Ananas Merr.*）多年生单子叶常绿草本植物。菠萝是一种重要的热带经济水果，主要分布在泰国、菲律宾、巴西、印度尼西亚、哥斯达黎加、中国、印度、尼日利亚、墨西哥和越南等国家和地区。果实的种质、品种、栽培措施等因素往往决定果实风味的香气成分。据报道菠萝果实挥发性成已 380 多种，但是仅有一小部分有助于菠萝的香气[167]。

果实香气作为菠萝的重要品质指标之一，在菠萝品种、成熟时期、种植区域不同时香气成分也会发生变化。根据 Pickenhagen 等[168]报道菠萝香气成分最多的是酯类，特别是己酸乙酯和己酸甲酯含量很高，形成菠萝的特有的香气。目前，已对不同品种[169, 170]、不同地区[171]、果实不同季节[172]以及发育过程[173]的菠萝进行了相关研究，结果都表明，酯类成分是菠萝的主要香气成分，还有少量的醛、酸、酮等。

魏长宾等[174]通过 SPME-GC/MS 测定方法对菠萝香气成分的详细研究，在不同的菠萝品种中检测到了 120 多种可挥发性成分，而检测到的化合物的含量变异幅度均为 46.34%~87.02%，数量变异幅度均为 15~45 种。己酸甲酯、辛酸甲酯在 12 个品种均检测出，含量范围分别为 2.10%~40.36%、1.79%~14.95%，因此是菠萝重要的香气成分。并利用主成分分析法分析了菠萝果实香气成分，第 1 主成分主要以酯类和萜类为主，第 2 主成分主要以萜烯类为主，还有少量醇、醛和内酯等，第 3 主成分主要以酯类为主，这些主成分具有较强的代表性，可以作为评价菠萝果实香气品质的重要指标。

陈丽年等[175]用 GC-O 方法对三种菠萝（JZ、NN、XS）的香气成分进行了研究，其结果如表 6-26 所示。三种菠萝总共鉴定出 42 种香气物质，其中 JZ、NN 和 XS 分别鉴定出 27 种、32 种、30 种香气物质。由此可知，酯类物质是占比最大的香气物质，总共鉴定出 24 种酯。而在所有酯类物质中，丁酸甲酯、2-甲基丁酸甲酯和己酸甲酯的香气强度是较强的，说明这三种物质对菠萝的香气有很大的贡献。除此之外，从香气强度得分结果看出 3-甲硫基丙酸甲酯和 3-甲硫基丙酸乙酯的香气强度较高，对菠萝香气的贡献也较大。

表 6-26 香气物质的 GC-O 结果[175]

序号	化合物	RI^{A}		鉴定方法^{B}	香气描述	香气强度					
		Innowax	DB-5			JZ	RSD /%^{E}	NN	RSD /%	XS	RSD /%
1	乙醛	737	381	AD, RI, Std	果香，青香	—	—^{D}	1.2	8.33	—	—
2	乙酸甲酯	836	548	AD, RI, Std	果香，青香，朗姆酒香	2.1a^{C}	7.16	4.5b	3.42	3.3c	4.68
3	丙硫醇	868	610	AD, RI, Std	卷心菜香，洋葱香	—	—	4.0	3.09	3.2	4.31
4	未知物 1	871	582	AD	脂肪香	—	—	—	—	—	—

续表

序号	化合物	RI[A]		鉴定方法[B]	香气描述	香气强度					
		Innowax	DB-5			JZ	RSD /%[E]	NN	RSD /%	XS	RSD /%
5	乙酸乙酯	897	616	AD, RI, Std	果香，甜香，青香	3.0a	5.15	2.3b	6.74	2.0b	7.51
6	丙酸甲酯	915	642	AD, RI, Std	草莓香，苹果香	5.5a	3.76	3.4b	4.45	4.1c	5.12
7	2-甲基丙酸甲酯	931	697	AD, RI, Std	花香，苹果香，菠萝香	3.2a	7.95	2.6b	4.38	2.5b	4.68
8	丙烯酸甲酯	949	607	AD, RI, Std	—	2.4a	2.37	3.3b	3.46	2.0c	5.00
9	2-甲基丙酸乙酯	973	754	AD, RI, Std	甜香，果香，朗姆酒香	—	—	3.3	4.58	—	—
10	丁酸甲酯	995	717	AD, RI, Std	苹果香，香蕉香，菠萝香	7.7a	2.69	9.0b	2.32	7.6a	2.63
11	2-甲基丁酸甲酯	1019	772	AD, RI, Std	苹果香，青香，花香	8.9a	1.12	9.2a	3.13	9.0a	1.69
12	异戊酸甲酯	1027	776	AD, RI, Std	果香，菠萝香，苹果香	6.4a	3.13	3.3b	6.37	5.7c	2.70
13	丁酸乙酯	1045	803	AD, RI, Std	果肉香，菠萝香，甜香	1.1a	5.09	2.2b	6.84	1.0a	5.97
14	2-甲基丁酸乙酯	1060	846	AD, RI, Std	葡萄香，菠萝香，芒果香	6.4a	3.63	7.3b	2.37	6.6a	3.03
15	3-甲基丁酸乙酯	1074	851	AD, RI, Std	甜香，苹果香，菠萝香	—	—	6.4	2.37	6.4	6.54
16	二甲基二硫醚	1083	760	AD, RI, Std	硫化物香，卷心菜香，奶油香	3.5	2.86	—	—	—	—
17	戊酸甲酯	1091	830	AD, RI, Std	甜香，苹果香，菠萝香	2.4a	6.28	2.7a	2.17	2.6a	6.66
18	2-丁烯酸甲酯	1114	760	AD, RI, Std	青香，果香	2.5	8.00	—	—	1.9	5.26
19	月桂烯	1179	983	AD, RI, Std	木香，柑橘香，热带水果香	—	—	2.7	7.41	3.4	5.09
20	己酸甲酯	1200	922	AD, RI, Std	果香，菠萝香	7.6a	2.02	7.4a	2.70	8.9b	3.63
21	柠檬烯	1203		AD, RI, Std	柑橘香，萜烯香，樟脑香	2.4	6.28	—	—	2.2	7.87
22	己酸乙酯	1241	999	AD, RI, Std	甜香，菠萝香，香蕉香	1.5a	6.67	2.2b	7.87	2.6c	5.95

续表

序号	化合物	RI[A]		鉴定方法[B]	香气描述	香气强度					
		Innowax	DB-5			JZ	RSD /%[E]	NN	RSD /%	XS	RSD /%
23	*E*-3-己烯酸甲酯	1272	933	AD, RI, Std	青香，甜香，香蕉香	4.7a	3.27	5.3b	2.90	5.4b	5.56
24	庚酸甲酯	1293	1025	AD, RI, Std	甜香，果香，花香	3.4a	1.71	3.0b	5.04	6.6c	2.30
25	*E*-3-己烯酸乙酯	1307	1003	AD, RI, Std	青香，甜香，菠萝香	—	—	3.0	5.04	1.8	5.56
26	未知物 2	1333	1032	AD	—	—	—	—	—	—	—
27	庚酸乙酯	1341	1108	AD, RI, Std	菠萝香，香蕉香	—	—	—	—	4.5	4.44
28	*E*-2-己烯酸乙酯	1355	1019	AD, RI, Std	甜香，青香，果香	—	—	1.6	3.53	1.5	6.67
29	辛酸甲酯	1396	1112	AD, RI, Std	青香，果香，柑橘香	1.4a	7.14	1.4a	8.45	1.1b	5.41
30	乙酸	1473	638	AD, RI, Std	酸香	0.6a	9.12	1.1b	9.09	0.7a	7.87
31	丙二酸二甲酯	1520	918	AD, RI, Std	果香	1.9a	5.26	3.2b	6.25	4.9c	3.14
32	3-甲硫基丙酸甲酯	1540	1023	AD, RI, Std	蒜香，芒果香，菠萝香	3.5a	7.56	4.3b	3.58	5.7c	6.60
33	3-甲硫基丙酸乙酯	1580	1072	AD, RI, Std	洋葱香，蒜香，菠萝香	—	—	4.7	2.44	3.9	3.95
34	未知物 3	1590	1109	AD	果香	—	—	—	—	—	—
35	癸酸甲酯	1600	1308	AD, RI, Std	酒香，果香，花香	0.7a	8.66	0.9b	6.19	1.2c	8.33
36	4-萜烯醇	1615	1178	AD, RI, Std	木香，泥土香，丁香香	2.4	6.45	—	—	—	—
37	γ-丁内酯	1657	915	AD, RI, Std	奶香，奶油香，果香	1.6	7.07	—	—	—	—
38	反,反-2,4-壬二烯醛	1712	1217	AD, RI, Std	热带水果香，鸡肉香	—	—	1.3	7.69	—	—
39	丙位己内酯	1727	1008	AD, RI, Std	椰子香，甜香	0.8a	6.93	1.0b	5.97	0.7a	7.87
40	反,反-2,4-癸二烯醛	1827	1286	AD, RI, Std	黄瓜香，柑橘香，南瓜香	—	—	0.9	6.66	—	—
41	正己酸	1867	975	AD, RI, Std	奶酪香，酸香	0.7	8.66	1.3	7.69	—	—

注：A—不同柱子的保留时间。

B—不同的鉴定方法：AD 表示香气描述，RI 表示保留指数，Std 表示标准物质鉴定。

C—字母 a~c 表示不同菠萝间同一香气物质的香气强度显著水平，由邓肯多重比较后得出。

D—“—”表示未检测出该物质强度。

E—“RSD”表示相对标准偏差。

为明确决定菠萝风味的物质，计算了每个化合物的OAV值，如表6-27所示。在JZ菠萝中,总共有15种香气物质的OAV大于1,其中2-甲基丁酸甲酯的OAV是最高的,为107193.1。在NN菠萝中，总共有18种香气物质的OAV大于1，其中OAV最高的为2-甲基丁酸乙酯（OAV = 7152.6）,作为NN菠萝的重要香气物质。在XS菠萝中,总共有15种香气物质的OAV大于1，其中OAV最高的是2-甲基丁酸甲酯（OAV = 28 896.6），说明该物质可以作为XS菠萝的重要香气物质。

表6-27　香气物质的OAV[175]

序号	化合物	阈值 ^{A}/μg·kg^{-1}	OAV		
			JZ	NN	XS
1	乙醛	25	ND^C	1<	ND
2	乙酸甲酯	1500	1<	1	1<
3	丙硫醇	3.1	ND	1<	1<
4	乙酸乙酯	3300	1<	2.32	1<
5	二乙硫醚	—^{B}	—	ND	ND
6	乙酸异丙酯	8000	1<	ND	ND
7	丙酸甲酯	4600	1.7	1<	1<
8	异丁酸甲酯	6.3	176.3	10.9	165.3
9	丙烯酸甲酯	—	—	—	—
10	丙酸乙酯	1900	1<	1<	1<
11	2-甲基丙酸乙酯	25	ND	3.3	ND
12	乙酸丙酯	2000	1<	1<	1<
13	丁酸甲酯	43	305.8	59.9	2.9
14	2-甲基丁酸甲酯	0.25	107 193.11	489.1	28 896.6
15	异戊酸甲酯	44	29.6	1.7	19.3
16	丁酸乙酯	400	1<	1<	1<
17	2-甲基-3-丁烯-2-醇	1140	1<	ND	ND
18	2-甲基丁酸乙酯	0.1	148.3	7152.6	1809.2
19	3-甲基丁酸乙酯	0.01	ND	1030.2	947.8
20	乙酸丁酯	66	ND	1<	ND
21	二甲基二硫醚	0.3	1.3	1<	ND
22	正己醛	21	1<	1<	1<
23	戊酸甲酯	44	1<	12.4	5
24	2-丁烯酸甲酯	—	—	ND	—
25	β-蒎烯	1500	1<	ND	ND
26	乙酸异戊酯	1600	1<	1<	1<
27	戊酸乙酯	44	ND	1<	1<
28	正丁醇	24 000	1<	ND	ND
29	月桂烯	13	ND	1.9	2.1
30	己酸甲酯	87	15.3	20	36.2
31	柠檬烯	60	1.1	ND	1<
32	桉叶油醇	4	ND	1<	1<
33	2-甲基吡啶	—	—	ND	ND
34	己酸乙酯	36	1<	11	3.5

续表

序号	化合物	阈值^{A}/μg·kg^{-1}	OAV		
			JZ	NN	XS
35	*E*-3-己烯酸甲酯	—	—	—	—
36	仲辛酮	50	ND	ND	1<
37	庚酸甲酯	4	2.8	4	14.5
38	*E*-3-己烯酸乙酯	25	ND	1	1<
39	庚酸乙酯	2.2	ND	ND	8.5
40	甲基庚烯酮	160	ND	ND	1<
41	*E*-2-己烯酸乙酯	14	ND	1.1	1.2
42	正己醇	1600	ND	1<	1<
43	甲酸己酯	—	—	ND	ND
44	叶醇	910	1<	ND	1<
45	辛酸甲酯	200	1<	1<	1<
46	*E*-2-辛烯醛	20	ND	1<	ND
47	3-糠醛	—	ND	—	ND
48	正庚醇	330	1<	ND	ND
49	乙酸	22 000	1<	1<	1<
50	癸醛	30	ND	1<	ND
51	异辛醇	—	—	ND	—
52	壬酸甲酯	—	—	ND	—
53	丙二酸二甲酯	—	—	—	—
54	3-甲硫基丙酸甲酯	180	2.4	3.7	1<
55	苯甲醛	1000	1<	1<	1<
56	1-辛醇	100	ND	1<	ND
57	甲酸辛酯	—	ND	ND	—
58	3-甲硫基丙酸乙酯	7	ND	27.5	2.4
59	癸酸甲酯	8.8	1<	1<	1.1
60	己酸己酯	6400	ND	ND	1<
61	4-萜烯醇	0.34	2.2	ND	ND
62	苯甲酸甲酯	110	1<	ND	1<
63	丁酸	1400	ND	ND	1<
64	γ-丁内酯	1	6.2	ND	ND
65	苯乙酮	65	1<	ND	ND
66	苯甲酸乙酯	400	ND	ND	1<
67	反,反-2,4-壬二烯醛	8	ND	1.4	ND
68	丙位己内酯	50	1.1	1<	1<
69	正戊酸	3000	ND	ND	1<
70	反,反-2,4-癸二烯醛	10	ND	1.6	ND
71	正己酸	93	1<	1.2	ND
72	3-巯基己醇	0.06	2.3	1<	1<
73	庚酸	640	ND	1<	ND

续表

序号	化合物	阈值 A/μg·kg^{-1}	OAV		
			JZ	NN	XS
74	苯酚	31	1<	ND	1<
75	辛酸	910	ND	1<	1<
76	壬酸	4600	ND	1<	ND
77	癸酸	130	ND	1<	ND

注：A—阈值从文献中获得。

B—“—”表示缺少阈值，无法计算 OAV 值。

C—“ND”表示此品种菠萝未检测出该香气物质。

最后通过重组实验，得出与真实菠萝样品最接近的香韵成分。得分最高的是果香韵，之后是甜香韵、花香韵、蔬菜香韵、酸香韵和青香韵。菠萝成分中最多是酯类化合物，而酯类的香气一般是果香韵气味（图 6-21）。

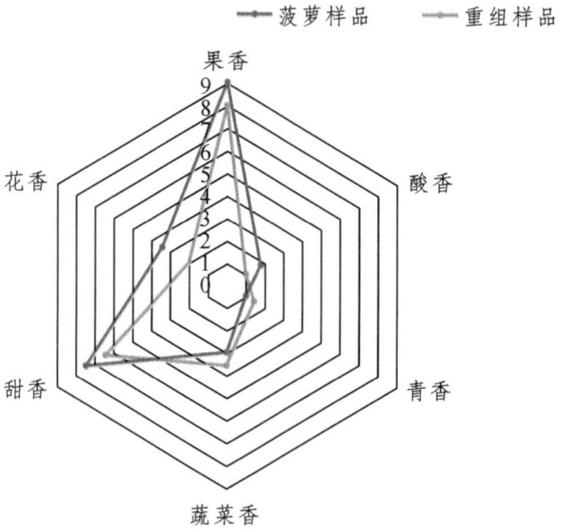

图 6-21　菠萝样品和重组样品的感官评价结果[175]

6.5.1.2　黑莓特征香气成分

黑莓（*Rubus* sp.）为多年生藤本植物，属于蔷薇科悬钩子属聚合果类。其果肉柔软多汁、风味独特，是具有丰富营养价值果类。黑莓也有非常高的药用价值，具有调节代谢、延缓衰老、消除疲劳和提高免疫力等作用，特别是具有降低胆固醇含量、防治心脏疾病和抗癌（降低化疗引起的毒副作用）的功效，被誉为水果中的“紫色生命果”[176]。而香气成分是构成水果风味的重要物质，也是决定果实品质的主要因素，研究其香气成分有助于了解果实的风味化学组成，对品种的选育及深加工有重要的意义。

黑莓挥发物的研究国外开展较早，而国内有关的研究报道较少。李维林等[177]在提取黑莓果实中的挥发油后经气质联用（GC-MS）进行分离和鉴定，研究结果显示，黑莓的主要挥发性物质是烯烃类物质。边磊等[178]通过 SPME 结合相色谱-质谱联用仪对蓝莓进行了挥发成分分析，选取赫尔和宝森两个黑莓品种，明确了两种果实中的主要特征香气成分，为黑莓品种的选育以及深加工中专用品种的选用提供技术指导（表 6-28）。

在边磊的研究中发现两个黑莓品种的挥发物成分中，分别检测出37种和39种挥发性物质，主要含有醇类、酯类、酸类、醛类、酮类等化合物。醇类是种类及含量最多的香气成分，2-庚醇、α-松油醇、4-松油烯醇在果实内含量较高。芳樟醇、2-己醇、6-甲基-5-庚烯-2-醇等是宝森中特有的醇。己醇、2-甲基丁醇、辛醇是赫尔中特有的醇。酯类也是两种果实中种类及含量较多的香气成分，其中宝森9种、赫尔12种。甲酸己酯、乙酸乙酯在两个品种中含量较多。酮类在两种果实中均检测到5种，2-戊酮的含量在宝森及赫尔中均为最高。乙酸是两种果实的主要挥发酸，且宝森的乙酸含量高于赫尔。这可能和宝森品种在酸度上比赫尔高有关。以上物质中2-庚醇、己醛、反-2-己烯醛、乙酸乙酯、2-甲基丁酸甲酯是两种黑莓共有的主要香气成分，是对黑莓果实香气产生重要贡献的化合物，而品种不同的黑莓主体香气成分存在部分差异。

表6-28 不同品种黑莓香气成分的种类及含量[178]

序号	保留时间/s	香气成分	含量/$\times10^{-6}$	
			宝森	赫尔
醇类				
1	1.71	乙醇	1.65	1.79
2	2.4	己醇	—	2.07
3	3.78	异戊醇	0.51	1.51
4	3.8	2-甲基丁醇	—	0.86
5	4.45	戊醇	0.62	0.79
6	7.01	叶醇	0.42	0.57
7	7.36	反-2-己烯-1-醇	2	1.18
8	8.58	2-庚醇	10.97	16.21
9	8.79	2-己醇	4.5	—
10	11.54	庚醇	0.3	0.3
11	11.92	1-辛烯-3-醇	0.24	0.52
12	12.54	6-甲基-5-庚烯-2-醇	0.54	—
13	14.18	2-乙基-己醇	0.67	0.6
14	16.13	辛醇	—	1.44
15	16.17	环氧芳樟醇	1.19	—
16	17.51	芳樟醇	32.42	—
17	21.04	4-松油烯醇	0.35	1.48
18	21.68	α-松油醇	8.48	1.02
19	24.66	香叶醇	1.55	0.5
酸类				
20	3.38	乙酸	3.46	1.09
酮类				
21	3.03	2-戊酮	1.78	2.05
22	3.16	3-戊酮	1.09	1.71
23	4.11	2-甲基-3-戊酮	0.55	0.52
24	8.23	2-庚酮	0.55	0.87
25	12.28	甲基庚烯酮	0.37	0.2
醛类				
26	5.26	己醛	1.08	2.77

续表

序号	保留时间/s	香气成分	含量/×10^{-6}	
			宝森	赫尔
27	6.27	糠醛	0.59	—
28	6.88	反-2-己烯醛	0.37	0.89
29	10.98	苯甲醛	0.35	1.53
30	17.69	壬醛	—	0.34
		酯　类		
31	2.31	乙酸乙酯	3.12	5.88
32	3.45	乙酸丙酯	—	0.97
33	3.56	丁酸甲酯	0.99	1.21
34	4.7	2-甲基丁酸甲酯	0.33	0.47
35	5.3	丁酸乙酯	—	2.57
36	5.69	乙酸丁酯	—	1.02
37	6.81	2-甲基丁酸乙酯	—	0.22
38	7.44	甲酸己酯	4.77	9.71
39	7.74	乙酸异戊酯	0.86	0.5
40	12.86	己酸乙酯	0.25	1.6
41	13.5	乙酸己酯	0.2	0.25
42	13.63	(*E*)-乙酸-2-己烯-1-醇酯	0.59	0.25
43	17.69	丁酸-1-甲基-己酯	0.59	—
		烃　类		
44	14.06	D-柠檬烯	0.64	1.01
45	15.49	γ-松油烯	—	0.27
46	16.87	4-蒈烯	0.29	—

注：①结果以3次试验的平均值表示。

②“—”表示未检出。

6.5.1.3　覆盆子特征香气成分

覆盆子为蔷薇科悬钩子属植物掌叶覆盆子（*Rubus chingii* Hu）近成熟的干燥果实，别名种田泡、翁扭、牛奶母，主产地是浙江、福建、贵州等。以其近成熟干燥果实入药，野生或半野生成熟果实常用于食疗和保健，其优势在于高营养、高抗性、无污染。其果实富含有机酸、糖类、维生素、黄酮及其苷类和生物碱等[179]化学成分。现代药理研究表明覆盆子具有抗诱变、延缓衰老和免疫增强等作用。因此，开发和利用覆盆子的药用价值具有广阔的前景。

钟才宁等[180]采用固相微萃取法提取贵州产的覆盆子挥发油，再用气相色谱-质谱(GC-MS)联用技术对其成分进行分析鉴定，在其挥发油中共鉴定出 56 个化合物，占挥发油总含量的98.37%。典灵辉等[181]采用水蒸气蒸馏法提取覆盆子挥发油，并通过气相色谱-质谱（GC-MS）联用技术对其成分进行分析鉴定，所得结果如表 6-29 所示。经过检索及核对标准质谱图，确定挥发油成分为 28 种，主要化合物有：正十六酸、黄葵内酯、正十二酸。而与李等[182]报道其挥发油主要成分为乙酸乙酯、甲酸乙酯、甲氧基次乙基乙酸酯，有所不同，造成差异的原因有可能是地域差异和分析方法等不同。

表 6-29 覆盆子挥发油成分及相对含量[181]

序号	保留时间/min	化合物	分子量	含量/%
1	7.47	正己酸	116	1.36
2	7.75	1-甲基-3-异丙基苯	134	0.49
3	8.21	反-芳樟醇氧化物	170	1.7
4	8.61	顺-芳樟醇氧化物	170	0.64
5	9.39	1,2,3,5-四甲基苯	134	0.52
6	9.49	杜烯	134	0.59
7	10.2	间-乙基芳合香烯	132	0.39
8	10.35	2,4-二甲基-1-乙烯基苯	134	0.45
9	11.11	2,6-二甲基环己醇	128	0.54
10	11.61	α-松油醇	154	0.7
11	22.51	正十二酸	200	4.55
12	24.25	正十六醇	240	0.92
13	25.88	正十四酸	228	2.79
14	26.63	六氢乙酰金合欢酮	268	1.06
15	26.72	邻苯二甲酸二异丁酯	278	0.7
16	27.02	邻苯二甲酸二丁酯 Dibutyl phthalate	278	1.23
17	27.33	正十五酸	242	2.41
18	27.63	正十六醛	240	0.76
19	27.77	14-甲基-十五酸甲酯	270	0.56
20	28.04	邻苯二甲酸正丁基,异丁酯	278	0.64
21	28.45	油酸	282	0.55
22	28.84	正十六酸	256	28.23
23	29.97	正十七酸	270	1.73
24	30.98	黄葵内酯	252	26.24
25	31.29	正十八酸	284	2.12
26	32.44	正十九烷	268	1.2
27	34.61	2-甲基十九烷	282	1.89
28	37.52	正二十烷	282	1.07

邓宝安等[183]对含覆盆子提取液的卷烟烟气的影响进行了研究，实验同样利用 GC-MS 对提取物进行分析，结果显示出共鉴定出 78 种成分，主要包含酯类、醇类、醛类、酮类和羧酸类物质。将提取物用于卷烟加香，添加覆盆子提取物后香气成分变得丰富，而其成分主要是酯类、醇类、醛类、酮类和羧酸类物质，且能够显著提升卷烟产品的清香、果香、甜香。

6.5.1.4 番荔枝特征香气成分

番荔枝（*Annona squamosa* Linn.）为番荔枝科，属落叶乔木。果肉滋味甜，口感细腻绵密，营养丰富，是热带地区代表性水果之一。番荔枝风味独特，不同品种番荔枝挥发性化合物组成和含量不同，因此导致了番荔枝香气的品种间差异[184]，故而香气可以作为番荔枝分类的重要参考指标。

杨等[185]将 IMS（Ion mobility spectrometry，IMS）与气相色谱结合使用表征番荔枝的风味成分，比较了番鬼荔枝、大目番荔枝、红番荔枝、刺果番荔枝的香气成分，见表 6-30。

表 6-30 番荔枝果肉挥发性化合物[185]

序号	英文名称	中文名称	保留指数（RI）	保留时间（Rt）/s	相对含量/μg·L^{-1}			
					番鬼荔枝	大目番荔枝	红番荔枝	刺果番荔枝
1	Coumarin	香豆素	1429.8	975.542	217.25±17.17^{c}	313.50±16.50^{d}	121.00±17.17^{b}	11.00±0.90^{a}
2	Linalool	芳樟醇	1104.9	485.11	307.13±13.07^{c}	210.20±11.47^{b}	292.97±8.01^{c}	11.98±2.65^{a}
3	gamma-Terpinene	γ-松油烯	1068.5	430.449	285.11±8.55^{c}	328.10±1.90^{d}	84.08±5.47^{b}	0.63±0.21^{a}
4	trans-beta-Ocimene	反式-β-罗勒烯	1048.6	401.501	304.00±3.10^{b}	326.29±3.71^{c}	324.43±2.84^{c}	0.41±0.10^{a}
5	1,8-Cineole	1,8-桉叶素	1032.8	379.653	324.47±5.41^{d}	289.61±5.60^{c}	262.44±9.05^{b}	0.12±0.02^{a}
6	Limonene	柠檬烯	1024.1	368.183	202.69±6.11^{b}	322.19±7.64^{d}	218.98±10.34^{c}	3.73±0.64^{a}
7	6-methyl-5-hepten-2-one	甲基庚烯酮	998.5	337.05	322.13±7.73^{b}	2.57±0.86^{a}	3.58±0.89^{a}	0.57±0.13^{a}
8	Myrcene	月桂烯	997.1	335.411	202.73±4.57^{b}	323.65±6.11^{d}	276.91±6.57^{c}	0.25±0.06^{a}
9	beta-Pinene	β-蒎烯	978.3	315.748	318.65±5.43^{b}	323.92±5.93^{b}	323.59±3.85^{b}	0.66±0.11^{a}
10	Camphene	莰烯	952.9	292.808	247.67±5.42^{c}	321.75±8.00^{d}	174.11±12.89^{b}	0.69±0.15^{a}
11	alpha-Pinene	α-蒎烯	937.7	280.792	313.19±5.60^{b}	323.55±6.37^{c}	318.12±3.11^{bc}	0.00±0.00^{a}
12	Benzaldehyde-M	苯甲醛-M	966.2	304.278	317.97±12.03^{d}	97.97±8.59^{c}	55.00±7.59^{b}	13.75±1.68^{a}
13	Benzaldehyde-D	苯甲醛-D	966.2	304.278	321.88±7.78^{c}	11.07±2.21^{a}	6.64±0.68^{a}	57.58±3.84^{b}
14	1-Hexanol	1-己醇	875.8	240.919	128.54±4.67^{b}	320.11±10.21^{c}	120.51±16.16^{b}	1.24±0.07^{a}
15	(*E*)-2-hexenol-M	*E*-2-己烯醇-M	854.6	229.439	52.52±1.98^{b}	322.73±7.44^{d}	253.03±1.53^{c}	0.99±0.12^{a}
16	(*E*)-2-hexenol-D	*E*-2-己烯醇-D	854.0	229.135	0.42±0.03^{a}	121.67±2.53^{c}	46.88±1.08^{b}	327.08±3.15^{d}
17	Dimethyl disulfide	二甲基二硫化物	742.4	177.909	121.26±4.19^{b}	118.65±3.20^{b}	327.03±2.97^{c}	0.32±0.04^{a}
18	2-Methylpropionic acid	2-甲基丙酸	795.6	200.946	323.27±6.73^{d}	225.61±6.73^{c}	79.69±2.78^{b}	3.37±0.63^{a}
19	Acetoin	乙缩醛	717.4	168.207	326.96±3.17^{d}	24.96±1.18^{c}	14.04±2.13^{b}	3.82±0.68^{a}
20	Ethyl Acetate	乙酸乙酯	613.2	138.268	309.91±5.04^{c}	4.26±0.20^{a}	103.80±2.48^{b}	328.36±1.49^{d}
21	Ethanol	乙醇	455.6	101.925	181.38±3.83^{b}	4.43±2.37^{a}	2.03±0.59^{a}	322.04±7.26^{c}
22	Acetone	丙酮	536.2	120.497	68.01±2.28^{b}	322.99±6.84^{d}	219.20±2.77^{c}	2.31±0.63^{a}
23	beta-Citronellol	β-香茅醇	1230.0	673.918	3.86±1.03^{a}	320.35±8.84^{d}	27.02±7.88^{b}	142.81±12.05^{c}
24	Benzyl acetate	乙酸苄酯	1177.2	594.187	6.47±3.24^{a}	321.37±9.88^{c}	5.39±1.09^{a}	140.20±1.87^{b}

续表

序号	英文名称	中文名称	保留指数（RI）	保留时间（Rt）/s	相对含量/μg·L^{-1}			
					番鬼荔枝	大目番荔枝	红番荔枝	刺果番荔枝
25	Hexanal	己醛	796.8	201.494	81.33±1.56^{b}	322.18±7.82^{d}	197.06±26.03^{c}	1.56±0.04^{a}
26	2-Hexanone	2-己酮	786.0	196.609	218.20±3.61^{c}	319.78±9.93^{d}	200.16±3.12^{b}	0.60±0.06^{a}
27	ethyl Propanoate-M	丙酸乙酯-M	725.1	171.099	2.68±0.32^{a}	320.16±9.42^{c}	63.50±1.55^{b}	1.79±0.21^{a}
28	ethyl Propanoate-D	丙酸乙酯-D	725.9	171.37	28.91±0.00^{b}	40.10±0.99^{c}	0.00±0.00^{a}	327.01±3.15^{d}
29	Butanal	丁醛	608.6	137.175	24.28±2.28^{b}	322.92±7.21^{d}	98.37±2.19^{c}	1.52±0.32^{a}
30	Ethyl octanoate-M	辛酸乙酯-M	1265.3	727.218	1.47±0.26^{a}	4.72±1.35^{a}	5.01±1.02^{a}	320.86±11.55^{b}
31	Ethyl octanoate-D	辛酸乙酯-D	1263.7	724.781	0.25±0.25^{a}	0.25±0.25^{a}	0.17±0.03^{a}	318.64±9.85^{b}
32	Hexyl butanoate-M	丁酸己酯-M	1210.4	644.372	1.65±0.39^{a}	6.18±0.24^{b}	4.53±0.71^{b}	327.94±2.57^{c}
33	Hexyl butanoate-D	丁酸己酯-D	1208.8	641.935	0.63±0.09^{a}	1.26±0.23^{a}	1.90±0.32^{a}	266.78±22.05^{b}
34	1-Octanol	1-辛醇	1082.6	451.478	2.17±0.49^{a}	2.71±0.70^{a}	2.71±0.42^{a}	302.91±23.52^{b}
35	Methyl octanoate-M	辛酸甲酯-M	1140.5	538.793	1.90±0.32^{a}	9.05±1.21^{a}	5.71±0.57^{a}	320.48±11.90^{b}
36	Methyl octanoate-D	辛酸甲酯-D	1141.7	540.65	0.23±0.05^{a}	0.34±0.05^{a}	0.57±0.02^{a}	313.33±14.46^{b}
37	(*E*)-2-octenal	*E*-2-辛烯醛-M	1052.8	407.596	63.39±2.14^{b}	1.86±2.14^{a}	5.59±0.78^{a}	315.55±19.29^{c}
38	(*E*)-2-octenal	*E*-2-辛烯醛-D	1052.8	407.596	1.43±0.12^{a}	3.36±0.25^{a}	0.00±0.00^{a}	319.64±8.99^{b}
39	Ethyl hexanoate	己酸乙酯	1009.1	349.371	0.17±0.02^{a}	4.49±0.26^{b}	0.56±0.05^{a}	328.82±1.05^{c}
40	Methyl hexanoate	己酸甲酯	932.8	277.095	11.42±0.28^{b}	40.29±0.55^{c}	3.24±0.30^{a}	328.66±1.73^{d}
41	Ethyl 4-methylpentanoate	4-甲基戊酸乙酯	976.9	314.283	3.88±0.09^{b}	21.92±0.33^{c}	1.10±0.03^{a}	329.32±0.64^{d}
42	Ethyl butanoate	丁酸乙酯	799.2	202.593	1.48±0.08^{a}	48.57±0.80^{b}	1.57±0.38^{a}	328.52±1.30^{c}
43	2-heptanone	2-庚酮	898.3	254.065	1.33±0.00^{a}	1.71±0.00^{a}	0.44±0.05^{a}	327.09±4.71^{b}
44	Butyl acetate	乙酸丁酯	815.1	209.889	0.77±0.05^{a}	3.10±0.34^{a}	10.85±1.34^{a}	316.83±11.93^{b}
45	Methyl 2-methylbutanoate	2-甲基丁酸甲酯	779.6	193.784	0.44±0.03^{a}	13.71±2.56^{b}	0.77±0.09^{a}	322.65±6.53^{c}
46	Propyl acetate	乙酸丙酯	735.2	174.995	21.96±0.85^{b}	21.96±0.85^{b}	0.56±0.07^{a}	326.84±4.12^{c}
47	3-Methylbutanol	3-甲基丁醇	744.9	178.918	34.28±1.73^{b}	0.75±0.09^{a}	6.78±0.00^{a}	316.82±12.50^{c}
48	2-Pentanone	2-戊酮	691.6	159.304	13.91±0.08^{b}	12.49±0.41^{b}	0.43±0.04^{a}	328.15±1.73^{c}
49	3-Methylbutanal	3-甲基丁醛	672.0	153.305	0.75±0.17^{a}	4.48±0.56^{a}	156.88±1.48^{b}	320.66±8.39^{c}

注：不同小写字母表示差异显著（$P<0.05$）。

为进一步验证数据之间的相关性，获得不同品种番荔枝的特征风味成分。杨等采用 LAV 软件 Dynamic PCA 插件对番荔枝果肉样品进行分析，实验结果如图 6-22 所示：前两个主成分上方差累计贡献率 91.986%，其中第一主成分（PC1）是 73.285%，第二主成分（PC2）是 18.701%。在主成分分析图中，可以直观看到区分度明显。在获取了四种番荔枝的挥发性成分后，进一步结合样品风味物质的得分与载荷图（图 6-23）可知：刺果番荔枝（d）与酯类和酮类化合物距离较近，说明刺果番荔枝（d）中酯类、酮类化合物含量较高，更多地呈现出花果类香气；番鬼荔枝（a）与苯甲醛等醛类化合物距离较近，即番鬼荔枝（a）中苯甲醛含量较高，而苯甲醛通常表现为苦杏仁香气；蒎烯、松油烯、罗勒烯、月桂烯、柠檬烯、莰烯等萜烯类化合物与红番荔枝（c）位置接近，说明红番荔枝（c）含有上述多种的萜烯类化合物，因此香气以萜烯类化合物呈现的草本类香气为主。

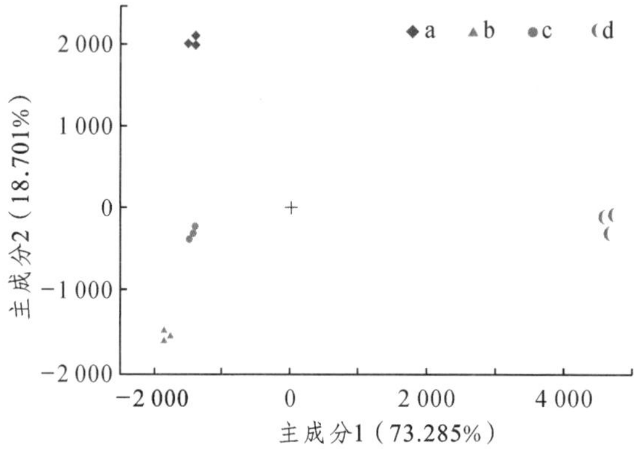

图 6-22　番荔枝果肉样品主成分分析[185]

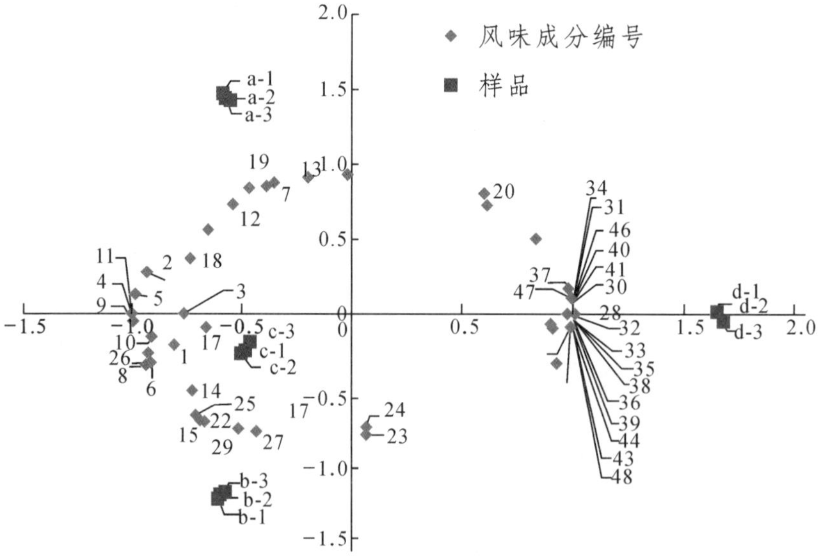

图 6-23　番荔枝风味成分得分与载荷图[185]

乔飞等[186]则是利用固相微萃取气质联用（SPEM-GC/MS）技术研究了番荔枝叶片的香气成分，并研究了风味特征成分的组成分析。山刺番荔枝叶片的挥发性芳香物质如表 6-31 所示。

表 6-31 山刺番荔枝叶片中主要挥发性物质组成[186]

序号	保留时间/min	相对含量/%	分子式	化学物质登录号	名称
1	2.64	1.04	$C_5H_{10}O$	590-86-3	异戊醛
2	5.29	4.22	$C_6H_{12}O$	66-25-1	正己醛
3	6.71	9.05	$C_6H_{10}O$	6728-26-3	叶醛
4	7.65	1.16	C_8H_8	100-42-5	苯乙烯
5	8.84	12.87	$C_{10}H_{16}$	7785-70-8	α-蒎烯
6	9.92	4.71	$C_{10}H_{16}$	3387-41-5	桧烯
7	10.07	12.60	$C_{10}H_{16}$	127-91-3	β-蒎烯
8	10.39	10.95	$C_{10}H_{16}$	123-35-3	月桂烯
9	11.47	4.55	$C_{10}H_{16}$	5989-27-5	(+)-柠檬烯
10	11.56	6.77	$C_{10}H_{18}O$	470-82-6	桉叶油醇
11	11.90	2.43	$C_{10}H_{16}$	13877-91-3	罗勒烯
12	19.84	1.19	$C_{15}H_{24}$	22469-52-9	(+)-环苜蓿烯
13	20.00	10.42	$C_{15}H_{24}$	3856-25-5	可巴烯
14	20.96	4.24	$C_{15}H_{24}$	87-44-5	β-石竹烯
15	22.54	1.18	$C_{15}H_{24}$	29873-99-2	γ-榄香烯
总计	—	87.38	—	—	—

为了能更直观地表达其整体香韵，将每种香料物质气味的量化值和相对含量结合，绘制成了香韵分布雷达图（图 6-24）。从图中可以清楚地看到该叶片香味共涵盖 25 种香型。

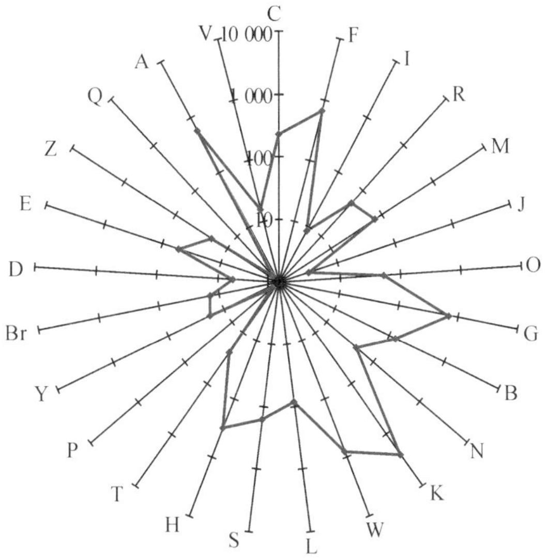

A—脂肪香；B—冰凉香气；C—柑橘香气；D—乳酪香；E—食品香气；F—果香；G—青香；H—药草香；I—鸢尾香；J—茉莉香；K—松柏香；L—芳香族化合物香气；M—铃兰花香；N—麻醉性香气；O—兰花香气；P—苯酚气味；Q—香膏香；R—玫瑰香味；S—辛香味；T—烟焦味；V—香荚兰香；W—木香；Y—土壤香；Z—有机溶剂气味；Br—苔藓气味。

图 6-24 山刺番荔枝叶片香韵分布雷达图[186]

其中，松柏香荷载最大，其次为木香。此外还有，果香、脂香、青香、药香、苯酚气味、柑橘香气和辛香味。这些香味载荷都较大，可以视为构成山刺番荔枝叶片的主要香韵。山刺番荔枝叶片具有明显的辛香味，经化合物香味综合分析发现，该叶片的香气由多种香味混合而成，香韵复杂。荷载最高的为松香，辛香的荷载排第 8 位。对辛香荷载有贡献的香料物质有叶醛、苯甲醛、β-石竹烯和 α-水芹烯。其中最大的为叶醛，可以认为是辛香味的主要来源。

徐子健等[187]则是研究了山刺番荔枝不同生长时期的多种芳香物质。从图 6-25 中我们可以清楚地看到，青果期果实香味共涵盖 14 种香型，其中，青香荷载最大，其次为果香；而转白期果实香味则涵盖了 23 种香型，在 3 个阶段中涵盖香型最多，其中，荷载最大的为果香。从各个时期香韵分布雷达图的整体来看，山刺番荔枝的果实香型随着成熟度的变化由以青香、果香香韵为主，向多种香韵逐渐均衡转变。

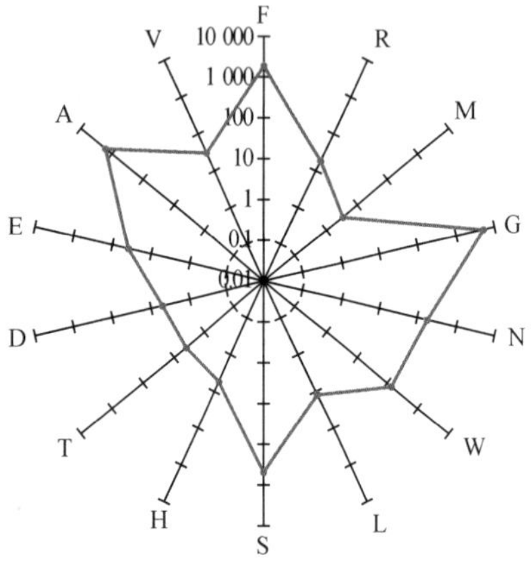

（a）青果期

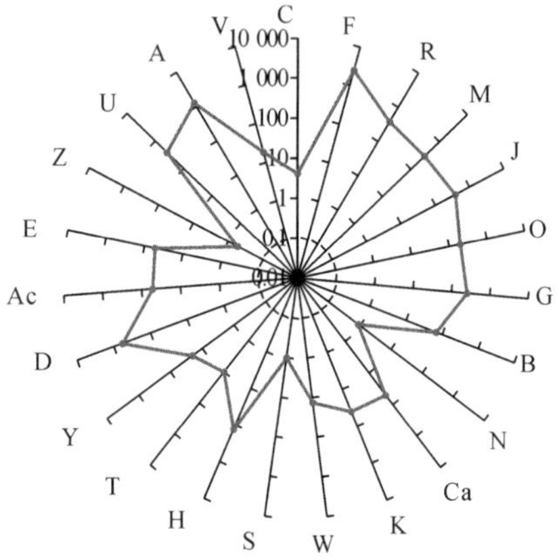

（b）转白期

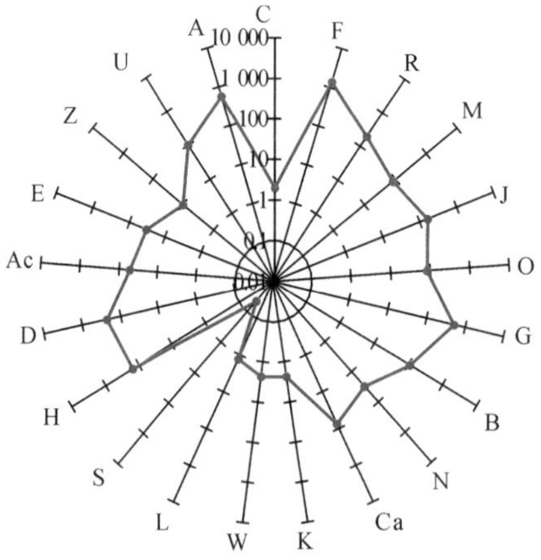

（c）成熟期

A—脂肪香味；B—冰凉香气；C—柑橘香气；D—乳酪香；E—食品香气；F—果香；G—青香；H—药草香；J—茉莉香；K—松柏香；L—芳香族化合物香气；M—铃兰花香；N—麻醉性香气；O—兰花香气；R—玫瑰香味；S—辛香味；T—烟焦味；U—动物香；V—香荚兰香；W—木香；Y—土壤香；Z—有机溶剂气味；Ac—酸味；Ca—樟香。

图 6-25　山刺番荔枝果实不同时期香韵分布雷达图[187]

6.5.2 小　结

研究聚核果类香气成分的作用可体现在以下一些方面：①有助于了解果实的风味化学组成，对品种的选育及深加工有重要的意义。如魏长宾等[174]的研究结果表明，利用菠萝重要的果实品质指标-果实香气成分来进行多样性分析的结果与分子生物学技术手段获得的结果存在一定差异，反映了香气成分遗传的复杂性，难以评价菠萝果实的香气品质，但利用菠萝香气成分的主成分分析确定的 3 个主成分，可以在一定程度上对菠萝果实香气品质进行评价，有助于挖掘利用菠萝种质资源和加快菠萝品种选育进程。②有助于进行其资源挖掘和利用。如通过香气物质分析表明，番荔枝在转白期果实香型种类最多，香韵特征最明显，同时也是食用或提取香精的最佳阶段。③可以用于指导选取适宜生长的区域气候、土壤条件、地理环境等。

6.6 柑　果

柑果，肉质果的一种，属于真果，是芸香科柑橘属植物特有的果实类型。由复雌蕊形成，外果皮呈革质，软而厚，有精油腔；中果皮较疏松；中间隔成瓣的部分是内果皮。外果皮坚韧革质，有很多油腺，中果皮疏松髓质，有维管束分布其间。向内生有许多肉质多浆的肉囊，由合生心皮的上位子房形成，其内产生许多多汁的毛囊，为食用的主要部分。而生活中常见的柑果有：橘子、砂糖橘、橙子、柠檬、青柠、柚子、金橘、葡萄柚、香橼、佛手、指橙、黄皮果等。

柑果类的香气成分分析目前主要应用的分析技术主要有 GC-MS[188]、HS-SPME-GC-MS[189]、GC-GC[190]等。Zhang 等[188]采用 GC-MS 检测出 48 个宽皮柑橘种质的汁胞香气物质主要为 α-蒎烯、香桧烯、β-蒎烯、β-月桂烯、D-柠檬烯和 γ-萜品烯等。Njoroge 等[191]用冷榨法提取日本不同地区的佛手油，同样使用气相色谱-质谱（GC-MS）进行分析得出每种油的单萜成分都超过 90%。单杨等[189]采用 HS-SPME-GC-MS 鉴定出温州蜜柑精油中主要香气物质为异柠檬油精、2-(1-甲基乙缩醛)-二环[2,2]庚烷、4-甲基-1-(1-甲乙基)-环己烯、β-香叶烯等。

6.6.1 柑果中特征香气成分

6.6.1.1 柑橘特征香气成分

宽皮柑橘是指芸香科柑橘属植物中一类果皮宽松、容易剥皮的柑橘，包括柑类（Manda-rins）和橘类（Tangerines）等。柑橘果实的风味由糖、酸和香气物质共同决定[192]。可使用顶空固相微萃取（HS-SPME）联合气相色谱-质谱（GC-MS）香气物质对样品整体香气的贡献程度，筛选出各品种的特征香气物质，可为果实评价和加工提供参考。

陈等[193]基于 GC-MS 在柑橘中检测出的 65 种香气物质中，共有 21 种香气化合物的 OAV 值大于 1，包括 8 种单萜类、7 种单萜烯类、4 种醛类、1 种酮类和 1 种倍半萜烯类（表 6-32）。综合分析可看出砂糖橘、椪柑、温州蜜柑和红橘香气品质的主要贡献物质是芳樟醇和 β-香茅醇，而瓯柑则是芳樟醇和 β-水芹烯。

表 6-32 香气物质的风味阈值及在宽皮柑橘果肉中的香气活性值（OAV 值）[193]

化合物	阈值	香气特征	砂糖橘	椪柑	温州蜜柑	红橘	瓯柑
(*E*)-2-己烯醛	0.1	青香味、草香味	2.07	0.00	0.00	0.00	0.00
β-水芹烯	0.013	柑橘味	96.34	28.30	0.00	94.06	30.29
辛醛	0.082	典型的柑橘香气	13.39	15.79	0.00	49.66	0.00
β-月桂烯	0.099	天竺葵味	86.56	26.23	16.93	114.50	17.25
D-柠檬烯	10	柑橘味、水果味	50.17	16.92	6.18	40.52	10.51
反式-*β*-罗勒烯	0.034	草花香并伴有菊花油气息	4.83	0.00	8.16	7.62	0.00
顺式-*β*-罗勒烯	0.06	草香、花香	21.58	2.55	6.50	15.44	14.43
γ-萜品烯	0.26	松树香气、柠檬味	76.53	37.42	22.73	101.23	19.34
芳樟醇	0.008	柑橘味、佛手柑味	657.67	1291.80	662.86	1250.88	359.77
β-香茅醛	0.025	柚香味	12.19	0.00	0.00	0.00	0.00
(−)-4-松油醇	0.33	紫丁香味	5.93	5.05	7.63	27.00	1.93
α-萜品醇	0.3	紫丁香味	6.69	4.24	9.26	11.09	3.45
癸醛	2	花香味、柑橘味	3.14	1.28	0.21	0.36	0.75
β-香茅醇	0.002	玫瑰香、松脂香	1521.06	304.36	246.36	3011.37	0.00
紫苏醛	0.062	浓烈的紫苏香味	18.63	0.00	0.00	0.00	5.94
香叶基丙酮	0.06	具有木香以及热带水果的果香	3.17	0.00	14.87	0.00	0.00
α-金合欢烯	0.16	花香、木香和青草香	3.01	1.62	2.49	0.00	0.00
香叶醛	0.1	柠檬香气	0.00	3.20	63.30	141.43	0.00
α-萜品烯	0.26	具有柑橘和柠檬似香气	0.00	1.30	1.99	5.06	1.16
(*E*)-2-壬烯醛	0.035	黄瓜、柑橘香气	0.00	0.00	9.41	0.00	0.00
橙花醛	0.1	柠檬香气	0.00	0.00	35.54	0.00	0.00

注：① 风味阈值用于计算 OAV 值，风味阈值来源于 Leffingwell web page（www.leffingwell.com），代表在水中的阈值。
②物质的香味特征参考相关文献。

醛类在果类物质中具有柑橘味和清香味，其总含量在砂糖橘和红橘中较高，而在椪柑和瓯柑中却较少，在温州蜜柑中最低，说明在砂糖橘和红橘中有较强的清香味。香叶基丙酮具有木香以及热带水果的果香，在砂糖橘和温州蜜柑中均检测得到，其中在温州蜜柑中的含量较高。其中，单萜烯类含量最高，而在单萜烯类中 D-柠檬烯是含量最高的物质并具有柑橘味和水果味；其次为 *γ*-萜品烯和 *β*-月桂烯，*γ*-萜品烯和 *β*-月桂烯分别具有松树香气、柠檬味和天竺葵味。通过 OAV 值分析可知，两者在砂糖橘和红橘中含量较高且 OAV 值较大，在温州蜜柑和瓯柑中的含量和 OAV 值却较低。因此，两者其对砂糖橘和红橘的香气作用更大。

在分析了 OAV 值大于 1 的 21 种香气物质后，需要进一步主成分分析（PCA）和聚类分析（HCA），揭示数据背后的风味结构（图 6-26）。从图中结果显示：温州蜜柑、红橘、瓯柑、砂糖橘和椪柑明显被区分开。

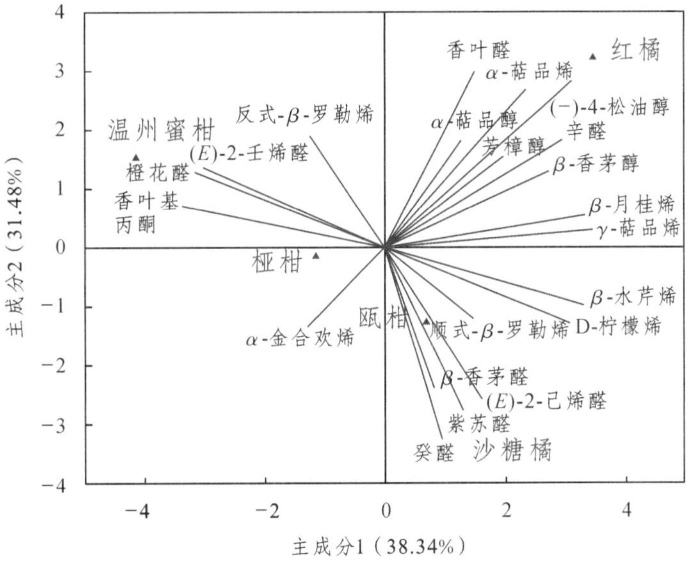

图 6-26　宽皮柑橘果肉特征香气成分的主成分分析（PCA）[193]

金等[194]则是基于 HS-SPME-GC-MS 分析技术对 5 种宽皮柑橘果肉进行分离鉴定，研究进一步对温州蜜柑的 OAV 值进行了计算。研究显示共分离出 65 种香气物质，确定了 21 种 OAV 值，结果如表 6-33 所示。根据陈光静等[44]的划分，OAV 值大于 500 可以认为对香气影响显著。由表中可以看到，OAV 值超过 500 的香气成分有对异丙基甲苯（芳香味）、2-辛烯醛和柠檬烯（果香），其中对异丙基甲苯的 OAV 值超过了 10 000，可认为这些成分对柑橘香气具有显著贡献，OAV 值在 100~500 的香气成分有正辛醛（橘皮味）、壬醛（薰衣草味）、异丁酸异丁酯（甜味）和甲苯（甜香），可认为这些成分对柑橘总体味道起调香作用。

表 6-33　温州蜜柑汁主要香气化合物的香气活性值（OAV）分析[194]

种类	香气描述	香气阈值 /μg·mL^{-1}	香气活性值（OAV）					
			A1	A2	B1	B2	C1	C2
醇　类								
正壬醇	尘土味、油脂味、未成熟花香味	0.0455	88	154	—	—	—	—
3-己烯-4-醇	蔬菜味、草香	3.7	4	2	4	2	6	—
香叶醇	类玫瑰味、类柑橘味	0.04	—	75	—	150	100	—
芳樟醇	麝香味	0.113	—	416	—	124	—	—
α-松油醇	木香	0.25	—	—	32	—	—	148
4-萜烯醇	陈旧教室味	0.35	—	—	—	—	89	80
醛　类								
乙醛	苹果香、水果味	0.151	86	113	—	—	139	12
正辛醛	橘皮味、脂肪味、刺鼻	0.233	107	163	296	163	245	300

续表

种类	香气描述	香气阈值/μg·mL^{-1}	香气活性值（OAV）					
			A1	A2	B1	B2	C1	C2
壬醛	未熟水果味、脂肪味、薰衣草味	0.312	199	349	439	330	323	295
癸醛	未成熟水果味、肥皂味	0.204	34	49	64	50	66	64
2-辛烯醛	绿叶味	0.03	—	—	4033	3500	—	—
酯类								
醋酸乙酯	菠萝味	7.5	—	—	1	8	24	18
异丁酸异丁酯	水果味、甜味	0.031	548	484	—	—	323	258
乙酸橙花酯	橙花玫瑰样香气	2	—	—	—	4	—	7
烯类								
月桂烯	青苔味	0.773	160	—	19	—	200	825
柠檬烯	水果味	13.7	642	782	631	543	886	1101
γ-松油烯	草香	3.26	49	179	101	79	169	506
萜品油烯	果香	0.2	70	220	45	35	705	625
2-蒎烯	松木、松脂味	1.65	15	19	10	—	—	9956
巴伦西亚橘烯	柑橘香、木香	4.756	47	26	19	9	23	24
烃类								
二氯甲烷		5.6	95	115	95	157	195	164
芳香族								
甲苯	轻薄花香、甜香	0.14	221	—	257	—	793	—
对异丙基甲苯	强烈芳香味	0.0065	56 154	89 846	50 615	39 692	84 923	254 000

注：A1—浙江官川；A2—浙江尾张；B1—湖北官川；B2—湖北尾张；C1—湖南官川；C2—湖南尾张。

6.6.1.2 佛手特征香气成分

佛手柑是芸香科（Rutaceae）柑橘属（*Citrus*）常绿小乔木植物的果实，其独特的芳香味受到大众的喜欢，而其香气主要来源于萜烯类、倍半萜烯类、高级醇类、醛类、酮类以及酯类等物质[195]。

宋等[196]利用 GC-MS 的检测来计算 OAV 值，结果如表 6-34 所示。共有 23 种物质 OAV 大于 1，被认为是金佛手香气的关键组分，其中有 18 种物质 OAV 大于 10，有 10 种物质 OAV 大于 100，而柠檬烯、异松油烯、芳樟醇的 OAV 甚至超过 1000。这些物质可被认为是金佛手中必不可少的香气物质。这些物质根据香气特征可进一步分为两大类，一类是以柠檬烯、柠檬醛、橙花醛和甲基庚烯酮为代表的具有柠檬味的果香和青香；另一类是以 α-蒎烯、β-蒎烯、γ-松油烯、异松油烯、芳樟醇、香茅醛为代表的具有强烈萜类物质特征的木青气息、花香和药草香气。从下表分析可知金佛手的主体香韵为柑橘气息、木青气息、药草香和果香。

表 6-34 金佛手中挥发性物质的 OAV（OAV > 1）[196]

化合物	代码	阈值 /mg·kg^{-1}	香气描述	金佛手肉 OAV		金佛手皮 OAV	
				HS-SPME	P&T	HS-SPME	P&T
萜烯类							
α-蒎烯	C1	0.19	新鲜樟脑、木香	25.26	7.37	16.84	5.79
石竹烯	C2	0.41	木香、丁香	20.73	18.54	72.93	38.29
月桂烯	C3	0.1	胡椒香、辛香	83.26	66.32	132.19	74.01
β-蒎烯	C4	1.5	干木气息、树脂样气息	57.13	24.20	56.80	17.53
柠檬烯	C5	0.2	柑橘香、药草香	2553.52	1775.23	3337.43	2025.10
γ-松油烯	C6	2.1	木香、柠檬香气	110.76	94.68	185.84	88.88
β-水芹烯	C7	0.5	薄荷、松脂气息	13.58		16.64	
异松油烯	C8	0.041	新鲜木香、柑橘香	293.61	773.22	1207.44	773.32
醛　类							
乙醛	C9	0.01	刺鼻的果香	9.88		39.96	
香茅醛	C10	0.006	花香、柑橘香	166.67	233.33	383.56	133.89
柠檬醛	C11	0.004	明显的柠檬香甜感	64.95	113.70	90.25	139.78
己醛	C12	0.0091	青香		175.82		131.86
橙花醛	C13	0.68	柑橘甜，似柠檬皮		3.24		3.68
醇　类							
芳樟醇	C14	0.001	玫瑰木青气息	955.00	3865.00	4107.00	3946.00
香茅醇	C15	0.04	玫瑰花香	41.33	59.43	133.00	103.83
叶醇	C16	0.91	青草香气		3.87		7.42
己醇	C17	2	空灵的果香、青香		0.85		1.71
α-松油醇	C18	5	柑橘、紫丁香花香、木香	0.52		2.12	
香叶醇	C19	0.01	玫瑰花香、果香	248.98	761.43	1198.87	1368.20
橙花醇	C20	0.68	柑橘、木兰香气	1.43	11.71	15.08	18.35
烷烃类							
对伞花烃	C21	2.1	新鲜的柑橘气息、木香	3.24	3.81	5.62	2.01
酯　类							
辛酸乙酯	C22	0.015	香蕉果香、似白兰地的酒香	13.33		20.20	
酮　类							
甲基庚烯酮	C23	0.16	柑橘、青香、霉味、柠檬草		10.12		28.44

虽然 OAV 值可作为评估风味贡献的重要参数，但是 OAV 值计算往往涵盖大量的定量工作，工作量较大。因此林等[197]将百分比引进 OAV 计算公式中得到新参数 ROAV，通过新公式计算得到了佛手香的主要贡献风味物质（表 6-35）。实验经过重新检测和计算，定义对样品香味贡献最大成分为 3-甲硫基丙醛，其 ROAV 值达到了 100，从而计算出其他风味成分的 ROAV。

表 6-35 佛手香黄挥发性风味成分的相对风味活度值[197]

物质名称	气味	阈值 /mg·kg^{-1}	ROAV							
			1-1	2-1	2-2	2-3	3-1	3-2	3-3	3-4
乙酸香叶酯	玫瑰薰衣草	0.1	0.12	0.20	0.46	0.39	0.84	2.30	0.16	1.00
香叶醇	花香	0.0075	12.14	30.70	36.86	20.85	22.28	27.80	21.33	23.16
α-松油醇-M	樟脑气味、辛辣味	0.3	0.26	0.56	0.65	0.40	0.43	0.49	0.45	0.47
α-松油醇-D	樟脑气味、辛辣味	0.3	0.16	0.66	0.79	0.38	0.44	0.65	0.36	0.41
苯并噻唑	炖肉味、肉汤味以及烧烤味	0.35	0.02	0.04	0.05	0.03	0.04	0.04	0.04	0.04
香茅醛	香茅、柠檬香气	0.01	6.57	16.80	19.71	10.96	8.33	12.43	6.48	7.94
香樟醇	木香	0.0015	10.35	31.29	37.40	25.61	34.02	52.52	24.86	33.11
β-罗勒烯	青香味、热带香韵、木香味以及花香味和蔬菜香味	0.034	0.74	1.93	2.36	1.58	1.58	2.33	1.05	1.37
柠檬烯-M	柠檬香气	1	0.06	0.11	0.14	0.00.8	0.08	0.09	0.10	0.10
柠檬烯-D	柠檬香气	1	0.08	0.21	0.26	0.16	0.17	0.23	0.17	0.17
α-萜品烯		0.085	0.20	0.44	0.52	0.35	0.34	0.38	0.42	0.45
1,8-桉叶油素-M	浓郁香味	0.0026	7.83	14.06	17.93	10.85	10.84	10.56	10.34	11.31
1,8-桉叶油素-D	浓郁香味	0.0026	3.55	8.94	11.92	5.72	5.29	5.50	3.79	4.03
3-蒈烯	宜人的花香	2.153	0.02	0.04	0.05	0.03	0.03	0.03	0.04	0.04
α 水芹烯-M	菠萝香	0.2	0.10	0.23	0.32	0.19	0.23	0.30	0.20	0.26
α-水芹烯-D	菠萝香	0.2	0.10	0.37	0.42	0.20	0.11	0.26	0.07	0.11
月桂烯-M	香脂气味	0.0166	1.13	2.21	2.75	1.79	2.06	1.78	2.33	2.38
月桂烯-D	香脂气味	0.0166	0.83	2.09	2.68	1.54	1.57	1.12	1.70	1.84
莰烯		1.86	0.01	0.03	0.03	0.02	0.03	0.04	0.02	0.02
α-蒎烯	松树、树脂香	0.15	0.11	0.43	0.52	0.33	0.31	0.54	0.18	0.20
5-甲基糠醛-D	杏仁味、焦糖味	6	0.01	0.02	0.03	0.01	0.01	0.01	0.01	0.01
2-乙酰基呋喃-M	杏仁味、焦糖味	1	0.02	0.03	0.05	0.04	0.05	0.06	0.03	0.06
2-乙酰基呋喃-D	杏仁味、焦糖味	1	0.01	0.01	0.01	0.01	0.01	0.01	0.01	0.01
戊酸	汗臭味	0.5	<0.1	0.01	0.02	0.01	0.01	0.01	0.01	0.01
甲硫基丙醛	煮马铃薯的香味、肉香及肉汤风味	0.000 04	100.00	100.00	100.00	100.00	100.00	100.00	100.00	100.00
2-呋喃甲醇-M	甜香、焦香、面包香、咖啡香	1	0.00	0.01	0.01	0.01	0.01	0.01	0.01	0.01
2-呋喃甲醇-D	甜香、焦香、面包香、咖啡香	1	0.02	0.03	0.04	0.02	0.01	0.01	0.01	0.01

续表

物质名称	气味	阈值 /mg·kg^{-1}	ROAV							
			1-1	2-1	2-2	2-3	3-1	3-2	3-3	3-4
糠醛-D	苦杏仁、面包香和咖啡香	8	0.01	0.01	0.02	0.01	0.01	0.02	0.01	0.01
(*E*)-2-己烯醛-M	水果香气	0.008	0.06	0.26	0.26	0.12	0.16	0.20	1.21	0.18
(*E*)-2-己烯醛-D	水果香气	0.008	0.14	0.40	0.44	0.40	0.09	0.11	0.08	0.08
乙醛	刺激、酸败味	0.21	0.01	0.05	0.07	0.03	0.01	0.00	0.01	0.01
戊醛	辛辣气息、稀释后有果香面包香	0.2	0.06	0.18	0.22	0.10	0.12	0.17	0.09	0.14
3-甲基丁醛	麦芽味（刺激的辛辣味）	0.000 25	6.81	9.18	9.78	9.71	13.45	15.72	35.35	20.12
乙酸乙酯	菠萝风味	7.5	0.01	0.03	0.03	0.02	0.01	0.01	0.02	0.01
正丁醛		0.005 26	0.32	0.92	1.39	0.54	1.11	0.70	1.25	0.47
2-甲基丙酸		1	<0.1	0.01	0.01	0.01	0.01	0.01	0.01	0.01
丙醇		0.007	0.12	0.40	0.32	0.35	0.14	0.27	0.28	0.31
3-甲基丁醇	刺激性、霉味、焦煳	0.000 25	32.17	61.65	72.20	47.72	23.97	35.90	23.21	31.42
(*E*)-2-庚烯醛		0.04	0.02	0.13	0.06	0.02	0.02	0.02	0.06	0.02
丙醛	青草、可可和咖啡味	0.007	2.70	5.38	7.04	3.66	4.02	4.47	6.08	5.13
2-甲基丁酸甲酯		0.000 25	5.83	38.54	56.52	14.45	1.86	1.66	2.21	1.75
乙酸异丁酯	香蕉味	0.3	0.00	0.01	0.01	0.01	0.00	0.00	0.00	0.00
2-庚酮	果香	0.01	0.01	0.02	0.03	0.04	0.23	0.04	0.04	0.03
2-甲基丁酸乙酯		0.027	0.03	0.06	0.09	0.07	0.05	0.05	0.03	0.05
丙酸乙酯	苹果和葡萄味	0.01	0.08	0.27	0.17	0.39	0.04	0.07	0.15	0.03
水杨酸甲酯	薄荷	0.06	0.09	0.27	0.38	0.18	0.22	0.27	0.19	0.23
苯乙醛	玉簪花香气	0.0011	8.61	23.14	28.88	16.35	13.10	17.80	16.55	16.01
壬醛	坚果烤香味	0.0035	2.75	3.72	4.97	3.20	2.66	3.49	3.39	3.05

注：1-1—品牌 1，储存 3 年份潮州老香黄；2-1—品牌 2，储存 1 年份潮州老香黄；2-2—品牌 2，储存 2 年份潮州老香黄；2-3—品牌 2，储存 3 年份潮州老香黄；3-1—品牌 3，储存 1 年份潮州老香黄；3-2—品牌 3，储存 2 年份潮州老香黄；3-3—品牌 3，储存 3 年份潮州老香黄；3-4—品牌 3，储存 4 年份潮州老香黄。

通过 GC-IMS 技术结合 ROAV 分析了 8 个佛手香黄样品，其中相对香气值最高的均为甲硫基丙醛 450。因此，甲硫基丙醛对佛手香黄风味贡献最大，奠定了潮州佛手香黄的基础风味特征。其次，在佛手香黄中烯萜类物质含量也较高，可作为风味的主要来源之一，累积香气值达到了 44~117。另外，具有较高香气活度值的苯乙醛（8.61~28.88），3-甲基丁醛（6.81~20.12）、3-甲基丁醇（23.21~72.20）和壬醛（2.66~4.97）也是佛手香黄风味重要来源之一。

实验进一步用 SIMCA-P 软件对不同品牌的佛手香黄样品挥发性化合物进行主成分分析，结果如图 6-27 所示。SIMCA-P 软件对 8 组样品进行主成分分析，结果显示可以有效解释 59.2% 的原始数信息，通过二维空间分布可以直观观察到组间及组内的差异。从图 6-27 可看出同一品牌的佛手香黄分布距离较近，不同品牌区分度较大，主要差异体现在 PC1 上。从 PC2 的差异性可看出：同一品牌但不同储存时间的样品也有一定区分度。上述结果表明，GC-IMS 可对不同品牌的潮州佛手香黄进行分类鉴别，可用于鉴别佛手香黄来源，建立溯源体系。

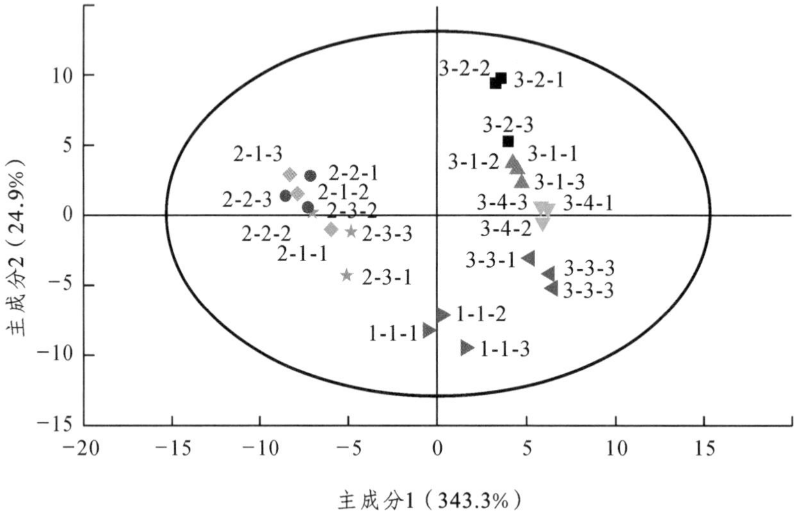

图 6-27　佛手香黄挥发性物质的主成分分析[197]

6.6.1.3　黄皮果特征香气成分

黄皮[*Clausena lansium* (Lour.) *Skeels*]属芸香科（Rutaceae）柑橘亚科黄皮属植物，为热带亚热带常绿果树。在国内仅有商业化栽培，黄皮为黄皮属的栽培种，主要产于广东、广西、云南、海南等省区。黄皮果实酸甜可口，具有独特而浓郁的香气。

彭等[198]主要用顶空固相微萃取联合气相色谱-质谱联用技术，通过对不同类型黄皮果实挥发性物质成分的测定。数据采用 OVA 法比较了各种香气物质对各黄皮品系整体香气的贡献率，筛选出各品系的特征香气物质（表 6-36），为黄皮果资源的开发利用提供理论支持。

表 6-36 为检测出的 99 种香气物质中筛选出 14 种 OVA 值大于 1 的风味物质，其主要为单萜烯类、倍半萜烯类物质，且各品系果实中的特征香气成分及其香气值均存在一定的差异。其中，α-水芹烯在 8 个品系黄皮果实香气中的 OVA 值均最大，说明 α-水芹烯对黄皮果实香气的贡献最大；β-金合欢烯、β-水芹烯、D-柠檬烯、2-辛酮、α-蒎烯和石竹烯在 8 种黄皮果实香气中均存在，但其香气值存在明显差异。另外，不同品系黄皮果实含有的特异香气物质不同，如金鸡心黄皮含有的特异香气物质为 2-己烯醛，大鸡心黄皮特别含有的香气物质为 γ-萜品烯，

白糖黄皮含有的特异香气物质为伞花烃。Chokeprasert 等[199]和黄亚非等[200]的研究结果也表明，单萜类物质和醇类物质都是黄皮果实中的主要挥发性物质。

表 6-36 8 个品系黄皮果实中特征香气成分的 OVA 分析结果[198]

化合物	香气特征	阈值 /μg·kg⁻¹	各种香气物质的 OAV 值							
			惠良	二矛	金鸡心	大鸡心	白糖	早丰	金球	无核
2-己烯醛		0.10	0	0	7.90	0	0	0	0	0
β-罗勒烯		0.034	5.29	0	0	0	3.53	9.71	0	0
γ-萜品烯		0.26	0.88	0.46	0.27	1.00	0	0	0.27	0
α-金合欢烯	花香气、木香气和青草香气	0. 16	744.06	157.31	0	3.19	193.69	176.75	245.06	0
β-金合欢烯	花香气、木香气和青草香气	0.16	21.50	14.94	9.94	9.00	7.75	7.00	9.94	19.63
α-水芹烯	薄荷香气	0.013	928.46	561.54	203.85	923.85	520.00	557.69	376.15	378.46
β-水芹烯	薄荷、松脂香气	0.50	37.56	36.72	27.76	83.48	44.34	27.60	23.44	29.18
D-柠檬烯	柠檬香气	0.20	85.20	51.95	19.15	94.85	58.80	56.55	37.20	44.80
2-辛酮		0.05	9.00	10.80	8.80	8.80	8.20	9.40	9.60	10.20
α-蒎烯	松木香气	0.19	19.05	10.26	3.79	16.84	11.84	10.11	6.42	9.53
石竹烯	丁香气、松香香气	0.41	12.34	17.73	14.39	10.34	8.10	27.83	21.22	29.93
β-月桂烯	清淡的香脂香气	0.10	0	0	7.90	69.80	40.00	43.50	26.30	30.10
β-蒎烯	干木香气、树脂样香气	1.50	3.98	2.43	0.82	0	0	0	0	0
伞花烃	新鲜的柑橘气息、木香	2.10	0.34	0.14	0.07	0.33	1.09	0.36	0.10	0.15

总的来说，黄皮果实中的主要的香气物质有单萜烯类、单萜类、倍半萜烯类、类倍半萜类、醇类、醛类、酯类、酮类、烷烯烃类和其他类物质。香气成分以单萜烯类和倍半萜烯类物质为主，其占各品系黄皮果实总香气成分的 80%以上。其中，含量最高的是 *β*-水芹烯、D-柠檬烯、石竹烯、*α*-水芹烯、*α*-金合欢烯等物质。根据 OVA 值分析，*α*-水芹烯、*β*-水芹烯、D-柠檬烯对各品系黄皮果实香气的贡献均较大，而对香气的贡献最大的是 *α*-水芹烯。

6.6.1.4 柚特征香气

柚[*Citrus grandis* (L.) *Osbeck*]是一类果型硕大、风味独特的柑橘品种，主要分布在中国、越南、美国和泰国等国。据联合国粮农组织数据统计，我国是全球最大的柚子生产国。目前，关于柚汁风味的研究主要集中在国外盛产的柚品种（葡萄柚、PO51 柚、PO52 柚等），我国主产的柚子品种有：沙田柚、琯溪蜜柚、梁平柚、胡柚等，但对其还未进行全面和深入的研究[201]。

柚子是主要的商业柑橘作物之一，富含有机酸、糖类、酚酸和黄酮等营养成分和抗氧化活成分，有助于预防诸多疾病。除此之外，这独特是风来源于它的味道和香气的结合，是决定消费者喜爱柚子水果的重要因素。程等[201]采用顶空固相微萃取-气相色谱-质谱/脉冲火焰检测器对柚汁中挥发性组分进行定性和定量分析，发现挥发性组分含量主要以萜烯类、醇类、醛类和酯类为主，挥发性硫化物类含量最低。BUETTNER 等[202]在手榨的葡萄柚汁中共发现25 种重要的风味组分[203]。此外，根据产地不同沙田柚果肉中酯类含量也会有所不同[204]。

程等[201]的实验中常采用 OAV 筛选对柚汁整体风味具有贡献的挥发性组分，通过表 6-37 的 OAV 值分析可知，在 5 种柚汁中特征风味物质数量不同：琯溪蜜柚（21）>沙田柚（18）>葡萄柚（16）= 梁平柚（16）>胡柚（14）。而不同品种的柚子，其 OAV 值也有所不同。其中琯溪蜜柚含量最多的为 β-紫罗酮（OAV = 24 167.52）；梁平柚为正己醛（OAV = 514.95），葡萄柚为 D-柠檬烯（OAV = 315.11），胡柚为 1-辛烯-3-醇（OAV = 111.67），沙田柚为 3-羟基己酸乙酯（OAV = 43 832.55）。因此，通过比较上述 OAV 值可知：5 种不同品种柚汁中挥发性组分种类、含量和香气特征的差异，明确琯溪蜜是含有特征风味组分的柚子品种。

表 6-37　5 种不同柚汁中挥发性组分的 OAV 值[204]

化合物（英文）	化合物（中文）	气味属性	气味感官阈值 a /μg · L^{-1}	OAV				
				琯溪蜜柚	梁平柚	葡萄柚	胡柚	沙田柚
萜烯类								
α-pinene	α-蒎烯	松香	6	—	—	13.92	—	—
β-myrcene	β-月桂烯	果香、香脂味	15	28.75	39.68	35.84	<1	8.35
D-limonene	D-柠檬烯	橘香	60	14.21	306.17	315.11	14.8	6.6
p-cymene	对伞花烃	橘香	11.4	—	2.81	4.53	1.96	—
β-caryophyllene	β-石竹烯	油炸味、香料味	64	—	108.71	—	—	—
α-humulene	α-葎草烯	香油味、木香	160	—	7.36	—	—	—
醇　类								
isobutanol	异丁醇	果香	2	—	—	31.5	79.67	—
1-hexanol	1-己醇	花香	500	3.3	—	<1	10.27	<1
(E)-3-hexen-1-ol	(E)-3-己烯-1-醇	青草味	110	84.81	3.13	32	<1	12.62
(E)-2-hexen-1-ol	(E)-2-己烯-1-醇	青椒味、油脂味	231.9	34.39	0.5	2.5	8.83	2.37
1-octen-3-ol	1-辛烯-3-醇	蘑菇味	1.5	305.01	—	—	111.67	—
1-heptanol	1-庚醇	试剂味、腐烂味	425	—	—	1.83	<1	<1
linalool	芳樟醇	花香	5.3	33.92	—	246.93	—	—
geraniol	香叶醇	花香	40	—	—	7.6	—	—

续表

化合物（英文）	化合物（中文）	气味属性	气味感官阈值[a] /μg·L^{-1}	OAV				
				琯溪蜜柚	梁平柚	葡萄柚	胡柚	沙田柚
醛类								
acetaldehyde	乙醛	溶剂味	25	12.61	4	8.81	7.31	15.28
pentanal	戊醛	杏仁味、试剂味	12	11.76	—	—	—	—
hexanal	正己醛	青草味	4.5	368.13	514.95	29.65	33.3	346.79
heptanal	庚醛	橘香	3	65.79	25.44	26.49	27.37	65.92
(*E*)-2-hexenal	(*E*)-2-己烯醛	花香	110	2.35	5.99	—	1.52	4.7
octanal	辛醛	橘香	3.4	55.35	—	—	35.17	44.05
(*E*)-2-heptenal	(*E*)-2-庚烯醛	杏仁味、油脂味	13	10.78	—	—	—	—
nonanal	壬醛	橘香	2.8	—	26.83	—	—	—
(*E*)-2-octenal	反-2-辛烯醛	油脂味	3	—	2.3	—	—	—
decanal	癸醛	油脂味	0.1	—	—	—	—	1181.60
酮类								
1-penten-3-one	1-戊烯-3-酮	青草味	1.25	—	94.13	—	—	—
3-octanone	3-辛酮	黄油味、薄荷味	21.4	3.69	—	10.6	3.66	—
2-octanone	2-辛酮	油脂味，肥皂	5	7.18	—	—	—	—
methylheptenone	甲基庚烯酮	橘香	50	—	1.42	—	—	—
(*E*)-*β*-ionone	*β*-紫罗酮	花香	0.007	24 167.52	—	—	—	—
酯类								
ethyl acetate	乙酸乙酯	果香	5000	<1	<1	<1	1.36	<1
ethyl propanoate	丙酸乙酯	果香	10	—	—	—	—	17.59
ethyl isobutyrate	异丁酸乙酯	果香	0.1	—	—	—	—	759.08
methyl butanoate	丁酸甲酯	果香	59	—	—	—	—	1.09
ethyl butanoate	丁酸乙酯	果香	0.9	212.1	—	—	—	967.32
ethyl 2-methylbutanoate	2-甲基丁酸乙酯	果香	0.013	—	—	—	—	13 889.24
ethyl 3-hydroxyhexanoate	3-羟基己酸乙酯	果香	0.045	19 535.65	—	—	—	43 832.55
挥发性硫化物（VSCs）								
dimethyl sulfide	甲硫醚	烂白菜味	0.33	1.35	—	4.52	7.17	1.58
其他类								
2-pentylfuran	2-正戊基呋喃	黄香，果香	5.80	—	10.43	14.44	10.2	—
acetic acid	乙酸	酸味	0.013	—	—	—	—	31 670.58

为表明不同品种柚汁中挥发性组分种类或浓度之间的明显差异性，程等[204]对不同柚汁样品及其挥发性组分用 PCA 法进行了分析，得到了如图 6-28 所示的双标图。由 PCA 分析可知，主成分 PC1（37.7%）和 PC2（31.1%）的累计方差贡献达到了 68.8%，能够反映出柚汁样本的主要特征。5 个品种（琯溪蜜柚、梁平柚、葡萄柚、胡柚、沙田柚）相互之间可以很好地分开，表明不同品种柚汁中挥发性组分种类或浓度之间具有明显差异。进而可知琯溪蜜柚汁特征香气成分与醛类、醇类、酸类和酯类有关；平柚汁主要与 VSCs 类、萜烯类相关；葡萄柚主要与醇类、酮类、萜烯类和呋喃类相关；胡柚主要与醇类、VSCs、酮类和酯类密切相关；沙田柚汁与丁酸乙酯相关。

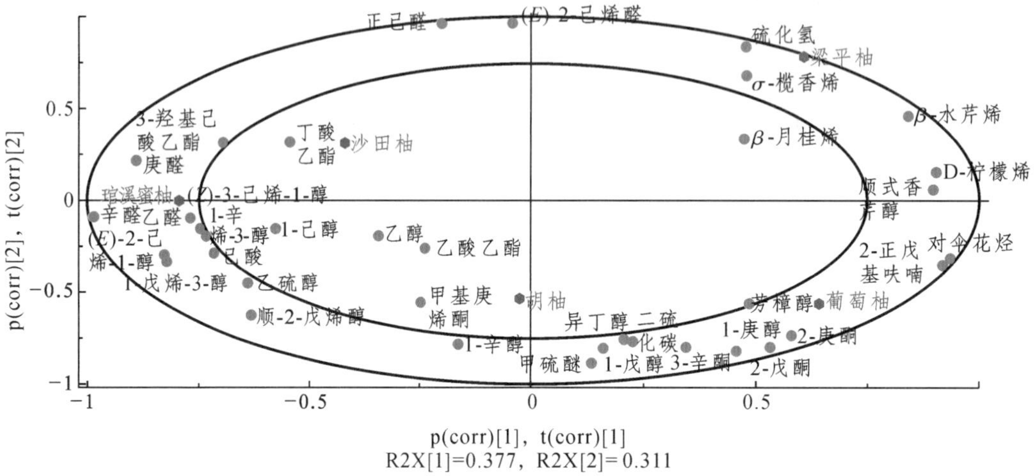

图 6-28　5 种不同柚汁中挥发性组分的 PCA 得分/载荷图[34]

6.6.2　小　结

通过上述的研究可以看出，通过对柑果特征香气成分识别，可在以下方面有应用价值：①识别不同品种的特征风味成分，可指导特征香精的开发和利用。②明确不同品种中含有的特征风味组分可促进其综合利用，如不同品种柚汁中挥发性组分香气特征的差异，对柚汁加工生产、柚类风味选育都具有重要的理论指导意义。③还可用于产品分类、鉴定和溯源等，如对不同品牌的佛手香黄进行分类鉴别，可用于鉴别佛手香黄来源，建立溯源体系。

6.7　瓠　果

瓠果（pepo），葫芦科植物特有的果实，如多种瓜类，是肉质果的另一种，一般称为瓠果。果实的肉质部分是子房和被丝托共同发育而成的，所以属于假果。

目前对于瓠果的分析技术主要有：GC-O-MS 技术、GC-MS、热脱附-气相色谱/质谱（TCT-GC/MS）联用技术等。何等[205]采用 GC-O-MS 对无籽西瓜中的挥发性香气成分进行了分析，其研究结果显示出 46 种化合物。唐贵敏等[206]采用固相微萃取（SPME）与气相色谱-质谱（GC-MS）联用的方法，对品质差异较大的山农黄金 1 号、Sweet delight（美国）和 Takami（日本）厚皮甜瓜果实成熟过程中挥发性物质进行分析鉴定。其结果表明，甜瓜果实未成熟时挥发性物质以醛类物质为主；随着果实的发育，近成熟时醇类、醛类物质含量急剧降低，酯类物质含量迅速升高；果实成熟时挥发性物质以酯类物质为主。郑等[207]采用热脱附-气相色谱/质谱（TCT-GC/MS）联用技术，对动态顶空密闭循环吸附捕集的番木瓜果皮及果肉挥发物分别进行检测，表明番木瓜果皮与果肉香气中含有酯、醛、萜烯及烷烃等类化合物。

6.7.1 瓠果中特征香气成分

6.7.1.1 西瓜的特征香气成分

西瓜属于葫芦科植物，含有大量果糖、葡萄糖和丰富的膳食纤维、苹果酸、磷酸、谷氨酸、瓜氨酸、精氨酸、胡萝卜素、番茄红素、蔗糖酶等，这些都是人体中不可缺少的营养物质。无机盐及苷类等营养物质，具有抗氧化、抗癌、软化血管、降低血中胆固醇、血压、血脂、调节肠道环境等功效。香气成分主要由醇类、酯类、酸类、醛类、烯烃类、酮类、呋喃类以及醚类等 63 种化合物组成。其中相对含量较高（>2%）的化合物有乙酸、3-甲基丁醇、甲酸正丁酯、乙醇、2-丁醇、D,L-柠檬烯、β-苧烯、乙酸乙酯、桧烯、2-甲基丁醛。

何等[205]分别采用固相微萃取（SPME）和溶剂辅助风味蒸发（SAFE）两种方法结合 GC-O-MS 对无籽西瓜中的挥发性香气成分进行分析（表 6-38、表 6-39）。SPME 和 SAFE 对西瓜汁中关键香气成分均具有良好的萃取效果，但 SPME 萃取得到的化合物种类更多。结果显示共鉴定出 46 种化合物，这些化合物主要包括醛类 8 种，烯醛类 9 种，醇类 12 种，酮类 6 种，呋喃 2 种，内酯 1 种，酯类 2 种。无籽西瓜中重要的挥发性香气成分有己醛（青草香）、6-甲基-5-庚烯-2-酮（柠檬味、苹果味）、反-6-壬烯醛（甜瓜味）、反-2-壬烯醛（甜瓜味、清香）、反,顺-2, 6 壬二烯醛（黄瓜味）、顺-3-壬烯-1-醇（清香、动物脂味）、反,顺-3, 6-壬二烯-1-醇（黄瓜味）。

表 6-38　无籽西瓜 SPME 中挥发性香气成分[205]

序号	化合物 ^{a}	RI^b	香味特征 ^{c}	含量/%	CAS	鉴定方法
1	未知	925	坚果味	0.19		RI，气味
2	己醛	1076	青草香	1.64	66-25-1	RI，MS，气味
3	庚醛	1179	柑橘香	0.10	111-71-7	RI，MS
4	2-戊基呋喃	1218	水果香、清香	0.84	3777-69-3	RI，MS，气味
5	辛醛	1280	水果香、脂味	0.23	124-13-0	RI，MS，气味
6	未知	1305	清香	0.05		RI，气味
7	反-2-庚烯醛	1316	水果香、清香	0.30	18829-55-5	RI，MS
8	6-甲基-5-庚烯-2-酮	1324	柠檬味、苹果味	4.28	110-93-0	RI，MS，气味
9	1-己醇	1337	水果香	0.71	111-27-3	RI，MS
10	壬醇	1382	清香、动物脂味	2.91	124-19-6	RI，MS
11	5-乙基环戊烯-1-甲基酮	1404	清香、动物脂味	1.64	36431-60-4	MS
12	反-2-辛烯醛	1419	绿色坚果香、清香	1.38	2548-87-0	RI，MS
13	乙酸	1425	酸味	0.89	64-19-7	RI，气味

续表

序号	化合物[a]	RI[b]	香味特征[c]	含量/%	CAS	鉴定方法
14	1-辛烯-3-醇	1432	蘑菇味、泥土味	1.08	3391-86-4	RI，MS
15	反-6-壬烯醛	1437	甜瓜味	1.29	2277-20-5	RI，MS，气味
16	2,4-十一二烯-1-醇	1466	脂味	0.13	59376-58-8	MS
17	2-丁基呋喃	1468	脂味	0.13	4466-24-4	MS
18	2-壬烯醛	1494	黄瓜味、清香	0.99	2463-53-8	RI，MS，气味
19	反-2-壬烯醛	1524	瓜味、清香	16.19	18829-56-6	RI，MS，气味
20	未知	1560	清香	0.17		RI，气味
21	反,顺-2,6-壬二烯醛	1573	黄瓜味	4.18	577-48-2	RI，MS
22	反-2-辛烯-1-醇	1594	动物脂味	0.76	18409-17-1	MS，气味
23	β-环柠檬醛	1606	果香、花香	0.26	432-25-7	RI，MS
24	1-壬醇	1640	玫瑰花香、脂蜡香	1.99	143-08-8	RI，MS
25	顺-3-壬烯-1-醇	1666	清香、动物脂味	33.31	10340-23-5	MS，气味
26	反-2-壬烯-1-醇	1693	脂肪香、紫罗兰香	4.40	31502-14-4	MS
27	顺,顺-6,9-十五碳二烯-1-醇	1711	动物脂味	0.13	77899-11-7	MS
28	顺-3,7-二甲基-2,6-辛二烯醛	1720	柠檬香气	0.39	106-26-3	MS
29	反,顺-3,6-壬二烯-1-醇	1730	黄瓜味	11.70	56805-23-3	RI，MS，气味
30	反,顺-2,6-壬二烯-1-醇	1746	清香	1.46	28069-72-9	RI，MS，气味
31	4-酮基壬醛	1821	脂香、清香	1.92	74327-29-0	MS
32	香味基丙酮	1838	青香、果香、蜡香	2.12	3796-70-1	RI，MS
33	2-甲基-2-丙烯酸癸酯	1853	脂蜡香	1.86	3179-47-3	MS
34	未知	1873	动物脂味	0.04		RI，气味
35	紫罗兰桐	1926	紫罗兰香	0.21	127-41-3	RI，MS
36	椰子醛	2021	椰子香	0.14	104-61-0	RI，MS

注：a—由 RI、MS 和 ODP2 嗅闻口闻到的香味特征来确定的化合物。

b—保留指数，根据化合物的嗅闻时间与系列烷烃在相同气相条件下的出峰时间计算。

c—实验员在嗅闻口闻到的香味描述。

表 6-39　无籽西瓜 SAFE 中挥发性香气成分[205]

序号	化合物[a]	RI[b]	香味特征[c]	含量/%	CAS	鉴定方法
1	乙酸乙酯	867	水果味、香甜味	18.52	141-78-6	RI，MS，气味
2	2-戊酮	960	甜味、果香味	0.67	107-87-9	RI，MS，气味
3	己醛	1076	青草香	1.50	66-25-1	RI，MS，气味
4	1-戊烯-3-醇	1124	清香	10.24	616-25-1	RI，MS，气味

续表

序号	化合物 a	RI b	香味特征 c	含量/%	CAS	鉴定方法
5	2-庚酮	1194	奶酪香、水果香	1.85	110-43-0	RI，气味
6	反-2-己烯醛	1207	清香	1.88	6728-26-3	RI，MS，气味
7	1-辛烯-3-酮	1283	蘑菇味	0.67	43-99-6	RI，MS，气味
8	反-2-庚烯醛	1316	水果香、清香	0.79	18829-55-5	RI，MS
9	壬醛	1382	清香、动物脂味	2.46	124-19-6	RI，MS
10	乙酸	1425	酸味	0.10	64-19-7	RI，气味
11	反-6-壬烯醛	1437	甜瓜味	6.28	2277-20-5	RI，MS，气味
12	反,反-2,4-庚二烯醛	1484	水果味、香甜味	1.45	4313-03-5	RI，气味
13	反-2-壬烯醛	1524	瓜味、清香	5.98	2463-53-8	RI，MS，气味
14	苯甲醛	1530	杏仁味	0.57	100-52-7	RI，MS，气味
15	反,顺-2,6-壬二烯醛	1573	黄瓜味	5.00	557-48-2	RI，MS
16	顺-3-壬烯-1-醇	1666	清香、动物脂味	13.38	10340-23-5	MS，气味
17	反,顺-3,6-壬二烯-1-醇	1730	黄瓜味	21.31	56805-23-3	RI，MS，气味
18	未知	1812	清香、黄瓜味	0.26		RI，气味
19	4-酮基壬醛	1821	脂香、清香	5.97	74327-29-0	MS
20	未知	1873	甜香	1.11		RI，气味
21	未知	2173	臭味	0.03		RI，气味

注：a—由 RI、MS 和 ODP2 嗅闻口闻到的香味特征来确定的化合物。

b—保留指数，根据化合物的嗅闻时间与系列烷烃在相同气相条件下的出峰时间计算。

c—实验员在嗅闻口闻到的香味描述。

西瓜汁中已报道的气味化合物有数百种，以烯烃醛、饱和醛、醇、酮和酯为主[208, 209]，其中不饱和 C9 醇和醛是西瓜汁气味活性化合物的重要成分（表 6-40、表 6-41）。杨等[210]利用 GC-O-MS 分析热处理前后西瓜汁的挥发性有机物风味成分。在鲜榨西瓜汁中共鉴定出 44 种气味化合物，其中醛 19 种、醇 9 种、酮 6 种、酯 3 种、酸 3 种、其他物质 4 种；而在加热西瓜汁中共鉴定出 50 种气味化合物，其中醛 23 种、醇 11 种、酮 5 种、呋喃类 3 种、芳香族物质 5 种、其他物质 3 种。热处理导致西瓜汁的风味改变，加热前后西瓜汁的关键气味化合物发生了变化，且差异显著（$P<0.05$）。鲜榨西瓜汁中关键气味化合物为壬醛（清香、青草味）、反-2-壬烯醛（清香、黄瓜味）、反,顺-2,6-壬二烯醛（清香、黄瓜味）、反,顺-3,6-壬二烯醇（清香、黄瓜味）、反,顺-2,6-壬二烯醇（清香、黄瓜味）和香叶基丙酮（花香、甜味）。热处理西瓜汁中关键气味化合物为反-2-庚烯醛（脂味、苦味）、1-癸醛（脂味、肥皂味）、6-甲基-5-庚烯-2-酮（蘑菇味、霉味）、苯乙酮（苦杏仁味）、二乙基二硫醚（大蒜味）和顺-6-壬烯醛（臭味、刺鼻味）。

表 6-40 鲜榨西瓜汁中气味化合物和稀释结果[210]

序号	化合物名称	CAS 号	RI 值	气味特征	鉴定方法	ρ/μg·L^{-1}		FD 因子	
						SPME	SAFE	SPME	SAFE
醛类（19）									
1	2-甲基丁醛	96-17-3	962	可可、杏仁味	MS，RI	1.897±1.085			
2	1-己醛	66-25-1	1072	青草味	MS，RI	43.833±12.216	78.108±13.553		
3	反-2-戊烯醛	1576-87-0	1122	果香、草莓味	MS，RI，O	8.293±6.284			
4	反-2-己烯醛	6728-26-3	1132	清香、果香	MS，RI	12.977±13.947			
5	庚醛	111-71-7	1170	脂味、腐败味	MS，RI	2.390±0.792			
6	正辛醛	124-13-0	1278	清香、脂味	MS，RI，O	17.103±8.125		27	
7	反-2-辛烯醛	2548-87-0	1293	清香、脂味	MS，RI，O	48.733±6.608		9	
8	反-2-庚烯醛	18829-55-5	1318	肥皂味、苦杏仁味	MS，RI	18.083±6.186			
9	2,6-二甲基-5-庚烯醛	106-72-9	1344	清香、果香味	MS，RI	0.785±0.615			
10	壬醛	124-19-6	1386	清香、青草味	MS，RI，O	351.007±66.721	215.765±35.962	9	3
11	反-2-壬烯醛	18829-56-6	1434	清香、黄瓜味	MS，RI，O	894.892±149.819	192.790±37.298	81	27
12	反-4-壬烯醛	2277-16-9	1432	果香	MS，RI，O	43.601±17.161			3
13	顺-6-壬烯醛	2277-19-2	1445	清香、黄瓜味	MS，RI，O		88.282±24.362		27
14	1-癸醛	112-31-2	1492	肥皂、刺激味	MS，RI	11.092±0.879			
15	顺-2-壬烯醛	60784-31-8	1501	脂味、黄瓜味	MS，RI	24.183±20.905			
16	反,顺-2,6-壬二烯醛	557-48-2	1584	清香、黄瓜味	MS，RI，O	614.132±222.873	206.623±33.042	243	243
17	β-环柠檬醛	432-25-7	1621	薄荷味	MS，RI	7.847±1.850			
18	反-2-癸烯醛	3913-81-3	1642	脂味、蜡味	MS，RI	34.393±28.310			
19	(*E*)-柠檬醛	141-27-5	1731	柠檬味	MS，RI	11.450±0.636			

续表

序号	化合物名称	CAS 号	RI 值	气味特征	鉴定方法	$\rho/\mu g \cdot L^{-1}$		FD 因子	
						SPME	SAFE	SPME	SAFE
醇类（9）									
20	顺-2-戊烯-1-醇	1576-95-0	1313	果香	MS，RI		33.621±12.551		
21	1-戊醇	71-41-0	1257	香油味	MS，RI	2.197±1.431			
22	1-戊烯-3-醇	616-25-1	1153	清香、蔬菜味	MS，RI		21.523±3.595		
23	1-己醇	111-27-3	1354	花香、清香	MS，RI	2.615±2.029			
24	反-2-辛烯醇	18409-17-1	1613	脂味、塑料味	MS，RI	5.527±3.106			
25	1-壬醇	143-08-8	1659	脂味、清香	MS，RI，O	148.233±33.486	91.315±9.232	3	
26	顺-3-壬烯醇	10340-23-5	1684	清香、蘑菇味	MS，RI，O	1140.473±492.820	963.730±170.082	3	3
27	反,顺-3,6-壬二烯醇	56805-23-3	1749	清香、黄瓜味	MS，RI，O	440.003±215.736	786.071±123.518	9	9
28	反,顺-2,6-壬二烯醇	28069-72-9	1765	清香、黄瓜味	MS，RI，O	24.142±9.479	45.567±3.675	9	9
酮类（6）									
29	1-戊烯-3-酮	1629-58-9	1010	大蒜、洋葱味	MS，RI	6.334±2.913			
30	3-辛酮	106-68-3	1244	中药味、脂味	MS，RI	5.170±1.878			
31	6-甲基-5-庚烯-2-酮	110-93-0	1332	蘑菇味、橡胶味	MS，RI	74.373±31.363	41.245±5.951		
32	香叶基丙酮	3796-70-1	1854	花香、甜味	MS，RI，O	111.700±28.919	67.816±13.588	3	3
33	2-正己基环戊酮	13074-65-2	1227	茉莉花香、果香	MS，RI		136.610±24.151		
34	苯乙酮	98-86-2	1644	清新、花香	MS，RI		123.913±35.990		
酯类（3）									
35	乙酸乙酯	141-78-6	853	清香、果香	MS，RI		19.508±11.826		
36	2-乙基己基乙酸酯	130-09-3	1380	哈败味	MS，RI，O		16.848±1.264		9
37	异戊酸香叶酯	109-20-6	2016	清香、果香	MS，RI，O		7.451±0.116		

续表

序号	化合物名称	CAS 号	RI 值	气味特征	鉴定方法	ρ/μg·L^{-1}		FD 因子	
						SPME	SAFE	SPME	SAFE
酸类（3）									
38	辛酸	124-07-2	2047	脂味	MS，RI		59.668±7.035		
39	壬酸	112-05-0	2153	奶酪味	MS，RI		181.849±27.185		
40	苯甲酸	65-85-0	2415	凤尾花味	MS，RI		95.923±22.455		
其他（4）									
41	甲苯	108-88-3	1029	油漆味	MS，RI	3.373±0.992			
42	2-正戊基呋喃	3777-69-3	1210	清香、蔬菜味	MS，RI	22.840±10.400	15.532±3.237		
43	苯乙烯	100-42-5	1249	塑料味	MS，RI		578.979±87.424		
44	2,6-二叔丁基对甲酚	128-37-0	1909	樟脑味	MS，RI		4720.635±843.715		

注：① RI 值为待测物实际保留指数，该值与 Odour Database 谱库（http://www.odour.org.uk/）中 RI 值相差不超过 50。

② 气味特征为感官评价员嗅闻到的化合物气味描述词，未嗅闻到的化合物的气味特征来自文献报道。

表 6-41 热处理西瓜汁中气味化合物和稀释结果[210]

序号	化合物名称	CAS 号	RI 值	气味特征	鉴定方法	ρ/μg · L^{-1}		FD 因子	
						SPME	SAFE	SPME	SAFE
醛类（23）									
1	2,3-二甲基戊醛	32749-94-3		清香	MS	0.480±0.150			
2	2-甲基丁醛	96-17-3	958	可可味、杏仁味	MS，RI	1.670±0.040			
3	1-己醛	66-25-1	1069	清香、果香	MS，RI，O	44.23±9.396	163.544±4.769	9	
4	庚醛	111-71-7	1176	脂味、腐败味	MS，RI	5.415±1.470			
5	反-2-己烯醛	6728-26-3	1210	清香、果香	MS，RI	14.426±1.074			
6	正辛醛*	124-13-0	1283	清香、脂味	MS，RI	29.338±6.985	170.881±8.676		
7	反-2-庚烯醛	18829-55-5	1318	脂味、苦味	MS，RI，O	22.300±4.720		27	
8	2,6-二甲基-5-庚烯醛	106-72-9	1349	清香、果香	MS，RI	2.570±1.008			
9	壬醛*	124-19-6	1392	清香、青草味	MS，RI	298.978±42.248	267.105±59.312		
10	反-2-辛烯醛	2548-87-0	1426	清香、甜味	MS，RI	32.363±8.690			
11	顺-6-壬烯醛*	2277-19-2	1447	臭味、刺激味	MS，RI，O	161.551±42.399	138.162±31.801	243	81
12	反,反-2,4-庚二烯醛	4313-03-5	1488	清香	MS，RI	4.499±1.001			
13	1-癸醛	112-31-2	1496	脂味、肥皂味	MS，RI，O	6.224±2.872	33.963±22.828	27	27
14	苯甲醛	100-52-7	1517	樱桃味、坚果味	MS，RI	4.770±0.447			
15	反-2-壬烯醛*	18829-56-6	1535	清香、黄瓜味	MS，RI，O	282.129±23.948	337.828±15.226	81	27
16	反,顺-2,6-壬二烯醛*	557-48-2	1584	清香、黄瓜味	MS，RI，O	215.695±29.424	332.953±5.456	243	81
17	β-环柠檬醛	432-25-7	1621	薄荷味	MS，RI	14.198±2.792			
18	反-2-癸烯醛	3913-81-3	1642	脂味、蜡味	MS，RI	12.470±2.633			
19	反,反-2,4-壬二烯醛	5910-87-2	1699	清香、脂味	MS，RI	9.857±0.972			

续表

序号	化合物名称	CAS 号	RI 值	气味特征	鉴定方法	ρ/μg·L^{-1}		FD 因子	
						SPME	SAFE	SPME	SAFE
20	4-乙基苯甲醛	4748-78-1	1705	甜味	MS，RI	1.314±0.638			
21	柠檬醛	5392-40-5	1729	柠檬味	MS，RI	13.672±2.099			
22	2-十一碳烯醛	2463-77-6	1751	肥皂味	MS，RI	9.119±2.099			
23	反,反-2,4-癸二烯醛	25152-84-5	1808	脂味、西红柿味	MS，RI	5.358±1.152			
醇类（11）									
24	反,反-2,4-癸二烯醇	14507-02-9	1095	脂香、蜡味	MS，RI	0.150±0.030			
25	反-2-戊烯醇	1576-87-0	1119	清香、果香	MS，RI	7.442±0.917			
26	正辛醇	111-87-5	1554	果香、腊味	MS，RI	22.132±7.200			
27	反-2-辛烯醇	18409-17-1	1610	脂味、塑料味	MS，RI	3.698±0.608			
28	1-壬醇	143-08-8	1657	清香、脂味	MS，RI，O	88.132±12.423	206.603±2.898	3	
29	顺-3-壬烯醇*	10340-23-5	1683	清香、蘑菇味	MS，RI，O	607.634±80.580	1522.357±15.902		9
30	反-2-壬烯-1-醇	31502-14-4	1709	蜡味	MS，RI	28.372±4.344			
31	顺-6-壬烯醇	35854-86-5	1712	蜡味、黄瓜味	MS，RI	19.010±3.693			
32	反,顺-3,6-壬二烯醇	56805-23-3	1746	清香、黄瓜味	MS，RI，O	196.232±27.22	306.202±2.693	3	
33	反,顺-2,6-壬二烯醇*	28069-72-9	1762	清香、黄瓜味	MS，RI	14.089±2.172			
34	香叶醇	106-24-1	1841	花香	MS，RI	0.246±0.125			
酮类（5）									
35	1-戊烯-3-酮	1629-58-9	1006	大蒜味、洋葱味	MS，RI	2.307±0.373			
36	3-辛酮	106-68-3	1248	中药味、脂味	MS，RI	4.220±0.640			
37	6-甲基-5-庚烯-2-酮*	110-93-0	1332	蘑菇味、霉味	MS，RI，O	59.824±9.496	145.937±2.805	27	27

续表

序号	化合物名称	CAS 号	RI 值	气味特征	鉴定方法	ρ/μg·L^{-1}		FD 因子	
						SPME	SAFE	SPME	SAFE
38	香叶基丙酮*	689-67-8	1852	油香、玫瑰味	MS，RI	64.093±8.099			
39	*β*-紫罗酮	79-77-6	1940	花香、果香	MS，RI	16.609±3.292			
				呋喃类（3）					
40	2-甲基呋喃	534-22-5	876	坚果味、咖啡味	MS，RI	5.070±3.388			
41	2-乙基呋喃	3208-16-0	931	坚果味、泥土味	MS，RI，O	2.068±0.597	5.635±3.731	3	
42	2-正戊基呋喃	3777-69-3	1223	清香、蔬菜味	MS，RI	73.478±10.568	126.408±2.508		
				芳香族（5）					
43	甲苯	108-88-3	1025	油漆味	MS，RI	2.114±0.410	409.338±87.588		
44	间二甲苯	108-38-3	1131	塑料味	MS，RI		2045.855±557.950		
45	苯乙烯	100-42-5	1247	塑料味	MS，RI		1519.309±104.261		
46	苯甲醛	100-52-7	1514	樱桃味、坚果味	MS，RI		75.486±3.419		
47	苯乙酮*	98-86-2	1643	苦杏仁味	MS，RI，O		367.875±7.370		81
				其他（3）					
48	正辛烯	111-66-0		汽油味	MS	0.439±0.204			
49	二乙基二硫醚*	352-93-2	974	大蒜味	MS，RI，O		1226.997±29.045		9
50	UD		1500	刺激味	RI，O		19.610±6.559		81

注：① *表示西瓜汁加热后含量显著变化（$P<0.05$）。

② UD 表示未被 MS 检测到，且无法通过香气属性和 RI 值定性的化合物

③ RI 值为待测物的实际保留指数，该值与 Odour Database 谱库（http://www.odour.org.uk/）中 RI 值相差不超过 50。

④ 气味特征为感官评价员嗅闻到的化合物气味描述词，未嗅闻到的化合物的气味特征来自文献报道。

Liu 等[211]通过定性和定量分析以及气味活性值（OAV）计算，确定了无籽、京新、联发、麒麟和特效丰这五个品种的新鲜西瓜汁的香气活性成分。其中(*Z*)-6-壬烯醛，(*E*,*Z*)-2,6-壬二烯醛，(*E*)-2-壬烯醛和(*E*,*E*)-2,4-壬二烯醛对香气的贡献较大。5 个品种西瓜汁中酮含量最多的为 6-甲基-5-庚烯-2-酮和香叶酮，但由于二者的阈值较高（分别为 50 和 186 μg/L），都不是芳香活性化合物。相反低浓度的 1-辛烯-3-酮为无籽和麒麟中低阈值的芳香活性化合物（0.005 ng/mL），它被发现是亚油酸自氧化过程中形成的重要风味化合物[212]。通过聚类分析，京新与其他品种之间的平均距离高于其他品种，表明京新的香气与其他四个品种的香气差异很大。

6.7.1.2 哈密瓜特征香气成分

哈密瓜为一年生匍匐或攀缘草本，茎、枝有棱，有黄褐色或白色的糙硬毛和疣状突起。哈密瓜国内主产于吐鲁番盆地和哈密盆地，它形态各异，风味独特，瓜肉肥厚，清脆爽口。哈密瓜营养丰富，含糖量最高达 21%。世界各地广泛栽培，主要集中于温带和热带地区。哈密瓜的营养价值比较丰富，是一种低热量低脂肪的水果，里面还有糖粉苹果酸，维生素，钙、铁、磷等多种元素，对人体的健康十分有益。

瓜中的香气物质主要是酯类、醇类、醛类及含硫化合物等。其中，酯被认为是最重要的一类香气物质，赋予果实“花香”味[213]。国外学者对同属甜瓜类（*Cucumis melo* L.）的挥发性风味组分曾进行过一些研究，Buttery 等[214]认为，饱和的九碳脂肪醛和醇与不饱和的九碳脂肪醛和醇是瓜类香味的特征成分。Yabumoto 等[215]在几种甜瓜中鉴定出大量的酯类并认为是甜瓜香气的主要成分。由于甜瓜中挥发性组分的提取分离方法和程序不同，所得的结果也不大相同。Kemp 等[216, 217]在用减压蒸馏法提取的风味浓缩物中检出了大量九碳醇类和醛类，只发现极微量的酯类和苯甲醛；Yabumoto 等[215]用顶空法（Headspace）制样，未发现九碳化合物，但发现了相当丰富的初级酯类。Beaulieu 等[219]使用自动快速顶空固相微萃取（SPME）方法对哈密瓜中的挥发物进行萃取，对不同成熟阶段、不同品种做了进一步研究区分。其结果表示所有具有风味影响的酯在授粉后逐渐增加，并且这种趋势随着收获成熟度的增加而持续。但是，当水果收获过度时，化合物的回收率通常会下降。

国内学者唐贵敏等[220]采用固相微萃取（SPME）与气相色谱-质谱（GC-MS）联用的方法，对品质差异较大的山农黄金 1 号、Sweet delight（美国）和 Takami（日本）厚皮甜瓜果实成熟过程中挥发性物质进行分析鉴定。其结果表明，不同品种的哈密瓜在不同生长时期香气成分有所不同，山农黄金 1 号甜瓜果实未成熟时挥发性物质以醛类物质为主；随着果实的发育，近成熟时醇类、醛类物质含量急剧降低，酯类物质含量迅速升高；果实成熟时挥发性物质以酯类物质为主。Sweet delight 果实未成熟时挥发性物质以醛类、醇类物质为主；随着果实的发育，醇类物质含量逐渐降低，醛类、酯类物质含量逐渐升高；果实成熟时挥发性物质以醛类物质为主。Takami 果实未成熟时挥发性物质以醇类、醛类物质为主；果实成熟时挥发性物质以酯类、醛类物质为主。

研究发现，厚皮甜瓜山农黄金 1 号成熟果实挥发性物质主要为酯类，其结果表明，果实从未成熟无香气到成熟有香气的过程中，大量增加的挥发性物质是果实的主要呈香物质。见表 6-42、图 6-29。

表 6-42 厚皮甜瓜果实成熟过程中挥发性物质成分分析[220]

类别	化合物	相对含量/%								
		山农黄金 1 号			Sweet delight			Takami		
		20DAP	25DAP	30DAP	30DAP	45DAP	55DAP	30DAP	45DAP	55DAP
醛类	戊醛									
	(E)-2-戊烯醛	1.51	11.10	—	0.75	10.94	11.20	—	—	—
	己醛	29.32	19.50	—	7.69	18.08	22.26	26.17	24.07	10.76
	2-己烯醛	1.89	22.45	—	1.02	11.42	12.29	10.91	1.48	10.88
	庚醛	0.60	11.85	—	0.20	11.40	11.43	10.80	2.04	11.41
	(Z)-2-庚烯醛	6.06	13.07	—	1.31	11.38	11.84	13.68	1.16	10.95
	(E,E)-2,4-庚二烯醛	2.10	10.60	—	1.78	10.96	11.36	10.73	0.28	—
	辛醛	0.93	11.44	—	0.38	10.90	10.42	11.34	0.68	10.68
	(E)-2-辛烯醛	4.31	12.54	—	0.71	10.21	10.43	12.91	0.49	10.28
	壬醛	3.71	14.14	10.14	3.98	11.79	11.05	12.85	—	11.26
	(E)-6-壬烯醛	—	—	—	6.52	—	12.94	—	—	—
	(Z)-6-壬烯醛	8.60	17.80	10.17	1.47	13.88	—	—	1.70	11.11
	(E)-2-壬烯醛	3.47	11.87	—	6.87	10.42	10.68	14.32	0.47	10.32
	(E,Z)-2,6-壬二烯醛	4.19	12.39	10.06	11.12	10.61	11.60	15.41	0.41	10.33
	癸醛	—	11.37	—	—	—	—	11.67	0.47	10.41
	苯甲醛	0.60	10.56	10.81	0.36	10.80	11.07	10.50	1.95	12.42
醇类	1-丁醇	0.64	—	—	—	—	—	16.29	—	—
	1-戊醇	1.82	10.99	—	0.75	12.09	13.22	11.69	2.85	11.57
	壬醇	1.87	11.15	—	6.99	13.37	11.63	11.27	0.44	10.42
	(3Z)壬烯-1-醇	0.85	10.98	10.24	2.41	11.47	11.21	12.90	1.15	11.13
	(6E)壬烯-1-醇	—	—	—	—	10.14	12.59	10.78	0.22	10.18
	(2E)壬烯-1-醇	0.50	—	—	7.90	—	—	13.86	—	—
	(6Z)-壬烯-1-醇	2.27	10.77	10.29	9.22	15.16	—	—	—	—
	(E,Z)-3,6-壬二烯-1-醇	0.97	11.21	10.54	3.40	11.64	11.42	13.08	0.91	10.95
	(E,E)-2,6-壬二烯-1-醇	—	—	—	10.24	—	—	—	—	—
酯类	乙酸甲酯	—	—	19.08	—	—	—	—	—	—
	乙酸乙酯	—	—	12.08	—	—	—	—	—	—
	乙酸-2-甲基丙酯	—	—	11.38	—	10.75	10.07	—	6.00	12.91
	乙酸丁酯	—	—	13.30	—	—	—	—	0.18	—

续表

类别	化合物	相对含量/%								
		山农黄金 1 号			Sweet delight			Takami		
		20DAP	25DAP	30DAP	30DAP	45DAP	55DAP	30DAP	45DAP	55DAP
酯类	硫代乙酸甲酯[a]	—	—	15.11	—	—	11.09	—	2.50	11.38
	乙酸-3-甲基-1-丁酯	—	—	15.50	—	11.11	10.17	—	8.67	12.66
	硫代戊酸乙酯[a]	—	—	10.16	—	—	—	—	—	—
	乙酸己酯	—	—	14.55	—	10.19	10.07	—	1.15	10.72
	2-(甲硫基)乙酸甲酯[a]	—	—	10.55	—	—	—	—	—	—
	2,4-二乙酸戊二酯	—	—	16.41	—	—	10.09	—	0.30	10.27
	乙酸苯甲酯	—	11.01	31.05	—	11.36	15.59	—	14.69	19.49
	乙酸-2-苯乙酯	—	13.00	13.69	—	10.23	10.27	—	1.29	13.34

注：DAP—授粉后时间/d。

a—含硫化合物。

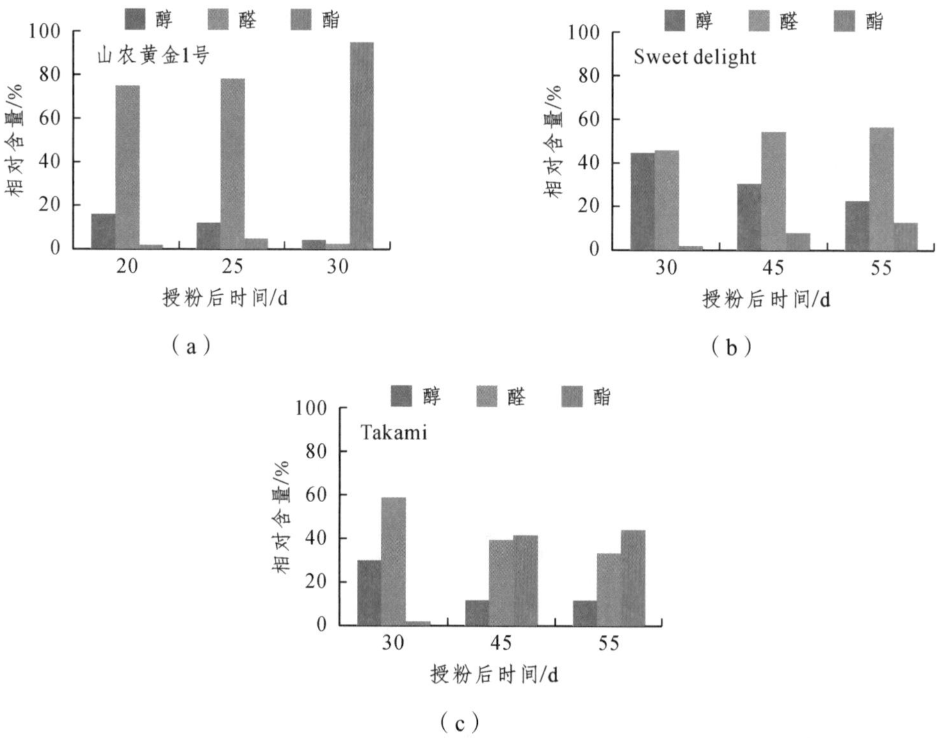

图 6-29　厚皮甜瓜果实成熟过程中挥发性物质成分分析[214]

而对于热敏性果蔬在加工过程也会产生风味变化，庞等[221]研究了在加工生产过程中哈密瓜特征香气成分的变化，分析了非热加工技术对香气的影响（表 6-43）。不同研究者通过对热处理后哈密瓜汁、哈密瓜饮料以及哈密瓜酱[222, 223]等哈密瓜产品香气分析实验表明，高于 65 ℃

以上的热处理会使哈密瓜失去典型香气并产生不快的“煮南瓜味”。庞等[215]以热敏性代表水果哈密瓜为例，比较分析不同非热加工新技术对其香气的影响，以期为合适加工方式的选择提供理论支持。

表 6-43 不同非热加工方式对哈密瓜香气影响[221]

非热加工技术	研究对象	处理条件	处理前后香气变化
超高压处理	金皇后哈密瓜汁	500 MPa，20 min	超高压处理哈密瓜鲜榨汁中酯类物质含量由原来的83.21%降低 69.06%，醛类物质由原来的 0.24%增加到1.33%，超高压处理减少了金皇后瓜汁的酯香气，增加了瓜汁的青鲜气，但超高压处理对构成金皇后瓜汁的主要香气的影响不大，超高压处理的金皇后瓜汁仍表现出其特有的瓜香[222]
高压 CO_2 处理	瓶装哈密瓜鲜榨汁	55 ℃，35 MPa，60 min	与鲜榨哈密瓜汁相比，高压 CO_2 处理汁中酯类物质含量总体并没有发生变化（处理前后丁酸乙酯含量分别为12.77%、12.78%；乙酸丁酯分别为 1.31%、1.33%；2-甲基丁酸乙酯分别为 1.02%、1.05%），醛类物质含量发生了微弱的减少（如处理前后己醛含量分别为 6.96%、5.93%；6-壬烯醛含量分别为 2.79%、2.71%；壬醛含量分别为 1.83%、1.51%；2-壬烯醛含量分别为 1.77%、1.16%）。整体而言，经高压 CO_2 处理的哈密瓜汁的整体风味与鲜榨哈密瓜汁非常接近[224]
冷冻处理	哈密瓜鲜切片	冰箱冻结室冷冻 40～50 min，中心温度达到 −18 ℃后−18 ℃冰箱冻藏 3 个月	与新鲜哈密瓜相比，速冻甜瓜的酯香气有所减弱，新产生的壬二烯醇、6-顺-壬烯醇、2-反-壬烯醛和 2-反,6-顺-壬二烯醛明显增加了速冻金皇后甜瓜的青鲜气[225]
	哈密瓜鲜切片	液氮冷冻 5～7 min；冰箱冻结室冷冻 40～50 min 后−18℃冻藏 5 周	冷冻后酯类物质含量减少，处理前后含量分别 83.21%、75.32%（处理后乙酸甲酯、2-甲基丙酸甲酯、乙酸丙酯、丁酸甲酯、2-甲基丁酸甲酯、3-甲基乙酸丁酯消失；处理前后 2-甲基乙酸丁酯含量分别为 11.79%、9.96%；2-甲基乙酸丙酯含量分别为 8.19%、5.66%），提取的香气成分含有大量的 C_9 醇、醛（如处理前后反-壬烯醛含量分别为 0.18%、0.60%）[222]
辐照处理	速冻哈密瓜汁	辐照剂量分别为 1、2、3、4、5 kGy 的 ^{60}Co	经 1,3 和 5 kGy 辐照处理的后速冻金皇后瓜汁总酯的含量明显减少；辐照瓜汁具有浓郁的脂肪氧化气味，高浓度的 C_6～C_9 醇、酮和醛是构成辐照瓜汁异味的重要成分[222]
	哈密瓜鲜切片	15 min 紫外线辐照	紫外线照射使鲜切哈密瓜薄片中酯类物质含量减少了60%，β-紫罗兰酮、香味基丙酮等萜烯类物质含量增多[226]
	哈密瓜鲜切片	60 min 紫外线照射处理	紫外线辐照能够增加鲜切哈密瓜片中的萜烯类物质含量[227]

6.7.1.3 番木瓜特征香气成分

番木瓜是被广泛研究的植物之一，以其营养和药用价值而闻名于世。番木瓜（*Caricapapaya* L.）为番木瓜科番木瓜属常绿软木性乔木，又名万寿果、乳果、乳瓜等。番木瓜原产墨西哥，清代传入我国，广泛栽培于热带、亚热带地区，盛产于华南、闽台和云南南部，其营养丰富，文献冠之以“岭南果王”“世界水果营养之王”等称号[228]。近年来，一些研究对番木瓜中所含的营养物质及其储藏保鲜进行了探讨，但对其果实香气（挥发物）的研究尚无全面报道。

番木瓜不同于我国传统药用植物木瓜（蔷薇科木瓜属），山东省果树研究所等单位已有较多研究分析了曹州木瓜、光皮木瓜、沂州木瓜的果实香气成分[229, 230]。国内研究者郑等[231]采用热脱附-气相色谱/质谱（TCT-GC/MS）联用技术，对动态顶空密闭循环吸附捕集的番木瓜果皮及果肉挥发物分别进行检测（表 6-44、表 6-45）。结果表明，番木瓜果皮与果肉香气中含有酯、醛、萜烯及烷烃等类化合物，果皮挥发物中相对含量最高的化合物为乙酸正丁酯（38.81%），果肉挥发物中相对含量最高的化合物为 5-羟甲基-2-呋喃甲醛（82.89%）。

表 6-44　番木瓜果皮挥发物成分检测结果[231]

保留时间/min	质荷比（*m/z*）	化合物	含量/%
13.55	43	乙酸正丁酯	38.81
14.72	57	2-甲基丁酸乙酯	2.66
17.81	93	*α*-蒎烯	30.72
19.44	57	2-新戊基丙烯醛	5.87
31.88	41	香树烯（香橙烯）	3.63
37.15	43	9-正己基十七烷	8.96

表 6-45　番木瓜果肉挥发物成分检测结果[231]

保留时间/min	质荷比（*m/z*）	化合物	含量/%
13.52	43	乙酸正丁酯	0.91
14.77	96	糠醛	0.43
17.82	93	*α*-蒎烯	0.08
25.07	43	3,5-二羟基-6-甲基-2,3-二氢-4 氢-吡喃-4-酮	14.80
27.54	97	5-羟甲基-2-呋喃甲醛	82.89
31.92	41	香树烯（香橙烯）	0.23
37.21	43	9-正己基十七烷	0.29

从以上分析结果看，番木瓜的果皮和果肉中挥发性成分有所不同。果皮挥发物中的酯类、萜烯和烷烃相对含量分别高于其在果肉挥发物中的含量。果肉挥发物中的醛类含量高于其在果皮挥发物中的含量，果肉挥发物中还检测到果皮挥发物中没有的酮类成分。果皮与果肉挥发物在种类及含量上存在差异。果皮挥发物主要以酯类、萜烯为主，约占 3/4 含量，而果肉挥发物主要以 5-羟甲基-2-呋喃甲醛占优，总量超过 4/5。

国外研究者 da Rocha 等[232]通过 GC-MS 鉴定出木瓜提取液中 32 种化合物，其中以醛类化合物为主，主要化合物为 *δ*-八角内酯、*β*-柠檬醛、苯甲醛、庚醛、异硫氰酸苄酯、乙酸异戊酯、γ-八角内酯、(*E*)-芳樟醇氧化物和苯甲醇。

6.7.2 小 结

通过上述的研究可以看出，通过对瓠果特征香气成分识别，可在以下方面应用：①可为香精调配对单体的选择提供参考。②可为品种选育提供支撑。如通过对西瓜特有的香气成分进行挖掘，有助于筛选富含香气成分的优质西瓜材料，为培育出优异的西瓜新品种提供思路和基础。③可为综合利用提供支撑。如通过比较各品种西瓜在不同成熟阶段的香气特征，研究其不同果肉类型果实香气随成熟度的变化规律，可为西瓜果实适时采收、品质评价及进一步开发利用提供了科学依据。④可为饮料风味提升、风味开发提供支撑。如识别了哈密瓜果实主要特征香气成分，可为提高哈密瓜果酒和香料的风味和品质提供技术支持，还可以帮助酿酒师选择一种具有能满足特定需求来调节香气特征的酵母或允许它们更可靠地生产出想要的酒。通过研究番木瓜的香味值，可为番木瓜果酒等的香气控制和酿造的条件做出技术支持。

参考文献

[1] 贾惠娟. 水果香气物质研究进展[J]. 福建果树，2007（02）：31-34.

[2] ROTHE M, THOMAS B. Aromastoffe des brotes[J]. Zeitschrift fur Lebensmittel-Untersuchung und Forschung, 1963, 119(4): 302-310.

[3] GUADAGNI D G, BUTTERY R G, HARRIS J. Odour intensities of hop oil components[J]. Journal of the Science of Food and Agriculture, 1966, 17(3): 142-144.

[4] MULDERS E J. The odour of white bread[J]. Zeitschrift fur Lebensmittel- Untersuchung und Forschung, 1973, 151(5): 310-317.

[5] MULDERS M C. Atoma volatiles in beer: purification, flavor, threshold and interaction[M]//TRESSL R, KOSSA T, HOLZE R M. Geruch-und geschmackstoffe internationals symposium. Nurnberg: Hans Carl Verlag, 1975: 211-254.

[6] FRIJTERS J E R. A critical analysis of the odour unit number and its use[J]. Chemical Senses and Flavour, 1978, 3(2): 227-317.

[7] ACREE T E, BARNARD J, CUNNINGHAM D G. A procedure for the sensory analysis of gas chromatographic effluents[J]. Food Chemistry, 1984, 14(4): 237-286.

[8] 张娟娟，王馨，唐娟娟，等. 草莓果实主要品质特征成分形成的代谢谱分析[J]. 园艺学报，2010，37（增刊）：2110.

[9] 朱珠芸茜，王斌，邓乾坤，等. 新疆 5 种鲜食葡萄挥发性香气成分比较分析[J]. 农产品加工，2020（10）：68-74.

[10] 臧慧明. 蓝莓香气研究与果汁加工[D]. 长春：吉林农业大学，2018.

[11] 李洪波，刘胜辉，李映志，等. 顶空固相微萃取和气相色谱-质谱法测定菠萝蜜果肉中的香气成分[J]. 热带作物学报，2013，34（4）：755-763.

[12] WANG H, CAO G H, PRIOR R L. Total antioxidant capacity of fruits[J]. Journal

Agricultural Food Chemistry, 1996, 44(3): 701-705.
[13] 金铃. 水培草莓的栽培技术[J]. 黑龙江农业科学，2010（8）：188.
[14] 黄殿源，尹克林. 光照强度对水培草莓果实品质的影响[J]. 中国南方果树，2017，46（2）：150-153.
[15] SCHREIER P. Quantitative composition of volatile constituents incultivated strawberries, Fragaria ananassa cv. Senga sengana, Senga litessa, and Senga gourmella[J]. Journal of the Science of Food and Agriculture, 1980, 31(5): 487-494.
[16] PEREZ A G, RIOS J J, SANZ C, et al. Aroma components and free amino acids in strawberry variety Chandler during ripening[J]. Journal of Agriculture and Food Chemistry, 1992, 40(11): 2232-2235.
[17] 刘松忠. 氮素营养对‘罗莎’草莓果实芳香物质及其前体影响的研究[D]. 泰安：山东农业大学，2004.
[18] 张娜，赵恒，阎瑞香. 不同草莓香气成分贮藏过程中变化的研究[J]. 食品科技，2015，40（12）：286-289.
[19] 曾祥国，韩永超，向发云，等. 不同品种草莓果实挥发性物质的 GC-MS 分析[J]. 亚热带植物科学，2015，44（1）：8-12.
[20] 王铭悦. 辽宁地区主栽草莓速冻品种的筛选及香气成分的分析[D]. 沈阳：沈阳农业大学，2016.
[21] 王玲，尹克林. ‘达赛莱克特’草莓果实发育成熟过程中香气物质的变化及其特征成分的确定[J]. 果树学报，2018，35（4）：43-51.
[22] 曾祥国，韩永超，向发云，等. 草莓新品种‘晶玉’及其亲本果实挥发性香气成分分析[J]. 果树学报，2014，31（1）：72-77.
[23] HIRVI T. Mass fragment graphic and sensory analyses in the evaluation of the aroma of some strawberry varieties [J]. Lebensmittel Wissenschaft&Technologie, 1983, 16: 157-161.
[24] 胡雅馨，李京，惠伯棣，等. 蓝莓果实中主要营养及花青素成分的研究[J]. 食品科学，2006，27（10）：600-603.
[25] 郎楷永. 中国植物志[M]. 北京：科学出版社，1999：75-147.
[26] 孟宪军，邵春霖，毕金峰，等. 国内外蓝莓加工技术研究进展[J]. 食品与发酵工业，2013，39（8）：172-175.
[27] 纪淑娟，马超，周倩，等. 蓝莓果实贮藏期间软化及相关指标的变化[J].食品科学，2013，34（12）：341-345.
[28] 谢妍纯. 都克蓝莓不同成熟度果实及汁的香气成分分析[C]. “健康食品与功能性食品配料”学术研讨会暨 2017 年广东省食品学会年会论文集，2017：5.
[29] 孙阳. 蓝莓果实香气成分及微体快繁技术的研究[D]. 济南：山东农业大学，2008.
[30] 胡秋丽. 不同越橘品种果实有机酸和香气成分差异性研究[D]. 长春：吉林农业大学，2017.
[31] 臧慧明. 蓝莓香气研究与果汁加工[D]. 长春：吉林农业大学，2018.
[32] YANG C X, WANG Y J, LIANG Z C, et al. Volatiles of grape berries evaluated at the

germplasm level by headspace-SPME with GC-CM[J]. Food Chemistry, 2009, 114(3): 1106-1114.

[33] VILANOVA M, GENISHEVA Z, BESCANSA L, et al. Changes in free and bound fractions of aroma compounds of four Vitis vinifera cultivars at the last ripening stages[J]. Phytochemistry, 2012, 74(1): 196-205.

[34] 陈芳，张晓旭，杨晓，等. ‘威代尔’葡萄成熟及后熟过程中游离态萜烯类香气的变化[J]. 中国食品学报，2010，10（6）：187-192.

[35] YANG C X, WANG Y J, WU B H, et al. Volatile compounds evolution of three table grapes with different flavor during and after maturation[J]. Food Chemistry, 2011, 128(4): 823-830.

[36] FENOLL J, MANSO A, HELLÍN P, et al. Changes in the aromatic composition of the Vitis vinifera grape ‘Muscat Hamburg’ during ripening[J]. Food Chemistry, 2009, 114(2): 420-428.

[37] FAN W, XU Y, JIANG W, et al. Identification and quantification of impact aroma compounds in 4 non floral Vitis vinifera varieties grapes[J]. Journal of Food Science, 2010, 75: S81-S88.

[38] 孙磊,保庆,王晓玥,等. 早中熟鲜食葡萄 5 个品种及其亲本果实单萜成分分析[J]. 园艺学报，2016，43（11）：2109-2118.

[39] 谭伟，唐晓萍，董志刚，等. 4 个四倍体玫瑰香味鲜食葡萄品种与其亲本果实香气成分分析[J]. 果树学报，2017，34（4）：435-443.

[40] 牛早柱，陈展，赵艳卓，等. 15 个不同葡萄品种果实香气成分的 GC-MS 分析[J]. 华北农学报，2019，34（S1）：85-91.

[41] 赵悦，孙玉霞，孙庆扬，等. 不同产地酿酒葡萄‘赤霞珠’果实中挥发性香气物质差异性研究[J]. 北方园艺，2016，355（4）：23-28.

[42] 商敬敏，牟京霞，刘建民，等. GC-MS 法分析不同产地酿酒葡萄的香气成分[J]. 食品与机械，2011，27（5）：52-57.

[43] 王继源，冯娇，侯旭东，等. 不同果袋对‘阳光玫瑰’葡萄香气组分及合成相关基因表达的影响[J]. 果树学报，2017，34（1）：1-11.

[44] 黄丽鹏，张秀圆，王杨，等. 海水灌溉对‘赤霞珠’葡萄果实品质的影响[J]. 中国农业科学，2017，50（18）：3581-3590.

[45] VILANOVA M, GENISHEVA Z, BESCANSA L, et al. Changes in free and bound fractions of aroma compounds of four Vitis vinifera cultivars at the last ripening stages[J]. Phytochemistry, 2012, 74(1): 196-205.

[46] 陈芳，张晓旭，杨晓，等. 威代尔葡萄成熟及后熟过程中游离态萜烯类香气的变化[J]. 中国食品学报，2010，10（6）：187-192.

[47] FENOLL J, MANSO A, HELLN P, et al. Changes in the aromatic composition of the Vitis vinifera grape Muscat Hamburg during ripening[J]. Food Chemistry, 2009, 114(2): 420-428.

[48] YANG C X, WANG Y J, WU B H, et al. Volatile compounds evolution of three table

grapes with different flavor during and after maturation[J]. Food Chemistry, 2011, 128(4): 823-830.

[49] FAN W, XU Y, JIANG W, et al. Identification and quantification of impact aroma compounds in 4 non floral Vitis vinifera varieties grapes[J]. Journal of Food Science, 2010, 75(S1): 81-88.

[50] 孙磊，朱保庆，王晓玥，等. 早中熟鲜食葡萄 5 个品种及其亲本果实单萜成分分析[J]. 园艺学报，2016，43（11）：209-2118.

[51] 谭伟，唐晓萍，董志刚，等. 4 个四倍体玫瑰香味鲜食葡萄品种与其亲本果实香气成分分析[J]. 果树学报，2017，34（4）：435-443.

[52] 牛早柱，陈展，赵艳卓，等. 15 个不同葡萄品种果实香气成分的 GC-MS 分析[J]. 华北农学报，2019，34（S1）：85-91.

[53] 赵悦，孙玉霞，孙庆扬，等. 不同产地酿酒葡萄“赤霞珠”果实中挥发性香气物质差异性研究[J]. 北方园艺，2016，355（4）：23-2.

[54] 商敬敏，牟京霞，刘建民，等. GC-MS 法分析不同产地酿酒葡萄的香气成分[J]. 食品与机械，2011，27（5）：52-57.

[55] 王继源，冯娇，侯旭东，等. 不同果袋对‘阳光玫瑰’葡萄香气组分及合成相关基因表达的影响[J]. 果树学报，2017，34（1）：1-11.

[56]黄丽鹏，张秀圆，王杨，等. 海水灌溉对‘赤霞珠’葡萄果实品质的影响[J]. 中国农业科学，2017，50（18）：3581-3590.

[57] 陈迎春，张晶莹，宫磊，等. 六个早熟鲜食葡萄品种果实香气成分分析[R]. 中外葡萄与葡萄酒，2021（1）：24-30，35.

[58] 朱珠芸茜，王斌，邓乾坤，等. 新疆 5 种鲜食葡萄挥发性香气成分比较分析[J]. 农产品加工，2020（10）：68-74.

[59] 李凯，商佳胤，田淑芬，等. 天津产区中性香型、玫瑰香型和草莓香型葡萄品种果实香气分析[J]. 食品与发酵工业，2020，46（24）：210-217.

[60] 周红玲，郑云云，郑家祯，等. 百香果优良品种及配套栽培技术[J]. 中国南方果树，2015，44（2）：121-124.

[61] DA SILVA L M R, DE FIGUEIREDO E A T, RICARDO N M P S, et al. Quantification of bioactive compounds in pulps and by-products of tropical fruits from Brazil[J]. Food Chemistry, 2014, 143: 398-404.

[62] DOS REIS L C R, FACCO E M P, FLORES S H, et al. Stability of functional compounds and antioxidant activity of fresh and pasteurized orange passion fruit (Passiflora caerulea) during cold storage[J]. Food Research International,2018, 106(4): 481-486.

[63] 潘葳，刘文静，韦航，等. 不同品种百香果果汁营养与香气成分的比较[J]. 食品科学，2019，40（22）：277-286.

[64] DA AILVA J K, CAZARIN C B B, BATISTA A G, et al. Effects of passion fruit (Passiflora edulis) byproduct intake in antioxidant status of Wistar rats tissues[J]. LWT-Food Science and Technology, 2014, 59(2): 1213-1219.

[65] CHILAKAPATI S R, SERASANAMBATI M, MANIKONDA P K, et al. Passion fruit peel

extract attenuates bleomycin-induced pulmonary fibrosis in mice[J]. Canadian Journal of Physiology & Pharmacology, 2014, 92(8): 631-639.

[66] LEWIS B J, HERRLINGER K A, CRAIG T A, et al. Antihypertensive effect of passion fruit peel extract and its major bioactive components following acute supplementation in spontaneously hypertensive rats[J]. Journal of Nutritional Biochemistry, 2013, 24(7): 1359-1366.

[67] FARID R, REZAIEYAZDI Z, MIRFEIZI Z, et al. Oral intake of purple passion fruit peel extract reduces pain and stiffness and improves physical function in adult patients with knee osteoarthritis[J]. Nutrition Research, 2010, 30(9): 601-606.

[68] 杨玉霞，康超，段振华，等. 响应面法优化百香果酒发酵工艺研究[J]. 食品工业科技，2018，39（8）：167-72.

[69] 程宏桢，蔡志鹏，王静，等. 基于 GC-MS、GC-O 和电子鼻技术评价百香果酒香气特征[J]. 食品科学，2021，42（6）：256-264.

[70] ADELA K. Flavor quality of fruits and vegetables[J]. Journal of the Science of Food & Agriculture, 2008, 88(11): 1863-1868.

[71] 刘鑫泉. 菠萝蜜果实香味物质形成相关酶活性及基因表达分析[D]. 湛江：广东海洋大学，2016.

[72] SWORDS G, BOBBIO P A, HUNTER G L K. Volatile constituents of jackfruit (*Artocarpus heterophyllus*)[J]. Journal of Food Science, 2010, 43(2): 639-640.

[73] RASMUSSEN P. Identification of volatile components of jack-fruit by gas chromatography/mass spectrometry with two different columns[J]. Analytical Chemistry, 1983, 55(8): 1331-1335.

[74] WONG K C，LIM C L，WONG L L. Volatile flavour constituents of chempedak (*Artocarpus polyphema* Pers.) fruit and jack-fruit (*Artocarpus heterophyllus* Lam.) from malaysia[J]. Flavour& Fragrance Journal, 1992, 7(6): 307-311.

[75] MAIA J G S，ANDRADE E H A，ZOGHBI M D G B. Aroma volatiles from two fruit varieties of jackfruit (*Artocarpus heterophyllus* Lam.) [J]. Food Chemistry, 2004, 85(2): 195-197.

[76] ONG B T, NAZIMAH S A H, OSMAN A, et al. Chemical and flavour changes in jackfruit (*Artocarpus heterophyllus* Lam.) cultivar J3 during ripening[J]. Postharvest Biology & Technology, 2006, 40(3): 279-286.

[77] 郭飞燕，纪明慧，舒火明，等. 海南菠萝蜜挥发油的提取及成分鉴定[J]. 食品科学，2010，31（2）：168-170.

[78] 纳智. 菠萝蜜中香气成分分析[J]. 热带亚热带植物学报，2004，12（6）：538-540.

[79] 李洪波，刘胜辉，李映志，等. 顶空固相微萃取和气相色谱-质谱法测定菠萝蜜果肉中的香气成分[J]. 热带作物学报，2013，34（4）：755-763.

[80] 贺书珍，张彦军，徐飞，等. 菠萝蜜果实成熟过程中香气成分组成及变化规律研究[J]. 热带作物学报，2015，36（9）：1614-1619.

[81] 王俊宁，任雪岩，余树明，等. 9 个菠萝蜜品系香气成分及特征香气分析[J]. 果树学

报，2018，35（5）：574-585.

[82] 刘文清，崔广娟，王芳，等. 香蕉-甘蔗轮作对土壤养分含量及酶活性的影响[J]. 广东农业科学，2019，46（8）：86-96.

[83] DALE J, PAUL J-Y, DUGDALE B, et al. Modifying bananas: from transgenics to organics[J]. Sustainability, 2017, 9(3): 1-7.

[84] SHIOTA H. New esteric components in the volatiles of banana fruit (*Musa sapientum* L.)[J]. Journal of Agricultural and Food Chemistry, 1993, 41(11): 2056-2062.

[85] 张运良. 香蕉转录因子 MabZIPs 参与调控香气合成基因的机制分析 [D]. 广州：华南农业大学，2017.

[86] ZHU H, LI X P, YUAN R C, et al. Changes in volatile compounds and associated relationships with other ripening events in banana fruit[J]. The Journal of Horticultural Science and Biotechnology, 2010, 85(4): 283-288.

[87] 梁水连，吕岱竹，马晨，等. ‘桂蕉 1 号’香蕉成熟过程中挥发性成分和香气特征分析[J]. 食品工业科技，2021，42（14）：99-106.

[88] BEY M B, LOUAILECHE H, ZEMOURI S. Optimization of phenolic compound recovery and antioxidant activity of light and dark dried fig (*Ficus carica* L.) varieties[J]. Food Science & Biotechnology, 2013, 22(6): 1613-1619.

[89] MUJIĆ I, KRALJ M B, JOKIC S, et al. Characterisation of volatiles in dried white varieties figs (*Ficus carica* L.)[J]. Journal of Food Science and Technology, 2014, 51(9): 1837-1846.

[90] JAHROMI M, NIAKOUSARI M. Development and characterisation of a sugar-free milk-based dessert formulation with fig (*Ficus carica* L.) and carboxymethylcellulose[J]. International Journal of Dairy Technology, 2018, 71(3), 801-809.

[91] BELGUITH-HADRICH O, AMMAR S, CONTRERAS M, et al. Antihyperlipidemic and antioxidant activities of edible Tunisian *Ficus carica* L. fruits in high fat diet-induced hyperlipidemic rats[J]. Plant Foods for Human Nutrition, 2016, 71(2): 183-189.

[92] OLIVEIRA A P, SILVA L R, DE PINHO P G, et al. Volatile profiling of *Ficus carica* L. varieties by HS-SPME and GC-IT-MS[J]. Food Chemistry, 2010, 123(2), 548-557.

[93] HOSSAERT-MCKEY M, GREE J M, BESSIE J, et al. Fig volatile compounds—a first comparative study[J]. Phytochemistry, 2002, 61: 61-71.

[94] GOZLEKCI S, KAFKAS E, ERCISLI S. Volatile compounds determined by HS/GC-MS technique in peel and pulp of fig (*Ficus carica* L.) cultivars grown in mediterranean region of turkey[J]. Notulae Botanicae Horti Agrobotanici Cluj-Napoca, 2011, 39(2): 105-108.

[95] LI J, TIAN Y, SUN B, et al. Analysis on volatile constituents in leaves and fruits of *Ficus carica* L. by GC-MS[J]. Chinese Herbal Medicines, 2012, 4(1): 63-69.

[96] DEBIB A, TIR-TOUIL A, MOTHANA R A, et al. Phenolic content, antioxidant and antimicrobial activities of two fruit varieties of Algerian *Ficus carica* L[J]. Journal of Food Biochemistry, 2014, 38(2): 207-215.

[97] MAHMOUDI S, KHALI M, BENKHALED A, et al. Phenolic and flavonoid contents, antioxidant and antimicrobial activities of leaf extracts from ten Algerian *Ficus carica* L. varieties[J]. Asian Pacific Journal of Tropical Biomedicine, 2016, 6(3): 239-245.

[98] XU X, XU R, JIA Q, et al. Identification of dihydro-*β*-ionone as a key aroma compoundin addition to C_8 ketones and alcohols in Volvariella volvacea mushroom[J]. Food Chemistry, 2019, 293: 333-339.

[99] 莫一凡. 无花果天然产物的提取分析及应用[D]. 上海：上海应用技术大学，2020.

[100] 马碧霞，于俊娟，鲍少杰，等. 红灯笼果和黄灯笼果的品质比较[J]. 食品科技，2020，45（04）：56-60.

[101] 周福余，陈井元，王石麟. 野生水果的开发与利用[J]. 中国农业信息，2013（5）：99-100.

[102] RODRIGUES E, ROCKENBACH I I, CATANEO C, et al. Minerals and essential fatty acids of the exotic fruit *Physalis peruviana* L.[J]. Ciênciae Tecnologia de Alimentos, 2009, 29(3): 642-645.

[103] 高智席，吴艳红，郑胡飞，等. 灯笼果中噻菌灵的 RP-HPLCPDA 残留分析[J]. 食品科学，2012，33（10）：204-207.

[104] RAMADAN M F, HASSAN N A, ELSANHOTY R M, et al. Goldenberry (*Physalis peruviana*) juice rich in health-beneficail compounds suppresses high-cholesterol diet-induced hypercholesterolemia in rats[J]. Journal of Food Biochemistry, 2013, 37(6): 708-722.

[105] WU S J, TSAI J Y, CHANG S P, et al. Supercritical carbon dioxide extract exhibits enhanced antioxidant and anti-inflammatory activities of *Physalis peruviana*[J]. Journal of Ethnopharmacology, 2006, 108(3): 407-413.

[106] 周立华，牟德华，张哲琦，等. GC-MS 分析灯笼果果汁和果酒的香气成分[J]. 酿酒科技，2015，8：96-104.

[107] 周立华，牟德华，李艳. 7 种小浆果香气物质的 GC-MS 检测与主成分分析[J]. 食品科学，2017，38（02）：184-190.

[108] 贾青青，邵威平，辛秀兰，等. 黑加仑果与果酒香气成分的 GC-MS 分析[J]. 中国酿造，2014，33（03）：141-146.

[109] ORTIZHERNANDEZ Y D, CARRILLOSALAZAR J A. Pitahaya (*Hylocereus* spp.): a short review[J]. Communication Science, 2012, 3(4): 220-237.

[110] 陈丽娜，陈石，李润唐，等. 红肉火龙果与白肉火龙果品质分析[J]. 中国南方果树，2011，40（4）：69-70.

[111] 陈石，陈丽娜，李润唐，等. 红肉火龙果与白肉火龙果花特性比较[J]. 中国南方果树，2011，40（2）：43-45.

[112] 张绿萍，金吉林，邓仁菊，等. 火龙果采后贮藏品质变化及活性氧代谢规律[J]. 南方农业学报，2012，43（4）：506-510.

[113] 李凯，王金晶，李永仙，等. 红心火龙果果酒特征香气分析[J]. 食品与发酵工业，2019，45（13）：217-223.

[114] OBENLAND D, CANTWELL M, LOBO R, et al. Impact of storage conditions and varietyon quality attributes and aroma volatiles of pitahaya (*Hylocereus* spp.)[J]. Scientia Horticulturae, 2016, 199: 15-22.
[115] 沈林章，陈心源，陆玫丹，等. 2 种火龙果不同采收成熟度品质性状比较[J]. 浙江农业科学，2017，58（10）：1772-1775.
[116] 许先猛，张增帅，郭俊花，等. 苹果多酚提取和纯化关键技术研究进展[J]. 食品与机械，2021，37（02）：211-214+228.
[117] 李嘉欣，吴昕烨，毕金峰，等. 气质联用结合电子鼻表征不同温度热风干燥苹果脆片关键香气化合物[J]. 食品工业科技，2022：1-18.
[118] 宋菲红，蒋玉梅，盛文军，等. 苹果沙棘复合果泥配方优化及品质分析[J]. 食品与发酵工业，2021，47（06）：184-194.
[119] 何引. 红富士苹果地方品质特征因子分析[D]. 阿拉尔：塔里木大学，2020.
[120] TING V J L. ROMANO A, SILCOCK P, et al. Apple flavor Linking sensory perception to volatile release andtextural properties[J]. Journal of Sensory Studies, 2015, 30(3): 195-210.
[121] 王传增. 苹果红色芽变香气组分及脂肪酸代谢相关酶活性研究[D]. 泰安：山东农业大学，2012.
[122] 王若琳. 基于 S 曲线法苹果、刺梨香气协同作用机制研究[D]. 上海：上海应用技术大学，2019.
[123] ENGEL W, BAHR W, SCHIEBERLE P. Solvent assisted flavor evaporation-anew and versatile technique for the careful and directisolation of aroma compound from complex food matrices[J]. European Food Research and Technology, 1999, 209(3-4): 237-241.
[124] 李婷婷，黄名正，唐维媛，等. 刺梨汁中挥发性成分测定及其呈香贡献分析[J]. 食品与发酵工业，2021，47（4）：10.
[125] 滕元文. 梨属植物系统发育及东方梨品种起源研究进展[J]. 果树学报，2017，34（3）：370-378.
[126] REUSCHER S, FUKAO Y, MORIMOTO R, et al. Quantita-tive proteomics-based reconstruction and identification of meta-bolic pathways and membrane transport proteins related to sugaraccumulation in developing fruits of pear (*Pyrus communis*) [J]. Narnia, 2016, 57(3): 505-518.
[127] 田长平，魏景利，刘晓静，等. 梨不同品种果实香气成分的 GCMS 分析[J]. 果树学报，2009，26（3）：294-299.
[128] CHEN J L, YAN S J, FENG Z S, et al. Changes in the volatile compounds and chemical and physical properties of Yali pear (*Pyrus bertschneideri Reld*) during storage[J]. Food Chemistry, 2006, 97(2): 248-255.
[129] LARA I, MIRÓ R M, FUENTES T, et al. Biosynthesis of volatile aroma compounds in pear fruit stored under long-term controlled-atmosphere conditions[J]. Postharvest Biology and Technology, 2003, 29(1): 29-39.

[130] LIU Y, XIANG S M, ZHANG H P, et al. Sensory quality evaluation of korla pear from different orchards and analysis of their primary and volatile metabolites[J]. Molecules, 2020, 25(23): 5567.
[131] 涂俊凡，秦仲麒，李先明，等. 砂梨和库尔勒香梨果实香气物质的 GC-MS 分析[J]. 湖北农业科学，2011，50（15）：3186-3190.
[132] 胡哲辉，刘园，王江波，等. 3 个品种梨香气感官品质与挥发性物质关联分析[J]. 华中农业大学学报，2022，41（04）：217-225.
[133] 乔晓莉，吴士杰，祁向争，等. 山楂中化学成分的 UPLC/ESITOF/MS 分析[J]. 现代药物与临床，2014，29（2）：120-121.
[134] 宋少江，陈佳，寇翔，等. 山楂叶的化学成分[J]. 沈阳药科大学学报，2006（2）：88-90，96.
[135] 张炳文. 山楂资源开发与食疗保健价值[J]. 中国食物与营养，1996（4）：16-20.
[136] JUAN M C, EXSAL M, ALBORES M, et al. Mexican hawthorn (*Crataegus gracilior* J B Phipps) stems and leaves induce cell death on breast cancer cells[J]. Nutrition and Cancer, 2020, 72(8): 1411-1421.
[137] 磨正遵. 山楂果粉固体饮料的工艺研究[D]. 大连：大连工业大学，2018.
[138] 丁德生，李步祥. 山楂果香味成分的研究[J]. 香料香精化妆品，1999（02）：4-5+30.
[139] HAN Y, DU J, SONG Z. Effects of the yeast endogenous β-glucosidase on hawthorn (*crataegus pinnatifida bunge*) wine ethylcarbamate and volatile compounds[J]. Journal of Food Composition and Analysis, 2021, 103(1): 104084-104095.
[140] LIU S, ZHANG X, YOU L, et al. Changes in anthocyanin profile, color, and antioxidant capacity of hawthorn wine (*crataegus pinnatifida*) during storage by pretreatments[J]. LWT- Food Science and Technology, 2018, 95: 179-186.
[141] 谷佩珊，陈亦新，王春光，等. 发酵型和配制型山楂酒中主要呈香物质组成分析[J]. 食品科学，2022：1-17.
[142] 张翼鹏，廖头根，何邦华，等. 基于 GC-O、OAV 和 S 型曲线法研究西梅特征香气[J]. 食品科学，2020，41（22）：271-278.
[143] 高婷婷，刘玉平，孙宝国. SPME-GC-MS 分析榴莲果肉中的挥发性成分[J]. 精细化工，2014，31（10）：1229-1234.
[144] 张弘，郑华，冯颖，等. 金枕榴莲果实挥发性成分的热脱附-气相色谱/质谱分析[J]. 食品科学，2008（10）：517-519.
[145] 刘玉峰，王志萍，胡延喜，等. 泰国甲仑榴莲的果肉及内果皮挥发油成分的 GC-MS 分析[J]. 辽宁大学学报（自然科学版），2017（01）.
[146] 高婷婷，刘玉平，孙宝国. SPME-GC-MS 分析榴莲果肉中的挥发性成分[J]. 精细化工，2014（10）.
[147] 刘倩，周靖，谢曼丹，等. 榴莲中香气成分分析[J]. 分析测试学报，1999（02）.
[148] JASWIR I, MAN Y, SELAMAT J, et al. Retention of volatile components of durian fruit leather during processing and storage[J]. Journal of Food Processing and Preservation, 2008(32): 740-750.

[149] CHYAU C C, KO P T, CHANG C H, et al. Free and glycosidically bound aroma compounds in lychee (*Litchi chinensis* Sonn.)[J]. Food Chemistry, 2003, 80(3): 387-392.

[150] JOHNSTON J C, WELCH R C, Hunter G L K. Volatile constituents of litchi[J]. Journal of Agricultural and Food Chemistry, 1980, 28: 859-861.

[151] 郝菊芳，徐玉娟，李春美，等. 不同品种荔枝香气成分的 SPME/GC-MS 分析[J]. 食品科学，2007，28（12）：404-408.

[152] 马锞，谷超，尹君乐，等. ‘观音绿’荔枝香气成分的顶空固相微萃取 GC-MS 分析[J]. 华南农业大学学报，2015，36（2）：113-116.

[153] 蒋依辉，刘伟，袁沛元，等. 御金球荔枝果肉挥发性成分的顶空固相微萃取 GC-MS 分析[J]. 江西农业大学学报，2016，38（5）：829-835.

[154] WU Y W, PAN Q H, QU W J, et al. Comparison of volatile profiles of nine litchi (*Litchi chinensis* Sonn.) cultivars from southern China[J]. Journal of Agricultural and Food Chemistry, 2009, 57(20): 9676-9681.

[155] FENG S, HUANG M, CRANE J H, et al. Characterization of key aroma-active compounds in lychee (*Litchi chinensis* Sonn.)[J]. Journal of Food and Drug Analysis, 2018, 26(2): 497-503.

[156] 董晨，李金枝，郑雪文，等. HS-SPME/GC-MS 法分析荔枝新品种“冰荔”果肉香气成分[J]. 南方农业，2022，16（9）：12-16.

[157] 郭亚娟，邓媛元，张瑞芬，等. 不同荔枝品种果干挥发性物质种类及其含量比较[J]. 中国农业科学，2013，46（13）：2751-2768.

[158] WANG Z N, WU G X, SHU B, et al. Comparison of the phenolic profiles and physicochemical properties of different varieties of thermally processed canned lychee pulp[J]. RSC Advances, 2020, 10(12): 6743–6751.

[159] ONG P, ACREE T E. Similarities in the aroma chemistry of Gewürztraminer variety wines and lychee (*Litchi chinesis* Sonn.) fruit[J]. Journal of Agricultural and Food Chemistry, 1999, 47(2): 665-670.

[160] 移兰丽，余元善，肖更生，等. 荔枝果汁饮料和荔枝原汁挥发性成分分析[J]. 热带作物学报，2016，37（4）：822-828.

[161] ZHAO L L, RUAN S L, YANG X K, et al. Characterization of volatile aroma compounds in litchi (Heiye) wine and distilled spirit[J]. Food Science and Nutrition, 2021, 9(11): 5914-5927.

[162] 刘华南，江虹锐，陆雄伟，等. 顶空固相微萃取-气质联用分析不同芒果品种香气成分差异[J]. 食品工业科技，2021，42（11）.

[163] 张浩，安可婧，徐玉娟，等. 基于电子舌与 SPME-GC-MS 技术的芒果风味物质的比较分析[J]. 现代食品科技，2018，34（10）.

[164] 刘璇，赖必辉，毕金峰，等. 不同干燥方式芒果脆片香气成分分析[J]. 食品科学，2013，22（34）：179-184.

[165] Pang X L, Guo X F, Qin Z H. Identification of aroma-active compounds in Jiashi Muskmelon juice by GC-O-MS and OAV calculation[J]. Agricultural and Food Chemistry, 2012, 60: 4179-4185.

[166] MUNAFO J P, Jr, DIDZBALIS J, SCHNELL R J, et al. Characterization of the major aroma-active compounds in mango (*Mangifera indica* L.) cultivars Haden, White Alfonso, Praya Sowoy, Royal Special, and Malindi by application of a comparative aroma extract dilution analysis[J]. Journal of Agricultural and Food Chemistry, 2014, 62(20): 4544-4551.

[167] TOKITOMO Y, STEINHAUS M, BUTTNER A, et al. Odor-active constituents in fresh pineapple (*Ananas comosus* [L.] Merr.) by quantitative and sensory evaluation[J]. Bioscience, Biotechnology, and Biochemistry, 2005, 69(7): 1323-1330.

[168] PICKENHAGEN W, WELUZ A, PASSERAT J P, et al. Estimation of 2,5-dimethyl-4-hydroxy-3(2H)-furanone(furaneol)in cultivated and wild strawberries, pineapples and mangoes[J]. Journal of the Science of Food and Agriculture, 1981, 32: 1132-1134.

[169] 刘胜辉，魏长宾，孙光明，等. 3 个菠萝品种的成熟果实香气成分分析[J]. 食品科学，2008，29（12）：614-617.

[170] 张秀梅，杜丽清，孙光明，等. 3 个菠萝品种果实香气成分分析[J]. 食品科学，2009，30（22）：275-279.

[171] EISS S, PRESTON C, HERTZIG C, et al. Aroma profiles of pineapple fruit (*Ananas comosus* L. Merr.) and pineapple products[J]. LWT-Food Science and Technology, 2005, 38: 263-74.

[172] 刘传和，刘岩，易干军，等. 神湾菠萝夏季果与秋季果香气成分差异性分析[J]. 西北植物学报，2009，29（2）：397-401.

[173] 张钰乾，魏长宾，刘胜辉，等. 无刺卡因菠萝果实发育期间香气物质的变化[J]. 热带作物学报，2013，34（6）：1170-1175.

[174] 魏长宾，刘胜辉，陆新华，等. 菠萝果实香气成分多样性研究[J]. 热带作物学报，2016，37（02）：418-426.

[175] 陈丽年. 菠萝香气协同作用机制研究[D]. 上海：上海应用技术大学，2021.

[176] 吴文龙，顾姻. 新经济植物黑莓的引种[J]. 植物资源与环境，1994（03）：45-48.

[177] 李维林，贺善安，顾姻，等. 黑莓果实挥发油化学成分的研究[J]. 中国药学杂志，1998（06）：17-18.

[178] 边磊，马永昆，沈凯娇，等. 顶空固相微萃取-气质联用分析黑莓的香气成分[J]. 江苏农业学报，2010，26（01）：178-181.

[179] 苗菊茹，谢一辉，刘红宁. 覆盆子的研究进展[J]. 江西中医药，2004，35（1）1：54-55.

[180] 钟才宁，孙成斌，毛海立. 固相微萃取法分析黔产覆盆子挥发油[J]. 河南大学学报（医学版），2009，28（01）：49-52.

[181] 典灵辉，龚先玲，蔡春，等. 覆盆子挥发油成分的 GC-MS 分析[J]. 天津药学，2005

（04）：9-10.
[182] 李维林，顾姻，宋长铣，等. 悬钩子果实的挥发性成分[J]. 植物资源与环境，1997，6（2）：56.
[183] 邓宝安，赵龙，王瑶，等. 一种覆盆子提取液对卷烟烟气的影响[J]. 云南农业科技，2021（04）.
[184] FERREIRA L, PERESTRELO R, CAMARA J S. Comparative analysis of the volatile fraction from *Annona cherimola* Mill. cultivars by solid phase microextraction and gas chromatography-quadrupole mass spectrometry detection[J]. Talanta, 2009, 77(3): 1087-1096.
[185] 杨涛华，张晴雯，龚霄，等. 基于顶空气相-离子迁移色谱的不同品种番荔枝挥发性成分比较[J]. 食品工业科技，2021，42（16）：249-254.
[186] 乔飞,丛汉卿,党志国,等. 山刺番荔枝叶片挥发性成分的 SPME-GC/MS 分析[J]. 果树学报，2015，32（05）：929-933.
[187] 徐子健，龙娅丽，江雪飞，等. 山刺番荔枝果实发育进程中挥发性成分的组成分析[J]. 果树学报，2016，33（08）：969-976.
[188] ZHANG H, XIE Y, LIU C, et al. Comprehensive comparative analysis of volatile compounds in citrus fruits of different species[J]. Food Chemistry, 2017, 230: 316-326.
[189] 单杨，李忠海. 固相微萃取气相色谱质谱法分析温州蜜桔精油挥发性成分[J]. 食品科学，2006，27（11）：421-424.
[190] BAHARUM S N, BUNAWAN H, GHANI M A, et al. Analysis of the chemical composition of the essential oil of *Polygonum minus* Huds. using two-dimensional gas chromatography-time-of-flight mass spectrometry (GC-TOF MS)[J]. Molecules, 2010, 15(10): 7006-7015.
[191] NJOROGE S. UKEDA M, KUSUNOSE H, et al. Volatile components of the essentials oils from kabosu, daidai, and yuko, Japanese sour Citrus fruits[J]. Flavor & Fragrance Journal, 1994, 9(6): 289-297.
[192] LIU C, CHENG Y, ZHANG H, et al. Volatile constituents of wild citrus mangshanyegan (*Citrus nobilis Lauriro*) PEEL OIl[J]. Journal of Agricultural & Food Chemistry, 2012, 60(10): 2617-2628.
[193] 陈婷婷，周志钦. 5 个宽皮柑桔品种果肉特征香气物质的确定[J]. 中国南方果树，2018，47（3）：23-29.
[194] 金润楠，李子函，赵开丽，等. 基于气质联用的不同产地温州蜜柑香气成分比较分析[J]. 食品与发酵工业，2020，46（2）：252-260.
[195] 杨慧，周爱梅，林敏浩，等. 佛手挥发精油提取及其药理研究进展[J]. 食品安全质量检测学报，2013，5：1347-1352。
[196] 宋诗清，童彦尊，冯涛，等. 金佛手香气物质的多维分析及其特征香气物质的确定[J]. 食品科学，2017（24）：94-100.
[197] 林良静，蔡惠钿，包涵，等. 潮汕特色佛手香黄的特征挥发性风味成分分析[J]. 现代食品科技，2021，37（7）：238-249.

[198] 彭程，常晓晓，陈喆，等. 不同类型黄皮果实香气成分和特征香气物质分析[J]. 经济林研究，2019，37（04）：50-60.

[199] CHOKEPRASERT P, CHARLES A L, SUE K H, et al. Volatile components of the leaves, fruits and seeds of wampee [*Clausena lansium* (Lour.) *Skeels*][J]. Journal of Food Composition and Analysis, 2007, 20(1): 52-56.

[200] 黄亚非，张永明，黄际薇，等. 黄皮果挥发油化学成分及微量元素的研究[J]. 中国中药杂志，2006，31（11）：898-900.

[201] 程玉娇，李贵节，欧阳祝，等. 基于 GC-MS/PFPD 和 PCA 分析不同品种柚汁的挥发性风味组分[J]. 食品与发酵工业，2022：1-11.

[202] BUETTNER A, SCHIEBERLE P. Evaluation of key aroma compounds in hand-squeezed grapefruit juice (*Citrus paradisi Macfayden*) by quantitation and flavor reconstitution experiments[J]. Journal of Agricultural and Food Chemistry, 2001, 49(3): 1358-1363.1.

[203] GUTH H, GROSCH W. Quantitation of potent odorants of virgin olive oil by stable-isotope dilution assays[J]. Journal of the American Oil Chemists Society, 1993, 70(5): 513-518.

[204] 艾沙江·买买提，李宁，刘国杰. 不同产地沙田柚果肉挥发性物质的研究[J]. 中国南方果树，2014，43（4）：68-71.

[205] 何聪聪，刘梦雅，刘建彬，等. SPME 和 SAFE 结合 GC-O-MS 分析鲜榨西瓜汁挥发性香气成分[J]. 食品工业科技，2014，35（02）.

[206] 唐贵敏，于喜艳，赵登超，等. 不同品种厚皮甜瓜果实成熟过程中挥发性物质成分分析[J]. 中国蔬菜，2007（04）.

[207] 郑华，于连松，张汝国，等. 番木瓜果实香气的热脱附-气相色谱/质谱分析[J]. 湖北农业科学，2009，48（05）.

[208] FREDES A, SALES C, BARREDA M, et al. Quantification of prominent volatile compounds responsible for muskmelon and watermelon aroma by purge and trap extraction followed by gas chromatography-mass spectrometry determination[J]. Food chemistry, 2016, 190(1): 689-700.

[209] BEAULIEU J C, LEA J M. Characterization and semiquantitative analysis of volatiles in seedless watermelon varieties using solid-phase microextraction[J]. Journal of Agricultural and Food Chemistry, 2006, 54(22): 8654.

[210] 杨帆，陈尔豹，牛晓媛，等. GC-O-MS 分析热处理前后西瓜汁挥发性风味成分[J]. 食品科学技术学报，2020，38（03）.

[211] LIU Y, HE C C, SONG H L. Comparison of fresh watermelon juice aroma characteristics of five varieties based on gas chromatography-olfactometry-mass spectrometry[J]. Food Research International, 2018(107): 119-129.

[212] ULLRICH F, GROSCH W. Identification of the most intense volatile flavor compounds formed during autoxidation of linoleic acid[J]. European Food Research and Technology, 1987(184): 277-282.

[213] 操君喜，唐小俊，黄小光，等. 加工温度对哈密瓜风味物质的影响[J]. 华南师范大

学学报，2003，4：111-114.

[214] BUTTERY R G, SEIFERT R M, LING L C. Additional aroma components of honeydew melon[J]. Journal of Agricultural and Food Chemistry, 1982, 30: 1208-1211.

[215] YABUMOT K, JENNINGS W G. Volatile constituents of Cantaloupe, *Cucumis melo*, and their biogenesis[J]. Journal of Food Science, 1977, 42: 32-37.

[216] KEMP T R, STOLTZ L P, KNAVEL D E. Characterization of some volatile compounds of some muskmelon fruit[J]. Phytochemistry, 1971, 10: 1925-1928.

[217] KEMP T R, STOLTZ L P, KNAVEL D E. Volatile components of muskmelon fruit[J]. Journal of Agricultural and Food Chemistry, 1972, 20(2): 196-198.

[218] KEMP T R. 3,6-Nonadien-1-ol from *Citrullus vulgaris* and *Cucumis melo*[J]. Phytochemistry, 1974, 13: 1167-1170.

[219] BEAULIEU J C, GRIMM C C. Identification of volatile compounds in cantaloupe at various developmental stages using solid phase microextraction[J]. Journal of Agricultural and Food Chemistry, 2001, 49, 3: 1345-1352.

[220] 唐贵敏，于喜艳，赵登超，等. 不同品种厚皮甜瓜果实成熟过程中挥发性物质成分分析[J]. 中国蔬菜，2007，156（04）：7-11.

[221] 庞雪莉，胡小松，廖小军，等. 热敏性果蔬香气特征及其在加工过程中的变化研究新进展[J]. 食品与发酵工业，2011，37（05）.

[222] 马永昆. 热、非热处理对哈密瓜汁酶、微生物和香气的影响[D]. 北京：中国农业大学，2004.

[223] GALEB A D S, WROLSTAD R E, MCDANIEL M R. Composition and quality of clarified cantaloupe juice concentrate[J]. Journal of Food Processing and Preservation, 2002, 26: 39-56.

[224] CHEN J, ZHANG J. Infuence of thermal and dense-phasecarbon dioxide pasteurization on physicochemical properties and flavor compounds in hami melon juice[J]. Journal of Agricultural Food Chemistry, 2009, 57: 5805-5808.

[225] WANG Z F, MA Y K, ZHAO G H, et al. Influence of gaom-mairadiation on enzyme, microorganism and flavor of cantaloupe (*Cucumis melo* L.) juice[J]. Journal of Food Science, 2006, 71(6): 215-220.

[226] LAMIKANRA O, WASTON M A. Storage effects on lipase activity in fresh-cut cantaloupe melon[J]. Food Chemistry and Toxicology, 2004, 69(2): 126-130.

[227] BEAULIEU J C. Effect of UV irradiation on cut cantaloupe, terpenoids and esters[J]. Sensory and Nutritive Qualities of Food, 2007, 72(4): 272-281.

[228] 郑华，于连松，张汝国，等. 番木瓜果实香气的热脱附-气相色谱/质谱分析[J]. 湖北农业科学，2009，48（05）.

[229] 李自峰，张可群，朱丽琴，等. 曹州木瓜果实香气物质的研究[J]. 林业科学，2007，43（7）：22-29.

[230] 苑兆和，陈学森，张春雨，等. 沂州木瓜不同品种果实香气物质 GC-MS 分析[J]. 果树学报，2008，25（2）：269-273.

[231] 郑华，于连松，张汝国，等. 番木瓜果实香气的热脱附-气相色谱/质谱分析[J]. 湖北农业科学，2009，48（05）：1235-1237.

[232] DA ROCHA R F J, ARAÚJO I M D, DE FREITAS S M, et al. Optimization of headspace solid phase micro-extraction of volatile compounds from papaya fruit assisted by GC-olfactometry[J]. Journal of Food Science and Technology, 2017, 54: 4042-4050.

7 肉制品特征香气成分

7.1 概 述

随着社会的快速发展，人们的消费理念不再局限于温饱，食品的风味特点成为研究热点。肉制品的风味与其整体品质密切相关，它受很多因素影响，如产地、品质、年龄、饲养因素、自然环境等。随着分析检测仪器的更新，肉制品的风味研究焦点逐渐从研究非挥发性风味物质转移到挥发性风味物质。

7.2 火 腿

7.2.1 分析方法

对火腿风味成分进行研究的分析方法有：固相微萃取和气相色谱-质谱联用法、Sniffing 装置-顶空固相微萃取（HS-SPME）-GC/MS、溶剂辅助风味蒸发系统（SAFE）和同时蒸馏提取技术（SDE）与气相色谱-嗅闻仪-质谱联机法（GC-O-MS）、SPME-GC/MS 结合相对气味活度值（ROAV）法、SDE-SPME-GC/MS、顶空吹扫捕集-GC/MS、SPME-GC/MS 结合电子鼻与电子舌、固相萃取整体捕集剂/ GC/MS 等。

7.2.2 火腿风味的产生

火腿风味成分的形成过程复杂多样，不是由单一物质的反应，而是由多种前体物质及中间产物相互作用，经历了多种化学反应及微生物的共同作用，如美拉德反应、糖类和蛋白质的分解、油脂水解和维生素 B_1 的分解等。酯类化合物通过氧化和水解等反应，产生了醛、醇、酸、酯、酮、烃、杂环化合物、含硫化合物等风味成分；糖类经过水解、美拉德及焦糖化等反应，产生了醛类、酮类、醇类、呋喃类及其他衍生物等风味成分；氨基酸及多肽通过美拉德反应及 Strecker 反应等，产生了噻吩、噻唑、吡嗪及其他含硫化合物等风味成分。在火腿加工过程中，醛类由于含量逐渐增加，且阈值较低，对火腿风味有重要贡献；醇类由于在加工过程中含量逐渐降低，且阈值偏高，对火腿风味贡献有限。而对于含硫、含氮和含氧的杂环化合物，虽然它们含量不高，但阈值也较低，对火腿风味的贡献也不可忽视。

7.2.2.1 脂类的降解和氧化

干腌火腿长时间的生产过程为脂肪的降解和氧化创造了充分的条件，生产过程中盐的变化也对干腌火腿的脂肪氧化产生较大影响。动物体中的脂肪包括皮下脂肪、肌肉中的甘油三酯、所有组织中的结构磷脂以及其他积存的脂肪组织。在西班牙 Teruel 火腿成熟过程中，磷脂含量下降，游离脂肪酸含量上升，特别是多不饱和游离脂肪酸。加工过程中脂肪组织微结构的改变显示了脂肪酶对脂肪的作用，这对干腌火腿特征风味的形成有重要贡献。脂质氧化可以产生醇、醛、酮、烷烃等多种风味物质，脂质氧化是火腿风味成分的主要来源，有 60% 以上的挥发性风味物质来自脂肪氧化。

7.2.2.2 蛋白质氨基酸分解

干腌火腿生产过程中，蛋白质发生水解，形成肽、游离氨基酸等，并且会发生进一步变化，对火腿滋味和气味的形成产生很大的作用。导致蛋白质水解的酶类很多，但起作用的主要是组织蛋白酶 B、L、H、D 和钙激活中性蛋白酶。Carero M 等[6]报道，Parma 火腿生产过程中，蛋白质降解指数（PI）在 23% ~ 28%最好，低于 22% 则不产生火腿应有的香味。氨基酸形成风味成分主要是通过 Strecker 降解和美拉德反应。Strecker 降解是氨基酸脱羧、脱氨形成相应醛的反应，它有两个途径，主要途径需要有二羰基化合物参与，最终产物除了醛还有 CO_2 和胺；另一个途径是氨基酸经由过氧化氢和脂质过氧化物氧化，最终产物是 NH_3、CO_2 和醛。

火腿风味物质中，含硫化合物通常由含硫氨基酸如蛋氨酸、半胱氨酸、胱氨酸产生，它们经 Strecker 降解可以形成硫醇、甲基硫醇，氧化可以形成二甲基二硫化物，它们还能再进一步作用形成三甲基三硫化合物。这些化合物尽管含量不高，但阈值较低，对火腿风味的贡献不可忽视。

7.2.2.3 美拉德反应（Maillard Reaction）

美拉德反应是氨基化合物（如胺、氨基酸、蛋白质等）和羰基化合物（如还原糖、脂质以及由此而来的醛、酮、多酚、抗坏血酸、类固醇等）之间发生的非酶反应，也称为羰氨反应（Amino-Carbonyl Reaction）。它是广泛存在于食品加工中的一种非酶褐变（Nonenzymic Browning），反应经过复杂的历程，在干腌火腿加工过程中，最终生成含 N、S、O 的杂环化合物，如糠醛、呋喃酮、噻吩、吡咯、吡啶、吡嗪、噻唑等，这些化合物往往具有 $C_5 \sim C_{10}$ 的烷基取代基，氨基酸是 N、S 的主要来源，烷基则通常由脂肪族醛衍生而来。这些杂环化合物对火腿风味的形成做出了重要贡献。

7.2.3 火腿的特征香气成分

2004 年，田怀香等采用简易的 Sniffing 装置，通过 GC-O 实验可以有效地将原本样品风味轮廓中的 88 种化合物精简到 22 种比较重要的化合物，其中包括 9 种醛类化合物（2-甲基丙醛、3-甲基丁醛、2-甲基丁醛、己醛、庚醛、3-甲硫基丙醛、辛醛、苯乙醛、壬醛），4 种含硫化合物（甲硫醇、二甲基二硫化物、3-甲硫基丙醛、二甲基三硫化物），3 种杂环化合物（甲基-吡嗪、2,6-二甲基吡嗪、2-戊基呋喃），这些形成于金华火腿长期的发酵成熟过程的风味化合物均对金华火腿的整体风味有重要贡献（表 7-1）。

表 7-1　金华火腿风味物质经气相色谱分离、人工嗅辨的分析结果

保留时间/min	化合物	风味特征	相对含量%
4.53	甲基硫醇	熟卷心菜味	0.83
5.27	丙酮	酸臭味	4.34
6.48	2-甲基丙醛	硫臭味	1.32
7.67	乙酸乙酯	果香，略酸	7.86
9.02	3-甲基丁醛	苹果清新气味	9.39
9.31	2-甲基丁醛	焦糖味	6.97
10.19	2,3-戊二酮	黄油味	0.11
12.18	二甲基二硫醚	酸，干草味	1.54
12.81	丁酸	酸奶酪味	2.21
13.99	己醛	青草味	6.64
15.03	甲基-吡嗪	坚果味	0.22
15.28	2-甲基-丁酸	焦香，奶酪味	0.99
17.28	2-庚酮	药片味	0.16
17.79	庚醛	不愉快的油脂味道	1.6
18.09	3-甲硫基丙醛	烤肉香，焦香	0.26
18.31	2,6-二甲基吡嗪	烤坚果味，烤肉香	1.52
20.51	1-辛烯-3-醇	蘑菇味，药草味	0.14
20.86	二甲基三硫化物	油脂香，焦香	0.32
20.97	2-戊基呋喃	腌肉味	0.04
21.35	辛醛	焦香	0.52
22.9	苯乙醛	干草味	0.33
24.3	壬醛	烤焦香，油炸香	0.46

刘笑生等人通过采用 SAFE 和 SDE 技术，对已发酵 18 个月金华火腿皮下脂肪风味进行分析，共发现 48 种气味活性物质（表 7-2、表 7-3）。SAFE 法和 SDE 法中分别发现 40 种和 22 种气味成分，可见 SAFE 法在能保证提取新鲜火腿脂肪中原始风味的同时，在气味物质种类上明显优于 SDE 法。在已鉴定出的 45 种气味物质中，醛类物质 12 种，醇类物质 2 种，酸类物质 10 种，酮类物质 4 种，酯与内酯类物质 6 种，硫醚类 3 种，含苯化合物 6 种，其他类物质 2 种。结合 OAV 值与 GC-O 嗅闻结果共确定 10 种关键性气味化合物，分别是己醛、庚醛、二异丙基二硫醚、辛醛、反-2-辛烯醛、3-甲基丁酸、反，反-2,4-癸二烯醛、γ-癸内酯、γ-十一内酯和苯乙酸。GC-O 嗅闻结果表明：油脂味、酸味和水果味是构成金华火腿皮下脂肪特征风味的主体气味类型，表现在气味化合物中主要为直链醛类，小分子酸类和内酯类物质。

表 7-2 金华火腿皮下脂肪 GC-O-MS 分析风味成分

序号	LRI	特征气味	化合物	含量/10^{-9}	
				SAFE	SDE
1	837	水果味、甜味	乙酸乙酯	9093	7072
2	950	甜味、木香	2-戊酮	176	
3	1021	微弱的甜味	甲苯	2020	
4	1064	青草味	己醛	1615	1143
5	1167	清新味、微弱的油脂味	庚醛	780	
6	1182	水果味	乙酸戊酯	681	
7	1210	清新味	2-戊基呋喃	860	392
8	1237	洋葱味	二异丙基二硫醚	2135	2275
9	1273	清新味、油脂味	辛醛	409	135
10	1283	蘑菇味	1-辛烯-3-酮	803	
11	1328	清新味、醇味	己醇	862	780
12	1378	油脂味	壬醛		1602
13	1414	油脂味	反-2-辛烯醛		
14	1419	辛辣味、洋葱味	未知物		
15	1423	酸味	乙酸	1702	
16	1440	煮土豆味	甲硫基丙醛		
17	1463	清新味、水果味	2-乙基-1-己醇		277
18	1484	油脂味、肥皂味	癸醛	407	
19	1506	葱蒜味	二丙基三硫醚		1017
20	1536	奶酸味	2-甲基丙酸	514	
21	1558	脂肪味	3,5-辛二烯-2-酮	154	
22	1596	奶酪味、酸味	丁酸	388	
23	1600	油脂味、大蒜味	二甲基亚砜		
24	1627	玫瑰味	苯乙醛		
25	1638	臭袜子味、刺激性酸味	3-甲基丁酸	1830	
26	1647	肉香味、脂肪味	2-甲基-3-呋喃基二硫醚		
27	1687	椰香味、甜味	γ-己内酯	439	
28	1705	酸味	戊酸	286	
29	1733	微弱的橘子皮味	2-十一碳烯醛		1117
30	1742	甜味、花香味	未知物		
31	1794	油脂味、绿叶味	反,反-2,4-癸二烯醛	386	2289
32	1810	烟味、酸味	己酸	3569	
33	1882	微弱的玫瑰味	苯乙醇	358	

续表

序号	LRI	特征气味	化合物	含量/10^{-9}	
				SAFE	SDE
34	1890	椰香味、甜味	γ-壬内酯	380	503
35	1917	酸味	庚酸	366	
36	1971	橡胶味	苯酚	65	
37	1982	木香味、生面粉味	反-4,5-环氧基-反-癸醛		
38	1995	芹菜味	2-戊基癸酮		851
39	2010	桃子味、杨梅味	γ-癸内酯	673	1101
40	2021	酸味	辛酸	1118	
41	2047	粪臭味	对甲苯酚		195
42	2127	桃子味、甜味	γ-十一内酯	265	
43	2130	纸板味	十六烷醛		11 566
44	2165	苦味、药味	未知物		
45	2226	油味	十八烷醛		1943
46	2231	酸味、油脂味	癸酸	761	11 814
47	2430	轻微的油脂味	月桂酸		4041
48	2468	玫瑰味	苯乙酸	644	

表 7-3　火腿皮下脂肪关键性风味物质活力值分析

序号	气味	化合物	阈值	含量/10^{-9}		OVA	
				SAFE	SDE	SAFE	SDE
1	青草味	己醛	4.5	1615		359	254
2	清新味、微弱的油脂味	庚醛	3	780		260	
3	洋葱味	二异丙基二硫醚	0.1	2135	2275	21 350	22 750
4	清新味、油脂味	辛醛	0.7	409	135	584	193
5	绿叶味、油脂味	反-2-辛烯醛	3		1602	-	534
6	臭袜子味、刺激性酸味	3-甲基丁酸	250	1830		7	
7	油脂味、绿叶味	反,反-2,4-癸二烯醛	0.07	386	2289	5514	32 700
8	桃子味、杨梅味	γ-癸内酯	11	673	1101	61	100
9	桃子味、甜味	γ-十一内酯	150	265		2	
10	玫瑰味	苯乙酸	600	644		1	

2014 年李鑫等人采用固相微萃取和气相色谱-质谱联用法分析金华火腿风味成分，选用 75 μm CAR/PDMS 萃取头，TG-wax MS 色谱柱，利用 Plackett-Burman 设计法从可能影响响应值的因素中筛选出显著因素（$P<0.05$），对显著影响因素进行单因素和正交试验，确定优化条件。确定适宜分析条件为萃取温度 55 ℃、萃取时间 55 min、样品质量 4.5 g/15 mL 样品瓶，对金华火腿的风味物质分析得到 55 种成分，分别为烷烃、醛类、酮类、醇类、酸类、酯类和含硫含氮等化合物。见表 7-4。

表 7-4 金华火腿风味成分

保留时间/min	化合物		香味描述	相对含量/%
	英文名	中文名		
1.4	pentane	戊烷	—	1.52± 0.07
1.63	heptane	庚烷	—	0.38± 0.06
2.03	octane	辛烷	—	0.30± 0.03
2.15	propanal,2-methyl-	2-甲基丙醛	焦臭味	4.96± 0.35
2.87	ethyl acetate	乙酸乙酯	果香，略酸	2.77± 0.20
3.02	2-butanone	2-丁酮	似乙醚气味	2.40± 0.03
3.273	butanal,2-methyl- + butanal,3-methyl-	2-甲基丁醛+甲基丁醛	焦糖味，巧克力味，腐臭的奶酪味	14.4± 0.10
3.62	butanal,3-methyl-	3-甲基丁醛	巧克力味，腐臭的奶酪味	0.49± 0.04
4.6	pentanal	戊醛	清香	1.07± 0.01
16.01	toluene	甲苯	塑料味	1.20± 0.04
6.39	butanoic acid,2-methyl-, ethyl ester	2-甲基丁酸乙酯	水果香	0.09± 0.00
6.58	2,3-pentanedione	2,3-戊二酮	焦香、黄油香	0.06± 0.01
6.70 ~ 6.82	disulfide, dimethyl	二甲基二硫醚	洋葱、肉香	3.82± 0.42
7.08	hexanal	己醛	青草香	4.87± 0.33
7.34	1-propanol, 2-methyl-	2-甲基丙醇	酒香，刺激性气味	0.72± 0.04
8.38	1-butanol	1-丁醇	水果香	0.07± 0.01
8.88	1-penten-3-ol	1-戊烯-3-醇	水果香	0.58± 0.03
9.33	2-heptanone	2-庚酮	微酸，奶香	0.28± 0.00
9.4	heptanal	庚醛	不愉快的油脂味	0.42± 0.03
9.69	2-butenal, 3-methyl-	3-甲基-2-丁烯醛	清香，果香，坚果香	0.10± 0.01
9.85	1-butanol, 3-methyl-	3-甲基-1-丁醇	焦臭味，奶酪味	1.84± 0.12
10.36	furan, 2-pentyl-	2-戊基呋喃	腌肉味	0.10± 0.01
10.42	hexanoic acid, ethyl ester	己酸乙酯	花香，果香，溶剂味	0.10± 0.00
10.7	1-pentanol	1-戊醇	清香，烤香	0.66± 0.02
10.98	pyrazine, methyl-	甲基吡嗪	烤香	0.40± 0.00
11.4	2-butanone, 3-hydroxy-	3-羟基-2-丁酮	奶油，脂肪香	0.67± 0.04
11.48	octanal	辛醛	肉香，生嫩的清香	0.23± 0.01
12.14	pyrazine, 2,6-dimethyl-	2,6-二甲基吡嗪	肉香，烤香	1.82± 0.09
12.37	5-hepten-2-one, 6-methyl-	6-甲基-5-庚烯-2-酮	水果香，柠檬草香	0.10± 0.00
12.46	pyrazine, 2,3-dimethyl-	2,3-二甲基吡嗪	肉香，烤香	0.13± 0.00
12.61	1-hexanol	1-己醇	果香，青草香	0.21± 0.02

续表

保留时间/min	化合物		香味描述	相对含量/%
	英文名	中文名		
13.15	dimethyl trisulfide	二甲基三硫醚	大蒜，腌菜	4.17± 0.08
13.37	nonanal	壬醛	青草，陈腐脂肪味	0.29± 0.03
13.48	pyrazine, trimethyl-	三甲基吡嗪	坚果，甜香	0.72± 0.07
14.28	1-octen-3-ol	1-辛烯-3-醇	蘑菇，药草味	0.30± 0.02
14.43	acetic acid	乙酸	酸味，刺激性气味	9.23± 0.15
15.57	benzaldehyde	苯甲醛	苦杏仁，刺激性气味	1.70± 0.09
15.77	2,3-butanediol	2,3-丁二醇	微弱水果香	0.12± 0.01
15.84	propanoic acid	丙酸	稍有刺鼻的恶臭气味	0.39± 0.01
15.99	1-octanol	1-辛醇	尖锐的脂肪味	0.07± 0.01
16.26	propanoic acid, 2-methyl-	2-甲基丙酸	酸奶酪味	6.24± 0.07
16.93	2(3*H*)-furanone, dihydro-5-methyl-	γ-戊内酯	香兰素和椰子香	0.39± 0.01
17.17	butanoic acid	丁酸	奶酪味，陈腐脂肪味	2.83± 0.08
17.4	phenylacetaldehyde	苯乙醛	浓花香	0.45± 0.06
17.76	butanoic acid, 3-methyl-	3-甲基丁酸	酸臭味	22.69± 0.67
18.28	2(3*H*)-furanone, 5-ethyldihydro-	γ-己内酯	带药草味的香豆素样香气	0.44± 0.02
18.4	1-propanol, 3-(methylthio)-	3-甲硫基丙醇	芬芳的肉或肉汤香气	0.07± 0.00
18.74	pentanoic acid	戊酸	有特殊臭味	0.28± 0.01
20.19	hexanoic acid	己酸	类似羊的气味	1.90± 0.17
21.05	phenylethyl alcohol	苯乙醇	柔和的玫瑰花香	0.11± 0.01
21.57	heptanoic acid	庚酸	陈腐脂肪味	0.06± 0.00
22.6	2(3*H*)-furanone, dihydro-3-hydroxy-4,4-dimethyl-	泛酰内酯	烟叶中含有	0.10± 0.01
22.83	octanoic acid	辛酸	肉香	0.42± 0.04
23.86	nonanoic acid	壬酸	微有特殊气味	0.06± 0.00
24.74	*n*-decanoic acid	癸酸	有难闻气味	0.21± 0.02

2021 年，王藤等人采用固相微萃取-气相色谱-质谱（Solid-Phase Microextraction-Gas Chromatography-Mass Spectrometry，SPME-GC-MS）技术并结合相对气味活度值（ROAV）法和主成分分析（PCA）法对大河乌猪火腿挥发性风味物质进行分析（表 7-5）。结果表明：腌制 15、18、21、24 d 的挥发性成分的种类分别为 57、57、54、41 种，共鉴定 77 种同类挥发性成分；聚类分析表明不同腌制时间的大河乌猪火腿挥发性物质的组成及相对含量存在较大的差异；ROAV 分析表明醛类和醇类对风味贡献最大；PCA 表明 1-辛烯-3-醇、异戊醛、正辛醛、双戊烯是不同腌制期火腿中含量变化最明显的挥发性物质。腌制时间对大河乌猪干腌火腿风味品质有一定影响，研究可为火腿品质控制及风味改良提供理论依据。

表 7-5 不同腌制时间下大河乌猪火腿关键性风味物质及对应的 ROVA

化合物	阈值/μg·g^{-1}	ROVA				香气描述
		15 d	18 d	21 d	24 d	
异戊醛	0.4	33.29	59.43	97.62	39.19	奶酪坚果风味
戊醛	12	0.15		0.62		麦芽香、杏仁香
己醛	4.5	30.08	21.85	35.59	31.87	清香
庚醛	3	9.69	7.23	11.43	16.12	脂肪、酸败味
正辛醛	0.7	86.99	4.01	89.12	56.93	肉香、清香、鲜香
壬醛	1	100	100	100	100	油脂香、果香
反-2-辛烯醛	3	0.49	0.71			坚果味、油味
2-辛烯醛	0.1	32.5				鸡肉味
苯甲醛	350	0.07	0.09	0.11	0.12	苦杏仁味
反式-2-壬醛	0.08			39.09		柑橘香
肉豆蔻醛	14	0.49	0.2	2.06		牛奶香、脂肪香
1-辛烯-3-醇	1	43.56	42.52	53.89	233.93	蘑菇味
庚醇	3	3.07	2.57	4.06	5.31	油脂味
1-辛醇	125.8	0.14	0.11	0.1	0.13	蘑菇味
柠檬烯	10	1.33			4.33	
双戊烯	10		2.76	0.13		柠檬香
2,3-辛二酮	2.52	8.84	3.52	6.49	7.2	黄油味
甲基庚烯酮	68	0.08		0.1	0.12	柠檬草香
间异丙基甲苯	47		0.3		0.65	
萘	1	2.7	1.03			
2-正戊基呋喃	5.8	0.37	0.3	0.59	0.55	烤肉香

党亚丽等人对金华火腿和巴马火腿分别经同时蒸馏（SDE）和固相微萃取（SPME）法提取，用气-质联用仪对其进行分析，结果表明：醇、醛、酮、酯、烷烃、含硫及杂环化合物是两种干腌火腿的共有成分，且其风味组成相似，但各成分的含量存在明显差异。重要的火腿香味物质3-甲基丁醛、戊醛、己醛、庚醛、苯乙醛、2-辛烯醛、壬醛、辛醛、2 3-辛二酮、乙酸乙酯、1-辛烯-3-醇和癸酸等均由两种方法检出。两种方法均检出金华火腿中醛类和酸类含量比巴马火腿多，而巴马火腿中醛类和烷烃类或醇类的含量比金华火腿多。两种火腿采用两种方法检出的风味物质不同之处，在于 SPME 法检出金华火腿的酸类物质种类和含量均比巴马火腿高，而 SDE 法检出巴马火腿的醇类物质的种类和含量均比金华火腿高。

7.3 猪 肉

长期以来，猪肉都是中国肉类生产和消费的主要组成部分。国家统计局数据分析报告表明，2022 年度，我国猪肉产量为 5541 万吨，占全球猪肉总产量的 48.61%；猪肉消费量为 5694.8 万吨，占全球猪肉总消费量的 50.6%。

猪肉的成分非常复杂，主要包括水、蛋白质、氨基酸、糖类和脂类等，这些成分对猪肉风味具有重要作用，可作为呈味物质、香味前体及风味增强剂等。滋味主要来自肉中的呈味物质，如无机盐、氨基酸、多肽、酸类和糖类等，这些物质被舌上的味蕾感受后，经神经传导到大脑，从而呈现出甜、咸、酸、苦、鲜等味道。

滋味物质也是重要的香气前体。氨基酸和糖类可通过美拉德反应和 Strecker 降解使熟肉产生特定的味道和香味。

7.3.1 分析方法

对猪肉风味成分进行分析的方法：顶空气相色谱-离子迁移谱、顶空固相微萃取气相色谱-质谱法（HS-SPME-GC-MS）、HS-SPME-GC-MS 结合电子鼻、电子鼻-GC-MS、响应面法优化 HS-SPME-GC-MS 法等。

7.3.2 猪肉特征香气

周慧敏等人利用电子鼻和顶空固相微萃取-气相色谱-质谱-嗅闻（Headspace Solid Phase Microextraction-Gas Chromatography-Mass Spectrometry-Olfactometry，HS-SPME-GC-MS-O）联用技术对不同厂家市售的坨坨猪肉样品的挥发性风味成分分析（表 7-6）。利用 HS-SPME-GC-MS-O 从坨坨猪肉样品中共测定出 45 种挥发性化合物，主要由醛、醇、酮、烯烃类及杂环类化合物构成。基于气味活度值和嗅闻分析得到 27 种风味活性物质，其中 8 种成分在 4 组中均检出，分别为己醛、庚醛、辛醛、反-2-庚烯醛、壬醛、反-2-辛烯醛、反,反-2,4-癸二烯醛、1-辛烯-3-醇，对样品的总贡献度达到 71.16%～93.12%，是坨坨肉的主体风味物质。源自调味料的左旋香芹酮、蒎烯、*β*-蒎烯、右旋柠檬烯、反-*β*-罗勒烯、柠檬醛、丙硫醇、桉树醇、芳樟醇的贡献度达到 12.71%～28.58%，构成坨坨肉的整体风味。

基于 27 种主体风味化合物，不同样品在 PCA 图中的分布呈现明显的变化趋势，且分离良好，反,反-2,4-癸二烯醛在 PC1 上载荷较高，芳樟醇在 PC2 上载荷最高，其次是柠檬烯、1-辛烯-3 醇。因此，反,反-2,4-癸二烯醛、芳樟醇、柠檬烯、1-辛烯-3 醇作为区分坨坨肉的重要风味物质。

表 7-6 不同厂家制作的坨坨猪肉样品中挥发性风味物质的 OAV

挥发性物质	觉察阈值 /μg・kg^{-1}	气味描述	OAV			
			猪肉样品 A	猪肉样品 B	猪肉样品 C	猪肉样品 D
戊醛	5	杏仁、麦芽、辛辣	0.9	15.39	2.06	7.59
己醛	4.5	青草、脂肪	36.77	136.91	76.11	204.52
庚醛	3	脂肪、柑橘、酸败	4.87	10.16	11.01	11.41
反,反-2,4-壬二烯醛	0.1	脂肪、蜡、青草	—	40.43	—	—

续表

挥发性物质	觉察阈值 /μg·kg^{-1}	气味描述	OAV			
			猪肉样品 A	猪肉样品 B	猪肉样品 C	猪肉样品 D
辛醛	0.7	脂肪、肥皂、柠檬、青草	31.84	55.42	53.02	75.82
反-2-庚烯醛	3	肥皂、脂肪、杏仁	3.67	11.4	34.13	11.07
壬醛	1	脂肪、柑橘、绿色	70.25	94.68	92.22	120.08
顺-6-壬烯醛	0.005	坚果、脂肪	—	—	219.62	—
反-2-辛烯醛	3	青草、坚果、脂肪	2.5	12.16	17.66	9.31
顺-2-癸醛	3.1	动物油脂	—	5.16	9.73	—
反-2-癸烯醛	3	动物油脂	3	1.2	—	9.17
柠檬醛	40	柠檬	1.29	—	—	0.99
顺-2-十一碳烯醛	1.4	肥皂、脂肪、青草	—	—	14.65	16.51
反,反-2,4-癸二烯醛	0.027	油炸、蜡、脂肪	843.09	439.77	3102.2	2237
丙硫醇	0.04	臭	19.64	—	—	—
桉树醇	3	薄荷、甜	—	—	—	33.31
1-辛烯-3-醇	1	蘑菇	86.44	211.52	151.62	172.41
庚醇	5.4	化学、绿色	—	1.64	2.65	—
芳樟醇	6	花、薰衣草	376.15	11.2	—	176.04
反-2-辛烯-1-醇	20	肥皂、塑料	—	1.1	1.32	—
左旋香芹酮	7	薄荷	—	—	—	5.23
蒎烯	2.2	松木、针叶	6.29	—	—	2.27
β-蒎烯	6	松树味、松脂味、松节油味	10.26	—	—	62.5
右旋柠檬烯	10	柑橘、薄荷	19.34	—	—	134.91
反-*β*-罗勒烯	34	甜的、药草	0.63	—	—	3.17
二烯丙基二硫醚	30	大蒜	—	—	1.94	—
2-戊基呋喃	5.8	青豆、黄油	—	5.77	9.38	—

李铁志对阿坝州半野血藏猪肉挥发性风味物质进行了研究，半野血藏猪肉通脊部位肉共鉴定出了 83 种化合物，其中醛类 24 种、醇类 17 种、酯类 8 种、酮类 4 种、碳氢化合物 12 种、呋喃等其他化合物 17 种；臀尖部位肉共鉴定出了 85 种化合物，其中醛类 25 种、醇类 15 种、酯类 9 种、酮类 6 种、碳氢化合物 12 种、呋喃等其他化合物 18 种。通过对鉴定所得风味物质的种类、相对含量、味感阈值及其对肉制品风味贡献率等方面综合对比分析，推测得

出，阿坝半野血藏猪肉与市售普通猪肉风味差异可能是由己醛、2-甲基-2-丁烯醛、反式-2-戊烯醛、反式-2-己烯醛、(*Z*)-4-庚烯醛、庚顺式-2-烯醛、4-甲基-3-环己烯-1-甲醛、(*E*)-2-十二烯醛、正十五碳醛、3-甲基-1-丁醇、3,5-辛二烯-2-酮、6,10,14-三甲基-2-十五烷酮、月桂烯、右旋萜二烯、二甲基萘、2-戊基呋喃、2,6-二胺-吡嗪、2,5-二甲苯磺酸、3-巯基-2-戊酮、*N*, *N*-二正丁基乙二胺、四丁基六氟磷酸铵等挥发性风味物质的相对含量高低及其种类差异所致。与市售普通猪肉挥发性风味物质比较发现：半野血藏猪肉挥发性风味物质种类和数量明显更多，醛类和呋喃等其他化合物相对含量更高，呈现出的感官风味独特。

孟维一等人，采用顶空气相色谱-离子迁移谱（Headspace-Gas Chromatography-Ion Mobility Spectrometry，HS-GC-IMS）对普通猪里脊、普通猪五花、普通猪后尖、黑猪后尖和土猪后尖这 5 种不同类型猪肉样品的挥发性风味化合物进行测定与分析，比较不同部位和不同品种猪肉特征风味之间的差异。结果表明，不同部位猪肉中共鉴定出 41 种挥发性化合物，主要包括醛类、酮类、醇类及其他类。不同种类猪后尖中共鉴定出 29 种挥发性化合物，主要包括醛类、酮类、醇类、吡嗪类及其他类。里脊肉特征峰区域主要包括 2,3-丁二酮、2,3-乙酰丙酮、2-丁酮；五花肉含有大量特有的或浓度相对较高的挥发性醛、醇类物质，其特征峰区域包括反-2-辛烯醛、反-2-庚烯醛、糠醇、3-辛醇、辛醛、壬醛、反-2-己烯-1-醇等；后尖肉中特有的挥发性物质较少，只有 2-甲基吡嗪、2,5-二甲基吡嗪等化合物相对含量较高，且土猪后尖和黑猪后尖中吡嗪类化合物含量比普通猪后尖高。醛类：壬醛、反-2-辛烯醛辛醛、辛醛二聚体、反-2-庚烯醛、庚醛、庚醛二聚体反-2-己烯醛、反-2-己烯醛二聚体、己醛、己醛二聚体、戊醛二聚体、戊醛、苯甲醛；醇类：1-辛烯-3-醇、糠醇、3-甲基-3-丁烯-1-醇、丁醇、己醇、戊醇、戊醇二聚体、辛醇；酮类：2-庚酮、2-庚酮二聚体、2-丁酮、2-己酮、2-戊酮、2-戊酮二聚体、2-辛酮、2,3-丁二酮、2,3-乙酰丙酮；酯类：γ-丁内酯、γ-丁内酯二聚体、乙酸异丁酯、甲基丁酸乙酯；吡嗪：甲基吡嗪、甲基吡嗪二聚体、2,5-二甲基吡嗪；含硫化合物：甲硫基丙醛二甲基二硫醚；杂环化合物：2-戊基呋喃。

7.4 腊 肠

7.4.1 分析方法

对腊肠风味成分进行研究的方法有：顶空固相微萃取-气相色谱-质谱联用法（HS-SPME-GC-MS）、吹扫捕集-热脱附-气相色谱-嗅闻-质谱联用。

7.4.2 腊肠特征香气成分

刘登勇等人应用顶空固相微萃取-气相色谱-质谱联用法分离鉴定样品中的挥发性化合物，结合感觉阈值定义了一个新的参数“相对气味活度值（ROAV）”，对样品总体风味贡献最大的前 10 种挥发性化合物主要是 10 个碳原子以下的饱和或不饱和脂肪醛和乙酯类物质，尤其是丁酸乙酯和己酸乙酯。不同产地腊肠的风味既有共同之处也存在差异，总体都具有腊香味，但广东样品脂香和酒精味最重，广西和湖南样品风味较柔和，而江苏和浙江样品风味稍显刺激性（表 7-7）。

发现广东腊肠比较特殊，丁酸乙酯和己酸乙酯同时在前 10 种主要风味化合物中占据绝对优势，其他物质如壬醛、(*E*)-2-壬烯醛、庚酸乙酯、癸醛、辛醛、戊酸乙酯、2-甲基-丁酸乙酯、(*E*)-2-癸烯醛的 ROAV 都小于 10，脂香气息较重。广西、湖南腊肠前 10 种主要风味物质的构成相似，比例协调，风味柔和。而江苏、浙江样品前 10 种主要风味化合物大多是醛类物质，尤其浙江样品主要是不饱和脂肪醛，风味相对带有一定的刺激性。

表 7-7　不同产地腊肠样品的相对气味活度值（$n=5$）

序号	化合物		相对气味活度值（ROAV）				
	中文名	英文名	广东样品	广西样品	湖南样品	江苏样品	浙江样品
1	丁酸乙酯	butanoic acid, ethyl ester	100	100	100	31.11	11.02
2	己酸乙酯	hexanoic acid, ethyl ester	92.54	58.18	70.81	71.28	12.96
3	壬醛	nonanal	9.26	71.13	57.52	12.83	11.72
4	(*E*)-2-壬烯醛	(*E*)-2-nonenal	7.26	63.27	73.46	38.71	62.33
5	庚酸乙酯	heptanoic acid, ethyl ester	6.77	6.4	5.43	2.36	0.47
6	癸醛	decanal	4.95	20.42	18.31	15.14	—
7	辛醛	octanal	3.86	41.97	18.86	12.05	6.3
8	戊酸乙酯	pentanoic acid, ethyl ester	3.65	—	—	2.24	—
9	2-甲基丁酸乙酯	2-methyl butanoic acid, ethyl ester	3.35	46	9.5	8.38	—
10	(*E*)-2-癸烯醛	(*E*)-2-decenal	2.97	17.48	24.92	21.3	16.76
11	2-甲基-丙酸乙酯	2-methyl propanoic acid, ethyl ester	2.7	—	—	—	—
12	3-甲基丁醛	3-methyl butanal	2.43	33.94	23.37	8.3	6.53
13	3-甲基丁酸乙酯	3-methyl butanoic acid, ethyl ester	2.41	24.36	25.72	5.82	—
14	己醛	hexanal	2.1	28.6	5.95	16.15	10.46
15	乙酸乙酯	ethyl acetate	1.03	7.44	29.93	2.2	1.24
16	庚醛	heptanal	0.72	9.06	3.17	2.54	1.65
17	癸酸乙酯	decanoic acid, ethyl ester	0.59	0.86	0.84	0.85	0.43
18	苯乙醛	benzeneacetaldehyde	0.51	13.46	2.93	0.6	0.36
19	2-甲基丁醛	2-methyl butanal	0.46	3.03	—	—	—
20	(*E*)-2-辛烯醛	(*E*)-2-octenal	0.28	2.83	1.71	49.25	93.73
21	辛酸乙酯	octanoic acid, ethyl ester	0.23	0.35	0.32	0.22	0.05
22	十二醛	dodecanal	0.13	—	—	—	—
23	5-戊基-2(3*H*)-二氢呋喃酮	5-pentyl-2(3*H*)-dihydrofuranone	0.08	0.2	0.49	0.31	—
24	戊醛	pentanal	0.05	0.97	—	0.79	0.54

续表

序号	化合物		相对气味活度值（ROAV）				
	中文名	英文名	广东样品	广西样品	湖南样品	江苏样品	浙江样品
25	丙酸乙酯	propanoic acid, ethyl ester	0.04	0.65	0.41	0.07	—
26	1,1-二乙氧基乙烷	1,1-diethoxy-ethane	0.02	—	0.08	—	—
27	苯甲酸乙酯	benzoic acid, ethyl ester	0.01	—	0.08	—	—
28	1-辛醇	1-octanol	0.01	0.11	0.11	0.02	0.02
29	丁酸	butanoic acid	0.01	—	0.06	—	—
30	2,3-戊二酮	2,3-pentanedione	0.01	0.14	—	0.05	—
31	棕榈酸乙酯	hexadecanoic acid, ethyl ester	0.01	0.03	0.03	0.01	0
32	苯乙醇	benzeneethanol	0.01	0.2	—	0.01	0.01
33	丁内酯	butyrolactone	0.01	0.02	0.67	0.24	0.27
34	己酸	hexanoic acid	0.01	0	0.02	0.02	0.01
35	壬酸乙酯	nonanoic acid, ethyl ester	0.01	0.02	0.02	0.01	0
36	3-甲基-1-丁醇	3-methyl-1-butanol	0.01	0.1	—	—	0.03
37	苯甲醛	benzaldehyde	0	—	0.04	—	—
38	甲苯	mmethyl benzene	0	0.02	0.02	0.02	—
39	乙苯	ethyl benzene	0	0.05	—	—	—
40	十四酸乙酯	tetradecanoic acid, ethyl ester	0	0	—	0	0
41	1-己醇	1-hexanol	0	0.02	0.04	0.01	0.01
42	十六酸	hexadecanoic acid	0	—	—	—	—
43	乙醇	ethanol	0	0.04	0.06	0	0
44	2-癸醇	2-decanol	0	—	—	—	—
45	十二酸乙酯	dodecanoic acid, ethyl ester	0	0	0	0	0
46	壬酸	nonanoic acid	0	0	0.01	0	0
47	辛酸	octanoic acid	0	0	0.01	0	0
48	庚酸	heptanoic acid	0	0	0	0	—
49	2-庚酮	2-heptanone	0	0.01	—	0.01	—
50	癸酸	decanoic acid	0	0	0	0	0
51	2-乙基-1-己醇	2-ethyl-1-hexanol	0	—	0	—	0
52	2,3-丁二醇	2,3-butanediol	0	0	0	—	—
53	2-十一烯醛	2-undecenal	0	0	0	0	0
54	戊酸	pentanoic acid	0	—	0	0	—
55	萘	naphthalene	0	0	0	—	—

续表

序号	化合物		相对气味活度值（ROAV）				
	中文名	英文名	广东样品	广西样品	湖南样品	江苏样品	浙江样品
56	二甲苯	xylene	0	0	0	0	—
57	乳酸乙酯	2-hydroxy propanoic acid, ethyl ester	0	0	0	0	—
58	乙酸	acetic acid	0	0	0.01	0	0
59	5-戊基-2(5*H*)-呋喃酮	5-pentyl-2(5*H*)-furanone	—	0.3	0.66	0.59	—
60	(*E*,*E*)-2,4-癸二烯醛	(*E*,*E*)-2,4-decadienal	—	98.54	78.02	100	85.41
61	(*E*,*E*)-2,4-壬二烯醛	(*E*,*E*)-2,4-nonadienal	—	37.23	—	28.3	100
62	3-甲硫基丙醛	3-(methylthio)-propanal	—	16.9	27.59	—	—
63	戊酸辛酯	pentanoic acid, octyl ester	—	3.55	3.12	—	—
64	(*E*)-2-庚烯醛	(*E*)-2-heptenal	—	2.68	—	—	2.37
65	(*E*)-2-己烯醛	(*E*)-2-hexenal	—	0.14	—	0.04	0.09
66	(*E*,*E*)-2,4-庚二烯醛	(*E*,*E*)-2,4-heptadienal	—	0.06	—	0.09	28.49
67	3-甲基丁酸	3-methyl butanoic acid	—	0.02	—	0.01	—
68	1-庚醇	1-heptanol	—	0.01	0.02	0	—
69	环己酮	cyclohexanone	—	0	—	—	—
70	1-戊醇	1-pentanol	—	0	—	0	0
71	2-甲基-1-丙醇	2-methyl-1-propanol	—	0	—	—	—
72	苯酚	phenol	—	0	0	—	—
73	1-丙醇	1-propanol	—	0	—	0	—
74	5-甲基糠醛	5-hydroxymethyl furfural	—	0	—	—	—
75	1-辛烯-3-醇	1-octen-3-ol	—	—	20.5	9.73	7.67
76	1-壬醇	1-nonanol	—	0.02	—	—	0.03
77	2-甲氧基-4-乙基苯酚	2-methoxy-4-ethyl phenol	—	—	—	—	0.2
78	2-乙酰基吡嗪	2-acetyl pyrazine	—	—	—	—	0.15
79	己内酰胺	caprolactam	—	—	—	—	0
80	辛酸乙烯酯	*n*-caproic acid vinyl ester	—	—	—	0.02	0.03
81	1,7,7-三甲基-二环[2,2,1]庚-2-酮	1,7,7-trimethyl-bicyclo[2,2,1]heptan-2-one	—	—	—	—	—
82	(*E*,*E*)-3,5-辛二烯-2-酮	(*E*,*E*)-3,5-octadien-2-one	—	—	—	0	—
83	糠醇	2-furanmethanol	—	—	—	—	0
84	柠檬烯	limonene	—	—	—	0.16	—

续表

序号	化合物		相对气味活度值（ROAV）				
	中文名	英文名	广东样品	广西样品	湖南样品	江苏样品	浙江样品
85	反式丁香烯	(*E*)-caryophyllene	—	—	—	0.02	—
86	(*E*)-3-辛烯-2-酮	(*E*)-3-octen-2-one	—	—	—	0	—
87	愈创木酚	2-methoxy phenol	—	—	2.74	—	—
88	2,6-二甲基吡嗪	2,6-dimethyl pyrazine	—	—	0.12	—	—
89	2-甲氧基-4-甲基苯酚	2-methoxy-4-methyl-phenol	—	—	0.05	—	—
90	二氯苯	dichloro benzene	—	—	0.05	0.01	0.04
91	2(3*H*)-二氢呋喃酮	2(3*H*)-dihydro furanone	—	—	0.03	—	—
92	麦芽酚	maltol; 3-hydroxy-2-methyl-4H-pyran-4-one	—	—	0.02	—	—
93	3-甲基苯酚	3-methyl phenol	—	—	0.01	—	—
94	2,6-二甲氧基苯酚	2,6-dimethoxy-phenol	—	—	0	—	—
95	糠醛	2-furancarboxaldehyde; furfural	—	—	0	—	—
96	十二酸	dodecanoic acid	—	—	—	0	—
97	三苯甲酰-D-甘露聚糖	tribenzoyl-D-mannosan	na	na	na	—	—
98	9-癸烯酸乙酯	ethyl dec-9-enoate	na	na	na	na	na
99	甲氧-苯基-肟	methoxy-phenyl-oxime	na	na	na	na	na
100	2,3-辛二酮	2,3-octanedione	na	na	—	—	na
101	11-十八烯醛	1-octadecenalna	na	—	na	—	—
102	烟酸乙酯	3-pyridinecarboxylic acid, ethyl ester	na	—	na	na	—
103	(*E*)-9-十六烯酸乙酯	(*E*)-9-hexadecenoic acid, ethyl ester	na	—	na	na	na
104	油酸乙酯	ethyl oleate	na	—	—	—	—
105	十五醛	pentadecanal	na	—	—	—	—
106	1,2-苯二酸丁辛酯	1,2-benzenedicarboxylic acid, butyl-octyl ester	na	—	—	—	—
107	十八酸乙酯	octadecanoic acid, ethyl ester	na	—	—	na	—
108	9-十八烯酸乙酯	ethyl octadec-9-enoate	na	—	—	na	na
109	2-甲基-1-丁醇	2-methyl-1-butanol	—	na	na	—	—
110	十六醛	hexadecanal	—	na	na	na	na

续表

序号	化合物		相对气味活度值（ROAV）				
	中文名	英文名	广东样品	广西样品	湖南样品	江苏样品	浙江样品
111	十八醛	octadecanal	—	na	—	—	na
112	1-辛烯	1-octene	—	na	—	na	na
113	乙酸-1,1-二甲基乙酯	acetic acid, 1,1-dimethyl ethyl ester	—	—	na	—	—
114	1,2,4-三甲氧基苯	1,2,4-trimethoxybenzene	—	—	na	—	—
115	(1-甲基乙氧基)甲基-环氧乙烷	[(1-methylethoxy)methyl]-oxirane	—	—	na	—	—
116	甲基嘧啶	methyl pyrimidine	—	—	na	—	—
117	乙基麦芽酚	2-ethyl-3-hydroxy-4H-pyran-4-one	—	—	na	—	na
118	柠檬烯环氧化物	limonene epoxide	—	—	—	—	—
119	(*E*)-2-辛烯乙酯	ethyl(*E*)-2-octenoate	—	—	—	na	—
120	油酸	oleic acid	—	—	—	na	—
121	2-乙基-2-己烯醛	2-ethyl-2-hexenal	—	—	—	na	—
122	3,5-壬二烯-2-酮	3,5-nonadien-2-one	—	—	—	na	—
123	山梨酸乙酯	ethyl sorbate	—	—	—	na	—
124	异叶绿醇	isophytol	—	—	—	na	—
125	2,3-二甲基环氧乙烷	2,3-dimethyl oxirane	—	—	—	na	—
126	δ-3-蒈烯	delta-3-carene	—	—	—	na	—
127	5-异丙基-2,4-咪唑啉酮	5-isopropyl-2,4-imidazolidinedione	—	—	—	—	na
128	6,10-二甲基-5,9-十一碳二烯酮	6,10-dimethyl-5,9-undecadien-2-one	—	—	—	—	na
129	二氢-5-丙基-2(3氢)-呋喃酮	5-propyl-2(3H)-dihydro-furanone	—	—	—	—	na
130	茴香醇	4-methoxy benzenemethanol	—	—	—	—	na
131	棕榈醛二烯丙基缩醛	palmitaldehyde, diallylacetal	—	—	—	—	na
132	(甲氧甲基)-环氧乙烷	(methoxymethyl)-oxirane	—	—	—	—	na
133	亚油酸乙酯	ethyl linoleate	—	—	—	na	na
134	2-十九酮	2-nonadecanone	—	—	—	na	na
135	2-硝基-2-庚烯-1-醇	2-nitro-2-hepten-1-ol	—	—	—	na	na

续表

序号	化合物		相对气味活度值（ROAV）				
	中文名	英文名	广东样品	广西样品	湖南样品	江苏样品	浙江样品
136	3-甲基-2,4-咪唑啉二酮	3-methyl-2,4-imidazolidine dione	—	—	—	na	na
137	2,4-二甲基环己醇	2,4-dimethyl cyclohexanol	—	—	—	na	—

注：na—因为没有查到相应的感觉阈值而未做分析。

"—"表示未检出，或者虽有检出但不是共有组分。

由于腊肠加工过程中料酒的普遍使用，导致产品中较高的乙醇含量，虽然说它感觉阈值比较高而不直接贡献于总体风味，但是对腊肠风味贡献较大的酯类物质几乎都是乙酯，尤其是丁酸乙酯和己酸乙酯，这显然都是乙醇的功劳，料酒对于腊肠总体风味具有不容忽视的作用。

碳原子数小于 10 的乙酯总体上都具有甜的水果气味，除庚酸乙酯挥发性稍差外，其他几种酯都非常容易挥发。丁酸乙酯具有清灵强烈的甜果香：菠萝、香蕉、苹果气息，带些微玫瑰花香，同时也是米兰 Salami 肠的特征风味化合物[16]。己酸乙酯具有强烈的甜果香：菠萝、香蕉香气，有蜜饯的冰淇淋香韵及有力的酒香（似白酒浓香型）。2-甲基丁酸乙酯有新鲜热带水果香的浆果香，酯香中带有辣、青香，类似混合的甜饮料香韵。乙酸乙酯有甜果香，带蜜饯的冰淇淋的逸发性（不能持久）香气，微带果香的酒香，乙酸乙酯还是苹果和香蕉的特征风味化合物。庚酸乙酯呈水果或葡萄酒的香气，带有蜡香、酯香、香蕉、浆果、种子香韵，近似于康酿克酒香的水果香气。戊酸乙酯有甜果香：酸性、浆果、热带水果香气，草莓气息。乙醇形成的低级脂肪酸酯是腊肠总体风味最重要的贡献者。

腊肠中的醛类化合物大部分是不饱和脂肪醛，主要包括(*E*,*E*)-2,4-癸二烯醛、(*E*,*E*)-2,4-壬二烯醛、(*E*)-2-辛烯醛、(*E*)-2-壬烯醛、(*Z*)-2-癸烯醛等，与丁酸乙酯、己酸乙酯等一起构成腊肠的独特风味。(*E*,*E*)-2,4-癸二烯醛通常呈现强烈的青香气味，浓度大时有甜香的柑橘样香气，浓度低时具有像葡萄柚和柑橘的味道，有油腻的脂肪香、油炸香气，鸡油、芫荽、柑橘气息，类似鸡皮香韵。而(*E*)-2-壬烯醛浓度高时具有十分强烈的尖刺脂肪气息，浓度低时具有鸢尾样的令人十分愉快的香气，黄瓜、甜瓜、谷类植物、鸡脂肪香。5~10 个碳原子的脂肪醛，尤其(*E*,*E*)-2,4-癸二烯醛和己醛等，是干腌香肠（腊肠属半干香肠）成熟风味的重要指标。同时，凭借较低的感觉阈值，3-甲基丁醛也是香肠等腌腊肉制品成熟风味的重要贡献者。

周慧敏等人采用吹扫捕集-热脱附-气相色谱-嗅闻-质谱联用技术，结合气味活性值(OAV)，研究黑白胡椒腊肠储藏期（成品，7、21、35、49、77 d）的气味活性化合物的演变规律，解析异味的特征化合物（表 7-8）。共有 56 种 OAV 不小于 0.1 的风味化合物，其中醛类物质总 OAV 最高（1724.58~4682.24）、种类最多（15 种），对整体风味贡献率高达 85.85% ~ 90.35%。随着储藏时间的延长，除酯类和烯烃类物质，其他各类风味物质的 OAV 均持续增加，尤其在储藏 35 ~ 49 d 增加最显著；同时产品的颜色变暗，腊味和胡椒味变淡，异味明显加重，可接受度降低。经过 OAV 分析以及气相色谱-嗅闻鉴定，己醛、反,反-2,4-癸二烯醛、庚醛、辛醛、反-2-辛烯醛、壬醛、1-辛烯-3-醇和反-2-癸烯醛可能是造成黑白胡椒腊肠异味的主要物质，且它们的 OAV 大于 60，在储藏过程中气味强度增加，在产品中具有深度油炸味和酸败味，可能是储藏过程中腊肠氧化变质后产生异味的主要物质。

表 7-8 黑白胡椒腊肠在储藏过程中气味活性化合物的 OAV

序号	风味物质	CAS 号	香气描述	阈值/μg·kg^{-1}	OAV					
					成品	7 d	21 d	35 d	49 d	77 d
1	2-甲基丁醛	96-17-3	可可、杏仁	1	3.16±0.21	5.98±0.91	6.37±1.6	12.47±3.26	37.19±27.19	52.72±9.8
2	戊醛	110-62-3	杏仁、麦芽、辛辣	2.7	1.03±0.09	—	1.54±0.05	2.74±1.06	4.68±0.98	6.66±3.48
3	己醛	66-25-1	草、牛油、脂肪	0.32	388.07±49.24	457.69±41.9	563.62±47.73	826.19±73.53	1 383.78±115.22	1 645.98±74.74
4	庚醛	111-71-7	脂肪、柑橘、酸败	0.25	110.15±10.13	123.8±7.16	243.66±35.44	315.01±5.43	385.91±37.84	521.5±104.42
5	辛醛	124-13-0	脂肪、肥皂、柠檬、绿色	0.587	—	95.46±17.8	155.65±13.62	208.59±18.96	250.66±38.95	280.12±59.27
6	顺-2-庚烯醛	57266-86-1		56	0.28±0.01	0.2±0	0.28±0.05	0.64±0.32	0.55±0.1	—
7	壬醛	124-19-6	脂肪、柑橘、绿色	1.1	48.73±3.33	47.14±0.24	109.5±12.77	121.88±17.44	100.7±0.21	148.83±34.22
8	反-2-辛烯醛	2363-89-5	绿色、坚果	0.2	63.99±2.44	47.35±2.2	55±5	144.55±12.55	166.81±31.81	241.29±43.29
9	苯甲醛	100-52-7	杏仁、焦糖	24	0.52±0.04	0.4±0	0.62±0.09	0.8±0.08	0.65±0.14	1.04±0.16
10	顺-2-癸醛	2497-25-8		50	—	0.18±0.06	—	—	—	—
11	反-2-癸烯醛	3913-81-3	牛油	0.3	20.59±0.51	17.66±8.83	67.38±12.12	68.13±14.52	42.51±12.86	61.27±21.08
12	苯乙醛	122-78-1		0.3	17.78±0.79	—	—	0.09±0.01	39.02±20.81	56.85±5.94
13	反,反-2,4-壬二烯醛	5910-87-2	脂肪、蜡、绿色	0.062	65.02±7.57	39.31±4.74	—	63.32±13.32	106.24±16.24	42.04±1.04
14	4-乙基苯甲醛	4748-78-1	甜的	13	—	0.27±0.01	0.58±0.07	0.43±0.08	0.43±0.04	0.36±0.04

续表

序号	风味物质	CAS 号	香气描述	阈值 /μg·kg^{-1}	OAV					
					成品	7 d	21 d	35 d	49 d	77 d
15	反,反-2,4-癸二烯醛	25152-84-5	油炸、蜡、脂肪	0.027	1 005.25±76.89	1 373.91±38.79	1 490.13±53.27	1 759.86±126.13	1 522.86±242.31	1 623.59±80.45
16	戊醇	71-41-0	香膏质的	150.2	—	—	—	0.06±0.01	0.14±0.07	—
17	己醇	111-27-3	树脂、花、绿色	5.6	—	8.68±0.65	1.45±0.22	1.77±0.21	10.74±2.6	—
18	1-辛烯-3-醇	3391-86-4	蘑菇	1.5	13.04±1.72	43.53±0.77	42.35±6.14	64.53±6.18	84.51±6.94	110.55±12
19	芳樟醇	78-70-6	花、薰衣草	0.22	154.97±6.71	180.83±10.64	177.69±29.19	169.57±1.7	261.55±121.37	251.06±55.83
20	辛醇	111-87-5	化学、金属、燃烧	42	0.16±0.07	—	0.27±0.02	0.17±0.17	0.39±0.1	0.38±0.08
21	十二醇	112-53-8	脂肪、蜡	16	1.55±0.36	—	0.06±0.01	—	—	—
22	2,3-戊二酮	600-14-6	奶油、黄油	20	—	—	—	0.06±0.06	0.46±0.21	0.08±0.08
23	4-甲基-2-己酮	105-42-0		0.81	1.68±0.21	—	—	2.13±0.13	0.83±0.22	—
24	2-庚酮	110-43-0	肥皂	1	—	18.54±1.38	16.57±2.42	24.55±2.84	48.33±6.00	59.1±9.35
25	3-辛酮	106-68-3	香草、黄油、树脂	21.4	—	0.25±0.05	0.20±0.1	0.57±0.1	0.51±0.05	0.20±0.1
26	3-羟基-2-丁酮	513-86-0	黄油、奶油	14	10.88±0.13	—	—	—	—	—
27	甲基庚烯酮	110-93-0	胡椒、蘑菇、橡胶	68	0.06±0.01	0.14±0.02	0.03±0.01	—	—	—
28	2-壬酮	821-55-6	热牛奶、肥皂、绿色	41	—	0.13±0.02	0.06±0.01	0.16±0.03	—	0.15±0.03
29	丁酸	107-92-6	腐臭、奶酪、汗水	204	0.21±0.02	0.31±0.02	0.31±0.01	0.26±0.05	0.78±0.39	0.47±0.04

续表

序号	风味物质	CAS 号	香气描述	阈值 /μg·kg^{-1}	OAV					
					成品	7 d	21 d	35 d	49 d	77 d
30	3-甲基丁酸	503-74-2	酸味、汗臭	20	3.13±0.68	3.60±0.24	3.68±0.44	4.94±0.68	3.52±3.52	8.87±1.03
31	戊酸	109-52-4	甜的	24	0.28±0.04	0.65±0.07	0.81±0.12	1.07±0.12	1.4±0.41	1.81±0.15
32	己酸	142-62-1	甜的	35.6	2.24±0.27	4.49±0.42	5±0.88	6.03±0.41	6.65±1.32	9.4±1.1
33	癸酸	334-48-5	不愉快气味	130	0.25±0.04	—	—	—	—	—
34	乙酸乙酯	141-78-6	菠萝	5	—	0.36±0.25	0.19±0.05	—	0.70±0.1	—
35	丁酸乙酯	105-54-4	苹果	0.9	2.41±0.19	—	—	1.64±0.56	—	3.66±0.27
36	乙酸丁酯	123-86-4	梨	58	0.13±0.05	0.08±0.01	0.05±0.05	0.13±0	—	0.20±0.04
37	异戊酸乙酯	108-64-5	水果	0.01	39.55±19.78	—	—	60.79±30.40	88.24±44.12	133.49±66.75
38	辛酸乙酯	106-32-1	水果	19.3	—	0.36±0.1	0.81±0.11	1.02±0.14	0.58±0.29	0.74±0.37
39	γ-丁内酯	96-48-0	焦糖、甜的	14	0.15±0.08	0.44±0.03	0.57±0.09	0.57±0.07	—	0.94±0.05
40	癸酸乙酯	110-38-3	葡萄	5	0.60±0.12	0.92±0.13	1.00±0.04	1.53±0.24	2.28±0.77	2.64±0.04
41	γ-己内酯	695-06-7	香豆素，甜的	50	—	0.02±0.01	0.04±0.01	—	0.13±0.04	0.08±0.02
42	α-蒎烯	80-56-8	松木、针叶	6	—	0.25±0.25	0.31±0.31	—	—	—
43	β-蒎烯	127-91-3	松脂松节油	6	0.73±0.16	0.35±0.15	1.06±0.08	0.57±0.04	—	1.01±0.17
44	3-蒈烯	13466-78-9	柠檬、树脂	770	0.02±0	0.03±0.01	0.04±0.01	0.02±0	0.1±0.03	0.02±0.01
45	月桂烯	123-35-3	香脂、待发酵的葡萄汁、香料	1.2	1.20±1.2	1.65±1.65	—	—	4.74±1.01	—
46	α-水芹烯	99-83-2	松节油、薄荷、香料	40	—	—	0.1±0.02	0.02±0.00	—	0.12±0.03

续表

序号	风味物质	CAS号	香气描述	阈值/μg·kg^{-1}	OAV					
					成品	7 d	21 d	35 d	49 d	77 d
47	D-柠檬烯	5989-27-5	柑橘、薄荷	34	2.47±0.04	3.23±0.07	3.61±0.71	2.24±0.19	3.16±0.16	3.92±0.56
48	苯乙烯	100-42-5	香脂、汽油	3.6	1.84±0.38	—	1.06±0.06	—	—	3.77±0.85
49	1-石竹烯	87-44-5	木材、香料	64	4.95±0.08	6.91±0.59	6.47±0.9	4.26±0.14	4.28±0.19	5.7±0.53
50	α-石竹烯	6753-98-6	木材	160	0.05±0.05	0.13±0.01	0.12±0.02	0.1±0.02	0.1±0.03	0.1±0.01
51	茴香脑	104-46-1	茴香、辛香料、甘草	1.8	4.56±0.18	4.58 ± 0.16^{a}	4.54 ± 0.83^{a}	3.44 ± 0.2^{a}	5.03 ± 1.33^{a}	5.23 ± 0.21^{a}
52	2-丁基呋喃	4466-24-4		5	—	—	—	—	—	1.10 ± 0.06^{a}
53	2-戊基呋喃	3777-69-3	绿豆、黄油	5.8	0.78±0.78	6.52 ± 0.42^{cd}	7.46 ± 0.07^{cd}	14.66 ± 1.79^{bc}	18.94 ± 5.15^{b}	45.77 ± 1.69^{a}
54	均三甲苯	108-67-8		3	—	1.98 ± 0.06^{bc}	2.64 ± 0.64^{ab}	2.7 ± 0.1^{ab}	—	4.48 ± 1.36^{a}
55	邻-异丙基苯	527-84-4		4	7.34±0.34	8.73 ± 0.14^{a}	9.09 ± 2.22^{a}	—	7.55 ± 1.39^{a}	9.08 ± 1.35^{a}
56	2,3,5-三甲基吡嗪	14667-55-1	奶油	50	0.11±0.06	0.19 ± 0.02^{ab}	0.1 ± 0.01^{ab}	0.25 ± 0.13^{a}	—	—

7.5 鸡 肉

7.5.1 分析方法

对鸡肉风味成分研究的分析方法有：顶空固相微萃取-气相色谱－质谱联用-OVA、顶空固相微萃取-气相色谱－质谱联用-ROVA 等。

7.5.2 鸡肉特征香气成分

王军喜等人采用顶空固相微萃取对酱油鸡的挥发性风味物质进行提取，并利用气相色谱-质谱联用技术和保留指数（RI）分离定性（表 7-9）。共鉴定出 77 种挥发性物质，包括烃类 18 种、醛类 19 种、醇类 13 种、酮类 7 种、酚类 5 种、酯类 5 种、酸类 4 种、醚类 2 种、杂环类 4 种。结合气味活性值（OAV）对检出的风味物质进一步筛选，得到 1-辛烯- 3 -酮、辛醛、反,反-2, 4 -癸二烯醛、反-2-壬烯醛、反,反-2, 4 -壬二烯醛、丁香酚、肉桂酸乙酯、壬醛、庚醛、糠醛、芳樟醇、己醛、对伞花烃、2-正戊基呋喃、香茅醛这 15 种“关键风味物质”（OAV≥ 1 ）对酱油鸡的风味有显著贡献，可进一步定义为“主要关键风味活性物质”。

沈非等人采用固相微萃取和气相色谱-质谱联用技术对新疆大盘鸡中的挥发性风味物质进行萃取和分离鉴定，采用相对气味活度值法确定对新疆大盘鸡香气具有主要贡献作用和修饰作用的香气物质（表 7-10）。共检测出 64 种挥发性风味物质，醇类和醛类物质含量所占比例较高，分别为 26.9%、36.4%；柠檬醛、1-辛烯-3-醇、壬醛、己醛、*β*-紫罗兰酮、桉树醇、苯甲醛、D-柠檬烯、芳樟醇、*β*-月桂烯、辛醛、1-庚醇、庚醛及 2-戊基呋喃 14 种物质对新疆大盘鸡香气贡献较大；苯乙醇、苯乙醛、正己酸乙烯酯、苯甲醇、(*E*)-2-辛烯醛、戊醛、乙酸芳樟酯、*α*-蒎烯、茴香烯、*β*-罗勒烯、二烯丙基二硫、6-甲基-5-庚烯-2-酮、乙酸庚酯、正辛醇、3-辛酮、正己醇、1-壬醇、松油醇及苯乙烯对新疆大盘鸡的香气起修饰作用，新疆大盘鸡的主要香气为脂肪香、焦香、蘑菇香、清香及花草香。

表 7-9 OVA 确定酱油鸡中的风味活性物质

序号	化合物	阈值/ mg · kg^{-1}	含量 /μg · g^{-1}	OVA	香气特征
1	1-辛烯-3-酮	0.000 003	0.007	2258.549	土壤香、蘑菇香、鱼和鸡肉的香味
2	辛醛	0.000 01	0.022	217.577	强烈的油脂气味
3	反,反-2,4-癸二烯醛	0.000 03	0.003	90.49	脂肪香、鸡肉香、油炸香
4	反-2-壬烯醛	0.000 065	0.003	46.005	烘烤香
5	反,反-2,4-壬二烯醛	0.000 06	0.002	36.86	油脂香
6	丁香酚	0.001	0.011	11.385	辛香、烟熏香、熏肉香
7	肉桂酸乙酯	0.000 06	0.001	9.056	甜果香、梅子、樱桃样的香味
8	壬醛	0.0035	0.025	7.115	蜡香、柑橘香、脂肪香、花香
9	庚醛	0.005	0.03	6.052	油脂香
10	糠醛	0.01	0.052	5.176	面包香、焦糖香、烘烤香
11	芳樟醇	0.0015	0.003	1.966	花香、木香

续表

序号	化合物	阈值/mg·kg^{-1}	含量/μg·g^{-1}	OVA	香气特征
12	己醛	0.21	0.353	1.681	油脂香
13	对伞花烃	0.0133	0.021	1.543	柑橘香
14	2-正戊基呋喃	0.0048	0.007	1.481	豆香、果香、蔬菜、黄油气味
15	香茅醛	0.0035	0.005	1.379	柠檬香、油脂香

表 7-10 新疆大盘鸡挥发性风味物质的香气阈值及 ROAV

类别	化合物	阈值/μg·kg^{-1}	ROVA	香气
酸类	己酸	3000	0	乳酪酸香
	辛酸	3000	0	奶酪苦涩味
醇类	1-庚醇	3	1.25	脂肪香
	正己醇	250	0.02	青草味、甜味
	1-壬醇	50	0.01	蔷薇香
	1-辛烯-3-醇	1	49.16	蘑菇香
	(*E*)-2-辛烯-1-醇	—	—	脂肪味
	(*Z*)-2-辛-1-醇	—	—	—
	1,4-丁二醇	120	0	橡皮味
	正辛醇	110	0.05	花香
	正戊醇	4000	0	—
	3-甲基-1-丁醇	—	—	—
	苯甲醇	3	0.41	苦杏仁味
	桉树醇	3	9.43	薄荷糖味
	芳樟醇	6	2.01	薰衣草香
	苯乙醇	7.5	0.83	花香
	2-乙基-1-己醇	—	—	—
	呋喃甲醇	—	—	—
	松油醇	330	0.01	薄荷香
烷烃类	戊基-环氧乙烷	—	—	—
	十六烷	—	—	—
	十四烷	—	—	—
	2-甲基辛烷	—	—	—
烯烃类	*β*-月桂烯	14	1.76	脂香
	β-水芹烯	—	—	果香
	(*E*)-2-癸烯	—	—	—
	苯乙烯	730	0.01	—
	茴香烯	57	0.14	茴香味
	顺-4-辛烯	—	—	—
	D-柠檬烯	10	2.32	清香

续表

类别	化合物	阈值/μg·kg^{-1}	ROVA	香气
烯烃类	松油烯	—	—	清香
	α-蒎烯	6	0.18	松油脂味
	反-4-蒈烯	—	—	—
	β-罗勒烯	34	0.13	草花香
醛类	(*Z*)-2-庚醛	—	—	—
	(*E*)-2-辛烯醛	3	0.34	柠檬香
	苯甲醛	3	8.03	杏仁香、焦糖香
	庚醛	4.5	1.14	焦香
	己醛	4.5	20.98	草香
	壬醛	1	33.09	脂肪香
	辛醛	7	1.71	脂肪香
	戊醛	27	0.34	杏仁香
	5-甲基-2-呋喃甲醛	—	—	—
	苯乙醛	4	0.84	蜜甜香
	柠檬醛	0.04	100	柠檬橘香
酯类	正己酸乙烯酯	1	0.42	青苹果味
	2,4-己二烯酸乙酯	—	—	—
	乳酸乙酯	14 000	0	果香
	α-乙酸松油酯	—	—	花果香
	乙酸芳樟酯	9	0.18	花果香
	乙酸庚酯	2	0.07	果香
	乙酸桃金娘烯酯	—	—	—
酮类	2,3-辛二酮	—	—	奶油香
	3-辛酮	18	0.03	蘑菇味
	6-甲基-5-庚烯-2-酮	48	0.07	甜香果香
	β-紫罗兰酮	0.007	13.35	紫罗兰香
其他	2-戊基呋喃	6	1.03	水果香
	丁羟甲苯	—	—	—
	甲氧基苯基肟	—	—	—
	苯酚	5900	0	—
	乙苯	—	—	熟花生味
	甲苯	—	—	甜香
	二烯丙基二硫			葱蒜香
	苄腈	—	—	—

7.6 水产品

7.6.1 分析方法

顶空-气相离子迁移谱-电子鼻（Headspace-Gas Chromatography-Ion Mobility Spectrometry-Electronic Nose，HS-GC-IMS-EN）、顶空固相微萃取-气相色谱-质谱（Headspace Solid Phase Microextraction-Gas Chromatography-Mass Spectrometry，HS-SPME-GC-MS）、氨基酸分析仪、固相萃取整体捕集剂-GC/MS，联用 GC-O 法和 OAV 法（MMSE-GC-O-OVA）等。

7.6.2 水产品特性香气成分

江津津等人采用顶空-气相离子迁移谱-电子鼻（Headspace-Gas Chromatography-Ion Mobility Spectrometry-Electronic Nose，HS-GC-IMS-EN）、顶空固相微萃取-气相色谱-质谱（HS-SPME-GC-MS）、氨基酸分析仪以及感官量化描述分析（Quantitative Description Analysis，QDA）等现代风味分析技术对 5 种不同产地鱼露（汕头鱼露、东莞鱼露、福建鱼露、泰国鱼露、越南鱼露）中挥发性和非挥发性风味物质进行比较分析，并结合相对气味活度值进行研究（表 7-11）。泰国鱼露、越南鱼露和汕头鱼露有相似的整体挥发性风味，其他 2 种则差异较大。

表 7-11　鱼露主要挥发性成分的 ROAV

化合物	阈值/mg・L^{-1}	气味特征	ROAV
乙酸	22	酸味	0.11
丙酸		奶酪味	
丁酸	0.09	奶酪味	2.38
3-甲基丁酸	0.015	奶酪味	86.99
2-甲基丁酸	0.18	奶酪味	6.6
乙醇	100	特殊香味	0.0022
2-甲基丙醛	0.01	烧烤味	23.94
3-甲基丁醛	0.4	苹果香味	2.48
2-甲基丁醛	0.01	强烈的烧烤味	47.87
苯甲醛	0.35	苦杏仁味	1.3
乙酸乙酯		水果香味	
2-甲基二硫	0.000 005	腥臭味、鱼香味	100
2-甲基三硫	0.08	腥臭味、鱼香味	3.1
2-乙基呋喃		青草味	
3-甲硫基丙醛	0.2	肉香味	1.57

GC-IMS 共鉴定出 37 种特征风味化合物，主要包括醛类、醇类、酯类、酸类及含硫化合物等，汕头鱼露定性出的特有挥发物最多，东莞鱼露定性出的挥发性风味物最少，2-戊酮、丙酸乙酯、2-己醇是福建、越南、泰国鱼露共有的挥发性有机物；(*Z*)-3-己烯醇、异戊酸、1-丁醇等物质为泰国鱼露的特征挥发性物质；异丁酸、丙酸乙酯、戊酸戊酯、环己酮等物质为越南鱼露的特征风味物；丁酸乙酯、3-己醇、1-丁醇在东莞鱼露中含量最高，但并非特征风味物；

苯甲醛在汕头鱼露中含量最高，在其他样品中含量非常少；2-丁醇、苯乙醛、2-甲基丁酸、丁酸乙酯、3-甲基丁醛、甲基硫化物为汕头鱼露特有的挥发性有机物。

HS-SPME-GC-MS 共鉴定出 47 种主要挥发性化合物。酸类在汕头鱼露和越南鱼露中占比 78.13%和 42.92%。含氮化合物在越南鱼露中占比较大，醇类在福建鱼露中含量最高（占 34.36%）。在越南鱼露中的含量最低。泰国鱼露中含量较多的是芳香类物质。含氮化合物（吡嗪类和呋喃类）和酯类在越南鱼露中含量最高，是特征风味物。汕头鱼露的含硫化合物含量相对最高，是特征风味物，包括甲基硫化物和 3-甲硫基丙醛。

氨基酸是挥发性风味物的前体，游离氨基酸总含量排序为越南鱼露 > 汕头鱼露 > 泰国鱼露 > 福建鱼露 > 东莞鱼露，但东莞鱼露中呈鲜氨基酸占比最高（谷氨酸占 93.35%），这与其配料里面添加了谷氨酸钠有关。泰国鱼露的甜味氨基酸占比例最高。汕头鱼露的含硫氨基酸和牛磺酸含量最高。甲硫氨酸、胱氨酸和半胱氨酸等是鱼露中含硫化合物的主要来源。游离氨基酸的差异从另一个角度诠释了挥发性特征物的差异。

陈实等人使用高效液相技术和氨基酸分析仪研究了青鱼不同部位肉水溶性滋味物质，并采用电子舌技术对青鱼不同部位肉进行区别分析，使用顶空固相微萃取-气相色谱-质谱联用技术（HS-SPME-GC-MS）研究比较了青鱼不同部位肉的挥发性成分（表 7-12）。

表 7-12 青鱼不同部位鱼肉挥发性成分

	化合物名称	阈值 /μg·kg^{-1}	气味描述	不同部位挥发性成分含量/%		
				背肉	腹肉	尾肉
醛酮类	丙醛	15.1	辛辣味	1.11±0.03	1.23±0.01	1.29±0.01
	丁醛	1.3	—	0.30±0.12	0.57±0.25	0.46±0.01
	戊二醛	—	—	0.20±0.05	—	0.35±0.01
	3-甲基丁醛	1.1	巧克力味，腐臭味	—	—	0.42±0.01
	戊醛	9	—	4.29±0.51	5.12±0.36	2.53±0.08
	(*E*)-2-戊烯醛	1 500	—	—	0.62±0.04	—
	2-乙基-4-戊烯醛	—	—	—	0.16±0.08	—
	己醛	4.5	鱼腥，果味，青香，叶香	41.69±3.49	41.55±1.51	37.23±0.9
	庚醛	3	油脂味	2.47±0.07	2.00±0.08	2.15±0.10
	(*E*)-2-辛烯醛	3	鱼腥味	2.05±0.42	1.95±0.35	2.33±0.04
	壬醛	1	油脂味，青草香，鱼腥味	2.17±0.33	1.75±0.09	1.89±0.01
	癸醛	2	甜香，蜡香，花香，橘香	0.23±0.05	0.06±0.02	0.19±0.01
	苯甲醛	350	杏仁味	0.18±0.03	—	—
	2,3-辛二酮	—	—	9.42±1.62	11.1±2.83	13.62±0.07
	2,3-戊二酮	5.13	刺激性气味	—	—	1.18±0.04

续表

	化合物名称	阈值/μg·kg⁻¹	气味描述	不同部位挥发性成分含量/%		
				背肉	腹肉	尾肉
醇类	1-戊烯-3-醇	358.1	肉香味	1.92±0.09	2.12±0.23	2.57±0.04
	4-甲基环己醇	—	—	—	—	2.04±0.06
	正戊醇	150.2	—	2.48±0.06	2.7±0.11	1.55±0.06
	环丁烯基甲醇	125.1	—	0.48±0.06	—	0.56±0.02
	正己醇	5.6	—	8.81±0.77	10.02±0.98	7.39±0.43
	1-辛烯-3-醇	1	蘑菇味，青草味	8.56±1.19	7.07±0.78	7.79±0.13
	(*Z*)-2-戊烯-1-醇	—	—	—	—	1.54±0.01
	4-乙基环己醇	—	—	1.06±1.00	0.38±0.08	—
	(*Z*)-2-庚烷-1-醇	—	—	0.07±0.04	—	—
	二氢香芹醇	—	—	0.22±0.11	0.27±0.03	0.34±0.01
	2,4-二甲基环己醇	—	—	0.91±0.52	1.61±0.44	0.88±0.04
	(*E*)-2-辛烯-1-醇	40	—	—	—	0.44±0.01
	(*Z*)-2-辛烯-1-醇	40	肉汤味	0.53±0.18	0.34±0.13	0.58±0.01
	2-辛炔-1-醇	—	—	2.18±0.49	1.57±0.29	2.45±0.10
烃类及其他	氨基脲	—	—	0.42±0.03	0.40±0.04	0.80±0.01
	对甲基苯丙胺	—	—	0.20±0.05	0.17±0.00	0.38±0.01
	乳酰胺	—	—	—	0.36±0.03	—
	2-甲酰组胺	—	—	0.29±0.01	—	—
	二氯甲烷	28.2	—	0.21±0.01	0.19±0.04	0.27±0.00
	二硫化碳	95.5	—	0.44±0.06	0.51±0.04	1.35±0.04
	三氯甲烷	100 000	—	5.36±0.09	4.47±1.24	4.48±0.06
	4-氯辛烷	—	—	0.02±0.01	0.03±0.01	0.05±0.00
	甲氧基苯肟	—	—	0.77±0.12	0.89±0.03	0.78±0.01
	甲酸庚酯	—	—	0.69±0.11	0.61±0.04	—
	2,6,10-三甲基十四烷	—	—	0.08±0.06	—	0.11±0.01
	丁香酚	6	—	0.17±0.10	—	—
	左旋甲酚	—	—	—	0.16±0.02	—
	丁基化羟基甲苯	—	—	0.11±0.00	0.12±0.01	0.08±0.00

青鱼 3 个部位肉滋味成分差异显著，青鱼腹肉总游离氨基酸含量显著高于背肉，而尾肉含量最低。

游离氨基酸是蛋白质的水解产物，在鱼类体内是重要的能量物质，也是水产品呈味成分之一。游离氨基酸根据其呈味特征可分为 3 大类：鲜味氨基酸、甜味氨基酸和苦味氨基酸。每个游离氨基酸在鱼肉中呈味特性是根据它们的含量、阈值还有与其他物质的相互作用决定的。其中，鲜甜味氨基酸有 Asp、Thr、Ser、Glu、Gly、Ala 和 Pro。游离氨基酸与其他风味成分的相互作用也会促进鱼肉的风味，如 Glu 可以与 5'-核苷酸之间具有非常显著的鲜味相乘作用。也有研究发现一些苦味氨基酸如 L-Phe 和 L-Tyr 在亚阈值质量浓度时，可以显著增强味精与盐混合物的鲜甜味。3 种不同部位鱼肉总游离氨基酸含量差异显著，青鱼腹肉总游离氨基酸含量显著高于背肉和尾肉，而尾肉含量最低；青鱼背肉与腹肉中鲜甜味氨基酸相对含量高于尾肉。

在鱼死后，肌肉中 ATP 会进行不可逆的降解，其降解过程为：ATP（三磷腺苷酸）→ADP（二磷酸腺苷）→AMP（单磷酸腺苷）→IMP（肌苷酸）→HxR（次黄嘌呤核苷）→Hx（次黄嘌呤）。在鱼肉 ATP 关联产物中，IMP 与 AMP 是两种比较关键的产物，AMP 本身具有鲜甜味，并且会抑制鱼肉苦味表现；IMP 也是一种风味核苷酸，并且当与 AMP 共存时可以协同促进鱼肉鲜味。Hx 是 ATP 降解的最终产物，有令人不愉快的苦味，会给鱼肉呈味起到负面作用。青鱼背肉 IMP 与 AMP 含量显著高于腹肉和尾肉，说明青鱼背肉的鲜度明显优于其他两个部位。3 个部位肉 IMP 滋味活度值差异明显，表现为背肉 > 腹肉 > 尾肉，且 IMP 的滋味活度值远高于 1，说明 IMP 对鱼肉滋味贡献较大。而 AMP 滋味活度值低于 1，说明其对滋味贡献不明显。

青鱼背肉对气味贡献较大的挥发性成分有：己醛、1-辛烯-3-醇、壬醛、正己醇、庚醛、(*E*)-2-辛烯醛、戊醛、丁醛、癸醛。腹肉中对气味贡献较大的挥发性成分有：己醛、1-辛烯-3-醇、壬醛、正己醇、庚醛、(*E*)-2-辛烯醛、戊醛、丁醛。尾肉中对气味贡献较大的有：己醛、1-辛烯-3-醇、壬醛、正己醇、(*E*)-2-辛烯醛、庚醛、3-甲基丁醛、丁醛、戊醛、2,3-戊二酮、癸醛、丙醛。青鱼 3 个部位肉挥发性成分气味活度值最高的均是己醛，其他对气味贡献较大的物质有 1-辛烯-3-醇、壬醛、正己醇、庚醛、(*E*)-2-辛烯醛、戊醛等，这些物质可以认为是青鱼肉的特征性挥发性物质。对鱼肉气味有重要修饰作用的物质有丙醛、正戊醇。青鱼 3 个部位肉挥发性成分的差异表现为：丁香酚只在背肉中被检测到；3-甲基丁醛和 2,3-戊二酮只在尾肉中被检测到，并且两者对尾肉气味有重要贡献。3-甲基丁醛拥有类似巧克力的味道，它可能来自亮氨酸的美拉德反应或氨基酸在较高温度下的微生物降解。2,3-戊二酮有令人不愉快的刺激性气味，其阈值较低。3-甲基丁醛和 2,3-戊二酮都表现出不良的气味。3-甲基丁醛和 2,3-戊二酮的相对气味活度值大于 1，对鱼肉气味有重要的贡献，所以这可能导致青鱼尾肉风味劣于背肉和尾肉。青鱼 3 个部位肉挥发性物质贡献排列差异较小，而青鱼与草鱼肉主要挥发性成分有较大的相似且都显示有较多醛类物质；但青鱼中正己醇对气味贡献较大，而草鱼中正己醇虽然被检测出，但其对草鱼气味贡献较小只起到了修饰作用。己醛、庚醛、壬醛、2-辛烯醛、己醇、1-辛烯-3-醇等物质也在其他淡水鱼如鲢鱼、鳙鱼、脆肉鲩鱼中被检测到，这些物质是淡水鱼中常见的挥发性物质。

青鱼 3 个部位肉检测出的挥发性醛类物质主要包含饱和的直链醛和少数的不饱和支链醛，饱和直链醛主要有己醛、庚醛、壬醛、戊醛等；不饱和醛主要有(*E*)-2-辛烯醛和(*E*)-2-戊烯醛。己醛、庚醛、壬醛、戊醛等物质也被认为与淡水鱼土腥味有直接的关联。其中，3 种部位鱼肉的己醛含量接近 40%，在样品中相对含量最高。己醛有着类似鱼腥味、青草香，同其他饱和直链醛一样，有极低的嗅闻阈值，所以对样品气味贡献较大。己醛可能是 ω-6 不饱和脂肪酸的氧化产生的，也在同是四大淡水鱼的草鱼与鲢鱼中被检测到，是公认的淡水鱼鱼腥味主要构成成分。壬醛是油酸的氧化产物，有油脂味、青草香和鱼腥味。不饱和醛有(*E*)-2-辛烯醛，增加了鱼肉的腥味。3 种部位鱼肉挥发性成分中的酮类物质是 2,3-辛二酮，相对含量较高，达到 10%左右。(*E*)-2-戊烯醛、2-乙基-4-戊烯醛只在腹肉中被检测到，但含量极低且阈值较高，对鱼肉气味的贡献较低；苯甲醛只在背肉中被检测到，苯甲醛拥有类似苦杏仁的气息，是淡水鱼中常见的挥发性物质。

3 个部位青鱼肉挥发性成分中醇类物质主要有饱和醇和不饱和醇，饱和醇有正戊醇和正己醇等，不饱和醇主要有 1-辛烯-3-醇、1-戊烯-3-醇和(*E*)-2-辛烯-1-醇等。一般来说，不饱和醇阈值比饱和醇阈值低。3 个部位鱼肉样品中检测到的正己醇和 1-辛烯-3-醇含量较高，分别达到了 7.39% ~ 10.02%和 7.07% ~ 8.56%，ROAV 值较大，对青鱼肉气味有较大贡献。己醇具有青草味，被认为与淡水鱼的植物性气味相关联。1-辛烯-3-醇阈值极低，仅为 1 μg/kg，是亚油酸的氢过氧化物的降解产生的，它具有类似蘑菇气味，所以也被称为蘑菇醇 1-辛烯-3-醇存在于许多水生动物中，如淡水鱼、虾、蟹等，是水生动物肉中重要的挥发性成分。1-戊烯-3-醇具有鱼腥味，也是一种不饱和醇，阈值相对于 1-辛烯-3-醇较高，且相对含量较小，其气味贡献不高。(*E*)-2-辛烯-1-醇只在尾肉中被检出，是淡水鱼和海水鱼中常见的挥发性物质。(*Z*)-2-辛烯-1-醇是(*E*)-2-辛烯-1-醇的顺反异构体，在青鱼 3 个部位肉中都被检测到，这两种物质在青鱼肉中被检出量极低，由表 7-13 可知，相对气味活度值在 0.1 ~ 1，对青鱼肉气味有重要的修饰作用。

表 7-13　青鱼不同部位鱼肉挥发性成分相对气味活度值

背肉		腹肉		尾肉	
化合物种类	ROAV	化合物种类	ROAV	化合物种类	ROAV
己醛	100	己醛	100	己醛	100
1-辛烯-3-醇	92.4	1-辛烯-3-醇	76.57	1-辛烯-3-醇	94.16
壬醛	23.42	正己醇	19.38	壬醛	22.84
正己醇	16.98	壬醛	18.95	正己醇	15.95
庚醛	8.89	庚醛	7.22	(*E*)-2-辛烯醛	9.39
(*E*)-2-辛烯醛	7.38	(*E*)-2-辛烯醛	7.04	庚醛	8.66
戊醛	5.15	戊醛	6.16	3-甲基丁醛	4.62
丁醛	2.49	丁醛	4.75	丁醛	4.28
癸醛	1.24	丙醛	0.88	戊醛	3.4
丙醛	0.79	癸醛	0.32	2,3-戊二酮	2.78
丁香酚	0.31	正戊醇	0.19	癸醛	1.15
化合物种类	ROAV	化合物种类	ROAV	化合物种类	ROAV
正戊醇	0.18	(*Z*)-2-辛烯-1-醇	0.09	丙醛	1.03
(*Z*)-2-辛烯-1-醇	0.14	二氯甲烷	0.07	(*Z*)-2-辛烯-1-醇	0.18
二氯甲烷	0.08	1-戊烯-3-醇	0.06	二硫化碳	0.17
1-戊烯-3-醇	0.06	二硫化碳	0.06	(*E*)-2-辛烯-1-醇	0.13
二硫化碳	0.05	(*E*)-2-戊烯醛	$<$ 0.01	正戊醇	0.12

续表

背肉		腹肉		尾肉	
化合物种类	ROAV	化合物种类	ROAV	化合物种类	ROAV
环丁烯基甲醇	0.04	三氯甲烷	＜0.01	二氯甲烷	0.12
苯甲醛	0.01	3-甲基丁醛	—	1-戊烯-3-醇	0.09
三氯甲烷	＜0.01	苯甲醛	—	环丁烯基甲醇	0.05
3-甲基丁醛	—	2,3-戊二酮	—	三氯甲烷	＜0.01
(*E*)-2-戊烯醛	—	环丁烯基甲醇	—	(*E*)-2-戊烯醛	—
2,3-戊二酮	—	(*E*)-2-辛烯-1-醇	—	苯甲醛	—
(*E*)-2-辛烯-1-醇	—	丁香酚	—	丁香酚	—

青鱼 3 个部位肉中，除了醛酮醇类，还有约 8%的其他类物质，主要有烃类和含硫化合物等。这些物质的相对含量较低，阈值较高。3 个部位鱼肉样品中都检测出了一定含量的三氯甲烷，三氯甲烷阈值极高，对气味贡献不大，可能来自青鱼水体环境的污染。在青鱼背肉中检测出了微量的丁香酚，丁香酚是淡水鱼类常用的麻醉剂，常被用在淡水鱼类的运输保活中。

顾赛麒等人分析雄性崇明中华绒螯蟹不同部位的气味物质，采用固相萃取整体捕集剂-GC/MS，联用 GC-O 法和 OAV 法（MMSE-GC-O-OVA）进一步筛选得到关键气味物质（表 7-14）。共鉴定出醛类、酮类、醇类、芳香类、呋喃类、含氮化合物、烷烃类 7 大类，总计 71 种化合物。从所有 71 物质中进一步筛选得到 19 种“关键气味物质（KOCs）”（有 OIV 值且 OAV≥1），具体包括：三甲胺、苯、己醛、2-丁基丙烯醛、(*Z*)-4-庚烯醛、2-乙基吡啶、2,5-二甲基吡嗪、苯甲醛、1-辛烯-3-醇、6-甲基-5-庚烯-2-酮、2-戊基呋喃、辛醛、苯乙酮、2-壬酮、(*E*,*E*)-3,5-辛二烯-2-酮、壬醛、4-乙基苯甲醛、2-癸酮和癸醛。其中有 6 种可进一步定义为“主要关键气味物质（MKOCs）”（OIV≥3 且 OAV≥10）。在这 6 种 MKOCs 中，三甲胺（鱼腥味）为体肉、钳肉、足肉和性腺四个部位所共有的 MKOC，可表征雄性崇明中华绒螯蟹各部位都有的典型香气特征。除三甲胺外，体肉和足肉中还分别存在 1 种 MKOC：苯甲醛（杏仁味）和(*Z*)-4-庚烯醛（鱼腥味）；性腺中还存在 3 种 MKOCs：己醛（青草味）、1-辛烯-3-醇（蘑菇味）和壬醛（青草味），这 5 种 MKOCs 可表征雄性崇明中华绒螯蟹各部位主要的关键香气特征。

表 7-14　雄性崇明中华绒螯蟹不同部位的 GC-O 分析（$n=5$）

序号	化合物	气味特征	气味强度值（OIV 值）			
			体肉	钳肉	足肉	性腺
1	三甲胺	鱼腥味	3.0±0.0	3.2±0.4	3.4±0.5	3.0±0.0
2	2-丁酮	奶酪味	0.6±0.5	1.0±0.7	—	1.2±0.8
3	3-甲基丁醛	巧克力味	2.0±0.7	2.0±0.7	—	2.4±0.5
4	2-甲基丁醛	坚果味	—	—	1.0±0.7	—
5	苯	特殊芳香味	2.2±0.4	3.0±0.7	3.0±0.0	1.2±0.4
6	1-戊烯-3-醇	蘑菇味	—	—	—	2.2±0.8
7	戊醛	青草味	—	—	—	1.4±0.9
8	2-乙基呋喃	烤香味	—	—	—	1.2±0.4

续表

序号	化合物	气味特征	气味强度值（OIV 值）			
			体肉	钳肉	足肉	性腺
9	吡嗪	坚果味	1.2±0.8	—	—	—
10	(*Z*)-2-戊烯-1-醇	蘑菇味	—	1.0±0.0	—	—
11	甲苯	特殊芳香味	2.0±0.7	—	1.8±0.8	3.0±0.7
12	己醛	青草味	2.0±0.7	1.8±0.4	2.0±0.7	3.0±0.0
13	甲基吡嗪	爆玉米味	2.6±0.5	—	—	—
14	(*E*)-2-己烯醛	青香味	—	—	—	0.8±0.4
15	2-丁基丙烯醛	花香味	1.6±0.9	1.0±0.7	2.0±1.0	1.2±0.8
16	3-甲基吡啶	刺激味	—	—	—	0.8±0.4
17	乙基苯	特殊芳香味	1.8±0.8	—	—	—
18	1,2-二甲基苯	特殊芳香味	—	—	2.2±0.8	—
19	1,3,5-辛三烯	奶酪味	—	—	—	2.8±0.4
20	2-庚酮	奶酪味	2.0±0.7	—	3.2±0.4	1.6±0.5
21	2-丁基呋喃	青甜味	1.6±0.5	—	1.4±0.5	—
22	(*Z*)-4-庚烯醛	鱼腥味	3.2±0.4	3.4±0.5	3.6±0.5	3.6±0.5
23	庚醛	油脂味	—	—	—	1.8±0.8
24	2-乙基吡啶	烤土豆味	3.0±0.7	3.2±0.4	3.0±0.7	3.0±0.7
25	2,5-二甲基吡嗪	爆玉米味	1.8±0.4	3.0±0.7	1.6±0.5	1.0±0.7
26	(*E*)-2-庚烯醛	油脂味	—	—	—	1.0±0.7
27	苯甲醛	杏仁味	2.6±0.5	2.6±0.5	2.6±0.5	3.4±0.5
28						
29	1-辛烯-3-醇	蘑菇味	3.0±0.0	2.2±0.4	2.4±0.5	2.6±0.5
30						
31	6-甲基-5-庚烯-2-酮	酸梅味	2.6±0.5	2.6±0.5	3.2±0.4	2.6±0.5
32	2-辛酮	果香味	1.6±0.9	1.0±0.7	—	—
33	2-戊基呋喃	青香味	2.0±0.7	2.2±0.8	1.8±0.8	2.0±0.7
34	2-(2-戊烯基)呋喃	番茄味	—	1.0±0.7	—	1.0±0.7
35	辛醛	柑橘味	2.0±0.7	1.4±0.5	1.4±0.5	2.2±0.4
36	(*E*,*E*)-2,4-庚二烯醛	油脂味	—	—	—	1.6±0.5
37	三甲基吡嗪	巧克力味	2.0±0.0	2.4±0.5	1.4±0.5	—
38	苯乙酮	青草味	1.4±0.9	1.2±0.8	1.0±0.7	1.0±0.7
39	2-壬酮	果香味	2.2±0.8	2.6±0.9	3.0±1.0	1.2±0.8
40	(*E*,*E*)-3,5-辛二烯-2-酮	甜奶香味	3.0±0.0	2.8±0.4	3.0±0.0	3.0±0.7
41	壬醛	青草味	2.2±0.4	2.4±0.5	2.0±0.7	4.0±0.0
42	4-乙基苯甲醛	杏仁味	1.6±0.5	1.0±0.7	1.4±0.5	3.2±0.4
43	2-癸酮	果香味	1.0±0.7	2.4±0.9	3.0±0.7	1.0±0.7
44	2-戊基吡啶	坚果味	—	—	1.0±0.7	—
45	癸醛	柑橘味	1.0±0.7	1.4±0.5	1.6±0.5	1.6±0.5
46	萘	樟脑球味	—	2.4±0.9	1.8±0.8	—
47	2-十一酮	果香味	1.2±0.8	—	1.4±0.9	—
48	十一醛	果香味	1.2±0.4	—	—	—
49	2-甲基萘	塑料味	—	2.6±0.5	1.4±0.5	—

参考文献

[1] 丁艳芳，谢海燕，王晓曦，等. 食品风味检测技术发展概况[J]. 现代面粉工业，2013（1）：22-26.

[2] 陈佳新，孔保华. 气质联用分析肉制品中风味物质的研究进展[J]. 食品研究与开发，2016，37（23）：202-206.

[3] 周芳伊，张泓，黄峰，等. 肉制品风味物质研究与分析进展[J]. 肉类研究，2015（7）：34-37.

[4] 唐静，张迎阳，吴海舟，等. 传统腌腊肉制品挥发性风味物质的研究进展[J]. 食品科学，2014，35（15）：283-288.

[5] 胡子璇，徐乐，梁小慧，等. 肉制品挥发性风味物质研究进展[J]. 食品研究与开发，2020，41（19）：219-224.

[6] 刘笑生，杨政茂，杜闪，等. 金华火腿皮下脂肪中气味活性化合物研究[J]. 中国食品学报，2014，14（9）：239-246.

[7] 荀文，王桂瑛，赵文华，等. 基于 HS-SPME-GC-MS 法比较瓢鸡和盐津乌骨鸡不同部位挥发性风味成分[J]. 核农学报，2021，35（4）：923-932.

[8] 田怀香，王璋，许时婴. GC-O 法鉴别金华火腿中的风味活性物质[J]. 食品与发酵工业，2004，30（12）：117-123.

[9] 李晋，杨显辉，夏河山，等. 金华火腿挥发性风味物质研究进展[J]. 青海畜牧兽医杂志，2016，46（2）：55-57.

[10] 刘笑生，刘建斌，刘梦雅，等. SAFE 与 SDE 法对金华火腿皮下脂肪气味活性物质研究[J]. 食品科学技术学报，2014，32（1）：40-46.

[11] 李鑫，刘登勇，李亮，等. SPME-GC-MS 法分析金华火腿风味物质的条件优化[J]. 食品科学，2014，35（4）：122-126.

[12] 王藤，施娅楠，李祥，等. SPME-GC-MS 结合 ROAV 分析腌制时间对大河乌猪火腿挥发性风味物质的影响[J]. 食品工业科技，2021，42（18）：317-324.

[13] 党亚丽，王璋，许时婴. SPME 和 SDE 法提取的金华火腿与巴马火腿风味物质比较[J]. 中国调味品，2008（2）：51-57.

[14] 唐静，张迎阳，吴海舟，等. 顶空吹扫捕集-气相色谱-质谱法分离鉴定强化高温火腿中的挥发性风味物质[J]. 食品科学，2014，35（8）：115-120.

[15] 刘登勇，周光宏，徐幸莲. 确定食品关键风味化合物的一种新方法："ROA" 法[J]. 食品科学，2008（07）：370-374.

[16] 张新亮，徐幸莲. 干腌火腿风味研究进展[J]. 食品科学，2007，28（8）：510-513.

[17] 刘登勇，周光宏，徐幸莲. 金华火腿主体风味成分及其确定方法[J]. 南京农业大学学报，2009，32（2）：173-176.

[18] 党亚丽，王璋，许时婴. 同时蒸馏萃取和固相微萃取与气相色谱/质谱法结合分析巴马火腿的风味成分[J]. 食品与发酵工业，2007，33（8）：132-137.

[19] 周慧敏，赵冰，吴倩蓉，等. 黑白胡椒腊肠贮藏期中气味活性物质演变及异味分析[J].

食品科学，2020，41（24）：162-171.
[20] 刘登勇，周光宏，徐幸莲. 腊肠主体风味物质及其分析新方法[J]. 肉类研究，2011（3）：15-20.
[21] 周慧敏，张顺亮，郝艳芳，等. HS-SPME-GC-MS-O 结合电子鼻对坨坨猪肉主体风味评价分析[J]. 食品科学，2021，42（2）：218-226.
[22] 李铁志，王明，雷激. 阿坝州半野血藏猪肉挥发性风味物质的研究[J]. 食品科技，2015（40）：124-130.
[23] 孟维一，古瑾，徐淇淇，等. 顶空气相色谱-离子迁移谱分析不同部位和品种猪肉的挥发性风味化合物[J]. 食品科学，2021，42（24）：206-212.
[24] 王瑞花，田金虎，姜万舟，等. 基于电子鼻和气相质谱联用仪分析葱姜蒜复合物对炖煮猪肉风味物质的影响[J]. 中国食品学报，2017，17（4）：209-218.
[25] 徐梓焓，舒畅，罗中魏，等. 响应面法优化 HS-SPME-GC-MS 法检测猪肉中挥发性风味物质[J]. 食品工业科技，2021，42（6）：252-259.
[26] 王军喜，叶俊杰，赵文红，等. HS-SPME-GC-MS 结合 OAV 分析酱油鸡特征风味活性物质的研究[J]. 中国调味品，2020，45（9）：160-177.
[27] 王宇璇，徐宝才，韩衍青，等. 电子鼻在烤鸡香气区分中的应用[J]. 食品工业科技，2014，35（15）：312-319.
[28] 沈菲，罗瑞明，丁丹，等. 基于相对气味活度值法的新疆大盘鸡中主要挥发性风味物质分析[J]. 肉类研究，2020，34（8）：46-50.
[29] 江新业，宋焕禄，夏玲君. GC-O/GC-MS 法鉴定北京烤鸭中的香味活性化合物[J]. 中国食品学报，2008，8（4）：160-164.
[30] 陈英娇，周小理，周一鸣，等. 电子鼻在对北京烤鸭香气评价中的应用[J]. 食品工业，2015，36（11）：198-201.
[31] 江津津，严静，郑玉玺，等. 不同产地传统鱼露风味特征差异分析[J]. 食品科学，2021，42（12）：206-214.
[32] 陈实，施文正，汪之和. 青鱼背肉，腹肉和尾肉不同风味成分的比较[J]. 渔业现代化，2021，48（1）：57-66.
[33] 高瑞昌，苏丽，黄星奕，等. 水产品风味物质的研究进展[J]. 水产科学，2013，32（1）：59-62.

8 香精特征香气成分

8.1 概　述

花香型香精是模仿天然花香调配而成的香精。可分为玫瑰、茉莉、晚香玉、铃兰、玉兰、丁香、水仙、葵花、橙花、栀子、风信子、金合欢、薰衣草、刺槐花、香竹石、桂花、紫罗兰、菊花、依兰等香型。本章利用 HS-SPME-GC/MS 结合香气活力值分析春黄菊提取物和桂花提取物中的主要香气成分。

果香型香精具有浓浓鲜果的味道，一般呈清新、香甜味，这类香精应用到产品中能闻到浓浓的果实味道，备受消费者喜爱。果香调的香精包括水蜜桃香精、浓香草莓香精、樱桃香精、哈密瓜香精、苹果香精、水晶葡萄香精、香蕉香精、柠檬清香香精、木瓜美白香精、法国蓝莓香精、果酸香精、纯正西柚香精、橄榄香精等香型。本章利用 HS-SPME-GC/MS 结合香气活力值分析无花果提取物、覆盆子提取物、罗望子提取物中的主要香气成分。

药香型香精具有较浓重的药香味，可做药香型香精的植物有人参、肉桂、生姜、芦荟、郁金香、薄荷、当归、艾草、菊苣、缬草等。这些药香型香精也广泛地应用到香水、洗发水、沐浴露、面膜、膏霜等产品中，应用的产品类型多种多样。本章利用 HS-SPME-GC/MS 结合香气活力值分析菊苣提取物、缬草提取物中的主要香气成分。

8.2 花香型香精

8.2.1 分析技术

利用 HS-SPME-GC/MS 结合香气活力值对春黄菊提取物和桂花提取物中的主要香气成分进行分析。

8.2.2 特征成分

8.2.2.1 春黄菊提取物特征香气成分

春黄菊（*Anthemis tinctoria* L.）为春菊属多年生草本植物，其花具有祛风、发汗、健胃等药用功效；春黄菊精油与莴苣汁混合可用于皮肤消炎，也常作为日用化妆品的香精；春黄菊浸膏作为烟用香精起到增强卷烟劲头和香味，改善烟气余味和减少刺激的作用。

建立春黄菊提取物的 HS-SPME-GC/MS 定性半定量分析方法，分析春黄菊提取物中挥发性半挥发性成分，利用香气活力值筛选出春黄菊提取物中具有香气活力的主要香气成分。

1. 主要材料与仪器

材料：春黄菊（macklin 公司）；喹啉（标准品，Sigma 公司，99%）；二氯甲烷（Sigma 公司，色谱纯）；固相微萃取头[美国 Supelco 公司，型号：灰色（50/30 μm DVB/CAR/PDMS）]。

仪器：固相微萃取-气相色谱-串联质谱联用仪（美国 Bruker 公司，型号：456GC-TQ），CTC 多功能自动进样器（瑞士 Combi-PAL 公司，型号：Combi-xt PAL 型）。

2. 分析方法

称取 2 kg 春黄菊，加入 5 L 无水乙醇，室温振荡提取 3 h，重复提取 3 次，混合浓缩至近干，用 50 mL 丙二醇复溶，得到春黄菊提取物。

称取 0.3 g 春黄菊提取物样品于 22 mL 棕色顶空进样瓶，准确加入浓度为 20 μg/mL 含喹啉的二氯甲烷内标溶液 20 μL，密封后，进行 HS-SPME-GC/MS 分析。

分析条件：

（1）顶空固相微萃取条件

萃取温度 70 ℃；转速 250 r/min；萃取时间 30 min；解吸时间 2 min。

（2）气相色谱条件

进样口温度 200 ℃；载气 He；流速 1.1 mL/min；分流比 4∶1；DB-5MS 色谱柱（30 m×0.25 mm i.d.×0.25 μm d.f.）；程序升温：40 ℃（1.0 min）1.2 ℃/min 240 ℃（8.0 min）。

（3）质谱条件

传输线温度 230 ℃；离子源温度 200 ℃；电离方式：电子轰击源（EI）；电离能量：70 eV；溶剂延迟时间：2.0 min；检测方式：全扫描监测模式；扫描范围：30~500 amu。用 NIST 谱库检索。

3. 分析结果

春黄菊提取物中挥发性成分分析结果表明：样品中检出 144 种挥发性成分，包括酯类 42 种、醇类 26 种、酮类 22 种、酸类 14 种、酚类 9 种、醛类 6 种、烃类 10 种和其他 15 种。见表 8-1。

从表 8-2 可知，春黄菊提取物中的主要成分是醇类（36.745%）和酯类（22.658%）。丙二醇（26.095%）、花椒素（15.068%）、7-甲氧基香豆素（13.617%）和 4,5,9,10-脱氢异长烯烃（10.228%）等成分含量较高，其中丙二醇为溶剂。

表 8-1 中挥发性香气成分分析结果

序号	保留时间/min	中文名	相对含量/%	半定量结果/mg·kg^{-1}
1	3.16	乙醇	0.414	4.403
2	3.72	乙酸	2.350	25.025
3	4.25	4-辛炔-2-醇	0.002	0.021
4	5.91	丙二醇	26.095	277.819
5	6.20	二异丙氧基甲烷	1.670	17.782
6	7.24	(2*S*,3*S*)-(+)-2,3-丁二醇	0.007	0.075
7	7.46	1,2-丙二醇二甲酸酯	0.113	1.208
8	7.68	2-甲基四氢呋喃-3-酮	0.076	0.813
9	8.74	异戊酸	0.131	1.397
10	9.01	己醛丙二醇缩醛	0.221	2.358
11	9.12	2-甲基己酸	0.014	0.149
12	9.40	糠醇	0.213	2.263
13	10.50	1,2,3,4,5-环戊烷五醇	0.004	0.043
14	10.64	羟基丙酮	1.562	16.630
15	10.95	1-(3-亚甲基环戊基)乙酮	0.010	0.104
16	11.31	1,2-丙二醇-2-乙酸酯	0.675	7.191
17	11.86	反式-2-甲基-环戊醇乙酸酯	0.125	1.330
18	12.30	4-羟基丁酸	0.235	2.504
19	12.67	丁酸酐	0.011	0.119
20	13.73	2,4-二甲基-1,3-二氧戊环-2-甲醇	0.021	0.228
21	14.64	2-丁基-4-甲基-1,3-二氧戊环	0.390	4.148
22	15.48	辛醛丙二醇缩醛	0.120	1.275
23	16.77	己酸-2-乙基-1,1-二甲基乙酯	0.036	0.385
24	17.26	己酸	0.120	1.279
25	17.76	甲基庚烯酮	0.241	2.571
26	18.89	己酸乙酯	0.011	0.119
27	19.95	异丁酸甲酯	0.352	3.748
28	20.16	2,5-二甲基-1,5-己二烯-3,4-二醇	0.002	0.019
29	20.50	甲基环戊烯醇酮	0.075	0.802
30	20.80	1,2-丙二醇-二乙酸酯	0.036	0.379
31	21.30	5-甲基-2-乙酰基呋喃	0.033	0.351
32	21.45	苯甲醇	0.099	1.058
33	21.76	泛酰内酯	0.072	0.762

续表

序号	保留时间/min	中文名	相对含量/%	半定量结果/mg·kg^{-1}
34	22.19	苯乙醛	0.021	0.221
35	22.73	γ-己内酯	0.033	0.355
36	23.33	2-(1-吡咯烷基)乙基-4-丙氧基水杨酸酯	0.014	0.147
37	23.63	2-乙酰基吡咯	0.407	4.335
38	24.01	二氢-3-亚甲基-5-甲基-2-呋喃酮	0.014	0.147
39	24.61	4-甲基苯酚	0.018	0.189
40	25.34	愈创木酚	0.012	0.128
41	26.15	1-环戊烯-1-羧酸	0.030	0.316
42	26.87	2-亚乙基-1,1-二甲基-环戊烷	0.032	0.337
43	27.08	麦芽酚	0.401	4.266
44	27.47	2-苄氧基四氢化吡喃	0.123	1.310
45	27.88	3-羟基-2-甲基吡啶	0.087	0.927
46	28.15	4,5-二氢-5,5-二甲基-4-异丙基-1*H*-吡唑	0.049	0.519
47	28.34	1-甲基吡咯-2-甲醛	0.013	0.135
48	30.63	脱氢甲瓦龙酸内酯	0.019	0.198
49	30.77	3-羟基-6-甲基吡啶	0.083	0.884
50	31.92	2,2,6-三甲基-1,4-环己二酮	0.064	0.685
51	32.21	辛酸	0.054	0.571
52	32.97	间甲基苯乙酮	0.057	0.607
53	33.71	2,3-二氢噻吩	0.034	0.360
54	33.87	反式-2,7-二甲基-3,6-辛二烯-2-醇	0.013	0.140
55	34.05	藏花醛	0.053	0.565
56	35.21	2-甲基-2-壬烯-4-酮	0.044	0.472
57	36.51	3-乙基-4-甲基-吡咯-2,5-二酮	0.107	1.137
58	36.79	苯丙腈	0.021	0.226
59	37.37	苯乙酸	0.073	0.772
60	37.98	1,2,3,4-四氢-1,1,6-三甲基萘	0.210	2.234
61	38.28	己酸甲酯	0.139	1.478
62	38.74	2-乙基丁酸烯丙酯	0.048	0.514
63	40.33	9-甲氧基双环[6.1.0]壬-2,4,6-三烯	0.013	0.142
64	41.60	人参炔醇	0.020	0.216
65	42.24	2,4,6-三甲基苯酚	0.071	0.751
66	42.60	威士忌内酯	0.149	1.589
67	43.01	2-十六烯酸甲酯	0.092	0.977

续表

序号	保留时间/min	中文名	相对含量/%	半定量结果/mg·kg^{-1}
68	43.51	12,15-十八碳二炔酸甲酯	0.033	0.355
69	43.66	4-甲基-3-己醇乙酸酯	0.067	0.714
70	43.95	1(3*H*)-异苯并呋喃酮	0.044	0.473
71	44.36	三醋酸甘油酯	0.093	0.994
72	44.55	1,2,3,4-四氢-1,6,8-三甲基萘	0.080	0.847
73	44.81	1,1,6-三甲基-1,2-二氢萘	0.201	2.135
74	45.04	苯戊酮	0.129	1.376
75	45.24	*γ*-壬内酯	0.077	0.815
76	45.89	癸酸	0.270	2.874
77	46.41	2-羟基-1,1,10-三甲基-6,9-环二氧十氢化萘	0.055	0.585
78	46.56	大马酮	0.395	4.202
79	47.11	10-乙酰甲基(+)-3-蒈烯	0.430	4.580
80	47.32	(9*Z*,12*Z*,15*Z*)-9,12,15-十八碳三烯酸 2,3-二(乙酰氧基)丙酯	0.046	0.489
81	47.45	香兰素	0.086	0.912
82	47.71	3-(2,6,6-三甲基-1-环己烯-1-基)-2-丙烯醛	0.027	0.291
83	47.85	癸酸乙酯	0.098	1.045
84	48.05	甲基丁香酚	0.020	0.212
85	49.36	2,6,2',6'-四甲基偶氮苯	0.101	1.073
86	49.74	二十二六烯酸甲酯	0.055	0.580
87	49.91	香豆素	0.182	1.940
88	50.32	丹皮酚	0.066	0.699
89	50.59	1,5-二(1-哌啶基)戊烷	0.046	0.487
90	51.04	7-甲基-1-萘酚	0.219	2.328
91	51.95	2,5-十八碳二炔酸甲酯	0.010	0.106
92	52.22	肉桂酸乙酯	0.067	0.713
93	52.45	4-苯基-3-丁烯-2-醇	0.486	5.173
94	52.76	3,4-脱氢-*β*-紫罗兰酮	1.912	20.355
95	53.12	*α*-姜黄烯	0.013	0.144
96	53.64	9-十八烯-12-炔酸甲酯	0.017	0.179
97	53.96	二十碳五烯酸甲酯	0.001	0.015
98	54.72	2,4-二叔丁基苯酚	0.036	0.381
99	55.65	二氢猕猴桃内酯	1.014	10.792
100	56.45	氧杂环-4,11-二炔	0.734	7.813

续表

序号	保留时间/min	中文名	相对含量/%	半定量结果/mg·kg^{-1}
101	56.66	*α*-二去氢菖蒲烯	0.010	0.106
102	56.80	2-苄基-3-异丙基-环戊酮	0.007	0.073
103	57.16	氧化石竹烯	0.383	4.082
104	58.04	月桂酸	0.109	1.158
105	58.45	黑蚁素	0.041	0.435
106	59.46	3-环己-1-烯基-1-甲基丙-2-炔基乙酸酯	0.254	2.706
107	59.66	1-甲基-4-甲基磺酰-双环[2.2.2]辛烷	0.028	0.303
108	59.85	四(1-甲基亚乙基)环丁烷	0.071	0.756
109	60.08	棕榈酸乙酯	1.760	18.740
110	60.90	顺式-*α*-檀香醇	0.595	6.337
111	61.16	反式-6-(对甲苯基)-2-甲基-2-庚醇	1.718	18.289
112	61.59	维生素A醋酸酯	0.034	0.366
113	62.42	4,5,9,10-脱氢异长烯烃	10.228	108.897
114	63.23	*β*-桉叶醇	2.178	23.186
115	63.43	甘油亚麻酸酯	0.609	6.482
116	63.83	花椒素	15.068	160.417
117	64.79	反式-4a,5,8,8a-四氢-1,1,4a-三甲基-2(1*H*)-萘酮	0.028	0.301
118	65.05	红没药醇	3.361	35.784
119	66.19	3-甲基-7,8-二氢喹啉-5(6*H*)-酮	0.075	0.800
120	66.58	2,6,10,15,19,23-六甲基-1,6,10,14,18,22-二十四碳六烯-3-醇	0.073	0.779
121	66.82	7-甲氧基香豆素	13.617	144.975
122	67.44	2',4'-二甲氧基-3'-甲基异丙酚	0.070	0.748
123	69.31	苯甲酸苄酯	0.218	2.316
124	70.29	*N*-甲基-*N*-[4-(1-吡咯烷基)-2-丁基]-乙烯二氧甲胺	0.009	0.092
125	70.49	[3*R*-(3*α*,3a*α*,4*α*,4a*α*,8*β*,8a*β*,9a*β*)]-4-(乙酰氧基)十氢-8-羟基-3,8a-二甲基-5-亚甲基-萘并[2,3-b]呋喃-2(3*H*)-酮	0.087	0.925
126	71.03	肉豆蔻酸乙酯	0.258	2.746
127	71.32	5,8,11,14,17-异戊二酸乙酯	0.085	0.906
128	73.29	长叶蜂酮	0.007	0.079
129	73.44	植酮	0.754	8.028

续表

序号	保留时间/min	中文名	相对含量/%	半定量结果/mg·kg^{-1}
130	73.98	7-乙基-2-甲基-苯并噻吩	0.035	0.377
131	74.16	2-(乙酰氧基)-1-[(乙酰氧基)甲基]月桂酸乙酯	0.133	1.420
132	77.69	棕榈酸甲酯	0.237	2.526
133	78.65	1,4-二甲基-7-(1-甲基乙基)-甘菊环-2-醇	0.012	0.124
134	79.28	棕榈酸	0.226	2.403
135	80.09	9-十六烯酸	0.004	0.041
136	80.84	4-羟基十八酸甲酯	0.002	0.022
137	82.45	5-亚乙基四氢-4-(2-羟乙基)-2*H*-吡喃-2-酮	0.265	2.821
138	85.48	11,14-十八碳二烯酸甲酯	0.089	0.953
139	85.72	亚麻酸甲酯	0.160	1.701
140	87.09	亚油酸	0.034	0.359
141	87.30	亚麻酸	0.070	0.747
142	88.54	亚油酸乙酯	0.531	5.651
143	88.78	亚麻酸乙酯	1.179	12.549
144	93.00	单棕榈酸甘油	0.024	0.260

表 8-2 样品中香气成分

类别	酯类	醇类	酮类	酸类	酚类	醛类	烷烃	烯烃	其他
数量/个	42	26	22	14	9	6	5	5	15
质量分数/%	22.658	36.745	21.021	3.720	0.913	0.455	1.847	0.849	11.792

用春黄菊提取物中挥发性成分的含量和阈值[11]的比,计算了42种香气成分的香气活力值,结果见表 8-3，香气活力值大于 1 的化合物共 30 个。

表 8-3 挥发性成分香气活力值分析结果

序号	中文名	半定量/mg·kg^{-1}	阈值[11]/mg·kg^{-1}	活力值
1	乙醇	4.403	0.62	7.102
2	乙酸	25.025	0.013	1924.962
3	丙二醇	277.819	1400	0.198
4	异戊酸	1.397	7.2	0.194
5	糠醇	2.263	4.5005	0.503
6	羟基丙酮	16.630	80	0.208
7	己酸	1.279	0.0048	266.544
8	甲基庚烯酮	2.571	0.3	8.570

续表

序号	中文名	半定量/mg·kg^{-1}	阈值[11]/mg·kg^{-1}	活力值
9	异丁酸甲酯	3.748	0.008	468.444
10	甲基环戊烯醇酮	0.802	0.026	30.854
11	苯甲醇	1.058	2.546 21	0.415
12	泛酰内酯	0.762	500	0.002
13	苯乙醛	0.221	0.000 72	307.394
14	γ-己内酯	0.355	0.26	1.365
15	2-乙酰基吡咯	4.335	58.585 25	0.074
16	4-甲基苯酚	0.189	0.025	7.564
17	愈创木酚	0.128	0.000 37	346.449
18	麦芽酚	4.266	0.2	21.330
19	辛酸	0.571	5	0.114
20	苯丙腈	0.226	0.015	15.074
21	苯乙酸	0.772	0.000 03	25 731.209
22	己酸甲酯	1.478	0.07	21.113
23	2,4,6-三甲基苯酚	0.751	0.5	1.502
24	威士忌内酯	1.589	0.0031	512.729
25	γ-壬内酯	0.815	0.0097	83.990
26	癸酸	2.874	0.05	57.475
27	大马酮	4.202	0.000 002	2 101 102.941
28	香兰素	0.912	0.000 001	912 254.902
29	癸酸乙酯	1.045	0.0012	871.221
30	甲基丁香酚	0.212	0.775	0.274
31	香豆素	1.940	0.000 78	2487.117
32	肉桂酸乙酯	0.713	0.001 45	491.971
33	氧化石竹烯	4.082	0.41	9.956
34	月桂酸	1.158	0.1	11.577
35	棕榈酸乙酯	18.740	2	9.370
36	7-甲氧基香豆素	144.975	9.5	15.261
37	肉豆蔻酸乙酯	2.746	4	0.687
38	棕榈酸甲酯	2.526	2	1.263
39	棕榈酸	2.403	10	0.240
40	亚油酸	0.359	1.2	0.299
41	亚麻酸	0.747	0.005	149.338
42	亚油酸乙酯	5.651	0.45	12.557

春黄菊提取物中主要的挥发性香气成分为大马酮、香兰素、苯乙酸、香豆素、乙酸、癸酸乙酯、威士忌内酯、肉桂酸乙酯、异丁酸甲酯、愈创木酚、苯乙醛、己酸、亚麻酸。

8.2.2.2　桂花提取物特征香气成分

桂花（*Osmanthus fragrans* Lour.）花瓣虽小，但香味浓郁，是天然的工业香料资源，而且桂花营养丰富，也是一种食品香料。桂花的使用价值表现在多个方面：①桂花的花非常适合收集起来制作成桂花茶，常饮用的话，有益于身体健康，对体寒胃虚的人来说非常适合饮用桂花茶，能够改善人体胃寒、胃疼等症状。②桂花还可药食两用，桂花的果实和根具有祛湿散寒的功效，可以清除身体里的寒性，食用后可以有效降低风湿病带来的痛苦，但在食用时候，一定要遵循医嘱，不能像食用桂花的花朵那样随意。③桂花香气幽清、清甜，清鲜似茉莉。桂花精油有镇静、抗菌的功效，可广泛用于其他花香香精中，如紫罗兰香精、金合欢香精等，亦可用作食用香精，如桂花香精、水蜜桃香精、茶叶香精以及酒用香精。

建立桂花提取物的 HS-SPME-GC/MS 定性半定量分析方法，分析桂花提取物中挥发性半挥发性成分，利用香气活力值筛选出桂花提取物中具有香气活力的主要香气成分。

1. 主要材料与仪器

材料：桂花（采自昆明）；喹啉（标准品，Sigma 公司，99%）；二氯甲烷（Sigma 公司，色谱纯）；固相微萃取头[美国 Supelco 公司，型号：粉色（PDMS/DVB）]。

仪器：固相微萃取-气相色谱-串联质谱联用仪（美国 Bruker 公司，型号：456GC-TQ），CTC 多功能自动进样器（瑞士 Combi-PAL 公司，型号：Combi-xt PAL 型）。

2. 分析方法

称取 500 g 桂花，加入 1 L 无水乙醇，室温振荡提取 3 h，重复提取 3 次，混合浓缩至近干，得到桂花提取物。

称取桂花提取物 0.2 g（准确到 0.005 g）置于顶空瓶中，加入 20 μL 含 20 μg/mL 的萘的二氯甲烷内标溶液，迅速密封后，进顶空-固相微萃取-气相色谱-质谱仪（HS-SPME-GC/MS）直接进样测定。

（1）顶空固相微萃取条件

萃取温度：60 ℃，萃取时间：15 min，解吸附时间：1.5 min，萃取头的转速：250 r/min。

（2）气相色谱条件

色谱柱为 DB-5MS 毛细管色谱柱（60 m×0.25 mm×0. 25 μm）；粉色固相微萃取头；进样口温度：250 ℃；进样方式：分流进样，分流比 10∶1。程序升温：初始温度 40 ℃，保持 1 min，以 2 ℃/min 升至 250 ℃，保持 10 min。载气：高纯氦气，恒流模式，柱流量 1 mL/min。

（3）质谱条件

离子源：EI 源；电离能：70 eV；离子源温度：200 ℃；传输线温度：250 ℃；检测模式：全扫描（Full Scan）监测模式，质量扫描范围：30 ~ 500 amu；溶剂延迟：3 min。用 NIST 谱库检索。

3. 分析结果

样品中检出 51 种挥发性物质，主要成分为乙醇（98.782%）、(*Z*)-3,7-二甲基-1,3,6-十八烷三烯（0.197%）、芳樟醇（0.160%）、3,7-二甲基-1,5,7-辛三烯-3-醇（0.104%）。见表 8-4。

表 8-4　HS-SPME-GC/MS 分析桂花提取物挥发性化学成分相对含量结果

序号	保留时间/min	化合物	质量分数/%
1	1.44	氟乙炔	0.012
2	1.51	乙醛	0.006
3	1.79	乙醇	98.782
4	2.61	2-(1-羟乙基)丙二酸二乙酯	0.044
5	2.72	1,4-丁二醇单甲醚	0.050
6	3.04	3,6,9,12,15-五氧庚烷	0.011
7	3.34	二乙氧基乙酸甲酯	0.091
8	3.61	2-乙烯氧基乙醇	0.019
9	3.75	1,1-二乙氧基乙烷	0.056
10	3.85	甘油缩甲醛	0.017
11	4.15	丙二醇甲醚	0.098
12	4.23	硼酸三乙酯	0.010
13	4.36	(*S*)-1,2-丙二醇	0.071
14	4.54	12-冠 4-醚	0.030
15	4.59	八甘醇	0.012
16	5.10	乙二醇二缩水甘油醚	0.016
17	5.21	2-乙氧基丙醇	0.012
18	5.44	2,5-二氢-2,5-二甲基呋喃	0.009
19	5.74	*N'*-甲酰基甲酰肼甲酸乙酯	0.006
20	6.28	2,4-二甲基苯并喹啉	0.004
21	6.42	2-乙基吖啶	0.001
22	12.96	*N*-(对甲苯基)甲酸乙酯	0.001
23	14.59	丙基肼	0.014
24	17.31	7,7-二甲基-2-亚甲基双环[2.2.1]庚烷	0.003
25	17.34	2-蒎烯	0.001
26	17.47	二氢异苯并呋喃	0.001
27	17.52	苯乙醛	0.001
28	17.96	(*Z*)-3,7-二甲基-1,3,6-十八烷三烯	0.197
29	19.15	1-甲基-2-丙烯酰肼	0.002
30	19.20	1-苯甲酰基-1,4,7-三氮杂环壬烷	0.001
31	20.46	2-(5-甲基-5-乙烯基四氢呋喃-2-基)丙烷-2-基碳酸乙酯	0.004

续表

序号	保留时间/min	化合物	质量分数/%
32	20.49	乙酰胺	0.003
33	21.37	芳樟醇	0.160
34	21.66	3,7-二甲基-1,5,7-辛三烯-3-醇	0.104
35	21.95	甲氧基-环十二烷	0.008
36	22.80	10,12-二十八二炔酸	0.001
37	23.24	7*H*-二苯并[c,g]咔唑	0.001
38	23.31	(3*E*,5*E*)-2,6-二甲基-1,3,5,7-辛四烯	0.003
39	25.90	4-戊烯-1-醇	0.001
40	37.34	3-(1-甲基-2-吡咯烷基)吡啶	0.001
41	37.40	(*S*)-3-(1-甲基-2-吡咯烷基)-吡啶	0.001
42	42.68	反式-3a-3-甲基-4,7,7a-四氢茚烷	0.001
43	43.31	二氢-*β*-紫罗兰酮	0.012
44	45.20	丙位癸内酯	0.004
45	45.22	丙位十二内酯	0.001
46	45.29	桃醛	0.003
47	46.18	*α*-紫罗兰酮	0.014
48	46.19	*β*-紫罗兰酮	0.014
49	58.75	6-乙基-3-基己基酯草酸	0.001
50	80.10	9,10-二氢-*N*-6-二甲基麦角林-8*β*-甲酰胺	0.002
51	111.45	2-氯-8-甲氧基-3-甲基喹啉	0.001

用萘作为内标分析桂花提取物中挥发性成分的含量，通过文献查询挥发性成分的阈值，通过挥发组分含量与阈值的比值，计算桂花提取物中挥发性组分的香气活力值（表 8-5）。按香气活力值从大到小排列，筛选出香气活力值大于 1 的挥发性香气成分共 12 个，分别为 *α*-紫罗兰酮（138 960.509）、芳樟醇（49 557.383）、二氢-*β*-紫罗兰酮（843.018）、(*Z*)-*β*-罗勒烯（394.497）、*γ*-癸内酯（248.278）、*β*-紫罗兰酮（157.518）、*γ*-十二内酯（108.700）、桃醛（103.656）、乙醛（16.077）、苯乙醛（12.789）、2-蒎烯（1.891）、丙二醇甲醚（1.672）。

表 8-5　部分化合物香气活力值分析结果

序号	保留时间/min	化合物	含量/$\mu g \cdot g^{-1}$	阈值/$\mu g \cdot g^{-1}$	香气活力值
1	46.18	*α*-紫罗兰酮	0.973	0.000 007	138 960.509
2	21.37	芳樟醇	10.903	0.000	49 557.383
3	43.31	二氢-*β*-紫罗兰酮	0.843	0.001	843.018
4	17.96	(*Z*)-*β*-罗勒烯	13.413	0.034	394.497
5	45.20	*γ*-癸内酯	0.273	0.0011	248.278
6	46.19	*β*-紫罗兰酮	0.945	0.006	157.518
7	45.22	*γ*-十二内酯	0.047	0.000 43	108.700

续表

序号	保留时间/min	化合物	含量/μg·g^{-1}	阈值/μg·g^{-1}	香气活力值
8	45.30	桃醛	0.218	0.0021	103.656
9	1.51	乙醛	0.404	0.0251	16.077
10	17.52	苯乙醛	0.081	0.0063	12.789
11	17.34	2-蒎烯	0.078	0.041	1.891
12	4.15	丙二醇甲醚	6.688	4.000	1.672
13	3.75	1,1-二乙氧基乙烷	3.842	21.200	0.181
14	20.49	乙酰胺	0.180	140.000	0.001
15	16.49	二甲胺	0.023	34.400	0.001

桂花提取物样品中检出 51 个挥发性成分，含量相对较多的 4 种挥发物质分别是乙醇（98.782%）、(*Z*)-3,7-二甲基-1,3,6-十八烷三烯（0.197%）、芳樟醇（0.160%）、3,7-二甲基-1,5,7-辛三烯-3-醇（0.104%），乙醇为溶剂。

用萘作为内标计算桂花提取物中挥发性化学成分的含量，查询了 15 种挥发性成分的阈值，用 OAV 计算其香气活力值。桂花提取物挥发性成分中香气活力值大于 1 的主要香气化合物共 12 个，分别为 *α*-紫罗兰酮、芳樟醇、二氢-*β*-紫罗兰酮、(*Z*)-*β*-罗勒烯、*γ*-癸内酯、*β*-紫罗兰酮、*γ*-十二内酯、桃醛。

8.2.3 小 结

利用 HS-SPME-GC/MS 结合香气活力值对春黄菊提取物和桂花提取物中的特征香气成分进行分析。

春黄菊提取物中特征香气成分为大马酮、香兰素、苯乙酸、香豆素、乙酸、癸酸乙酯、威士忌内酯、肉桂酸乙酯、异丁酸甲酯、愈创木酚、苯乙醛、已酸、亚麻酸。

桂花提取物中特征香气成分为 *α*-紫罗兰酮、芳樟醇、二氢-*β*-紫罗兰酮、(*Z*)-*β*-罗勒烯、*γ*-癸内酯、*β*-紫罗兰酮、*γ*-十二内酯、桃醛。

8.3 果香型香精

8.3.1 分析技术

利用 HS-SPME-GC/MS 结合香气活力值对无花果提取物、覆盆子提取物、罗望子提取物中的主要香气成分进行分析。

8.3.2 特征成分

8.3.2.1 无花果提取物特征香气成分

无花果（*Ficus carica*），落叶小乔木，荨麻目桑科榕属的一种。主要生长于热带和温带，于叙利亚、中国、土耳其等地均有分布。因为外观只见果实不见花而得名。果实为球根状，无花果的尾部有一个小孔，花生长在果内，于近小孔处长有雄花，雌花长于远离小孔的顶部，另外生有不育花（瘿花），花粉由榕果小蜂传播。它是目前世界上投产最快的果树之一，具有产量高、大小年不明显、病虫害少、营养价值高、见效快、效益高、管理粗放等优点。

新鲜幼果及鲜叶治痔疗效良好。无花果可以进行二次加工，制作蜜饯、干品等产品。无花果树还可做观赏植物，美化庭院。由于无花果兼具食用价值、药用价值和观赏价值，因而得到了大面积推广利用。

无花果只有果肉没有果核，甘甜可口，新鲜的果实含有糖分、维生素 C、维生素 A、食物纤维、蛋白质等多种营养成分，无花果果实的乳汁、叶及根的部分含有抗原活性成分。无花果不仅甘甜富有营养，还是一味可以治病的中药，具有健胃清肠、消肿解毒、润肺止咳、清热生津、健脾轻泻等多种功效。无花果中的主要化学成分分别有多糖、黄酮、酚类化合物、挥发油及花青素等，具有抗肿瘤、降血糖、提高免疫力、抗氧化、降血脂、抗疲劳、抗炎等功效，具有非常高的医学药用价值以及社会价值。无花果中十分丰富的化学成分，具有很广泛的药理作用和显著的临床应用效果，因为无花果的显著抗癌效果，常被称为“21 世纪人类健康的守护神”。近年来，有相关研究报道，无花果植物在抗氧化、抗肿瘤、抗癌、降三高等多个方面具有相应作用，现在已有许多医院在肿瘤防治中逐渐重视无花果的相关临床应用。现在对无花果的研究愈来愈多，但是相关科研人员依然在积极寻找，开发高效性的无花果药物，在临床应用中也在不断地尝试将无花果作为主要的抗癌药物使用。通过对无花果的化学成分、药理作用和临床应用研究进展的重点综述得出，目前，对无花果的研究开发尚不深入，故此研究依然具有很大挑战，前景亦十分广阔。无花果在国内研究相对较少，在日本和法国研究较多，尤其是日本从无花果中提取了芳香物质，其没有毒性又具有抗癌效果。

建立无花果提取物的 HS-SPME-GC/MS 定性半定量分析方法，分析了其中的挥发性半挥发性成分，利用相对香气活力值筛选出具有香气活力的主要香气成分。

1. 主要材料与仪器

材料：无花果（采自广西）；固相微萃取头[粉色（65 μm，PDMS/DVB，Stable Flex，0.68 mm），美国 Supelco 公司]。

仪器：固相微萃取-气相色谱-串联质谱联用仪（美国 Bruker 公司，型号：456GC-TQ），CTC 多功能自动进样器（瑞士 Combi-PAL 公司，型号：Combi-xt PAL 型）。

2. 分析方法

称取 3.00 kg 无花果，加入 3 L 无水乙醇，室温振荡提取 3 h，重复提取 3 次，混合浓缩至近干，得到无花果提取物。

称取样品 0.200 g 置于顶空瓶中，加入 20 μL 浓度为 20 μg/mL 的十七烷二氯甲烷的内标溶液，迅速密封后，进 GC/MS 分析。

（1）顶空固相微萃取条件

萃取温度：80℃，萃取时间：20min，解吸附时间：3.0min，萃取头的转速：250 r/min。

（2）气相色谱条件

色谱柱为 DB-5MS 毛细管色谱柱（60 m×0.25 mm×0. 25 μm）；粉色固相微萃取头；进样

口温度：250 ℃；进样方式：分流进样，分流比 10：1。程序升温：初始温度 40℃，保持 1 min，以 2 ℃/min 升至 250 ℃，保持 10 min。载气：高纯氦气，恒流模式，柱流量 1 mL/min。

（3）质谱条件

离子源：EI 源；电离能：70 eV；离子源温度：200 ℃；传输线温度：250 ℃；检测模式：全扫描（Full Scan）监测模式，质量扫描范围：30 ~ 500 amu；溶剂延迟：3 min。用 NIST 谱库检索。

3. 分析结果

无花果提取物中挥发性成分分析结果表明（表 8-6）：样品中共检出 113 种挥发性成分，含量占比大于 1 的成分共 14 种，为 5-羟甲基糠醛（37.674%）、6-羟甲基糠醛（10.594%）、7-羟甲基糠醛（7.755%）、8-羟甲基糠醛（7.744%）、9-羟甲基糠醛（6.243%）、10-羟甲基糠醛（3.979%）、11-羟甲基糠醛（2.885%）、12-羟甲基糠醛（2.686%）、13-羟甲基糠醛（1.568%）、14-羟甲基糠醛（1.562%）、15-羟甲基糠醛（1.495%）、16-羟甲基糠醛（1.173%）、17-羟甲基糠醛（1.142%）、18-羟甲基糠醛（1.004%）。

表 8-6　无花果提取物挥发性成分分析结果

序号	保留时间/min	化合物	相对含量/%	含量/μg·g^{-1}
1	3.33	甲酸	3.979	331.071
2	3.70	乙酸	7.756	645.268
3	4.45	异戊醛	0.857	71.314
4	4.57	2,4-二甲基-戊醛	1.142	95.023
5	5.23	3-羟基-2-丁酮	2.686	223.511
6	5.80	丙二醇	6.243	519.419
7	5.98	乙基异丙醚	1.495	124.387
8	6.67	正丁酸	0.683	56.797
9	6.91	2,3-丁二醇	1.004	83.522
10	7.18	(2*S*,3*S*)-(+)-2,3-丁二醇	1.568	130.420
11	7.45	(*S*)-(+)-1,3-丁二醇	0.402	33.446
12	7.70	2-甲基四氢呋喃-3-酮	0.345	28.742
13	8.55	糠醛	7.744	644.325
14	8.89	3-糠醛	0.087	7.245
15	9.00	2-甲基丁酸	0.226	18.835
16	9.43	糠醇	0.311	25.900
17	9.66	3-氨基-4-氯苯磺酸	0.104	8.626
18	10.76	4-环戊烯-1,3-二酮	0.069	5.722
19	11.39	3-羟基丙烷肼	0.098	8.173

续表

序号	保留时间/min	化合物	相对含量/%	含量/μg · g^{-1}
20	11.89	反式-2-甲基-乙酸环戊醇	0.084	6.971
21	12.32	2-乙酰呋喃	1.562	129.949
22	13.50	3-甲基-2,4-戊二酮	0.066	5.470
23	14.03	5-甲基-2(5*H*)-呋喃酮	0.090	7.471
24	14.68	辛醛丙二醇缩醛	0.042	3.475
25	15.02	环丙烷羧酸十三烷基酯	0.006	0.498
26	15.71	乙醛甲基(2-丙烯基)肼	0.007	0.622
27	15.86	5-甲基糠醛	10.594	881.410
28	17.13	已酸	0.170	14.121
29	18.99	2,3,5-三甲基吡嗪	0.070	5.859
30	19.20	(11*Z*)-11-十六碳烯酸	0.008	0.629
31	19.33	2-丙酰基呋喃	0.108	8.993
32	19.67	2-吡咯甲醛	0.016	1.325
33	20.51	甲基环戊烯醇酮	0.013	1.060
34	20.68	(1,13-十四烷二)烯	0.013	1.098
35	21.01	丁醛二乙缩醛	0.044	3.685
36	21.33	5-甲基-2-乙酰基呋喃	0.149	12.373
37	21.46	苯甲醇	0.202	16.836
38	22.21	苯乙醛	0.227	18.901
39	22.48	乙基吡咯 2-甲醛	0.382	31.754
40	22.76	丙位壬内酯	0.057	4.749
41	23.00	2-丙烯酸-1,10-烯丙基酯	0.013	1.100
42	23.47	2,2-二甲基-辛基酯丙醇	0.007	0.601
43	23.63	2-乙酰基吡咯	1.173	97.615
44	24.25	山梨酸	0.744	61.934
45	24.71	2,5-二甲酰呋喃	0.847	70.466
46	24.91	3-呋喃甲酸甲酯	0.361	30.062
47	25.36	愈创木酚	0.030	2.513
48	25.49	2-苯基-2-丙醇	0.004	0.365
49	26.16	1-环戊烯羧酸	0.023	1.892
50	26.87	水茴香醛	0.011	0.888
51	27.09	麦芽酚	0.190	15.837
52	28.01	2-乙基已酸	0.047	3.903
53	28.35	*N*-甲基-2-吡咯甲醛	0.035	2.916
54	28.48	5-乙酰基四氢呋喃-2-酮	0.316	26.306

续表

序号	保留时间/min	化合物	相对含量/%	含量/μg·g^{-1}
55	29.14	4-甲硫基苯甲酸	0.080	6.637
56	29.24	2-氨甲酰-3-甲基丁酸	0.090	7.508
57	29.63	2,3-二氢-3,5 二羟基-6-甲基-4(*H*)-吡喃-4-酮	0.032	2.676
58	30.40	3,6,6-三甲基异丙醇	0.009	0.754
59	30.71	4-甲基-5,6-二氢吡喃-2-酮	0.022	1.792
60	30.89	(+)-异薄荷酮	0.011	0.922
61	31.57	3-羟基十一酸甲酯	0.086	7.170
62	32.16	辛酸	0.260	21.592
63	32.41	2-(4-甲基-3-环己烯基)丙醛	0.614	51.075
64	32.66	左薄荷脑	0.026	2.176
65	32.99	3-甲基苯乙酮	0.013	1.119
66	33.13	2-(2-硝基-2-丙烯基)环己酮	0.007	0.619
67	33.33	3-(2-呋喃基)-2-甲基-2-丙烯醛	0.023	1.896
68	33.85	*α*-松油醇	0.090	7.461
69	34.81	*Z*,*Z*-2,5-戊二烯-1-醇	0.022	1.834
70	35.14	2,5-二氢噻吩	0.129	10.747
71	35.50	*β*-环柠檬醛	0.087	7.278
72	36.05	5-羟甲基糠醛	37.674	3134.427
73	37.37	9-十二碳二烯丙酸-(*Z*,*Z*)-苯甲酯	0.363	30.199
74	38.84	1-(2-呋喃基)-1-庚酮	0.030	2.493
75	39.40	壬酸	2.885	240.055
76	39.97	9,9-二甲氧基双环[3.3.1]壬-2,4-二酮	0.026	2.151
77	40.68	乙酸-5-甲基-2-(1-甲基乙基)环己酯	0.059	4.940
78	40.88	(*Z*)-2,2-二甲基-5-癸-3-炔	0.129	10.747
79	41.33	3-氧代-*α*-紫罗兰酮	0.012	0.958
80	41.50	4-羟基-3-甲基苯乙酮	0.038	3.150
81	41.71	5-乙酰甲基-2-糠醛	0.249	20.734
82	44.75	异丁香酚	0.063	5.227
83	45.73	癸酸	0.151	12.580
84	46.90	肉桂酸甲酯	0.014	1.193
85	47.72	3-(2,6,6-三甲基-1-环己烯-1-基)丙烯醛	0.714	59.436
86	48.02	甲基丁香酚	0.118	9.809
87	48.23	9-十八烯-12-炔酸甲酯	0.128	10.610

续表

序号	保留时间/min	化合物	相对含量/%	含量/μg·g^{-1}
88	48.58	α-呋喃基-α-呋喃基甲胺	0.055	4.556
89	48.73	2,4,7,9-四甲基-5-癸炔-4,7-二醇	0.042	3.484
90	49.34	肉桂酸	0.057	4.732
91	49.74	(*R**,*R**)-α-(2-硝基丙基)-2-呋喃甲醇	0.199	16.535
92	50.92	酞酸二甲酯	0.008	0.678
93	52.21	肉桂酸乙酯	0.176	14.607
94	53.23	可卡醛	0.017	1.414
95	54.51	正十九烷	0.055	4.544
96	54.71	2,4-二叔丁基苯酚	0.094	7.843
97	57.42	月桂酰胺	0.021	1.706
98	57.98	月桂酸	0.044	3.670
99	58.89	1,2,3,4-四氢-2,5,8-三甲基-1-萘酚	0.128	10.638
100	60.56	柏木脑	0.037	3.120
101	61.60	二苯甲酮	0.038	3.150
102	64.30	3-(2-呋喃基)-2-苯基丙烯醛	0.045	3.779
103	65.74	花生四烯酸	0.007	0.579
104	66.07	2,9-二甲基-癸烷	0.028	2.324
105	66.37	3-间氨基苯甲酰-2-甲基丙酸	0.026	2.198
106	69.10	肉豆蔻酸	0.021	1.746
107	71.32	2-丙烯酸-3-(1*H*-吡咯-3-基)-乙酯	0.035	2.927
108	76.71	己酸-β-苯乙酯	0.010	0.853
109	78.82	邻苯二甲酸丁基酯 2-乙基己基酯	0.028	2.323
110	83.17	6,9-十八碳二炔酸甲酯	0.012	0.957
111	83.62	顺-8,11,14-二十碳三烯酸	0.030	2.459
112	88.51	2-十八烯酸单甘油酯	0.015	1.240
113	96.11	1-(3,4-二羟基苄基)-6,7-异喹啉二醇	0.005	0.390

用无花果提取物中挥发性成分的含量和阈值的比值，计算 37 种香气成分的香气活力值，香气活力值大于 1 的化合物共 31 个（表 8-7）。分别为乙酸（49 635.979）、异戊醛（356 657.051）、苯乙醛（26 251.152）、3-羟基-2-丁酮（15 965.040）、肉桂酸乙酯（10 073.724）、愈创木酚（6791.152）、己酸（2941.962）、β-环柠檬醛（2425.842）、壬酸（2000.456）、2-甲基丁酸(941.742)、5-甲基糠醛（794.063）、丙位壬内酯（489.564）、甲酸（337.827）、癸酸（251.603）、肉桂酸甲酯（108.494）、糠醛（80.541）、麦芽酚（75.415）、异丁香酚（52.272）、甲基环戊烯醇酮（40.753）、月桂酸（36.699）、2,3,5-三甲基吡嗪（30.836）、正丁酸（23.665）、2,4-二叔丁基苯酚（15.686）、甲基丁香酚（12.656）、α-松油醇（8.676）、2-乙酰呋喃（8.649）、苯甲醇（6.612）、糠醇（5.755）、辛酸（4.318）、5-羟甲基糠醛（3.134）、2-乙酰基吡咯（1.666）。

表 8-7　无花果提取物中的挥发性香气成分分析结果

序号	保留时间/min	化合物	阈值/μg·g^{-1}	含量/μg·g^{-1}	活力值
1	3.69	乙酸	0.013	645.268	49 635.979
2	4.46	异戊醛	0.002	71.314	35 657.051
3	22.20	苯乙醛	0.000 72	18.901	26 251.152
4	5.23	3-羟基-2-丁酮	0.014	223.511	15 965.040
5	52.22	肉桂酸乙酯	0.001 45	14.607	10 073.724
6	25.36	愈创木酚	0.000 37	2.513	6791.152
7	17.12	己酸	0.0048	14.121	2941.962
8	35.50	β-环柠檬醛	0.003	7.278	2425.842
9	39.40	壬酸	0.12	240.055	2000.456
10	9.01	2-甲基丁酸	0.02	18.835	941.742
11	15.86	5-甲基糠醛	1.11	881.410	794.063
12	22.75	丙位壬内酯	0.0097	4.749	489.564
13	3.34	甲酸	0.98	331.071	337.827
14	45.74	癸酸	0.05	12.580	251.603
15	46.90	肉桂酸甲酯	0.011	1.193	108.494
16	8.56	糠醛	8	644.325	80.541
17	27.09	麦芽酚	0.21	15.837	75.415
18	44.76	异丁香酚	0.1	5.227	52.272
19	20.51	甲基环戊烯醇酮	0.026	1.060	40.753
20	57.97	月桂酸	0.1	3.670	36.699
21	18.99	2,3,5-三甲基吡嗪	0.19	5.859	30.836
22	6.67	正丁酸	2.4	56.797	23.665
23	54.70	2,4-二叔丁基苯酚	0.5	7.843	15.686
24	48.02	甲基丁香酚	0.775	9.809	12.656
25	33.84	α-松油醇	0.86	7.461	8.676
26	12.32	2-乙酰呋喃	15.0252	129.949	8.649
27	21.46	苯甲醇	2.546 21	16.836	6.612
28	9.42	糠醇	4.5005	25.900	5.755
29	32.15	辛酸	5	21.592	4.318
30	36.05	5-羟甲基糠醛	1000	3134.427	3.134
31	23.62	2-乙酰基吡咯	58.585 25	97.615	1.666
32	32.66	左薄荷脑	2.28	2.176	0.954
33	5.80	丙二醇	1400	519.419	0.371
34	69.10	肉豆蔻酸	10	1.746	0.175
35	28.01	2-乙基己酸	27	3.903	0.145
36	6.90	2,3-丁二醇	668	83.522	0.125
37	19.66	2-吡咯甲醛	65	1.325	0.020

无花果提取物中主要的香气成分为乙酸、异戊醛、3-羟基-2-丁酮、肉桂酸乙酯、愈创木酚、己酸、*β*-环柠檬醛、壬酸、2-甲基丁酸、5-甲基糠醛、丙位壬内酯、甲酸、癸酸、肉桂酸甲酯、糠醛、麦芽酚、异丁香酚、甲基环戊烯醇酮、月桂酸、2,3,5-三甲基吡嗪、正丁酸、2,4-二叔丁基苯酚、甲基丁香酚、*α*-松油醇、2-乙酰呋喃、苯甲醇、糠醇、辛酸、5-羟甲基糠醛、2-乙酰基吡咯。

8.3.2.2　覆盆子提取物特征香气成分

覆盆子（*Rubus chingii* Hu）为蔷薇科（*Rosaceae*）悬钩子属（*Rubus* L.）植物，其聚合果药食同用。覆盆子富含蛋白质、黄酮、萜类、维生素、鞣花酸等物质，具有消除疲劳、延缓衰老等作用，被广泛应用于食品、药品、化妆品等行业[1]。

对覆盆子化学成分的研究主要有高效液相色谱、气相色谱-质谱、手动固相微萃取-气相色谱/质谱等方法。张晶等[2]建立同时测定覆盆子中鞣花酸、山柰酚-3-*O*-芸香糖苷、椴树苷、山柰酚、槲皮素、芦丁和齐墩果酸含量的方法，并对 10 批覆盆子药材中 7 种成分的含量进行测定。何建明等[3]建立测定覆盆子中鞣花酸、黄酮和覆盆子苷-F5 含量的 HPLC 方法。典灵辉等[4]采用水蒸气蒸馏法提取其挥发油，用气相色谱-质谱法对用水蒸气蒸馏提取的覆盆子挥发油成分进行分析，共鉴定出 28 种成分，主要成分为正十六酸、黄葵内酯。杨再波等[5]采用手动固相微萃取-气相色谱/质谱法对覆盆子化学成分进行分析，共鉴定出 56 个成分，相对含量最高的组分是芳樟醇。

建立覆盆子提取物的 HS-SPME-GC/MS 定性半定量分析方法，分析了其中的挥发性半挥发性成分，利用相对香气活力值筛选出具有香气活力的主要香气成分。

1. 主要材料与仪器

材料：覆盆子（采自云南）；灰色固相微萃取头（DVB/CAR/PDMS，StableFlex，50/30 μm，0.61 mm）。

仪器：固相微萃取-气相色谱-串联质谱联用仪（美国 Bruker 公司，型号：456GC-TQ），CTC 多功能自动进样器（瑞士 Combi-PAL 公司，型号：Combi-xt PAL 型）。

2. 分析方法

称取 3 kg 覆盆子果实，加入 4 L 无水乙醇，在室温下振荡提取 2 h，重复提取 4 次，提取液混合浓缩至近干，用 60 mL 丙二醇复溶，得到覆盆子提取物。

称取 0.2 g 覆盆子提取物置于顶空瓶中，加入 30 μL 浓度为 30 μg/mL 的含十七烷内标的二氯甲烷溶液，迅速密封后，进 HS-SPME-GC/MS 分析。不加入样品，按照同样的前处理方法，进行空白实验。

（1）顶空-固相微萃取条件

萃取温度：80 ℃，萃取时间：30 min，解吸附时间：3 min，萃取头转速：230 r/min。

（2）气相色谱条件

色谱柱为 DB-5MS 毛细管色谱柱（30 m×0.25 mm×0.25 μm）；灰色固相微萃取头；进样口温度：240 ℃；程序升温：初始温度 40 ℃，保持 2.0 min，以 1.4 ℃/min 升至 230 ℃，保持 6 min。载气：高纯氦气，恒流模式，柱流量 1.1 mL/min；进样方式：分流进样，分流比 9∶1。

（3）质谱条件

离子源：EI 源；电离能：70 eV；离子源温度：220 ℃；传输线温度：230 ℃；检测模式：全扫描（Full Scan）监测模式，质量扫描范围：30 ~ 460 amu；溶剂延迟：0.6 min。

对覆盆子提取物的 HS-SPME-GC/MS 分析结果进行归一化处理，计算其中挥发性成分的相对含量。

以十七烷为内标，用内标法对单一挥发性成分进行半定量分析，计算各挥发性成分的含量。

用挥发性成分的含量和阈值的比计算挥发性成分的香气活力值，筛选香气活力值大于 1 的成分为主要挥发性香气成分。

3. 分析结果

覆盆子提取物中挥发性化学成分分析结果表明（表 8-8）：样品中检出 78 种挥发性化学成分，相对含量最高的成分为丙二醇（92.123 %）。样品中含量较高的成分为 2-甲基丁酸乙酯（2.351%）、3-羟基丙烷肼（1.028 %）、乙酰肼（1.008%）、乙酸异戊酯（0.760%）。

表 8-8　样品中挥发性香气成分分析结果

序号	保留时间/min	化合物	相对含量/%	含量/$\mu g \cdot g^{-1}$
1	3.28	乙酰肼	1.008	7.874
2	3.96	3-羟基丙烷肼	1.028	8.028
3	4.57	乙酐	0.366	2.860
4	4.72	3-乙酰硫基-2-甲基丙酸	0.088	0.686
5	5.25	丙酸乙酯	0.230	1.794
6	5.33	16-十六烷酰肼	0.109	0.852
7	5.48	2,2,4-三甲基-1,3-二氧环戊烷	0.294	2.294
8	6.08	丙二醇	92.123	719.240
9	9.03	己醛丙二醇缩醛	0.123	0.957
10	9.29	2-甲基丁酸乙酯	2.351	18.358
11	10.19	正己醇	0.012	0.091
12	10.58	乙酸异戊酯	0.760	5.935
13	10.68	2-甲基丁基乙酸酯	0.224	1.752
14	11.89	碳酰肼	0.007	0.054
15	12.72	2,5-二甲基吡嗪	0.002	0.013
16	13.76	2,4-二甲基-1,3-二氧戊环-2-甲醇	0.010	0.075
17	14.66	2-丁基-4-甲基-1,3-二氧戊环	0.176	1.371
18	16.81	2-乙基-己酸-1,1-二甲基乙酯	0.023	0.179
19	19.37	乙酸叶醇酯	0.020	0.159
20	20.57	二丙二醇	0.032	0.250

续表

序号	保留时间/min	化合物	相对含量/%	含量/μg·g^{-1}
21	21.13	(+)-柠檬烯	0.019	0.149
22	21.47	苯甲醇	0.019	0.149
23	23.41	异丁酸异戊酯	0.014	0.107
24	24.40	顺-α,α-5-三甲基-5-乙烯基四氢呋喃-2-甲醇	0.015	0.113
25	25.38	4-甲基-2-十五烷基-1,3-二氧戊环	0.006	0.046
26	25.52	2-苯基-2-丙醇	0.004	0.030
27	26.73	芳樟醇	0.018	0.138
28	30.89	异薄荷酮	0.035	0.272
29	31.40	乙酸苄酯	0.098	0.762
30	31.55	L-薄荷酮	0.039	0.305
31	31.89	4-烯氧基-2-甲基-戊-2-醇	0.019	0.147
32	32.59	（$1\alpha,2\beta,5\beta$）-5-甲基-2-(1-甲基乙基)环己醇	0.011	0.087
33	36.90	长叶薄荷酮	0.038	0.299
34	37.23	一乙酸甘油酯	0.005	0.040
35	37.99	1,2,3,4-四氢-1,4,6-三甲基萘	0.013	0.103
36	40.33	茴香脑	0.004	0.029
37	40.68	乙酸薄荷酯	0.011	0.086
38	44.38	三醋酸甘油酯	0.550	4.290
39	46.90	肉桂酸甲酯	0.009	0.068
40	48.04	甲基丁香酚	0.001	0.011
41	48.22	2,6,10-三甲基-十四烷	0.003	0.025
42	52.05	桃醛	0.012	0.092
43	52.89	β-紫罗兰酮	0.006	0.048
44	56.44	2-十六醇	0.001	0.009
45	60.46	正十九烷	0.024	0.189
46	64.27	2',3',4'-三甲氧基苯乙酮	0.006	0.049
47	66.06	6-甲基-十八烷	0.006	0.045
48	66.77	反式-2-甲氨基甲基-环己醇	0.001	0.010
49	81.31	氨基脲	0.001	0.006
50	85.69	11,14,17-二十碳三烯酸甲酯	0.003	0.024
51	88.50	亚油酸乙酯	0.003	0.026
52	88.83	油酸乙酯	0.013	0.105
53	103.61	3',8,8'-三氧基-3-哌啶基-2,2'-联二萘-1,1',4,4'-四酮	0.008	0.061

用十七烷作为内标计算覆盆子提取物中挥发性香气成分的含量，通过文献查询挥发性香气成分的阈值，利用挥发性香气成分含量与阈值的比计算覆盆子提取物中挥发性成分的香气活力值（OAV），筛选出 OVA 大于 1 的主要挥发性香气成分（表 8-9）。按香气活力值从大到小排列，香气活力值大于 1 的主要挥发性香气成分共 12 个，分别为 2-甲基丁酸乙酯（1 835 784.314）、乙酸异戊酯（329.725）、β-紫罗兰酮（103.462）、L-薄荷酮（30.527）、桃醛（20.482）、乙酸叶醇酯（13.166）、异薄荷酮（6.723）、肉桂酸甲酯（6.182）、长叶薄荷酮（3.555）、(+)-柠檬烯（3.312）、正己醇（2.673）、丙酸乙酯（1.631）。

表 8-9 样品中主要挥发性香气成分分析结果

序号	保留时间/min	化合物	阈值[11]/μg·g^{-1}	含量/μg·g^{-1}	香气活力值
1	9.29	2-甲基丁酸乙酯	18.358	0.000 01	1 835 784.314
2	10.58	乙酸异戊酯	5.935	0.018	329.725
3	52.89	β-紫罗兰酮	0.048	0.000 461	103.462
4	31.55	L-薄荷酮	0.305	0.01	30.527
5	52.05	桃醛	0.092	0.0045	20.482
6	19.37	乙酸叶醇酯	0.159	0.0121	13.166
7	30.89	异薄荷酮	0.272	0.040 451	6.723
8	46.90	肉桂酸甲酯	0.068	0.011	6.182
9	36.90	长叶薄荷酮	0.299	0.084	3.555
10	21.13	(+)-柠檬烯	0.149	0.045	3.312
11	10.19	正己醇	0.091	0.034	2.673
12	5.25	丙酸乙酯	1.794	1.1	1.631
13	6.08	丙二醇	719.240	1400	0.514
14	40.33	茴香脑	0.029	0.057	0.501
15	40.68	乙酸薄荷酯	0.086	0.4	0.214
16	21.47	苯甲醇	0.149	2.54621	0.059
17	88.50	亚油酸乙酯	0.026	0.45	0.057
18	88.83	油酸乙酯	0.105	3.5	0.030
19	26.73	芳樟醇	0.138	6	0.023
20	48.04	甲基丁香酚	0.011	0.775	0.014
21	31.40	乙酸苄酯	0.762	85	0.009
22	12.72	2,5-二甲基吡嗪	0.013	1.75	0.007
23	20.57	二丙二醇	0.250	1600	0.000

覆盆子提取物中主要的挥发性香气成分为 2-甲基丁酸乙酯、乙酸异戊酯、β-紫罗兰酮、L-薄荷酮、桃醛、乙酸叶醇酯、异薄荷酮、肉桂酸甲酯、长叶薄荷酮、(+)-柠檬烯、正己醇、

丙酸乙酯。其中 2-甲基丁酸乙酯具有尖刺的果香香气并有苹果香韵和青香香韵，乙酸异戊酯具有果香、香蕉香韵，β-紫罗兰酮具有紫罗兰样香气、显著的水果香和木香香气、类似浆果带青香浆果香韵，L-薄荷酮具有薄荷样香气，桃醛具有强烈的桃子样和杏仁样香气，乙酸叶醇酯具有强烈的新刈草青香香气以及青叶和青果香气，异薄荷酮具有薄荷样香气，肉桂酸甲酯具有樱桃和香酯似香气，长叶薄荷酮具有薄荷样香气，(+)-柠檬烯具有类似柠檬的香气，正己醇具有水果芬芳香气，丙酸乙酯具有果香和朗姆醚香。

8.3.2.3 罗望子提取物特征香气成分

罗望子（*Tamarindus indica*）又称酸角、酸豆、通血香，是豆科（Leguminosae）酸豆属植物酸豆的果实。罗望子树是一种常绿乔木，树高可达 6~25 m。罗望子既可以直接食用，也可以加工生产成营养丰富、酸甜可口、风味独特的各种饮品和糖果，如果脯、果冻、果汁、果酱和各式糖果等。

迄今的研究证明，罗望子树的叶子、果肉、籽及根皮提取物有较好的抗菌、抗炎、解毒、镇痛和降血糖等生物活性。除此之外，罗望子提取物具有特殊香味，其中的部分香气成分也被运用于香烟和化妆品香精行业。

建立罗望子提取物的 HS-SPME-GC/MS 定性半定量分析方法，分析了其中的挥发性半挥发性成分，利用相对香气活力值筛选出具有香气活力的主要香气成分。

1. 主要材料与仪器

材料：罗望子（采自云南）；固相微萃取头[粉色（65 μm，PDMS/DVB，Stable Flex，0.68 mm），美国 Supelco 公司]。

仪器：固相微萃取-气相色谱-串联质谱联用仪（美国 Bruker 公司，型号：456GC-TQ），CTC 多功能自动进样器（瑞士 Combi-PAL 公司，型号：Combi-xt PAL 型）。

2. 分析方法

称取 3.00 kg 罗望子，加入 5 L 无水乙醇，室温振荡提取 3 h，重复提取 3 次，混合浓缩至近干，得到罗望子提取物。

（1）前处理条件

称取样品约 0.3 g（准确到 0.005 g），置于顶空瓶中，加入 20 μL 浓度为 20 μg/mL 的喹啉二氯甲烷内标溶液，迅速密封后，进顶空-固相微萃取-气相色谱-质谱仪（HS-SPME-GC-MS）直接进样测定。

（2）HS-SPME 条件

萃取温度：80 ℃，萃取时间：20 min，解吸附时间：3 min，萃取头转速：250 r/min。

（3）气相色谱条件

色谱柱为 DB-5MS 毛细管色谱柱（60 m×0.25 mm×0. 25 μm）；蓝色固相微萃取头；进样口温度：250 ℃；程序升温：初始温度 40 ℃，保持 2 min，以 2 ℃/min 升至 250 ℃，保持 10 min。载气：高纯氦气，恒流模式，柱流量 1 mL/min；进样方式：分流进样，分流比 10∶1。

（4）质谱条件

离子源：EI 源；电离能：70 eV；离子源温度：200 ℃；传输线温度：250 ℃；检测模式：全扫描（Full Scan）监测模式，质量扫描范围：30 ~ 500 amu；溶剂延迟：4 min。

3. 分析结果

样品中共检测到 87 个化学成分，其中含量较高的成分为 5-羟甲基糠醛（74.396%）、糠醛（12.212%）、乙酸（3.213%）、甲酸（1.736%）、5-甲基糠醛（1.562%）、乙酰丙酸（1.029%）、3-呋喃甲酸甲酯（1.000%）。见表 8-10。

表 8-10 罗望子提取物挥发性成分及相对含量表

序号	保留时间/min	化合物	相对含量/%	含量/mg·kg^{-1}
1	3.33	甲酸	1.736	7.790
2	3.68	乙酸	3.213	14.424
3	4.43	异戊醛	0.402	1.803
4	7.20	2,3-丁二醇	0.013	0.060
5	7.68	2-甲基四氢呋喃-3-酮	0.042	0.187
6	8.53	糠醛	12.212	54.816
7	9.40	糠醇	0.010	0.045
8	10.01	*α*-当归内酯	0.081	0.365
9	10.71	4-环戊烯-1,3-二酮	0.008	0.037
10	12.28	2-乙酰呋喃	0.270	1.213
11	13.92	5-甲基-2(5*H*)-呋喃酮	0.340	1.528
12	15.82	5-甲基糠醛	1.562	7.013
13	16.83	2-糠酸甲酯	0.069	0.311
14	17.18	2,5-二甲基吡咯	0.011	0.051
15	17.31	2,4-二羟基-2,5-二甲基-3(2*H*)-呋喃-3-酮	0.014	0.065
16	17.82	乙酰丙酸甲酯	0.201	0.904
17	19.02	5-甲基吡咯-2-甲醛	0.004	0.019
18	19.19	顺-4-癸烯醛	0.008	0.037
19	20.46	甲基环戊烯醇酮	0.029	0.129
20	21.10	(−)-柠檬烯	0.021	0.094
21	21.30	5-甲基-2-乙酰基呋喃	0.037	0.166
22	21.43	苯甲醇	0.047	0.212
23	22.18	苯乙醛	0.028	0.128
24	23.28	乙酰丙酸	1.029	4.618
25	23.86	糠酸	0.251	1.125
26	24.15	山梨酸	0.189	0.847
27	24.37	2-氧代-环庚烷戊酸	0.050	0.226
28	24.70	2,5-二甲酰呋喃	0.267	1.196

续表

序号	保留时间/min	化合物	相对含量/%	含量/mg·kg^{-1}
29	24.88	3-呋喃甲酸甲酯	1.000	4.488
30	25.48	*α*,*α*-二甲基苄醇	0.005	0.023
31	26.76	3,4-二氢-苯并嘧啶	0.003	0.014
32	27.11	十一醛	0.047	0.209
33	27.95	2-乙基己酸	0.009	0.041
34	28.65	2-甲基-5-丙酰呋喃	0.022	0.099
35	30.50	庚-2,4-二烯乌苏酸甲酯	0.421	1.891
36	30.88	l-薄荷酮	0.043	0.193
37	32.09	辛酸	0.038	0.168
38	32.68	(1*R*, 3*S*, 4*S*)-(+)-新薄荷脑	0.032	0.144
39	33.47	水杨酸甲酯	0.022	0.101
40	34.78	环癸醇	0.006	0.027
41	35.53	螺环[4.4]壬烷-1,6-二酮	0.011	0.048
42	36.31	5-羟甲基糠醛	74.396	333.946
43	38.40	4-羟基-1,7-萘啶	0.024	0.106
44	39.28	壬酸	0.372	1.669
45	40.68	乙酸薄荷酯	0.048	0.215
46	41.34	繖柳酮	0.002	0.010
47	41.51	4-羟基-3-甲基苯乙酮	0.020	0.089
48	41.71	5-乙酰甲基-2-糠醛	0.307	1.376
49	42.26	2-甲基-4-辛烯醛	0.005	0.022
50	42.91	5-重氮-1,3-环戊二烯	0.014	0.064
51	44.80	1,1,6-三甲基-1,2-二氢萘	0.020	0.090
52	45.72	癸酸	0.032	0.142
53	46.12	壬二酸二己酯	0.007	0.029
54	47.46	香兰素	0.123	0.552
55	48.03	甲基丁香酚	0.019	0.087
56	48.70	2,4,7,9-四甲基-5-癸炔-4,7-二醇	0.028	0.124
57	49.97	2,4-二甲基-2,6-庚二醛	0.035	0.158
58	52.01	1,1-二甲基乙酯十六烷乙酸	0.006	0.026
59	54.49	十四烷	0.005	0.021
60	54.70	2,4-二叔丁基酚	0.017	0.076
61	54.91	3,4-二甲氧基苯甲醇	0.006	0.027

续表

序号	保留时间/min	化合物	相对含量/%	含量/mg·kg^{-1}
62	55.37	5-[(5-甲基-2-呋喃基)甲基]-2-糠醛	0.031	0.138
63	55.70	1-甲基-5-(1-吡唑基羰基)-吡唑	0.048	0.216
64	55.84	2,3'-联吡啶	0.013	0.058
65	56.04	对羟基苯海因	0.005	0.021
66	57.98	月桂酸	0.089	0.401
67	59.51	2-甲基-丙酸-1-叔丁基-2-甲基-1,3-丙烷二基酯	0.015	0.067
68	60.45	2,3-二氢-3,3,4,6-四甲基-1*H*-茚-1-酮	0.060	0.271
69	61.36	乙酸(1,2,3,4,5,6,7,8-八氢-3,8,8-三甲基萘-2-基)甲酯	0.004	0.016
70	64.29	3-(2-呋喃基)-2-苯基丙烯醛	0.012	0.056
71	66.06	邻癸基-羟胺	0.004	0.016
72	69.09	肉豆蔻酸	0.044	0.198
73	69.30	苯甲酸苄酯	0.034	0.154
74	70.91	螺岩兰草酮	0.003	0.012
75	71.40	正十五烷	0.008	0.036
76	72.25	木香烃内酯	0.010	0.046
77	72.81	蝶呤-6-羧酸	0.005	0.024
78	74.12	邻苯二甲酸正丁异辛酯	0.011	0.051
79	74.27	油酸	0.007	0.033
80	76.23	7,9-二叔丁基-1-氧杂螺(4,5)癸-6,9-二烯-1,8-二酮	0.194	0.870
81	77.66	棕榈酸甲酯	0.023	0.101
82	83.62	甘油亚麻酸酯	0.009	0.038
83	84.34	假番茄碱-*O*,*N*-二乙酸酯	0.006	0.026
84	85.51	(*E*)-3-苯基-2-丙烯酸苄酯	0.020	0.091
85	85.70	亚麻酸甲酯	0.011	0.049
86	85.83	油酸甲酯	0.025	0.112
87	87.43	1,13-十四碳二烯-3-酮	0.021	0.092

对 30 种香气成分进行了阈值查询，用半定量结果/阈值计算其香气活力值，得到活力值大于 1 的化合物共 12 个（表 8-11）。其中活力值较高的成分为香兰素（552 450.980）、异戊醛（5150.560）、乙酸（1109.540）、苯乙醛（177.526）、壬酸（13.909）、甲酸（7.949）、糠醛（6.852）、5-甲基糠醛（6.318）、甲基环戊烯醇酮（4.959）、月桂酸（4.007）、癸酸（2.843）、十一醛（1.495）。

表 8-11 部分化合物香气活力值分析结果

序号	化合物	阈值	活力值
54	香兰素	0.552	552 450.980
3	异戊醛	1.803	5150.560
2	乙酸	14.424	1109.540
23	苯乙醛	0.128	177.526
44	壬酸	1.669	13.909
1	甲酸	7.790	7.949
6	糠醛	54.816	6.852
12	5-甲基糠醛	7.013	6.318
19	甲基环戊烯醇酮	0.129	4.959
66	月桂酸	0.401	4.007
52	癸酸	0.142	2.843
32	十一醛	0.209	1.495
42	5-羟甲基糠醛	333.946	0.334
38	(1*R*, 3*S*, 4*S*)-(+)-新薄荷脑	0.144	0.177
60	2,4-二叔丁基酚	0.076	0.153
55	甲基丁香酚	0.087	0.113
22	苯甲醇	0.212	0.083
10	2-乙酰呋喃	1.213	0.081
81	棕榈酸甲酯	0.101	0.051
37	辛酸	0.168	0.034
72	肉豆蔻酸	0.198	0.020
7	糠醇	0.045	0.010
20	(−)-柠檬烯	0.094	0.008
59	十四烷	0.021	0.004
33	2-乙基己酸	0.041	0.002
39	水杨酸甲酯	0.101	0.001
79	油酸	0.033	0.001
73	苯甲酸苄酯	0.154	0.000
4	2,3-丁二醇	0.060	0.000
75	正十五烷	0.036	0.000

罗望子提取物特征香气成分为香兰素、异戊醛、乙酸、苯乙醛、壬酸、甲酸、糠醛、5-甲基糠醛、甲基环戊烯醇酮月桂酸、癸酸、十一醛。

8.3.3 小　结

无花果提取物特征香气成分为乙酸、异戊醛、3-羟基-2-丁酮、肉桂酸乙酯、愈创木酚、己酸、*β*-环柠檬醛、壬酸、2-甲基丁酸、5-甲基糠醛、丙位壬内酯、甲酸、癸酸、肉桂酸甲酯、糠醛、麦芽酚、异丁香酚、甲基环戊烯醇酮、月桂酸、2,3,5-三甲基吡嗪、正丁酸、2,4-二叔丁基苯酚、甲基丁香酚、*α*-松油醇、2-乙酰呋喃、苯甲醇、糠醇、辛酸、5-羟甲基糠醛、2-乙酰基吡咯。

覆盆子提取物特征香气成分为 2-甲基丁酸乙酯、乙酸异戊酯、β-紫罗兰酮、L-薄荷酮、桃醛、乙酸叶醇酯、异薄荷酮、肉桂酸甲酯、长叶薄荷酮、(+)-柠檬烯、正己醇、丙酸乙酯。

罗望子提取物特征香气成分为香兰素、异戊醛、乙酸、苯乙醛、壬酸、甲酸、糠醛、5-甲基糠醛、甲基环戊烯醇酮月桂酸、癸酸、十一醛。

8.4 药草香型香精

8.4.1 分析技术

利用 HS-SPME-GC/MS 结合香气活力值对菊苣提取物、缬草提取物中的主要香气成分进行分析。

8.4.2 特征成分

8.4.2.1 菊苣特征香气成分

菊苣（*Cichorium intybus* L.）是菊科菊苣属灌木丛生的多年生草本植物，为药食两用植物[6]。菊苣的叶子可调制生菜，根部含有芳香族物质及菊糖，具有保肝、健胃、降压利尿、清热解毒、抗炎、增强免疫能力、降低血糖、降低胆固醇等功效，在饮料、保健品、茶、咖啡、中药、食品中广泛应用[7]。菊苣由于价格低廉和风味特殊，早在 19 世纪初就被当作咖啡的廉价替代品，烘烤后研磨制成的天然菊苣成为咖啡因不耐受人群相对健康的选择。由于烘烤后的菊苣提取物具有类似焦糖或咖啡的焦香，可用于卷烟和香精中，起到谐调烟香和提高吸味的效果[8]。

目前对菊苣化学成分的研究主要有高效液相色谱、手动固相微萃取-气相色谱/质谱、气相色谱-质谱等方法。何轶等[9]分析菊苣根中的非挥发性成分，鉴定出蒲公英萜酮、乙酸降香萜烯醇酯等 12 种成分，朱春胜等[10]用高效液相色谱分析鉴定了菊苣中秦皮甲素、绿原酸等 10 个化学成分并测定了其中 5 种成分的含量，梁宇等[8]采用手动固相微萃取-气相色谱/质谱联用技术分析了菊苣浸膏中 12-十八碳二烯酸乙酯、香豆素等 38 挥发性成分，周静媛等[11]采用气相色谱-质谱联用技术分析了三个不同产地栽培的菊苣浸膏中 29 种、35 种、26 种挥发性化学成分。

建立菊苣提取物的 HS-SPME-GC/MS 定性半定量分析方法，利用相对香气活力值筛选出具有香气活力的主要香气成分。

1. 主要材料与仪器

材料：菊苣（采自云南）。

仪器：固相微萃取头（粉色，65 μm，PDMS/DVB，Stable Flex，0.68 mm），固相微萃取-气相色谱-串联质谱联用仪（美国 Bruker 公司，型号：456GC-TQ），CTC 多功能自动进样器（瑞士 Combi-PAL 公司，型号：Combi-xt PAL 型）。

2. 分析方法

称取 3.00 kg 菊苣，加入 7 L 无水乙醇，室温振荡提取 3 h，重复提取 3 次，混合浓缩至近干，用 100 mL 丙二醇复溶，得到菊苣提取物。

称取样品 0.3 g 置于顶空瓶中，加入 30 μL 浓度为 30 μg/mL 含十七烷的二氯甲烷内标溶液，迅速密封后，进 GC/MS 分析。不加入样品，按照同样的前处理方法，进行空白实验。

（1）顶空-固相微萃取条件

萃取温度：90 ℃，萃取时间：20 min，解吸附时间：3 min，萃取头转速：240 r/min。

（2）气相色谱条件

色谱柱为 DB-5MS 毛细管色谱柱（30 m×0.25 mm×0.25 μm）；粉色固相微萃取头；进样口温度：230 ℃；程序升温：初始温度 40 ℃，保持 1 min，以 1.3 ℃/min 升至 220 ℃，保持 5 min。载气：高纯氦气，恒流模式，柱流量 1.3 mL/min；进样方式：分流进样，分流比 7∶1。

（3）质谱条件

离子源：EI 源；电离能：70 eV；离子源温度：210 ℃；传输线温度：230 ℃；检测模式：全扫描（Full Scan）监测模式，质量扫描范围：35 ~ 450 amu；溶剂延迟：0.5 min。

对分析结果进行归一化处理，计算各挥发性成分的相对含量。

以十七烷为内标，用内标法对各挥发性成分进行半定量分析，计算各挥发性成分的含量。

用挥发性成分的含量和阈值的比计算挥发性成分的香气活力值，筛选香气活力值大于 1 的成分为主要挥发性香气成分。

3. 分析结果

菊苣提取物中挥发性化学成分分析结果表明（表 8-12）：样品中检出 78 种挥发性化学成分，相对含量最高的成分为丙二醇，应该为该提取物的溶剂。样品中含量较高的成分为 5-羟甲基糠醛、乙酸、1,2-丙二醇-二甲酸酯、甲酸、1,2-丙烷二醇-2-乙酸酯。

表 8-12　样品中挥发性香气成分分析结果

序号	保留时间/min	化合物	质量分数/%	含量/μg · g^{-1}
1	3.33	甲酸	1.222	8.466
2	3.69	乙酸	2.769	19.187
3	6.04	丙二醇	81.611	565.555
4	6.96	2-丙-2-基氧基丙-1-醇	0.653	4.522
5	7.46	1,2-丙二醇-二甲酸酯	2.233	15.472
6	7.68	面包酮	0.017	0.120
7	8.55	糠醛	0.936	6.489
8	9.41	糠醇	0.015	0.107

续表

序号	保留时间/min	化合物	质量分数/%	含量/μg·g^{-1}
9	11.33	1,2-丙烷二醇-2-乙酸酯	1.012	7.015
10	12.15	2-乙基丁酸烯丙酯	0.001	0.009
11	12.30	2-乙酰呋喃	0.278	1.925
12	12.66	2,6-二甲基吡嗪	0.009	0.066
13	13.74	2,4-二甲基-1,3-二氧戊环-2-甲醇	0.086	0.598
14	14.00	5-甲基-2(5*H*)-呋喃酮	0.060	0.416
15	15.34	4-甲基-2-十五基-1,3-二氧戊环	0.005	0.031
16	15.52	3-甲基乙酸 2-丁醇	0.008	0.058
17	15.84	5-甲基糠醛	0.356	2.470
18	16.59	2,3-环氧己醇	0.059	0.407
19	16.78	2-羟基-3,3-二甲基丁酸	0.058	0.402
20	18.99	2,3,5-三甲基吡嗪	0.007	0.045
21	19.33	2-丙酰基呋喃	0.010	0.071
22	19.68	2-吡咯甲醛	0.014	0.096
23	19.96	异丁酸甲酯	0.029	0.204
24	20.31	甲瓦龙酸内酯	0.011	0.074
25	20.51	甲基环戊烯醇酮	0.032	0.220
26	20.81	1,2-丙二醇二乙酸酯	0.015	0.103
27	21.32	5-甲基-2-乙酰基呋喃	0.016	0.110
28	21.47	氢化安息香	0.003	0.019
29	23.13	4-氧代戊酸	0.188	1.303
30	23.66	2-乙酰基吡咯	0.048	0.331
31	24.50	*R*-(+)-6-甲基-3-异丙基四氢-2*H*-吡喃-2-酮	0.045	0.314
32	24.73	2,5-二甲酰呋喃	0.029	0.198
33	25.13	3-乙氧基-1-丙醇	0.017	0.116
34	25.59	6-甲氧基-2-己醇	0.131	0.906
35	26.63	2,2,4-三甲基-1,3-二氧杂戊烷	0.070	0.483
36	28.38	*N*-甲基-2-吡咯甲醛	0.040	0.276
37	28.67	2-甲基-5-丙酰呋喃	0.003	0.018
38	30.53	庚-2,4-二烯酸甲酯	0.003	0.020
39	31.38	胡椒酚	0.007	0.047
40	31.89	1,1-二甲基-2-辛基-环丁烷	0.013	0.093
41	32.63	1-甲基-4-(1-甲基乙基)环己醇	0.005	0.035
42	33.69	*N*-甲基戊酰胺	0.038	0.262
43	34.68	4-甲基-2-氧代-3-环己烯-1-羧酸甲酯	0.014	0.100
44	36.00	5-羟甲基糠醛	6.710	46.503
45	36.54	1,2-二甲基环辛烯	0.015	0.103

续表

序号	保留时间/min	化合物	质量分数/%	含量/μg·g^{-1}
46	36.93	(*E*)-9-十四碳烯-1-醇乙酸酯	0.007	0.048
47	38.30	1-(2-噻吩基)-1,2-丙二酮	0.057	0.393
48	39.15	2,5-二羟基苯乙酮	0.046	0.321
49	41.24	1-乙酰氧基-对-薄荷-3-酮	0.007	0.048
50	41.49	4-羟基-3-甲基苯乙酮	0.004	0.024
51	41.71	5-乙酰甲基-2-糠醛	0.039	0.268
52	42.68	5-乙酰氧基二氢-5-甲基-2(3*H*)-呋喃酮	0.143	0.992
53	42.90	4-羟基-2-戊烯酸	0.106	0.736
54	43.24	3-甲基-2,4-戊二酮	0.035	0.243
55	43.66	4-甲基-3-己醇乙酸酯	0.161	1.116
56	44.65	甲色酮	0.016	0.113
57	46.90	肉桂酸甲酯	0.010	0.070
58	48.03	甲基丁香酚	0.001	0.008
59	52.21	肉桂酸乙酯	0.004	0.026
60	53.55	2,3,6-三甲基-7-辛烯-3-醇	0.014	0.099
61	54.53	9-十八烯-12-炔酸甲酯	0.004	0.026
62	54.70	2,4-二叔丁基苯酚	0.179	1.243
63	55.35	乙酸丙酸乙酯丙二醇缩酮	0.013	0.087
64	55.69	1-甲基-5-(1-吡唑基羰基)-吡唑	0.016	0.110
65	56.65	8-甲氧基香豆素	0.004	0.026
66	57.65	4-乙基-2-戊烷-1,3-二氧戊环	0.016	0.114
67	58.67	2,4-二甲基-1,3-二氧杂环己烷	0.019	0.129
68	66.07	2,6-二甲基十七烷	0.006	0.040
69	69.09	肉豆蔻酸	0.004	0.030
70	73.43	6,10-二甲基-2-十一烷酮	0.002	0.012
71	77.66	棕榈酸甲酯	0.010	0.072
72	79.24	棕榈酸	0.052	0.360
73	80.98	棕榈酸乙酯	0.046	0.317
74	85.47	甲基反亚油酸甲酯	0.011	0.075
75	87.10	9,15-十八碳二烯酸甲酯	0.002	0.017
76	88.51	亚油酸乙酯	0.039	0.267
77	88.85	反油酸乙酯	0.022	0.151
78	93.01	2-单棕榈酸甘油	0.006	0.044

用十七烷作为内标计算菊苣提取物中挥发性香气成分的含量，通过文献查询挥发性香气成分的阈值，利用挥发性香气成分含量与阈值的比计算菊苣提取物中挥发性成分的香气活力值（OAV），筛选出 OVA 大于 1 的主要挥发性香气成分（表 8-13）。

按香气活力值从大到小排列，香气活力值大于 1 的主要挥发性香气成分分别为乙酸、异丁酸甲酯、肉桂酸乙酯、甲酸、甲基环戊烯醇酮、肉桂酸甲酯、2,4-二叔丁基苯酚、5-甲基糠醛，该 8 种物质对菊苣提取物香气起到了真正贡献。

其中乙酸和甲酸具有酸味，异丁酸甲酯具有苹果、菠萝似果香及杏子似甜味，肉桂酸乙酯具有甜橙和葡萄的香气，甲基环戊烯醇酮具有咖啡似的焦糖样愉快香气和枫槭样甜美香气，肉桂酸甲酯具有呈樱桃和香酯似香气及可可香，5-甲基糠醛具有焦糖味、辛香、坚果香气。

表 8-13　样品中主要挥发性香气成分分析结果

序号	保留时间/min	化合物	阈值[11]/μg·g^{-1}	含量/μg·g^{-1}	香气活力值
1	3.69	乙酸	0.013	19.187	1475.948
2	19.96	异丁酸甲酯	0.008	0.204	25.516
3	52.21	肉桂酸乙酯	0.001 45	0.026	17.824
4	3.33	甲酸	0.98	8.466	8.639
5	20.51	甲基环戊烯醇酮	0.026	0.220	8.447
6	46.90	肉桂酸甲酯	0.011	0.070	6.364
7	54.70	2,4-二叔丁基苯酚	0.5	1.243	2.485
8	15.84	5-甲基糠醛	1.11	2.470	2.225
9	8.55	糠醛	8	6.489	0.811
10	88.51	亚油酸乙酯	0.45	0.267	0.594
11	6.04	丙二醇	1400	565.555	0.404
12	18.99	2,3,5-三甲基吡嗪	0.19	0.045	0.237
13	10.66	羟基丙酮	80	14.907	0.186
14	80.98	棕榈酸乙酯	2	0.317	0.159
15	12.30	2-乙酰呋喃	15.0252	1.925	0.128
16	12.66	2,6-二甲基吡嗪	0.718	0.066	0.092
17	36.00	5-羟甲基糠醛	1000	46.503	0.047
18	77.66	棕榈酸甲酯	2	0.072	0.036
19	79.24	棕榈酸	10	0.360	0.036
20	9.41	糠醇	4.5005	0.107	0.024
21	48.03	甲基丁香酚	0.775	0.008	0.010
22	23.66	2-乙酰基吡咯	58.585 25	0.331	0.006
23	69.09	肉豆蔻酸	10	0.030	0.003
24	19.68	2-吡咯甲醛	65	0.096	0.001

菊苣提取物样品中检出 78 种挥发性香气成分，相对含量>1%的主要挥发性成分为 5-羟甲基糠醛、乙酸、1,2-丙二醇-二甲酸酯、甲酸、1,2-丙烷二醇-2-乙酸酯。基于香气活力值>1，筛选出菊苣提取物中对香气有贡献的 8 种主要挥发性香气成分，分别为乙酸、异丁酸甲酯、肉桂酸乙酯、甲酸、甲基环戊烯醇酮、肉桂酸甲酯、2,4-二叔丁基苯酚、5-甲基糠醛。

8.4.2.2　缬草根特征香气物质

缬草是败酱科（Valerianaceae）缬草属（*Valeriana* L.）植物[12]，其根及根茎常作药用[13]。缬草根提取物主要用于提高睡眠质量、镇静安神、保护心脑和胃肠道；由于其甜药草香和松柏样膏香等特点，还被广泛运用于烟草和化妆品领域。

建立缬草根提取物的 HS-SPME-GC/MS 定性半定量分析方法，分析了其中的挥发性成分，利用相对香气活力值筛选出具有香气活力的主要香气成分。

1. 主要材料与仪器

材料：缬草根（采自云南）。

仪器：固相微萃取头（粉色，65 μm，PDMS/DVB，Stable Flex，0.68 mm，美国 Supelco 公司），固相微萃取-气相色谱-串联质谱联用仪（美国 Bruker 公司，型号：456GC-TQ），CTC 多功能自动进样器（瑞士 Combi-PAL 公司，型号：Combi-xt PAL 型）。

2. 分析方法

称取 3.00 kg 缬草根，加入 6 L 无水乙醇，室温振荡提取 3 h，重复提取 3 次，混合浓缩至近干，用 100 mL 丙二醇复溶，得到菊苣提取物。

称取 0.5 g 样品至顶空瓶，置于固相微萃取装置中以 80 ℃、250 r/min 条件下萃取 20 min 后，解吸时间 3 min，进行 GC/MS 分析。

分析条件：

载气：He；恒流模式流速：1.1 mL/min；分流比：5∶1；进样口温度：200 ℃；色谱柱：DB-5MS 柱（30 m×0.25 mm i.d.×0.25 μm d.f.）；程序升温：40 ℃（1.0 min）1.5 ℃/min 240 ℃（8.0 min）；传输线温度：230 ℃；离子源温度：200 ℃；电离方式：电子轰击源（EI）；电离能量：70 eV；溶剂延迟时间：2.0 min；检测方式：全扫描监测模式；扫描范围：30~500 amu。用 NIST 谱库检索。

3. 分析结果

缬草根提取物中检出 127 种挥发性香气成分，包括醇类 28 种、酯类 22 种、醛类 6 种、酮类 15 种、酸类 8 种、酚类 5 种、醛类 6 种、烷烃类 4 种和其他 18 种。见表 8-14。

表 8-14　样品中挥发性香气成分的质量分数

序号	保留时间/min	化合物	质量分数/%
1	3.71	乙酸	0.689
2	5.89	丙二醇	10.897
3	6.95	[*R*-(*R**,*R**)]-2,3-丁二醇	0.007
4	7.24	[*S*-(*R**,*R**)]-2,3-丁二醇	0.042

续表

序号	保留时间/min	化合物	质量分数/%
5	7.48	1,2-二甲酰基氧基丙烷	0.054
6	7.70	面包酮	0.005
7	10.74	异戊酸	24.540
8	11.45	1,2-丙烷二醇 2-乙酸酯	0.126
9	12.36	2-乙酰呋喃	0.170
10	14.08	6-羟基-2-己酮	0.006
11	14.71	2-丁基-4-甲基-1,3-二氧戊环	0.008
12	15.08	3-甲基戊酸	0.670
13	15.70	二氢-4-甲基-2(3*H*)-呋喃酮	0.042
14	15.91	5-甲基糠醛	0.024
15	18.74	异戊酰胺	0.013
16	20.60	甲基环戊烯醇酮	0.010
17	20.80	对伞花烃	0.009
18	21.36	5-甲基-2-乙酰基呋喃	0.010
19	23.25	亚硝酸仲丁酯	0.131
20	23.70	2-乙酰基吡咯	0.165
21	25.88	4-异丙烯基甲苯	0.004
22	27.13	麦芽酚	0.013
23	29.69	*β*-环柠檬醛	0.018
24	30.17	左旋樟脑	0.013
25	32.22	冰片	0.348
26	32.75	4-萜烯醇	0.027
27	33.27	三甲基苯甲醇	0.031
28	33.78	(−)-桃金娘烯醛	0.080
29	34.05	(−)-桃金娘烯醇	0.073
30	34.65	2,7,7-三甲基-二环[3.1.1]庚-2-烯-6-酮	0.009
31	35.02	3-丙基-3-庚烯-2-酮	0.004
32	35.25	4-[(2-甲氧基-4-十八烷基)氧基]甲基-2,2-二甲基-1,3-二氧戊环	0.043
33	35.80	1-正丙基环己醇	0.009
34	35.97	5-羟甲基糠醛	0.088
35	36.28	6-(2-羟乙基)-内-双环[3.2.1]辛烷-3-酮	0.030
36	36.43	3-羟基-5-甲氧基苯甲醇	0.018
37	36.55	环十二酮	0.021
38	37.17	2,5-二乙基苯酚	0.029

续表

序号	保留时间/min	化合物	质量分数/%
39	37.68	1-(3-丁氧基)-乙酮	0.028
40	38.38	2-羟基-1,7-萘啶	0.042
41	38.58	1,4-二甲基-2,3-二偶氮杂双螺环[2.2.1]庚-2-烯	0.007
42	39.18	壬酸	0.013
43	39.55	紫苏醛	0.004
44	39.69	水茴香醛	0.070
45	40.24	乙酸冰片酯	0.535
46	40.78	香芹酚	0.095
47	42.13	二氢香芹酮	0.008
48	43.55	二十二碳六烯酸	0.022
49	43.69	δ-榄香烯	0.014
50	44.13	1,2-二甲基-1,5-环辛二烯	0.373
51	44.49	(+)-柠檬烯	0.058
52	44.75	邻丁子香酚	0.074
53	46.86	α-愈创木酚	0.046
54	47.45	香兰素	0.059
55	48.01	5-甲基四氢呋喃-2-甲醇	0.943
56	48.44	库贝醇	0.096
57	48.90	2-叔丁基-1,4-二甲氧基苯	0.305
58	49.14	反式石竹烯	0.155
59	49.36	莰烯	0.041
60	49.51	7-(1-甲基亚乙基)-双环[4.1.0]庚烷	0.399
61	49.83	白菖烯	0.068
62	50.27	伊蚁内酯	1.147
63	50.83	9-十八烯-12-炔酸甲酯	0.052
64	51.33	(−)-α-古芸烯	0.551
65	51.69	(+)-香橙烯	0.426
66	51.94	[1S-(1α,4β,5α)]-1,8-二甲基-4-(丙-1-烯-2-基)螺[4.5]癸-7-烯	0.004
67	52.21	肉桂酸乙酯	0.412
68	52.49	β-杜松烯	0.004
69	52.91	β-紫罗兰酮	0.663
70	53.14	α-姜黄烯	0.194
71	53.62	戊酸酐	0.195
72	54.01	姜烯	0.199

续表

序号	保留时间/min	化合物	质量分数/%
73	54.15	α-摩勒烯	0.035
74	54.40	δ-杜松烯	0.108
75	54.80	甜没药烯	0.054
76	55.74	β-倍半水芹烯	0.118
77	55.93	喇叭茶醇	0.458
78	56.88	韦得醇	2.482
79	57.16	榄[香]醇	0.965
80	57.76	乙酸桃金娘烯酯	1.430
81	58.17	1,6-二甲基-4-(1-甲基乙基)萘	0.004
82	58.77	(−)-桉油烯醇	13.630
83	59.10	(1,2,3,4,5,6,7,8-十八氢-3,8,8-三甲基萘-2-基)乙酸甲酯	0.752
84	59.78	(+)-喇叭烯	0.296
85	60.00	[2*R*-(2α,4aβ,8β)]-2,3,4,4a,5,6,7,8-八氢-α,α,4aβ,8β-四甲基-2-萘甲醇	1.437
86	60.37	蓝桉醇	0.866
87	60.54	8*S*,13-柏木烷二醇	0.331
88	61.48	愈创木烯	3.867
89	62.67	雅榄蓝烯	1.542
90	62.98	檀香醇	1.216
91	63.22	α-桉叶醇	3.852
92	63.75	[1*R*-(1α,4aβ,8aα)]-十氢-1,4a-二甲基-7-(1-甲基亚乙基)-1-萘醇	1.624
93	63.93	[1*R*-(1α,4β,4aβ,8aβ)]-1,2,3,4,4a,7,8,8a-十八氢-1,6-二甲基-4-(1-甲基乙基)-1-萘二醇	0.748
94	64.27	[4a*R*-(4aα,7β,8aα)]-八氢-4a,8a-二甲基-7-(1-甲基乙基)-1(2*H*)-萘酮	4.079
95	65.18	红没药醇	1.701
96	65.89	1-三十七烷醇	0.227
97	67.31	γ-古芸烯环氧化物	1.348
98	67.98	γ-榄香烯	0.145
99	68.76	2,2,6-三甲基-1-(3-甲基-1,3-丁烯基)-5-亚甲基-7-氧双环[4.1.0]庚烷	0.532
100	69.32	苯甲酸苄酯	0.172
101	70.34	(8*S*,14)-柏木烷二醇	4.181

续表

序号	保留时间/min	化合物	质量分数/%
102	70.88	二十碳五烯酸甲酯	1.276
103	71.75	2,5-十八碳二炔酸甲酯	0.098
104	71.91	*β*-桉叶醇	0.081
105	72.54	鸡骨常山碱	0.001
106	74.28	甲基(*Z*)-5,11,14,17-二十碳四烯酸甲酯	2.191
107	75.49	*β*-檀香醇	0.035
108	76.22	7,9-二叔丁基-1-氧杂螺[4.5]癸-6,9-二烯-2,8-二酮	0.005
109	76.63	二甲氧基甲苯异丙胺	0.012
110	76.75	a-顺式-檀香醇	0.030
111	77.68	棕榈酸甲酯	0.014
112	78.04	(+)-八氢-4,8,8,9-四甲基-1,4-甲基-7(1*H*)-酮	0.077
113	78.37	二十二六烯酸甲酯	0.053
114	78.79	6,9,12,15-二十二碳四烯酸甲酯	0.007
115	79.28	棕榈酸	0.107
116	81.01	棕榈酸乙酯	1.293
117	82.41	顺式柳叶刀醇	0.169
118	83.26	(1*α*,4a*β*,7*β*,8a*α*)-7-乙炔基-4a,5,6,7,8,8a-六氢-1,4a-二甲基-2(1*H*)-萘酮	0.004
119	85.35	辛辣木素	0.035
120	85.47	11,14-十八碳二烯酸甲酯	0.011
121	86.64	异戊酸松油酯	0.023
122	87.09	亚油酸	0.020
123	88.53	亚油酸乙酯	0.283
124	88.77	亚麻酸乙酯	0.161
125	89.14	十八烷酸	0.020
126	90.14	硬脂酸乙酯	0.007
127	93.06	*α*,*β*-二棕榈酸甘油酯	0.009

缬草根提取物中的主要成分是醇类（46.177%）和酸类（26.082%），见表 8-15。其中(−)-桉油烯醇（13.630%）和异戊酸（24.540%）含量较高。

表 8-15　样品中香气成分

类别	醇类	酯类	酮类	烯烃类	酸类	酚类	醛类	烷烃类	其他
质量分数/%	46.177	10.182	4.991	8.256	26.082	0.258	0.284	1.028	2.739

对 32 种香味成分进行阈值查询，用半定量结果/阈值计算其香气活力值，得到活力值大于 1 的化合物共 15 个（表 8-16）。其中活力值较高的成分为异戊酸（1 313 131.313）、香兰素

（1 038 480.392）、肉桂酸乙酯（5021.974）、乙酸（935.615）、3-甲基戊酸（257.353）、β-环柠檬醛（107.639）、冰片（34.109）、(+)-柠檬烯（22.914）、乙酸冰片酯（21.480）、棕榈酸乙酯（11.415）、亚油酸乙酯（11.103）、香芹酚（9.338）、甲基环戊烯醇酮（6.952）、壬酸（1.945）、麦芽酚（1.131）。

表 8-16 部分化合物香气活力值分析结果

序号	保留时间/min	化合物	阈值/mg·kg^{-1}	含量/mg·kg^{-1}	活力值
7	10.74	异戊酸	0.000 33	433.33	1 313 131.313
54	47.45	香兰素	0.000 001	1.04	1 038 480.392
67	52.21	肉桂酸乙酯	0.001 45	7.28	5021.974
1	3.71	乙酸	0.013	12.16	935.615
12	15.08	3-甲基戊酸	0.046	11.84	257.353
23	29.69	β-环柠檬醛	0.003	0.32	107.639
25	32.22	冰片	0.18	6.14	34.109
51	44.49	(+)-柠檬烯	0.045	1.03	22.914
45	40.24	乙酸冰片酯	0.44	9.45	21.480
116	81.01	棕榈酸乙酯	2	22.83	11.415
123	88.53	亚油酸乙酯	0.45	5.00	11.103
46	40.78	香芹酚	0.18	1.68	9.338
16	20.60	甲基环戊烯醇酮	0.026	0.18	6.952
42	39.18	壬酸	0.12	0.23	1.945
22	27.13	麦芽酚	0.21	0.24	1.131
24	30.17	左旋樟脑	0.52	0.23	0.445
26	32.75	4-萜烯醇	1.2	0.47	0.392
14	15.91	5-甲基糠醛	1.11	0.42	0.377
43	39.55	紫苏醛	0.26	0.07	0.273
126	90.14	硬脂酸乙酯	0.5	0.13	0.262
9	12.36	2-乙酰呋喃	15.0252	3.01	0.200
115	79.28	棕榈酸	10	1.89	0.189
2	5.89	丙二醇	1400	192.40	0.137
111	77.68	棕榈酸甲酯	2	0.25	0.123
69	52.91	β-紫罗兰酮	115	11.71	0.102
20	23.70	2-乙酰基吡咯	58.585 25	2.91	0.050
59	49.36	莰烯	26	0.73	0.028
17	20.80	对伞花烃	7.2	0.16	0.022
100	69.32	苯甲酸苄酯	885	3.04	0.003
34	35.97	5-羟甲基糠醛	1000	1.56	0.002
122	87.09	亚油酸	1500	0.36	0.000

缬草根提取物特征成分为异戊酸（1 313 131.313）、香兰素（1 038 480.392）、肉桂酸乙酯（5021.974）、乙酸（935.615）、3-甲基戊酸（257.353）、β-环柠檬醛（107.639）、冰片（34.109）、

(+)-柠檬烯（22.914）、乙酸冰片酯（21.480）、棕榈酸乙酯（11.415）、亚油酸乙酯（11.103）、香芹酚（9.338）、甲基环戊烯醇酮（6.952）、壬酸（1.945）、麦芽酚（1.131）。

8.4.3 小 结

菊苣提取物特征香气成分为乙酸、异丁酸甲酯、肉桂酸乙酯、甲酸、甲基环戊烯醇酮、肉桂酸甲酯、2,4-二叔丁基苯酚、5-甲基糠醛。

缬草根提取物特征成分为异戊酸、香兰素、肉桂酸乙酯、乙酸、3-甲基戊酸、β-环柠檬醛、冰片，乙酸冰片酯、棕榈酸乙酯、亚油酸乙酯、香芹酚、甲基环戊烯醇酮、壬酸、麦芽酚。

参考文献

[1] 刘明学，牛靖娥. 覆盆子研究进展及其资源开发利用[J]. 科技视界，2014：26-27.

[2] 张晶，汤尘尘，方艳. HPLC 法同时测定覆盆子中 7 个成分的含量[J]. 中国药师，2020，23（12）：2496-2499.

[3] 何建明，孙楠，吴文丹，等. HPLC 测定覆盆子中鞣花酸、黄酮和覆盆子苷-F5 的含量[J]. 中国中药杂志，2013，38（24）：4351-4356.

[4] 典灵辉，龚先玲，蔡春，等. 覆盆子挥发油成分的 GC-MS 分析[J]. 天津药学，2005，17（4）：9-10.

[5] 杨再波，钟才宁，孙成斌，等. 固相微萃取法分析黔产覆盆子挥发油[J]. 河南大学学报（医学版），2009，28（1）：49-52.

[6] 林志健，王雨，郭凡帆，等. 菊苣研究进展的 CiteSpace 知识图谱分析[J]. 中国中药杂志，2020，45（18）：4490-4499.

[7] 常健，徐世涛，黄静，等. 不同菌种菊苣根发酵提取物的挥发性成分分析及应用[J]. 中国酿造，2019，38（5）：199-203.

[8] 梁宇，董丽. SPME-GC/MS 联用分析菊苣浸膏的挥发性成分[J]. 河南科学，2008，26（7）：773-776.

[9] 何轶，郭亚健，高云艳. 菊苣根化学成分研究[J]. 中国中药杂志，2002，27（3）：209-210.

[10] 朱春胜，林志健，张冰，等. 菊苣化学成分的 LC-MS/MS 定性分析与 HPLC 含量测定[J]. 北京中医药大学学报，2016，39（3）：247-251.

[11] 周静媛，徐世涛，姚响，等. 不同产地菊苣浸膏挥发性成分对比分析及其在卷烟中的应用[J]. 湖北农业科学，2018，57（5）：103-106.

[12] 段雪云，方颖，周颖，等. 缬草属植物综合研究概况[J]. 中国药师，2008，11（7）：793.

[13] 吴迪，张楠淇，李平亚. 缬草化学成分及生物活性研究进展[J]. 中国中医药信息杂志，2014，21（09）：129-133.